U0190139

济阳坳陷高精度地震采集技术

曹国滨　杨德宽　编著

·青岛·

图书在版编目(CIP)数据

济阳坳陷高精度地震采集技术 / 曹国滨, 杨德宽编著. — 青岛 : 中国海洋大学出版社, 2021.6

ISBN 978-7-5670-2842-5

Ⅰ. ①济… Ⅱ. ①曹… ②杨… Ⅲ. ①坳陷-地震数据-数据采集-济阳县 Ⅳ. ①P315.63

中国版本图书馆 CIP 数据核字(2021)第 102381 号

出版发行	中国海洋大学出版社		
社　　址	青岛市香港东路 23 号	**邮政编码**	266071
出 版 人	杨立敏		
网　　址	http://pub.ouc.edu.cn		
电子信箱	1193406329@qq.com		
责任编辑	孙宇菲	**电　　话**	0532-85902469
印　　制	日照报业印刷有限公司		
版　　次	2021 年 6 月第 1 版		
印　　次	2021 年 6 月第 1 次印刷		
成品尺寸	185 mm × 260 mm		
印　　张	23.75		
字　　数	600 千		
印　　数	1~1000		
定　　价	98.00 元		

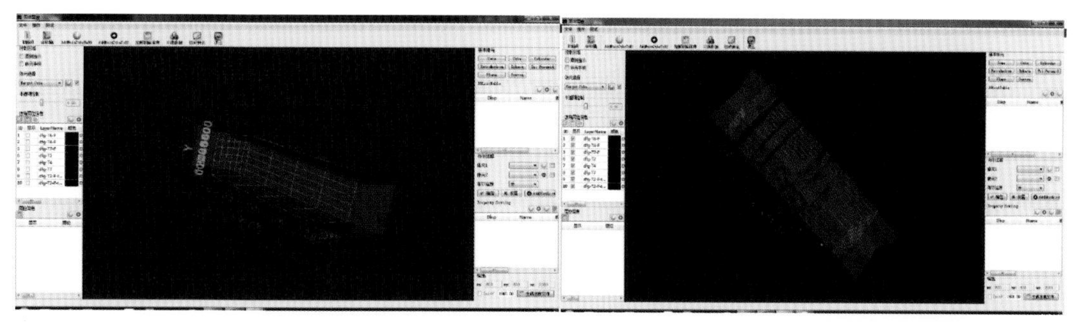

图 2–1–1 模型初始化图　　图 2–1–2 层位信息显示图

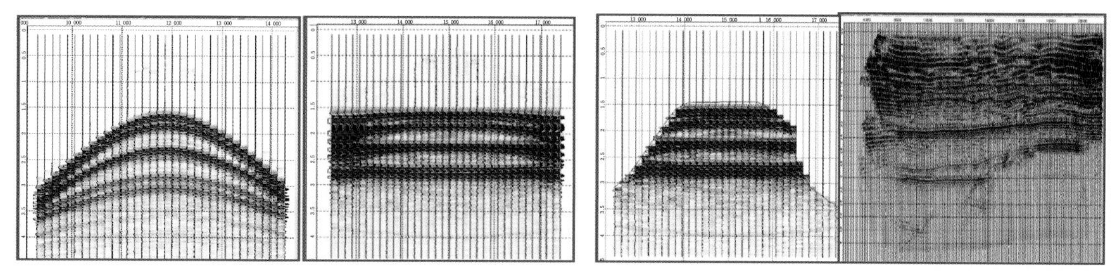

图 2–1–3 动校正前(左)后(右)的共中心点道集　图 2–1–4 动校正切除后 CMP 道集和常规 CDP 迭加剖面

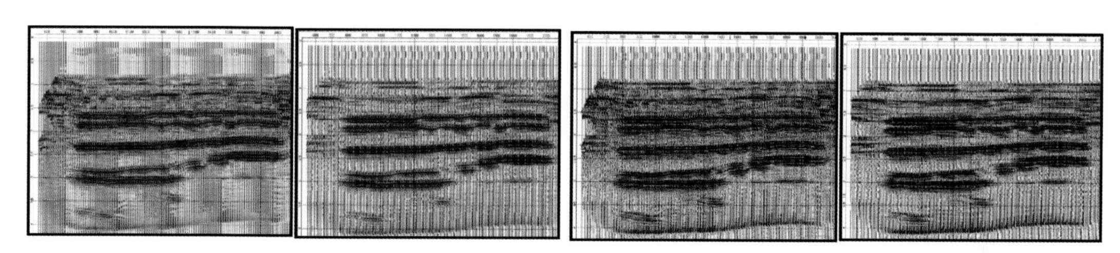

10 m 道距　50 m 道距　50 m 炮点距　150 m 炮点距

图 2–1–5 不同道距的模拟剖面　图 2–1–6 不同炮点距的模拟剖面

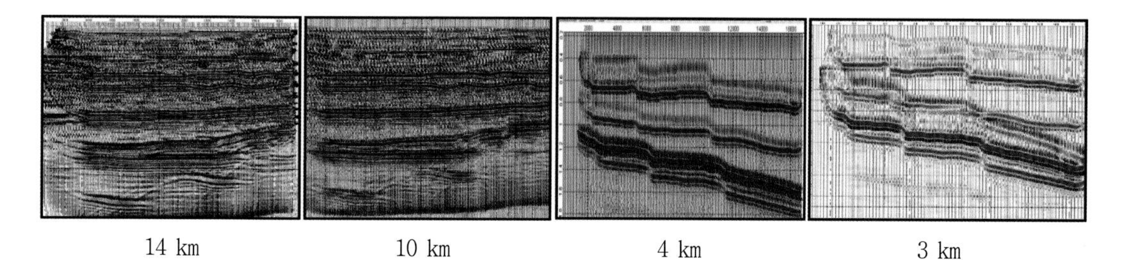

14 km　10 km　4 km　3 km

图 2–1–7 不同排列长度的模拟剖面

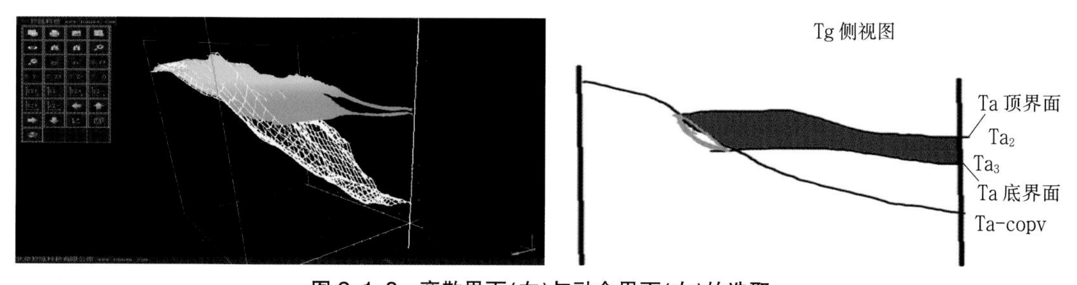

图 2–1–8 离散界面(左)与融合界面(右)的选取

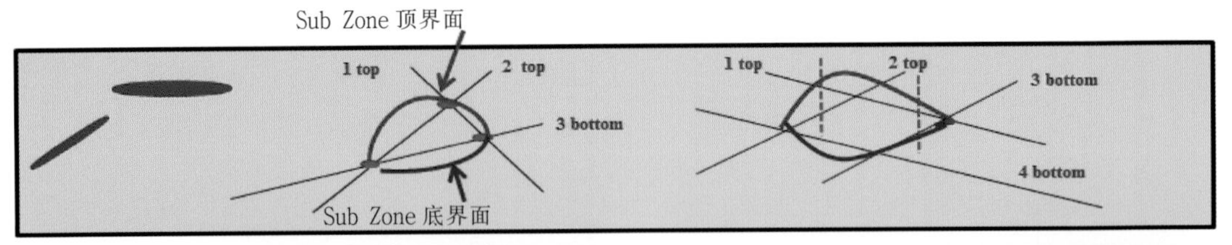

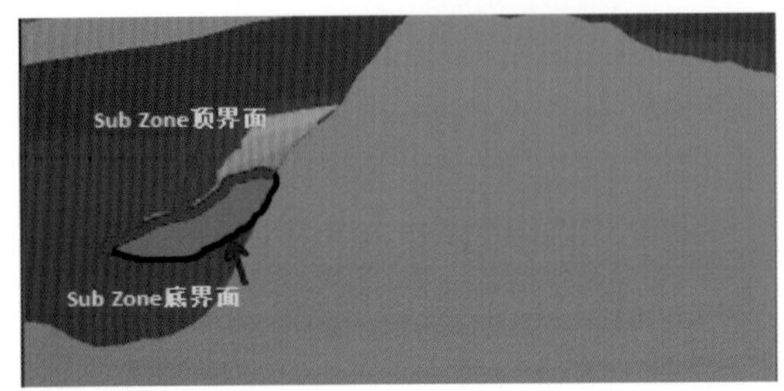

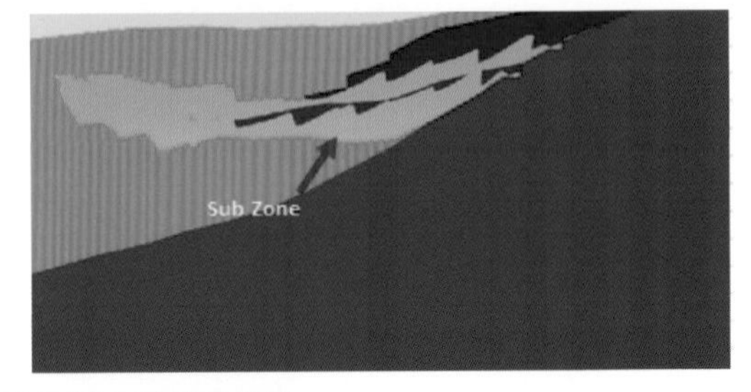

图 2-1-9 Sub Zone 融合面核心算法示意图

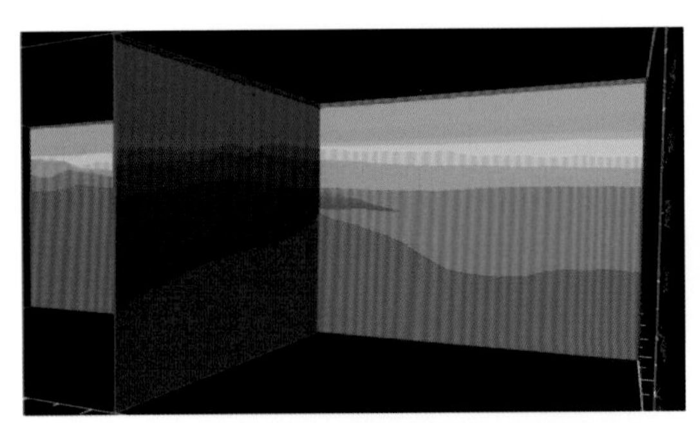

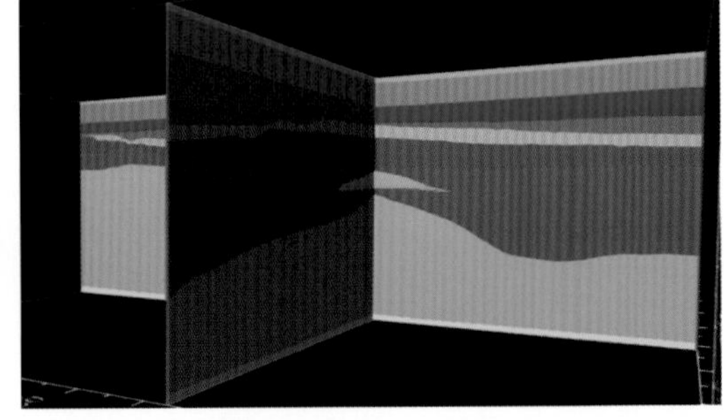

图 2-1-10 商业软件(左)与自研软件(右)建模结果对比

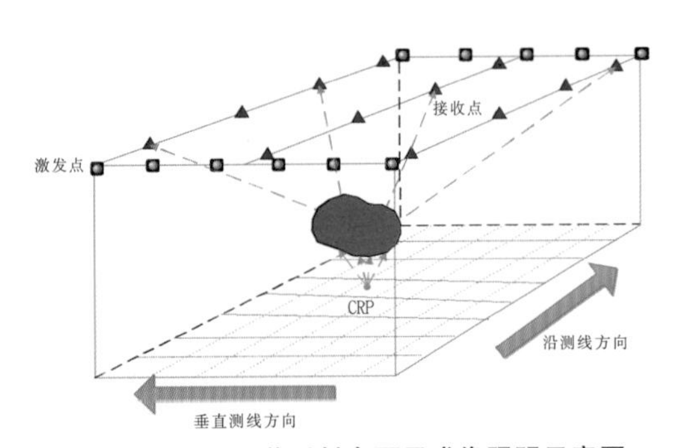

图 2-1-11 共反射点面元成像照明示意图

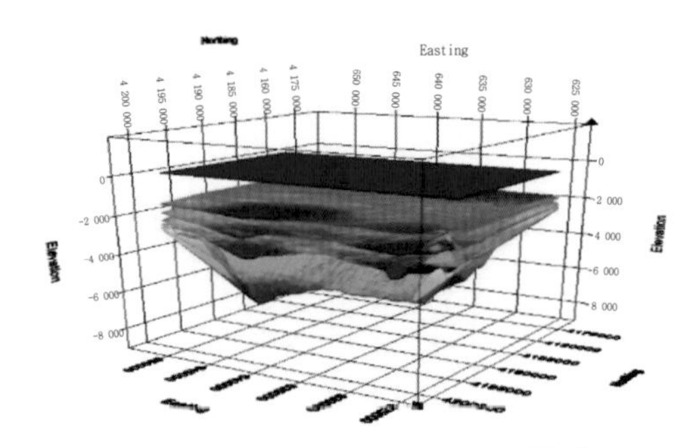

图 2-1-12 LJ 工区三维模型

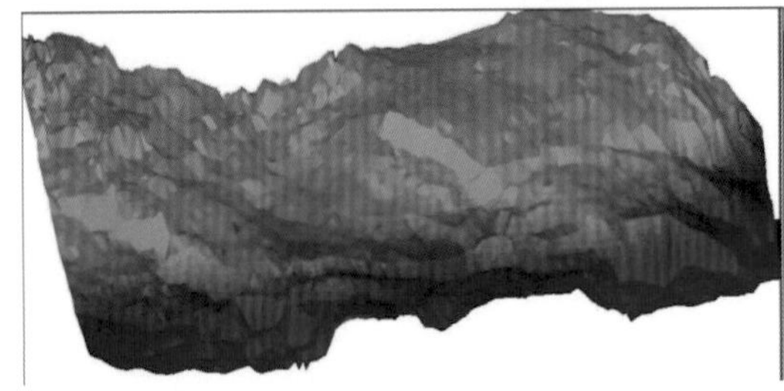

a.观测系统 1

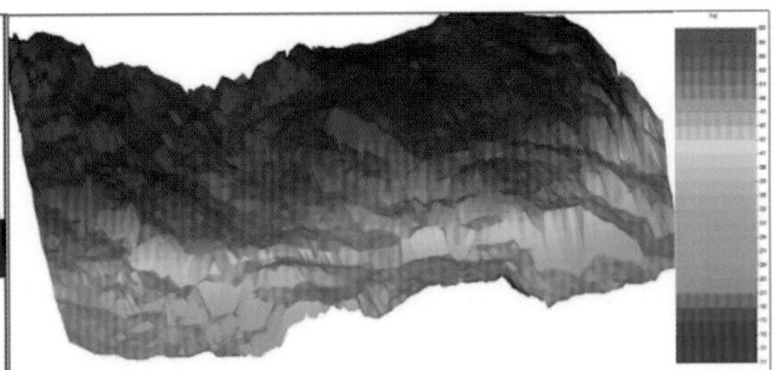

b.观测系统 2

图 2-1-13 成像照明能量分析图

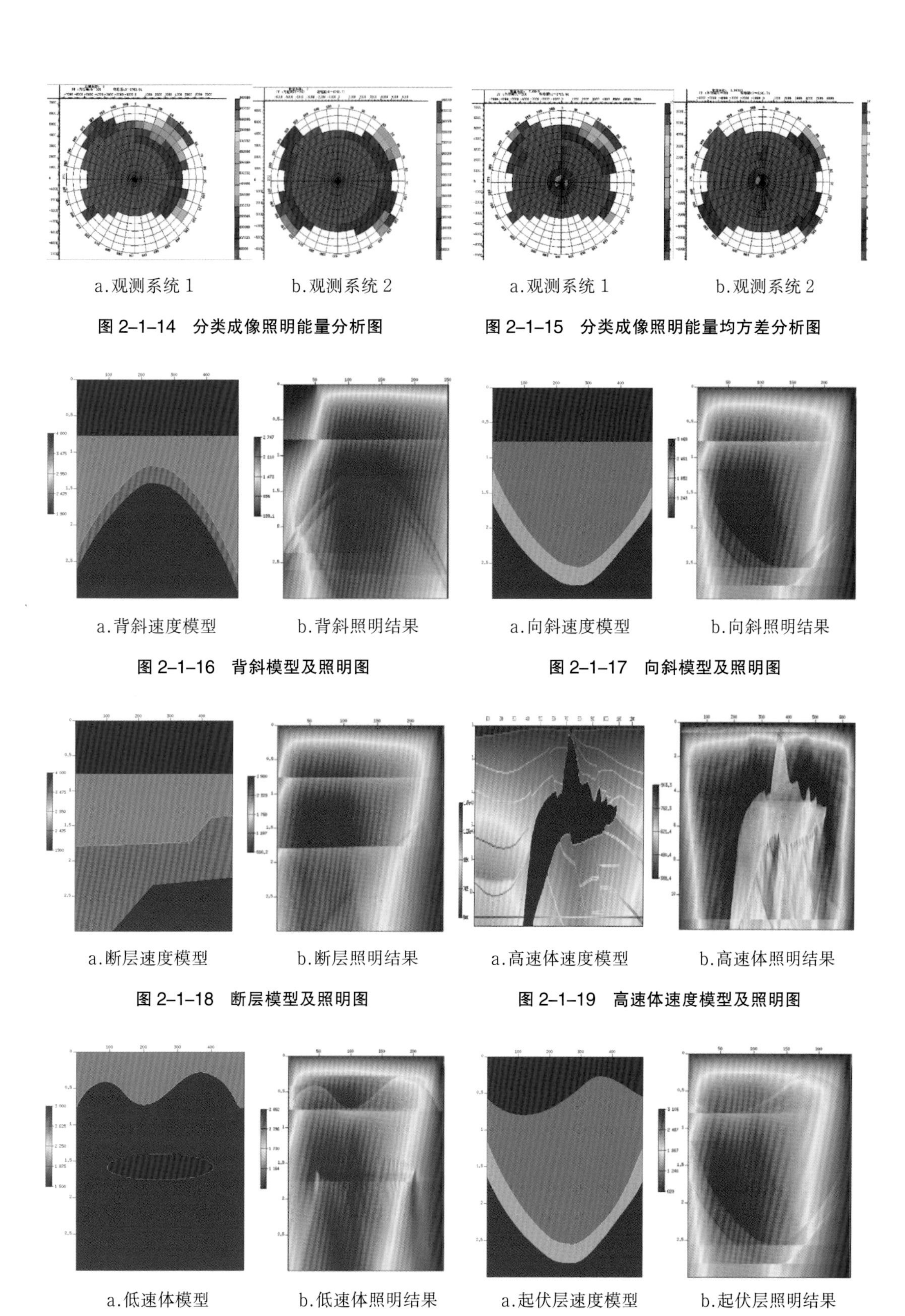

a.观测系统 1　　b.观测系统 2

图 2-1-14　分类成像照明能量分析图

a.观测系统 1　　b.观测系统 2

图 2-1-15　分类成像照明能量均方差分析图

a.背斜速度模型　　b.背斜照明结果

图 2-1-16　背斜模型及照明图

a.向斜速度模型　　b.向斜照明结果

图 2-1-17　向斜模型及照明图

a.断层速度模型　　b.断层照明结果

图 2-1-18　断层模型及照明图

a.高速体速度模型　　b.高速体照明结果

图 2-1-19　高速体速度模型及照明图

a.低速体模型　　b.低速体照明结果

图 2-1-20　低速体速度模型及照明图

a.起伏层速度模型　　b.起伏层照明结果

图 2-1-21　起伏层速度模型及照明图

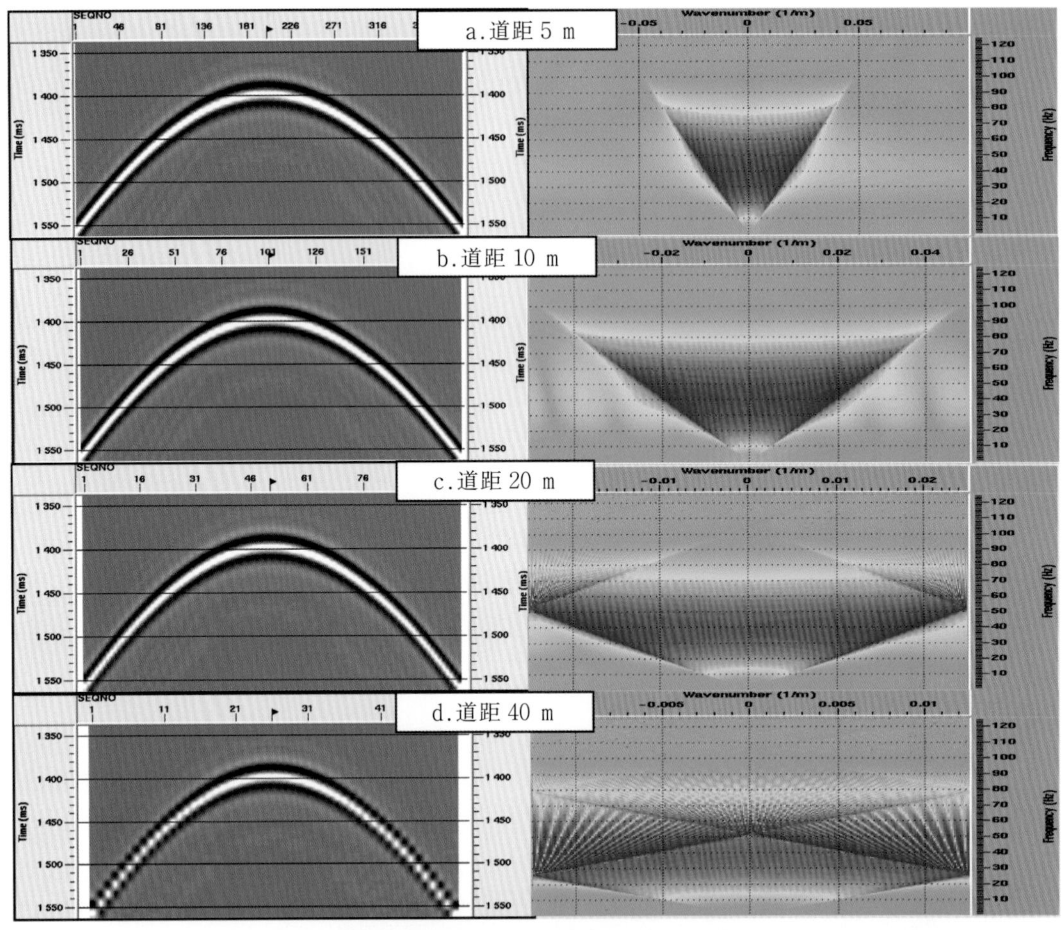

图 2-2-8　不同道距的绕射波及其 F-K 谱

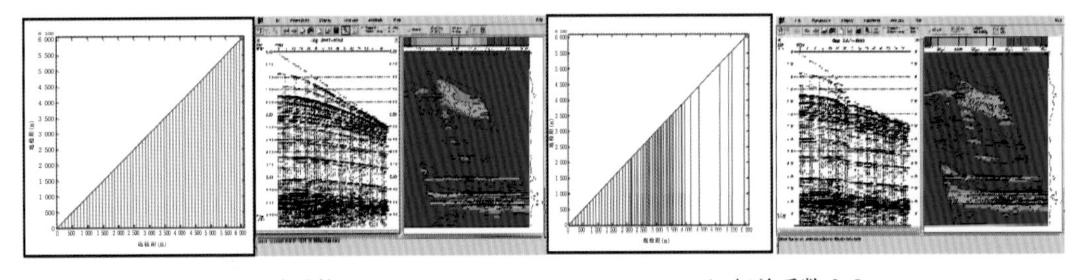

a.相关系数 1　　　　b.相关系数 0.8

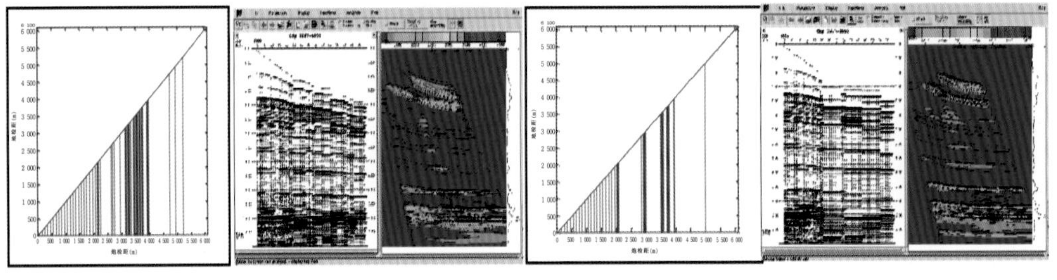

c.相关系数 0.6　　　　d.相关系数 0.4

图 2-2-9　不同相关系数的炮检距分布及速度谱

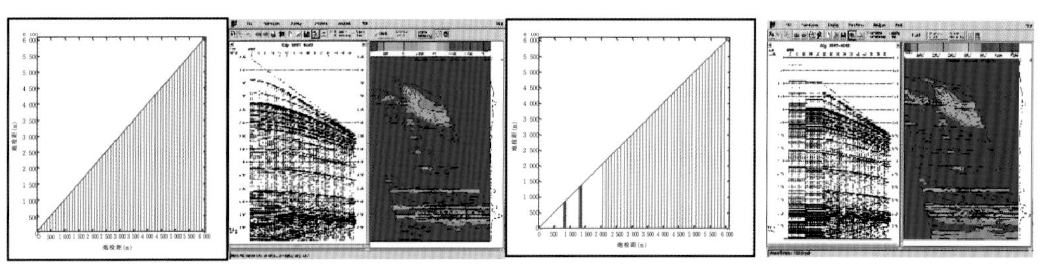

a.炮检距均匀　　　　b.近炮检距不均匀

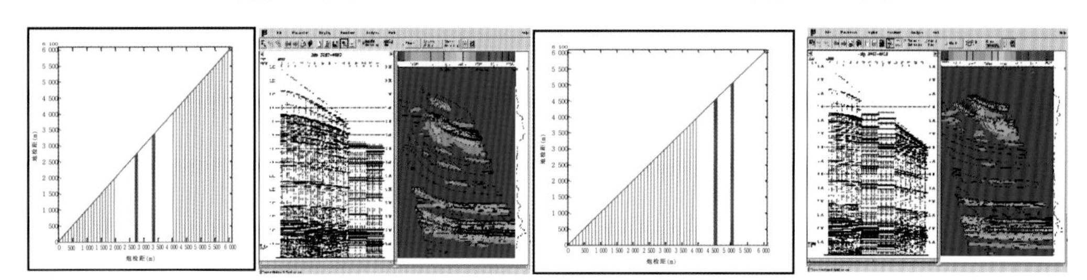

c.中炮检距不均匀　　　　d.远炮检距不均匀

图 2-2-10　不同位置炮检距不均匀时对应的速度谱

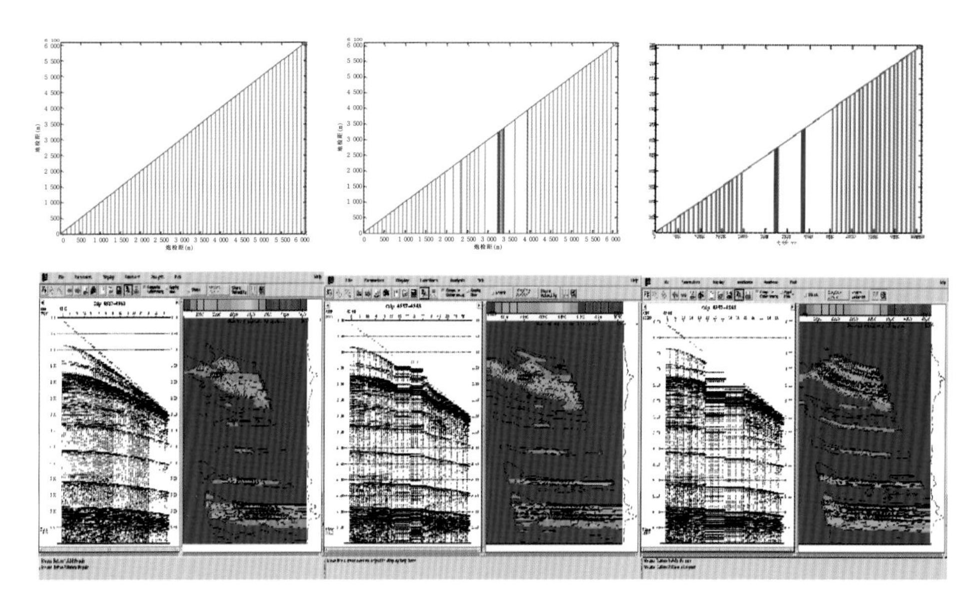

a.相关系数 1　　　　b.相关系数 0.7　　　　c.相关系数 0.5

图 2-2-11　不同相关系数的炮检距分布及速度谱

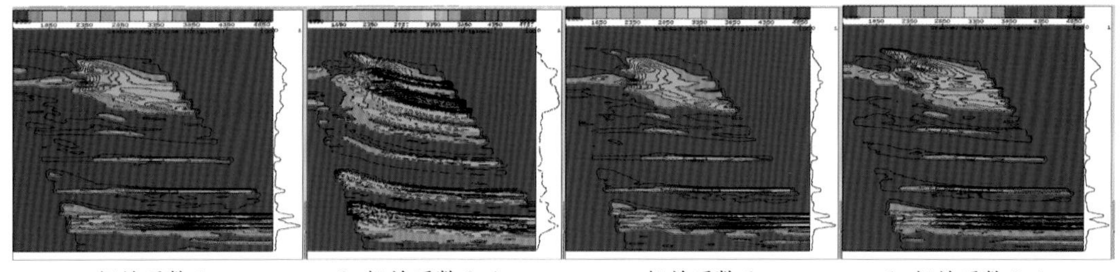

a.相关系数 1　　　　b.相关系数 0.4

图 2-2-12　不同相关系数单道集速度谱对比图

a.相关系数 1　　　　b.相关系数 0.4

图 2-2-13　不同相关系数超级道集速度谱对比图

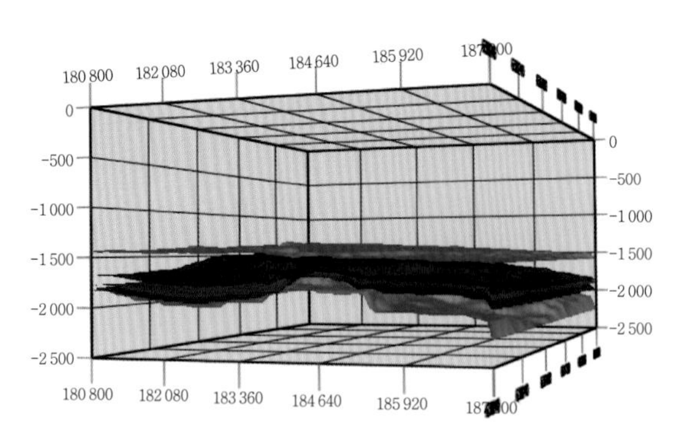

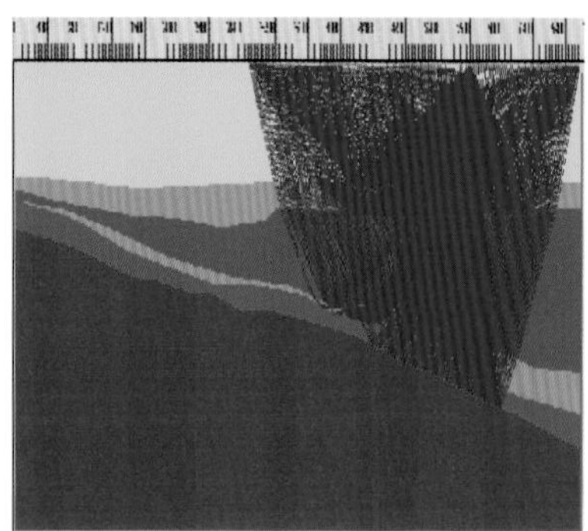

图 2-2-18　LJ 工区的地质模型

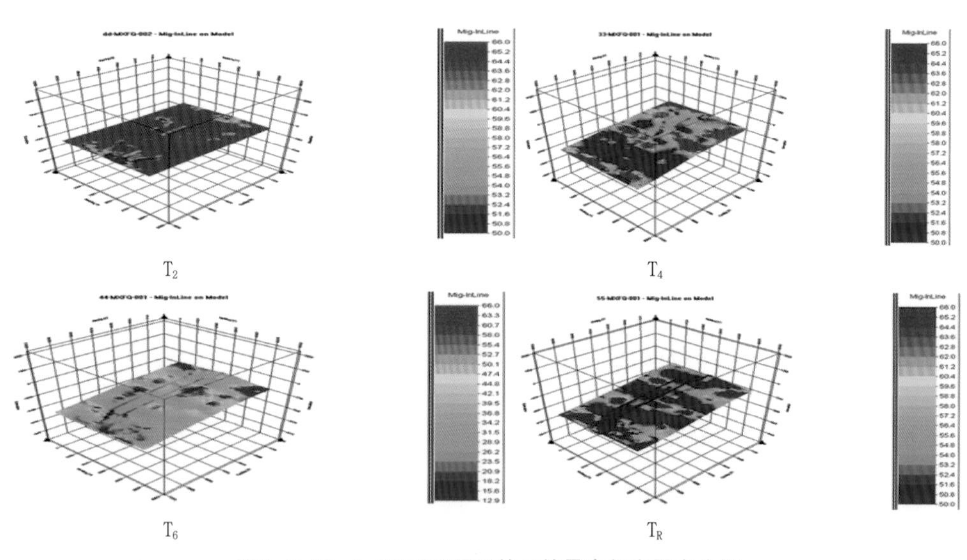

图 2-2-19　LJ 工区不同目的层的最高频率需求分析

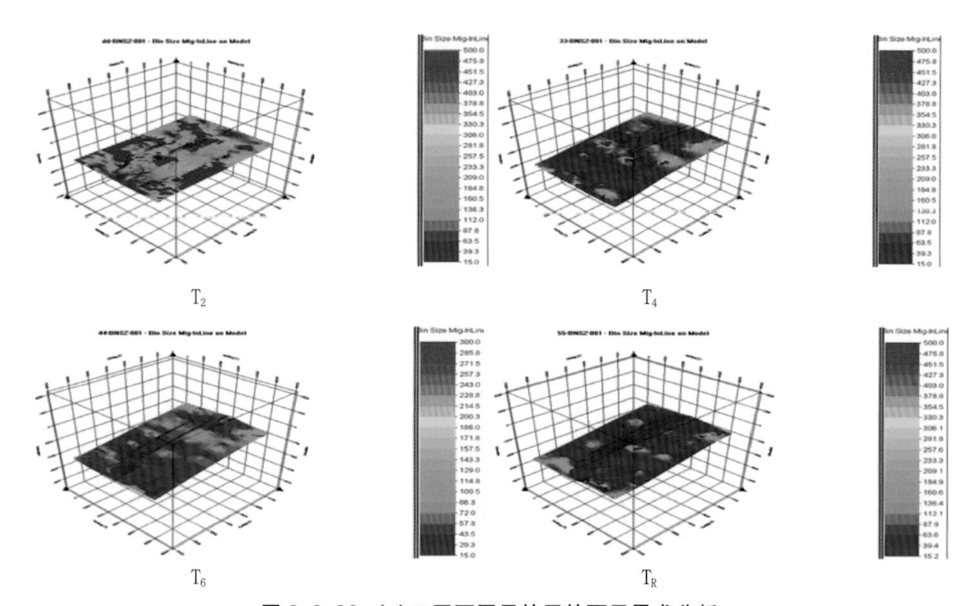

图 2-2-20　LJ 工区不同目的层的面元需求分析

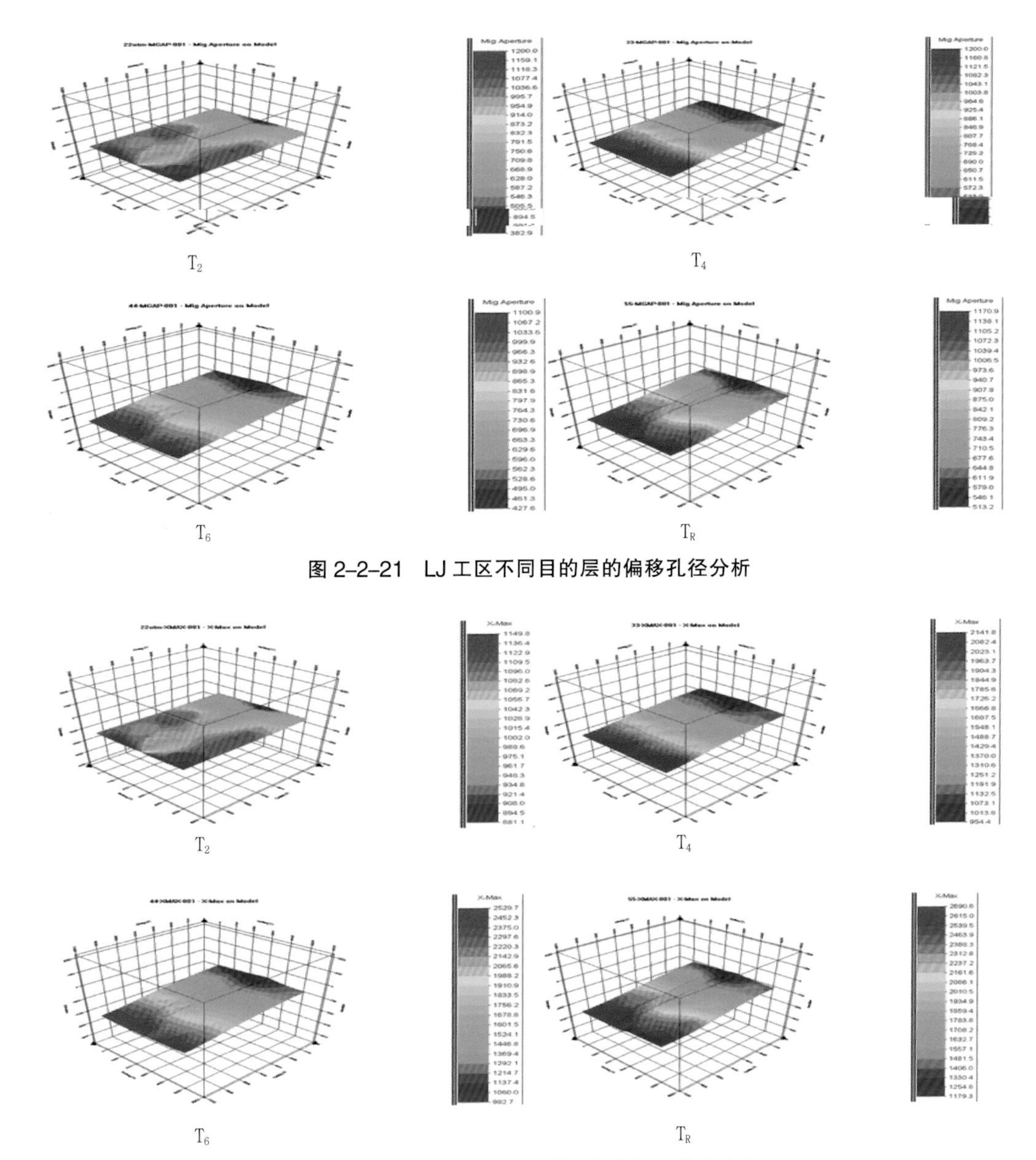

图 2-2-21　LJ 工区不同目的层的偏移孔径分析

图 2-2-22　LJ 工区不同目的层的炮检距需求分析

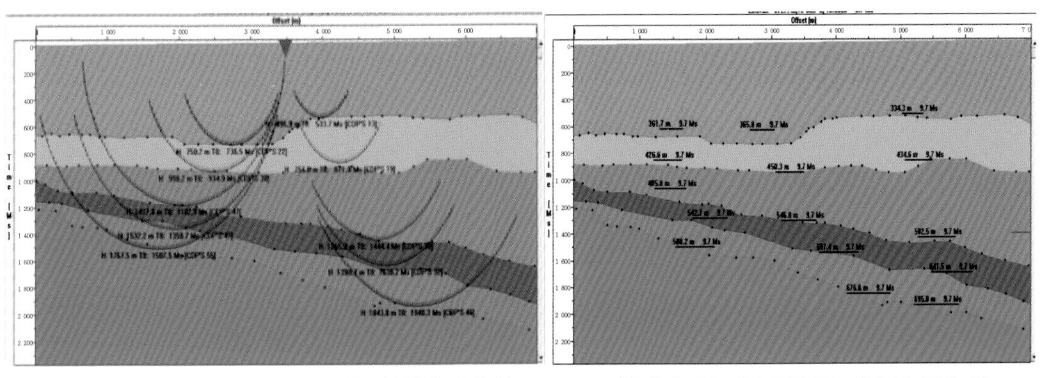

图 2-2-23　LJ 工区满足 DMO 需要的炮检距分析

图 2-2-24　LJ 工区第一菲涅尔带分析

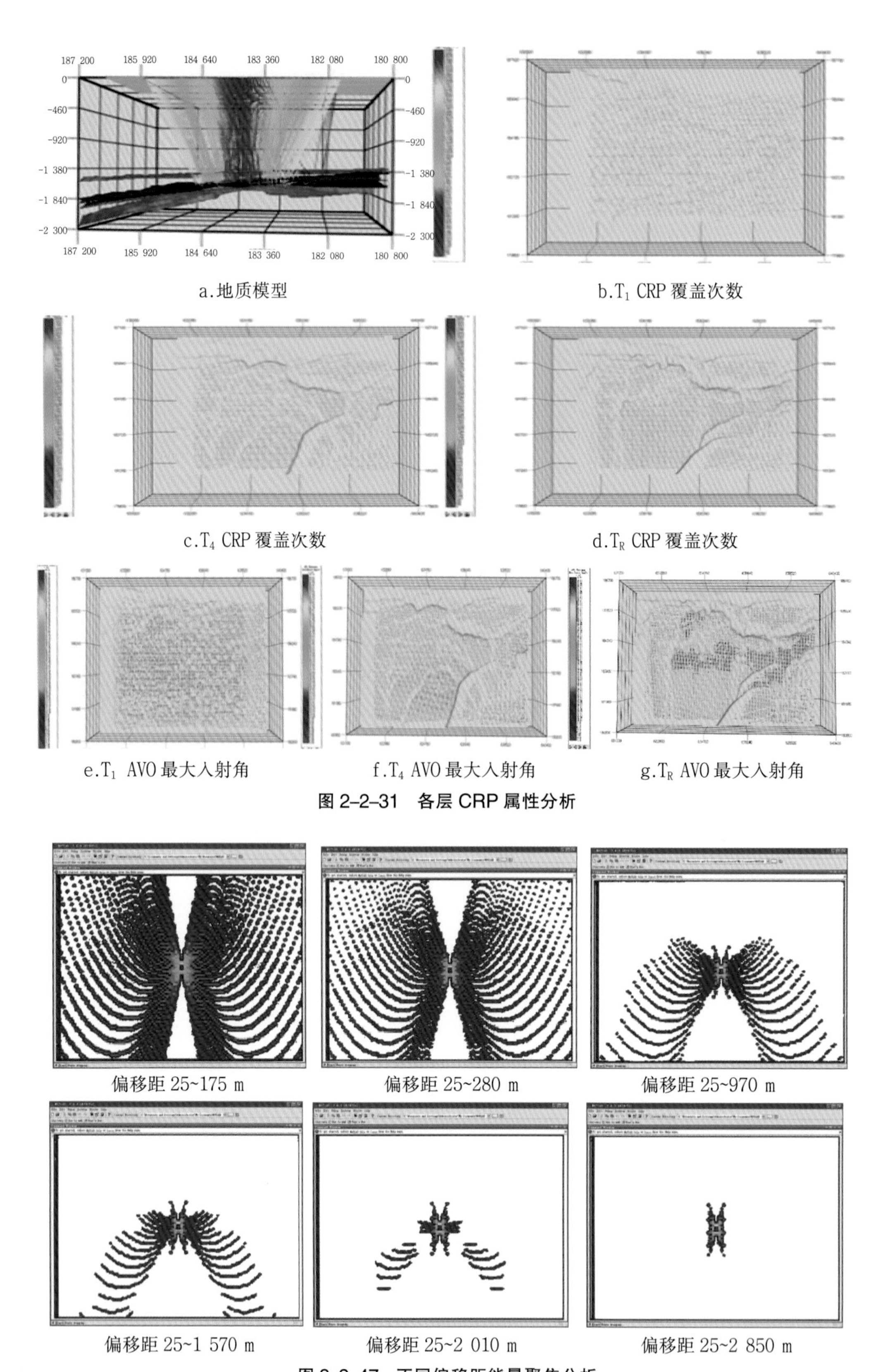

a.地质模型　　b.T_1 CRP 覆盖次数

c.T_4 CRP 覆盖次数　　d.T_R CRP 覆盖次数

e.T_1 AVO 最大入射角　　f.T_4 AVO 最大入射角　　g.T_R AVO 最大入射角

图 2-2-31　各层 CRP 属性分析

偏移距 25~175 m　　偏移距 25~280 m　　偏移距 25~970 m

偏移距 25~1 570 m　　偏移距 25~2 010 m　　偏移距 25~2 850 m

图 2-2-47　不同偏移距能量聚焦分析

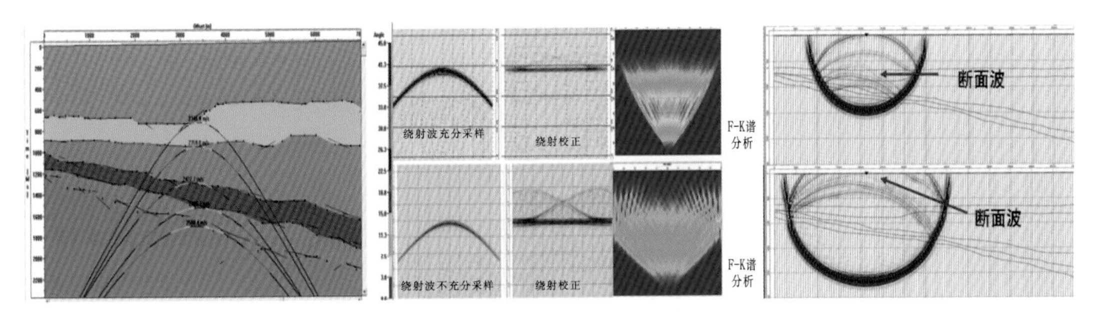

图 2-2-36　绕射波偏移孔径分析　图 2-2-37　不同采样密度绕射波分析　图 2-2-38　断面波模拟

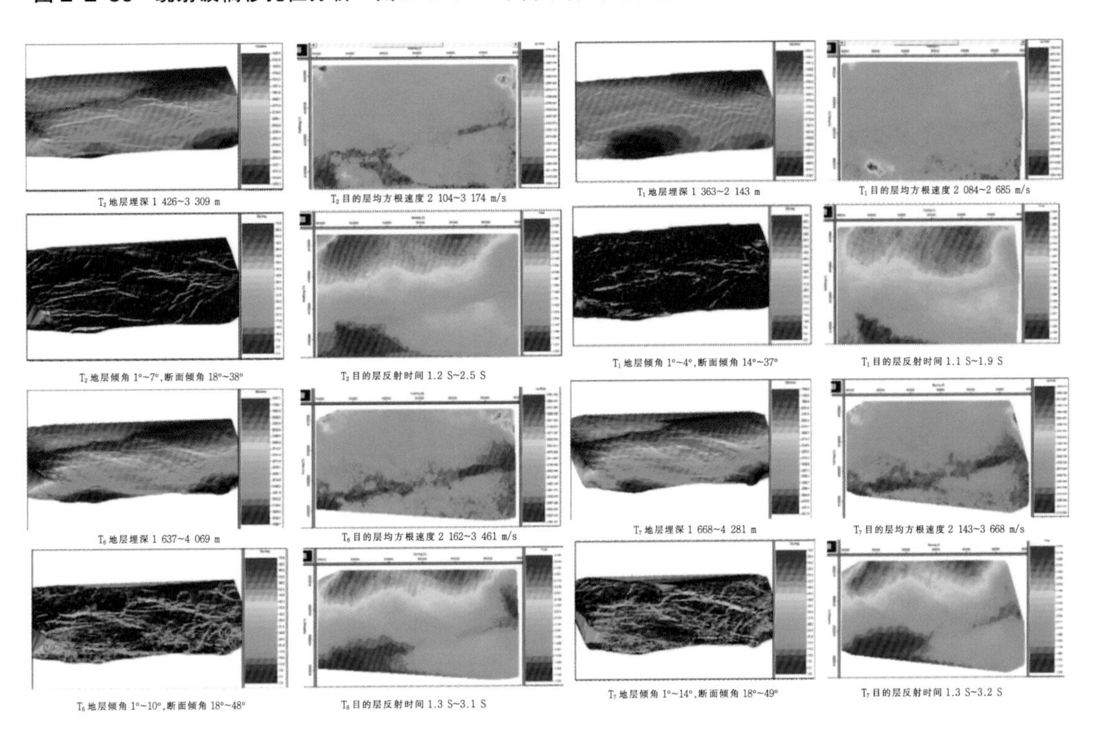

图 2-2-50　LJ 地区地球物理参数提取图

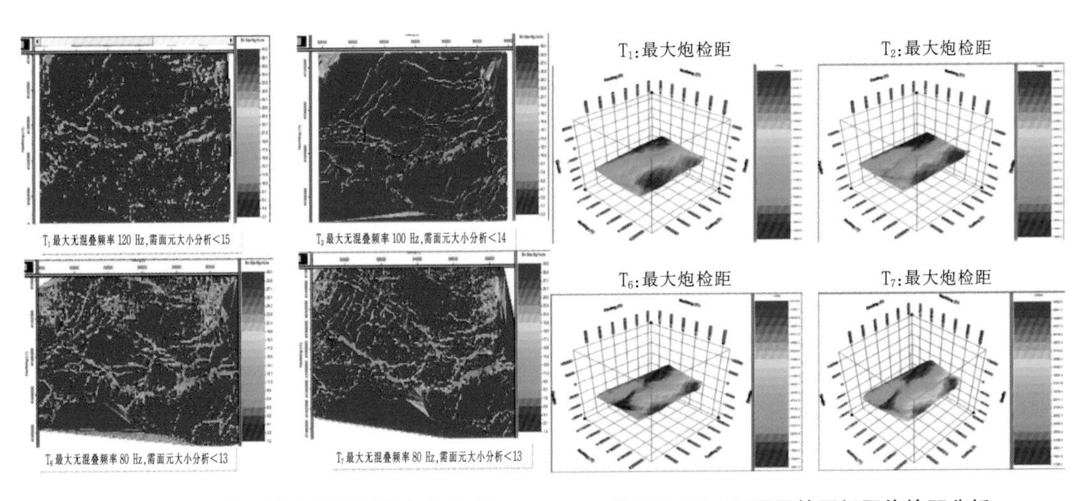

图 2-2-53　各目的层所需面元大小分析　　图 2-2-55　不同目的层极限炮检距分析

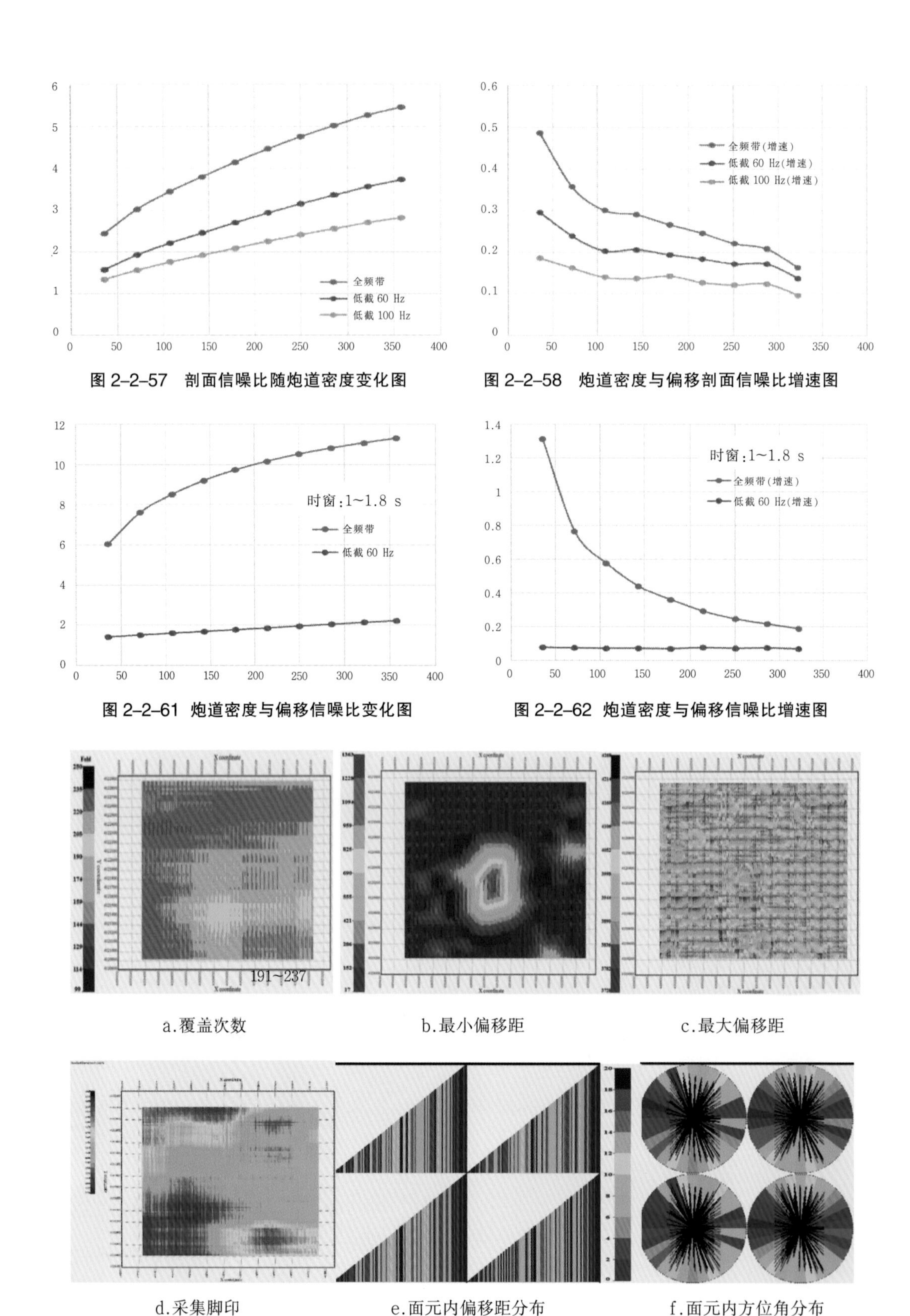

图 2-2-57 剖面信噪比随炮道密度变化图

图 2-2-58 炮道密度与偏移剖面信噪比增速图

图 2-2-61 炮道密度与偏移信噪比变化图

图 2-2-62 炮道密度与偏移信噪比增速图

a.覆盖次数　b.最小偏移距　c.最大偏移距

d.采集脚印　e.面元内偏移距分布　f.面元内方位角分布

图 2-3-10 基于 SPS 的观测系统属性分析

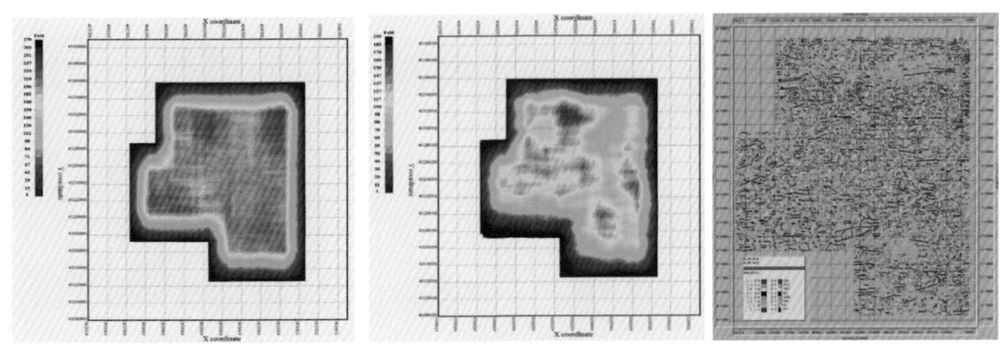

a.不考虑药量　　　　b.药量加权　　　　c.实际单炮能量分布

图 2-3-12　震源加权覆盖次数分析

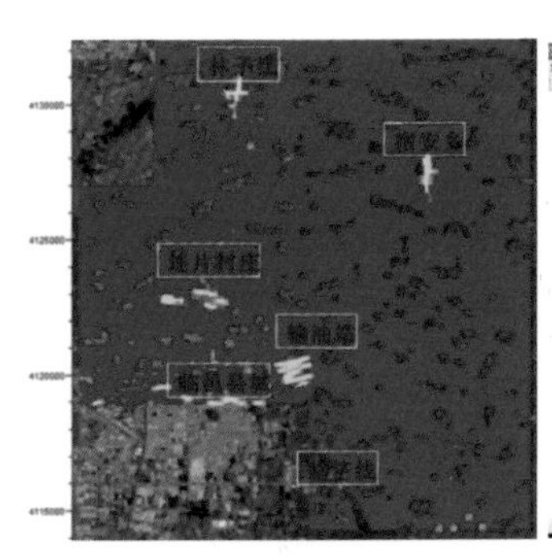

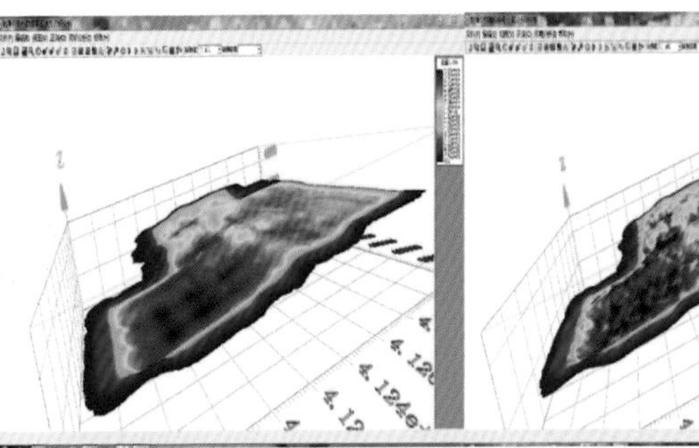

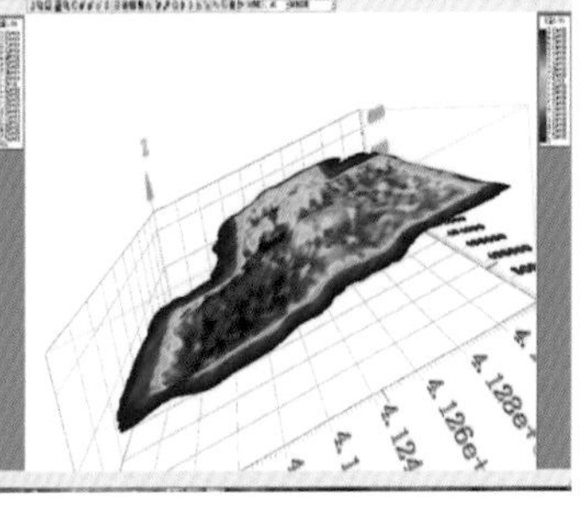

a.地表障碍物　　　　b.理论观测系统照明　　　　c.变观后照明

图 2-3-13　变观后 T_6 目的层照明分析

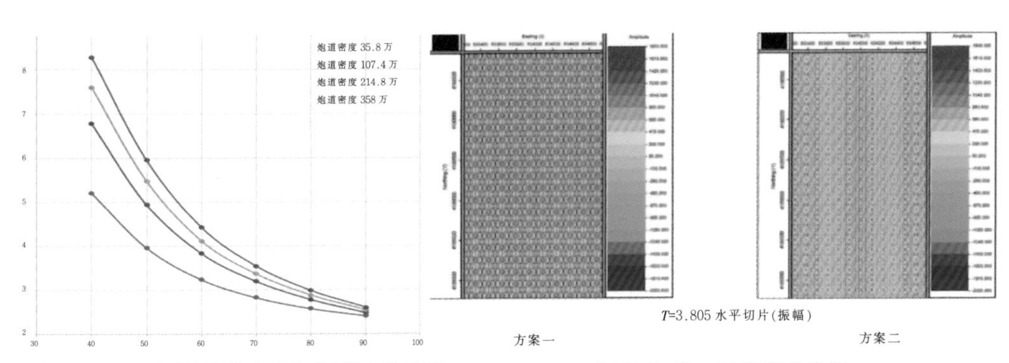

图 2-4-30　不同炮道密度与信噪比的关系　　　　图 2-4-42　采集脚印分析

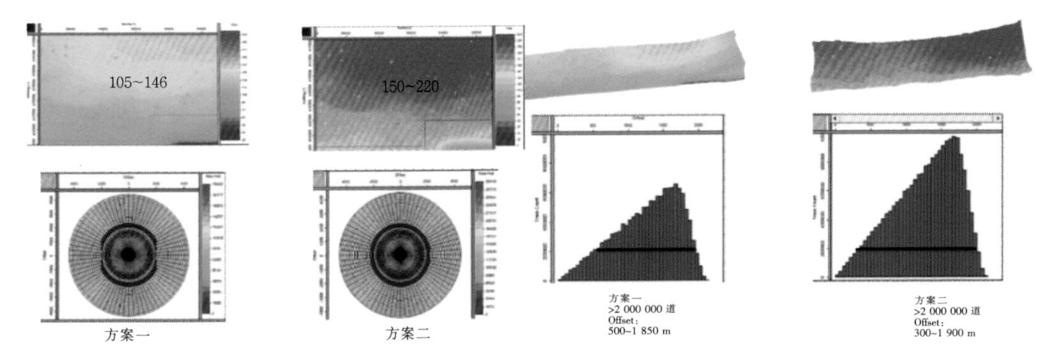

图 2-4-43　两套方案目的层 T_1 照明分析

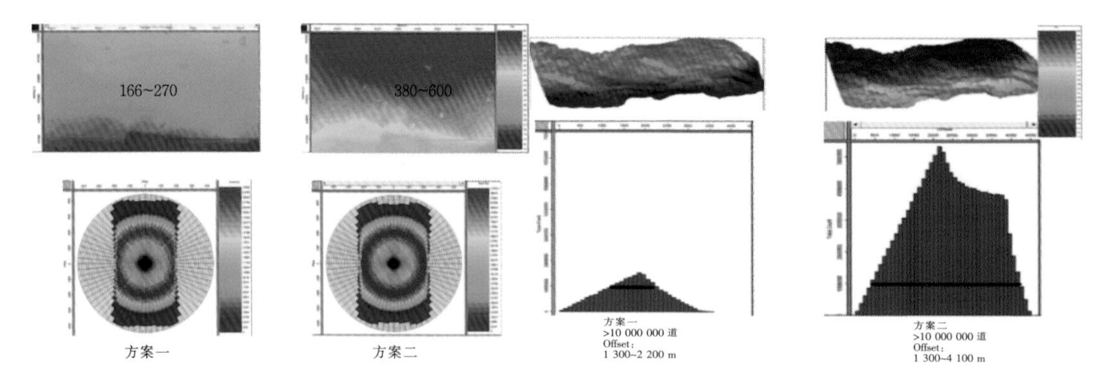

图 2-4-44　两套方案目的层 T_6 照明分析

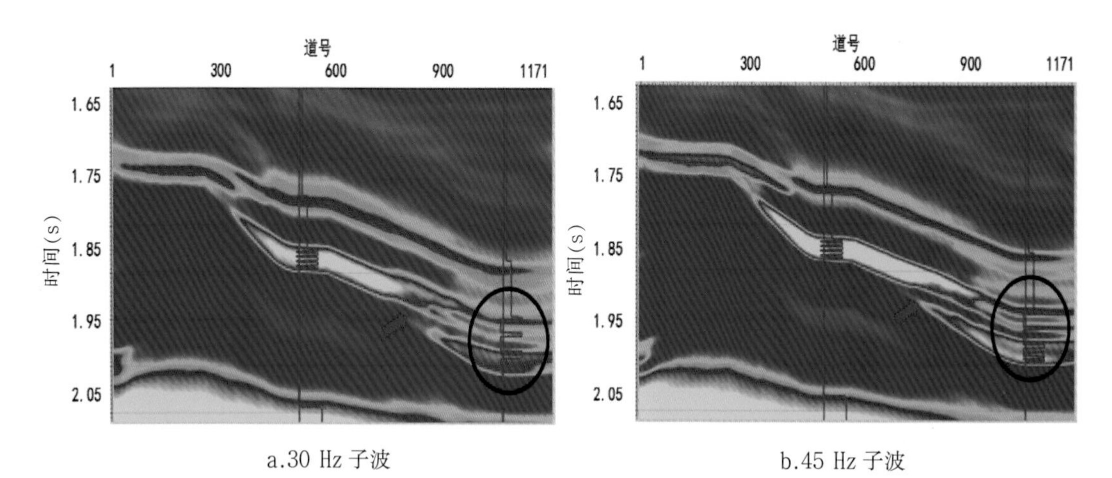

a.30 Hz 子波　　b.45 Hz 子波

图 2-4-49　不同主频地震子波正演数据的波阻抗反演剖面

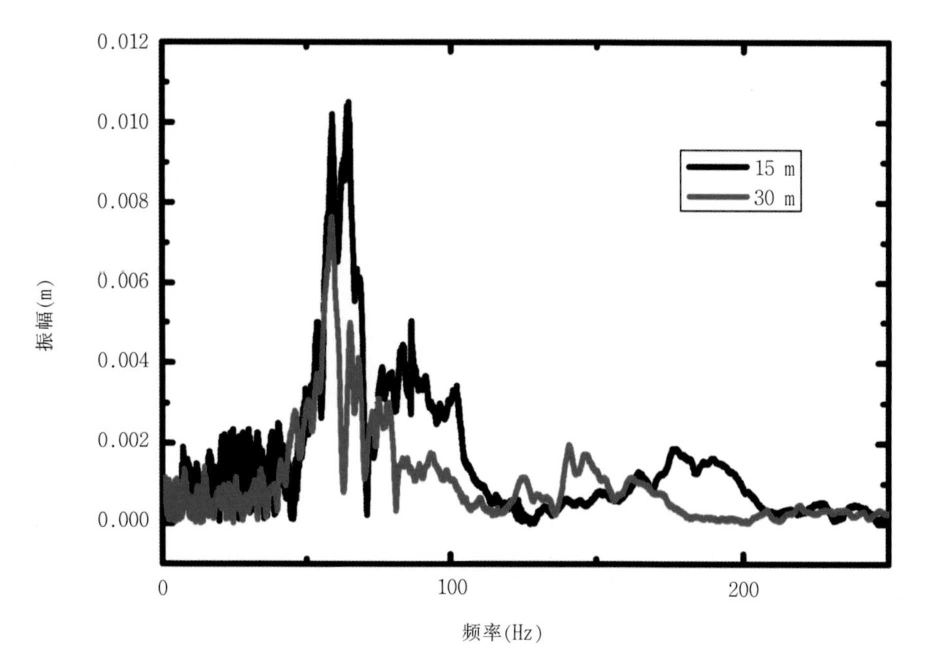

图 4-2-9　距爆心不同距离处频谱变化图

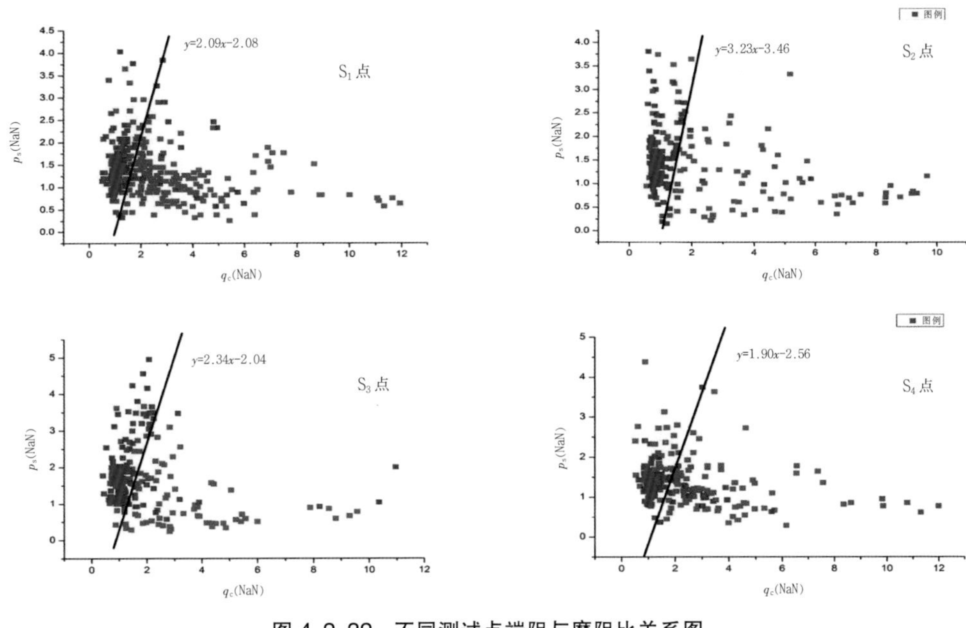

图 4-2-32　不同测试点端阻与摩阻比关系图

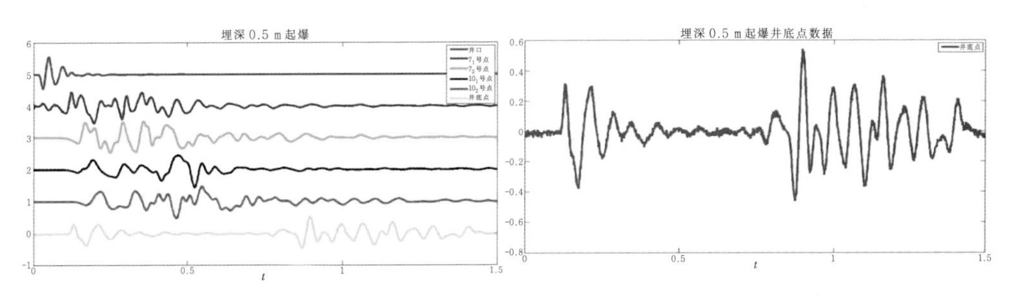

图 4-2-35　埋深 0.5 m 震源激发后地面(左)和井底道(右)的振动波形

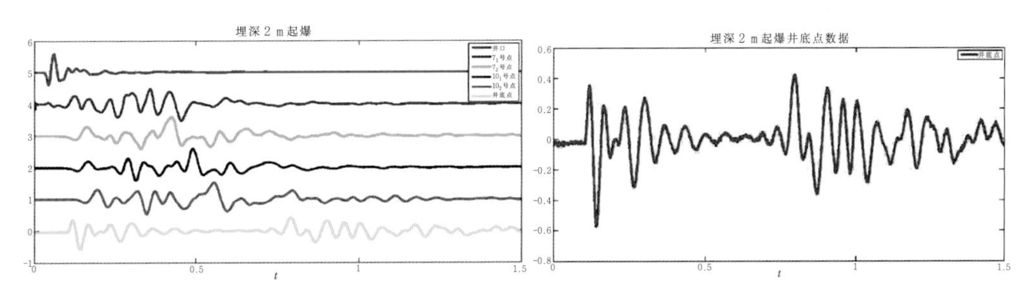

图 4-2-36　埋深 2 m 震源激发后地面(左)和井底道(右)的振动波形

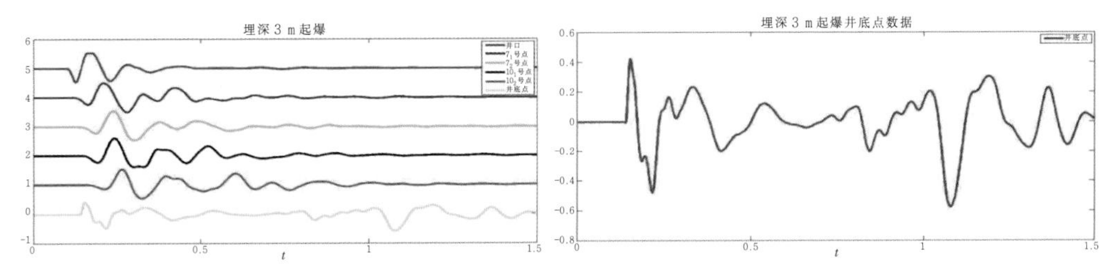

图 4-2-37　埋深 3 m 震源激发后地面(左)和井底道(右)的振动波形

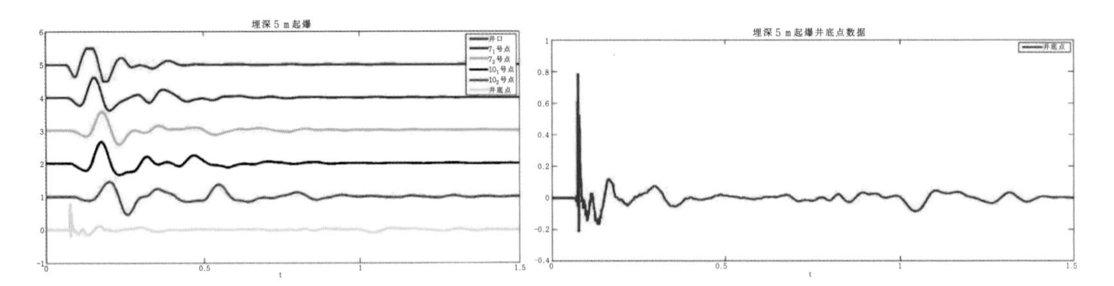

图 4-2-38　埋深 5 m 震源激发后地面(左)和井底道(右)的振动波形

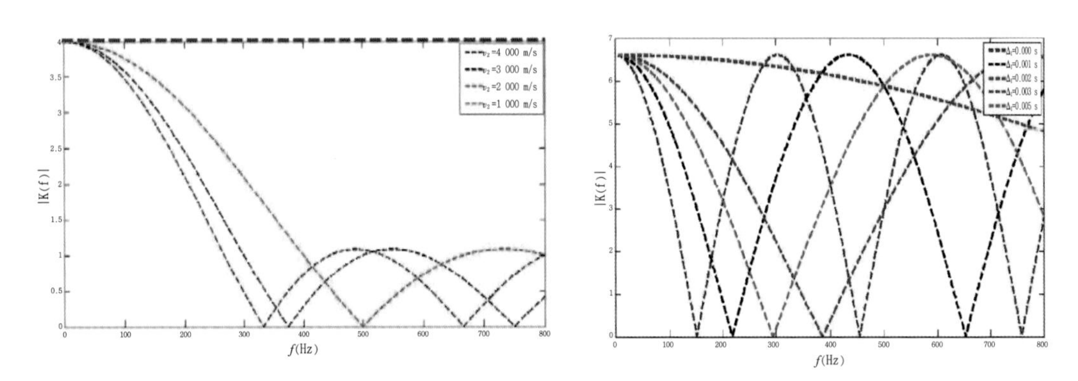

图 4-3-2　有限长药柱不同爆速震源幅频曲线(n=4,L=1m)　图 4-3-3　不同延迟时间震源幅频曲线(n=2,L=3.3m)

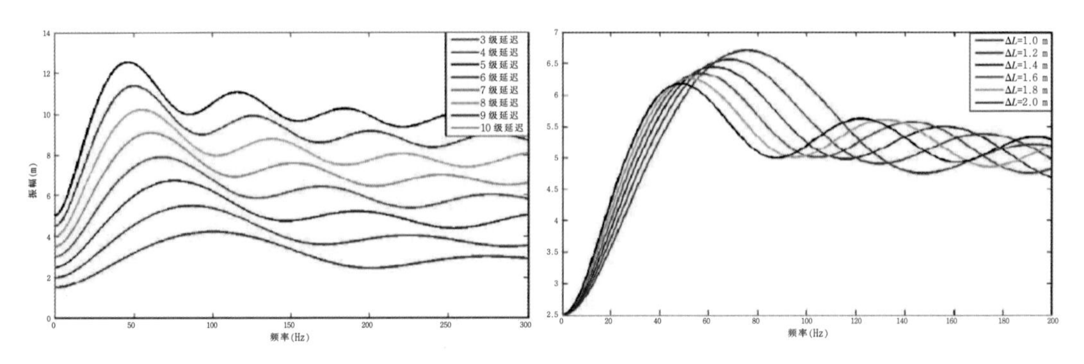

图 4-3-4　不同延迟级数激发幅频特性曲线(L=1m)　图 4-3-5　不同间距激发幅频特性曲线(级数 n=5)

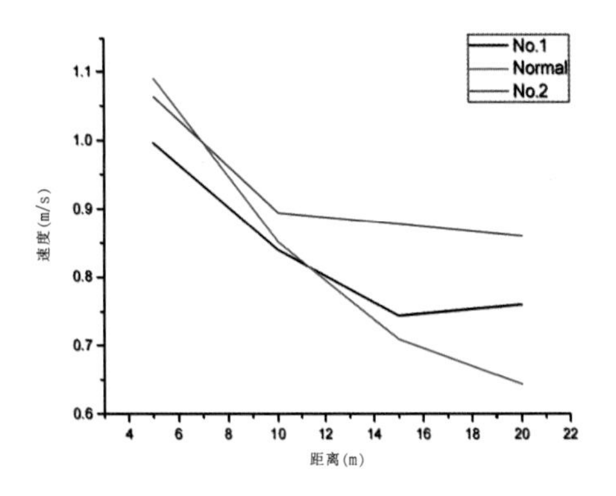

图 4-3-15　不同炸药 PPV曲线

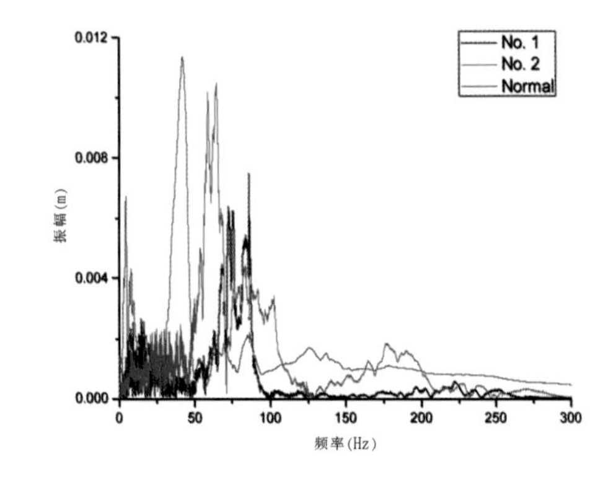

图 4-3-16　1 号测点三种炸药震源频谱对比

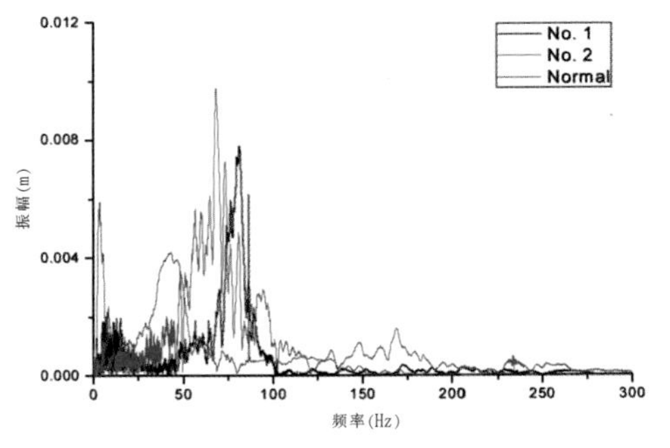

图 4-3-17　2 号测点三种炸药震源频谱对比

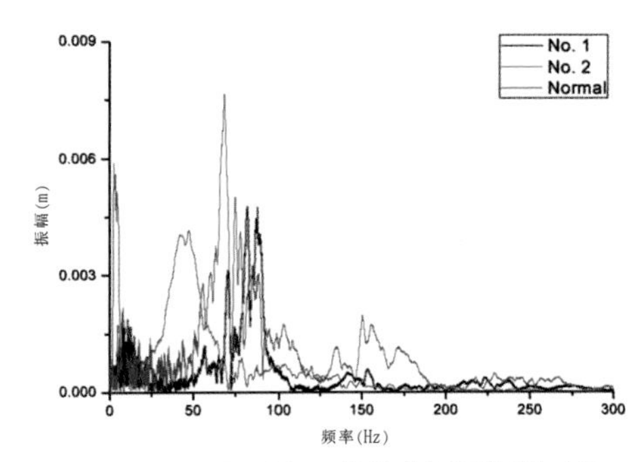

图 4-3-18　3 号测点三种炸药震源频谱对比

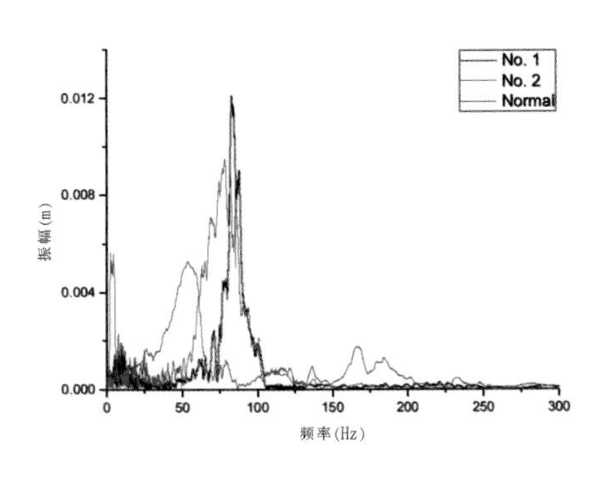

图 4-3-19　4 号测点三种炸药震源频谱对比

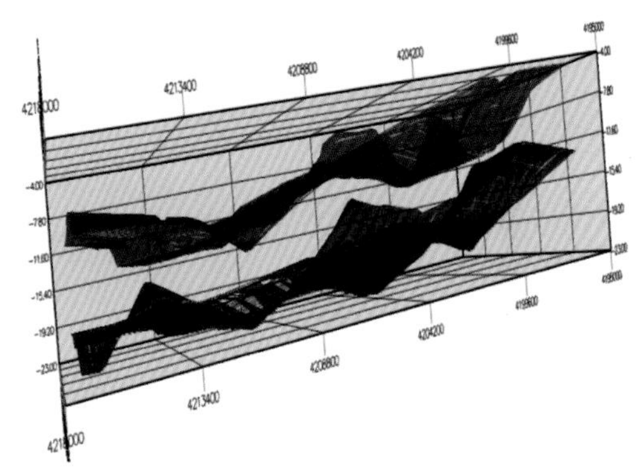

图 4-3-25　试验区泥质黏土顶底界面分布图

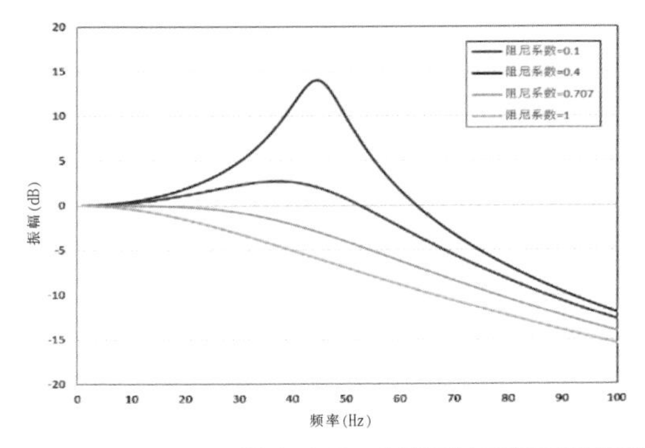

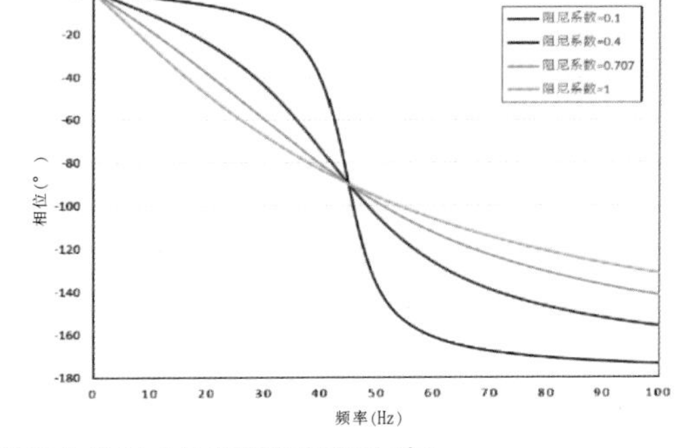

图 4-4-5　小型可控震源系统幅频响应曲线(左)与相频响应曲线(右)

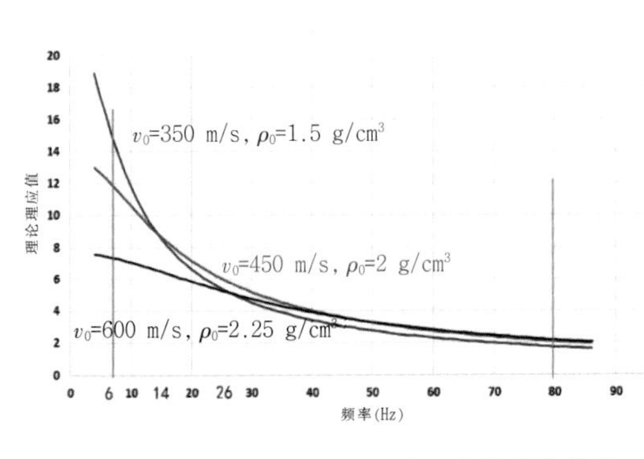

图 4-4-8　可控震源不同低降速带耦合的响应曲线

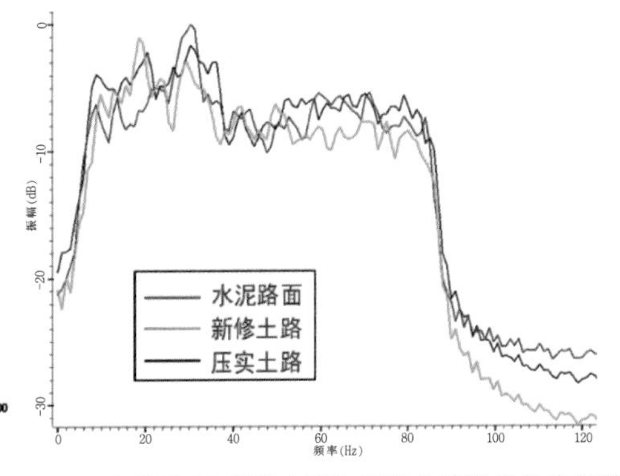

图 4-4-13　水泥路面、新修土路和压实土路激发单炮频谱

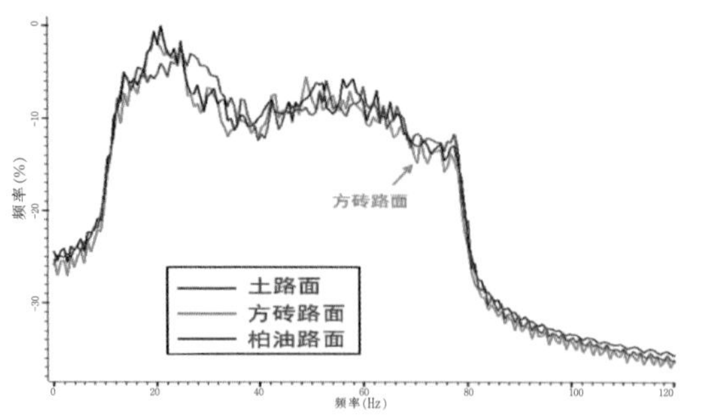

图 4-4-18　土路面、方砖路面和柏油路面激发单炮频谱

图 4-4-22　玉米地和硬路面激发单炮频谱

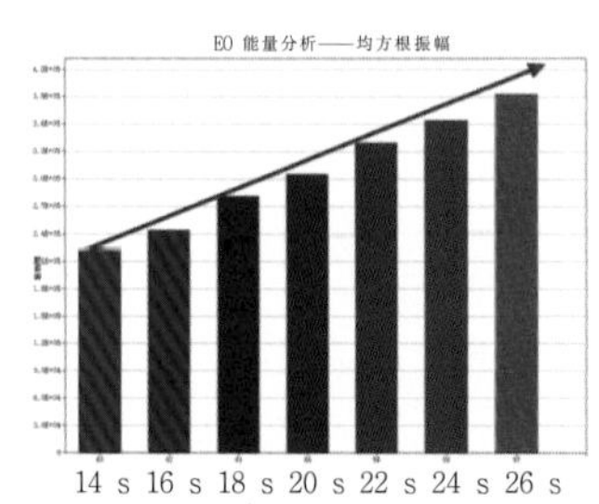

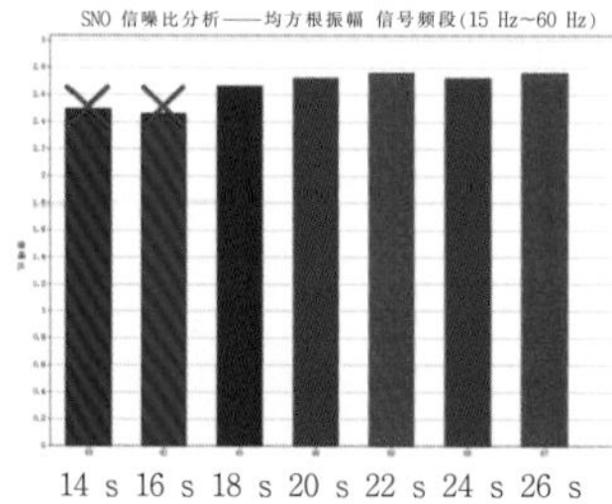

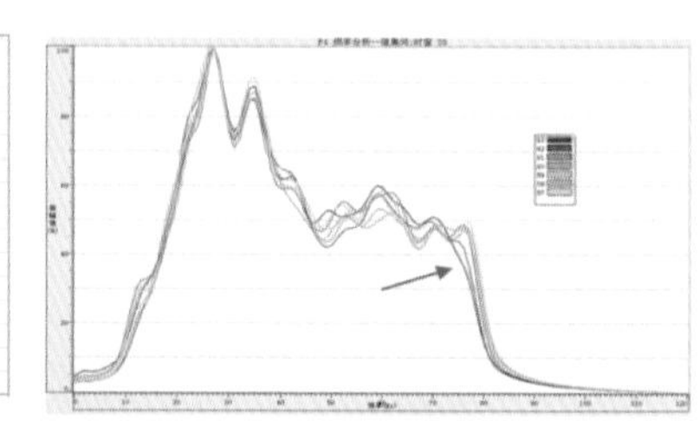

图 4-4-25　小型可控震源不同扫描长度的能量(左)、信噪比(中)和频谱(右)分析

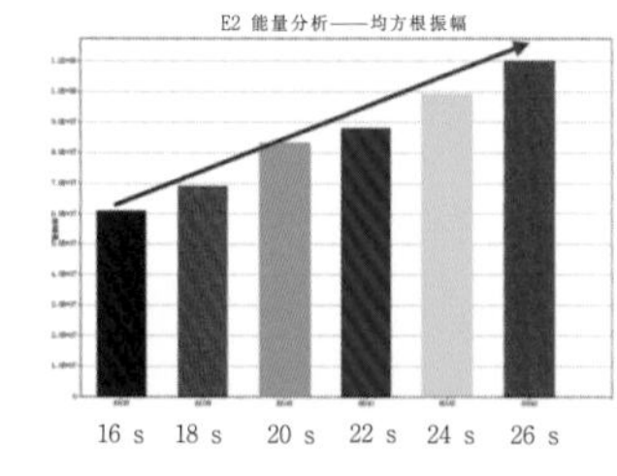

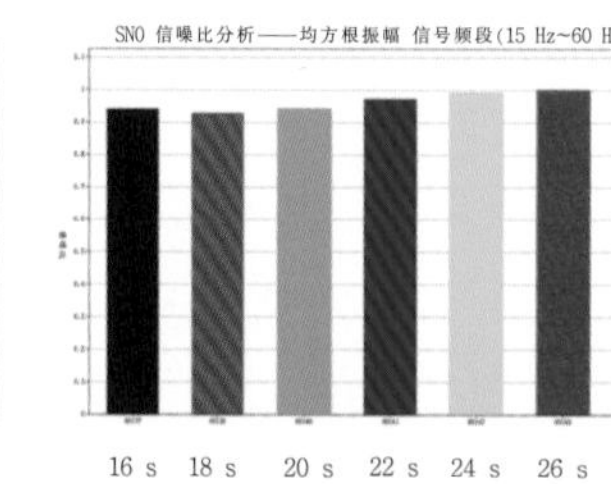

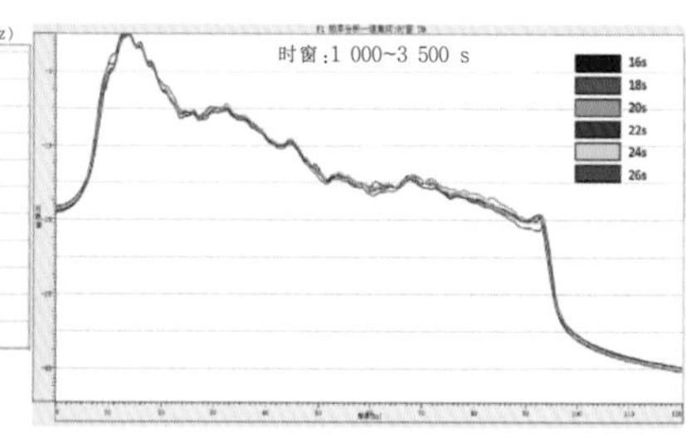

图 4-4-30　S_2 点不同扫描长度的能量(左)、信噪比(中)和频谱(右)分析

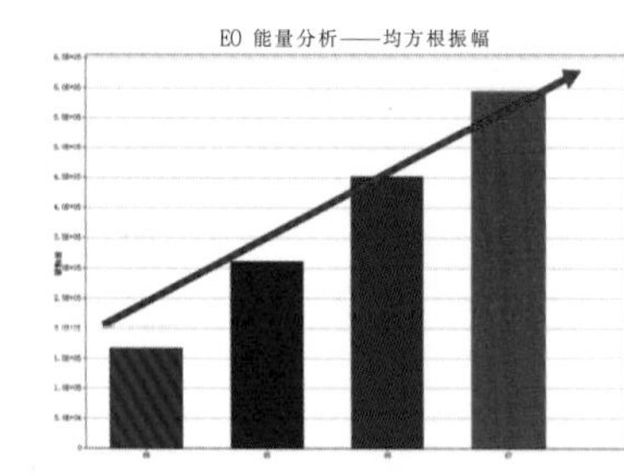

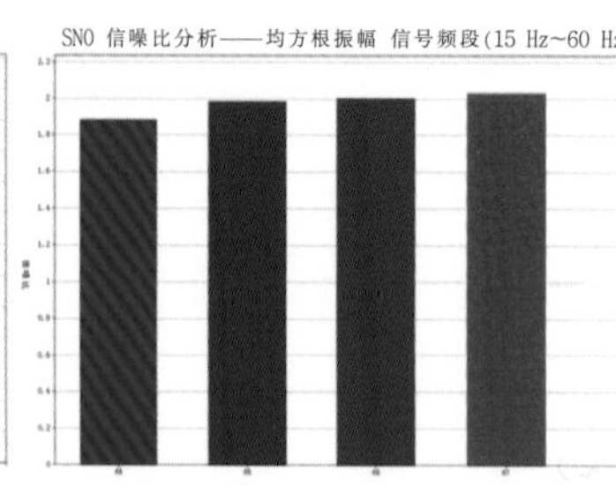

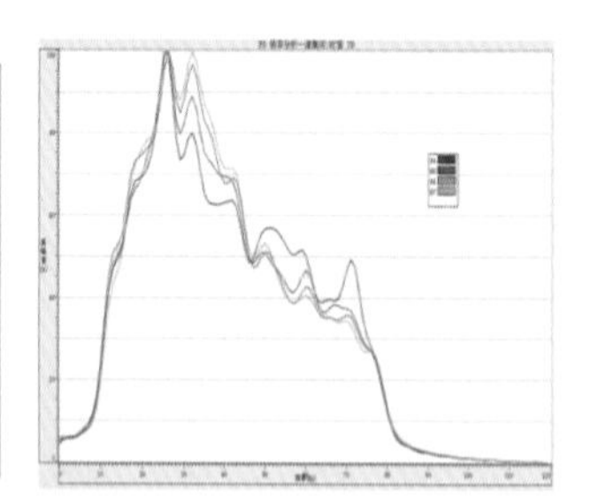

图 4-4-33　S_1 点不同振动次数的能量(左)、信噪比(中)和频谱(右)分析

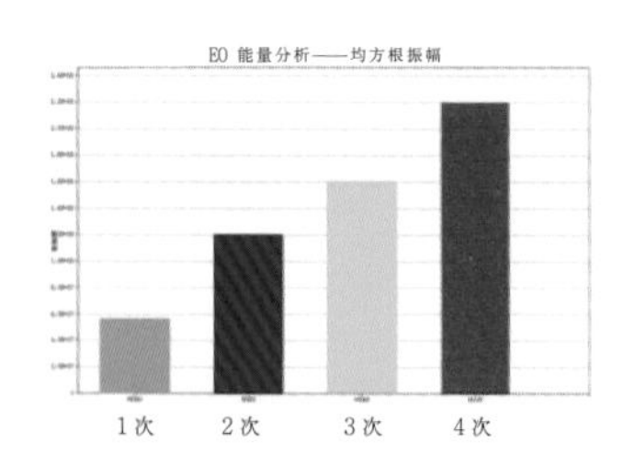

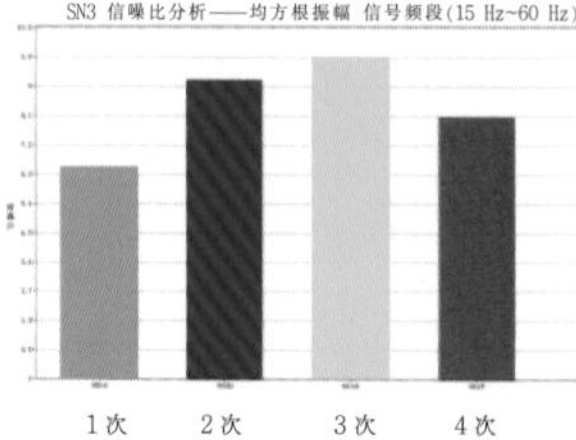

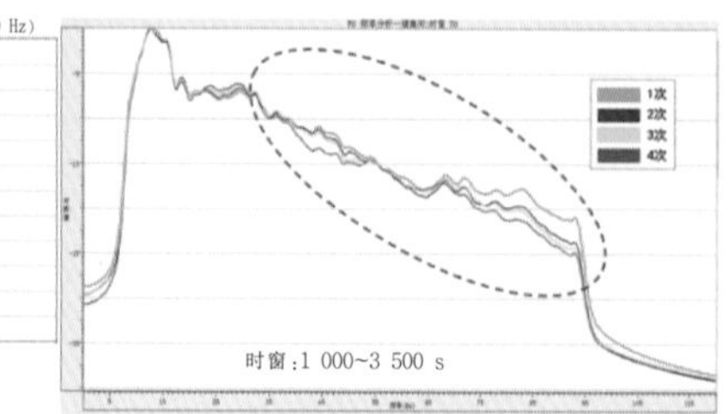

图 4-4-38　S_2 点不同振动次数的能量(左)、信噪比(中)和频谱(右)分析

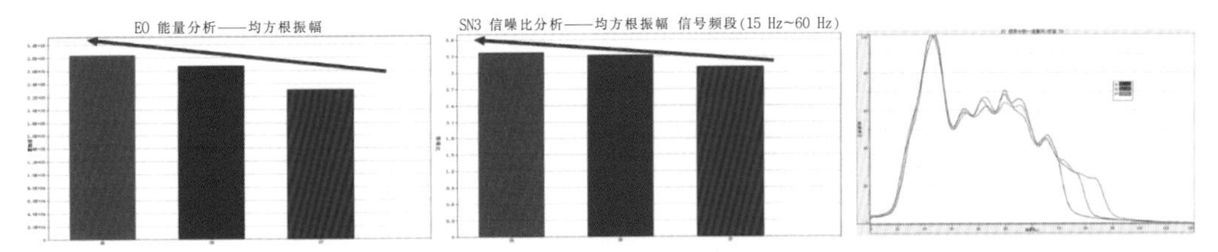

图 4-4-41　S_1点不同扫描频率的能量(左)、信噪比(中)和频谱(右)分析

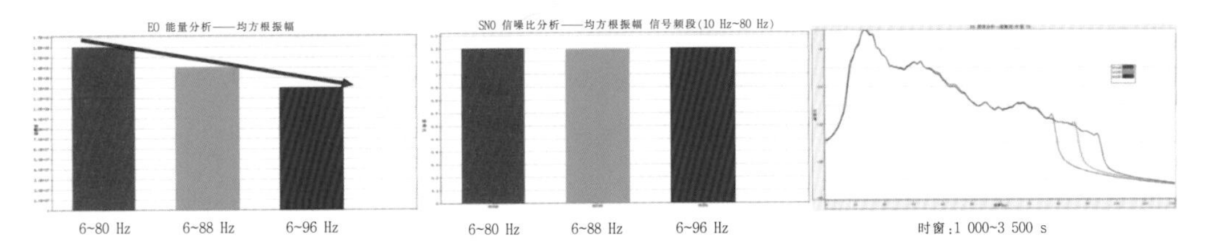

图 4-4-45　S_2点不同扫描频率的能量(左)、信噪比(中)和频谱(右)分析

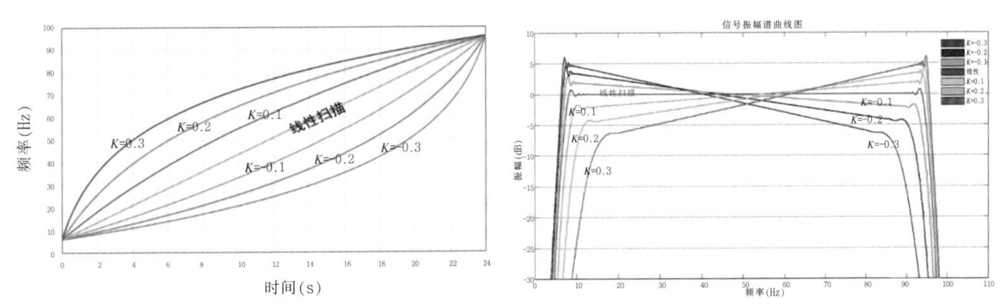

图 4-4-46　不同 ***K*** 值非线性扫描信号时间频率曲线

图 4-4-47　不同 ***K*** 值非线性扫描信号频谱分析

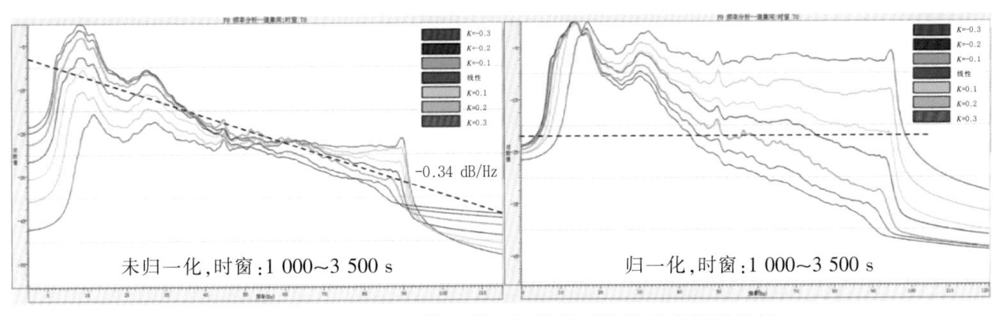

图 4-4-55　不同 ***K*** 值非线性扫描信号激发单炮频谱分析

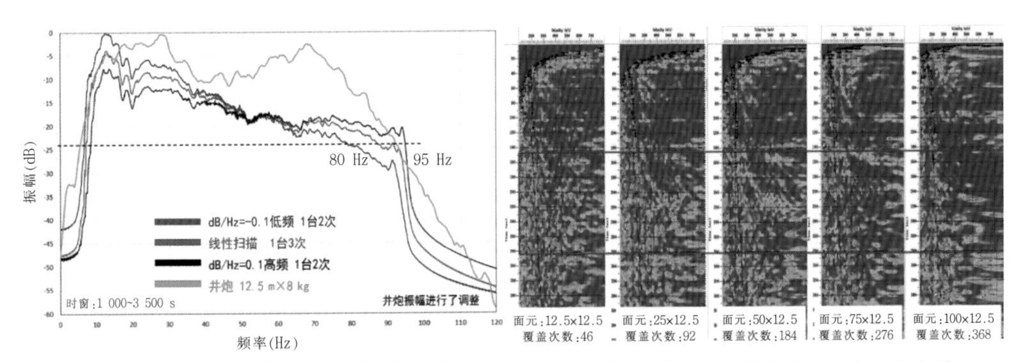

图 4-4-66　可控震源与炸药震源激发单炮频谱分析

图 4-4-76　不同覆盖次数对应的速度谱

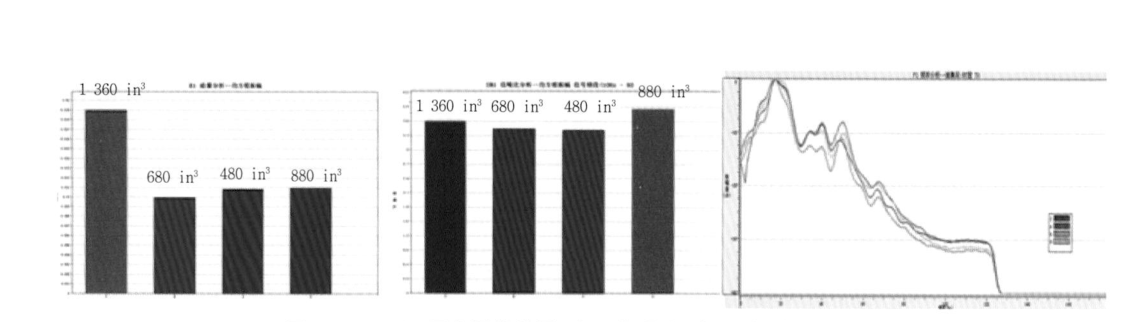

图 4-4-92　不同容量的能量(左)、信噪比(中)和频谱(右)分析

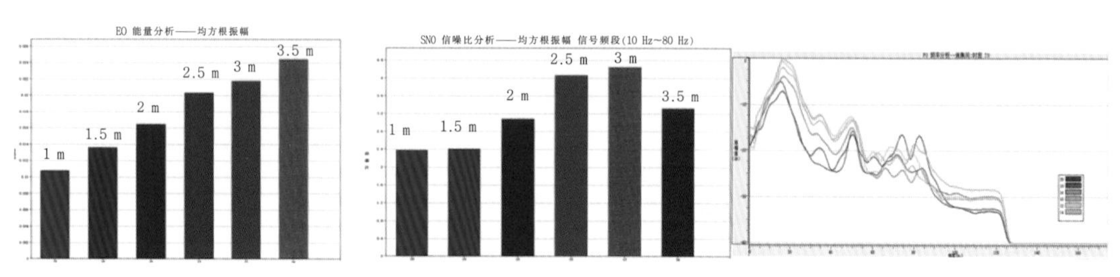

图 4-4-100　不同沉枪深度的能量(左)、信噪比(中)和频谱(右)分析

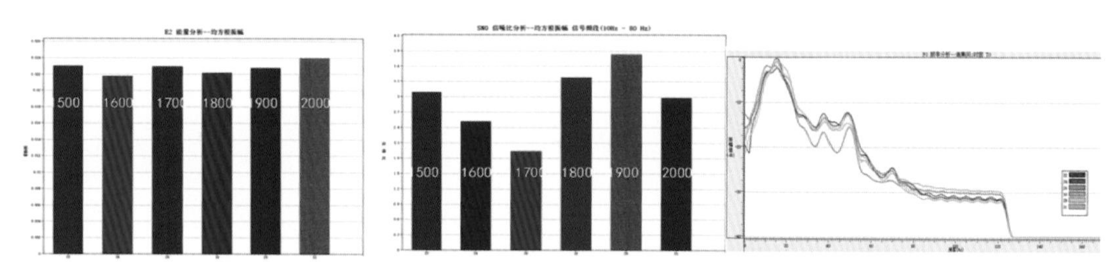

图 4-4-108　不同气枪压力的能量(左)、信噪比(中)和频谱(右)分析

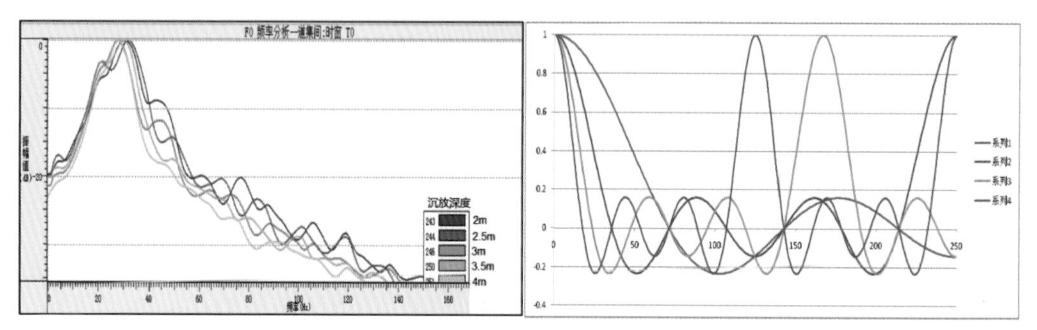

图 4-4-144　电极不同沉水深度单炮的频谱分析

图 5-1-1　不同组合基距的频率特性曲线

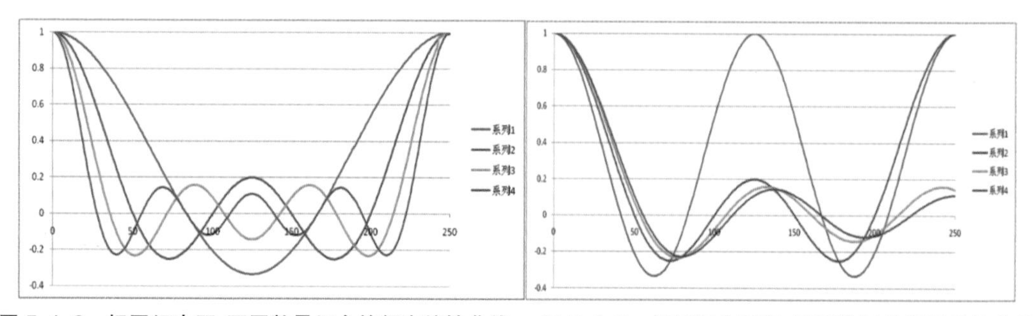

图 5-1-2　相同组内距、不同数量组合的频率特性曲线

图 5-1-3　相同组合基距、不同数量的频率特性曲线

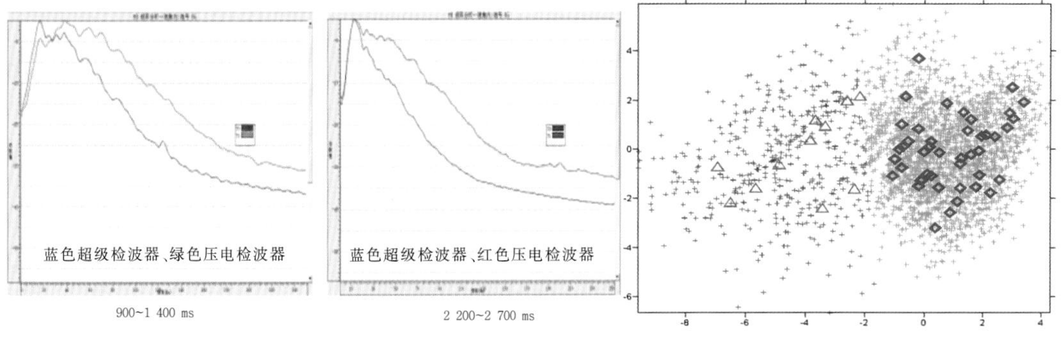

图 5–1–29　不同信号类型检波器的窗频谱分析

图 6–2–5　样本增强后的新样本集分布图

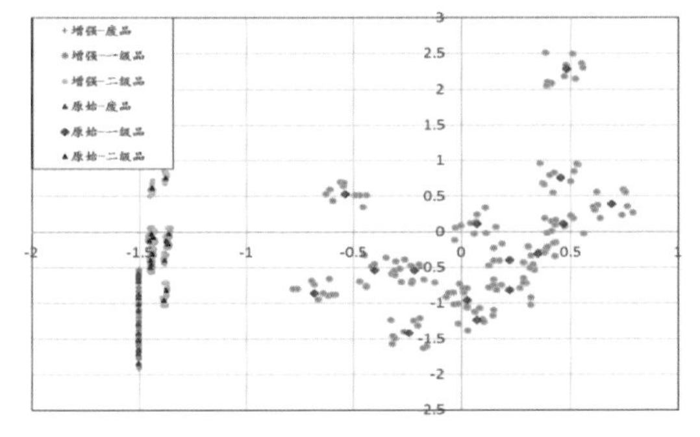

图 6–2–7　样本增强后的数据分布图

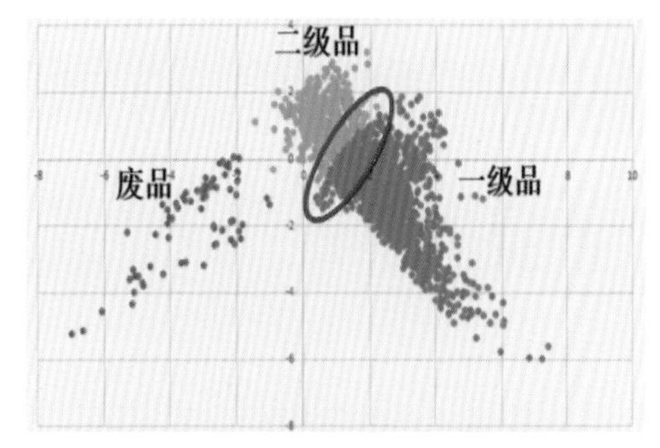

图 6–2–8　生产炮自动评价结果分布图

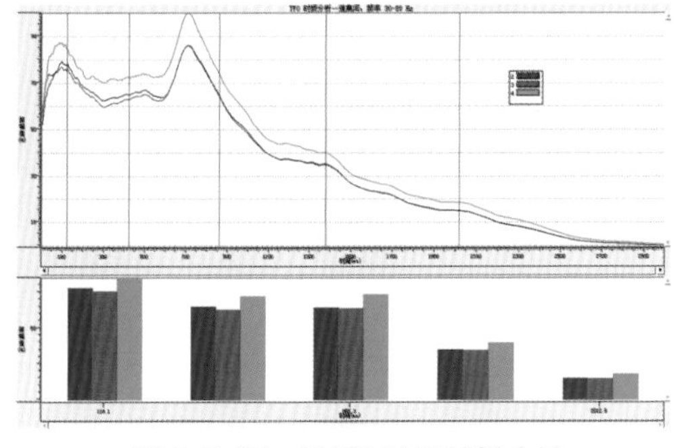

图 6–2–37　CH66 工区时频分析

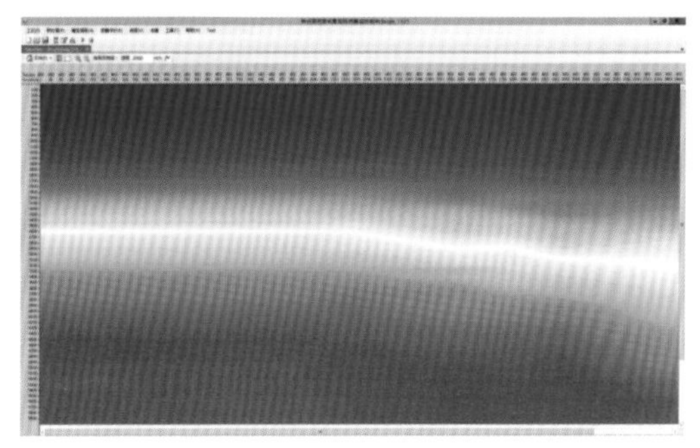

图 6–3–5　Inline350 线均方根速度模型

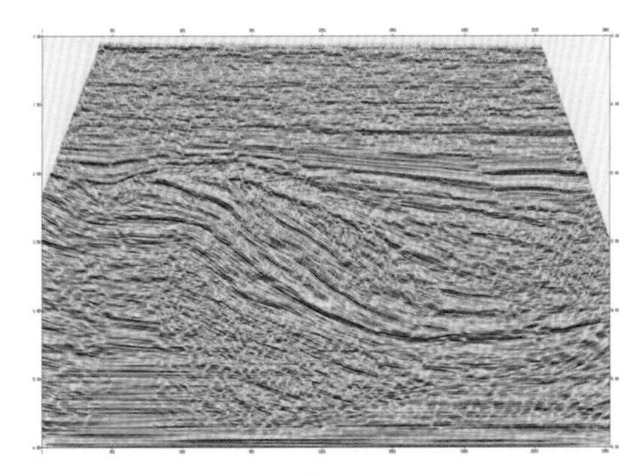

a.成果剖面

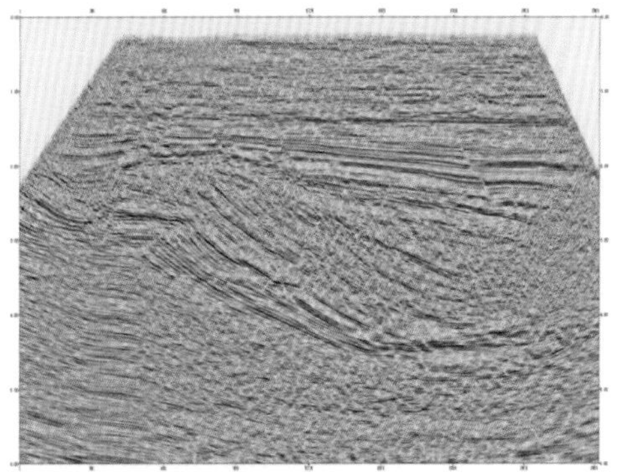

b.快速成像技术处理剖面

图 6–3–6　Inline350 线成果剖面和快速成像处理剖面

谨以此书献给

五十年来为胜利物探技术进步矢志不渝接续奋斗的人们！

前 言

济阳坳陷是中国陆相断陷盆地的典型代表，先后经历了大型背斜构造勘探阶段、复式油气聚集带勘探阶段和隐蔽油气藏勘探阶段。经过胜利物探人50余年的油气勘探，济阳坳陷已整体进入成熟勘探阶段，勘探程度越来越高，陆相油气藏勘探目标越来越具有隐、碎、薄、小、深、散等特点，对勘探研究、部署及管理的精细程度都提出了更高的要求。“十一五”到“十三五”期间，经过持续深化地震采集技术的攻关研究和应用，为胜利油田增储稳产提供了有力技术支撑。研究结果表明，济阳坳陷剩余资源依然丰富，提高地震采集资料的品质，对重新认识增储构造类型，精细分析主力含油层系，进一步落实有效储量阵地具有重要意义。

实践表明，近1/3的剩余油受小断层(≤5m)、薄储层(≤3m)的控制，作为找油基础的地震资料，需要更高的分辨率和信噪比、更宽的频带予以支撑。三维地震采集技术虽然为目标成像处理提供了较高品质的地震资料，但随着地质目标越来越隐蔽，开发难度越来越大，常规地震采集技术还不能完全满足油藏勘探开发的要求，需要提供高保真、宽频宽方位的地震采集资料，满足复杂地质构造的成像精度。“十三五”期间，胜利物探对已有成熟的地震采集技术进行了推广应用，对存在不足的研究成果进一步完善深化，对济阳坳陷复杂地质目标面临的勘探难点，开展了高精度地震采集关键技术攻关。

从国内外高精度地震勘探技术的发展趋势来看，高密度地震勘探是进一步提高地震成像精度的正确方向。国外高密度地震技术起步早、研究多，逐渐形成了独具特色的地震采集技术和配套的软硬件设备，海上、陆上商业化勘探应用较为成熟，但对外实行技术封锁。目前国际上存在着两条技术路线，一是以UniQ为代表的单点高密度地震技术，这是一种基于单点激发、单点接收的地震采集系统和技术方法，采用单道检波器以较小的道距和线距采集，数字化接收，室内基于单道进行信号处理和成像；二是以HD3D技术和Eye-D技术为代表的高密度地震技术，采用模拟检波器组合，在野外采集中采用小道距、小炮点距、宽方位等手段获取高质量的地震数据。

2000年以来，国内地球物理公司开展了一系列相关技术的研究与应用。中石油推出了新一代高密度地震技术，其核心是利用自主研发的低频可控震源，实现了高密度高效激发，采用动圈检波器小组合或动圈单点检波器接收。2003年，中石化胜利油田提出了“高密度三维地震技术是老油区二次勘探的关键技术之一”的观点，并开展了设备、技术、工艺方法等多方面的攻关研究及应用实践。2005 年，胜利物探在垦 71 井区首次实施应用单点数字检波器(DSU3)接收的高密度三维地震采集，炮道密度达到了 180 万道；相比常规组合检波器，新采集单炮数据主频提高，频带明显拓宽，尤其高频能量高于常规检波器，攻关取得了很好的应用效果，为单点高密度地震实用化积累了经验。但是由于当时 DSU3 单点数字检波器价格昂贵，兼容性差，埋置条件要求高，防水性差以及其他相关配套技术未成熟，最终未能将单点高密度地震勘探技术进行规模化应用。

在“十一五”“十二五”研究成果的基础上，胜利物探在“十三五”期间，针对济阳坳陷的地质难题重点开展了宽频宽方位高精度地震采集技术研究，突破理论、方法、技术、设备等多方面的限制，为老油田精细勘探开发提供了有力的技术支撑。通过攻关研究，在理论、方法及软硬件研发方面取得了多项技术创新及突破性进展。

其一，将岩土介质选频吸收效应引入理论模型，发展完善了爆炸震源激发地震波理论，定量化描述炸药震源初始参数与远场地震波幅频特征关系，为实现定量化精确激发方案的方法设计与实施提供了理论基础，同时将理论突破与技术方法模块化，研发形成了炸药震源激发地震波波场模拟系统及配套采集硬件设备，在济阳坳陷多个工区进行了实际应用，通过分析中远场地震波幅频特征，可以合理选择炸药震源参数和激发层位，达到控制地震波场进行定量化精确激发，最终实现井深、药量逐点设计的目的。

其二，研发了新型接收设备，即动圈式低频高灵敏度检波器和低频陆用压电检波器，在野外进行了试验测试及应用，提高了高低频弱信号的接收能力。其中低频陆用压电检波器，主要技术指标基本达到了数字检波器的水平，灵敏度高、频带宽、动态范围大，地表条件适应性强，能够满足济阳坳陷高精度地震采集的需要。

其三，形成了一套宽频宽方位高精度地震采集技术系列及配套工艺方法，包括基于观测系统属性分析的单点观测系统评价技术、高精度地震测量技术、基于单炮衰减能量量化分析的岩性优选方法和宽频激发技术、多类型震源组合激发及匹配处理技术、单点接收技术、复杂地表单点检波器野外埋置方法和工艺、海量地震数据现场快速质控技术等。

高精度地震采集技术的应用，使济阳坳陷复杂油气藏的成像精度明显提高，该技术成为胜利油田增储稳产强有力的技术支撑。济阳坳陷高精度地震采集技术是胜利物探人多年来持续攻关研究的成果。本书根据大量的生产试验，按照地震资料采集的关键工序流程，总结提炼了胜利物探近十年来在济阳坳陷开展高精度地震资料采集攻关形成的相关技术。其中，徐钰、张剑整理了近地表调查的主要素材；宋智强、宁鹏鹏整理了观测系统方面的素材;杜清怀、张延同整理了地震测量部分的主要内容;姜子强、任宏沁、贾立坤整理了地震激发方面的部分材料;任立刚、王春田、徐美辉整理了地震接收技术方面的相关素材;徐维秀、王淑荣整理了现场质控方面的相关材料。

本书在编写过程中,得到了中石化集团公司首席专家王延光,中石化集团公司高级专家韩文功、吕公河,中石化地球物理公司高级专家丁伟、胡立新、张光德,北京理工大学教授王仲琦等的指导,也得到了中石化地球物理公司的于富文、孙呈德、徐雷良、冯刚、许孝坤、于静、董长安、刘斌、张旭、赵国勇等领导和专家的大力支持及帮助,中石化地球物理公司胜利分公司的地震队和地震勘探研究所为方法研究提供了大量的基础性试验资料和分析数据。在此,对为本书提供支持和帮助的单位、领导、专家和同事们表示衷心的感谢!

书中的部分结论来自现场试验的归纳总结,受试验规模和数量的影响,以及编写水平的限制,难免会有认识上的不足和错误,敬请读者批评指正。

编著者

2021 年 1 月

目 录

第一章　近地表精细调查

济阳坳陷是胜利油田勘探开发的主阵地，地质构造复杂、油气资源丰富、油气藏类型多样，被喻为"石油地质的大观园"，至今已发现70多个油气田，成为我国重要的石油产区。其中，地震勘探技术为胜利油田的发现和发展发挥了巨大作用。随着地震勘探技术的飞速发展，对地震勘探精度的要求也越来越高。济阳坳陷复杂的近地表对于精细勘探的影响是巨大的，李庆忠院士说："近地表是地震勘探最大的敌人！"就地震资料采集而言，为了最大限度地提高资料信噪比、分辨率及保真度，激发参数的选取应尽可能做到准确化、精细化。

在济阳坳陷近60年的地震勘探工作中，针对采集、处理、解释进行了大量研究工作，但对近地表的研究深度还不足，近地表调查的精细程度还不够。归其原因，主要有以下两点：其一，济阳坳陷地形多为平原区，以往认为近地表比较均匀，纵横向变化不大；其二，近地表调查方法主要是采用小折射、微测井方法，粗测近地表的速度、厚度参数，测试精度比较低。实际上，济阳坳陷近地表属于第四系冲积平原覆盖区，在地震勘探的激发层段(10～20 m)近地表沉积结构特征差异较大，不同类型的近地表岩性、物性复杂多样，近地表的激发参数选取精度直接影响到地震采集效果。处理环节的噪音压制和处理过程中静校正、动力学异常补偿等也依赖于近地表资料。因此，近地表资料对于提高地震勘探精度非常重要。

认识到济阳坳陷近地表对高精度地震勘探的重要性后，我们逐步开展了多项有效的近地表探测技术研究，以及济阳坳陷近地表岩土特征、沉积模式、地质成因和宏观分布规律研究。将岩土工程、测井工程和地震勘探有机结合，自主开发了近地表岩性探测仪和半合管薄壁表层岩土取心器等技术，探索形成了一套高效、适用、高精度的近地表探测技术序列，不但提高了近地表探测的精度，而且引入更多的描述参数进行精细近地表建模，能够更好地用于指导高精度地震勘探的采集和资料处理。近10年间，从速度调查到岩性调查，从单一井深设计到多因素约束的逐点井深设计，对激发的要求不断提高，资料效果也有了大幅提升。研究成果已成功应用到胜利油田探区高精度地震勘探项目，显著提高了地震资料的品质，取得了非常好的勘探效果。

一、近地表对地震效果的影响分析

济阳坳陷近地表属于第四系冲积平原覆盖区，虽地表较为平坦，但近地表沉积类型多样，主要有河流沉积、三角洲沉积和风成沉积三种类型，造成近地表的速度、岩性、物性等多样，地震勘探激发接收差异非常大，成为制约高精度地震勘探进一步发展的关键。图1-1-1是区内的岩性柱状图，可见多种岩性交互沉积，岩性变化快，界面多。

济阳坳陷近地表岩性介质特性差异很大,有黏土、沙土、砂等,含水率也不一样,导致近地表介质结构更加复杂。为分析不同岩性介质对地震激发的影响,在实验室构建了黏土胶泥、湿沙土、干沙土、湿沙、干沙和空穴几种模型,利用振动台测试在相同激励的条件下,不同介质模型中检波器接收到的激励响应振幅值, 测试结果见图 1-1-2。从图中可以看出:在不同的岩性中激发,频率特征有着较大的差异。整体来看,胶泥是最好的激发岩性,含泥沙土介质优于沙质介质,含水介质优于不含水介质。

地质时代	层号	层底标高(m)	层底深度(m)	分层厚度(m)	柱状图 1:150	岩性描述
Q_4^{al}	1	-6.00	6.00	6.00		粉土:黄褐色-灰褐色,稍密-中密,湿,摇振反应迅速,无光泽反应,低干强度,低韧性,局部夹杂少量黑色有机质,局部黏粒含量较高,夹粉质黏土薄层
Q_4^{al}	2	-13.20	13.20	7.20		淤泥质粉质黏土:灰色-灰黑色,流塑—软塑,稍有光泽,中等干强度,中等韧性,土质不均匀,见少量贝壳碎屑,局部有机质含量较高,含少量植物腐殖质,有嗅味,局部黏粒含量高,夹粉土薄层,局部黏粒含量较高,可达黏土
Q_4^{al}	3	-16.20	16.20	3.00		粉土:灰色,中密-密实,湿,摇振反应迅速,无光泽反应,低干强度,低韧性,见少量贝壳碎片,见条带状氯化馁条斑,局部黏粒含量较高,夹粉质黏土薄层,局部砂粒含量高,达粉砂
Q_4^{al}	3_{-1}	-18.20	18.20	2.00		粉质黏土:灰色-灰色白,软塑—可塑,稍有光泽,中等干强度,中等韧性,局部粉粒含量高,可达粉土,局部偶见钙质结核
Q_4^{al}	4	-21.00	21.00	2.80		粉土:灰色-黄灰色,中密-密实,湿,摇振反应迅速,无光泽反应,低干强度,低韧性,局部砂粒含量较高,局部粘粒含量较高,夹粉质黏土薄层
Q_4^{al}	4_{-1}	-22.20	22.20	1.20		粉质黏土:灰褐色,软塑—可塑,稍有光泽,中等干强度,中等韧性,土质不均匀,局部粉粒含量高,局部黏粒含量较高,达黏土
Q_4^{al}	4	-24.00	24.00	1.80		粉土:灰色-黄灰色,中密-密实,湿,摇振反应迅速,无光泽反应,低干强度,低韧性,局部砂粒含量较高,夹粉质黏土薄层

图 1-1-1 济阳坳陷某区块近地表岩性柱状图

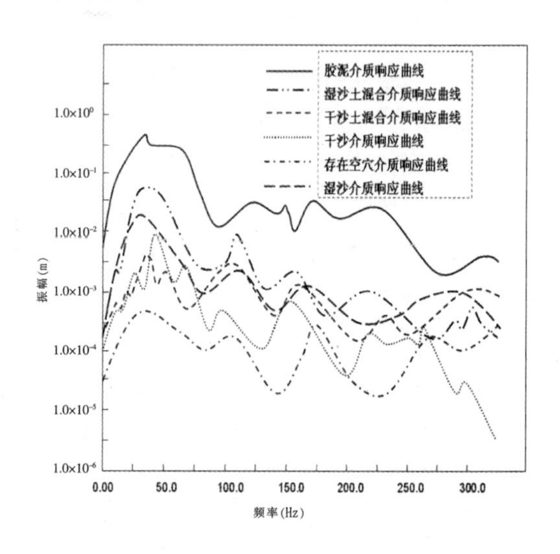

图 1-1-2 不同岩性介质的响应曲线对比图

1.多界面相互关系的对比分析

微地震测井是近地表速度和虚反射界面的有效调查方法。前期试验主要通过双井微测井井底道分析,精确调查虚反射界面,选取虚反射界面下不同深度进行试验。而生产过程中,大多采用单井微测井井旁道分析,调查高速层界面。以往在东部老区设计激发井深时,大多将高速层界面等同虚反射界面进行设计。

而实际上,随着近几年岩性探测等表层调查方法的改进,对表层的认识更加清楚,也逐步发现以前的认识存在偏差。经过多个区块对比发现,虚反射界面与高速层界面并不一定重合,虚反射界面大多与降速层与高速层交接位置附近的岩性界面重合。以图 1-1-3 为例,6 m 处有一个强的虚反射界面, 与粉土和粉质黏土界面重合, 而该点高速层界面为 8.74 m,与虚反射界面、岩性界面都不重合。

通过多个区块统计,发现虚反射界面大多为粉土、粉质黏土、黏土三种岩性的界面。但在最强的虚反射界面上方及下方, 同样存在此类岩性界面, 也会产生虚反射界面。如图 1-1-4,图中 6 m 处为粉质黏土和黏土的界面,是一个强虚反射界面,该界面下出现 4 套弱的虚反射特征,通过对比分析,分别为 9 m 处黏土与粉土、14 m 处粉土与粉质黏土、17.8 m 处粉质黏土与粉土、20.4 m 处粉质黏土与粉砂等岩性界面。

虚反射界面主要为波阻抗差异产生。借助岩土测试方法对岩性密度进行测定,发现存在一定规律。黄褐色泥质粉砂(粉土)的密度范围为 2.10~2.14 g/cm³, 灰黑色细砂为 2.05~2.10 g/cm³, 黑色碳质黏土为 1.94~2.01 g/cm³, 黄色黏土 (含钙结核)为

1.94~1.98 g/cm^3,红色粉质黏土为 1.8~1.94 g/cm^3。

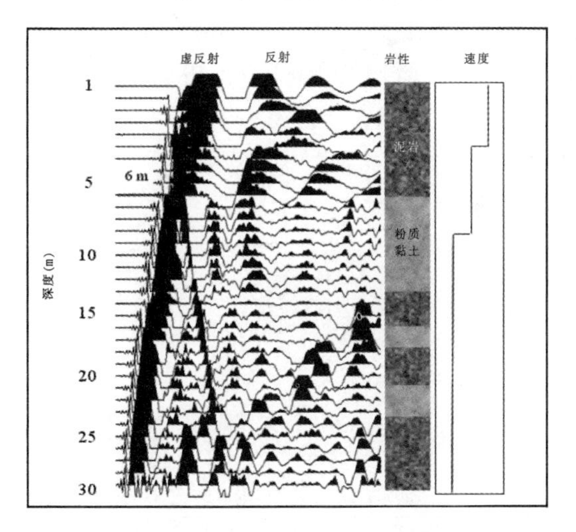

图 1-1-3 虚反射界面、岩性界面与速度界面对比

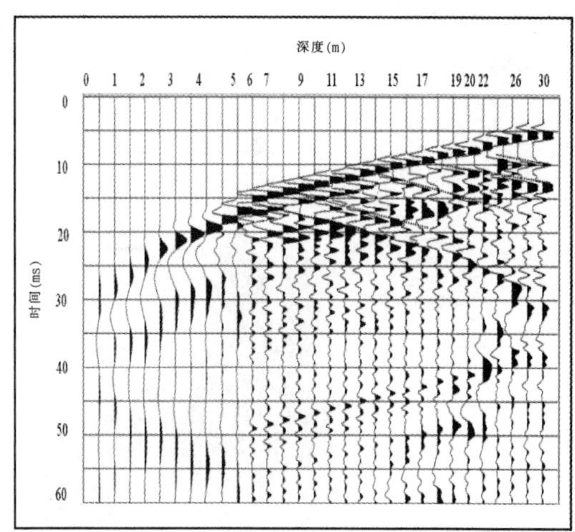

图 1-1-4 强、弱虚反射界面与岩性界面对比

假设降速层速度为 1 000 m/s,黄褐色泥质粉砂与灰黑色细砂,波阻抗差异为 50,虚反射不明显;而黄褐色泥质粉土与红色粉质黏土,波阻抗差异为 300,虚反射界面可有效识别,这是不同岩性虚反射界面强弱差异的原因。当高速层界面在相同岩性中时,以胜北地区为例,波阻抗差异值为 155.2,小于该点降速层中 7.5 m 处岩性界面的波阻抗 352,这也是在冲积平原覆盖区虚反射界面大多是岩性界面,而非高速层界面的原因。

2.速度与岩性对频率的影响

1942 年,Sharpe 提出,在距爆炸点一定距离处均匀弹性介质中质点位移可写成

$$u(t)=\frac{a^2P_0}{2\sqrt{2}\,\mu r}\exp\left(-\frac{kt}{\sqrt{2}}\right)\sin kt,t\geqslant 0 \tag{1-1-1}$$

式中,a 为爆炸形成的球形孔穴半径(m);P_0 为作用于孔穴内壁上的压强(N/m^2);μ 为弹性常数;r 为传播距离(一般为孔穴半径的几倍)(m);t 为传播时间(s);k 为圆频率(Hz),且

$$k=\frac{2\sqrt{2}}{3}\ \frac{v}{a} \tag{1-1-2}$$

式中,v 是激发岩性中地震波传播的速度(m/s)。将式(1-1-1)求导可得质点振动的速度表达式:

$$s(t)=\frac{a^2P_0\,k}{2\sqrt{2}\,\mu r}\exp\left(-\frac{kt}{\sqrt{2}}\right)\left(\cos kt-\frac{1}{\sqrt{2}}\right)\sin kt,t\geqslant 0 \tag{1-1-3}$$

当 r 较小时,上式可近似看作震源子波。对式(1-1-3)作傅立叶变换可得相应振幅表达式:

$$|s(w)|=\frac{a^2P_0\,k}{2\sqrt{2}\,\mu r}\ \frac{w}{\sqrt{\left(\frac{3k^2}{2}-w^2\right)2+2k^2+w^2}} \tag{1-1-4}$$

式中,w 为地震波的频率(Hz)。

从 Sharpe 的研究可以看出,在不考虑其他因素时,震源子波的波形和振幅谱主要取

决于激发岩性的速度、弹性常数和孔穴半径。当药量一定时,岩性速度越大，频带越宽;孔穴半径小,频率升高。这表明在致密岩性中爆炸时，由于孔穴半径小，并且岩性速度大，频率自然高。图 1-1-5 是在相同岩性、不同速度层中进行激发的单道对比,可以看出,随着速度增高,频带逐渐拓宽,但在高速层中,相同激发岩性,频谱差异不大。

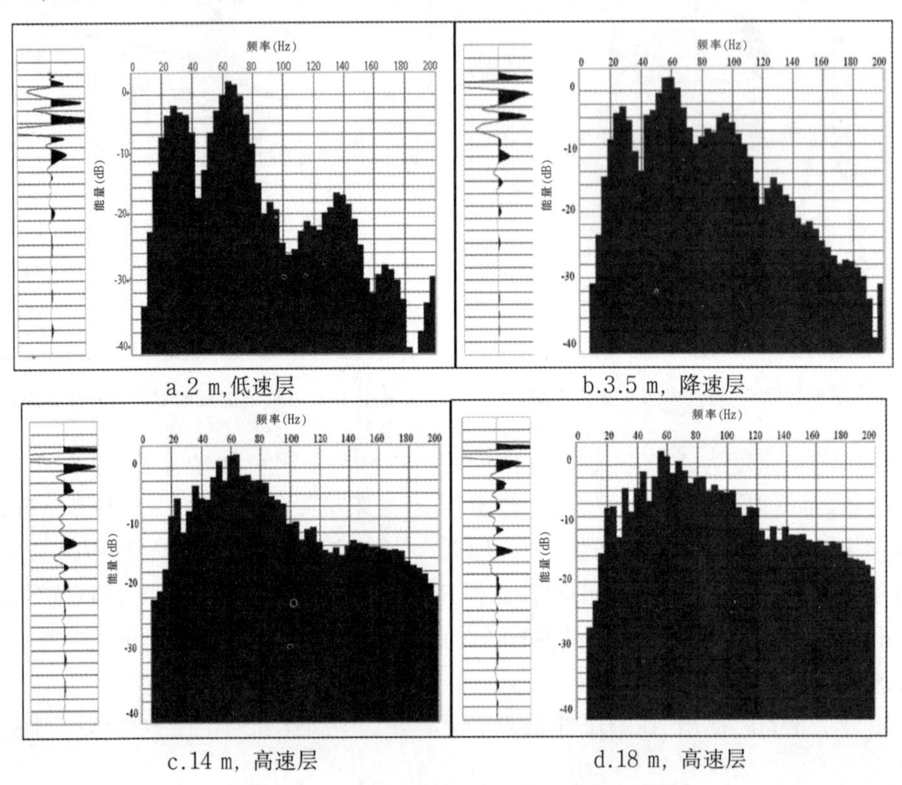

a.2 m,低速层　　b.3.5 m，降速层

c.14 m，高速层　　d.18 m，高速层

图 1-1-5　不同速度层粉土中激发频谱对比

分析地震子波对选择激发岩性同样有着重要的意义，同时子波的提取精度和准确性格外重要。地震记录可以被看成地层的反射系数与子波的褶积。要从地震记录中反演出地层信息,首先必须有准确度较高的子波。

地震子波是一个波动,应具有直流分量为零或近似为零的特点,然而由于前期处理、计算方法以及其他因素的影响，根据褶积模型直接反演得到的子波往往不能很好地满足这一条件,因此,在反演时应对子波的直流分量加以限制。同时,不同相位性质的子波的起始时间不同。如零相位子波是对称的双边信号,在 t=0 前后都有信号;而最小相位子波则是单边信号,仅在 t=0 之后有信号。对同一段地震记录,当子波不同时,能够产生影响的反射系数段也不同。因此,应对由于子波起始时间不同而造成的截断误差加以考虑。

设地震记录 $x(t)$的起止时间为 t_0 到 t_1,子波 $w(t)$的起止时间为$-p$ 到 q。由于子波的时延特性,反射系数 $r(t)$不仅在 t_1 到 t_2 段对 $x(t)$起作用,而且在时间 t_1-q 到 t_2+p 之间的部分都会对 $x(t)$产生贡献。因此,考虑到截断效应的影响,在提取 t_1 到 t_2 这一时窗内的地震子波时,应使用 t_1-q 到 t_2-p 时间段的反射系数序列。特殊情况下,如当子波为最小相位时,p=0,而 $q>0$;当子波为零相位时,$p=q>0$。

一方面,根据子波直流分量为零的情况,应满足$\sum_{t=-p}^{q} w(t)=0$;另一方面,褶积模型又要求地震记录、反射系数和子波之间应满足$x(t)=\sum_{t=-p}^{q} w(\tau)r(t-\tau)$,实际应用时应使等号两边的平方误差最小,即

$$\sum_{t=t_1}^{t_2}[x(t)-\sum_{\tau=-p}^{q}w(\tau)r(t-\tau)]^2\rightarrow \min. \tag{1-1-5}$$

同时考虑以上两方面的因素,可根据拉格朗日乘子法建立以下条件极值问题的目标函数:

$$E=\sum_{t=t_0}^{t_s}\left[x(t)-\sum_{\tau=-p}^{q}w(\tau)r(t-\tau)\right]^2+2\lambda\sum_{\tau=-p}^{q}w(t)\xrightarrow{w,\lambda}\min. \tag{1-1-6}$$

由$\frac{\partial E}{\partial w}=0$和$\frac{\partial E}{\partial \lambda}=0$求解,得到$w$的解为

$$w=(r^{\tau}r)^{-1}[(r^{\mathrm{T}}x)-\lambda I] \tag{1-1-7}$$

式中,$(r^{\tau}r)_{i+\varepsilon,j+\varepsilon}=\sum_{t=t_1}^{t_2}r_{t-i}r_{t-j}$表示反射系数的自相关矩阵;$(r^{\tau}r)_{i+\varepsilon}=\sum_{t=t_1}^{t_2}r_{t-i}x_t$表示反射系数与地震道的互相关向量;$w$,$r$和$x$分别为子波$w(t)$、反射系数$r(t)$和地震记录$x(t)$的列向量;并且有$\varepsilon=1+p$,并且有

$$\lambda=\frac{L(r^{\tau}r)^{-1}(r^{\tau}x)}{L(r^{\tau}r)^{-1}I} \tag{1-1-8}$$

式中,$I=(1,1,\cdots,1)^{T}$,分别为$(n\times1)$的列向量和$(1\times n)$的行向量。常规意义下最小二乘法子波求取的目标函数为

$$\sum_{t=t_1}^{t_2}[x(t)-\sum_{\tau=-p}^{q}w(\tau)\tilde{r}(t-\tau)]^2\rightarrow\min. \tag{1-1-9}$$

求得的结果为

$$w=(\tilde{r}^{\tau}\tilde{r})^{-1}(\tilde{r}^{\mathrm{T}}x) \tag{1-1-10}$$

与式(1-1-6)相比,式(1-1-9)由于没有考虑直流分量条件的约束,因此,式(1-1-10)不同于式(1-1-7);同时公式中的反射系数向量$\tilde{r}=\tilde{r}(t)$的值也并不总是等于反射系数的真值,而是

$$\tilde{r}(t)=\begin{cases}r(t),t_1\leqslant t\leqslant t_2\\ 0,\text{其他}\end{cases} \tag{1-1-11}$$

式中,$r(t)$为反射系数的真值。特殊地,当满足$\lambda=0$(此时无直流约束),且$[t_1,t_2]\rightarrow(-\infty,+\infty)$(此时$\tilde{r}(t)\rightarrow r(t)$)时,式(1-1-11)才退化为式(1-1-8)。由式(1-1-8)和式(1-1-11)知,在通常情况下,$\lambda\neq0$,$\tilde{r}(t)$也不等于$r(t)$。对比可见,本反演方法综合考虑了直流分量和截断效应的影响,能够比常规的最小二乘法得到更为精确的结果。利用该方法可以更为精确地求取微测井地震子波。

图 1-1-6 是利用该方法分析在不同岩性中激发的子波,可以看出,在高速层中,相同激发岩性,子波形态相似,如粉质黏土中激发,主频为 55 Hz 左右、频宽为 2～116 Hz,虽受到陷波效应影响,但主频与频宽基本一致;不同激发岩性子波形态和频谱特征差异较大,如粉土中激发,主频为 48 Hz 左右,明显低于粉质黏土。

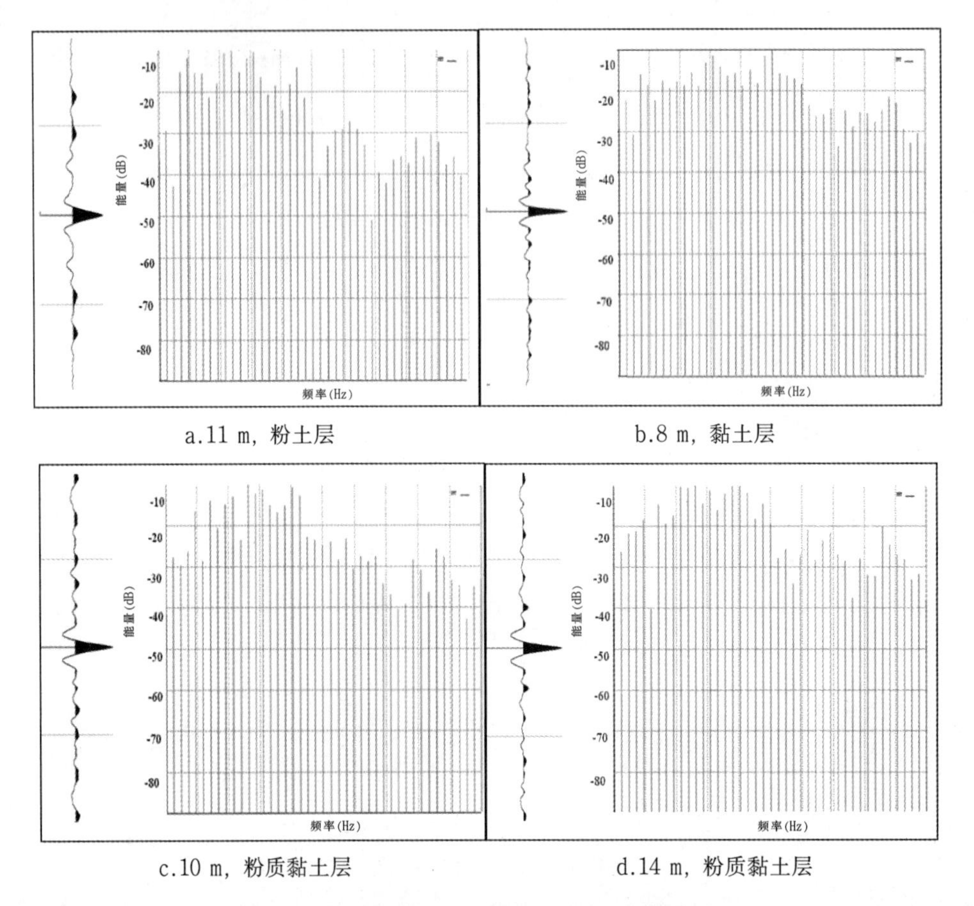

a.11 m，粉土层　　b.8 m，黏土层

c.10 m，粉质黏土层　　d.14 m，粉质黏土层

图 1-1-6　高速层中不同岩性激发子波的频谱对比

3.虚反射频谱陷波效应定量分析

虚反射是多次反射中的一种，指由爆炸点向上传播，遇到低速带底面或地面后，又向下反射传播，最后又从下面的反射界面再反射至地面的现象。因此，虚反射常和一次反射相伴随，或者与一次反射的尾部混合在一起，或者形成单独的波。

通常，地表接收到的反射信息是由震源直接下传和由虚反射界面反射下行波的两种波的合振动。以往，关注虚反射界面主要是利用虚反射界面减少表层干扰波和利用上、下行波同相迭加来增强下传能量。而从频率上考虑，因激发下行波和虚反射下行波具有时差，进行非同相迭加，必定会产生低频响应和某频段的频率压制，因此关注受虚反射界面影响的激发频率的响应特征对地震采集激发参数优选格外重要。

根据需要保护的地震信号的最高频率 f_m，计算药包距虚反射界面的距离：

$$h_0 \leqslant \frac{v}{4f_m} \tag{1-1-12}$$

在这个深度上激发能够避免虚反射的影响，上式经变形后能得到如下的形式：

$$f_m \geqslant \frac{v}{4h_0} \tag{1-1-13}$$

式中，v 为激发岩层的速度(m/s)；h_0 为药包距虚反射界面的距离(m)。

从以往理论分析来看，随着激发点与虚反射界面距离越来越远，陷波频率向低频位置移动，通过理论计算就可以算出其距离；但黄河三角洲冲积平原覆盖区近地表岩性变化格外复杂，多种岩性交互沉积，多个虚反射界面致使近地表波场格外复杂。

从表 1-1-1 虚反射界面下理论与实际陷频点对比来看，仅通过理论计算来指导激发频率优选、选择陷波影响较小区域仍然较难实现，而井底道频谱分析技术可以较为直观地分析陷波现象。

如图 1-1-7 所示，虚反射界面对激发频谱有着较大影响，界面下 1~7 m，主要陷频点在 100 Hz 以上，陷频点比较规律，逐渐向低频移动，与理论相符；但从界面下 10 m 深度分析结果来看，由于受到多个岩性界面的影响，存在多个陷频点，越到深层越明显。由于实际近地表存在多组虚反射界面综合影响，因此实际读取值与理论计算值有着较大差异。

表 1-1-1 理论陷频点和实际陷频点对比

虚反射界面下(m)	理论陷频点(Hz)	实际陷频点(Hz)
3	166	155
5	100	150
7	71	120
9	55	20、90
11	45	20、65、88、145
13	38	20、42、62、140
15	33	22、50、120、155
17	31	38、70、110、155
19	29	40、90、140、180
21	27	40、82、128、170
23	26	52、122、147

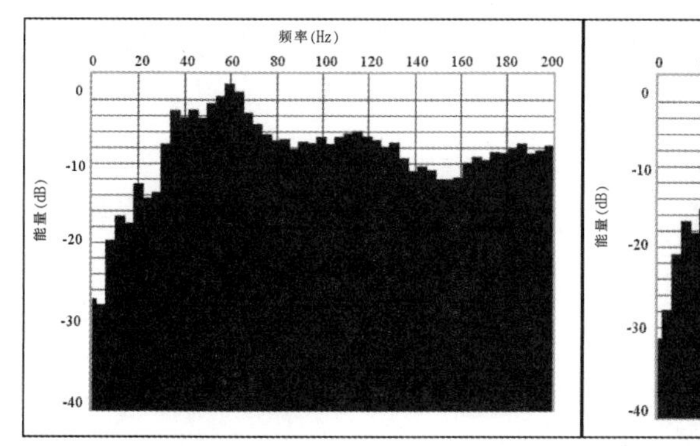

a.虚反射界面下 3 m

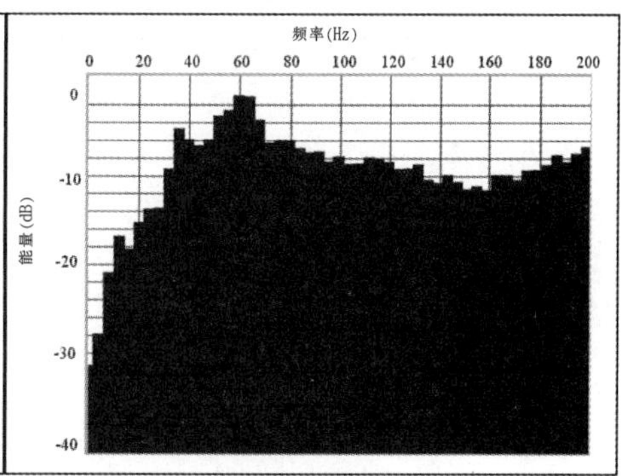

b.虚反射界面下 5 m

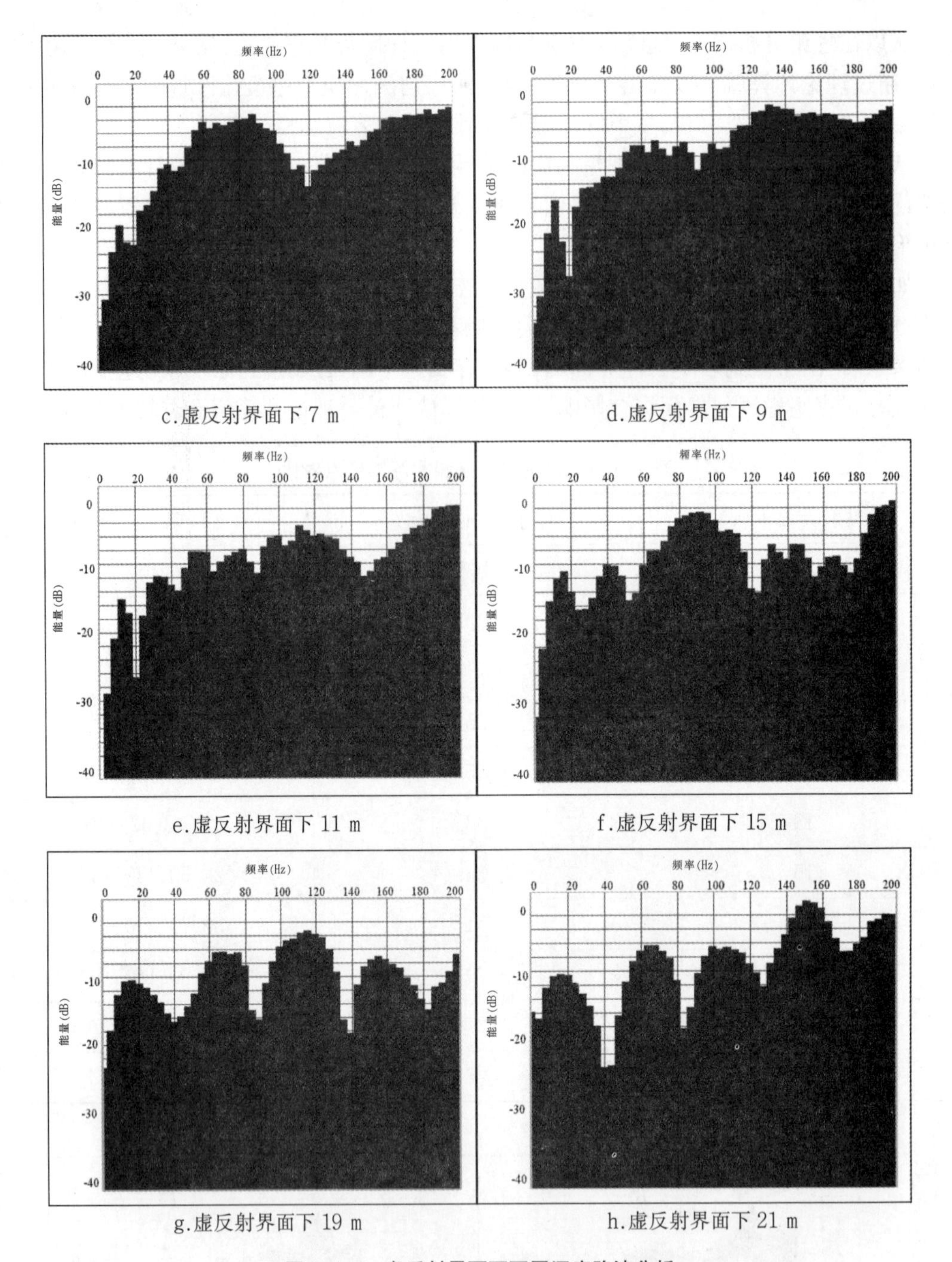

图 1-1-7 虚反射界面下不同深度陷波分析

二、近地表结构调查方法

常用的表层结构调查方法有小折射、微测井、静力触探、钻孔取心、地质雷达等。近年来又陆续出现了三分量 VSP 技术、电阻率法、微分电测探法等。在济阳坳陷进行近地表调查时，应用较多的有小折射、微测井、静力触探、钻孔取心这四种方法。其中，小折射、微测井是通过纵波速度变化，对近地表低速层、降速层、高速层进行划分，可以更为准确地掌握低降速带变化的规律。静力触探、钻孔取心可以追踪到近地表各岩土层信息,对于岩性的判断更为直观。

对济阳坳陷的近地表结构调查,大致可划分为以下三个阶段。

第一阶段:岩性资料探索阶段(2007—2011),由于常规的表层结构调查方法已经无法满足高精度地震勘探的需要,因此在微测井速度调查的基础上,引进了岩性调查方法。采用小折射与微测井 2 km×2 km 网格密度内插,岩性调查方法大网格辅助。

第二阶段:岩性资料推广阶段(2011—2016),该阶段采用岩性探测代替小折射,以微测井与岩性探测调查方法为主,网格密度没有变化,仍采用微测井与岩性探测 2 km×2 km 网格密度内插。通过多年的实践,验证了岩性资料的有效性,逐步走向微测井与岩性探测联合调查的稳定阶段。

第三阶段:高密度调查阶段(2017 年以后),该阶段采用微测井与岩性探测 1 km×1 km 网格密度内插。表层点较原来增加 1 倍,从而获取了更加精细的表层结构模型。

1.小折射方法

小折射方法是根据折射波基本理论(曹务祥,2006),其原理是根据地震波在临界面产生的沿界面滑行的折射波的时距方程,计算出表层的速度和厚度。该方法适用于地表较为平坦且下层速度大于上层速度的区域(葛利华,2017)。利用小折射仪进行表层结构调查,可分为单支法和相遇法两种小折射观测系统(图 1-2-1),对于表层条件复杂的工区,通常采用相遇法(图 1-2-2)。

(m)2 0.5 0.5 0.5 1 1 1 2 2 2 2 5 5 5 5 5 5 5 8 8 8 10 10 15
炮点

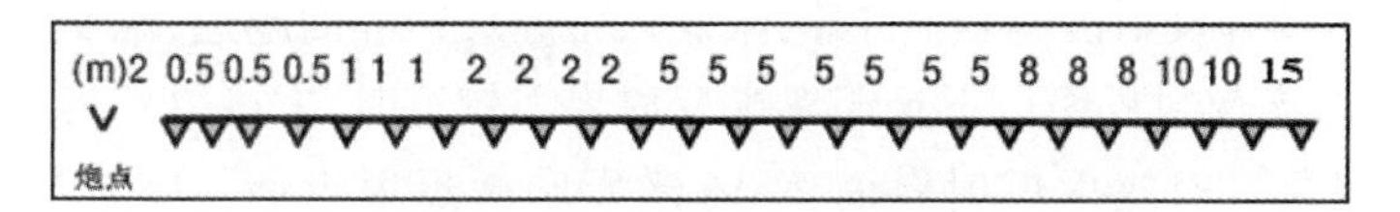

图 1-2-1　单支法小折射观测系统

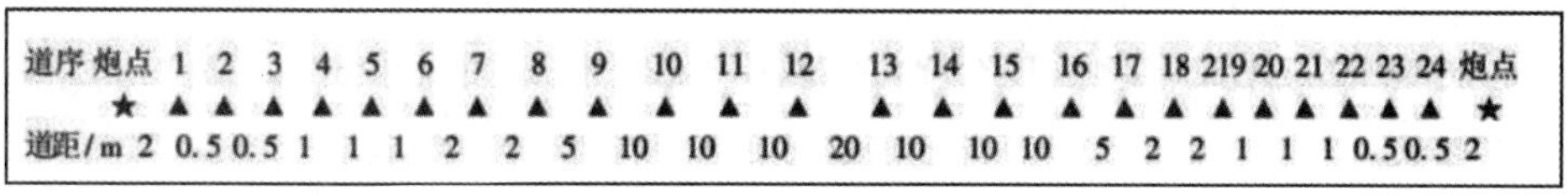

道序 炮点 1 2 3 4 5 6 7 8 9 10 11 12 13 14 15 16 17 18 219 20 21 22 23 24 炮点
道距/m 2 0.5 0.5 1 1 1 2 2 5 10 10 10 20 10 10 10 5 2 2 1 1 1 0.5 0.5 2

图 1-2-2　相遇法小折射观测系统

2.微测井方法

微测井方法通过井中地震方法来获得井下到地面的地震波信息,依据多次激发而得到的透射波时距曲线的拐点和折射段的斜率来划分低速层、降速层和低降速带厚度。该方法可以比较直接地研究低降速带变化规律。

常用的微测井方法可以分为单井微测井和双井微测井。单井微测井是钻取一口深井,采用井中激发,地面接收的方式。双井微测井是钻取两口深井,一个作为激发井,另一个作为接收井。接收井的井底和井口各放置一个检波器,激发井中采用雷管或电火花震源激发,自下向上激发,激发点间距一般为 1 m,根据虚反射界面的反射波确定虚反射界面深度,进而推测出激发井深。图 1-2-3 所示为胜利东部探区 CGZ 工区单井微测井和双井微测井示意图。单井微测井工作方法:井深 30 m,从井底到井口激发,距离井口 30~20 m 每 2 m 激发 1 次,20~5 m 每 1 m 激发 1 次,5~0.5 m 每 0.5 m 激发 1 次。单井微测井在井口插一个检波器、距井口 5 m 处放置 4 个检波器,共 5 道接收。双井微测井工作方法:2 口井井间距为 5 m,井深 30 m。在接收井井口和井底各插一个检波器接收,在激发井井口插一个检波器,距激发井 5 m 处放置 3 个检波器,共 6 道接收。

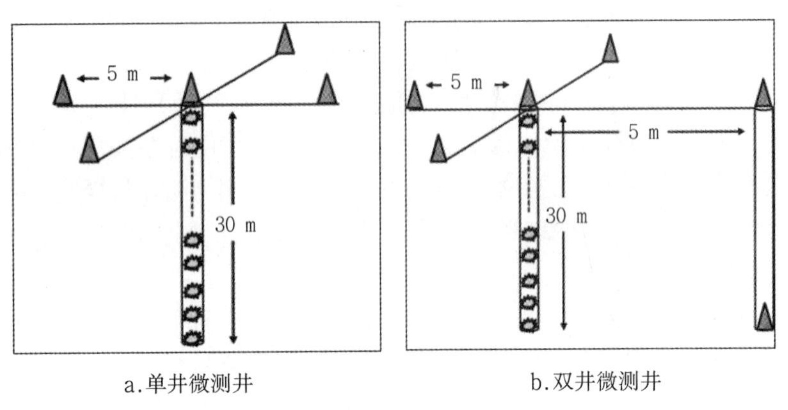

图 1-2-3 胜利东部探区 CGZI 区微测井方法示意图

双井微测井调查试验的意义是为了确定虚反射界面。虚反射波与直达波的交点所对应的深度就是虚反射界面位置。在表层结构复杂时,常常存在多个虚反射界面,虚反射界面的强弱主要是通过上、下介质的波阻抗差异大小决定的。当上、下介质的密度差异相对较小,其强弱程度可以简单近似为速度的差异。速度差越大,产生的虚反射波越强;反之,速度差越小,产生的虚反射波越弱。另外,激发点距虚反射界面越远,虚反射对高频信号影响越明显。只有在虚反射界面以下且距离虚反射界面较近时,方可得到具有较高频率和较大频宽的地震记录。对比虚反射界面下 4m 激发和虚反射界面下 7 m 激发的资料 (图 1-2-4~ 图 1-2-6),可以看出:20~40 Hz 滤波在 2 s 以下虚反射界面下 4 m 激发的要好于 7 m 激发的,随着滤波档的提高,两者的差别在增大,虚反射界面下 4 m 激发的优势逐渐明显。因此,虚反射的低频响应影响了资料的品质。虚反射界面低频效应对资料的影响大于岩性的影响。

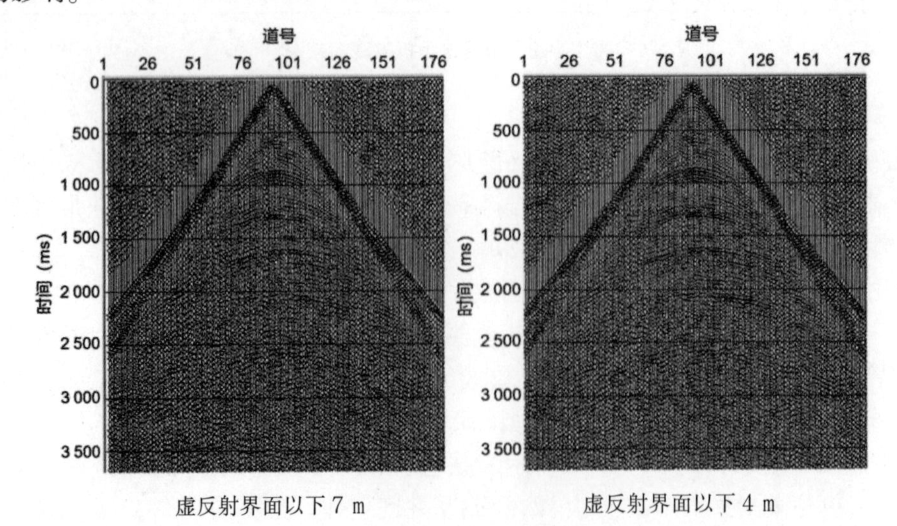

图 1-2-4 20~40 Hz 滤波记录

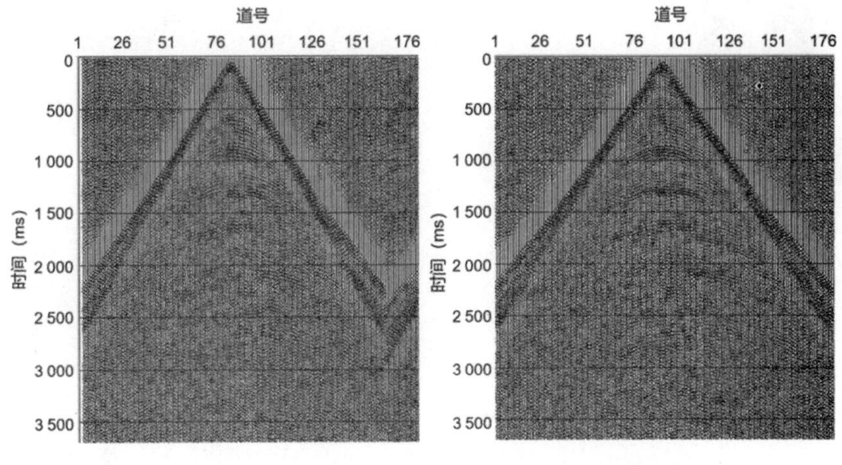

虚反射界面以下 7 m　　虚反射界面以下 4 m

图 1-2-5 30~60 Hz 滤波记录

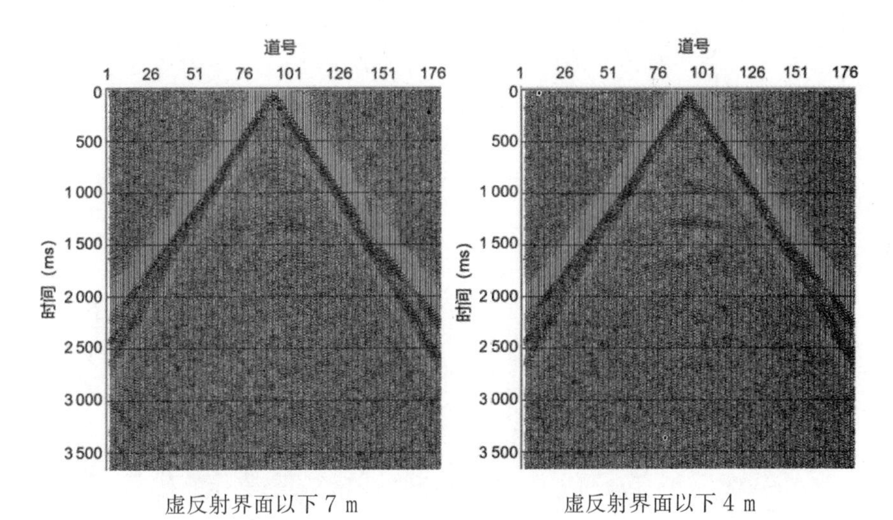

虚反射界面以下 7 m　　虚反射界面以下 4 m

图 1-2-6 40~80 Hz 滤波记录

3.岩性探测方法

静力触探是利用专用仪器穿透近地表的不同岩层，仪器前端的探头内安装有阻力和摩擦力传感器，用来测定锥尖阻力和侧摩擦力的变化，根据摩阻比来准确划分岩性，为激发岩性的选取提供可靠依据(图 1-2-7)。锥尖阻力、侧摩擦力以及摩阻比在不同的岩性中均有不同的取值范围，并且具有一定的规律性(表 1-2-1)。随着砂粒含量的增加，锥尖阻力、侧摩擦力都会随之增加，而摩阻比呈负相关。

岩性取心方法是利用特殊的取心器，以每次 0.6 m 的长度进行连续取心，设计井深在 30 m 左右，每 0.6 m 取一个，共取 40 个，以确定最佳激发岩性，并绘制岩性柱状图，直观准确完整地反映近地表岩性的变化(图 1-2-8)。

常规井深设计方法主要选取在高速层与岩性的界面以下 3~5 m 进行激发，设计过程相对单一，也不能实现岩性不稳定区域精确设计的目的。因此，需要综合运用多种近地表调查方法及相关处理技术，进一步提高激发井深的设计精度。

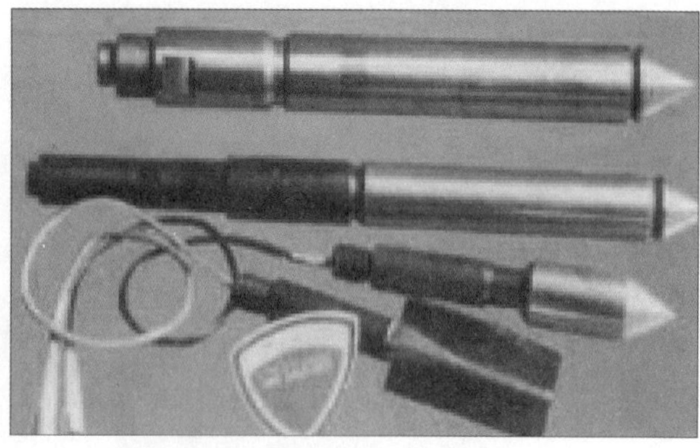

图 1-2-7　静力触探施工现场和静力触探探头

表 1-2-1　不同岩性对应取值范围

岩性	q_c 平均值范围(%)	f_s 平均值范围(kPa)	R_f 平均值范围(%)
黏土	650~1 300	18~40	>2.5
粉质黏土	650~1 300	6~25	1.0~2.5
粉土	1 900~8 000	38~100	0.9~2.0
粉砂	>4 500	>40	0.8~1.3
细砂	>4 500	>45	0.8~1.3

图 1-2-8　岩性取心施工现场和取心器

1)基于微测井子波定量化约束的井深设计方法

常规井深设计方法对表层结构复杂、横向变化较大或岩性互层较多、无稳定激发岩性时具有一定局限性,激发深度难以选取,难以保证最佳激发效果。研究发现:微测井数据的波形及其激发子波形态受虚反射界面以及激发岩性的综合影响,直接反映激发效果,形成了基于微测井子波定量化约束的井深设计方法。该方法在速度解释的基础上,通过提取不同深度激发的微测井记录的子波,并对激发子波进行不同参数的定量化分析与计算,综合评价优选最佳激发井深(图 1-2-9)。

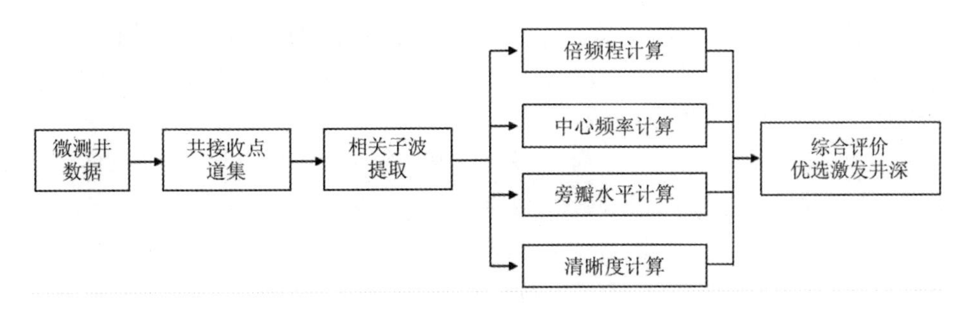

图 1-2-9　微测井子波定量化井深设计流程图

2)基于波场分析的炸药震源定量化精确激发设计方法

根据微测井与岩性探测的资料,建立工区近地表模型。近地表建模对于数据的要求是微测井点位按 2 km×2 km 网格内插设计,使近地表模型更加精细。建模同时代入多种近地表参数,例如弹性模量、压缩模量、泊松比等,然后进行不同井深激发波场模拟,通过激发子波对比,优选最佳激发井深(图 1-2-10)。

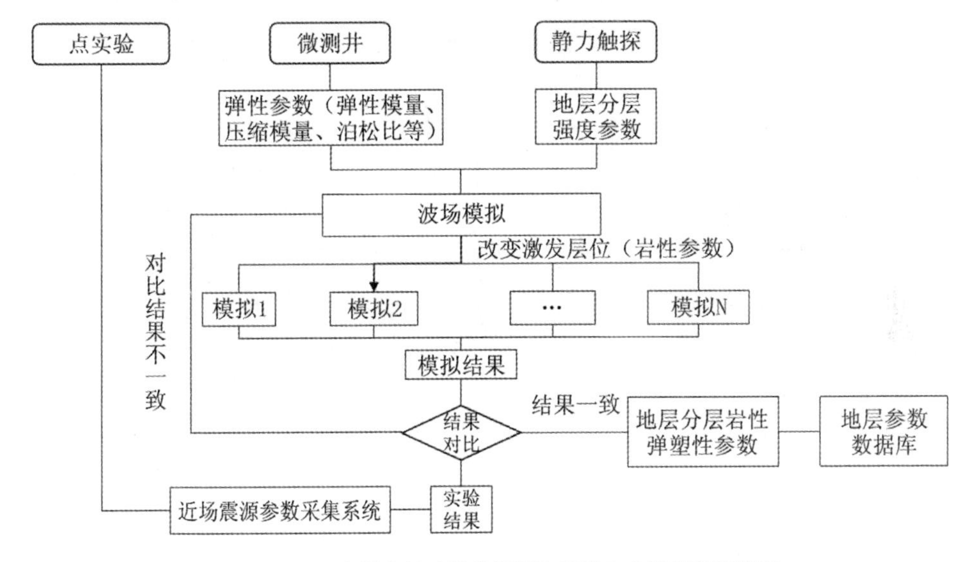

图 1-2-10　定量化精确激发设计和近地表参数提取流程图

三、济阳坳陷近地表沉积特征分析

济阳坳陷开展了大量的近地表沉积特征的研究工作,区域涉及东营、青州、商河、临邑、惠民等。其中,惠民凹陷主要集中在古河道的空间展布规律研究,车镇凹陷、沾化凹陷以及东营凹陷的北部主要集中在三角洲地区海陆相互作用下的沉积特征研究,东营凹陷南部主要集中在风成黄土的沉积规律研究。通过多种近地表调查方法,更为详细地获取济阳坳陷近地表沉积物的时空展布信息,进而对济阳坳陷沉积物特征进行精细刻画。济阳坳陷近地表沉积特征的研究,对于选取最佳激发层位、获取优质地震资料具有重要的指导意义。

表层调查和野外露头剖面中获得大量沉积物样本,证实济阳坳陷近地表沉积物的岩性包括中砂、细砂、粉砂以及粉土、粉质黏土、黏土等，沉积物中发育钙质结核、黏土炭、蜗牛化石、贝壳碎片等特殊沉积物以及脉状层理、槽状交错层理、平行层理等沉积构造。岩性取心及剖面中识别出风成相、河流相、湖泊相、潮坪相、浅海相、三角洲相等多种沉积相类型，由此推断济阳坳陷浅层是河流、海洋、湖泊、风等多种地质应力共同作用的结果。晚更新世晚期至早全新世早期，正值末次冰期盛冰期，全球气候寒冷干燥，海平面降低，海水退出渤海和黄海北部，大陆架裸露，同时冬季风强盛，在整个济阳坳陷浅层发育了大范围的古河道沉积，即第三期古河道，河道一直延伸至渤海陆架；同时大量的陆架沉积物风化，在强劲的冬季风的搬运下，沉积到鲁中山前区，即小清河南岸地带，形成风成沉积。早全新世晚期至中全新世，全球由末次冰期进入冰后期，气候逐渐转暖，海岸线一度到达车镇凹陷、沾化凹陷以及东营凹陷，形成了大面积的海相沉积；小清河以北的大片平原区由于地势较低，古河道继承性发育，形成第二期古河道；小清河以南地区地势较高，由于海平面升高，内陆河流走水不畅淤积形成河湖相或湖沼相沉积；在陆地与海洋交界处，由于河流携带的沉积物堆积，形成一部分三角洲沉积。晚全新世以来，气候又转为温凉偏干，逐渐过渡到现今水平，海岸线随之退后到现今海岸线水平，济阳坳陷浅层以河流相和三角洲相沉积，即第一期古河道和现代黄河三角洲。接下来从空间的角度，分区块进行近地表特征分析。

1.惠民凹陷近地表特征分析

惠民凹陷浅层分布最广泛的沉积相类型是河流相，全区都有分布。河流相包括河床亚相和河漫亚相，不同的沉积亚相有其自身的岩性特征。河床亚相的岩性主要以粉土、粉砂为主，河漫亚相的岩性以粉质黏土和黏土为主。从惠民凹陷的浅层沉积物中可清晰地识别出河道、河漫滩、河漫湖泊、河漫沼泽等沉积微相类型。惠民凹陷近地表岩土色泽主要为黄褐色或灰黑色。岩土颗粒中较粗的主要为粉砂及细砂，部分发育中砂，界定为河道中的边滩沉积，野外所见到的边滩都是河道砂多期迭加的结果，沉积物呈现交错层理(图 1-3-1)。从粉砂沉积厚度来看，自西南的徒骇河流域向东北方向逐渐减少。岩土中颗粒较细的主要以黄褐色的粉土和粉质黏土为主，界定为河漫滩沉积(图 1-3-2)。岩土中颗粒最细的是灰黑色黏土，干旱的气候条件下，表面急速蒸发，岩土干裂，常形成钙质及铁质结核。在潮湿气候条件下，生物繁茂，可见大量的植物根茎和螺化石(图 1-3-3)。该沉积类型界定为河漫湖泊沉积或河漫沼泽沉积。河漫沼泽为潮湿气候条件下，河漫滩上低洼积水地带植物生长繁茂并逐渐淤积而成，或是由潮湿气候区河漫湖泊发展而来，与河漫湖泊有较多的相似之处，但河漫沼泽中可发育黏土炭沉积。

结合静力触探和岩性取心资料，建立惠民凹陷商河地区北西 - 南东向近地表岩性模型和沉积模型(图 1-3-4、图 1-3-5)。综合分析两个模型，可以发现：商河工区主要发育中砂、细砂、粉砂、粉土、粉质黏土及黏土等岩性。粉土、粉质黏土在惠民凹陷分布较广，主要为河漫滩沉积的产物。研究区内可见明显的三套河道砂，且三套砂均表现出下粗上细的结构类型，为河流相的边滩沉积物。研究区黏土也较为发育，主要为灰黑色黏土，并且在泥中可见螺化石，属河漫湖泊 - 沼泽沉积物。三期古河道整体上向北西方向迁移，三期古河道的搬运和沉积构成了商河地区表层的沉积体系。

通过惠民凹陷沉积物的分布规律研究，对激发参数的选取更为精准。其中，徒骇河和土马河之间宽度约 4.5 km 为河床的边滩沉积，主要发育有粉 - 细砂及少量中砂，激发层选取在河道砂上方，不宜深井激发。土马河以北为河漫沉积的粉砂质泥及泥岩，粒度较细，激发层选取在高速层以下 3~5 m 激发效果最好。

a.粉砂中的交错层理

b.粉砂中的槽状交错层理

图 1–3–1　济阳坳陷浅层河流相边滩沉积(商河地区)

a.黄褐色粉土

b.红色粘土中的黏土裂

图 1–3–2　济阳坳陷浅层河流相河漫滩沉积(商河地区)

a.黑色黏土

b.腹足类化石

图 1–3–3　济阳坳陷浅层河流相河漫湖泊沉积(惠民地区)

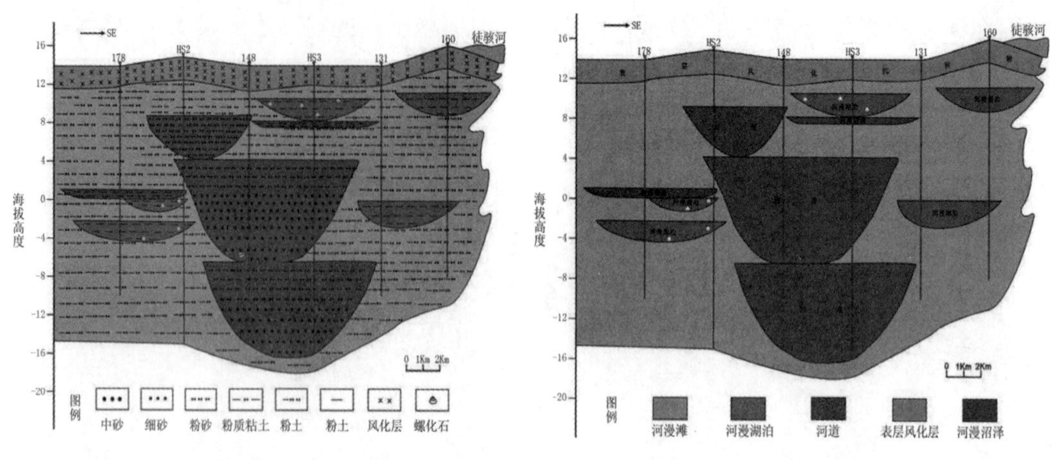

图 1-3-4 惠民凹陷近地表岩性模型

图 1-3-5 惠民凹陷近地表沉积相模型

2.沾化凹陷近地表特征分析

沾化凹陷近地表特征以滨浅海相沉积和黄河三角洲沉积为主。根据静力触探、钻孔取心样本数据,可以获取钻孔的沉积物颜色、岩性、厚度、横向展布规律、微体古生物组合、生物扰动强度、贝壳层发育程度、沉积构造等因素,将沾化凹陷近地表划分为五个单元(图 1-3-6)。第一沉积单元三角洲相主要发育在 0~5.5 m;第二沉积单元潮坪相主要发育在 5.5~9.0 m;第三沉积单元浅海相主要发育在 9.0~16.0 m,其中中下部岩性较细,以粉质黏土为主;第四沉积单元潮坪相主要发育在 16.0~19.0 m,其中上部岩性较细,以粉质黏土为主;第五沉积单元河流相主要发育在 19.0~24.0 m,岩性较粗,以细砂和粉砂为主。

潮坪相形成于中全新世的海侵,在靠近渤海的沾化凹陷、车镇凹陷和东营凹陷都有发育,其中以沾化凹陷的 YD 工区最为发育,沉积物主要为深灰色、灰黑色的黏土、粉质黏土、粉土,并发育大量黏土炭层,沉积物中含有大量的有孔虫、介形虫和双壳类、腹足类化石,沉积构造发育,如脉状层理等(图 1-3-7)。浅海相地层也形成于中全新世的海侵,浅海相地层常与潮坪相地层叠置,沉积物主要为灰黑色、黑色的粉土、粉质黏土,粒度相对较细(图 1-3-8)。三角洲相主要发育在表层,即现代黄河三角洲,沉积物主要为黄褐色、棕黄色的粉砂和粉土(图 1-3-9)。

在地层划分、沉积特征研究、沉积物分布规律研究的基础上,建立了近地表沉积相模型(图 1-3-10)。晚更新世以来,由于海平面的升降和黄河河道迁移导致沾化凹陷浅层沉积环境相互叠置,但是相对于惠民凹陷而言,浅层各沉积单元分布较为稳定。沾化凹陷两期潮坪相地层中均发育贝壳层,贝壳碎片分布杂乱,碎片间孔隙发育,分选磨圆极差,且贝壳主要成为碳酸钙,而沉积物颗粒主要为石英和长石,成分差异明显,构成了两套低速带。浅海相沉积期正值末次冰期结束并过渡到冰后期,海平面上升,侵蚀基准面随之上升,水动力条件弱,沉积物经潮汐和波浪等作用搬运至此,粒度最细,以黏土和粉质黏土为主,黏土含量高,压实致密,孔隙不发育,且地层横向分布稳定。综合考虑,浅海相沉积层适合于作为激发层位。

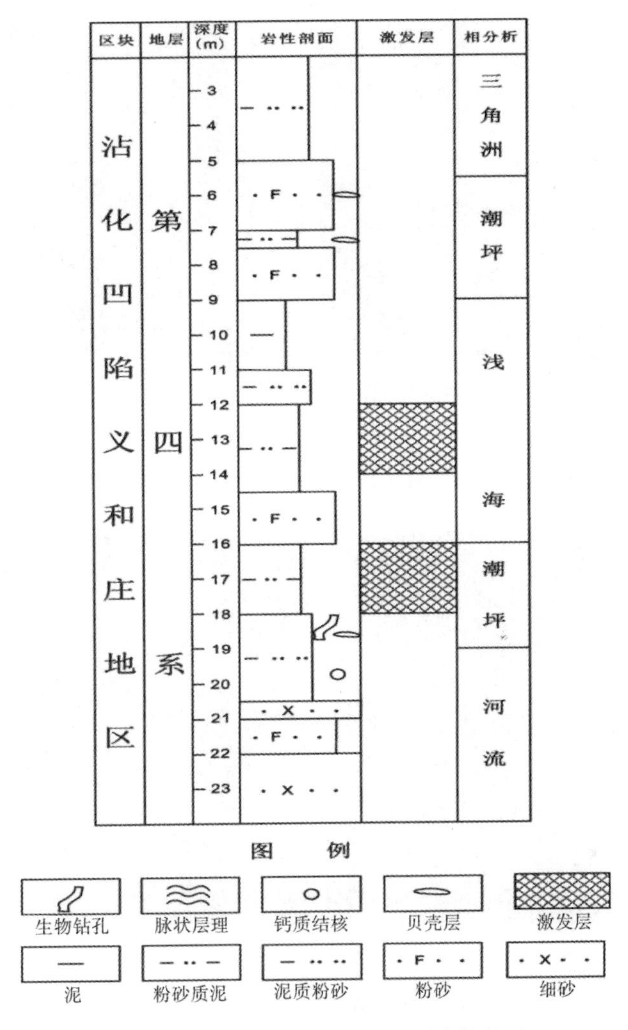

图 1-3-6　沾化凹陷近地表岩性综合柱状图

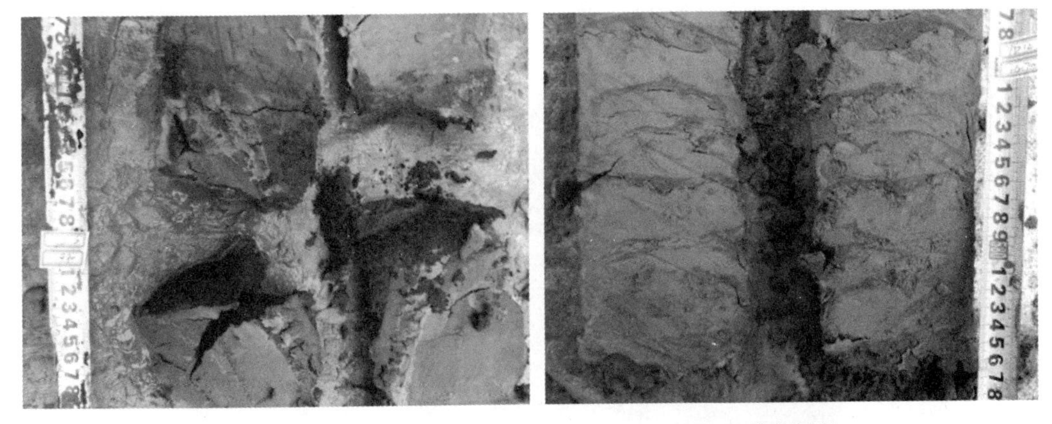

a.黏土炭层　　　　b.脉状层理

图 1-3-7　沾化凹陷 YD 工区浅层潮坪相沉积

a.灰黑色粉土　　b.黑色粉砂

图 1–3–8　沾化凹陷 YD 工区浅层浅海相沉积

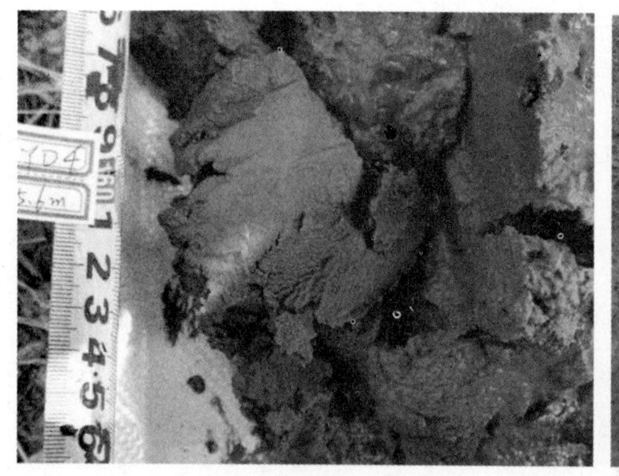

a.三角洲分流河道,黄褐色粉砂　　b.三角洲分流河道,黄褐色粉砂和粉土

图 1–3–9　沾化凹陷 YD 工区浅层三角洲相沉积

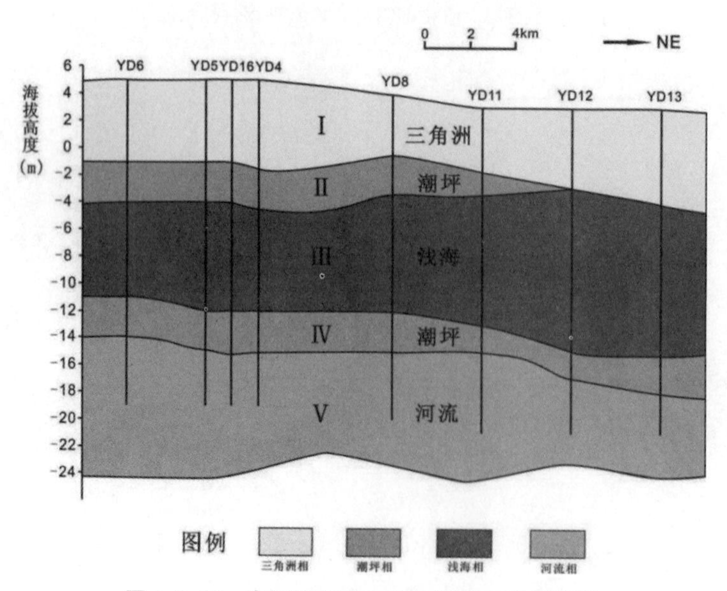

图 1–3–10　沾化凹陷 YD 工区近地表沉积相模型

3.车镇凹陷近地表特征分析

车镇凹陷近地表特征与沾化凹陷不尽相同，虽然也存在滨浅海相沉积和黄河三角洲沉积,但是这两者的沉积厚度相对于沾化凹陷有所减少。

车镇凹陷的富台地区,近地表沉积物中现代黄河三角洲相沉积非常浅,仅为 1.5 m,向北海新区方向三角洲相沉积厚度逐步增加至 5~6 m。黄河三角洲的沉积演化,主要受控于黄河尾闾在山东的 9 次摆动,先后形成 10 条河道,每次摆动后,黄河都在入海口处堆积起一个三角洲叶瓣,至今已形成 10 个叶瓣(图 1-3-11)。由 10 个叶瓣组合成的黄河三角洲,分布在以宁海为顶点的扇形范围内,东南以支脉沟为界,西北以徒骇河为界。因此,车镇凹陷的三角洲相沉积模式也呈现向海方向厚度增大的趋势。三角洲相沉积层之下存在一套海陆过渡相,厚度在 5 m 左右,海陆过渡相以下是浅海相沉积层,厚度在 5~10 m,无棣地区地表以下 13 m 就已经进入到河流相沉积层。车镇凹陷相对于沾化凹陷,河流相沉积更为发育,说明晚全新世时期,河道冲刷和海水侵蚀交互作用明显,形成了特有的海陆过渡相沉积模式。

在地层划分、沉积特征研究、沉积物分布规律研究的基础上,建立了车镇凹陷近地表沉积相模型(图 1-3-12)。从模型中可以看到,潮坪相在车镇凹陷没有出现,取而代之的是海陆过渡相。车镇凹陷地势西南高东北低,海侵时期的海水更多的是向大王庄方向侵蚀。来自西南部的古河道,携带了大量的泥沙向东北方向淤积,使得全新世时期的河流相更为发育。从岩性特征上来看,车镇凹陷的近地表岩性以粉土为主,粉土层厚度都大于 15 m,粉质黏土层太薄无法成层,所以激发层只能选在粉土层中。车镇凹陷的近地表中,粉土层分为两套,分别是浅海相的粉土层和河流相的粉土层。静力触探结果显示,浅海相的粉土层锥尖阻力值更小,也就是说砂质含量的占比更低。因此,通过锥尖阻力曲线优选浅海相的粉土层激发更为合适。

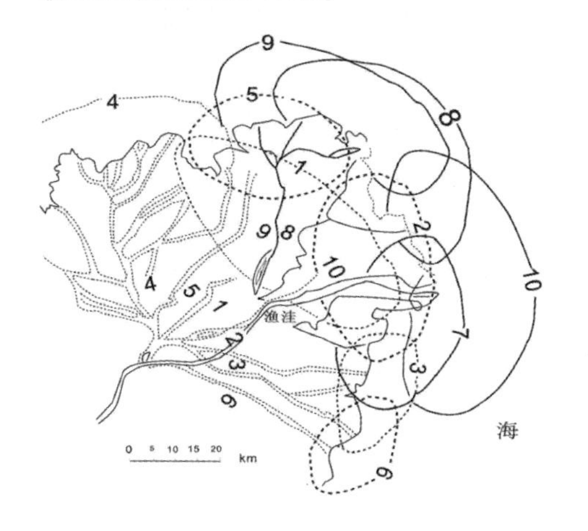

图 1-3-11 黄河三角洲各期叶瓣分布示意图

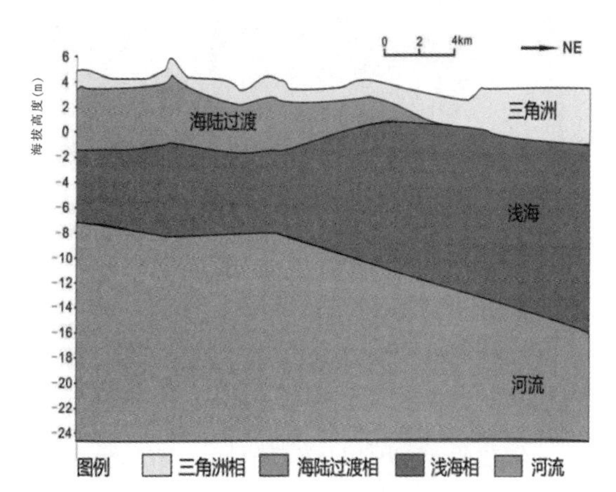

图 1-3-12 车镇凹陷近地表沉积相模型

4.东营凹陷近地表特征分析

东营凹陷近地表发育类型最为全面,共发育有河流相、湖沼相、风成相,胜北工区发育河流相和滨浅海相等多种沉积相。东营凹陷南部小清河流域的 G94 工区的风成沉积物为首次发现,小清河流域的 CQ 工区的沉积相类型相对更为多样,河流相、浅海相和风成相地层相互叠置影响，沉积特征最为复杂。而东营凹陷北部沉积特征具有明显的过渡性，河流相与滨浅海相并存，属于海陆交互作用区。

在前期对东营凹陷南部小清河流域近地表沉积物进行调研时，曾经认为小清河流域主要是河湖相沉积物。然而经过钻孔取心和野外实地考察，发现在小清河流域及邻区存在大量风成沉积物，这对解释工区内地震属性的地质控制因素，理解工区内第四纪环境演化具有重要意义。该地区风成沉积物的岩性为粉土、粉质黏土和黏土。粉土和粉质黏土均比较松散，含有少量钙质结核，而黏土中则含有大量钙质结核。取样磨片观察发现，钙质矿物成分主要是方解石、白云石等。利用静力触探对小清河以南地表进行测试，也获得了对钙质结核层位的很好解释，钙质结核层静力触探的锥尖阻力(q_c)和侧壁摩擦力(f_s)均较高，摩阻比变化较小。钙质结核在第四纪风成黄土中普遍存在，且不同的土壤层中形状不一，大小各异。钙质结核的化学成分在不同时代的风成沉积物中是有差别的，但是总体以 $CaCO_3$ 和 SiO_2 为主，其中 $CaCO_3$ 含量较多。钙质结核在风成黄土中的分布形式主要有三种：第一种是以单个的形态零星地分散在黄土中；第二种是钙质结核呈层状夹在黄土层中；第三种是钙质结核与黄土层融合在一起，形成胶结的板状沉积物。东营凹陷浅层比较常见的是第一种，即钙质结核以零星分布的形态出现在黄土沉积物中(图 1-3-13a)。在微观特征下，钙质结核主要表现为同心圆结构(矿物颗粒围绕一核心组成同心圆状)，中间的核心较为清楚(图 1-3-13b)。黄土剖面中还常见蜗牛化石(图 1-3-13c)，也是研究黄土古气候记录的重要载体之一。

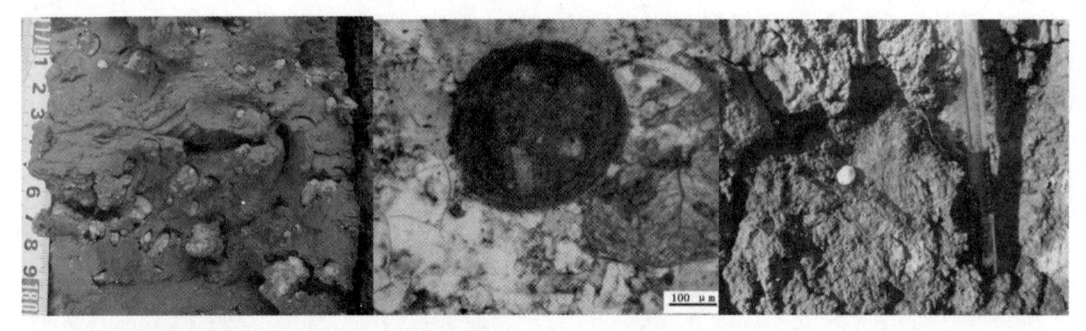

a.野外剖面中的钙质结核　　b.显微镜下的钙质结核　　c.野外剖面中的蜗牛化石

图 1-3-13　东营凹陷浅层钙质结核和蜗牛化石

在野外地质剖面调查中，同样发现了大量的风成沉积物(图 1-3-14a)，岩性疏松，含有大量的钙质结核，有的甚至富集成层，该剖面明显表现为下部风成黄土 - 古土壤沉积旋回，上部发育一套富含螺化石的湖泊 - 沼泽沉积(图 1-3-14b)。

结合东营凹陷的静力触探、钻孔取心数据，对浅层近地表的沉积物分布特征进行研究，建立了东营凹陷近地表岩性模型及沉积模型(图 1-3-15、图 1-3-16)。从模型中可以看出，研究区沉积演化特征将研究区激发层的选择分为三部分：北部海陆交互作用区(沉积环境与沾化凹陷相似)、南部风成黄土 - 河流作用区、中间过渡区。东营凹陷北部的海陆交互作用区，地表 12 m 以下存在一期古河道，且下部是海侵沉积层，海侵层受贝壳层的影响，不利于激发。在第一海侵层之下，10~12 m 间岩性较均一，以河漫滩沉积的粉质黏土和粉土为主，适合作为激发层。小清河以北 12 km 左右为风成相与河流相的过渡区域。小清河以南为风成黄土沉积区，表层以下 6 m 左右均为风化沉积物，岩性主要为粉土和粉质黏土。6 m 以下发育了大约 1 m 厚的湖沼沉积物，岩性为暗色黏土，富含螺化石。湖沼沉积层之下，主要发育了风成沉积物及古土壤层，岩性主要为粉土和粉质黏土，古土壤层发育有三套，岩性主要是黏土，黏土中含有大量钙质结核。

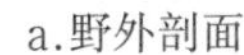

a.野外剖面

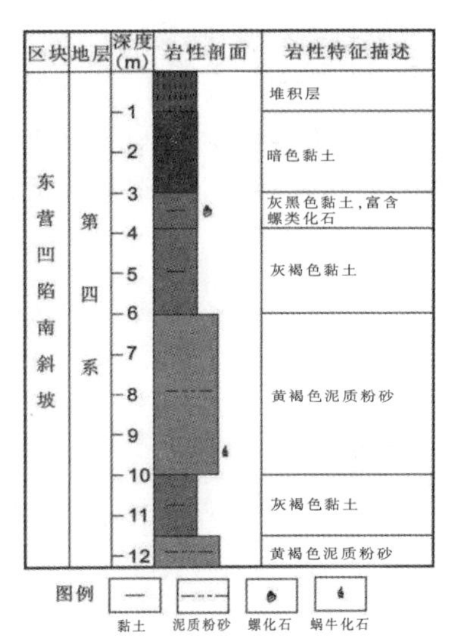

b.风成黄土－古土壤沉积旋回

图 1-3-14　东营凹陷南部野外剖面中的黄土-古土壤旋回(山东广饶)

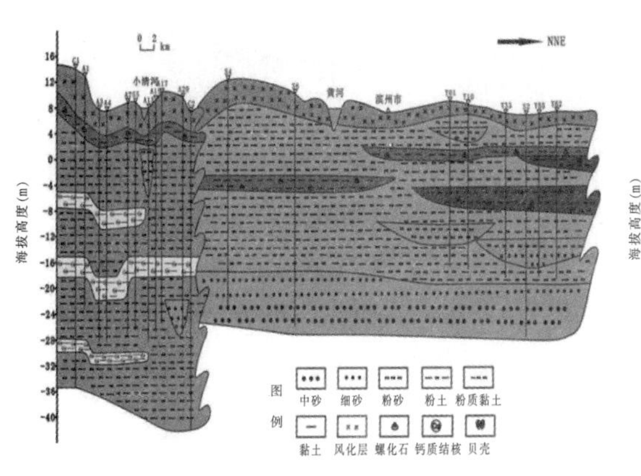

图 1-3-15　东营凹陷近地表岩性模型

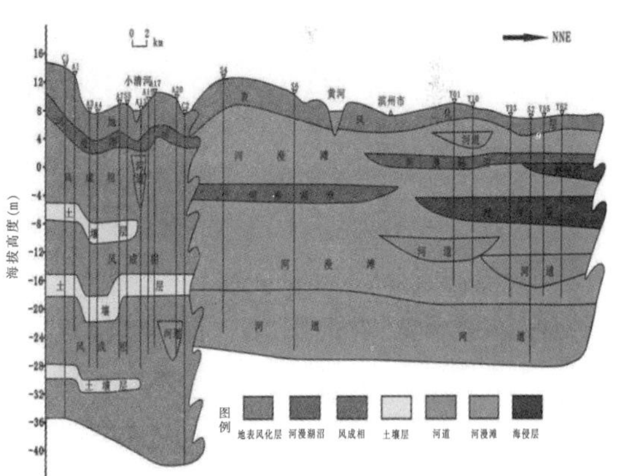

图 1-3-16　东营凹陷近地表沉积相模型

从研究结果来看，东营凹陷从南到北浅层地层沉积相从风成沉积相—风成沉积与河流沉积混合相—河流相—滨浅海相，沉积物从粉土、粉质黏土、黏土到粉砂层，由于风成沉积物的渗透性好，不能赋存水分，渗水通过这些松散的风成沉积物只能渗透到较深的含水层，而小清河以北河流相的岩性则是很好的含水层，因此东营凹陷以小清河为界，从南到北沉积物含水逐渐升高，潜水面也由深到浅。在工区内，潜水面作为主要的虚反射面，对地震炮井深度的选取和炸药量的选择有着重要的意义，因此在小清河南北的地震激发时，应选择不同的炮井深度，获得最佳的地震激发效果；风成沉积物中存在的大量钙质结核，对地震波能量有吸收的作用，使得地震反射波在传播时造成能量的损失，从而影响地震激发效果。综上所述,从沉积学观点上解决了东营凹陷小清河两岸潜水面不一致,而且地震激发效果有差异的原因。激发层的选择应分沉积类型讨论,通常在含水低的岩层中,地震能量散失快,激发效果不佳,而在含水较高的岩层中地震能量散失慢,激发效果好。风成沉积物较为疏松,渗透性强,水分很容易渗透到深层的含水层,因此小清河以南的激发层应选取在风成沉积物以下,在风成黄土中激发时,风成黄土会吸收部分高频能量,影响激发效果。而在风成黄土上、下激发,多次波都有所减弱,但是相对来说,在风成黄土以下激发,主要目的层能量更强。而河流相沉积物较风成沉积物致密,水分保存较好,使得小清河以北潜水面变浅,激发层可以优选河流相沉积层。

第二章　高精度地震采集观测方式

地震资料能否满足设计地质目标勘探的需求，在很大程度上依赖于观测系统的设计选择。胜利油田济阳坳陷历经半个多世纪的勘探，勘探开发目标主要以精细刻画“薄、小、碎”地质体为主，对三维地震资料的空间分辨能力、保真度以及成像精度要求越来越高，三维地震勘探也已经全面进入二次采集，甚至三次采集的新阶段。基于水平层状介质论证的传统观测系统设计方法，已难以适应现阶段高精度三维地震观测系统设计的精度要求，基于地质目标的观测系统设计与分析评价技术研究成为成熟探区地震勘探的技术关键。

“十二五”“十三五”期间，胜利油田围绕“面向地质目标的真地表观测系统设计与评价技术”进行了持续研究，形成了“以油藏与主要勘探开发地质目标为出发点和落脚点，围绕‘精细刻画油气藏、地质体’这一目标，瞄准油藏勘探与开发目标层系，反推地震采集参数，并以此作为观测系统优化设计与分析评价基本依据”的三维观测系统设计理念，建立了地质目标导向的三维观测系统设计思路、流程。同时，研究形成了“五化六性”观测系统设计与分析评价方法，并研发形成了具有完全自主知识产权的“基于地质目标的观测系统设计评价软件”，支撑了“十三五”期间胜利油田地震采集观测系统设计工作，推动了单点高密度三维地震技术在胜利东部成熟探区的应用，大幅提高了三维地震资料的成像精度、保真度与纵横向分辨能力。

一、基于地表和地下地质目标的正演模拟技术

1.地质模型建立方法

模型正演技术是在假设地下地质结构和对应的物理参数已知的情况下，通过正演模拟软件利用数值计算方法模拟地下不同地层结构的地震波场响应及传播规律，以此来得到理论上的地震资料。通过已知地质体，分析不同地质结构的地震响应规律，达到施工参数的论证和优化作用，从而降低勘探成本和提高勘探效率，指导后期的地震资料处理解释工作，达到解决地质问题的能力。

为此，我们研发了一套综合模型建立软件，用于后续的正演模拟分析。主要内容为：

①对油田开发区地表、地下特征的已有测井、微测井数据分析，提取层位、厚度、速度等信息，确立数据结构，实现多种地球物理数据的输入。建立完备的模型属性管理模块，为综合模型建立提供基础数据。

②结合多种地球物理属性，建立属性－颜色对应表，实现多属性、多数据类型融合立体显示，各种属性数据的独立显示，模型中半透明显示等功能。

③根据研究的目标不同，采用不同的网格大小、网格类型，以便于提高模型的刻画精度，也能减少存储空间，提高计算效率。

④根据数值模拟的需要,生成所需的模型。实现多数据的输出。

根据地层资料和测井资料来建立三维工区模型,下面以济阳坳陷DFG工区为例来介绍三维模型的建立过程。首先导入层位信息,建立初始模型,根据工区实际资料大小来确定模型的范围,这里选取6 000 m×6 000 m×2 000 m的网格范围,如彩图2-1-1所示。

然后将层位信息读取进去,结果如彩图2-1-2所示。当把所有的层位信息都加载完毕后,要确认每一层是否平滑,如果不平滑可以通过一键平滑按钮进行平滑。将每一层都平滑过后,就可以开始建立三维模型了,接下来根据建立的三维模型进行正演模拟分析。

根据常规地震资料处理流程进行处理,通过处理对观测系统参数进行检验。

抽取共中心点道集,进行动校正(彩图2-1-3),可以检验最大炮检距对动校正拉伸率的影响。从彩图2-1-4的模拟迭加剖面中可以看出,存在很多绕射波,干扰了正常的地层分析,要使绕射波收敛,使地震剖面反映实际的地质构造信息,更好地分析观测系统参数对于成像的影响,必须进行偏移处理,这里使用叠前时间偏移。使用偏移剖面检验观测系统各项参数的影响。

不同道距叠前时间偏移成像:小道距对刻画小构造、小断层有很好的成像效果(彩图2-1-5)。

不同炮点距叠前时间偏移成像:炮点距小,地层成像能量高,刻画小幅度构造、小段层能力越强(彩图2-1-6)。

不同排列长度对成像的影响:排列长度大的分别率高,小断层刻画得很清晰,而小排列的断层成像模糊(彩图2-1-7)。

通过建立的地质模型进行正演模拟,来检验各项参数是否合理,控制观测系统质量。

1)基于融合面的三维建模基本原理

三维复杂地质体建模不仅要能适应各种复杂的地质现象,还要考虑如何避免烦琐的操作过程,从而提高建模效率,针对以上需求,研究了一种基于融合面的三维建模技术。首先引入“块体”和“子块体”的概念:“块体”和“子块体”都是指建模过程中形成模型的一部分,“子块体”是复杂“块体”进一步划分的结果,“块体”和“子块体”都是一个封闭的区域,而融合就是形成这些封闭体的一种方法。

在地质学上,地下地质体一定是可以被填充满的,也可以看成一个个填充的块体。这些块体是由各种各样的分界面构成的。地质学上抽象出断层、层面等概念,但也可以通俗地给定一个统一的名称:界面。为了建立这些封闭块体,用界面来代替断层、层位等名称。

通常界面是零散的,一个区域由多个界面包围。一般是上下两个界面,上界面和下界面大部分时候不是单一的一个面,可能是多个界面相交,比如断层和层面相交,层面和层面相交。融合就是针对某个封闭区域,找出这些界面的交线,相交的两个界面,取出包围封闭区域的部分,形成一个封闭块体。对于一个封闭的块体而言,可以把它数字化成一个长方体,那么,断层、层面或者说长方体的六个面,就成了分割块体的封闭界面。融合的优势在于,它不局限于具体的物理意义,能处理断层、逆断层封闭等。

建模过程中的融合主要通过两种方式实现:基础融合面算法和复杂融合面算法,前者适用于简单构造,后者适用于特殊或复杂构造。

2)融合面算法

基础融合面算法中的核心是:融合面的选取,这需要视具体模型而定。基本选取准则是:与被融合面都相交且完整,如彩图 2-1-8 所示。小地质体镶嵌以及复杂模型中的融合问题将引入分区(Sub Zone)思想。

特殊或复杂构造中,通过分区思想实现层位、断层等的融合。在构建分区的过程中,不需要选择主要融合面,每一个融合的层位或断层都可以成为融合面。分区思想针对两个、三个和四个等多个面的情况,首先分解地质体的分区顶底界面,其次是确定交线和层位,最后融合形成封闭的分区体(彩图 2-1-9)。

3)三维建模效果

将该技术研发形成软件并与商业软件进行对比。彩图 2-1-10 为自研软件完成的 YAZ 工区 200km^2 面积的三维建模结果,断层封堵性较好,断层、层位融合效果较好,砂体边界刻画清楚、期次明显,与商业软件效果相当。与商业软件相比,自研软件建模过程简便、效率高,可以快速处理大数据,能够处理复杂切割断层,可后期镶嵌。

2.基于照明技术的模拟分析

目前实际生产中有两大类正演模拟方法,一种是波动方程正演模拟方法,一种是射线类方法。波动方程类模拟方法被认为是最为合理有效的方法,通过合理的方程选择,能够实现各种复杂构造下的正演模拟工作。但是波动方程类方法最大的缺点是计算效率低下,基本无法满足实际生产的需求。为了克服普通射线法和波动方程方法的某些局限,Cerveny 等人相继发展了一种将波动方程与射线理论相结合的方法——射线束方法。该方法同时考虑了波的运动学和动力学特点,适用于复杂的非均匀介质模型,还能考虑介质的吸收作用,无须进行两点射线追踪,具有速度快、精度高的特点,对焦散区、临界区及暗区等奇异区域都具有较好的效果。

如何使用照明模拟数据设计照明度分析函数,如何利用照明度函数来优化观测系统设计也是一项很重要的任务,为了更好地对观测系统进行分析评价,需要对面元成像照明函数进行照明度计算。

地震波由震源向下传播,经过地下面元的反射,被地面检波器接收。考察地下目的层面元的实际照明情况,仅仅通过面元入射照明函数是不够的。面元接收到照射后,向地表反射的能量不一定能够被检波器接收到,而只有被检波器接收到的信号才会在后期的处理解释中起到作用。因此,统计某个地下面元反射到各个检波器的能量是很有必要的。如彩图 2-1-11 所示,将某个面元反射到各个检波器的能量进行累加,得到的能量称为该面元的接收照明能量。将能量放回面元位置,类似于通过偏移归位进行成像,因此又称为面元的成像照明能量。对该能量进行分析时,能量放置在对应面元位置。这种方法获得的地下共反射点面元成像能量的分布关系,称为共反射点面元成像照明函数。

共反射点面元成像照明可以用来判断地下面元作为绕射点的成像归位能力。由于地震资料处理的目的就是为了成像,因此,面元成像照明函数在进行照明度分析设计观测系统时起到重要的指导作用。该照明函数等价于波动方程正演中的双向照明、空间某点源检定向照明和向上照明。

照明能量不可能通过人工对比分析来评价某个观测系统的好坏。为了更加直观地对观测系统进行定量的分析评价,设计出了基于多参数的观测系统评价模型,即

$$min\{MSE(offset,azimut\ h_0,frequency)\} \tag{2-1-1}$$

其中:

$$MSE(offset,azimut\ h_1,frequency) \\ =\omega_1 MSE(offset)+\omega_2 MSE(azimut\ h_0)+\omega_3 MSE(frequency) \tag{2-1-2}$$

$MSE(offset)$表示偏移距控制下的映照强度均方差,$MSE(azimut\ h_0)$表示方位角控制下的映照强度均方差,$MSE(frequency)$表示频率控制下的映照强度均方差。ω_1,ω_2,ω_3为控制因子,默认取值为1。通过计算不同观测系统的综合均方差,选取均方差最小的观测系统作为优选观测系统。

以LJ工区为例,采用模型和实际设计的参考观测系统进行分析评价。工区位于渤南洼陷南坡,构造上隶属垦西斜坡带、罗家鼻状构造带上,油源、构造位置非常有利。针对该地区设立了两套观测系统,为了论证两套观测系统的优劣,首先建立该地区三维地质模型(彩图2-1-12)。根据LJ地区解释资料,建立了典型的构造模型。该模型的第三层为论证的目的层。在该模型下使用设计观测系统进行照明度计算,获得了彩图2-1-13的结果。

对比彩图2-1-13a和彩图2-1-13b,虽然两个观测系统的照明结果有明显差异,但是想要说明哪个更好,简单地通过观察显然不能够作为有力的证据。目前的照明度评价方法主要是通过计算整体照明能量的均方差进行评价。通过计算归一化后的均方差,观测系统1为0.897,观测系统2为0.954。这一结果和肉眼观察较为一致,观测系统1由于整体能量较弱,获得的均方差值也较小。而观测系统2获得的能量明显强于观测系统1,且局部地区能量更强,最终计算的均方差也较大。彩图2-1-13所示照明结果,实际上是整个工区内所有炮检点共同作用的结果,包含了不同偏移距、不同方位角、不同频率成分的照明结果。由于过多的因素混合其中,最终的评价结果较为模糊。按照之前提出的分类评价方法,可以对照明能量进行不同偏移距、不同方位角的综合评价,根据综合评价函数,最终获得更加合理的评价结果。彩图2-1-14为分类照明能量迭加结果,彩图2-1-15为分类照明能量均方差结果。

彩图2-1-14是迭加能量对比图,和之前整体分析结果出现了差异,可以看出观测系统2获得的能量其实更加均匀。对比得到观测系统2照明能量不均匀的原因,可能在于不同偏移距之间能量差异较大,造成统计时进行整体迭加缺乏依据。为进一步论证照明能量的分布,对各偏移距各方位角照明结果进行均方差计算,并根据综合评价函数计算综合评价值。彩图2-1-15是能量均方差对比图,对比结果发现,观测系统1最大均方差为18,观测系统2最大均方差为14,综合评价函数观测系统1为2.6,观测系统2为2.8。分析结果显示,观测系统2优于观测系统1。该结论和常规观测系统属性分析结果较为一致。

1)照明分析原理

地震波地下照明分析的实质就是研究地震波在地下介质传播过程中受介质结构影响的能量分布。基于高斯射线束正演模拟方法,利用运动学与动力学追踪数据得到地下各反射界面在某一观测系统下的被照明区域(反射点),以及各界面的能量分布、覆盖次数分布等。高斯射线束方法既能得到射线的照明度分析,也能得到反射波场的综合能量信息,对

复杂地质模型的应用效果较好。

2)模型照明分析

下面针对不同模型进行了照明分析,这些模型都是在水平地表下建立的。

(1)背斜向斜类模型

从彩图 2-1-16 可知,速度模型中背斜的速度是按照从小到大的顺序递增的,背斜本身对于照明结果的影响不是很大,在两翼有一个能量的减弱作用。

由彩图 2-1-17 可知,向斜构造的整个下部区域,能量减少的范围较大,对比背斜构造,照明能量主要在两翼减弱明显。

(2)断层照明

彩图 2-1-18 是断层照明度分析结果,可以看到一个明显的事实,在断层下面能量大幅度减弱,即由于断层的存在,会降低断层下部目标体的成像分辨率。

(3)高速体照明

彩图 2-1-19 是高速体照明度分析结果,盐丘模型的下面能量明显减弱,说明高速体对下伏地层具有比较强的能量屏蔽作用,这也是 SEG/EAGE 盐丘模型下部较难成像的主要原因。

(4)低速体照明

彩图 2-1-20 是低速体照明度分析结果。低速体本身起到一个聚焦的作用,会产生一个能量汇聚区域,对成像结果影响较小。

(5)起伏层照明

彩图 2-1-21 是起伏层照明度分析结果。通过比较,发现地下起伏变化较小时,对下部岩体照明结果影响相对较小。

利用照明度分析技术,对观测系统进行照明度分析,确定不同的照明方向和不同的激发接收点位置,达到对地下目标体有效的照明,从而提高观测系统的有效性。

二、基于地质目标的观测系统设计

1.满足“六性”的观测系统设计技术

高密度空间采集的主要目的是提高地震信号成像的精度,获得“高信噪比、高分辨率、高保真的数据”是确保成像精度的关键,这就要求观测系统应具有波场采样的“充分性、对称性、均匀性和连续性”,以及施工环境的“可实施性”和勘探成本的“可行性”。对地质目标成像效果影响较大的是波场采样的充分性和均匀性。

1)充分性

实践证明,提高空间采样密度、缩小面元尺寸能够有效地改善地震数据品质,提高成像精度。当陆上直接采用小面元采集受到装备条件的限制和勘探成本的制约时,砖墙式观测系统、细分面元观测系统是特殊背景下的设计方法,可在一定程度上缓解地质需求与客观条件限制的矛盾。细分面元观测系统的属性不同于正交观测系统的面元属性,相邻面元的属性存在着一定的差异,相邻 CMP 的炮检距分布具有跳跃性,最大/最小炮检距分布的变化使数据处理面临一些新的问题,特别是在地震波场特征随炮检距变化较大的地区,这一矛盾更加突出。可见,野外采集密度的调整、观测方式的变化要求采集人员、数据处理人员与地质解释人员重新认识采集参数,以新的理念、采取新的措施分析处理地震数据。首先要求数据处理人员研究地震波场理论, 对野外采集数据的特征有全面充分的认识;然后,针对数据的特点进行处理方法研究和试验,运用保真处理技术,挖掘数据中包含的丰富信息,最终服务于油藏研究。特别是高密度空间采样地震勘探在国内尚处在尝试阶段,一些技术问题还需要深入探讨,因此,在高密度数据处理中,对地震波场采样的充分性分析就显得尤为重要。

(1)时间采样与空间采样

时间采样间隔应满足 Nyquist 采样定理:设信号 $x(t)$有截频f_{max},取采样间隔 Δt 满足:

$$\Delta t \leqslant \frac{1}{2f_{max}} \tag{2-2-1}$$

则可以由离散信号 $x(n\Delta t)$恢复 $x(t)$,表达式为

$$x(t)=\sum_{n=-\infty}^{+\infty} x(n\Delta t)\frac{\sin(t-n\Delta t)\dfrac{\pi}{\Delta t}}{(t-n\Delta t)\dfrac{\pi}{\Delta t}} \tag{2-2-2}$$

式中,f_{max}为记录信号中的最高频率。

根据式(2-2-1),为了保证不畸变地将一连续时间信号离散为一数字信号,则在最短的周期内,应至少采到 2 个样点,否则信号将会出现假频,使离散采样后变为另一种频率的新信号。

在高分辨率勘探中,为保证无畸变地记录有效信号,每个最短周期内至少保证要采到 4 个样值或更高,这有益于提高精度,但有可能记录到高频干扰。实际工作中选择采样间隔 Δt 时,除上述因素外,还应根据勘探目的层的深度、精度要求、记录长度、仪器记录能力、存储容量等确定。

根据 Nyquist 采样定理:

$$\Delta x \leqslant \frac{1}{2k_{max}}=\frac{v_{min}}{2f_{max}} \tag{2-2-3}$$

这里 Δx 为空间方向基本采样间隔, k_{max} 为最大波数,v_{min} 为最小视速度。

若满足式(2-2-3),可实现无假频的空间采样。如果按照基本采样定理,常规地震勘探中低速度的波不能被充分采样,就可能产生空间假频,如记录中面波的最大频率 f_{max} 为 35 Hz,速度 v_{min}=300 m/s,道距 Δx 应<4.3 m, 这在目前条件下往往难以实现,因此野外通常采用检波器组合的方式,起到去假频滤波的作用。

(2)空间假频问题

由采样定理推知:横向连续信号一旦离散采样,将产生不可恢复的波数范围,最大波数以外区域的信息将无法完全恢复;该波数区域的信息被采样后,变为另一种新的信息,即空间假频。

在油气地震勘探中,一般在时间方向有足够小的采样间隔,并且在仪器中设置有去假频滤波器。但在空间方向受仪器接收道数及采集成本的限制,往往采样间隔比较大,而仪器中没有空间方向的去假频处理,有可能产生空间假频。

根据采样理论,可计算出不产生空间假频的最高频率 f'_{max}:

$$f'_{max}=\frac{V_{app}}{2\Delta x} \tag{2-2-4}$$

在(f,k)域能够清晰地展示空间假频现象。(t,x)域的地震波场是由不同倾角与不同频率成分的波构成的，经二维 Fourier 变换到(f,k)域。在(t,x)域一定倾角的同相轴，在(f,k)平面是一条通过原点的直线，倾角越大，视速度越低，在(f,k)域此直线愈靠近波数轴，出现空间假频的频率越低。零倾角分量则分布在频率轴上，在(t,x)域相互干涉的具有不同倾角的同相轴在(f,k)域中可以被分开。因此，(f,k)域滤波是地震数据处理中常用的二维处理方法，在线性干扰压制、波场分离、多次波衰减等方面经常使用。在设计二维滤波器时，期望有效信号与噪声在(f,k)平面内能够最大限度地分离，这样在衰减噪声的同时，可以将信号无失真地保留下来。然而，由(t,x)域变换到(f,k)域的效果与空间采样的密度直接相关：空间采样密集，道距小，各种视速度的波在(f,k)域的混叠效应小，容易分析与识别；反之，空间采样稀疏，道距大，不同波场在(f,k)域混叠效应增强，难以区分。因此，波场分离的效果在一定程度上由数据空间采样的密度所决定。

在实际应用中，由于近地表的影响、地层吸收的影响以及各种干扰噪声的存在，使得可识别的地下反射信号的频率达不到 $1/2\Delta$，比如可能在f_{max}(信号的最高频率)以内。这样，只要空间假频出现在高于f_{max}的频率上，对处理结果没有实质性的影响。但对于点接收的地震数据，面波及其他低速干扰发育，需要采用较小的空间间隔采样，否则，如果采样不够充分，在(f,k)谱中低频干扰产生的假频与信号的频率混叠在一起，将无法分离。

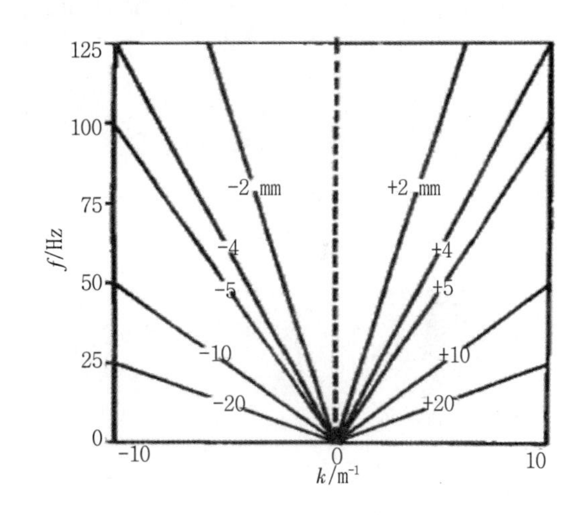

图 2-2-1　空间假频位置示意图

在(t,x)域密集采样的数据可以较准确地变换到其他域，如(f,k)域或(τ,p)域等，从而可以更准确地实现叠前去噪及波场分离。此外，在(f,k)域偏移处理中，小道间距，充分而密集的空间采样可以避免陡倾角地层的高频信息出现空间假频，提高成像的保真度。

在(t,x)域，通常由相邻道的时差来表示线性同相轴的倾角，这样可以非常直观地显示空间假频出现的位置。图 2-2-1 为以道间时差为参量的空间假频位置示意图，可以看出假频频率与道间时差的关系。具体的量化说明如下：相邻道间时差 20 ms，$f>25$ Hz 时出现假频；相邻道间时差 10 ms，$f>50$ Hz 时出现假频；相邻道间时差 4 ms，$f>125$ Hz 时出现假频。

通过上述分析可知，影响空间假频出现的主要因素为：①倾斜同相轴的主频；②反射界面倾角；③视速度；④道距；⑤噪声分量等。

图 2-2-1 展示的是空间假频分布的一般规律，为了使得研究成果更具有针对性，从以下几方面做进一步的分析。

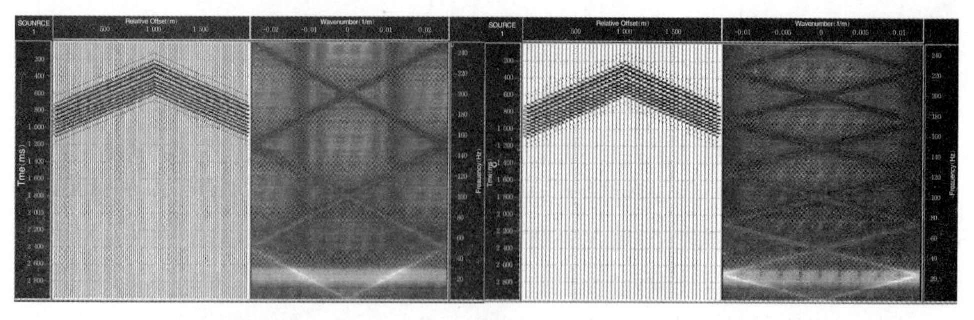

a.道距 20 m　　b.道距 40 m

图 2-2-2　不同道距的规则干扰及其 F-K 谱

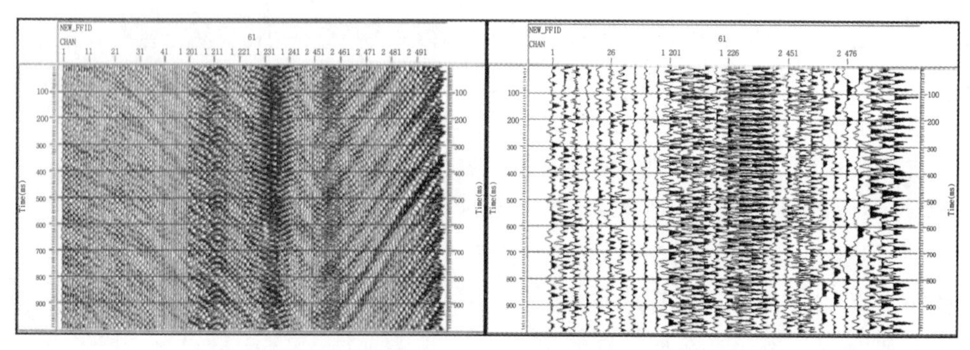

a.道距 2 m　　b.道距 10 m

图 2-2-3　不同道距的规则干扰特征

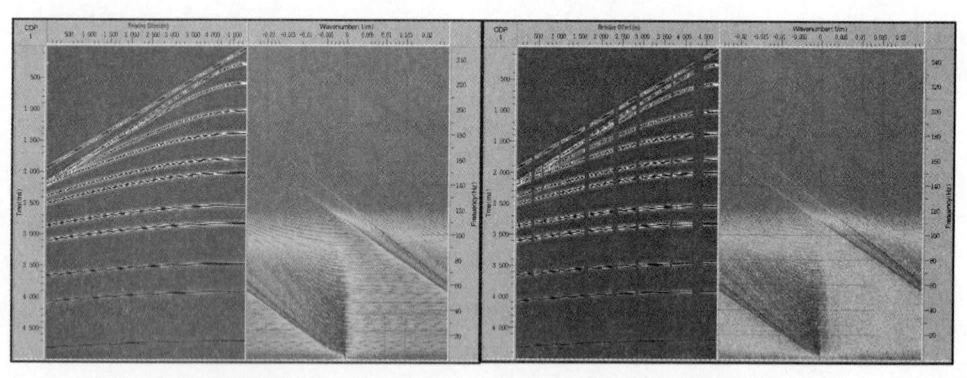

a.均匀分布　　b.不均匀分布

图 2-2-4　炮检距不同分布时的道集及其 F-K 谱

(a)强规则干扰的空间假频对纵、横向分辨率的影响。首先从理论记录上分析规则干扰的假频问题;其次,加入反射波,说明空间采样不充分时,规则干扰波的假频对分辨率的影响;最后,结合实际数据中的强规则干扰分布特点,得出结论,在一定的空间采样密度下,可以避免强规则干扰的空间假频对反射数据的不良影响。

图 2-2-2 是视频率为 25 Hz、速度为 2 000 m/s 的浅层规则干扰波及其 F-K 谱。由理论分析可知,当道距为 20 m 时,在最大波数对应的 50 Hz 处出现折叠现象(图 2-2-2a);当道距为 40 m 时,在最大波数对应的 25 Hz 处出现频率折叠现象(图 2-2-2b);假频反复折

叠,能量逐渐减弱,对高频部分的影响减小。

图 2-2-3 为盒子波采集数据中的线性干扰,是地震数据中最常见的一种强干扰,具有低频、低速等特点。图 2-2-3a 为 2 m 道距接收的数据,图 2-2-3b 为改变道距为 10 m 时的数据。由此可见,由于采样不充分,导致规则干扰波的波场特征难以识别,假频现象严重,干扰波的视速度发生了变化,增加了处理中噪声衰减的难度。

(b)炮检距不均匀产生的空间假频效应分析。由假频产生的理论可知,空间假频的出现是由于空间采样不足造成的。若一个 CMP 内炮检距分布不均匀,对空间假频出现的规律不会产生明显的影响,但影响数据统计分析、叠前成像的精度和效果。

图 2-2-4a 为 480 道的理论 CMP 道集记录,其中包括了初至波和多组反射波,CMP 道集内炮检距分布均匀,道间距为 20 m,没有缺失任何道。图 2-2-4b 为人工抽取某些道,造成道集内炮检距分布不均匀现象,从 F-K 谱上分析,炮检距分布不均匀没有影响假频出现的规律,只是 F-K 谱的噪声增强,分辨率降低。

对于不规则采样的数据,造成了面元内的炮检距分布不均匀现象,目前较有效的方法是道内插和数据规则化处理,以弥补采样的不足,减小炮检距分布不均匀造成的影响。

(c)陡倾角地层反射的空间假频对分辨率的影响。地层倾角为 φ 时,反射波的时距曲线方程为

$$t^2=t_0^2+\frac{x^2}{v^2}\cos^2\varphi \tag{2-2-5}$$

求导后:

$$\frac{\partial x}{\partial t}=\frac{\cos^2\varphi}{v^2}\left(t_0^2+\frac{x^2}{v^2}\cos^2\varphi\right)x \tag{2-2-6}$$

反射波的空间假频与地层倾角、速度有关。图 2-2-5 为道距 40 m 时不同倾角的反射波,倾角分别为 0°、30°和 60°。地层倾角较大时,空间采样不足产生的空间假频造成反射波同相轴识别困难,特别是在大炮检距部分。在视觉上陡倾角的反射波以另外一种视速度出现,使得同相轴的自动识别出现误差,空间分辨率降低。图 2-2-6a 与图 2-2-6b 分别是 0°和 60°的反射波在大炮检距(1 000~4 000 m)上的同相轴,可以清楚地看出假频的特征。

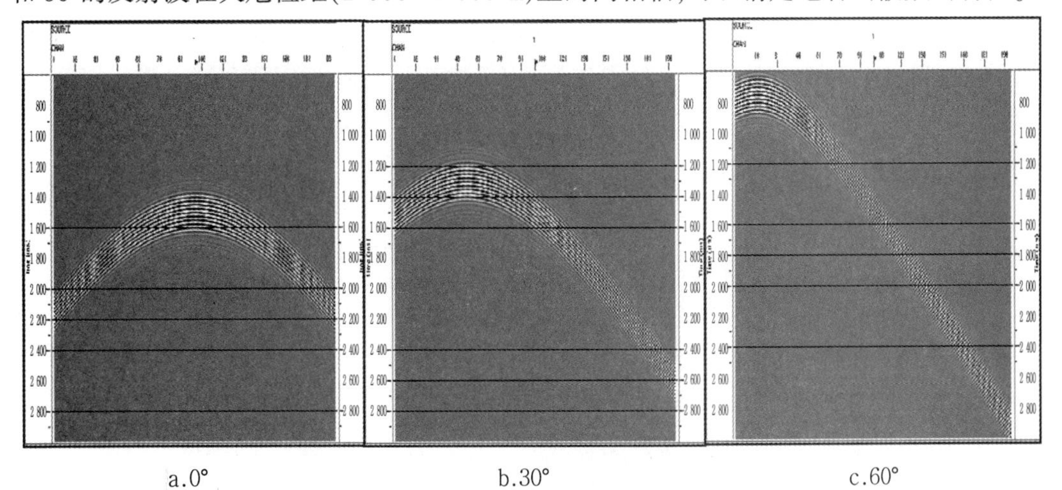

a.0°　　b.30°　　c.60°

图 2-2-5　不同倾角的反射

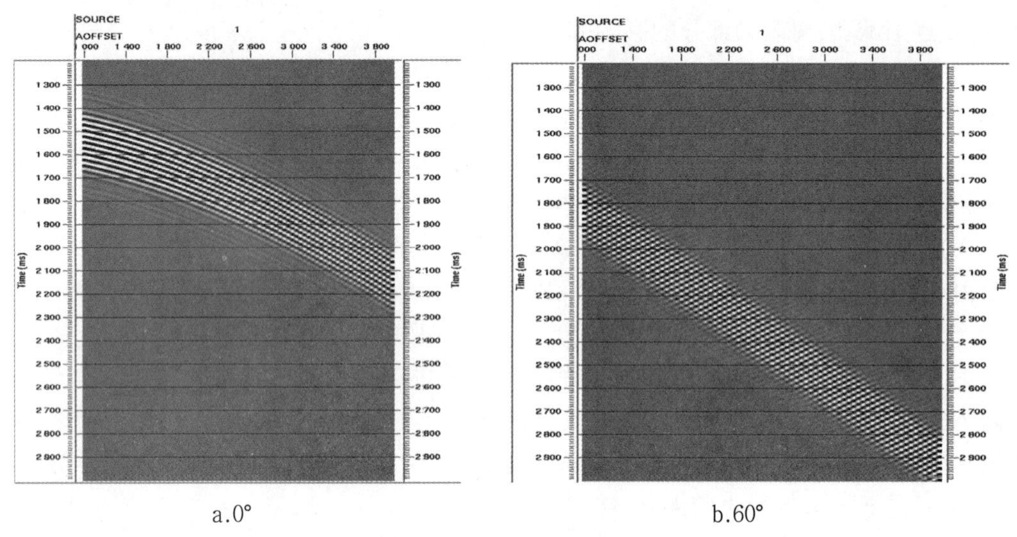

a.0°　　b.60°

图 2-2-6　不同倾角的反射波(炮检距 1 000~4 000 m)

对比可知,陡倾角反射波在空间采样密度不够时更容易产生空间假频,空间假频对反射波的识别有一定的影响,其影响程度与反射波的主频有关,当频率较高时,假频主要影响高频高波数的反射波,导致反射波的空间分辨率下降。

(d)假频对偏移成像效果的影响分析。偏移是使倾斜反射归位到他们真正的地下界面位置,并使绕射波收敛,以此提供空间分辨率,得到地下界面的真实图像。当没有空间假频时,反射波的能量能够收敛到正确的位置;当存在空间假频时,频率成分中的假频越多,能量越分散,映射到正确位置上的能量越少。假频影响的结果是偏移的空间分辨率下降,偏移噪声严重,信噪比较低。

此外,由于假频与反射波的倾角有关,水平同相轴几乎不受假频的影响,倾角越大,假频影响越严重,对偏移的效果影响更大。

图 2-2-7a 为炮域 NMO 后的理论数据,道距为 10 m;图 2-2-7b 为道距 10 m 的偏移结果;图 2-2-7c 为道距 20 m 的偏移结果;图 2-2-7d 为道距 40 m 的偏移结果。假频对成像结果的影响主要表现在陡倾角反射波的分辨率降低。

在偏移之前,对于具体的一个地震道,空间采样间隔对时间分辨率没有影响;但采样不足出现的假频将影响对地震波场的准确识别,降低数据的信噪比,影响对反射波场的识别能力,增强了偏移噪声,进而降低了反射波的横向分辨率。

(e)绕射波的空间假频问题。弹性波在两种不同介质分界面上产生反射和透射,但当分界面曲率小于波长,或反射界面为断层、尖灭点、不整合面中断时,波的能量以绕射形式传播,绕射波是一种重要的地震波场。

绕射波的时距方程为

$$t(x_s,x_r)=\sqrt{t_0^2+\left(\frac{x_s}{v}\right)^2}+\sqrt{t_0^2+\left(\frac{x_r}{v}\right)^2} \tag{2-2-7}$$

激发点的坐标为 $S(x_s)$,接收点的坐标为 $R(x_r)$, v 为介质速度。

求导后:

$$\frac{\partial t(x_s,x_r)}{\partial t}=\frac{x_s}{v^2}\left[t_0^2+\left(\frac{x_s}{v}\right)^2\right]+\frac{x_r}{v^2}\left[t_0^2+\left(\frac{x_r}{v}\right)^2\right] \tag{2-2-8}$$

由基本理论可知,空间假频主要与速度、同相轴的倾角、道距及地震波的主频有关,而绕射波同相轴的倾角是不断变化的，这导致绕射波的空间假频也随同相轴倾角的变化而变化。彩图 2-2-8 为主频 40 Hz 的单炮记录,道距分别为 5 m、10 m、20 m、40 m 时的绕射波及其 F-K 谱。

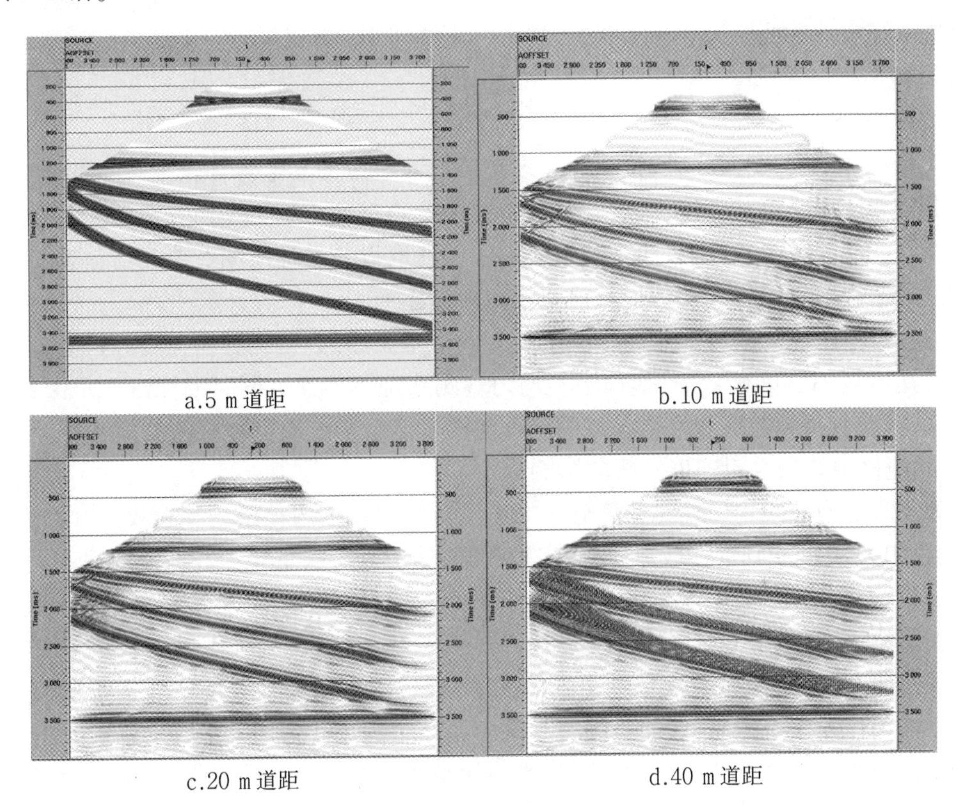

a.5 m 道距　b.10 m 道距　c.20 m 道距　d.40 m 道距

图 2-2-7　炮域数据

对比可见,道距变化对绕射波及其空间假频的影响。随着传播距离的增大,绕射波的能量减弱,视速度降低,即绕射波同相轴的倾角变大,此时,受空间假频的影响很大。在实际地震数据中，接收到的绕射波往往只是绕射点附近的视速度相对较高的绕射波的一部分,而距绕射点较远的绕射波由于能量弱,假频干扰严重,难以被准确识别。特别是当空间采样较稀疏时,远离绕射点的绕射波的高频成分受假频的影响,无法分辨,这样在偏移时,会造成绕射波不能完全收敛,绕射点的特征不够清晰。当绕射波的主频提高时,这种影响更为严重。所以,在绕射波发育的地区,宜采用高密度地震勘探技术。

前面从基本采样定理出发说明空间假频问题,即横向连续信号一旦被离散采样,将产生不可恢复的波数范围,最大波数以外区域的信息将无法完全恢复;该波数区域的信息被采样后,变为另一种新的信息,即空间假频。在地震勘探中空间假频的产生与五种因素有关:同相轴的主频、界面倾角、视速度、道距、噪声等。通过模型数据分析了强规则干扰、陡界面反射波、绕射波、采样不均匀时产生的空间假频问题及其对成像效果的影响。

研究结果表明:采样不充分导致规则干扰波的波场特征难以识别,假频现象严重,干扰波的视速度发生了变化,增加了处理中噪声衰减的难度;陡倾角反射波在空间采样密度不够时更容易产生空间假频,对反射波的识别有一定的影响,其影响程度与反射波的主频有关,当频率较高时,假频主要影响高频高波数的反射波,导致反射波的空间分辨率下降,偏移精度降低;炮检距分布不均匀没有影响假频出现的规律,只是 F-K 谱的噪声增强,分辨率降低;当空间采样较稀疏时,远离绕射点的绕射波的高频成分受假频的影响,在偏移时会造成绕射波不能完全收敛,绕射点的特征不够清晰。当绕射波的主频较高时这种影响更为严重。

2)均匀性

观测系统中均匀分布的炮检距能对多次波、地滚波及其他各种相干和随机噪声进行有效衰减和压制。也就是说,只有 CMP 道集内炮检距是从小到大均匀分布的,才能保证同时勘探浅、中、深各个目标层,使观测系统既能保证取得各目标层的有效反射信息,又有利于后续的地震数据的各种处理分析(马在田,1989)。

炮检距均匀性对偏移成像的影响主要有两个重要原因:一是影响速度分析的精度,导致偏移速度场不够准确;二是炮检距不均匀观测系统不能保证同时勘探浅、中、深各个目标层,这样缺少目标层有效反射信息的地震数据自然也不能取得理想的偏移效果。

(1)炮检距均匀性对速度分析的影响

为了认识炮检距均匀性对速度分析的影响,给定一个炮检距相关系数,对正演数据(炮检距相关系数为 1)进行改造,形成实验数据。然后再对这个实验数据进行抽道集、速度分析,对比不同改造方式、不同相关系数的速度谱之间的差别,分析炮检距均匀性对速度分析的影响。

经过研究发现,在覆盖次数一定的情况下,炮检距不均匀性会使速度谱能量团发散,炮检距均匀性相关系数越低,能量团越不集中。彩图 2-2-9 为相关系数 1、0.8、0.6、0.4 时对应的炮检距分布图及速度谱。很明显,当炮检距相关系数为 1(炮检距均匀分布)时,其对应的速度谱能量团(彩图 2-2-9a)最为清晰,能量团也最集中;当炮检距相关系数为 0.8 时,其浅层速度谱能量团(彩图 2-2-9b)有一定程度的发散;当炮检距相关系数为 0.6 时,其对应的速度谱能量团(彩图 2-2-9c)已经发散得较为严重;当炮检距相关系数为 0.4 时,其对应的速度谱能量团(彩图 2-2-9d)最发散。

远炮检距道集不均匀对速度谱影响最大,中炮检距次之,近炮检距最小。彩图 2-2-10 为相关系数 1 和 0.5(近、中、远炮检距不均匀)时对应的炮检距分布图及速度谱。很明显,当炮检距相关系数为 1(炮检距均匀分布)时,其对应的速度谱能量团(彩图 2-2-10a)最清晰,能量也最集中;当炮检距均匀性相关系数为 0.5 时,近炮检距不均匀(彩图 2-2-10b),其对应的速度谱能量团几乎不受影响,能量团依然很清晰;中炮检距不均匀(彩图 2-2-10c),其浅层的能量团很明显变得比较发散;远炮检距不均匀(彩图 2-2-10d),其对应的速度谱能量团受影响程度最大,能量团呈条状,难以拾取准确的速度。因此,远炮检距道集不均匀对速度谱影响最大。

当炮检距不均匀时,浅层速度谱受影响程度要大于深层。彩图 2-2-11 为相关系数 1、0.7、0.5 时对应的炮检距分布图及速度谱。很明显,对浅层来说,速度谱能量团发散很严重,相关系数为 0.5 时已经呈斜条状,而深层能量团却看不出太大变化。

炮检距不均匀对单道集影响较大,对超级道集影响较小。彩图 2-2-12 为相关系数为 1、0.4 时对应的单道集速度谱图。彩图 2-2-13 为相关系数为 1、0.4 时对应的超级道集速度谱图。很明显,单道集对应的速度谱差别很大,而超级道集对应的速度谱差别较小。

(2)炮检距均匀性对不同构造叠前偏移的影响

为了认识炮检距均匀性对偏移成像的影响,给定一个炮检距相关系数,对正演数据(炮检距相关系数为 1)进行改造,形成实验数据。然后再对比不同改造方式、不同相关系数偏移剖面之间的差别,分析炮检距均匀性对偏移成像的影响。

通过研究发现,炮检距均匀性相关系数越低,偏移效果越差,偏移噪声越明显。图 2-2-14 至 2-2-17 分别是炮检距均匀性相关系数为 1、0.8、0.6、0.4 对应的整个地质构造的偏移剖面图和炮检距分布图。很明显,随着相关系数的降低,偏移噪声越来越明显。

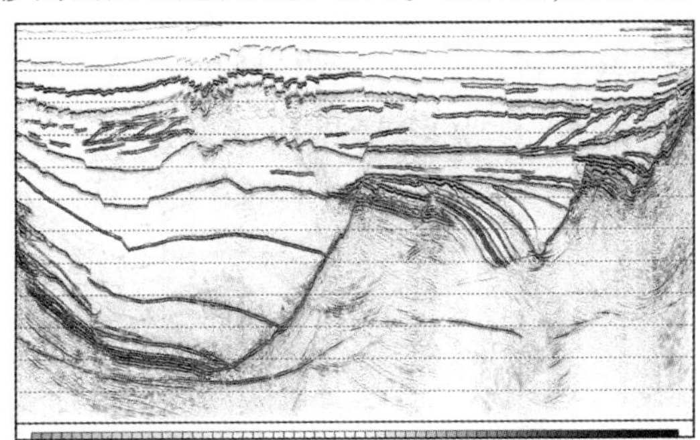
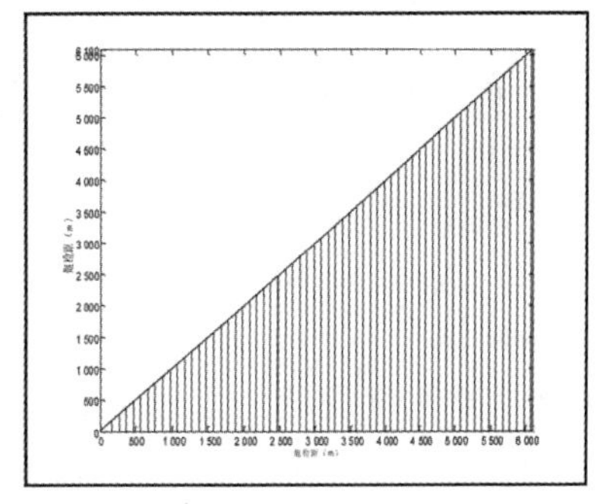

图 2-2-14 相关系数为 1 时对应的偏移剖面及炮检距分布图

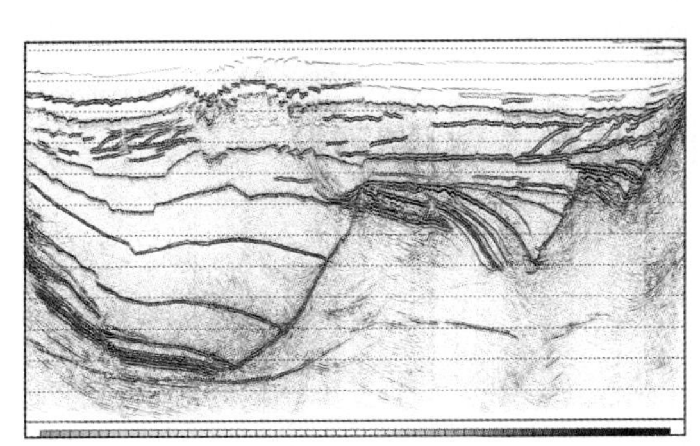
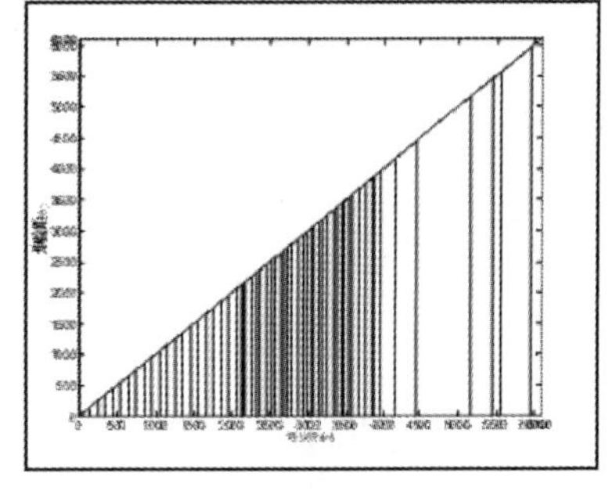

图 2-2-15 相关系数为 0.8 时对应的偏移剖面及炮检距分布图

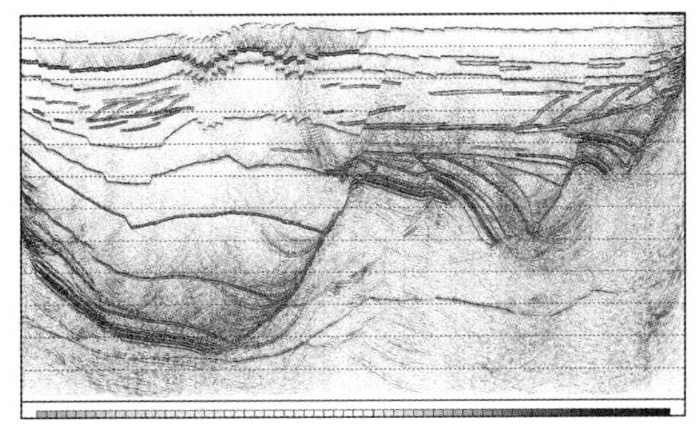
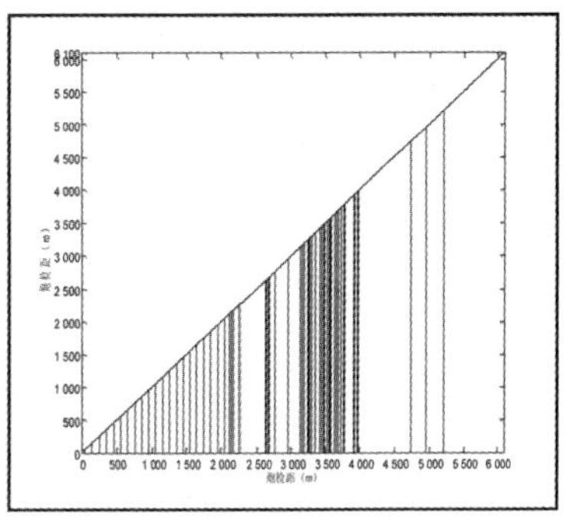

图 2-2-16 相关系数为 0.6 时对应的偏移剖面及炮检距分布图

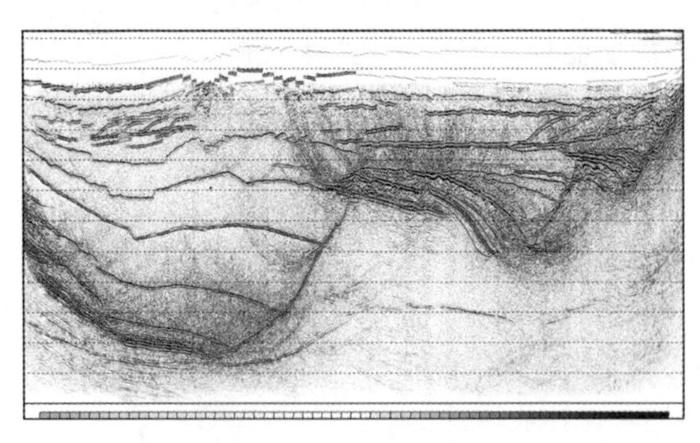

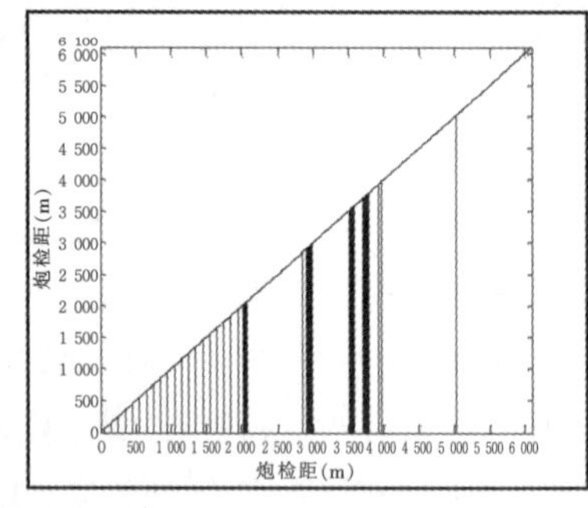

图 2-2-17 相关系数为 0.4 时对应的偏移剖面及炮检距分布图

炮检距不均匀,严重影响偏移剖面的信噪比,对构造形态影响较小。观察图 2-2-14 至图 2-2-17 可以看出,随着炮检距均匀性相关系数的降低,偏移剖面信噪比大大降低,但是构造形态并无明显变化。即使均匀性相关系数降到 0.4,还是可以大致看出原来的构造形态。

不同构造对炮检距不均匀性的敏感程度并不一样,而且对不同构造的偏移成像来说,近、中、远不同道集的贡献大小也不一样。

3)对称性

狭义的对称性是指在炮点域和检波点域采集地震波场的参数相同。广义的对称性是指:道间距 = 炮间距,接收线距 = 炮线距。对称采样的特点:保持了采样波场的对称性;数据特征与测线的方向无关;CMP 间的属性衡定(相同);较好地压制相干噪声;数据适合于炮一检域串联处理;数据适合于更复杂的处理和分析。

4)连续性

连续性指对各种地震波场的连续性采样。即指记录到的地震信号波场,各种噪声波场具有很好的空间连续性。

2.高密度观测系统设计技术

随着济阳坳陷油气勘探开发的进一步发展,大型构造油气田已经被发现,目前摆在油田开发方面的问题是各种复杂断块及岩性油气藏,在剖面上的特点是小断层、小断块,油藏厚度小,油藏宽度窄,要解决这些问题,对于地球物理方面的要求就是提高成像精度,拓宽频带,提高空间采样密度。那么如何才能解决这些地球物理方面的要求,对于地震资料采集来说,就是要使观测系统满足叠前偏移的需要,提高采样密度,要求观测系统属性均匀,在采集中保护高频有效信号。能够完成这些要求,就需要利用高密度观测系统进行采集。

1)针对地质目标的高密度观测系统分析

针对地质目标及地质任务,有针对性地进行参数论证及观测系统设计。高密度观测系统设计思路是在满足具体地质条件下对纵、横向分辨率的要求,科学地选择采集参数,设计合理的观测系统,且其属性分布满足均匀采样和连续采样的要求,并且根据工区地质模型进行正演模拟,分析其入射角分布、CRP 覆盖次数等相关属性,设计高密度采集观测系统。以济阳坳陷 LJ 地区高密度地震采集为例,研究高密度观测系统的设计技术。LJ 工区的主要地质任务是:①识别沙一段－沙四段断距小于 10 m 的低级序断层;②在 1 600~2 500 m 深度上分辨 10 m 左右的砂体;③查清沙一段生物灰岩薄互层。通过对地质任务的分析,认为采集的重点是提高纵横向分辨率的问题,在设计中围绕提高纵横向分辨率展开方法论证。

通过建立工区地质模型(彩图 2-2-18),根据地质任务主要对以下几个重点的参数进行论证:需要保护的最高频率,面元网格,最大炮检距,接收线距。在设计中采用了模型理论论证和试验资料计算相结合的方法,共同确定出合理的观测系统参数。

(1)基于地质模型的参数论证

提高纵横向分辨率,关键是提高频带宽度,在设计及生产中尽量保护高频成分。通过建立地质模型进行计算,可以直观地分析整个层面需要保护的最高频率,克服了以往"点论证"的缺陷。彩图 2-2-19 到彩图 2-2-24,是利用模型对不同参数的论证分析。

图 2-2-25 全偏移距迭加剖面

面元网格的大小对于提高横向分辨率具有重要影响,通过需要保护的最高频率成分,计算出需要的网格大小,降低空间假频的影响,保护高频有效信号。

基于模型的偏移孔径计算。偏移孔径受地层倾角及上覆地层速度的影响,在以往的设计中只是近似的计算,误差较大,通过模型计算能够全面地了解地层倾角在三维空间对偏移孔径的影响,直观地了解整个层面偏移孔径的分布情况。

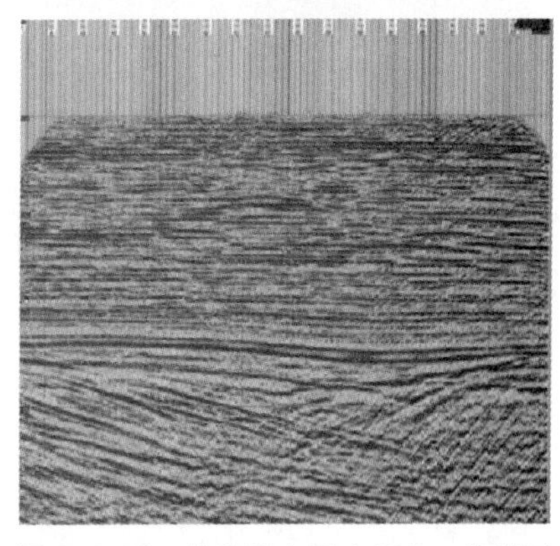

图 2-2-26 偏移距大于 1 000 m 的剖面

基于模型的动校拉伸炮检距分析:动校拉伸受上覆地层速度、深度、地层倾角影响,考虑这些因素计算每一个点满足动校拉伸的炮检距范围,可以很直观地看出全区满足要求的最大炮检距的分布。

DMO 是资料处理中的重要环节,经多 DMO 处理能够为叠前偏移提供准确的成像速度场,同时应用于迭加成像提高成像效果。在观测系统设计中,要使观测系统属性满足 DMO 处理的需要,建立地质模型,通过分析各点对于 DMO 处理所需要的炮检距,确定观测系统最大炮检距的选择。

接收线距的选择一般要不大于垂直入射时第一菲涅尔带的大小,通过建立地质模型,分析各个目的层第一菲涅尔带的大小,可以方便直观地观察接收线距的选择。

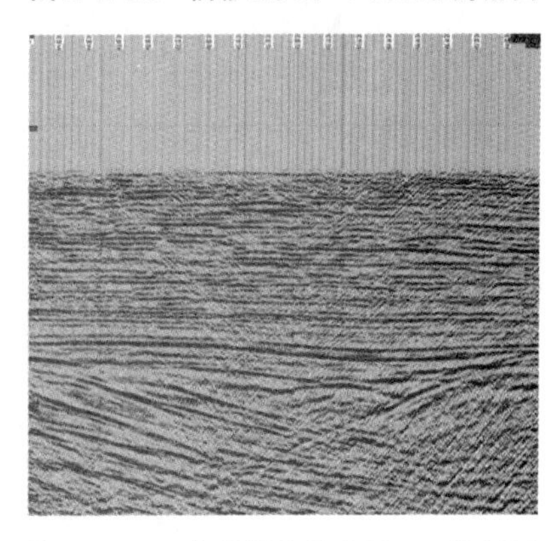

图 2-2-27 偏移距大于 1 500 m 的剖面

(2)基于试验资料的观测系统参数选择

通过试验资料,对资料进行分炮检距迭加(图 2-2-25~ 图 2-2-27),从迭加成像效果中确定最佳的最大的偏移距。

图 2-2-28 分析了不同非纵距资料及最大非纵距与能量关系，指导选择最大非纵距。通过模型论证和试验资料分析,确定出观测系统参数。

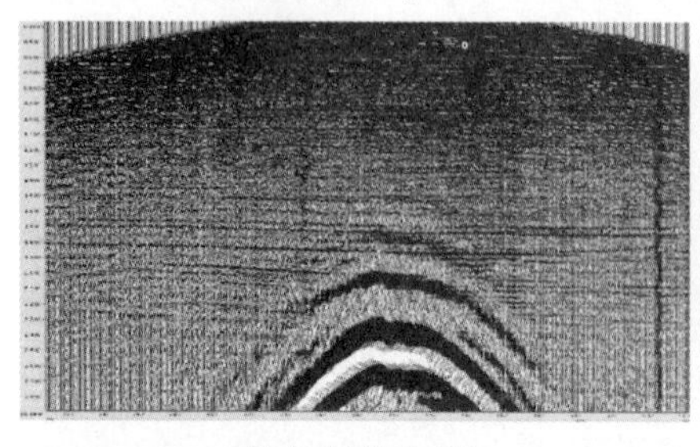

a.最大非纵距 450 m　　b.最大非纵距 1 050 m

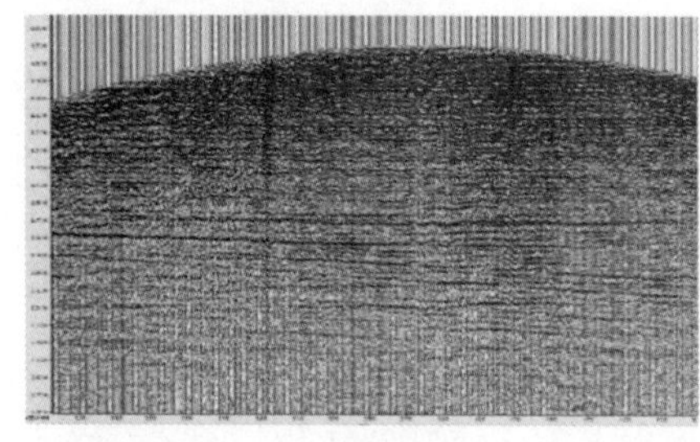

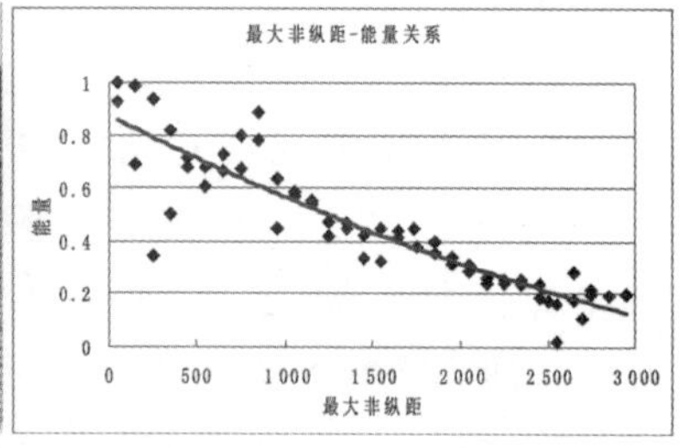

c.最大非纵距 1 450 m　　d.最大炮检距与能量关系图

图 2-2-28　最大非纵距分析

2)针对地质目标的观测系统分析

根据参数论证结果设计观测系统,要掌握以下设计原则:一是尽量满足完全对称空间采样,即采用纵、横向对称(方形面元、炮线距等于接收线距,炮点距等于检波点距等),使观测系统具有较宽的方位;二是波场均匀连续,即保证观测系统具有较好的属性,炮检距、方位角分布尽量均匀(减小横向滚动距离),应该采用正交观测系统。

根据参数选择范围,优选了四种观测系统(图 2-2-29),通过分析针对地质目标的观测系统属性，优选适合于地质目标的观测系统。通过分炮检距范围的覆盖次数分析（图 2-2-30),确定针对目标层的有效覆盖次数,提高针对目标层的有效覆盖。

图 2-2-29　优选的观测系统

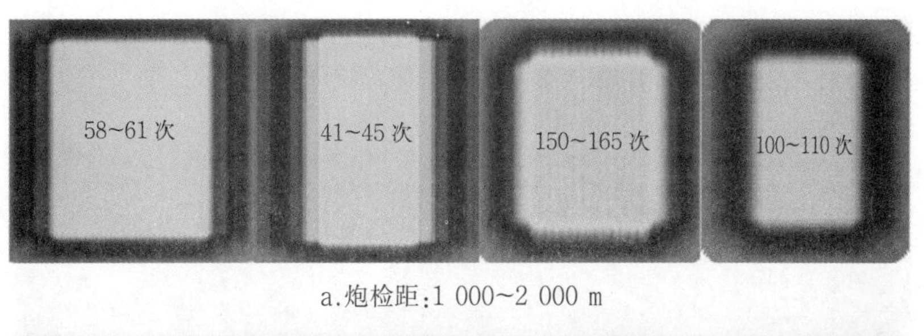

a.炮检距:1 000~2 000 m

b.炮检距:2 000~3 000 m

图 2-2-30　分炮检距覆盖次数分析

3)针对地质目标的 CRP 属性分析

通过建立地质模型,进行射线追踪,分析各个层位的 CRP 属性(彩图 2-2-31),从而更加真实地反映实际地层的覆盖次数分布。

4)基于健全空间波场的观测系统设计技术

高密度采集要实现波场无污染采样,提高成像精度,必须考虑对规则噪音和有效波的无假频采样,对规则干扰波的无假频采样有利于处理中进行压制,对有效波的无假频采样有利于处理成像,在处理中降低空间假频的影响。

(1)防止规则干扰波假频

在 LJ 工区的高密度地震资料采集中,经过对干扰波进行调查,主要干扰波是面波,为实现面波的无假频采样,对实验资料进行抽不同道距处理及 F-K 谱分析(图 2-2-32),分析面波的变化,为充分采集面波提供道距选择。

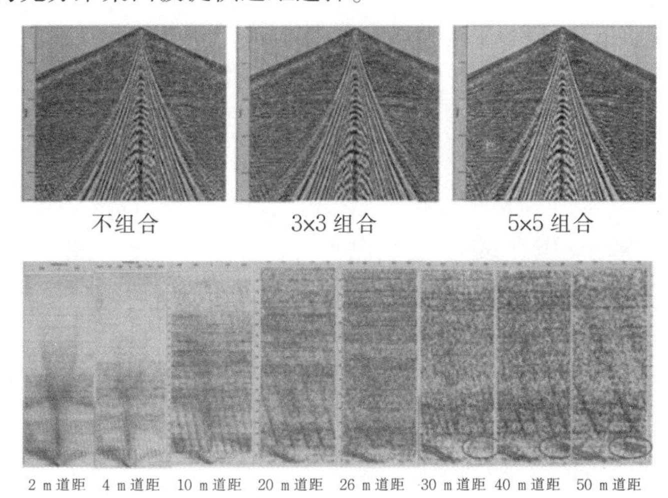

图 2-2-32　不同道距单炮资料及 F-K 谱分析

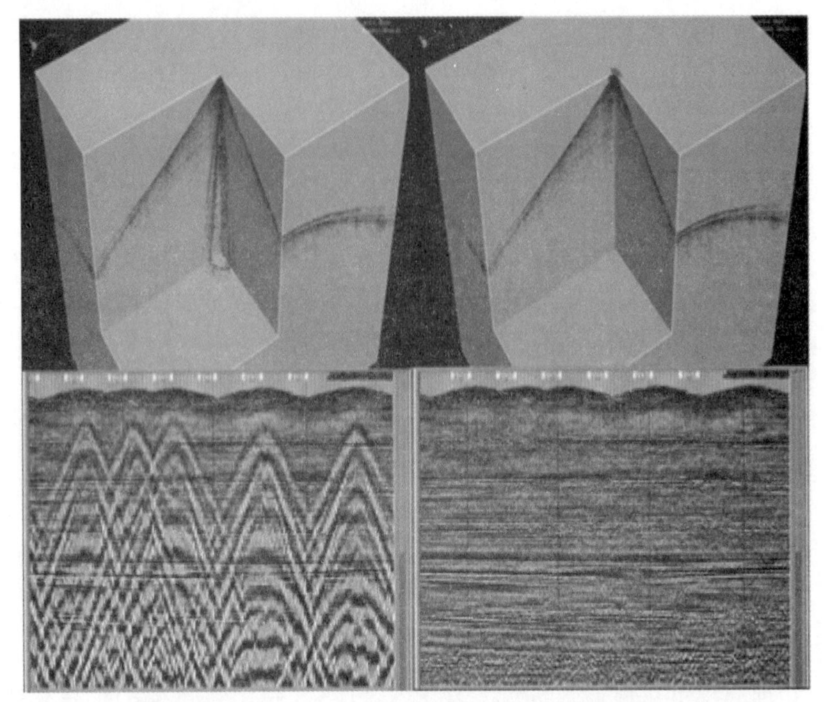

图 2-2-33 3DF-K 谱滤波前(左)后(右)效果对比

经过对面波的无假频采样,在处理中收到了良好的分离效果(图 2-2-33),通过使用 3DF-K 滤波,将面波去除得比较干净,提高了资料的信噪比。

(2)防止处理空间假频

炮检距分布的充分性、均匀性对处理环节十分重要,炮检距分布不合理将导致处理假频,降低资料信噪比,为实现资料处理中对有效信号的保护,在设计中要针对处理要求进行降低空间假频影响的考虑,炮检距分布要求充分、均匀。

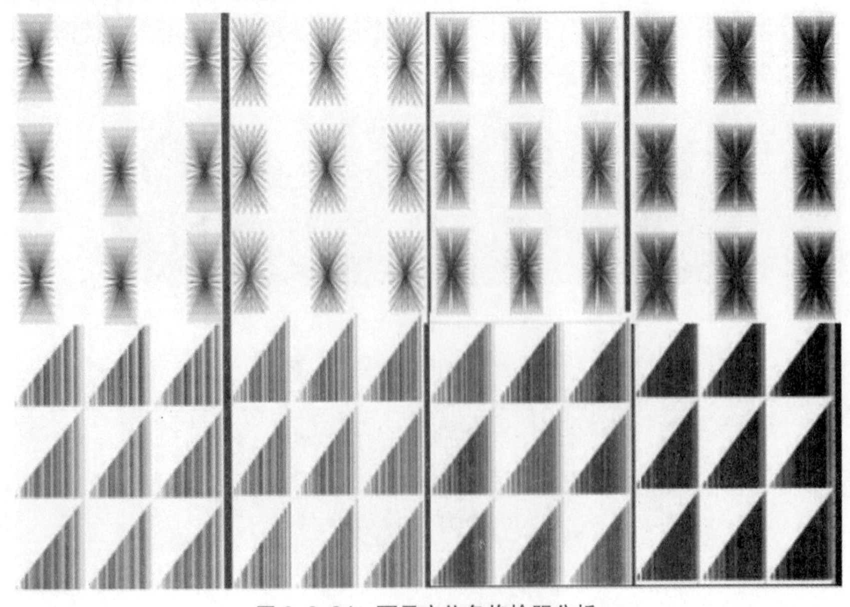

图 2-2-34 面元方位角炮检距分析

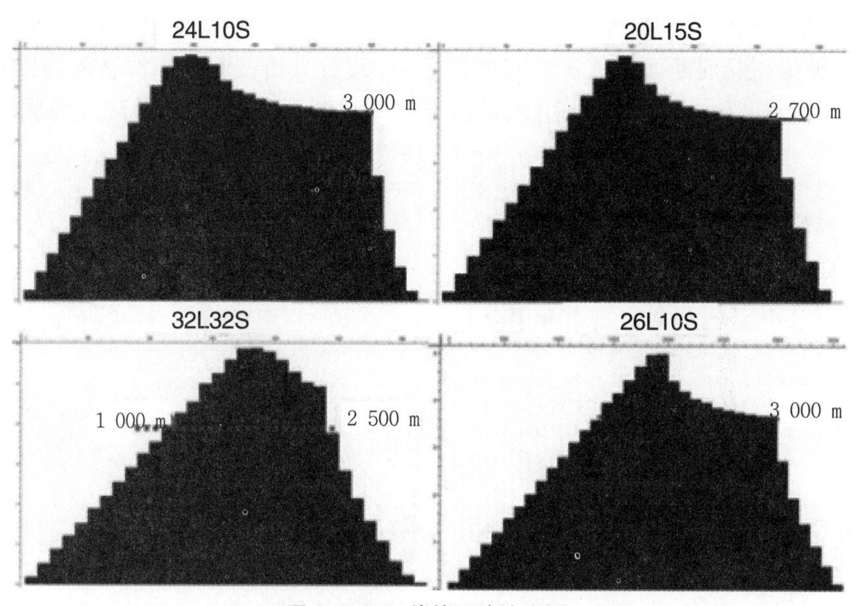

图 2-2-35　炮检距统计分析

(3)防止有效波空间假频

陡倾角界面的反射波、绕射波是落实地质构造的有效信号,易受空间假频的影响,高密度观测系统设计中加强了对这两种波的保护。

①对绕射波的保护,一是确保偏移孔径,二是确保充分采样,不产生空间假频(彩图 2-2-36)。

通过建立地质模型,分析各个断点所需要的偏移孔径的大小,并通过对绕射波的不同密度的采样,进行绕射波收敛处理,通过分析,确定满足绕射波充分采样的道距(彩图 2-2-37)。

②对断面波的保护主要有两个主要的方面:一是要有足够的排列长度,确保接收到足够的能量;二是确保充分采样,不产生空间假频(彩图 2-2-38)。

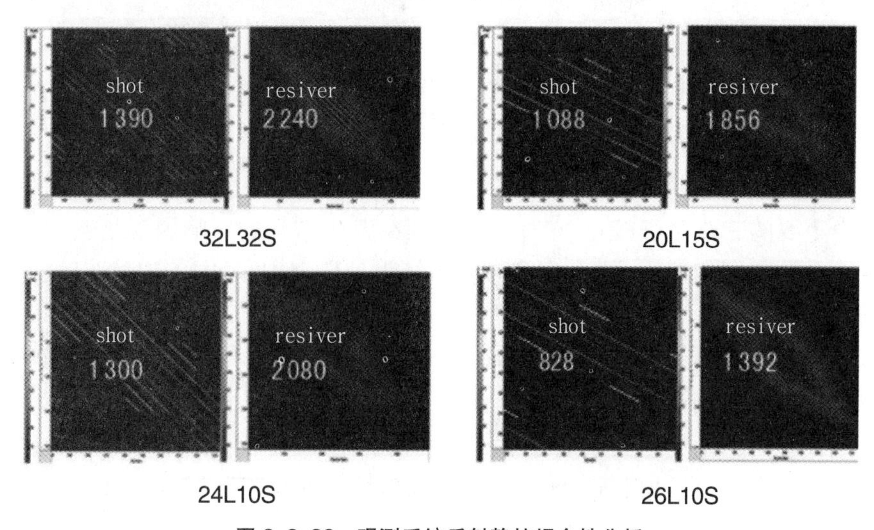

图 2-2-39　观测系统反射静校耦合性分析

断面波是地震信息中重要的波，能够反映地层断层面的重要信息，通过对断面波的充分采样，对于提高断层断面的成像具有重要意义。通过分析接收断面波所需的排列长度和满足断层倾角不产生空间假频的道距，能够充分采集断面波信息，为处理成像奠定基础。

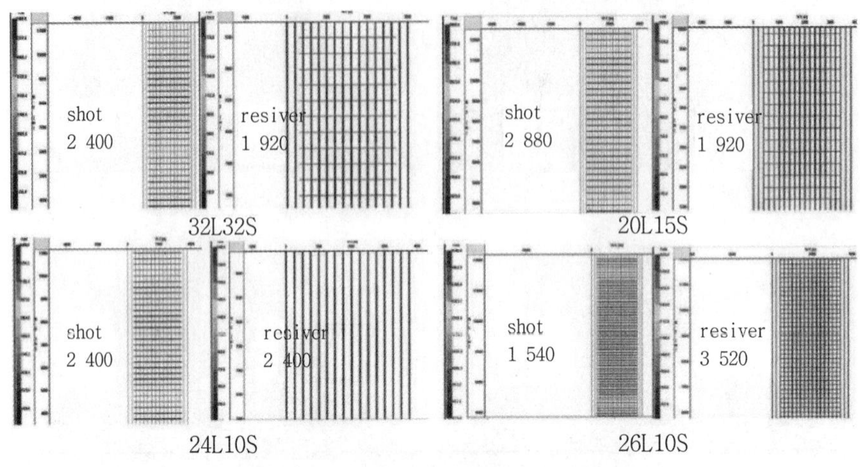

图 2-2-40　观测系统折射静校耦合性分析

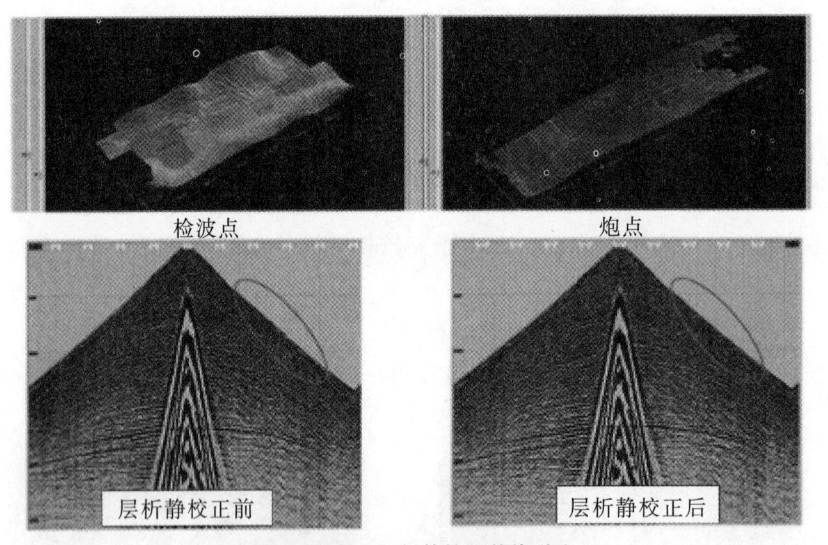

图 2-2-41　层析静校正单炮对比

(4)基于处理要求的观测系统设计

处理中重要的三步是静校正、迭加、叠前偏移，其中迭加的影响因素是速度分析，速度分析的准确有利于同相迭加。在高密度观测系统设计研究中，考虑了这些处理技术对观测系统设计的要求。

①反射静校耦合性分析。反射静校耦合性好的观测系统，有利于反射剩余静校正量的计算及各种地表一致性计算。

对于地表横向速度变化大的地区，需要使用层析静校正及折射静校正，通过分析观测系统折射静校耦合性，可以判断观测系统是否适合层析静校正及折射静校正。

通过理论分析，LJ 工区使用的观测系统折射静校耦合性较好，有利于层析静校正处理,从实际资料处理中可以看出收到了比较好的效果。

②速度分析精度计算及速度分析痕迹计算。速度分析精度高的观测系统有利于速度求取的准确,速度分析痕迹小的观测系统有利于高密度逐点速度分析。

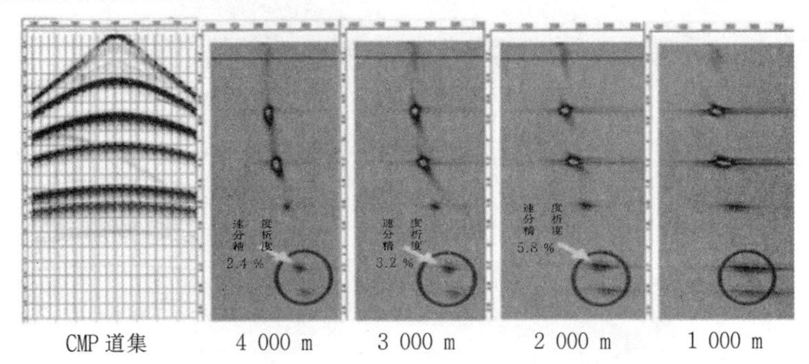

图 2-2-42 不同最大炮检距速度谱分析

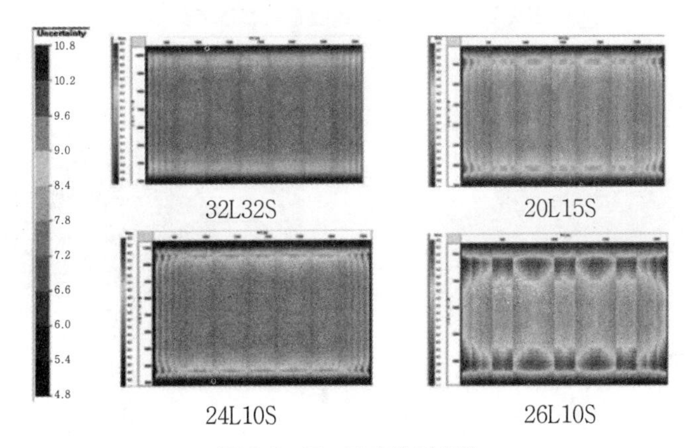

图 2-2-43 速度分析痕迹

③观测系统叠前偏移响应分析。通过建立地质模型,绕射源选择在目标层某一断点位置,通过使用克希霍夫偏移计算点绕射的成像,分析主瓣能量及旁瓣能量,判断观测系统是否有利于叠前偏移成像的需要。

从三维空间分析各个方向的能量聚焦情况,判断沿 Inline 和 Crossline 能量聚焦情况,分析 Inline 和 Crossline 是否满足叠前偏移的需要。

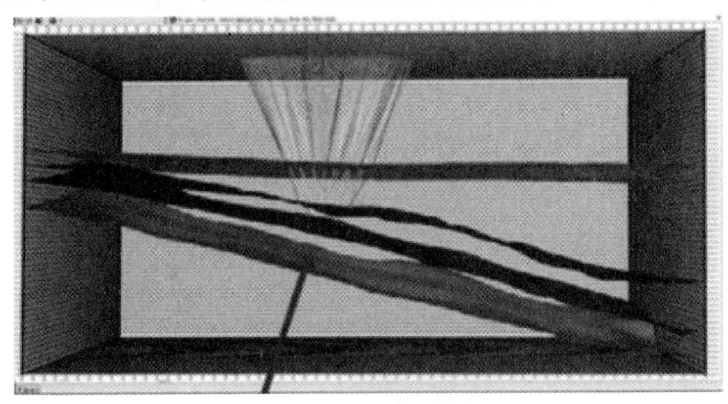

图 2-2-44 绕射点位置选择

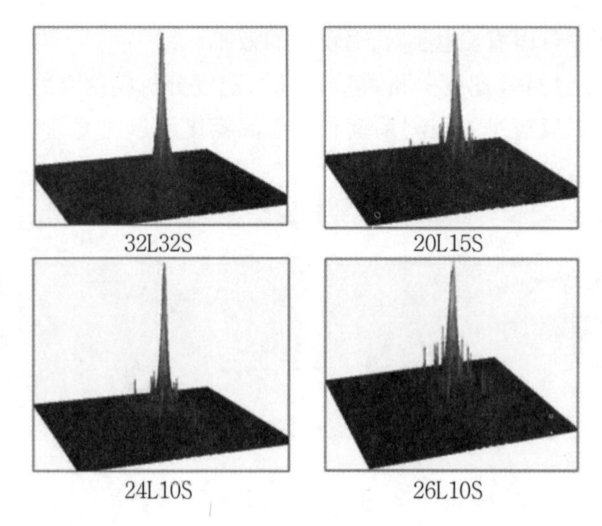

图 2-2-45 观测系统叠前偏移响应分析

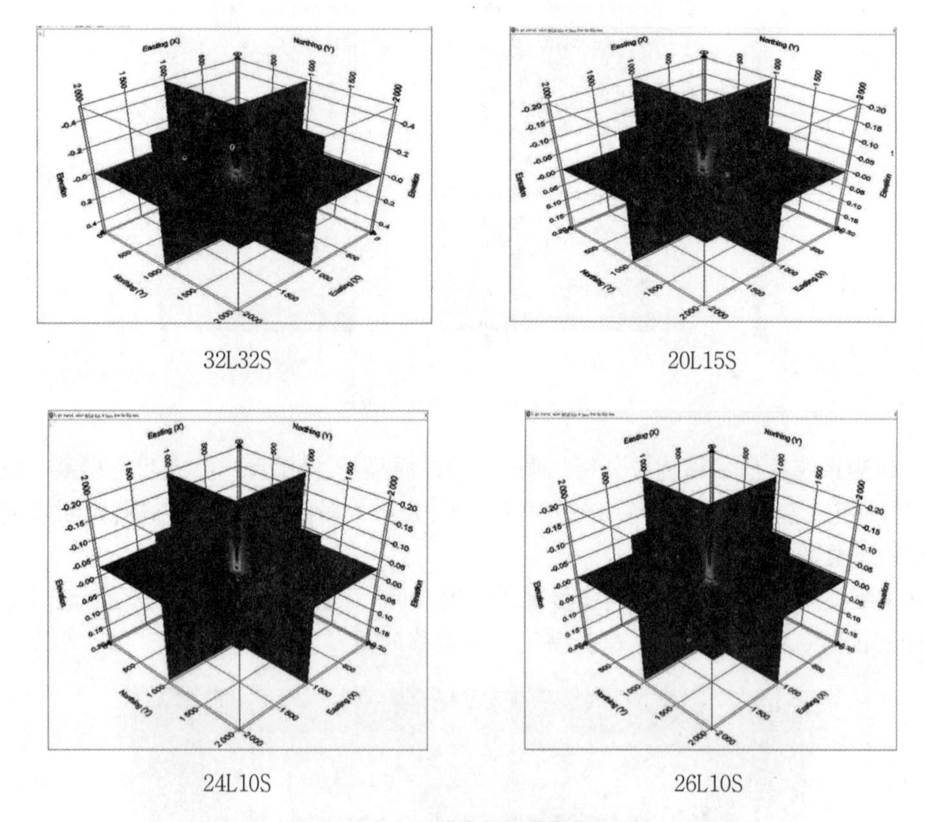

图 2-2-46 三维空间能量聚焦分析

通过叠前偏移可以分析炮检距选择的合理性。从彩图 2-2-47 中可以看出,不同偏移距有不同偏移成像效果,多偏移距数据迭加是提高叠前成像精度的有效方法。

3.地质目标导向观测系统设计与评价的基本思想

在充分了解探区地震地质条件、地震资料与勘探历程的基础上,深化探区地质目标认识,利用部署区处理解释最新成果建立探区地质模型;提取各目的层在全区的深度、速度、倾角、方位角等地球物理参数；利用模型和实际资料反推观测系统参数；以满足地质需求、处理需求为重点，依据地震资料空间采样“充分性、均匀性、对称性、连续性”，综合考虑“地震采集地表、装备可实施性”与“经济可行性”的“六性”原则，进行观测系统多样化合理设计；利用目的层照明分析、叠前偏移算子等相应分析(共聚焦分析)、采集脚印分析，以及面元属性分析等分析评价技术，优选观测系统(图 2-2-48)。

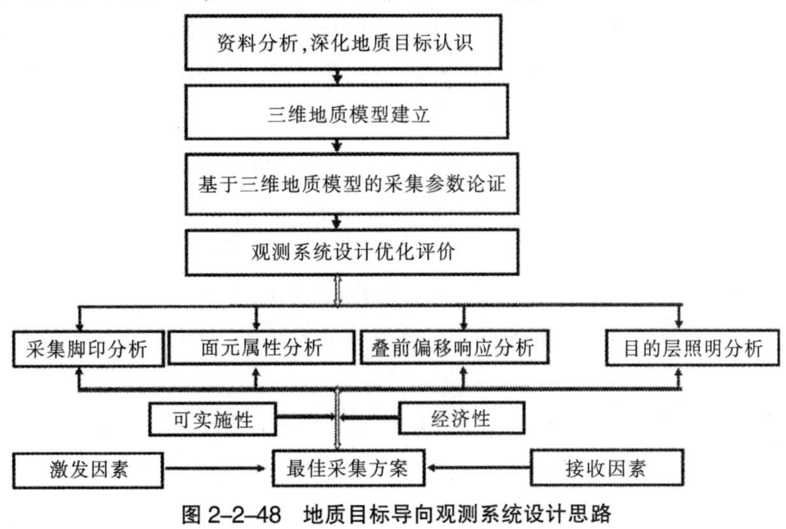

图 2-2-48　地质目标导向观测系统设计思路

4.“五化六性”目标导向观测系统设计评价方法

“五化六性”地质目标导向观测系统设计评价方法(图 2-2-49)是相对于基于水平层状介质的非地质目标导向宏观点论证方法而言的。

其中，“五化”分别为：①地球物理参数提取全局化。利用部署区处理解释最新成果提取各目的层在全区的深度、速度、倾角、方位角等地球物理参数，作为参数论证、观测系统设计与分析评价的模型依据，改变了全区只提取 2~3 个论证点地球物理参数的传统模式。②参数论证模型化。从地质模型出发，结合实际资料反推观测系统参数。③观测系统设计需求化。更加突出地质需求与处理需求。④分析评价系统化、可视化。系统化指分析评价技术性内容更全面，同时，综合了可实施性与经济性。可视化指定性与定量相结合，由相面到地下照明。

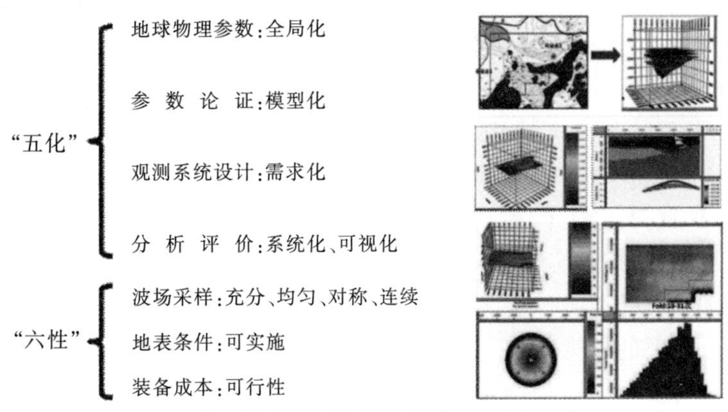

图 2-2-49　“五化六性”地质目标导向观测系统设计评价方法示意图

“六性”分别为:①充分性。充分性反映离散地震波场所携带的连续地震波场的信息多少,地震采集的离散波场信息要满足信号(包括一些主要短波长干扰波,如面波等)波场空间、时间采样定律要求,能保真恢复信号连续波场信息。影响采样充分性的因素主要包括排列片的接收范围(排列长度和横纵比)、道间距、接收线距、炮点距以及炮线距等。在高密度数据处理中,对地震波场采样充分性分析显得尤为重要,充分性对数据处理中关键环节的影响表现为:由于采样不足,导致数据中出现假频现象,假频对后续的某些处理步骤有不良影响,如叠前噪声衰减、多域统计分析与处理、与数学变换相关的处理(如 F-K、τ-p、Radon 等)以及偏移成像等。

②对称性。狭义的对称性是指在炮域和检波点域采集地震波场的参数相同。即道间距=炮间距=接收线距=炮线距。广义的对称性是指道间距=炮间距;接收线距=炮线距。从面元属性上反映了面元内炮检距以及方位信息对称性。对称采样的优点:保持了采样波场的对称性;数据特征与测线的方向无关;CMP 间的属性衡定(相同);较好地压制相干噪声;数据适合于炮、检域串联处理;数据适合于更复杂的处理和分析(OVT、AVO 分析、叠前偏移、反演、各向异性研究等)。

③均匀性。均匀性通常指炮、检点空间布设的均匀程度,反映在面元属性上,均匀性指地震数据体的炮检距、覆盖次数、方位角分布的均匀性等。道均匀性 Ut:即三维勘探中道距 RI 和接收线距 RLI 之比:$U_t=\frac{RI}{RLI}$,炮均匀性 U_s:即三维勘探中炮点距 SI 和炮线距 SLI 之比:$U_s=\frac{SI}{SLI}$,炮道均匀性 U_{st}:即炮密度 N_s 和道密度 N_t 之比:$U_{st}=\frac{N_s}{N_t}$,均匀性的衡量标准是以上参数越接近于 1 越好。

④连续性。连续性指对各种地震波场在不同数据域(炮域、检波点域、CMP 域、offset 域、OVT 域等)的连续程度。即指记录到的反射信号波场,各种噪声波场具有很好的空间连续性。

⑤可实施性。地表具备相应观测系统的野外实施条件,作业环境满足安全环保的要求。

⑥可行性。观测系统设计方案应当与当前的野外地震采集装备情况和采集成本控制要求相适应,设计方案应具备地震采集装备与经济的双重可行性。

1)全局化地球物理参数提取技术

利用部署区处理解释最新成果建立探区地质模型,提取各目的层在全区的深度、速度、倾角、方位角、反射时间等地球物理参数,作为参数论证、观测系统设计与分析评价的模型依据,改变了以往全区只提取 2~3 个论证点地球物理参数的传统模式。

彩图 2-2-50 是从 LJ2017 三维地质模型中提取的 T1、T2、T6、T7 等主要勘探目的层的相关地球物理参数:速度、埋深、倾角、反射时间等。

2)模型化参数论证技术

从地质模型出发,结合实际资料反推观测系统参数。

(1)分辨率的计算

根据纵向分辨率的计算公式:

$$R_v=\frac{V_{int}}{4f_{max}} \tag{2-2-9}$$

式中,R_v 为纵向分辨率;V_{int} 为目的层的层速度;$f_{\max}$ 为目的层的最高频率。

利用这一关系式可以估计各目标层的纵向分辨率。

图 2-2-51 与图 2-2-52 是一个地层速度为 3 500 m/s 时，纵向分辨率与频率关系的图件。

从图 2-2-51 可以看出,目的层速度为 3 500 m/s 时,当目的层最高频率为 35 Hz 时,可分辨地层的最小厚度为 25 m。

当用射线来表示波的传播时,就意味着反射波是由一个反射点产生的。但是,实际上反射波是由反射面上相当大的面积内返回的能量迭加而成的，到达同一检波器反射波的相位差不超过半个周期,这些波都或多或少地可以相干干涉。产生相干干涉反射波的区域称为菲涅尔带(Fresnel Zones)。而对于反射信号的主要贡献则来自第一菲涅尔带,通常利用第一菲涅尔带的半径作为横向分辨率的计算公式：

$$R_h \approx \left(\frac{V}{2}\right)\sqrt{\frac{t_0}{f_{\max}}} \tag{2-2-10}$$

式中,R_h 为横向分辨率(m);V 为平均速度(m/s);$f_{\max}$ 为目的层的最高频率(Hz);t_0 为双程反射时间(s)。

图 2-2-52 是深度为 3 000 m,平均速度为 3 000 m/s(t_0=2 s),横向分辨率与频率的关系。

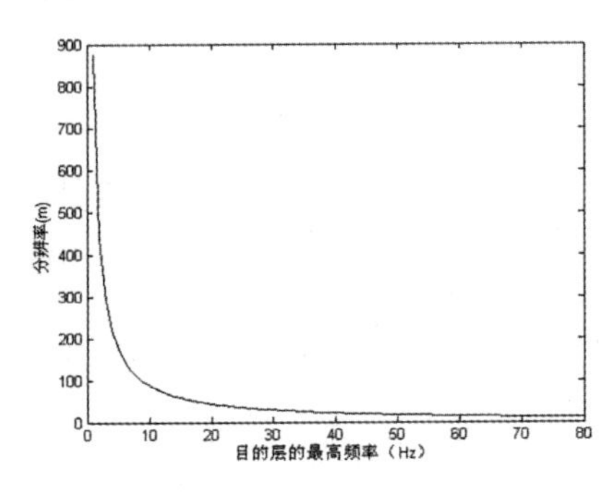

图 2-2-51 纵向分辨率与频率的关系

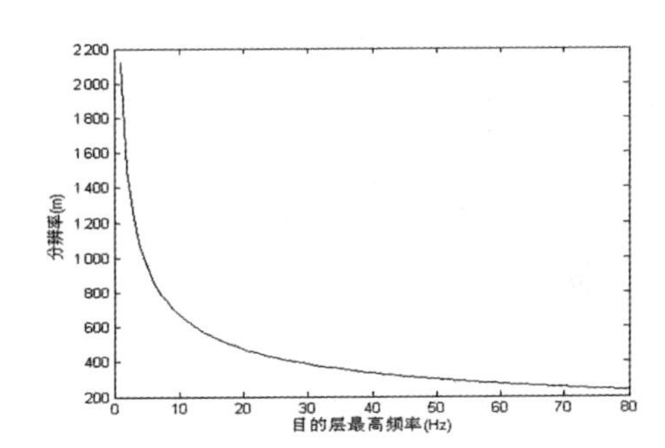

图 2-2-52 横向分辨率与频率的关系

可以看出,深度为 3 000 m,当目的层的频率从 20 Hz 提高到 50 Hz 时,地震数据的横向分辨率则从 470 m 提高到 300 m。

(2)面元大小与道距的选取

合理选择面元大小,以保证接收到的地震波在三维空间的采样率,限制假频干扰,提高成像质量,提高地震资料横向分辨率,控制小的地质体。从最高无混叠频率出发,面元大小取决于:不能出现空间假频;勘探地质目标的大小。

其限制条件之一是不能出现空间假频，即地下 CMP 网格密度必须满足空间采样定律要求：

水平界面反射面元大小由下式确定：

$$b_y \leqslant \frac{V_{rms}}{4f_{\max}} \tag{2-2-11}$$

式中,b_x、b_y 为 CMP 点距;V_{rms} 为均方根速度(m/s);$f_{\max}$ 为反射波最高频率(Hz)。当 b_x=b_y 时,是正方形面元;当 $b_x \neq b_y$ 时,为矩形面元。

为了保证陡倾构造的正确成像，在计算面元的尺寸时，还应当把地层倾角因素的影响考虑进去：

$$b_x \leqslant \frac{V_{rms}}{4f_{\max} \cdot \sin\theta_x}, b_y \leqslant \frac{V_{rms}}{4f_{\max} \cdot \sin\theta_y} \tag{2-2-12}$$

式中，b_x、b_y 为 CMP 点距；θ_x、θ_y 为地层视倾角；V_{rms} 为均方根速度；$f_{\max}$ 为反射波最高频率。

面元大小的限制条件之二是横向分辨率。两个绕射点的距离若小于最高频率的一个空间波长，它们就不能分辨，一般在一个优势频率的波长内至少取 2 个样点，这样面元边长可以表示为

$$b_x \leqslant \frac{V_{int}}{2 \cdot f_p} \tag{2-2-13}$$

式中，b_x 为 CMP 点距；V_{int} 为层速度；f_p 为反射波优势频率。

而道距大小一般选取 2 倍 CMP 面元大小，即

$$\Delta x=2b_x, \Delta y=2b_y \tag{2-2-14}$$

彩图 2-2-53 是利用 LJ 地区地质模型计算获得的各目的层在满足各自最高无混叠频率时，防止偏移空间假频对面元尺寸的具体需求。对 T_1 目的层所需面元在满足最大无混叠频率 120 Hz 情况下，需要精细刻画的断层附近面元尺寸应小于 15 m，同样，T_2 目的层所需面元要小于 14 m，T_6 目的层所需面元要小于 13 m，T_7 目的层所需面元要小于 13 m。综合考虑，目的层所需面元尺寸应小于 13 m。

(3)最大炮检距的选取

炮检距的选择应综合考虑目的层的深度、动校正拉伸、速度分析精度、离散距和反射系数的稳定等。同时，炮检距的分布(最小炮检距、最大炮检距及其方位角)对于高精度三维观测系统至关重要，炮检距分布不均匀，会引起倾斜信号、震源噪声(滤波器对此不起作用)甚至一次波发生混叠，严重时会使速度分析失败。另外，炮检距的分布与覆盖次数有很大关系，覆盖次数低，炮检距分布差，覆盖次数增加，炮检距分布就随着改善。方位角分布差，会产生静校正耦合问题，不能检测与方位有关的变化(由倾角或各向异性引起的)；良好的方位角分布，能保证面元周围所有角度的信息都参与迭加。

最小炮检距的设计应该使得最小炮检距 $X_{\min}$ 足够小，以便能对浅层反射面有适当的采样，一般取 $X_{\min}$=1.0~1.2 倍最浅目的层深度。

最大炮检距 $X_{\max}$ 的设计考虑的因素较多，应遵循以下原则：

①不小于最深反射层的深度；

②主要目的层应避开直达波的干涉；

③主要目的层应避开初至折射波的干涉；

④应小于深层临界折射炮检距；

⑤应满足速度分析精度的要求，地震资料处理时所需要的均方根速度和迭加速度都属于正常时差速度，是根据正常时差求取的，只有正常时差较大时，才能保证精度。而正常时差随炮检距的增大而增加，即保证有足够的排列长度才能保证高精度的速度分析，如下式：

$$X_{\max}=\sqrt{\frac{2t_0\,\Delta\Delta T}{\frac{1}{V_{rms}{}^2}-\frac{1}{(V_{rms}-\Delta V)^2}}} \tag{2-2-15}$$

式中，X_{max} 为最大炮检距(m)；t_0 为相应 X_{max} 的反射时(s)；V_{rms} 为 t_0 时刻的均方根速度(m/s)；ΔV 为要分辨的速度变化量或允许的速度误差(m/s)，一般取 $\Delta V/V$=3 %～4 %；$\Delta\Delta T$ 为要分辨 ΔV 所需要的最小动校正变化量，即正常时差可达到的精度，一般取 0.03 s~0.04 s。

⑥要使动校正拉伸对信号的影响较小，使中深层有效波的动校正拉伸畸变限制在一定的范围内，动校正拉伸量与炮检距的关系为

$$A=\frac{x^2}{2t_0^2v^2} \tag{2-2-16}$$

式中，A 为动校正拉伸量(%)；X 为炮检距(m)；t_0 为相应 X 的反射时间(s)；V 为平均速度(m/s)。

⑦应防止 CMP 道集内的离散距过大。离散距要小于第一菲涅尔带的半径：

$$D\leqslant\frac{x^2}{4t_0v_a}\sin\theta \tag{2-2-17}$$

式中，D 为离散距(m)；X 为炮检距(m)；t_0 为相应炮检距 X 的反射时间(s)；v_a 为迭加速度(m/s)；θ 为地层倾角(°)。

⑧应满足消除多次波的要求。

⑨应大于 AVO 分析所需的炮检距。

图 2-2-54 是根据 LJ 工区地质模型，通过射线追踪与正演模拟，分析工区内各目的层最大炮检距分布范围。彩图 2-2-55 是从各目的层速度模型出发，根据地震波的传播走时方程，计算出炮检距走时关系，并综合考虑动校正与拉伸切除等因素的影响，计算出的各目的层的最大有效炮检距的三维层面图。表 2-2-1 是不同目的层最大炮检距分布范围统计表。

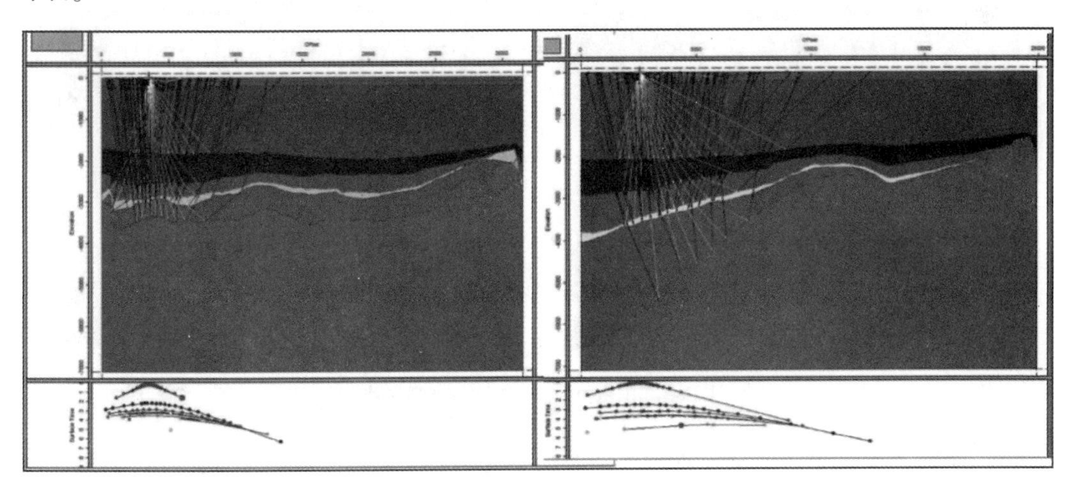

图 2-2-54　最大炮检距模拟分析

表 2-2-1　不同目的层极限炮检距分布范围

目的层	T_1	T_2	T_6	T_7
最大炮检距(m)	1 423～2 231	1 495～3 299	1 697～4 313	1 739～4 583

(4)最大非纵距的选取

受早期三维地震资料处理技术的局限,在早期三维观测系统设计过程中,考虑到非纵观测和纵向观测的共中心点存在时差,不同的非纵距有不同的时差,其迭加速度也不同。非纵观测误差随地层倾角和非纵距的增大而增大,通过限定非纵距有利于保证三维资料的迭加效果。

由公式:

$$Y_{max} \leqslant \frac{V}{\sin \theta} \sqrt{2t_0 \Delta t} \tag{2-2-18}$$

式中,Y_{max} 为非纵距;Δt 为非纵观测误差,一般要求 $\Delta t \leqslant \frac{T}{8}$;$t_0$ 为主要目的层旅行时;V 为平均速度;θ 为主要目的层的非纵方向的最大倾角。

随着宽方位地震资料采集处理技术的进步,理论上讲,最大非纵距与最大纵距应保持一致,即横纵比为 1,全方位采集最佳。考虑到装备与经济可行性的影响,目前仍作为一项经济技术指标参数参与论证。

图 2-2-56 是地震波场对最深开发目标层系的照明分析图,从较大埋深位置处的波场照明结果分析,最大非纵距选择 2 200 m 左右较为合适。过大,对主要开发目标层系没用贡献;过小,对激发波场的接收效率利用低,造成能量浪费。

(5)炮道密度

炮道密度是每平方千米内共中心点(炮检对)的总和,一般用单位面积内的面元数和覆盖次数乘积来计算。采用炮道密度代替覆盖次数来进行观测系统分析,更能从叠前成像的角度体现地震采集资料的精度。

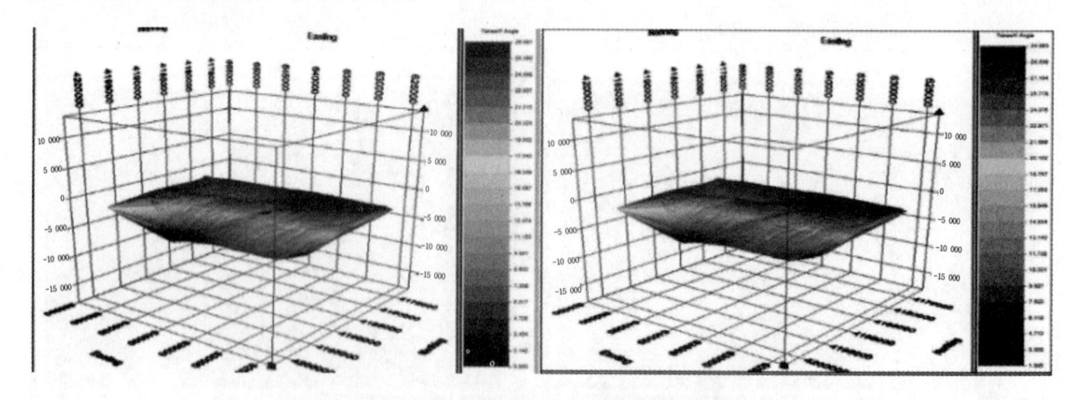

图 2-2-56 最大非纵距波场能量分析

对 LJ 高密度试验地震资料进行观测系统退化分析。采用稀疏炮排、道距退化方式,同时结合保持偏移距与方位角分布规律不变,炮道密度随机退化的方式,将炮道密度从 35.8 万道 / 平方千米到 358.4 万道 / 平方千米,间隔 35.8 万道 / 平方千米,分析叠前时间偏移剖面信噪比变化规律。

具体分时窗对不同频带的偏移结果进行不同炮道密度的信噪比统计。

彩图 2-2-57 是 300~1 000 ms 时窗内炮道密度与偏移剖面不同频率成分信噪比关系统计图,随着炮道密度的提高,不同频率成分信噪比明显呈递增趋势。彩图 2-2-58 是

300～1 000 ms 时窗内炮道密度与偏移剖面不同频率成分信噪比增速关系统计图，从增速图上看，增速呈减小趋势，超过 120 万道 / 平方千米后增速变缓。

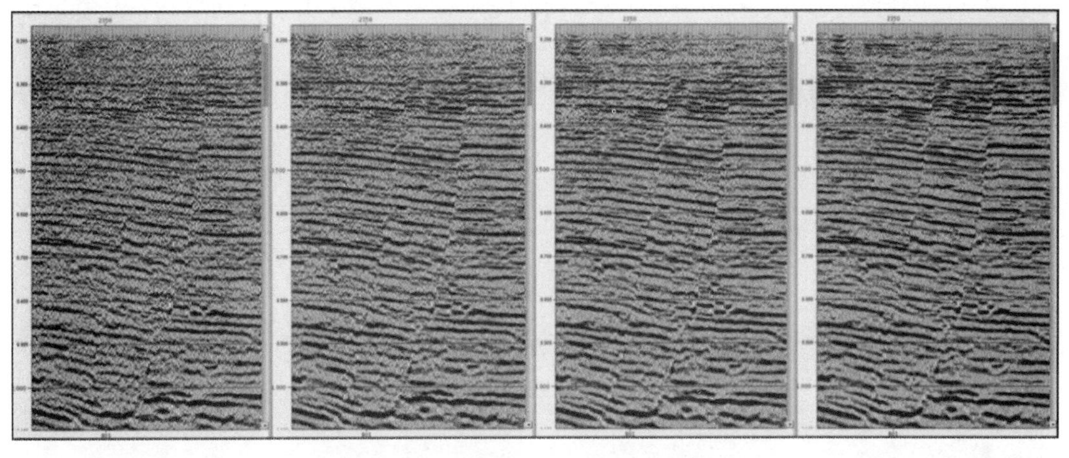

炮道密度 35.8 万　　炮道密度 107.4 万　　炮道密度 214.8 万　　炮道密度 358 万

图 2-2-59　浅层全频带不同炮道密度的偏移剖面

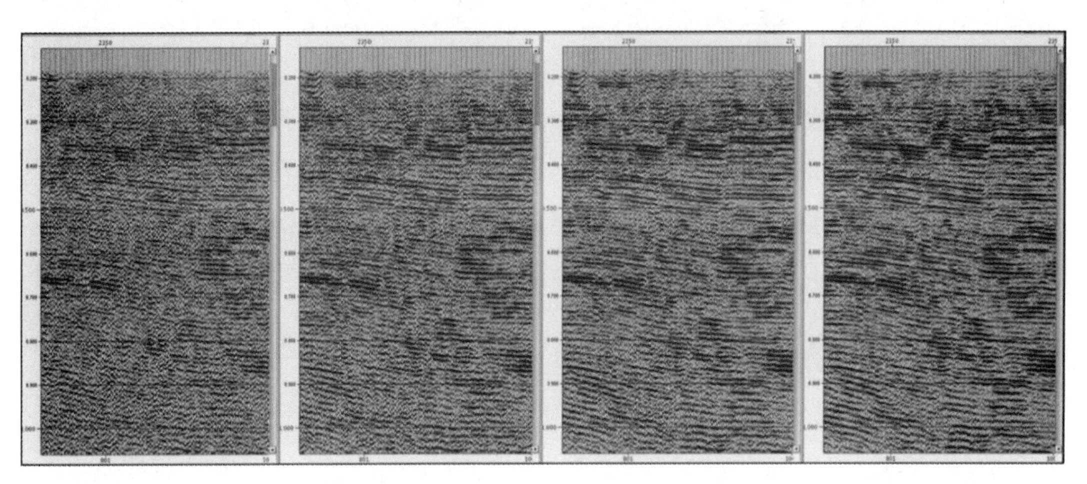

炮道密度 35.8 万　　炮道密度 107.4 万　　炮道密度 214.8 万　　炮道密度 358 万

图 2-2-60　低截 60 Hz 以上不同炮道密度的偏移剖面

对浅层 1 s 以上，全频带叠前时间偏移剖面随炮道密度的提升，信噪比明显改善，炮道密度 110 万道 / 平方千米以下，信噪比明显偏低(图 2-2-59)。

对浅层 1 s 以上，低截 60 Hz 以上叠前时间偏移剖面，炮道密度 110 万道 / 平方千米以下，信噪比受影响比较严重，炮道密度 358 万道 / 平方千米比 214 万道 / 平方千米叠前时间剖面信噪比要好(图 2-2-60)。同样，浅层 1 s 以上，对于低截 100 Hz 以上随炮道密度变化的叠前时间偏移剖面，358 万道 / 平方千米叠前时间剖面信噪比比 214 万道 / 平方千米叠前时间偏移剖面信噪比要高。

对于 1 000 ms 到 1 800 ms 时窗的主要目的层段，随着炮道密度的提高，全频带(中低频为主)信噪比明显呈递增趋势，但从增速图上看，增速减小，120 万道 / 平方千米、220

万道 / 平方千米附近呈现 2 个增速趋势变缓的拐点。60 Hz 以上高频信噪比保持线性提高,增速基本保持在 0.1 左右(彩图 2-2-61、彩图 2-2-62)。

对于目的层段, 全频带叠前时间偏移剖面随炮道密度的提升, 剖面变化不是特别明显,但依然能看出信噪比的递增趋势(图 2-2-63)。

对于目的层段,低截 60 Hz 以上的叠前时间偏移剖面,炮道密度低于 110 万道 / 平方千米,信噪比受影响比较大,358 万道 / 平方千米叠前时间剖面信噪比比 214 万道 / 平方千米叠前时间偏移剖面信噪比要高(图 2-2-64)。

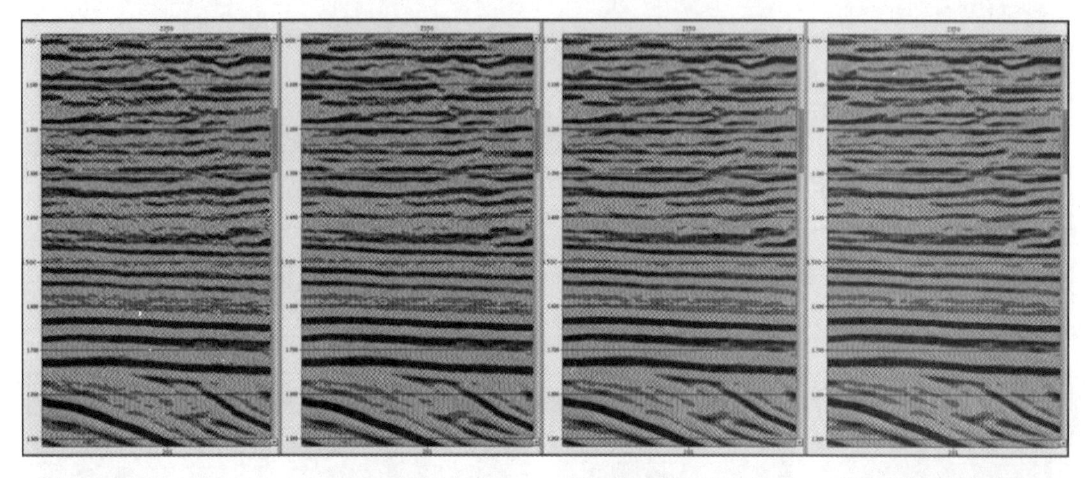

炮道密度 35.8 万　　炮道密度 107.4 万　　炮道密度 214.8 万　　炮道密度 358 万

图 2-2-63　中层全频带不同炮道密度偏移剖面

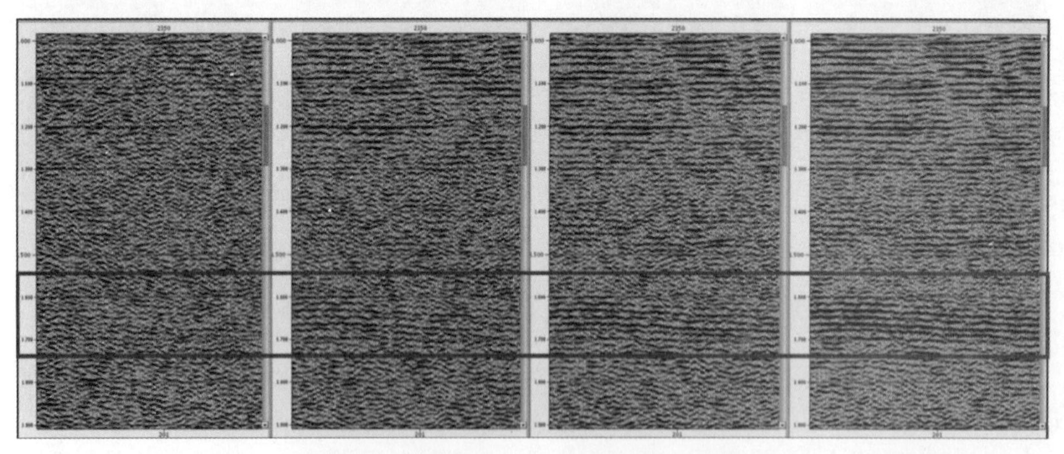

炮道密度 35.8 万　　炮道密度 107.4 万　　炮道密度 214.8 万　　炮道密度 358 万

图 2-2-64　中层低截 60 Hz 以上不同炮道密度偏移剖面

通过以上分析论证,可以得到以下结论:

①随着炮道密度的提高,资料信噪比特别是高频信噪比明显改善,有利于改善资料的分辨率。

②炮道密度超过 120 万道 / 平方千米后,增速变缓,但是,炮道密度低于 200 万道 /

平方千米，对于探区 T2～T7 等主要勘探目标层系，60 Hz 以上高频信息的信噪比影响仍然比较严重，相比而言，358 万道 / 平方千米炮道密度要优于 210 万道 / 平方千米炮道密度。

鉴于以上分析，炮道密度设计应在 300 万道 / 平方千米以上，综合技术与经济成本因素进行平衡优选。

(6)偏移孔径

采用克希霍夫积分偏移方法一般需要根据偏移剖面上的倾角范围确定偏移范围，即偏移孔径。分析表明，加大偏移孔径是提高成像分辨率的最有效途径。

为了使倾斜地层与断层归位，在三维地震设计时，偏移孔径应大于第一菲涅尔带的半径，当地层倾斜时，偏移孔径应大于倾斜层偏移的横向距离，计算公式为

$$M \geqslant Z \tan \theta \tag{2-2-19}$$

式中，M 为偏移孔径(m)；Z 为深度(m)；θ 为倾角(真实地层倾角)(°)。

根据经验，偏移孔径一般选取下列二者中的最大者：地质上估计的每个倾角的横向偏移距离；计算 30°出射范围内的绕射能量所需要的距离，不能小于第一菲涅尔带的半径。

3)需求化观测系统设计技术

为更加突出地质需求与处理需求。在不同地区进行地震勘探，地表和地下的条件不同，选择的观测系统也就不同；就是在同一工区进行勘探，由于不同时期研究的地质对象不同，采用的观测系统也不一样。观测系统的设计受地质任务以及后续处理等各种因素的制约。

如图 2-2-65 所示，总结了野外采集参数与勘探问题本身特性之间的关系。如勘探目的层的深度与远道炮检距、近道炮检距、炸药量(气枪压力)、采样率、记录长度等野外观测系统参数有关。也就是说观测系统设计要根据具体的勘探问题来设计合理的观测系统参数。

此外，野外采集还要受到处理软件和方法的限制以及成本方面的限制。

归纳起来，三维地震数据采集设计需要满足：地质任务和地震地质条件的要求；现行处理软件和方法的要求。

(1)地质任务和地震地质条件的要求

地震采集的目的就是通过记录地震波信息，经过地震资料处理和解释，去伪存真，最终得到与地下地质构造、岩性变化相关的各种属性参数，为最终落实钻探井位、优化开发方案提供可靠的依据。

那么，在设计观测系统之前首先要明确的就是勘探地质任务和构造特点。必须要了解勘探目的层的埋深、目的层的厚度、构造范围、断块的大小等构造特点，还要了解勘探所要求的分辨率及勘探的目的是进行构造解释、储层描述，还是 AVO 分析，还是三者兼有。明确了工区的构造特点和地质任务以后，就可以根据工区特点和地质任务设计有效的观测系统。比如观测系统的道距、面元大小、炮检距、排列纵横比等参数都要依据地质任务和工区的构造特点来设计。

三维地震采集的地质任务一般包括勘探的地质目标和地球物理要求。

地质目标要求：主要包括构造解释、地层解释、油藏描述(孔隙度预测、流体充填物识别、裂缝方位检测、时移地震监测)等。

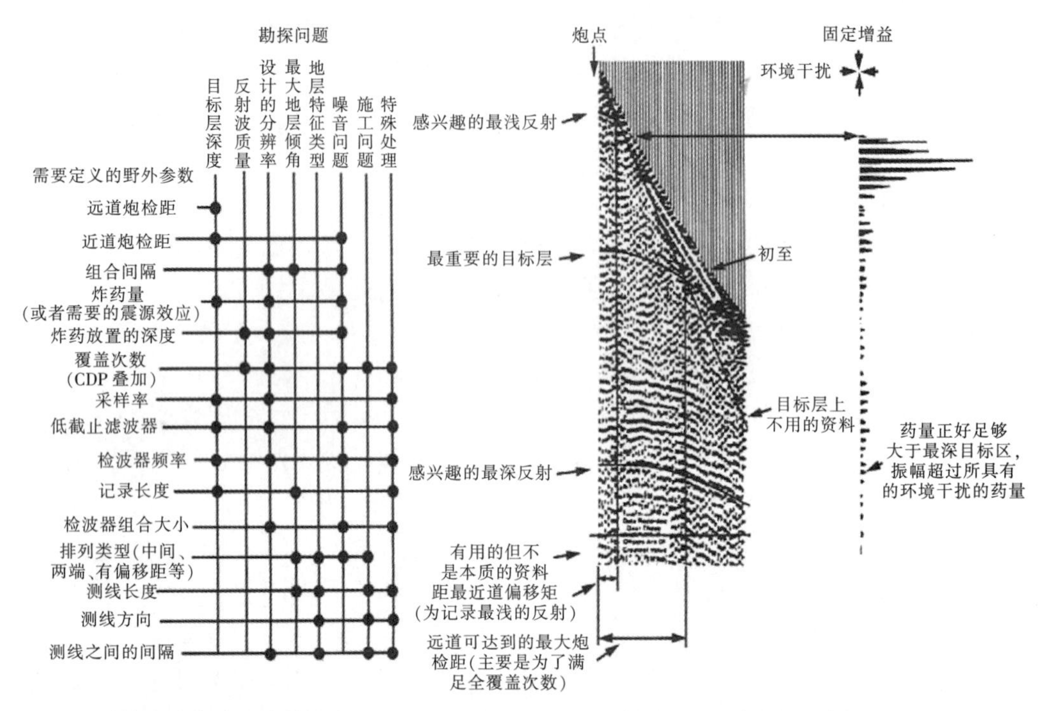

a.勘探问题与定义参数的关系　　b.根据地震记录确定野外参数

图 2-2-65　野外观测系统参数确定因素

地球物理要求:空间采样充分、均匀、对称、连续,3-D 对称采样可提供最好的空间连续性。

分辨率:取决于最高频率、速度模型和排列方式,由所希望的波场上进行无空间假频采样所需要的基本信号采样间隔所决定。

能成图的最浅层位:决定了浅层的覆盖次数,最大及最小的炮检距,也决定了炮线和接收线的间隔。

能成图的最深层位:决定了最大有效炮检距,排列长度。

信噪比:决定了总的覆盖次数和炮道密度,也依赖于炮检距的分布。

(2)现行处理软件和方法的要求

要得到丰富、准确的地震信息,不仅要在处理环节使用有效的资料处理方法和技术,而且野外地震数据能够尽可能达到资料处理方法和技术的要求和条件。从地震资料处理各个环节来说,对野外地震数据的要求包括以下几方面。

静校正:具有一定重复滚动的排列片,具有较高的横向覆盖次数可以使得横向静校正耦合。从剩余静校正所利用的统计特性来分析,要求覆盖次数越高越好。当然,由于水域地震数据的特殊性,对于内陆水域或浅海地震资料处理而言,静校正往往不会作为主要处理问题进行考虑。

速度分析:具有足够大的炮检距以保证有较大的正常时差,面元内相邻各道的炮检距分布尽可能均匀,以保证双曲线拟合中数据的光滑与连续;对于三维速度分析还要求纵横向覆盖次数越高越好;对于横向速度变化显著的地区应具有较窄的方位角。

NMO:要求最大炮检距不能超过波形拉伸畸变所能容忍的最大限度。

多次波压制:具有足够大的炮检距以保证一次波与多次波之间有较大的剩余时差。

随机噪声压制:具有足够的覆盖次数才能有效地压制各种随机噪声。

共反射点迭加:对于倾斜地层,适当的最大炮检距限制可以使得CMP道集内反射点的离散距较小,从而保证真正的共反射点迭加。

反褶积:要求含有较多的中小炮检距接收道,使得远道对反褶积计算的一致性和统计性影响较小。

偏移归位:具有足够小的共反射面元边长,才能保证地震资料有较高的横向分辨率且不产生空间假频。另外,要求实际的满覆盖次数区域要大于规定的三维勘探区域,以保证在偏移孔径内有足够的地震数据采集范围,使得绕射波能够得到全部收敛归位。

AVO:要求炮检距既完整又分布均匀,既要有大炮检距,又要有小炮检距,甚至零炮检距。在入射角为20°~30°时具有合理的最大炮检距,使目标层反射足以表现AVO效应。

OVT域处理:要求宽方位采集,三维观测系统横纵比通常大于0.5,同时,为保障OVT道集数据空间分布均匀性,通常要求观测系统横、纵向覆盖次数均为偶数次。

三、基于复杂地表的变观设计技术

1.复杂地表炮检点布设原则

在济阳坳陷开展高精度三维勘探时,工区内经常会遇大面积的养殖区、城镇、化工厂等障碍区,无法进行正常观测系统布设,需要利用地理信息资料,根据测量数据,进行野外详细踏勘,现场确认炮检点,并进行实际炮检点观测系统的属性分析,选择合理方案,以满足地质任务要求。

遇到障碍物需移动激发点和接收点时,应根据最浅目的层资料计算偏移量,偏移量应小于第一菲涅尔带半径;遇到小型障碍物时,应采用就近加密激发点的方法施工,加密点应均匀设置在障碍物两侧,并实测坐标和高程。加密激发点数应等于障碍区的设计激发点数,加密激发点最大移动距离以不损失浅目的层为宜。

三维测线遇到障碍物时, 纵向应按二维要求施工, 横向应采用非纵观测系统或挂线(激发点线或接收点线)方法施工,变观后CMP网格应与变观前的一致,且不应损失浅目的层。

2.复杂构造区变观设计方法

复杂地表传统观测系统变观方法是利用高精度航片结合现场踏勘, 根据安全距离规定, 利用软件和障碍物信息对炮检点避障调整, 分析全偏移距及不同偏移距CMP覆盖次数;若只考虑地表条件,未充分考虑地下地质条件,对于复杂地质结构,反射点非均匀分布,会出现大量的非照明和弱照明区。而基于地质目标的复杂地表变观,地表和地质构造结合,构造图、航拍图相迭加,形成一个交互性强的变观参照物,炮检点进行变观时可充分考虑地表障碍物及地下构造情况。图2-3-1到图2-3-4展示了复杂区炮点变观的效果。

根据现场踏勘,进行覆盖次数分析、不同偏移距分析,多次分析选择最优进行变观。结合工区构造情况,加密炮点时尽量选择在倾斜界面下倾方向布设。向斜、背斜中心部位尽量少布设炮点。

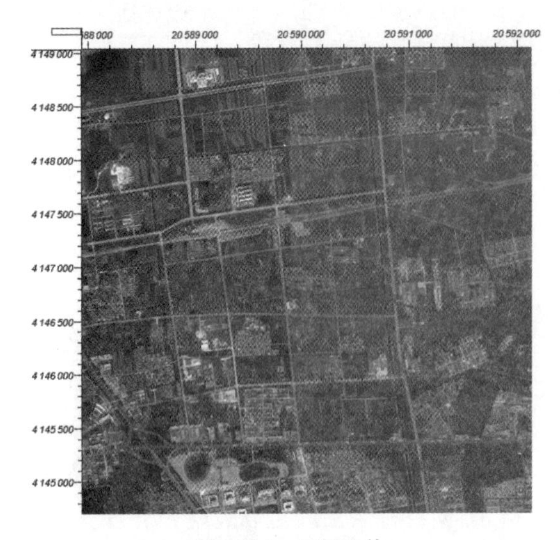

图 2–3–1　工区卫片

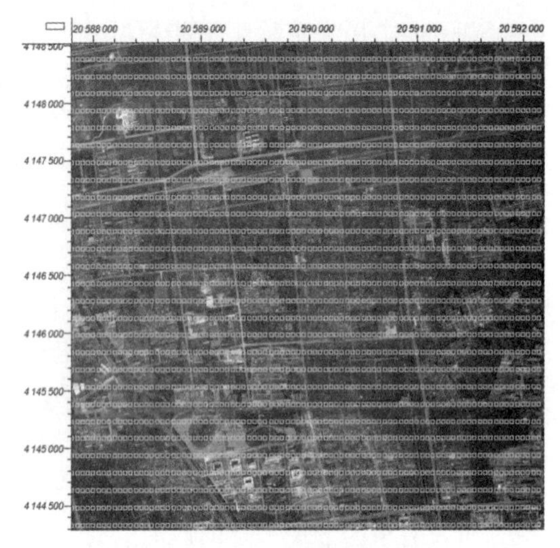

图 2–3–2　理论炮点分布图

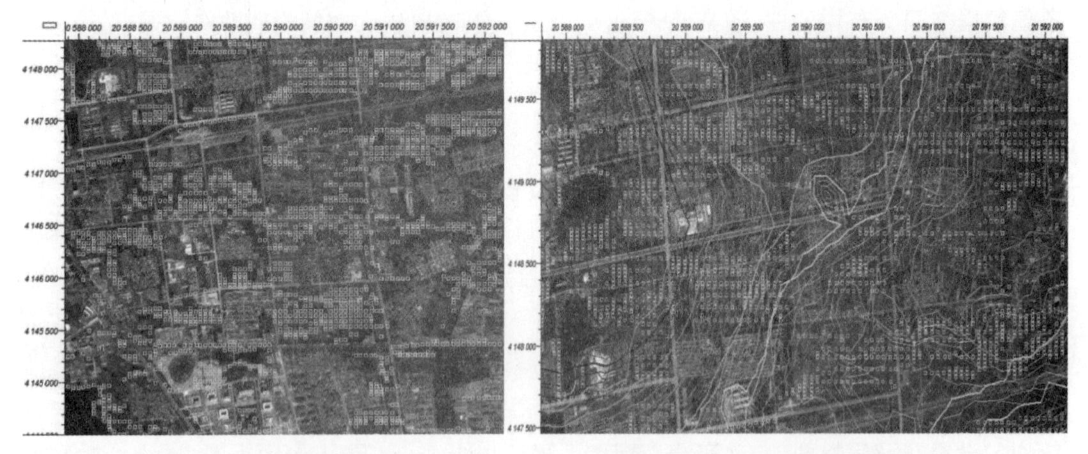

图 2–3–3　变观后炮点分布图　　　　图 2–3–4　综合变观后炮点分布图

1)观测系统属性均匀性变观

观测系统属性均匀性包括炮检距属性均匀、方位角属性均匀、覆盖次数均匀。其中,炮检距属性均匀又包含两层含义:一是面元内炮检距从小到大分布均匀;二是面元间炮检距分布均匀。

观测系统属性均匀性对于数据处理中的速度分析和叠前偏移具有重要影响。三维速度分析与炮检距的大小、炮检点连线的方位角、地层倾角及地层走向方位角有关,特别是速度分析对于炮检距的均匀性要求较高, 不均匀的炮检距分布会导致错误的速度分析甚至速度分析的失败。利用缩小炮线距提高覆盖次数,改善面元间属性的均匀程度,提高观测系统整体属性;横向变观增大横纵比可有效改善面元间的属性均匀性。

考虑炮检距均匀性变观。根据炮、检点互换原理优选炮点位置,保持原炮检距及方位角分布的均匀性,横向增加炮点,弥补中小炮检距,大炮检距一般较密;平面上炮点分布规律为沿测线方向炮排分布连续,垂直测线方向布设变观炮,中间有小炮检距炮,两端分布加密炮,保证中长炮检距覆盖次数及能量。

2)考虑地震波能量聚焦变观

观测系统参数的变化对复杂构造能量聚焦有明显影响,变观时主要是炮线距的变化,经过分析炮线距增大,聚焦能量明显减弱,炮线距应尽量减小与接收线距相当。为了保证聚焦能量,变观时将炮点尽量横向移动,虽然增大了非纵距,但保证了沿测线炮线距不至太大。

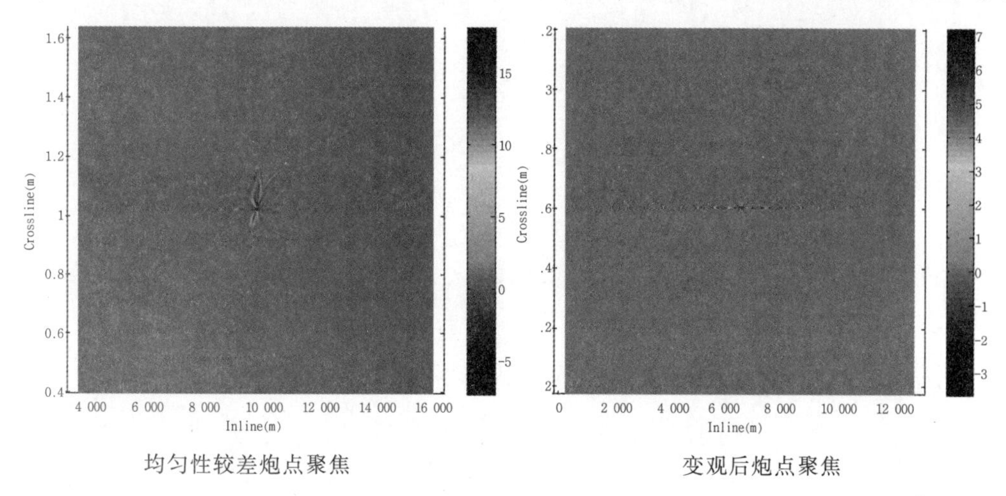

均匀性较差炮点聚焦　　　　变观后炮点聚焦

图 2-3-5　炮点能量聚焦分析

例如实际穿黄河观测系统虽然复杂,但加密炮、变观炮的布设使观测系统属性均匀性相对较好,保证了能量的聚焦效果。

复杂区观测系统设计与变观,要综合考虑覆盖次数、观测系统属性均匀性、地震波能量聚焦、激发接收效果等因素进行优化,以利于后续的室内资料处理。

3.特殊地表变观效果分析

下面是黄河复杂区的变观效果。对穿越黄河的测线进行了综合分析,浅、中、深覆盖次数分布较均匀(图 2-3-6),保证了主要目的层有 20~40 次的覆盖次数,分偏移距迭加剖面显示反射层信噪比较高。对穿越县城(分析点 1)及黄河附近(分析点 2)观测系统均匀性进行了分析,变观后均匀系数略有降低(图 2-3-7),但系数值均在 0.55 以上,均匀性及能量聚焦效果整体较好。

从老剖面资料来看(图 2-3-8),穿越黄河大桥区域老资料缺口在 1.0 s,但浅层构造形态清楚。穿越黄河大桥新剖面缺口在 700 ms,中深层信噪比高,陡坡带沙砾岩构造能有效识别,基底形态清晰,新剖面浅层信噪比高,中深层能量强,断面比老剖面清晰,绕射波、回转波场丰富。经过对胜北穿黄河观测系统的变观优化,黄河地表区剖面缺口小,目的层的有效覆盖次数得到保证, 观测系统属性均匀性及聚焦效果较好, 地质构造成像精度较高,变观效果较好。

1)技术流程

为了对野外变观进行评价,实现野外采集环节的质量监控,制订了图 2-3-9 所示的野外变观分析评价技术流程。

2)基本属性分析评价

先从整体上分析变观后的基本属性是否符合要求, 再从局部上分析较大的障碍物对观测系统属性的影响。主要分析覆盖次数、最大偏移距、最小偏移距、采集脚印、偏移距分布、方位角分布等,如彩图 2-3-10 所示。

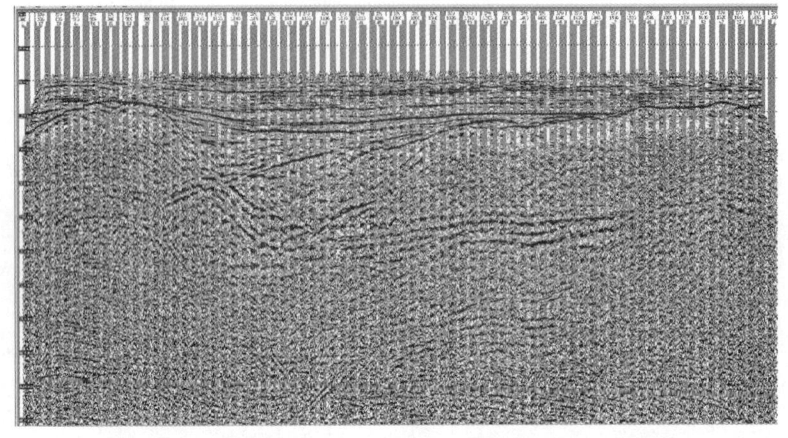

图 2-3-6　过黄河区 1 000~2 000 m 偏移距剖面(20 次覆盖)

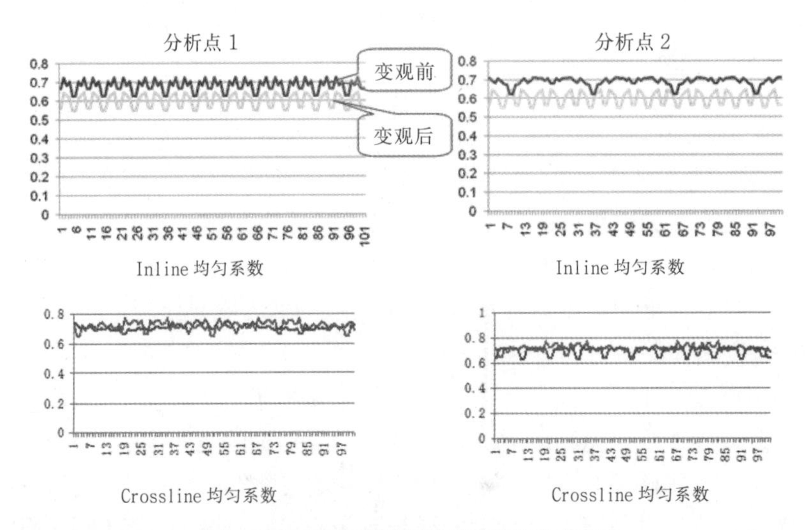

图 2-3-7　变观前后观测系统均匀性分析

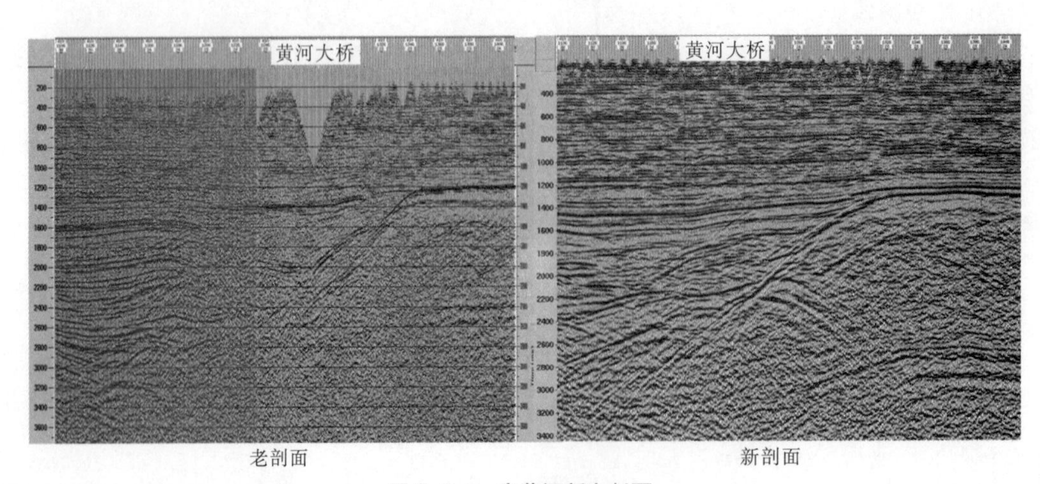

图 2-3-8　穿黄河新老剖面

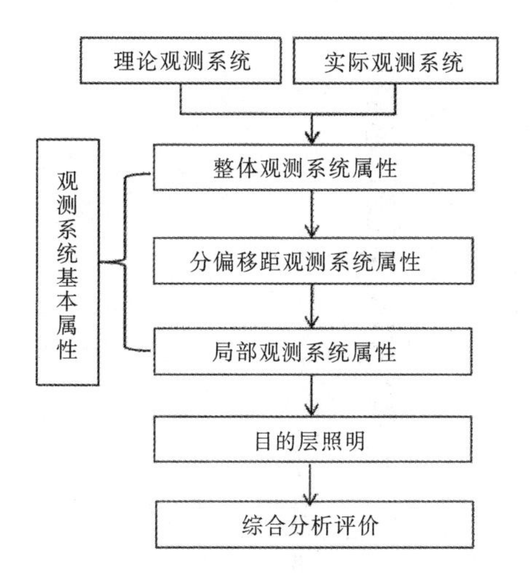

图 2-3-9 野外变观分析评价技术流程

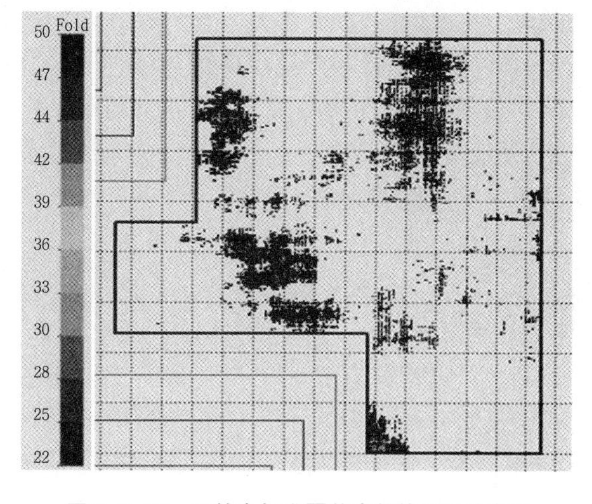

图 2-3-11 不符合标准覆盖次数的面元分布图

为了实现量化评价，设定一个属性标准值及其下限，通过属性图显示出所有偏离标准属性值的面元，且通过颜色加以区分，不同颜色表示偏离标准值的程度。图 2-3-11 为覆盖次数不符合标准值的面元分布。

实际施工时，不仅炮点、检波点位置变化对观测系统属性造成了严重影响，激发药量的变化也会对地震记录产生重要影响，为了便于分析，将药量的变化反映到覆盖次数上，研发了震源加权覆盖次数分析方法。先设置标准药量，如果有非炸药震源、井炮混合施工，也可以将非炸药震源等效为一定药量的井炮激发，然后进行观测系统属性的计算。

彩图 2-3-12 为济阳坳陷 LYB 工区实例，当考虑药量的影响时，变观造成对覆盖次数的均匀性影响更加明显，与施工完分析的单炮能量分布有一定的相关性。

3)目的层照明分析评价

变观最易造成目的层覆盖次数或照明能量的缺失，可建立三维地质模型，通过比较变观前后目的层的照明结果，对变观方案进行评价和优化。彩图 2-3-13 为有效照明分析模块的计算结果，从图中可以看出，目的层照明结果与理论观测系统总体一致，照明能量均匀性有所降低，但无明显阴影区，进一步优化后，能满足处理要求。

四、观测系统优化评价技术

1.观测系统的评价标准

高密度观测系统评价技术通过建立地质模型，进行波动方程正演模拟，并对模拟单炮进行处理、偏移成像及波场照明分析，从处理的剖面及照明分析来评价观测系统对地下构造的成像能力，判断观测系统能否完成地质任务。

地表复杂导致炮检点偏离理论点位，使得振幅属性难以保真，创新提出了采用观测系统叠前偏移振幅属性分析技术，分析适应复杂地表和保真成像的观测方案。随着济阳坳陷老油区向着更加隐蔽油藏勘探方向的发展，高空间采样是解决更小、更隐蔽油藏目标成像的重要方法，如何评价观测系统的保真性，使得在地震成像中其振幅能够更加真实地反映含油气的变化情况，更有利于利用 AVO 及振幅属性分析技术寻找剩余油气。尤其是在针对复杂地表情况的变观时,炮检点坐标往往会偏离理论坐标位置,使得炮检距空间属性变化较大,难以做到炮检距空间属性的连续性,覆盖次数也发生了较大变化。以往针对实际情况的变观主要是分析覆盖次数,但是分析不了空间波组振幅属性的变化。该项目针对这一问题,采用变观后观测系统叠前偏移振幅属性分析技术,从振幅时间切片和振幅波组剖面来分析振幅属性的变化。

观测系统叠前偏移振幅属性分析技术，通过在地质模型上采用观测系统进行正演模拟，通过在实际资料中提取地震子波进行正演模拟，并将模拟数据采用克希霍夫积分偏移。每个面元计算形式采用的是 WRW 形式,计算过程是可以互换的相互独立的两步聚焦过程。其计算过程类似于双聚焦原理,但是双聚焦只是计算一个面元的成像,而观测系统叠前偏移振幅属性分析是分析全部面元的成像。

对于同一个观测系统的面元,由于面元炮检距均匀性的分布是有差异的,每个面元的双聚焦成像效果也是有差异的，一个点的双聚焦成像效果不能完全代表整个面元平面上的成像效果。

为解决这个问题,可以使用观测系统叠前偏移振幅属性分析技术。

观测系统叠前偏移振幅属性分析采用的是克希霍夫偏移理论，采用给定一个震源激发频率进行正演模拟，再将模拟记录进行偏移的过程，获得每个面元的叠前偏移成像效果。

图 2-4-1 是某个观测系统叠前偏移覆盖与双聚焦效果相同位置对应的成像效果。图中上图是观测系统叠前偏移振幅属性分析,下图是上图黑框中两个面元的双聚焦效果。图 2-4-2 是面元的叠前偏移振幅谱与双聚焦效果的放大显示，可以看到两种分析方法十分相似,都由主瓣和旁瓣组成,主瓣是目标点的成像效果,而旁瓣是偏移噪音。从图 2-4-1 中的两者对应程度分析,也可以看到有相同的计算结论,右边面元聚焦效果好,在偏移振幅谱和双聚焦效果中都可以看到,旁瓣较小。另外,叠前偏移振幅谱与双聚焦分析方法对比,具有的优势是可以分析所有面元的叠前偏移成像效果。

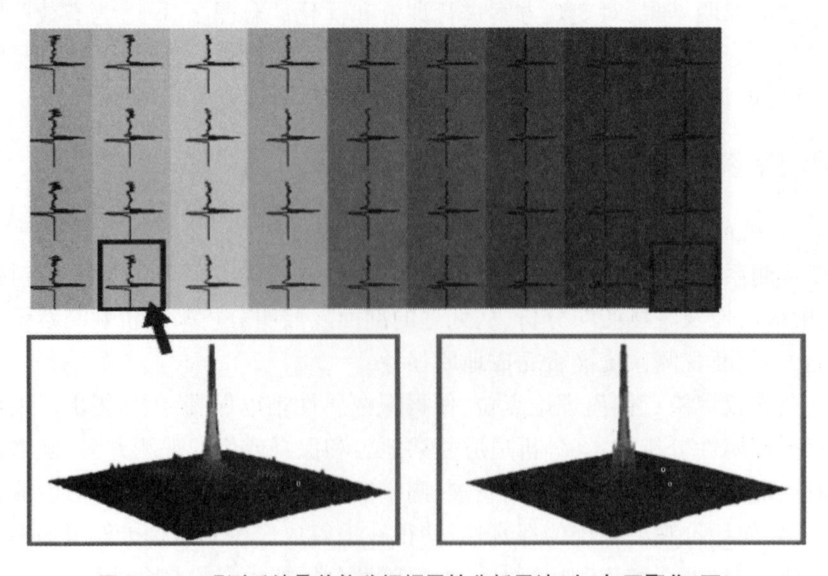

图 2-4-1 观测系统叠前偏移振幅属性分析子波(上)与双聚焦(下)

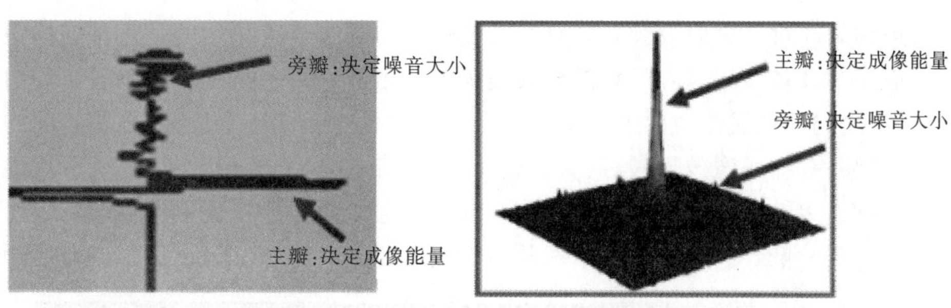

图 2-4-2 叠前偏移振幅谱与双聚焦比较

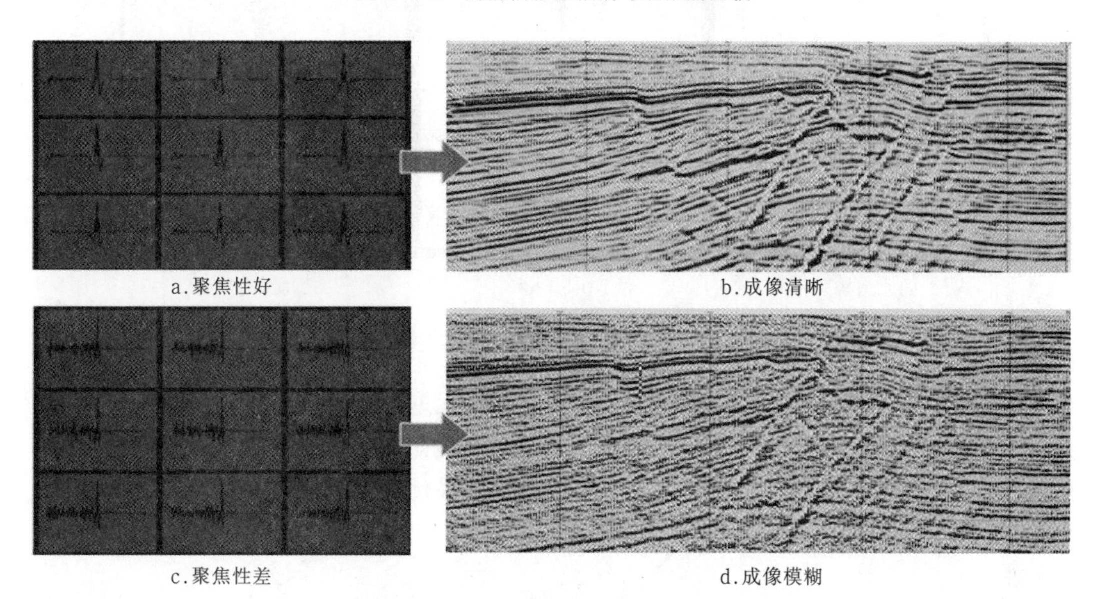

图 2-4-3 叠前偏移覆盖谱与实际对应剖面

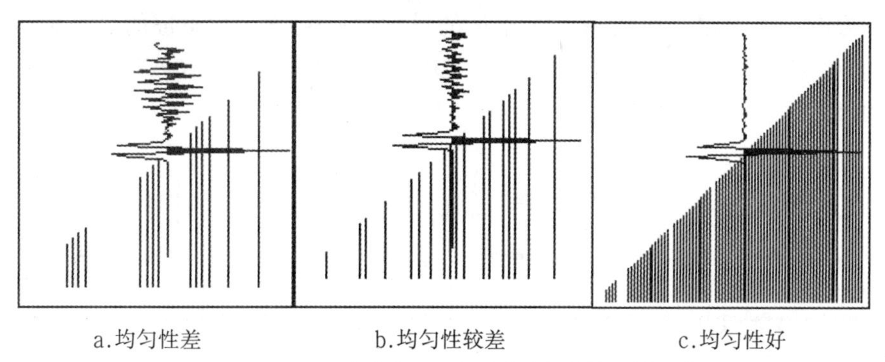

图 2-4-4 不同炮检距面元与对应的叠前偏移覆盖谱

图 2-4-3 是叠前偏移覆盖谱用于检验实际资料的叠前处理效果。图 2-4-3a 与图 2-4-3b 是采用原始观测系统进行的叠前偏移覆盖谱分析和采用这种观测系统所进行的叠前偏移处理。图 2-4-3c 与图 2-4-3d 是对原观测系统进行的退化处理所做的叠前偏移覆盖谱和采用退化的观测系统进行的叠前偏移处理。从图 2-4-3 中可以看出,聚焦性能好的观测系统,在叠前偏移剖面中表现为噪音较小,信噪比较高。叠前偏移覆盖谱与实际资料具有比较好的对应性。

炮检距均匀性对于叠前成像效果具有重要作用，图 2-4-4 显示的是三种炮检距均匀性不同的面元与其各面元对应的叠前偏移覆盖谱显示的结果，从图中可以看出均匀性好成像效果好,均匀性差成像效果差。图 2-4-5 显示的是对于同一个面元,采用不同的频率计算,对于低频,叠前成像效果较好,旁瓣较小;对于高的频率,成像效果变差,旁瓣逐渐突出,信噪比降低。因此频率大小不一样,对于均匀性的要求程度也不一样。频率高,对均匀性的要求会较高。那么对于给定的频率,均匀性是不是越高越好?下面通过计算进行研究。

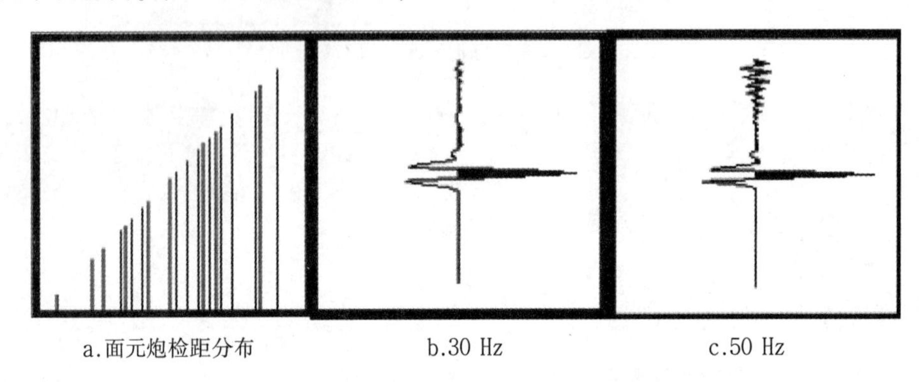

图 2-4-5　同一面元不同频率的分析结果

为研究均匀性选择与频率之间的关系,需要对面元炮检距均匀性进行定量的分析,为此引入炮检距属性的最优化目标函数进行分析。理想的炮检距分布是等间隔分布的,而实际的炮检距是非均匀分布的,通过引入炮检距属性的最优化目标函数,对炮检距分布的均匀性进行定量分析,计算公式为

$$\min(\sigma)=\frac{1}{n-1}\sum_{i=2}^{n}\left(K_{i,j-1}-\frac{X_{\max}-X_{\min}}{F_{3D}}\right) \tag{2-4-1}$$

式中,F_{3D} 为设计的满覆盖次数;$X_{\max}$ 为论证的最大炮检距;$X_{\min}$ 为论证的最小炮检距;$K_{i,j-1}$ 为道集内相邻两道炮检距的变化率;i 为道集内炮检对的序号;min(σ)是描述炮检距属性均匀性的函数。利用这个函数计算面元炮检距非均匀性系数。

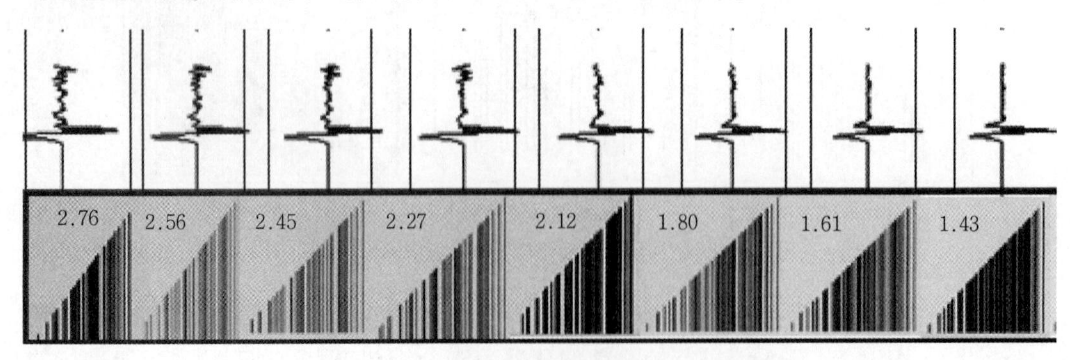

图 2-4-6　不同均匀性面元及对应的叠前偏移覆盖谱

图 2-4-6 是采用 70 Hz 频率和不同炮检距均匀性的面元计算的结果，图的下部分为各个面元的炮检距分布情况,各面元的炮检距非均匀性系数显示在各个面元中;上部分为对应的各个面元计算出来的叠前偏移覆盖谱。从图中可以看出,当均匀性逐渐变好,即非

均匀性系数越来越小,其对应的叠前偏移成像越来越好,旁瓣越来越小,当非均匀性系数达到 1.80 后,叠前偏移成像效果改善已经比较微弱了,也就是说,非均匀性系数达到 1.80 后对于叠前偏移成像效果已经达到了“饱和”状态。

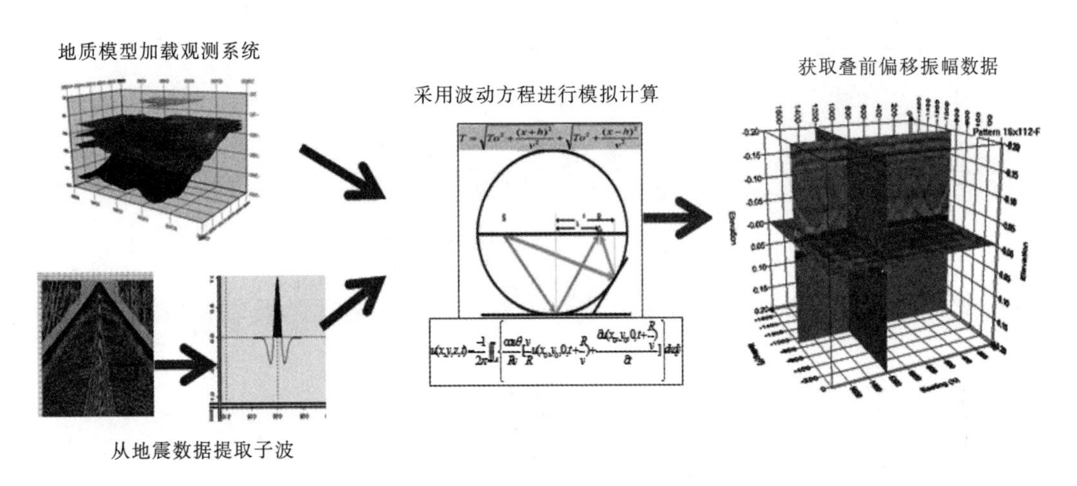

图 2-4-7 观测系统的叠前偏移振幅属性分析技术流程

采用观测系统叠前偏移振幅分析技术的流程为,首先建立地质模型,将实际变观观测系统进行加载,然后从实际地震资料中提取地震子波,采用波动方程进行正演模拟并进行偏移,获取叠前偏移振幅数据,通过切片分析振幅属性的保真性。

2.关键参数对成像效果的影响

随着油气勘探开发难度的不断加大,勘探目标越来越向精细、深层和特殊岩性体方面发展,为了应对日益加大的勘探难度,需要地球物理高新技术,特别是地震资料精细成像技术的不断改进和快速发展。叠前时间偏移是近几年发展较成熟的一项成像新技术。该技术的广泛推广和应用使复杂地表与地下复杂构造的精确成像成为现实。对于影响叠前时间偏移的因素需要系统的研究,特别是观测系统的属性对成像效果的影响是需要考虑的重要因素。利用双聚焦成像方法研究观测系统参数对叠前偏移成像的影响,指导观测系统参数选择具有重要意义。根据成像效果分析关键采集参数对成像的影响规律,量化分析接收线距和炮线距对成像效果的影响,确定最佳采集参数。

1)炮线距和接收线距对成像的影响规律

在炮线距和接收线距对成像效果的影响分析中,进行了如下计算:固定道间距,改变接收线距,道间距 =20 m,接收线距分别为 20 m、40 m、80 m、100 m、150 m、200 m。Inline 方向成像,计算结果如图 2-4-8 所示。

固定炮间距,改变炮线距,炮间距 =20 m,炮线距分别为 20 m、40 m、80 m、100 m、150 m、200 m,Inline 方向成像,计算结果如图 2-4-9 所示。

从图 2-4-8 和 2-4-9 中可以看出,炮线距、接收线距越大,采样的充分性越差,偏移假频越严重,资料信噪比越低。

随着炮线距的增加,偏移噪声严重,信噪比降低,对成像分辨率影响不明显(图 2-4-10),在速度模型准确的前提下,成像位置不会发生改变。

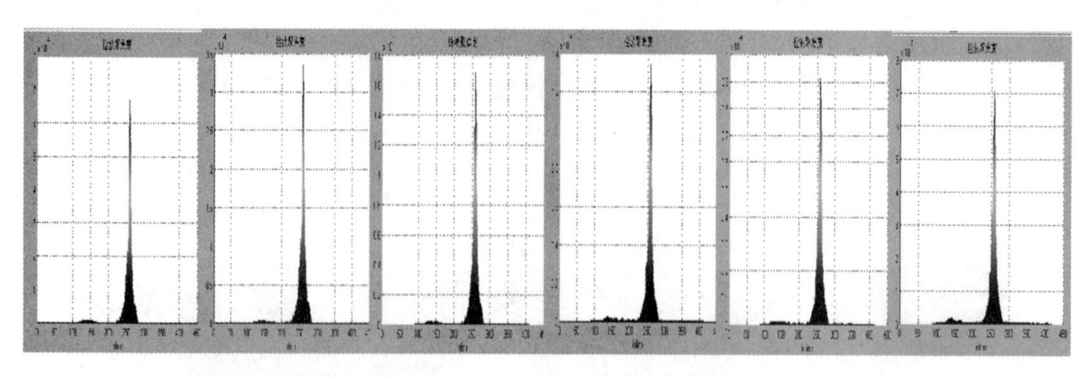

图 2-4-8　不同接收线距聚焦成像对比

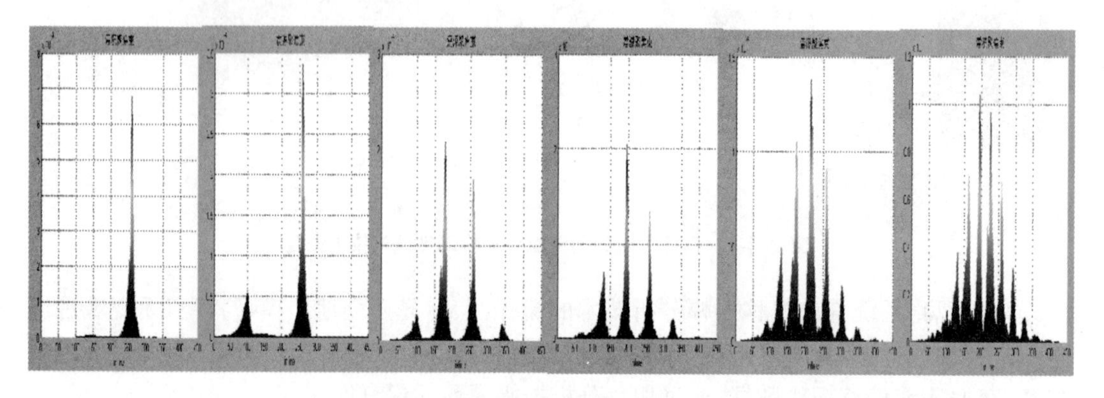

图 2-4-9　不同炮线距聚焦成像对比

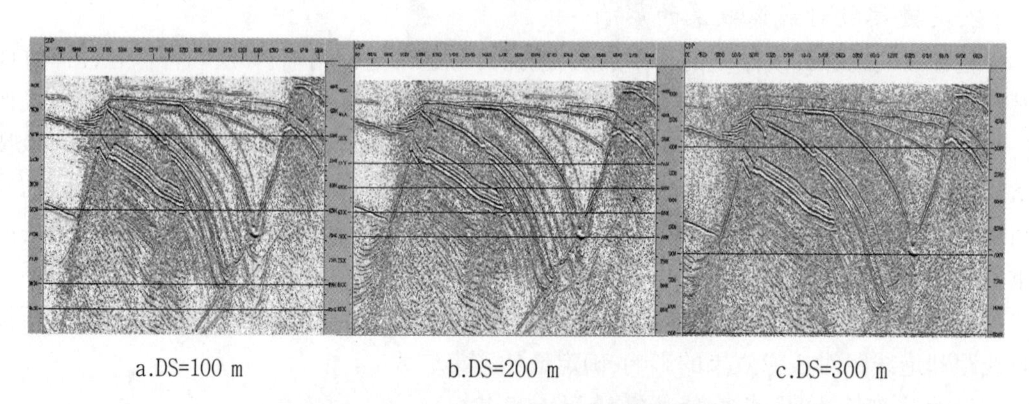

a.DS=100 m　　b.DS=200 m　　c.DS=300 m

图 2-4-10　不同炮线距的叠前深度偏移结果

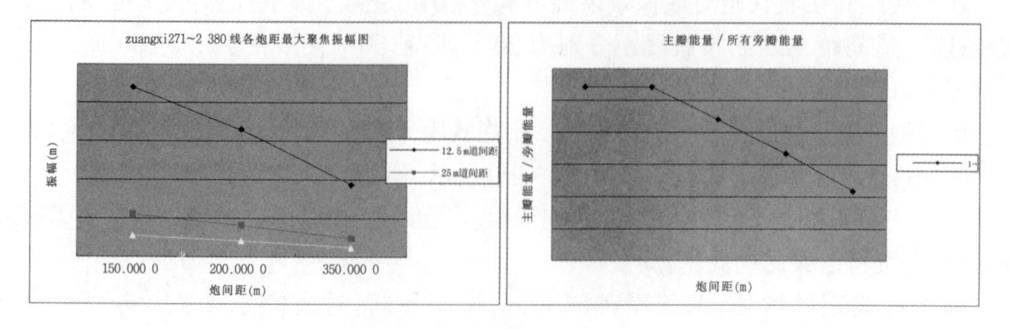

图 2-4-11　统计分析结果

对计算得到的成像能量和信噪比进行统计分析，得到炮线距和接收线距对成像的影响规律。从统计曲线中可以看出,减小炮线距和接收线距有利于提高成像能量和信噪比。

2)道距、炮点距对成像质量的影响规律

理论上道距和炮点距对成像的影响是相同的,在这里主要研究道距对成像的影响,图2-4-12 展示的是不同道距的成像图像。

3)排列长度对成像的影响规律

从图 2-4-12 中可以看出,随着道距的增大,主瓣的成象能量越高,旁瓣越小,成像的信噪比越高。将计算结果进行统计分析,得到道距对成像效果影响规律曲线,如图 2-4-13 所示,道距越小成像能量越强,信噪比越高。

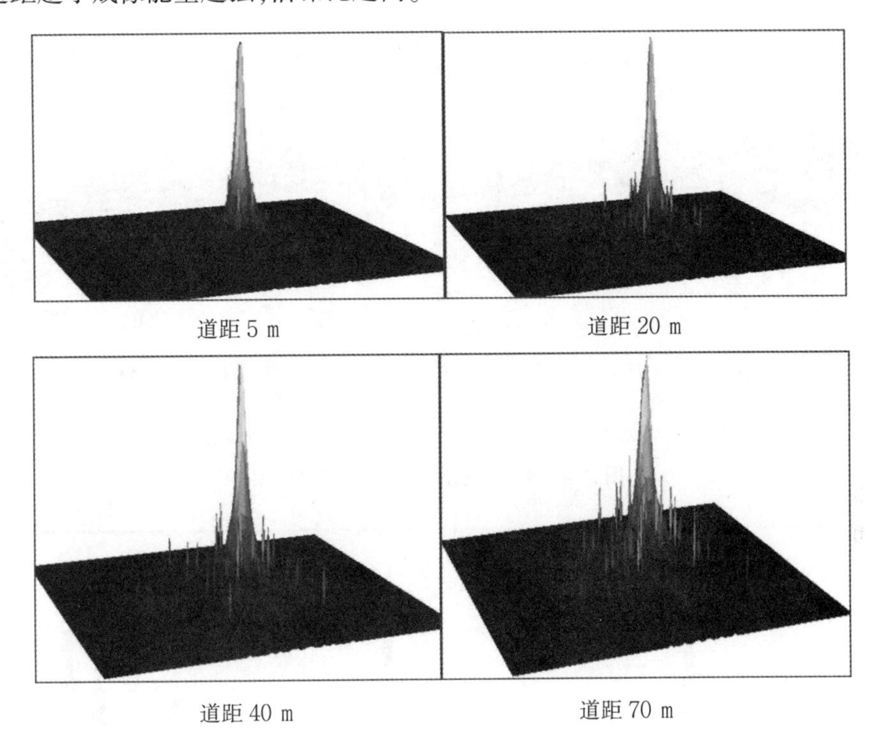

图 2-4-12 不同道距的成像图像

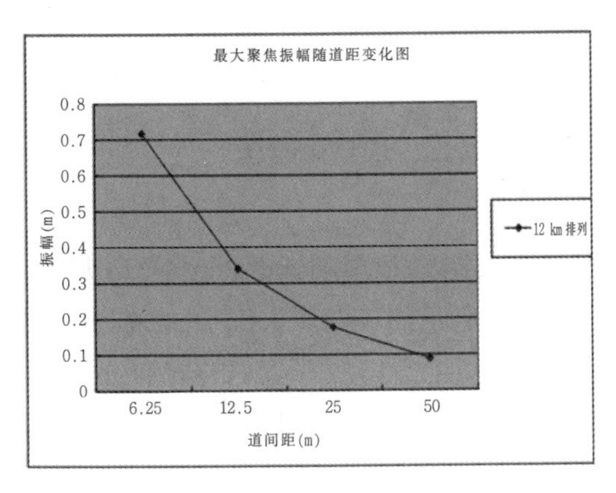

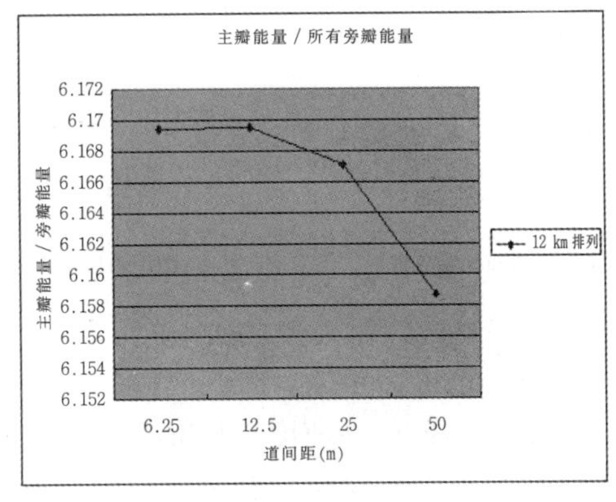

图 2-4-13 道距对成像效果的影响

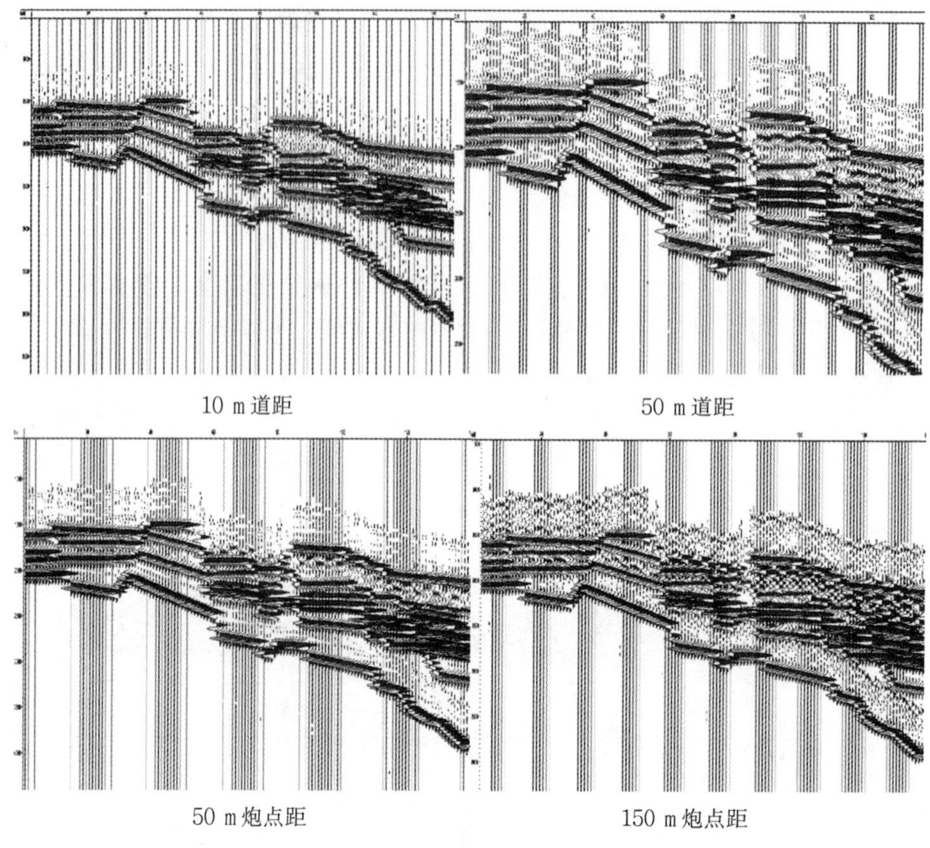

图 2-4-14　不同道距、炮点距成像效果

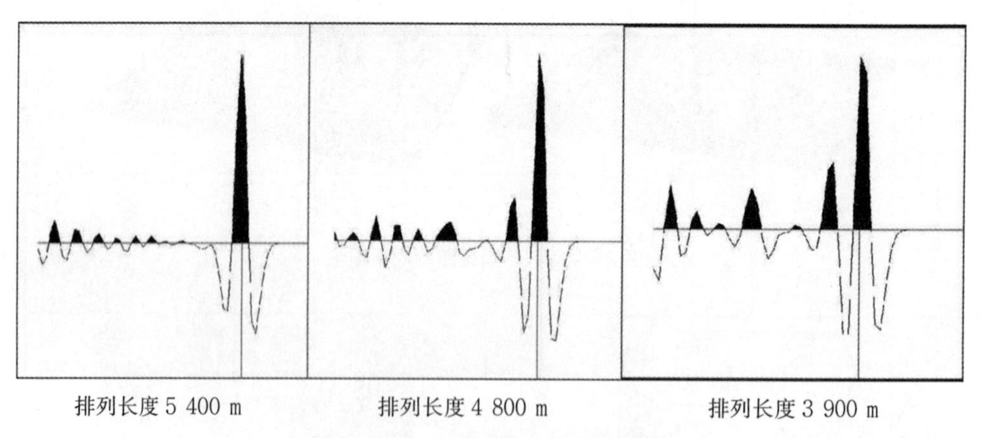

图 2-4-15　不同排列长度成像效果

不同道距、炮点距对于成像效果的影响，通过建立实际的地质模型进行正演模拟并将模拟数据进行处理成像。图 2-4-14 所示的不同道距、炮点距的成像效果，道距对偏移处理效果影响主要是背景噪声，对分辨率影响不大，道距大，噪声大。随着道距的增加，偏移噪声严重，信噪比降低，在速度模型准确的前提下，成像位置不会发生改变。从处理剖面中可以看出，小的炮点距、道距有利于提高成像能量和信噪比。

排列长度是观测系统中的重要参数，排列长度的选择对成像质量具有重要影响，影响速度分析精度及偏移孔径。通过对排列长度对成像的影响规律研究，计算了不同排列长度的成像效果，并将计算结果进行统计分析，如图 2-4-15 和图 2-4-16 所示。

从图 2-4-15 中可以看出，排列长度不同，对于成像效果影响较大，排列长度大的提高了成像分辨率及信噪比。从不同排列长度的统计分析结果中可以清楚地看出曲线规律，排列长度对于能量和分辨率都有影响，长排列有利于提高成像能量和分辨率。

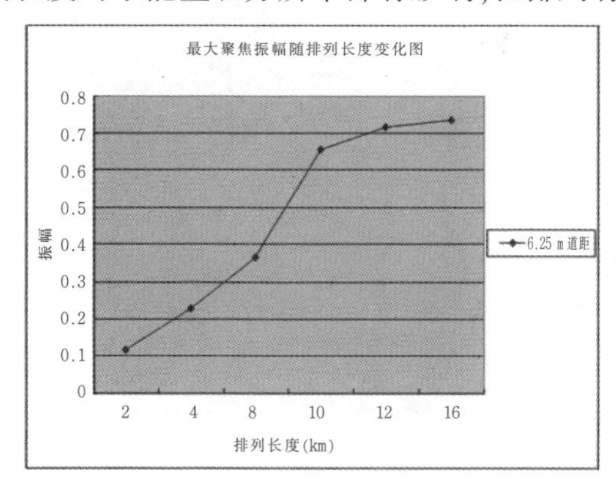

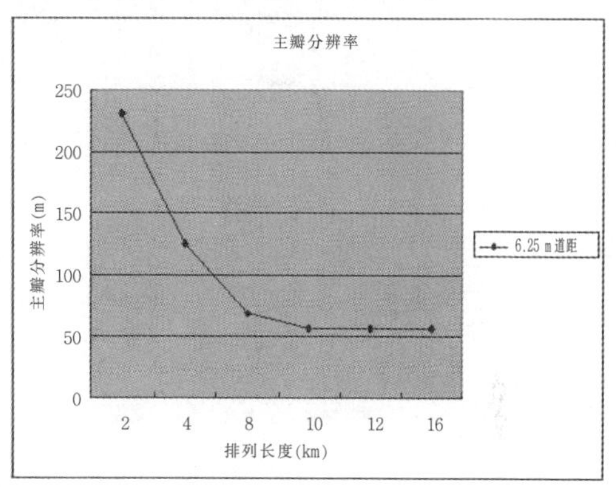

图 2-4-16　不同排列长度对成像的影响

3.观测系统退化分析

济阳坳陷老油区的勘探目标是要进行精细构造解释、精确的储层预测、油藏描述，对地震资料的精度和分辨率要求更高，要提供高精度、高分辨率、采样充足的地震数据体，地震勘探必须从各个方面上加以改进。为满足小断距、低幅度构造和薄互储层勘探对地震成像密度及分辨率的要求，单点高密度宽频地震采集技术在“十三五”期间得到发展。单点高密度采集观测系统在野外减少了组合压噪的功能，但是通过小面元、高密度的资料采集，获得了较好的地质成像效果，到底哪些观测系统参数对地质目标成像具有较大影响，影响程度如何？通过对 LJ 工区高密度观测系统进行退化分析，可以指导单点高密度采集观测系统的设计。

1)不同面元对分辨率的影响

对 LJ 工区的地震采集数据抽取不同面元进行处理成像（图 2-4-17~图 2-4-20），从岩性的细节刻画来看，6.25 m 与 12.5 m 分辨率相似，25 m 对一些细节的刻画较为模糊。

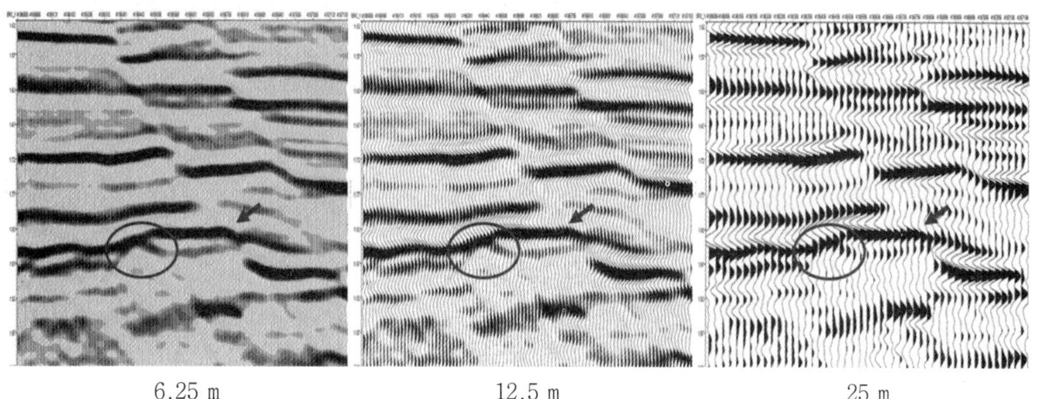

6.25 m　　　　12.5 m　　　　25 m

图 2-4-17　不同面元成像效果

从不同面元的成像效果分析，不同面元剖面有一定的信息差距。6.25 m 层间弱信息成像最好，25 m 已经很难解释层间弱信息的地质现象。

从不同面元波场效果分析，对细节波场的刻画，12.5 m 与 6.25 m 差异不大。

小面元波场保真性好，25 m 面元的偏移假频相对较重，12.5 m 面元偏移假频可以接受。

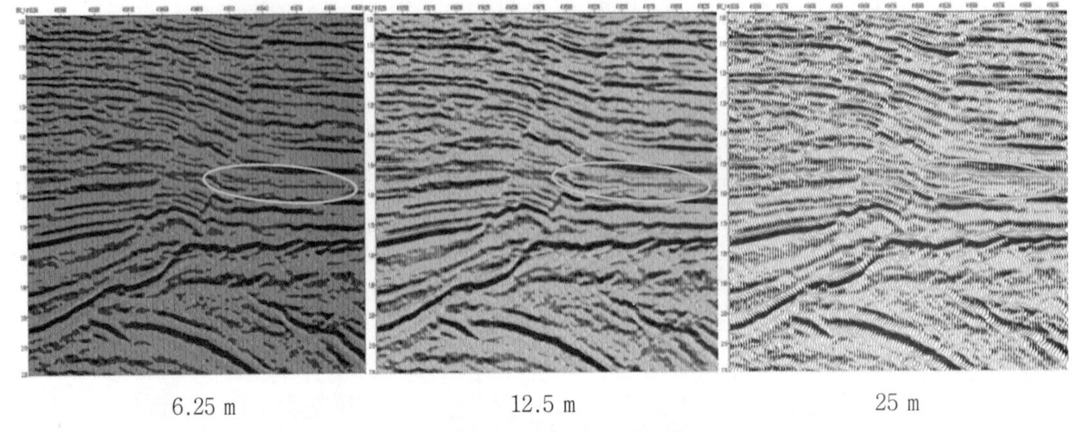

6.25 m　　12.5 m　　25 m

图 2-4-18　不同面元成像效果

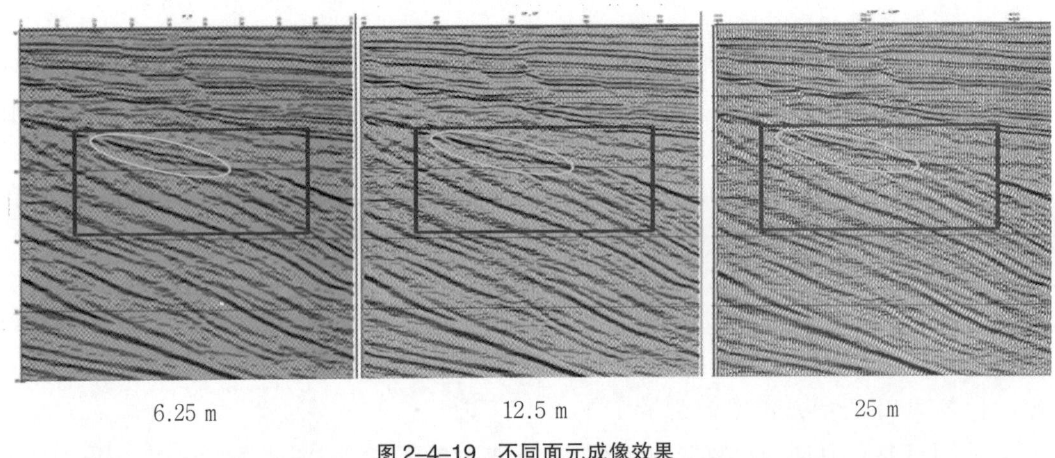

6.25 m　　12.5 m　　25 m

图 2-4-19　不同面元成像效果

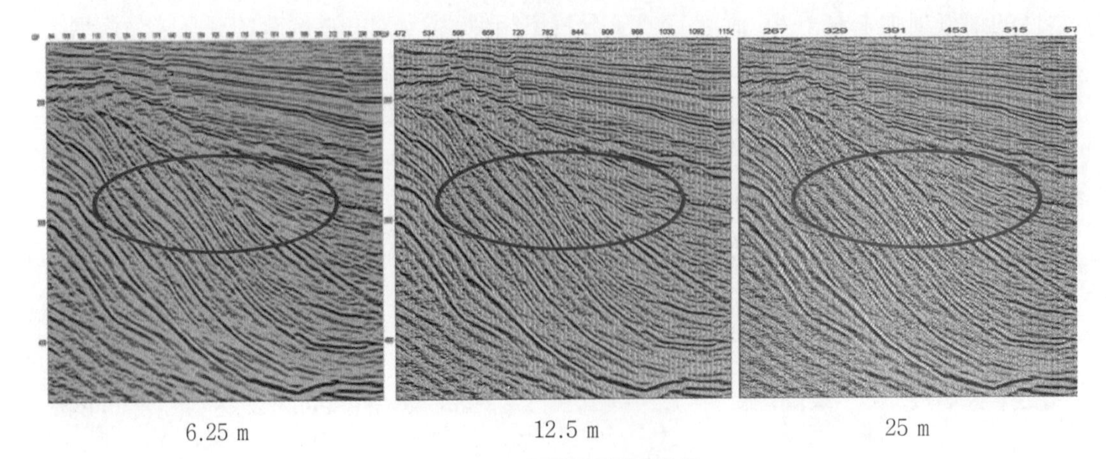

6.25 m　　12.5 m　　25 m

图 2-4-20　不同面元成像效果

2)方位角对成像的影响

方位角变化影响到的是各个方向的采集信息对最终成像的影响，体现在地震资料切片上会更加明显(图 2-4-21~ 图 2-4-23)。从不同方位角成像信息的切片分析,16 线之后,浅层成像信息继续增加,排列成像不再改善。但是深层由于信噪比低,随着排列的增加,成像一直在改善。

3)炮道密度对地质成像信噪比的影响

炮道密度是影响地震资料成像效果的关键因素,通过对 LJ 工区高密度资料进行不同炮道密度退化处理,分析不同炮道密度对成像的影响(图 2-4-24~ 图 2-4-26)。退化分析方案采用以下规则:在保持偏移距与方位角分布规律不变的前提下,随机将炮道密度退化成原来的 10 %、20 %、60 %, 用于研究的炮道密度分别为 35.8 万道 / 平方千米、71.6 万道 / 平方千米、107.4 万道 / 平方千米、358.4 万道 / 平方千米。分三个时窗,对不同炮道密度的偏移结果进行分频信噪比统计分析,分别是浅层、中层、深层,分别分析炮道密度变化对不同频带信噪比的影响。

从浅层 300~1 000 ms 的资料分析来看,随着炮道密度的提高,不同频率成分信噪比明显提高,但是增速减小。从不同炮道密度剖面效果分析,随着炮道密度的提高,剖面信噪比明显提高,断面明显更加清晰。对不同炮道密度剖面分析高频部分能量,即 60 Hz 以上信号信噪比,可以看到随着炮道密度提高,对高频有效信号具有明显提升作用,有利于浅层提高分辨率。同样,对大于 100 Hz 的频率成分进行分析,随着炮道密度的提高,信噪比明显提高,因此道密度提高对于高频有效信号有效。

对 1 000~1 800 ms(中层)分析不同炮道密度对成像的影响,随着炮道密度的提高,全频带(中低频为主)信噪比明显提高,但是增速减小。从中层的不同炮道密度对成像的影响分析,随着炮道密度的提高,信噪比明显提高。从不同道密度资料 60 Hz 以上信噪比分析,随着炮道密度的提高,信噪比明显提高,因此道密度提升对于中层提升高频有效成分有利。

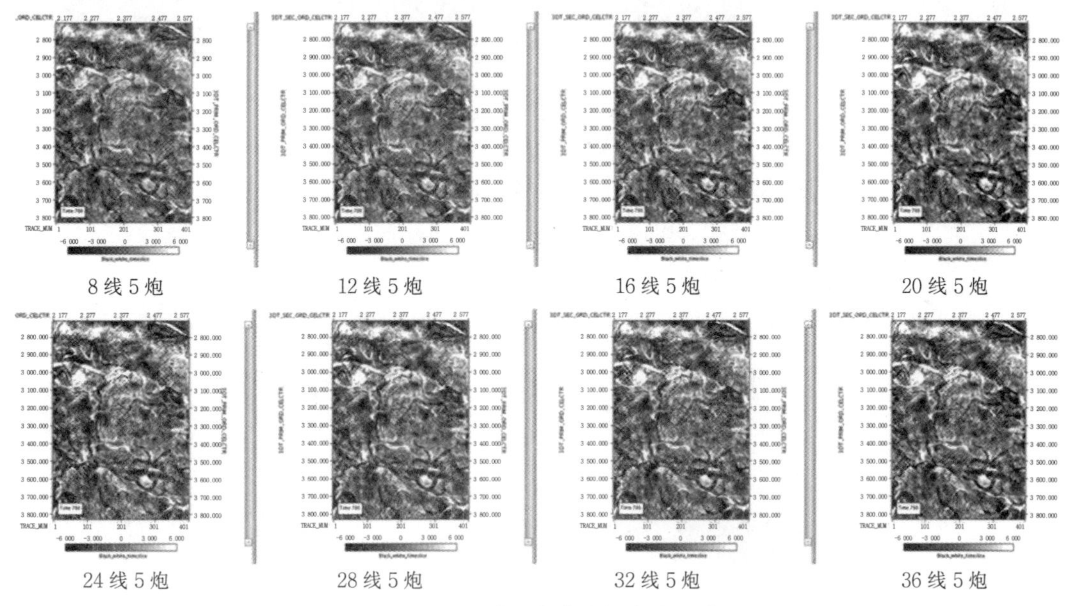

图 2-4-21　不同方位角成像切片对比(浅层)

从不同炮道密度对 1 800~2 800 ms 成像效果分析，各个频率段信噪比都得到提升，以信噪比 3.5 为标准，统计资料高频端。35.8 万道：56 Hz，107.4 万道：64 Hz，214.8 万道：68 Hz，358 万道：71 Hz。随着炮道密度的提高，高频信噪比明显改善，全频带(中低频为主)信噪比明显提高，但是增速减小。

总的来说，随着炮道密度的提高，资料信噪比(特别是高频信噪比)明显改善，同时有利于改善资料的分辨率(图 2-4-27~ 图 2-4-30)。

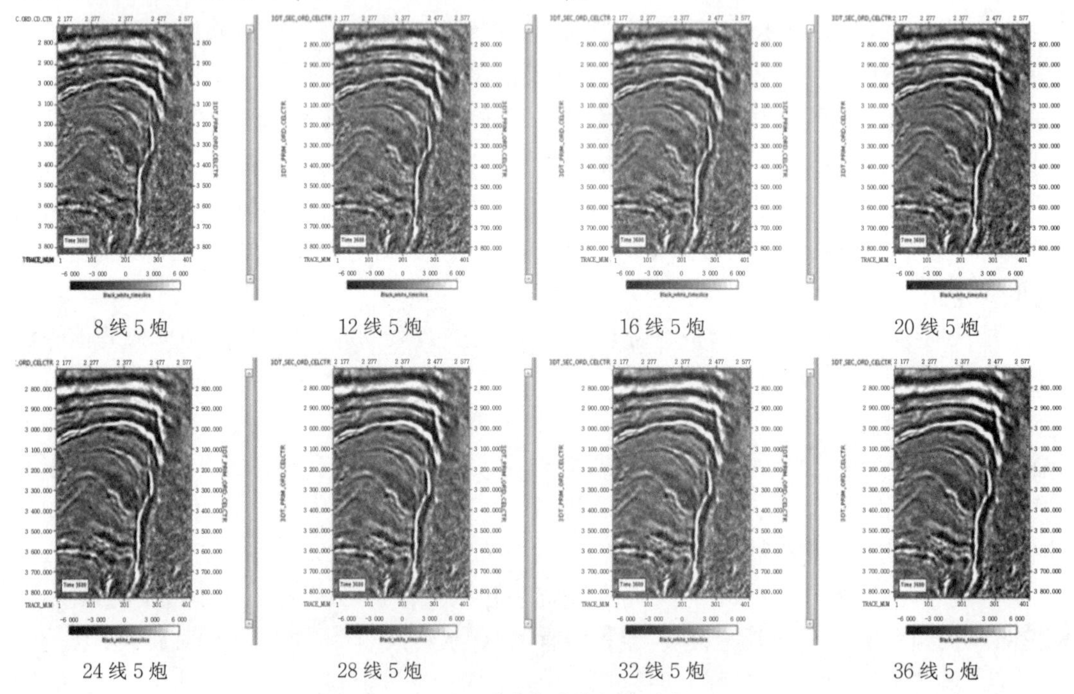

图 2-4-22 不同方位角成像切片对比(深层)

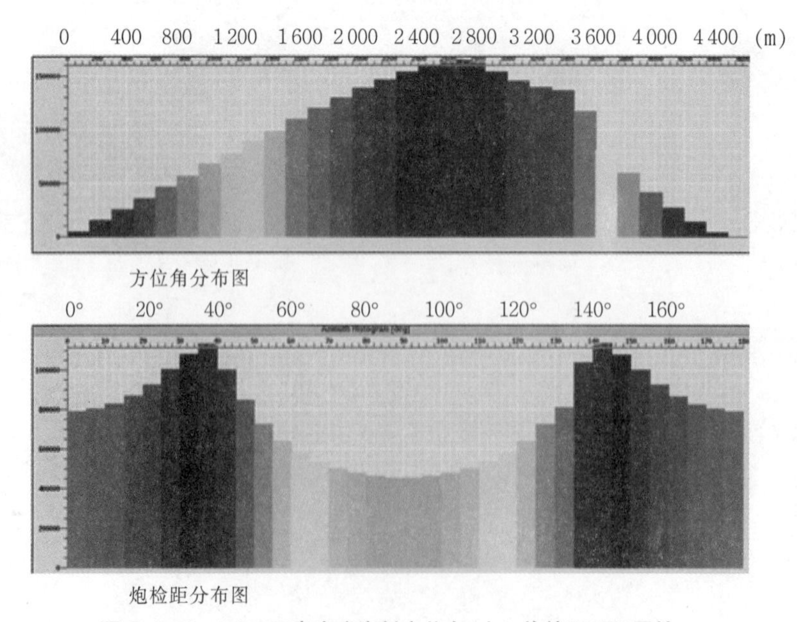

图 2-4-23 LJ 工区高密度资料方位角(上)、炮检距(下)属性

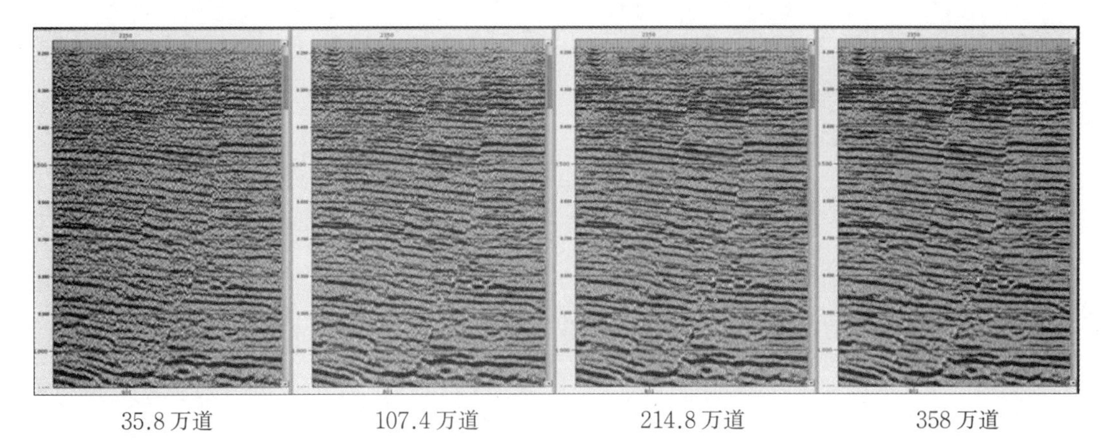

35.8 万道　107.4 万道　214.8 万道　358 万道

图 2–4–24　不同炮道密度成像效果(浅层)

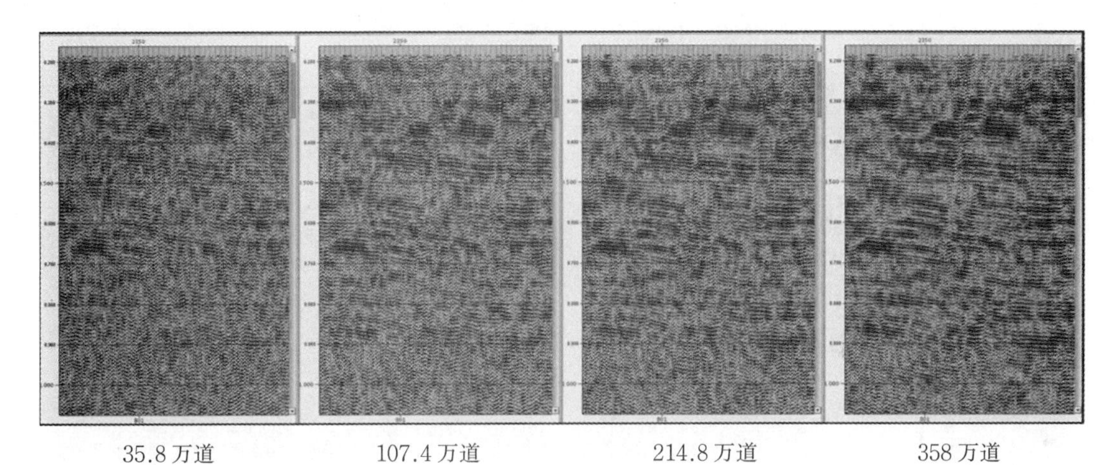

35.8 万道　107.4 万道　214.8 万道　358 万道

图 2–4–25　不同炮道密度高频(100 Hz 以上)成像效果

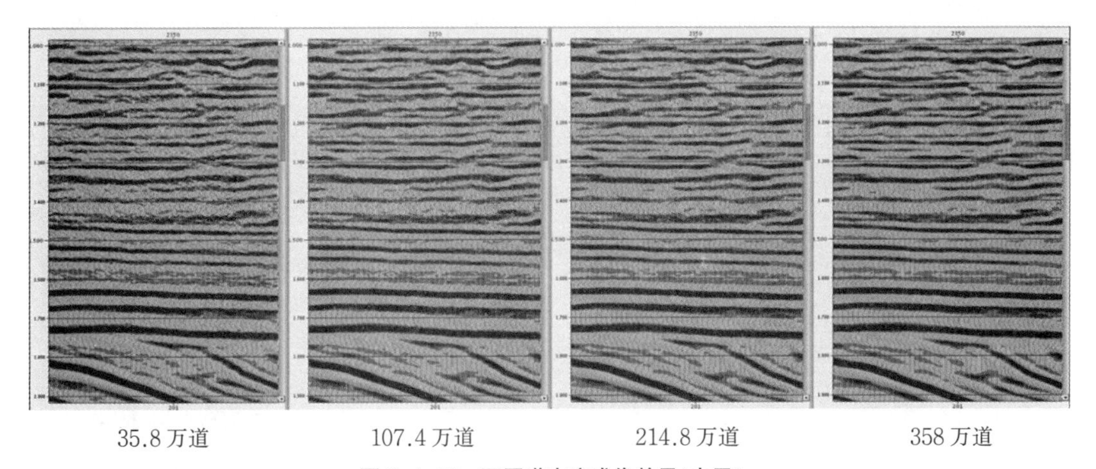

35.8 万道　107.4 万道　214.8 万道　358 万道

图 2–4–26　不同道密度成像效果(中层)

4)接收线距、炮线距对成像的影响

(1)抽稀炮线

将炮排按照整炮线距抽稀，然后按照相同流程进行资料处理。从不同炮线距成像的效果分析，抽稀炮线后，浅层大断面明显变差，信噪比随之降低(图 2-4-31)，中深层信噪比略有降低(图 2-4-32)。

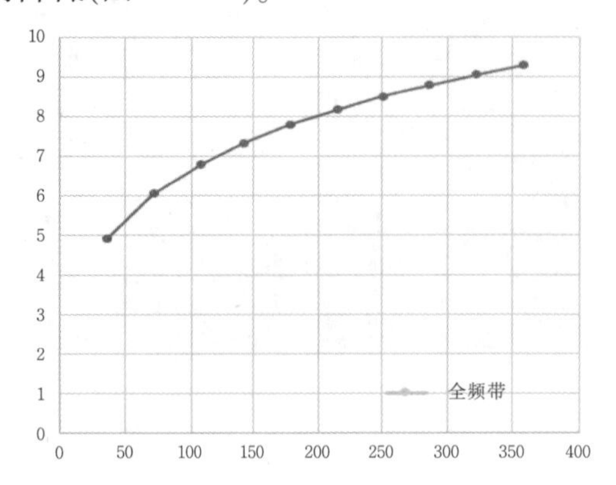

图 2-4-27 炮道密度与偏移信噪比图(中深层)

图 2-4-28 炮道密度与偏移信噪比增速图(中深层)

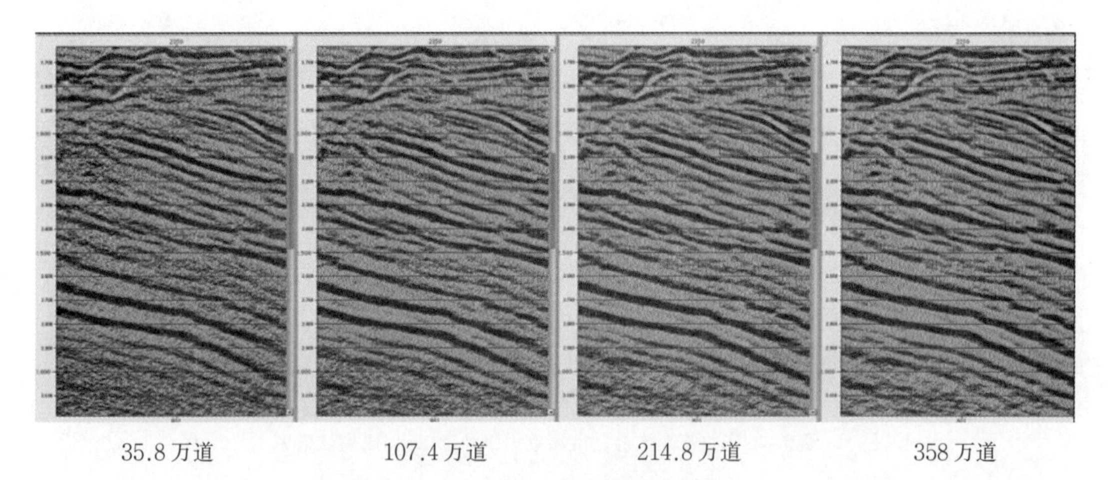

35.8 万道　　107.4 万道　　214.8 万道　　358 万道

图 2-4-29 不同炮道密度成像效果(深层)

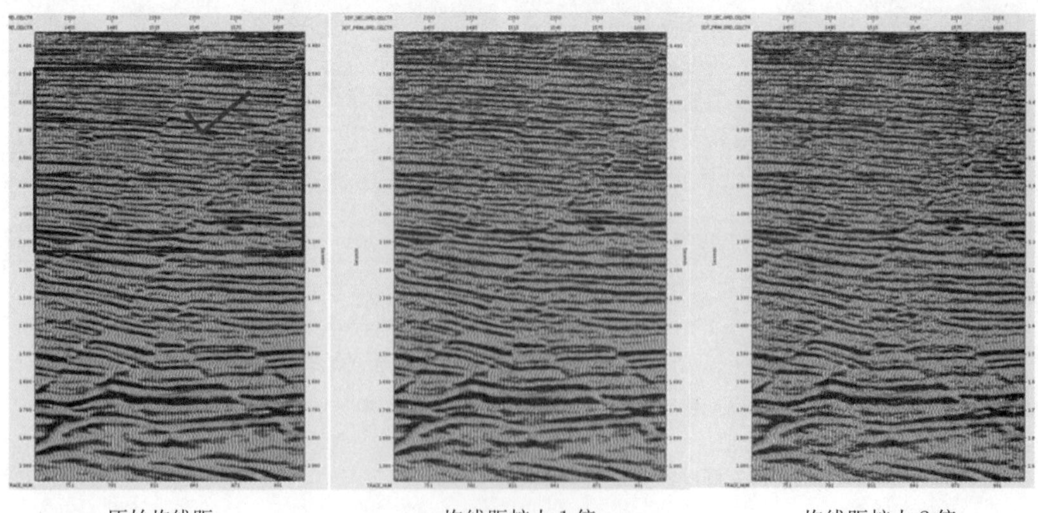

原始炮线距　　炮线距扩大 1 倍　　炮线距扩大 2 倍

图 2-4-31 不同炮线距成像效果(浅层)

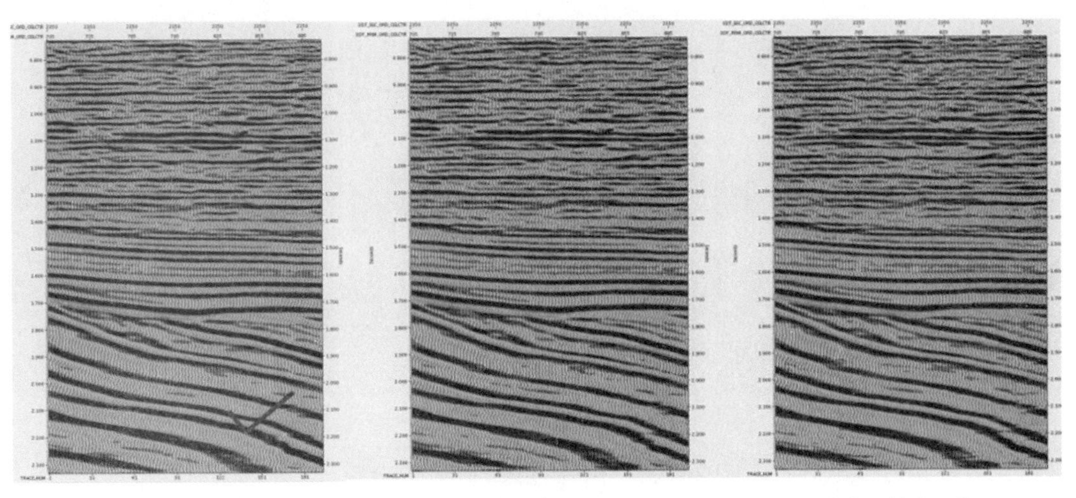

原始炮线距　　炮线距扩大 1 倍　　炮线距扩大 2 倍

图 2-4-32 不同炮线距成像效果(中深层)

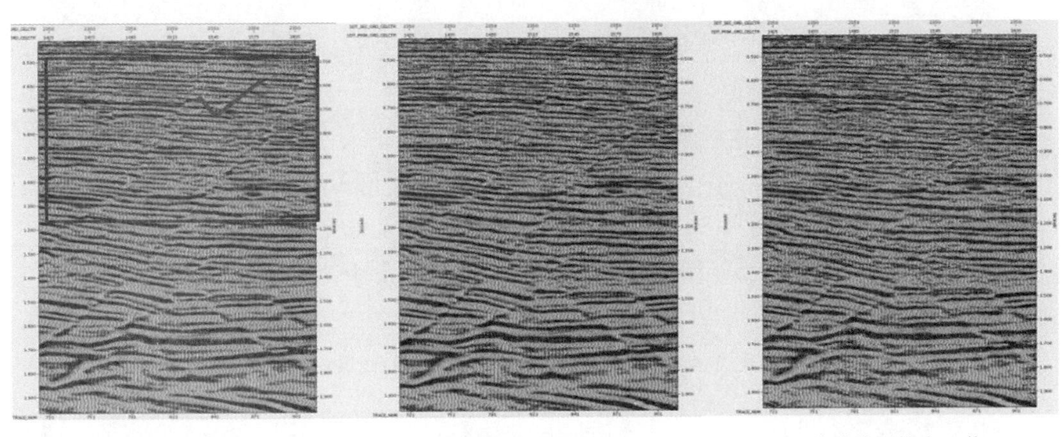

原始检波线距　　检波线距扩大 1 倍　　检波线距扩大 2 倍

图2-4-33 不同接收线距成像效果(浅层)

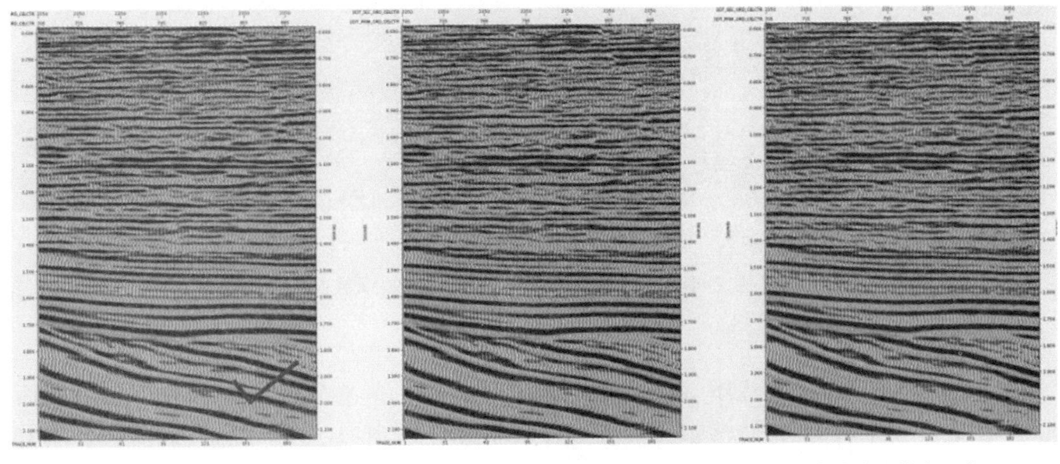

原始检波线距　　检波线距扩大 1 倍　　检波线距扩大 2 倍

图 2-4-34 不同接收线距成像效果

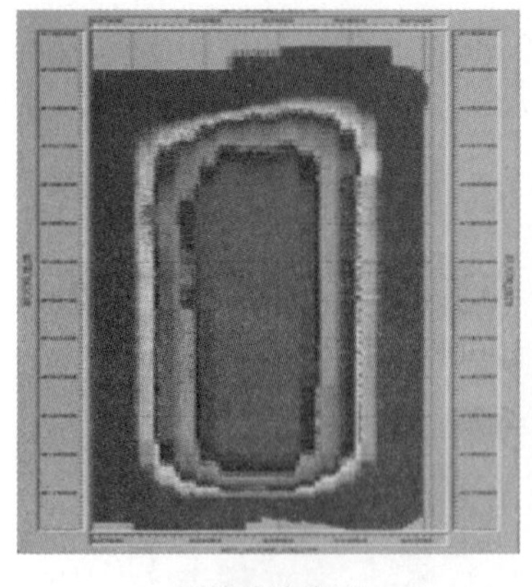
原始检波线距

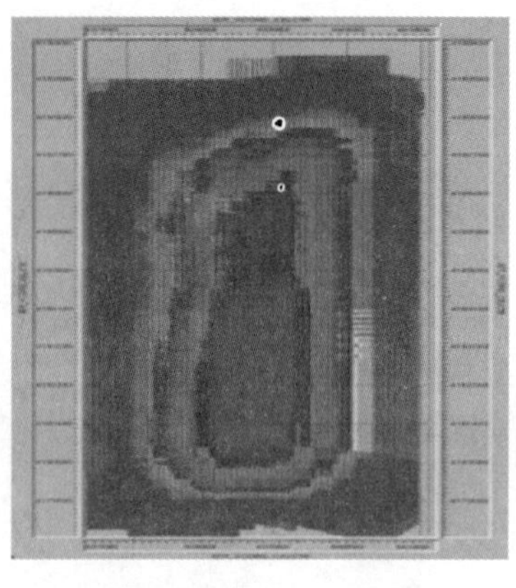
检波线距扩大 1 倍

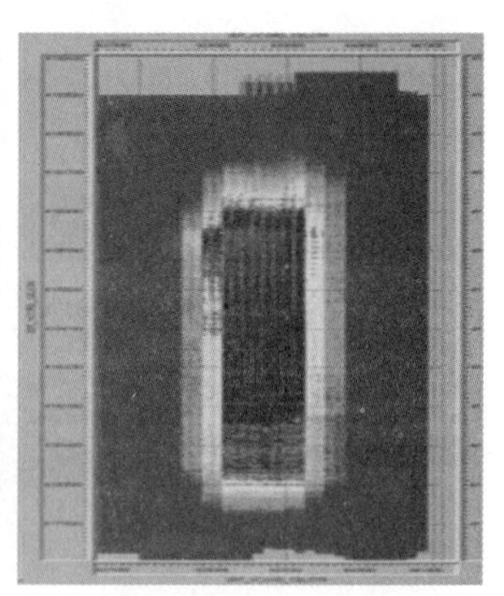
检波线距扩大 2 倍

图 2-4-35 不同接收线距覆盖次数分析

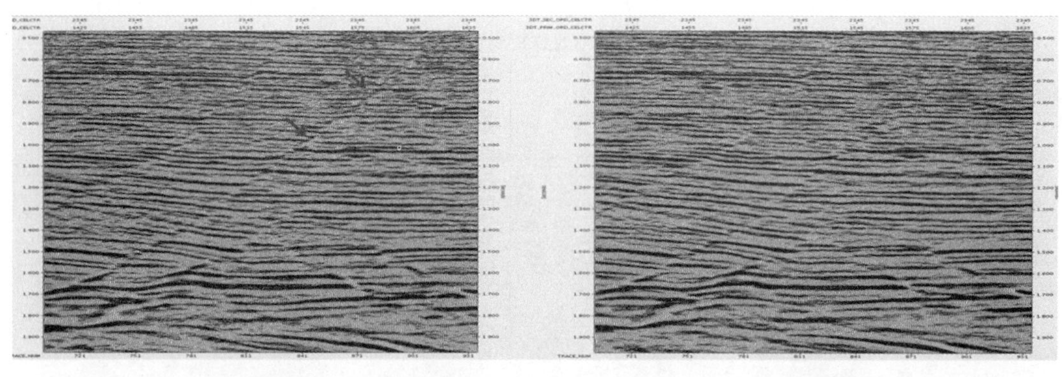
抽稀炮线　　抽稀检波线

图 2-4-36 不同退化方式的剖面效果(浅层)

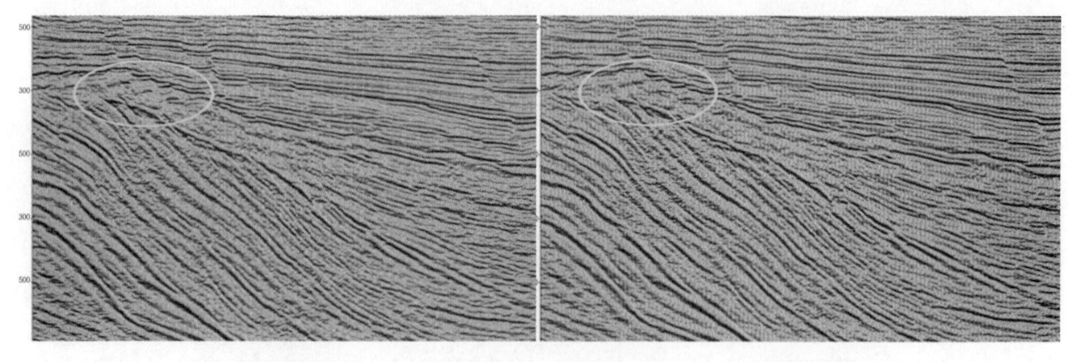
抽稀炮线　　抽稀检波线

图 2-4-37 不同退化方式的剖面效果(深层)

(2)抽稀接收线距

按照整数倍抽稀接收线距,从不同接收线距对成像的影响分析,抽稀检波线后大断面变差,信噪比降低,因此接收线距对成像具有较大影响,尤其是过大的接收线距,不利于复杂断块断面的成像(图 2-4-33、图 2-4-34)。从深层成像效果分析,抽稀检波线后深层信噪比略有降低。

从不同抽稀方式的覆盖次数分析,覆盖次数属性有明显差异(图 2-4-35)。抽稀检波线的观测系统采集脚印更明显,偏移后对资料信噪比的影响更大。

比较偏移纯波剖面,在断面成像上抽稀炮线比抽稀接收线对资料品质的影响要小。在保持炮道密度不变的前提下,抽稀炮线、同时加密检波线,会更有利于获得高质量采集数据。

对比炮线距和接收线距对成像的影响,在炮道密度不变的情况下,炮线距与接收线距扩大一倍对成像都有明显的影响,但是接收线距对成像影响更大(图 2-4-36、图 2-4-37)。

5)系统化、可视化观测系统分析评价技术

系统化是指分析评价技术更加全面,包括面元属性、采集脚印、目的层照明、偏移算子能量聚焦分析等,同时,综合了可实施性与经济性。可视化是指定性与定量相结合,由相面到地下照明。

(1)基于面元基本属性的分析评价技术

该分析评价技术包括不同观测系统对应的总覆盖次数、方位角、炮检距分布分析;不同偏移距覆盖次数、方位角、炮检距分布分析;面元内部偏移距与方位角分析;相邻面元最小、最大炮检距分析等。

图 2-4-38 与图 2-4-39 分别为 LJ-2017 三维工区两种观测系统方案面元间最小偏移距与最大偏移距属性对比,可以看出,由于两个方案均为细分面元观测系统,相邻面元最小偏移距与最大偏移距属性均存在跳跃式变化现象,相比而言,由于方案二接收线距大于方案一,所以方案二跳跃式变化现象更严重一些。

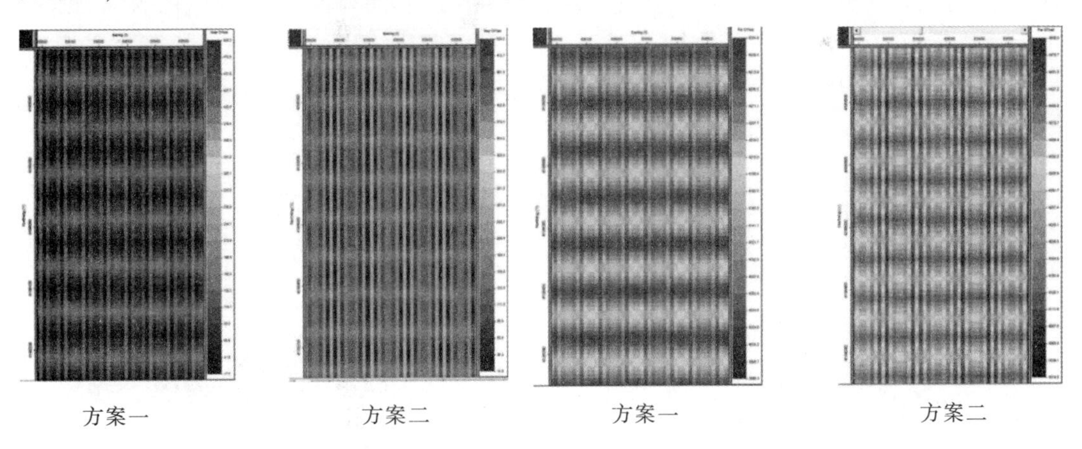

方案一 方案二

图 2-4-38 面元间最小偏移距分布对比

方案一 方案二

图 2-4-39 面元间最大偏移距分布对比

图 2-4-40 是两种观测系统面元内炮检距分布属性图,两种观测系统面元内炮检距分布属性冗余度和连续性都比较好,相比较而言,方案二优于方案一。图 2-4-41 是两种方案对应的面元内方位角分布属性图,可以看出,两套方案的方位角都比较宽,相比较方案二的不同方位的覆盖次数明显多于方案一。

(2)基于采集脚印的分析评价技术

利用设计软件,根据加权系数分布,直观评价采集脚印的强弱,周期性越大,强弱变化越剧烈,采集脚印的影响就越大。彩图 2-4-42 是两套观测系统采集痕迹时间切片对比图,可以看出两套方案采集痕迹都较小。相比而言,方案二能量的变化更小,采集痕迹更小。

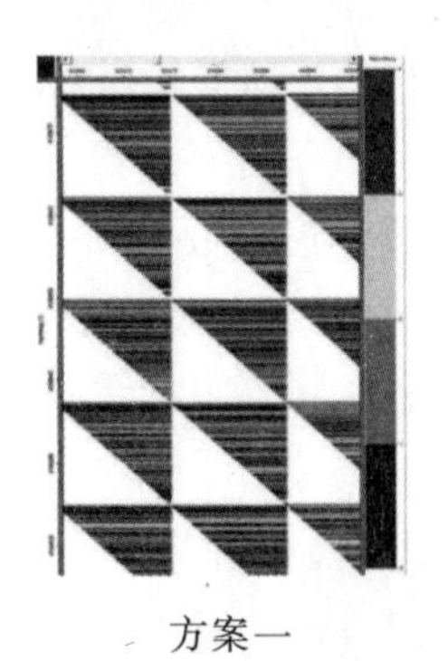

方案一　　　　　　方案二

图 2-4-40　面元内炮检距分布对比

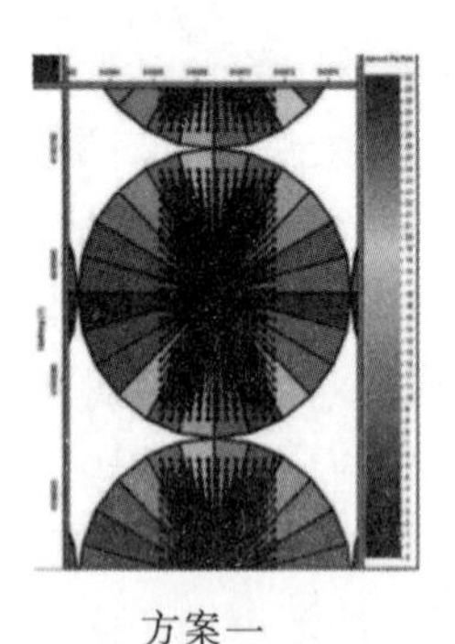

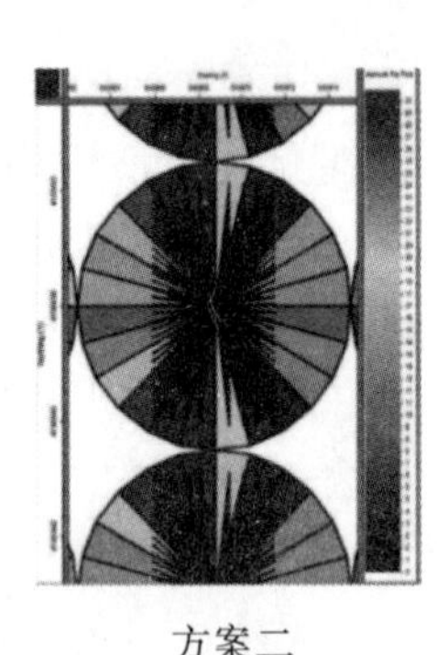

方案一　　　　　　方案二

图 2-4-41　面元内方位角分布对比

(3)基于目的层照明的分析评价技术

在地质模型与观测系统已知的条件下,利用地震波传播射线理论或波动理论,可以分别计算出不同地质目标层对应的理论迭加覆盖次数或偏移聚焦能量,同时,可以进一步分析基于地质目标层的 CRP 面元属性信息。彩图 2-4-43、彩图 2-4-44 分别是 LJ-2017 三维工区两套观测系统对目的层 T_1 和 T_6 照明分析的结果,可以看出,方案二照明覆盖次数更高,方位角更宽,信息来源更丰富。

(4)基于偏移算子聚焦响应的分析评价技术

共聚焦分析采用模拟与偏移相结合的算法, 可以直观地分析观测系统的最终偏移成像效果,进而定量分析观测系统方案的分辨率与噪声压制能力,这些都是以往的观测系统分析无法实现的。图 2-4-45 是 LJ-2017 三维工区观测系统设计时,两套观测系统方案偏移绕射算子聚焦响应对比图,能量聚焦效果都比较好,相比较而言,方案二略好。

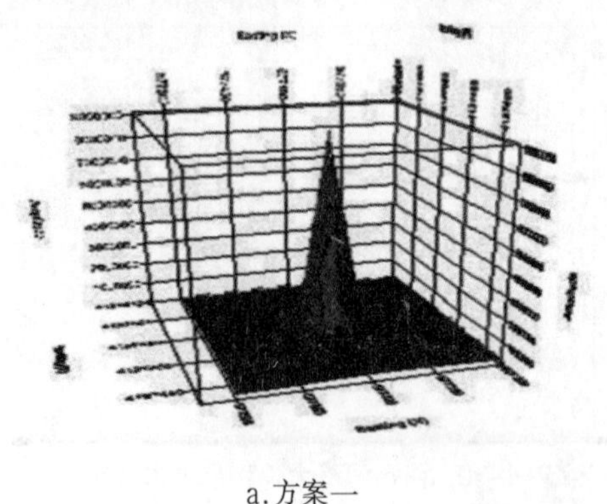

a.方案一

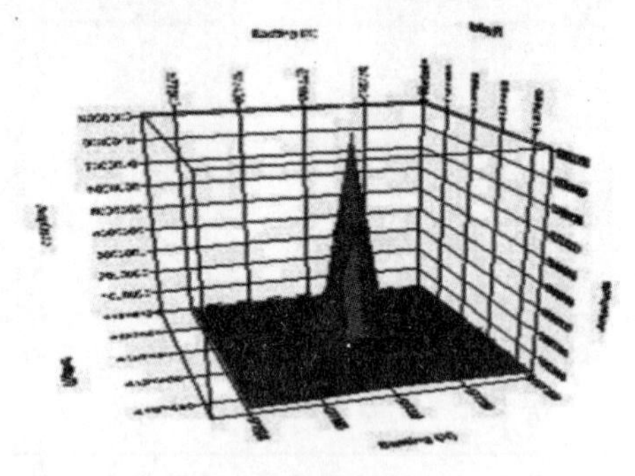

b.方案二

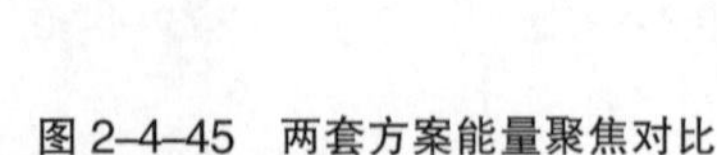

图 2-4-45　两套方案能量聚焦对比

(5)基于正演模拟的观测系统评价

为了进一步精确地设计观测系统参数,根据已有地质认识建立精细的目标地质模型,设定不同的观测系统参数,根据正演单炮数据、叠前偏移成像、叠前属性反演的结果,确定最佳的观测系统参数。

图 2-4-46 为一个实际工区的地质模型,该地区面临的主要地质问题是纵向目的层段的薄储层无法识别,横向展布范围和尖灭点位置难以落实,针对以上问题建立了薄储层地质模型,基于该模型设计不同的观测系统参数进行波动方程正演,根据正演得到的单炮进

行偏移成像和波阻抗反演,进而论证出合理的观测系统参数。

首先对地震子波主频 45 Hz 下不同道距的正演模拟数据进行了叠前深度偏移,图 2-4-47 为局部叠前深度偏移剖面。图 2-4-48 为统计的不同道距尖灭点识别误差曲线,发现道距大于 25 m 时误差增加较快,小于 25 m 时误差增量趋于平缓,在小于 10 m 时误差基本不变,因此道距最大不应超过 25 m。

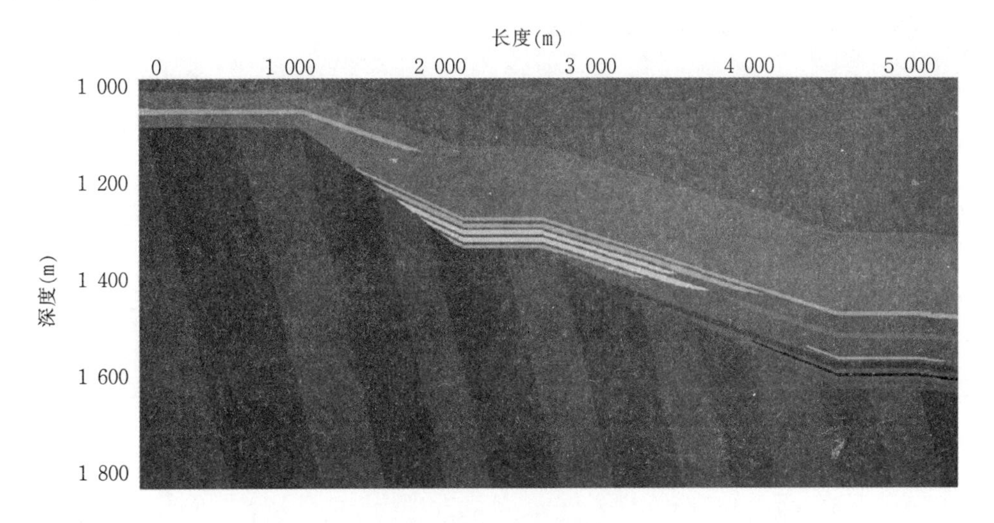

图 2-4-46 薄储层模型

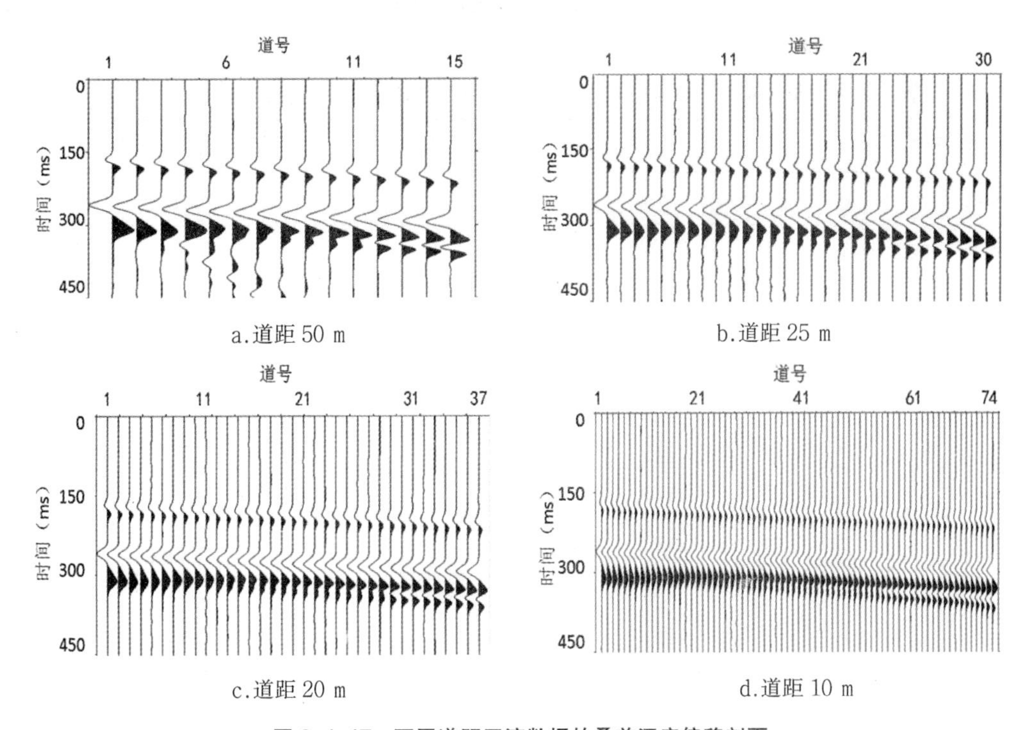

图 2-4-47 不同道距正演数据的叠前深度偏移剖面

针对薄砂体和尖灭点，通过不同地震子波主频的正演模拟及叠前深度偏移和波阻抗反演处理,还可得到最佳的激发地震子波主频。彩图 2-4-49 为部分不同主频地震子波正演模拟波阻抗反演结果,表 2-4-1 为不同主频地震子波正演模拟数据成像及反演分辨率统计结果。在地震成像剖面和反演剖面上都能看到:地震子波主频越高,目的层成像纵向分辨率越高,尖灭点识别误差越小,与井的吻合程度越高。从结果来看,45 Hz 以上地震子波正演时成像剖面上目的层段可识别,可分辨 18 m 左右的砂体,利用稀疏脉冲反演,分辨率可进一步提高到 9 m 左右,并且消除了地震子波干涉和调谐影响,储层表征能力更强(图 2-4-49)。考虑实际激发因素限制,45 Hz 更具有可行性。

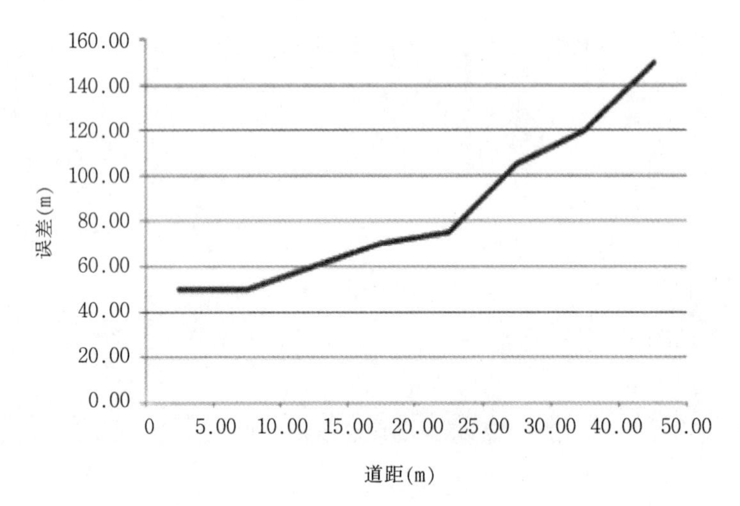

图 2-4-48 不同道距尖灭点识别误差曲线

表 2-4-1 不同主频地震子波正演数据成像和反演分辨率

地震频率(Hz)	30	45	60
偏移纵向分辨率(m)	28	18	14
反演纵向分辨率(m)	14	9	7
偏移尖灭点识别误差(m)	240	75	60

第三章　高精度地震测量技术

济阳坳陷的高精度地震资料采集需要有高精度的点位测量,因此,研究高精度的地震测量技术,对提高地震资料的采集精度至关重要。全球导航卫星系统(GNSS)、地理信息系统(GIS)和遥感技术(RS),对于传统的测量技术是一次巨大的冲击,是大地测量学中的一个突破性进展。这些地震测量新技术、新方法的运用,使常规测量发生了革命性的变革。测绘行业生产的数字化和自动化、测绘产品的多样化、测绘装备和工艺、流程的系统化,加快了测绘科学技术的现代化发展。目前,地震测量已经开始进入到"3S"时代。

地震测量是测量学科中的一个重要分支,是测量科学在地质勘探中的具体应用。它的发展极大地依赖测绘科学技术进步。同国际、国内测绘行业一样,石油物探测量技术的发展也在加快,过去一台经纬仪、一把算盘、一根测绳、两根花杆的原始手工作业模式,已经被计算机、全站仪、GNSS 等先进设备所替代。20 世纪 90 年代中期,差分型 GNSS 定位仪的出现,为地震测量工作带来了一次技术性革命。实时坐标计算存储使得物理点的测设工作变得轻松自如,方圆 10 余千米的区域,只要在中间架设一个参考站,流动站走到哪里,就可以知道哪里的三维坐标。这种方法在使用初期属于伪距差分测量方式,其精度为米级,到了 20 世纪 90 年代末期,已经发展为相位差分测量方式,其精度也提高到了厘米级,针对地震测量来说,其精度已经足够了。

目前,几乎所有的地震测线都使用卫星定位实时相位差分测量方法进行施测。在一些特殊地形,如城镇、村庄、树林中,由于 GNSS 卫星信号受其干扰,无法达到预期的测量精度,往往用全站仪辅助作业。

地理信息系统(Geographic Information System,简称 CIS),是以地理空间数据库为基础,在计算机软硬件的支持下,运用系统工程和信息科学的理论,科学管理和综合分析具有空间内涵的地理数据,以提供管理、决策等所需信息的技术系统。简单地说,GIS 是综合处理和分析地理空间数据的一种技术系统,是以测绘测量为基础,以数据库作为数据储存和使用的数据源,以计算机编程为平台的全球空间分析技术。地理信息系统作为获取、存储、分析和管理地理空间数据的重要工具、技术和学科,近年来在石油勘探方面得到了广泛关注。

遥感技术(Remote Sensing technique,简称 RS)是以航空摄影技术为基础,在 20 世纪 60 年代初发展起来的一门新兴技术。开始为航空遥感,自 1972 年美国发射了第一颗陆地卫星后,标志着航天遥感时代的开始。经过几十年的迅速发展,目前遥感技术已广泛应用于资源环境、水文、气象、地质地理等领域,成为一门实用的,先进的空间探测技术。

遥感探测能在较短的时间内,从空中乃至宇宙空间对大范围地区进行对地观测,并从中获取有价值的遥感数据。这些数据拓展了人们的视觉空间,为宏观地掌握地面事物的现状情况创造了极为有利的条件, 也为宏观地研究自然现象和规律提供了宝贵的第一手资料。这种先进的技术手段与传统的手工作业相比是不可替代的。遥感用航摄飞机飞行高度为10 km左右,陆地卫星的卫星轨道高度达910 km左右,从而,可及时获取大范围的地理信息。遥感技术具有动态、多时相采集空间信息的能力,遥感信息已经成为GIS的主要信息源。

应该说,卫星定位结合全站仪定位技术在石油物探测量中获得了广泛推广,地理信息系统、遥感技术也已经逐步开始得到应用。石油物探测量技术已经有了较大进步。

在石油地震勘探中,测量是基础性、先行性工序。油田开发需要高精度的勘探,高精度的勘探要有高质量的测量成果做保证。测量成果的质量直接影响着地震施工、地质任务完成的好坏。物探测量在石油勘探中的作用越来越重要。

石油物探测量的任务是:根据地震勘探设计,依据工区的测量控制点,运用卫星定位、经纬仪导线等测量方法,将勘探部署的点、线、网放样到实地,指导地震勘探的施工。为物探野外施工、资料处理及解释提供符合要求的测量成果、图件。

根据物探测量的任务可以看出,物探测量是服务于地震勘探的一种测量作业模式,是地震勘探的第一道工序。测量工作是地震勘探的先锋,是地震勘探的眼睛,其重要性也就不言而喻。其作用主要表现在以下几方面:

①通过实地测设合理可行的物理点位、埋设标志、绘制测量草图指导物探施工;

②引导施工人员进入施工现场;

③测量成果为物探资料处理提供位置基础;

④为地震解释和地质人员确定钻探井位,提供测线位置及数学基础。

地震测量的前提是为地震勘探提供测量服务。地震测量根据地震勘探的具体要求以及测区的实际情况,努力应用先进的测绘手段,从测量成果的准确度、实效性等方面做好测绘服务工作,更好地服务于地震生产,保障地震生产任务顺利完成。

一、卫星定位技术

1.静态定位技术

1)技术概况

所谓静态定位,就是在进行GNSS定位时,认为接收机的天线在整个观测过程中的位置是保持不变的。在数据处理时,将接收机天线的位置作为一个不随时间的改变而改变的量。在地震测量中,静态定位一般用于高精度的测量定位,其具体观测模式是多台接收机在不同的测站上进行同步观测,观测时间由几分钟至数小时不等。静态定位中,GPS接收机在捕获和跟踪GPS卫星的过程中固定不变,接收机高精度地测量GPS信号的传播时间,利用GPS卫星在轨的已知位置,解算出接收机天线所在位置的三维坐标。

早期的定位仪器只能用于静态定位,由于早期美国对GPS的SA政策的影响和GPS技术的不完善,民用单点定位的精度只能达到百米级,因此,静态相对定位在物探测量中主要用于建立各种控制点。

随着GPS技术的日益完善,以及GNSS技术的不断发展,中国、俄罗斯、欧盟都先后建立起了自己的卫星定位系统,定位精度也逐步提高。而物探技术的发展也提高了对测量定位精度的要求,精密相对定位方法已经逐步地应用于GNSS控制网的建立中。为了提高GNSS控制网的精度,特别是对数百千米以上的长基线的解算,目前通常采用与IGS站点联测以及利用精密星历作为起算数据的方法来进行数据的处理。

国际GNSS服务(IGS)机构是由国际大地测量协会(IAG)协调的一个永久性GNSS服务机构,成立于1992年。其目的是为全球科研机构及时提供GNSS数据和精密星历,以支持世界范围内的地球物理学研究。IGS在相应的网站上免费发布IGS站点的观测值数据(RINEX格式)和精密星历(SP3或E18格式),并使用ITRF(国际地球参考框架)作为其进行GNSS数据分析和计算精密星历的坐标框架基准。通常我们采用高精度的数据处理软件对工区所建网点和IGS跟踪站的数据进行基线处理，并采用精密星历代替广播星历对空间卫星精密定轨,以改善基线的质量,获得长基线的整周模糊度,使得大规模的、高精度的GPS控制网的质量大幅度提高。

目前已经形成了美国的GPS、俄罗斯的GLONASS、欧洲的伽利略(Galileo)系统以及我国的北斗定位导航系统四大系统共同服务的格局,逐步形成了多元化的空间定位环境,同时接收多系统信号的定位技术已成为现在和未来发展的主基调。

2)技术特点

GNSS静态定位在测量中被广泛地用于大地测量、工程测量、地籍测量、物探测量及各种类型的变形监测等,在以上这些应用中,其主要还是用于建立各种级别、不同用途的控制网。在这些方面,卫星定位技术已基本取代了常规的测量方法,成了主要手段。较之常规方法,静态定位技术在布设控制网方面具有以下特点。

(1)测量精度高

GPS观测精度要明显高于常规测量手段,GPS基线向量的相对精度一般为10^{-5}～10^{-9},这是普通测量方法很难达到的。

(2)选点灵活、不需要造标、费用低

GNSS测量,不要求测站间相互通视,不需要建造觇标,作业成本低,降低了布网费用。

(3)全天候作业

在任何时间、任何气候条件下,均可以进行GNSS观测,大大方便了测量作业,有利于按时、高效地完成控制网的布设。

(4)观测时间短

采用GNSS布设一般等级的控制网时,在每个测站上的观测时间一般在1～2个小时,采用快速静态定位的方法,观测时间更短。

(5)观测、处理自动化

采用GNSS布设控制网,观测工程和数据处理过程均是高度自动化的。

3)布设GNSS基线向量网的工作步骤

布设GPS基线向量网主要分测前、测中和测后三个阶段进行。

(1)测前工作

①项目的提出。一个GNSS测量工程项目,往往是由工程发包方、上级主管部门或其他单位或部门提出,由GPS测量队伍具体实施。对于一项GPS测量工程项目,一般有如下要求。

测区位置及其范围:测区的地理位置、范围,控制网的控制面积。

用途和精度等级:控制网将用于何种目的,其精度要求是多少,要求达到何种等级。

点位分布及点的数量:控制网的点位分布、点的数量及密度要求,是否有对点位分布有特殊要求的区域。

提交成果的内容:用户需要提交哪些成果,所提交的坐标成果分别属于哪些坐标系,所提交的高程成果分别属于哪些高程系统,除了提交最终的结果外,是否还需要提交原始数据或中间数据等。

时限要求:对提交成果的时限要求,即何时是提交成果的最后期限。

投资经费:对工程的经费投入数量。

②技术设计。负责GPS测量的单位在获得了测量任务后,需要根据项目要求和相关技术规范进行测量工程的技术设计。

③测绘资料的搜集与整理。在开始进行外业测量之前,现有测绘资料的搜集与整理也是一项极其重要的工作。需要收集整理的资料主要包括测区及周边地区可利用的已知点的相关资料(点之记、坐标等)和测区的地形图等。

④仪器的检验。对将用于测量的各种仪器包括GPS接收机及相关设备、气象仪器等进行检验,以确保它们能够正常工作。

⑤踏勘、选点埋石。在完成技术设计和测绘资料的搜集与整理后,需要根据技术设计的要求对测区进行踏勘,并进行选点埋石工作。

(2)测量实施

①实地了解测区情况。由于在很多情况下,选点埋石和测量是分别由两个不同的队伍或两批不同的人员完成的,因此,当负责GPS测量作业的队伍到达测区后,需要先对测区的情况做详细的了解。需要了解的内容包括点位情况(点的位置、上点的难度等),测区内经济发展状况,民风民俗,交通状况,测量人员生活安排等。这些对于今后测量工作的开展是非常重要的。

②卫星状况预报。根据测区的地理位置以及最新的卫星星历,对卫星状况进行预报,作为选择合适的观测时间段的依据。所需预报的卫星状况有卫星的可见性、可供观测的卫星星座、随时间变化的PDOP值、随时间变化的RDOP值等。对于个别有较多或较大障碍物的测站,需要评估障碍物对GPS观测可能产生的不良影响。

③确定作业方案。根据卫星状况、测量作业的进展情况以及测区的实际情况,确定出具体的作业方案,以作业指令的形式下达给各个作业小组,根据情况,作业指令可逐天下达,也可一次下达多天的指令。作业方案的内容包括作业小组的分组情况,GPS观测的时间段以及测站等。

④外业观测。各GPS观测小组在得到作业指挥员所下达的作业指令后,应严格按照作业指令的要求进行外业观测。在进行外业观测时,外业观测人员除了严格按照作业规范、作业指令进行操作外,还要根据一些特殊情况,灵活地采取应对措施。在外业中常见的情况有不能按时开机、仪器故障和电源故障等。

⑤数据传输与转储。在一段外业观测结束后,应及时地将观测数据传输到计算机中,并根据要求进行备份,在数据传输时需要对照外业观测记录手簿,检查所输入的记录是否正确。数据传输与转储应根据条件,及时进行。

⑥基线处理与质量评估。对所获得的外业数据及时地进行处理,解算出基线向量,并对解算结果进行质量评估。作业指挥员需要根据基线解算情况做下一步GPS观测作业的安排。

⑦重复确定作业方案、外业观测、数据传输与转储、基线处理与质量评估四步,直至完成所有 GPS 观测工作。

(3)测后工作

①结果分析(网平差处理与质量评估)。对外业观测所得到的基线向量进行质量检验,并对由合格的基线向量所构建成的 GPS 基线向量网进行平差解算, 得出网中各点的坐标成果。如果需要利用 GPS 测定网中各点的正高或正常高,还需要进行高程拟合。

②技术总结。根据整个 GPS 网的布设及数据处理情况,进行全面的技术总结。

③成果验收。

4)济阳坳陷地震工区应用

GNSS 静态定位技术在济阳坳陷地震工区的应用可以追溯到 1993 年, 当时刚刚引进 GPS 定位技术,就建立起了覆盖整个探区的测量控制网,包含 45 个网点,结束了历年控制点缺乏、难以保障测量精度的历史,为在济阳坳陷实施高精度地震勘探做出了巨大贡献。

但由于当时 GPS 技术的限制,整网精度较低,控制点误差最大达到米级,随着 GPS 技术的不断发展,应用越来越成熟,于 2012 年又对济阳探区 GPS 控制网进行了复测,并进一步向周边区域扩充,定位精度首次达到了厘米级别。

2019 年,鉴于国家推行 CGCS2000 大地坐标系,停止提供 1954 年北京坐标系成果,对原有 GPS 控制网进行了重新设计复测,恢复了遭到破坏的控制点标志,使用了最新的多星系统卫星定位接收机,采用了连续运行跟踪站的观测成果作为控制网计算数据,重新建立了济阳探区控制网。

济阳探区 GNSS 控制网点数为 64 个,外业共观测 16 期,共观测 569 条基线,复测基线 122 条。平均边长 80 259.578 m,最大边长 203 925.531 m。闭合环总数 3 211 个,其中同步环 1 250 个,异步环 1 961 个。经过检验各项精度指标符合设计和规范要求,达到石油物探 I 级网精度。图 3-1-1 是 2019 年山东探区 GNSS 控制网展点图。

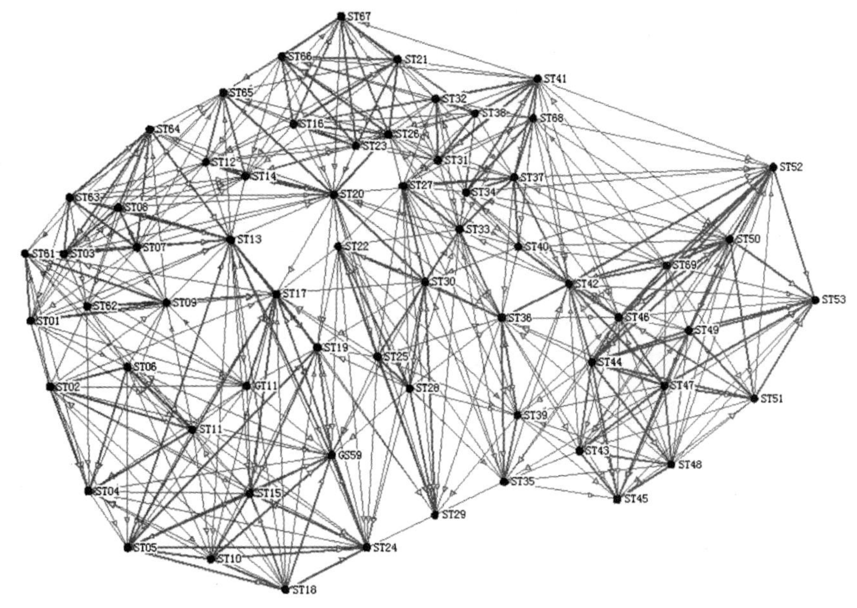

图 3-1-1 2019 年山东探区 GNSS 控制网展点图

获取了山东探区 GNSS 控制网基于 2000 国家大地坐标系,1954 年北京坐标系,1980 西安坐标系,ITRF2014 参考框架(参考历元:2019.655)四套现用坐标系的坐标成果,坐标成果可靠且精度高。获取了 2000 国家大地坐标系 -1954 年北京坐标系、2000 国家大地坐标系 -1980 西安坐标系、ITRF2014 参考框架——2000 国家大地坐标系、ITRF2014 参考框架——1954 年北京坐标系、ITRF2014 参考框架——1980 西安坐标系的坐标转换七参数和三参数。

建立了 WGS84、CGCS2000、西安 80、北京 54 坐标系的转换关系，在国家强制使用 CGCS2000 坐标系的背景下,其作用尤为重要。

2.坐标和高程转换技术

1)概述

GNSS 测量使用的坐标系通常是 WGS-84 坐标系，但实际使用的是国家统一的大地测量基准下的坐标系。我国曾经使用的大地测量基准包括 1954 年北京坐标系、1980 年国家大地坐标系,目前推行的是 2000 国家大地坐标系,简称 CGCS2000。

当涉及坐标系的问题时,有两个相关概念应当加以区分。一是大地测量的坐标系,它是根据有关理论建立的,不存在测量误差。同一个点在不同坐标系中的坐标转换也不影响点位。二是大地测量基准,它是根据测量数据建立的坐标系,由于测量数据有误差,所以大地测量基准也有误差,因而同一点在不同基准之间转换将不可避免地要产生误差。通常,人们对两个概念都用坐标系来表达,不严格区分。如 WGS-84 坐标系和北京 54 坐标系实际上都是大地测量基准。

(1)WGS-84 坐标系

WGS-84 坐标系是美国根据卫星大地测量数据建立的大地测量基准,是目前 GPS 所采用的坐标系。GPS 卫星发布的星历就是基于此坐标系的,用 GPS 所测的地面点位,如不经过坐标系的转换,也是此坐标系中的坐标。WGS-84 坐标系定义见表 3-1-1。

表 3-1-1 WGS-84 坐标系定义

坐标系类型	WGS-84 坐标系属地心坐标系
原点	地球质量中心
z 轴	指向国际时间局定义的 BIH1 984.0 的协议地球北极
x 轴	指向 BIH1 984.0 的起始子午线与赤道的交点
参考椭球	椭球参数采用 1979 年第 17 届国际大地测量与地球物理联合会推荐值
椭球长半径	a=6 378 137 m
椭球扁率	由相关参数计算的扁率:α=1/298.257 223 563

(2)2000 国家大地坐标系

2000 国家大地坐标系简称 CGCS2000，是我国建立的新一代地心大地测量坐标系,通过 2000 国家 GPS 大地控制网的坐标和速度具体实现,参考历元为 2 000.0。2000 国家 GPS 大地控制网是在测绘、地震和科学院等部门布设的 4 个 GPS 网联合平差的基础上得到的一个全国规模的 GPS 大地控制网,共包括 2 518 点。CGCS2000 坐标系定义见表 3-1-2。

表 3–1–2 CGCS2000 坐标系定义

坐标系类型	2000 国家大地坐标系属地心坐标系
原点	地球质量中心
z 轴	指向 IERS(国际地球旋转和参考系服务局)参考极方向
x 轴	IERS 参考子午面与通过原点且同 z 轴正交的赤道面的交线
参考椭球	椭球参数采用 1975 年第 16 届国际大地测量与地球物理联合会的推荐值
椭球长半径	a=6 378 137 m
椭球扁率	由相关参数计算的扁率:α=1/298.257 222 101

(3)1954 年北京坐标系

1954 年北京坐标系实际上是苏联的大地测量基准,属参心坐标系,参考椭球在苏联境内与大地水准面最为吻合，在我国境内大地水准面与参考椭球面相差最大为 67 m。1954 年北京坐标系定义见表 3-1-3。

1954 年北京坐标系存在以下问题:

①椭球参数与现代精确参数相差很大,且无物理参数;

②该坐标系中的大地点坐标是经过局部分区平差得到的,在区与区的接合部,同一点在不同区的坐标值相差 1～2 m;

③不同区的尺度差异很大;

④坐标是从我国东北传递到西北和西南，后一区是以前一区的最弱部分作为坐标起算点,因此有明显的坐标积累误差。

表 3–1–3 1954 年北京坐标系定义

坐标系类型	1954 年北京坐标系属参心坐标系
原点	位于原苏联的普尔科沃
z 轴	没有明确定义
x 轴	没有明确定义
参考椭球	椭球参数采用 1940 年克拉索夫斯基椭球参数
椭球长半径	a=6 378 245 m
椭球扁率	由相关参数计算的扁率:α=1/298.3

(4)1980 年国家大地坐标系

1980 年国家大地测量坐标系是根据 20 世纪 50～70 年代观测的国家大地网进行整体平差建立的大地测量基准。椭球定位在我国境内与大地水准面最佳吻合。1980 年国家大地测量坐标系定义见表 3-1-4。

相对于 1954 年北京坐标系而言,1980 年国家大地坐标系的符合性要好得多。

1954 年北京坐标系和 1980 年国家大地坐标系中大地点的高程起算面是似大地水准面,是二维平面与高程分离的系统。而 WGS-84 坐标系中大地点的高程是以 84 椭球作为高程起算面的,所以是完全意义上的三维坐标系。

表 3-1-4 1980 年国家大地测量坐标系定义

坐标系类型	1980 年国家大地测量坐标系属参心坐标系
原点	位于我国中部——陕西省泾阳县永乐镇
z 轴	平行于地球质心指向我国定义的 1 968.0 地极原点(JYD)方向
x 轴	起始子午面平行于格林尼治平均天文子午面
参考椭球	椭球参数采用 1975 年第 16 届国际大地测量与地球物理联合会的推荐值
椭球长半径	a=6 378 140 m
椭球扁率	由相关参数计算的扁率:α=1/298.257

(5)ITRF 国际参考框架

国际地球自转服务组织(IERS)每年将其所属全球站的观测数据进行综合处理分析,得到一个 ITRF 框架,并以 IERS 年报和 IERS 技术备忘录的形式发布。自 1988 年起,IERS 已经发布了 ITRF88、ITRF89、ITRF90、ITRF91、ITRF92、ITRF93、ITRF94、ITRF96、ITRF97、ITRF2 000 等全球坐标参考框架。各框架在原点、定向、尺度及时间演变基准的定义上有微小差别。

目前 ITRF 参考框架已在世界上得到广泛应用,我国各地建立的网络系统也为用户提供 ITRF 框架的转换服务。

2)坐标系统的转换

GPS 采用 WGS-84 坐标系,而在工程测量中所采用的是北京 54 坐标系、西安 80 坐标系或地方坐标系。因此需要将 WGS-84 坐标系转换为工程测量中所采用的坐标系。

(1)空间直角坐标系的转换

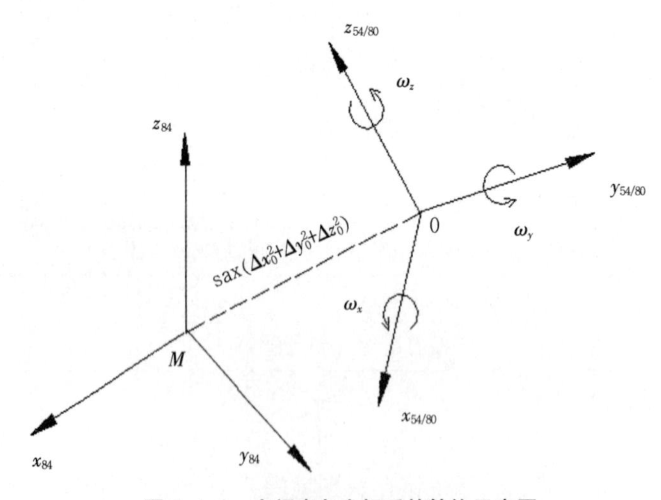

图 3-1-2 空间直角坐标系的转换示意图

如图 3-1-2 所示,WGS-84 坐标系的坐标原点为地球质量中心,而北京 54 和西安 80 坐标系的坐标原点是参考椭球中心。所以在两个坐标系之间进行转换时,应进行坐标系的平移,平移量可分解为 Δx_0、Δy_0 和 Δz_0。又因为 WGS-84 坐标系的三个坐标轴方向也与北京 54 或西安 80 的坐标轴方向不同,所以还需将北京 54 或西安 80 坐标系分别绕 x 轴、y 轴

和 z 轴旋转 ω_x、ω_y、ω_z。

此外，两坐标系的尺度也不相同，还需进行尺度转换。两坐标系间转换的公式如下：

$$\begin{pmatrix} x \\ y \\ z \end{pmatrix}_{84}=\begin{pmatrix} \Delta x_0 \\ \Delta y_0 \\ \Delta z_0 \end{pmatrix}+(1+m)\begin{pmatrix} 1 & \omega_z & -\omega_y \\ -\omega_z & 1 & \omega_x \\ \omega_y & -\omega_x & 1 \end{pmatrix}\begin{pmatrix} x \\ y \\ z \end{pmatrix}_{54/80/2000} \tag{3-3-1}$$

式中，m 为尺度比因子。

要在两个空间直角坐标系之间转换，需要知道三个平移参数（$\Delta x_0,\Delta y_0,\Delta z_0$），三个旋转参数（$\omega_x,\omega_y,\omega_z$）以及尺度比因子 m。为求得七个转换参数，在两个坐标系中至少应有三个公共点，即已知三个点在 WGS-84 中的坐标和在北京 54 或西安 80 坐标系、CGCS2000 坐标系中的坐标。在求解转换参数时，公共点坐标的误差对所求参数影响很大，因此所选公共点应满足下列条件：

①点的数目要足够多，以便检核；

②坐标精度要足够高；

③分布要均匀；

④覆盖面要大，以免因公共点坐标误差引起较大的尺度比因子误差和旋转角度误差。

在 WGS-84 坐标系与北京 54 或西安 80 坐标系、CGCS2000 的大地坐标系之间进行转换，除上述七个参数外，还应给出两坐标系的两个椭球参数，一个是长半径，另一个是扁率。

以上转换步骤中，计算人员只需输入七个转换参数或公共点坐标、椭球参数、中央子午线经度和 x、y 加常数即可，其他计算工作由软件自动完成。

在 WGS-84 坐标系与地方坐标系之间进行转换的方法与北京 54 或西安 80 坐标系类似，但有如下不同：

①平均高程面的高程 h_0 与 1985 国家高程基准面的起算高程不同；

②中央子午线通过测区中央；

③平面直角坐标 x、y 的加常数不是 0 和 500 km，而另有加常数。

(2)平面直角坐标系的转换

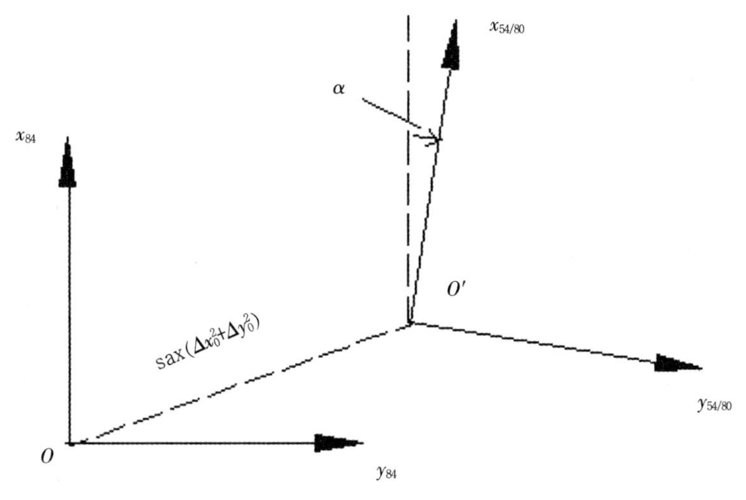

图 3-1-3　平面直角坐标系的转换示意图

如图 3-1-3 所示，在两平面直角坐标系之间进行转换，需要有四个转换参数，包括两个平移参数(Δx_0,Δy_0)，一个旋转参数 α 和一个尺度比因子 m。X 为求得四个转换参数，应至少有两个公共点。转换公式如下：

$$\begin{pmatrix} x \\ y \end{pmatrix}_{84}=(1+m)\left[\begin{pmatrix} \Delta x_0 \\ \Delta y_0 \end{pmatrix}+\begin{pmatrix} \cos\alpha & \sin\alpha \\ -\sin\alpha & \cos\alpha \end{pmatrix}\begin{pmatrix} x \\ y \end{pmatrix}_{54/80/2000}\right] \tag{3-1-2}$$

3)高程系统的转换

GNSS 所测得的地面高程是以 WGS-84 椭球面为高程起算面的，而我国的 1956 年黄海高程系和 1985 年国家高程基准是以似大地水准面作为高程起算面的。所以必须进行高程系统的转换。使用较多的高程系统转换方法是高程拟合法、区域似大地水准面精化法和地球模型法。因目前还没有适合于全球的大地水准面模型，所以此处只介绍前两种方法。

(1)高程拟合法

虽然似大地水准面与椭球面之间的距离变化极不规则，但在小区域内，用斜面或二次曲面来确定似大地水准面与椭球面之间的距离还是可行的。

①斜面拟合法。由式 7-15 知，大地高与正常高之差就是高程异常 ξ，在小区域内可将 ξ 看成平面位置 x、y 的函数，即

$$\xi=ax+by+c \tag{3-1-3}$$

或

$$H-H_{常}=ax+by+c \tag{3-1-4}$$

如果已知至少三个点的正常高 $H_{常}$ 并测出其大地高 H，则可解出 5-23 式中的系数 a、b、c，然后便可根据任一点的大地高按下式求得相应的正常高。

$$H_{常}=H-ax-by-c \tag{3-1-5}$$

②二次曲面拟合法。二次曲面拟合法的方程式为

$$H-H_{常}=ax^2+by^2+cxy+dx+ey+f \tag{3-1-6}$$

如已知至少六个点的正常高并测得大地高，便可解出 $a,b,\cdots,f$ 等六个参数，然后根据任一点的大地高便可求得相应的正常高。

(2)区域似大地水准面精化法

区域似大地水准面精化法就是在一定区域内采用精密水准测量、重力测量及 GNSS 测量，先建立区域内精确的似大地水准面模型，然后便可根据此模型快速准确地进行高程系统的转换。精确求定区域似大地水准面是大地测量学的一项重要科学目标，也是一项极具实用价值的工程任务。我国高精度省级似大地水准面精化工作已全面完成，各省市都建立起了厘米级的区域似大地水准面模型。在具有如此高精度的似大地水准面模型的地方，用 GNSS 测高程可代替三等水准。在济阳探区，也通过技术研究建立起了米级的似大地水准面模型，并于 2020 年进行了进一步的优化，完全可以满足济阳坳陷高精度地震勘探的需要。

3.实时差分技术

实时差分测量是将一台接收机置于某个已知点上，以此作为基准站；另一台或几台接收机流动作业(流动站)，同步跟踪同一组卫星。基准站利用定位值和已知值进行计算，求出偏差作为改正值；流动站用改正值修正本机瞬时定位值，从而实时获得流动站的精确位置。

地震勘探测线的 GNSS 测量方法主要是实时差分测量，利用相位观测值进行的相对相

位实时差分测量称为 Real-Time Kinematic(简称 RTK)。

1)实时差分测量系统的组成

实时差分测量系统至少包括一个参考站和一个流动站。参考站的作用是为流动站的测量提供差分改正数据,将流动站的测量成果归算到原测量控制网中,以便与国家统一的坐标系统保持一致。流动站的作用是测定待定点的地理坐标,或根据设计点的地理坐标,将其放样到实地,并记录放样坐标及偏差,如图 3-1-4 所示。

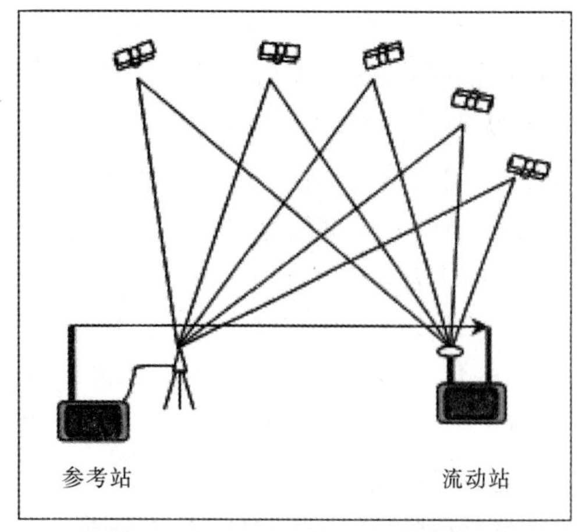

图 3-1-4 GNSS 实时差分测量示意图

其工作原理是:参考站接收到来自卫星的 GNSS 信号,并与其自身(天线)所在的已知位置进行匹配,计算每颗卫星的差分改正值,并调制成无线电信号,然后通过无线电台实时地向外发送;流动站工作时,同时接收来自卫星的 GNSS 信号和来自参考站的差分改正信号,将各类信号解调以后,通过差分改正值对相应卫星的码数据或载波相位数据进行改正,然后计算出定位数据,再通过坐标系统转换参数将其转换到所使用的测量基准。

进行载波相位差分测量时,流动站仪器需要进行初始化,其目的是确定观测卫星的整周未知数。如果由于参考站信号弱或者是缺少不重要的卫星数量,则仪器不能顺利通过初始化,测量工作就无法实施。

(1)参考站

参考站的作用是为测量系统提供基准,并将计算结果归算到已知的测量控制网点上,因此必须将其假设在已知的控制点上,并且该控制点必须同时具有 WGS-84 坐标和测量所采用的基准内的坐标(目前我们通常使用 1954 年北京坐标系,则该点除具有 WGS-84 坐标系内坐标外,还要具有 1954 年北京坐标系内的坐标)。

一台完整的参考站包括 GNSS 主机、天线、差分数据发射电台及天线、电池或电源、基座、三脚架、天线高测量尺、各部连线等。

参考站架设内容包括天线架设、数据电台天线架设,GNSS 接收机与天线、数据电台、电池、控制器的连接,数据电台与天线的连接等。

(2)流动站

流动站是直接用于测量物理点坐标和进行物理点放样的工具,其工作内容主要是:同时接收来自卫星的 GNSS 信号和来自参考站的差分信号,将两种信号解调以后,利用差分数据对 GNSS 卫星数据进行校正,计算测量点的 WGS-84 坐标,利用坐标系统转换参数将 WGS-84 坐标转换为目前使用的测量基准内的三维坐标(平面坐标 x、y 和大地高 H),实时显示计算结果。

一台流动站包括 GNSS 主机、天线、差分数据接收电台及天线、电池、对中杆、天线测高尺、各部连线等。有些 GNSS 接收机与差分数据接收电台是集成在一起的。

为了施工作业方便,流动站主机、电池一般放在背包内,通过连线与天线、数据电台天线和手持控制器连接。

流动站的参数设置一般包括选择和设置坐标系统（Coordinate System）、参考椭球(Datum)、数据电台频率(Frequency)、WGS-84 坐标系到所使用测量基准的转换参数。这里的数据电台频率必须与参考站一致，否则将无法接收参考站发送的差分信号，从而使系统连接失败，流动站无法工作。

2)实时差分测量系统的优点

作为一种先进的测量系统，它的优点主要表现在以下方面。

(1)实时显示仪器(天线)当前的位置

仪器各项参数设置正确，正常工作以后，可实时显示当前位置的地理坐标，操作者可根据所显示的坐标判定所要放样的物理点所在的方向、距离等信息，从而指导作业，大大方便了测量的野外施工。

(2)定位精度高

在仪器的作业范围以内(作业半径 15 km)，其定位精度可达到厘米级(仪器标称精度一般为 10 mm+2 ppm，按此计算，在距参考站 15 km 处的精度为 40 mm)。这一精度完全可以满足各项测量的碎布点测量要求。

(3)测线测量无须考虑闭合问题

在采用常规仪器进行测量时，必须布设测量导线，由于测量误差的传播与累积，必须经最后平差计算才能提交测量成果，在实际施工中，因测量成果滞后往往影响地震生产。而 GNSS 动态测量中，物理点的测量误差只与参考站有关，在确保参考站设置正确、工作正常后，流动站正常工作测量的成果即为最终测量成果，即可提交使用，无须等到整条测线施测完毕。

(4)可以按照施工情况随意安排测量

GNSS 实时动态测量的引入，改变了常规测量的理念，无须布设测量导线，这样就可根据施工情况跨测线、跨地域进行测量，极大地方便了野外测量的施工。

(5)事先将测量点坐标写入，使用导航方式指导放样

按照测线设计的内容，将要进行放样的物理点坐标输入到 GNSS 动态测量流动站仪器中，由仪器的导航方式指导可以方便地寻找放样地点，从仪器的提示中可以知道去目的地(放样地点)的方位、距离、时间等信息，甚至还可了解目前的行进方向和速度。采用这种方法可以更为方便地进行实地放样，避免了个别点的漏测现象，保证了测线的完整性。

3)实时差分测量系统的缺点

存在的缺点主要表现在以下几个方面。

(1)由于反射物的影响，产生多路径效应

在遭遇城区或大面积的水域时，GNSS 卫星信号会通过建筑物表面或水面进行反射，然后同时由 GNSS 接收天线进入到接收机，从而影响 GNSS 测量位置的正常解算，使得计算结果存在粗差。在静态测量中，这些粗差可通过一些方法进行消除，但在实时测量中，要消除这些粗差比较困难。

(2)强大电磁场的影响

由于强大功率的电台、电视台以及高压线等产生的强大电磁场对 GNSS 信号产生干

扰,从而使得 GNSS 测量精度降低。这是 GNSS 测量中存在的比较普遍的问题,无论是静态测量还是动态测量,要消除这一影响引起的粗差比较困难。在静态测量中,选点是可以充分考虑的,而在动态测量中,由于放样点的客观原因,无法避开。如果发现这些点放样时出现异常,必须采用常规测量方法,如全站仪极坐标放样或坐标放样法来代替。

(3)障碍物遮挡无法施工

GNSS 实时动态测量需要同时接收来自两方面的无线电信号,一方面是来自卫星的,另一方面是来自参考站的。接收来自卫星的信号需要对天开阔,这需要测点对天通视良好,接收来自参考站的信号,需要测点相对于参考站的信号发射天线之间没有大型障碍物阻挡。这样就使得 GNSS 实时动态测量作业在树林、村庄、城区、山区的作业变得相当困难。

4.网络 RTK 技术

1)概述

网络 RTK 前身是实时动态测量系统(Real Time Kinematic),它是 GPS 测量技术与数据传输技术相结合的产物。网络 RTK 是由基准站、数据处理中心、数据通信链路和用户组成的(图 3-1-5)。其基本思想是:在基准站上安置一台 GPS 接收机,对所有可见 GPS 卫星进行连续的观测,并将其观测数据通过无线电传输设备,实时地发送给用户观测站。在用户站(流动站)上,GPS 接收机在接收 GPS 卫星信号的同时,通过无线电设备接收来自基准站的观测数据,然后根据相对定位原理,实时计算并显示给用户测点的坐标直至满足用户要求(一般情况下 1～2 秒,当有建筑物或树林等其他物体遮挡时,用时会延长)。

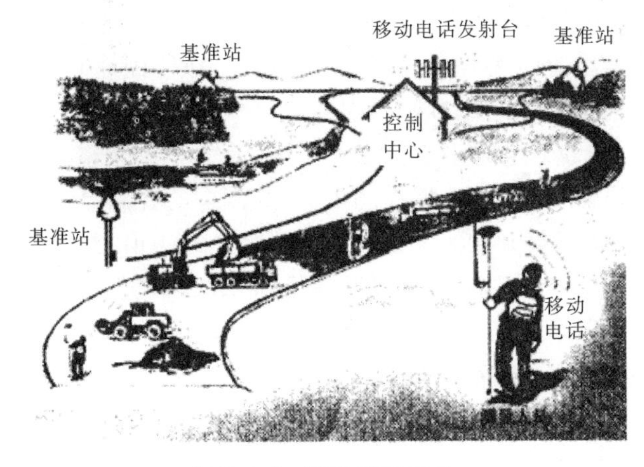

图 3-1-5　网络 RTK 组成

RTK 的出现使得 GPS 工程应用成为可能,其速度快,成本相对低廉。然而,它也有先天缺陷:随着流动站远离基准站,其精度下降。一般情况下其有效作业范围 < 15 km,使用双频接收机的情况下能达到 30 km。在测区稍大的情况下,为了保证观测精度不得不经常搬站,地形起伏较大时还得在较高的开阔处设置无线电中继站等。因此,其应用起来约束条件太多,不能满足人们日益追求效率、降低成本、提高观测精度的要求。

正是受到这种要求的驱使,第二代 RTK 技术网络 RTK 应运而生。网络 RTK 技术就是利用地面布设的一个或多个基准站组成 GPS 连续运行参考站(CORS),综合利用各个基准站的观测信息,通过建立精确的误差修正模型和实时发送 RTCM 差分改正数据来修正用户的观测值精度,在更大范围内实现移动用户的高精度导航定位服务。

2)网络 RTK 技术分类

目前应用较广的网络 RTK 技术有虚拟参考站、FKP 和主辅站技术。

(1)虚拟参考站技术(Virtual Reference Station,简称 VRS)

①工作原理。与常规 RTK 不同,虚拟参考站网络中,各固定参考站不直接向移动用户发送任何改正信息,而是将所有的原始数据通过数据通讯线发给控制中心。同时,流动站用户在工作前,先向控制中心发送一个概略坐标(GGA 数据),控制中心收到这个位置信息后,根据用户位置,由计算机自动选择最佳的一组固定基准站,根据这些站发来的信息,整体的改正 GPS 误差,将高精度的差分信号发给流动站。这个差分信号的效果相当于在流动站旁边,生成一个虚拟的参考基站,从而解决了 RTK 作业距离上的限制问题,并保证了用户的精度。

②系统组成。VRS 系统包括控制中心,固定站和用户三个部分。

(a)控制中心:整个系统的核心,既是通讯控制中心,也是数据处理中心。它通过通讯线与所有的固定参考站通讯;通过无线网络(GSM、CDMA、GPRS)与移动用户通讯。

(b)固定站:是固定的 GPS 接收系统,分布在整个网络中,一个 VRS 网络可包括无数个站,但最少要三个站,站与站之间的距离可达 70 km。固定站与控制中心之间有通讯线相连,数据实时传送到控制中心。

(c)用户部分:就是用户的接收机,加上无线通讯的调制解调器。接收机通过无线网络将自己初始位置发给控制中心,并接收中心的差分信号,生成厘米级的位置信息。

③工作原理和流程。各个参考站通过 Internet 连续不断地向数据控制中心传输观测数据;控制中心实时在线解算各基准站网内的载波相位整周模糊度值和建立误差模型;流动站将单点定位或 DGPS 确定的位置坐标——概略坐标(NMEA 格式),通过无线移动数据链路(如 GSM/GPRS、CDMA)传送给数据控制中心,控制中心在移动站附近位置创建一个虚拟参考站(VRS),通过内插得到 VRS 上各误差源影响的改正值,并按 RTCM 格式通过 NTRIP 协议发给流动站用户;流动站与 VRS 构成短基线,流动站接收控制中心发送的虚拟参考站差分改正信息或者虚拟观测值,进行差分解算得到用户的精确位置,得到厘米级的定位成果。

④VRS 的缺陷。

(a)采用双向通信,限制了它的同时在线用户数量。

(b)虚拟参考基站随着用户(流动站)的移动(超过一定距离)要重新初始化,并且是不可追踪、不可重复的虚拟参考基站。

(c)人为地规定了一个参考站网中参考站的数量,一般情况下为三个。它们是由参考站软件所决定的,用于计算流动站

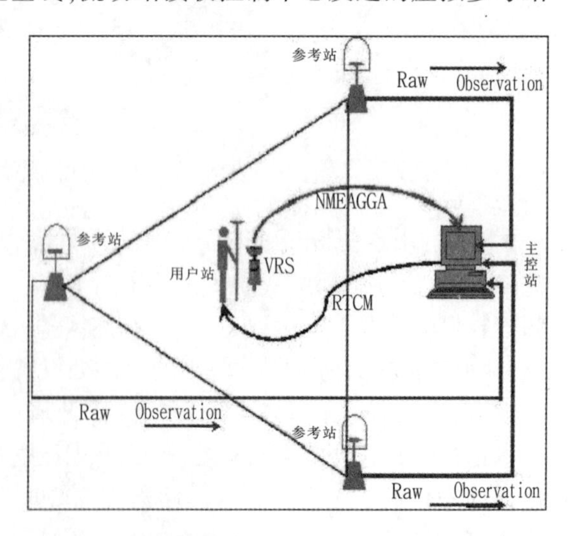

图 3-1-6 VRS 工作原理图

所需要的改正数。此项约束限制了系统采用合适数量的参考站解决占主导地位的大气条件,例如建立大尺度气象活动的模型问题。这种约束也影响到成果的稳定性,并表现出对网络的几何形态及对数据的传输损耗十分敏感。如果三个站中有一个站不能为这个网络提供数据,那么网络软件必须搜索另外一个合适的参考站,并为用户重新安排改正计算。在搜索过程中,没有网络改正数可以提供给流动站用户,影响外业生产的效率。

(d)其播发的数据格式不标准,偏向某一类型的接收机。

(2)区域改正参数(FKP)

FKP是Leica公司提出的基于全网整体解算模型的网络RTK技术，它要求所有基准站将每一个观测瞬间所采集的未经差分处理的同步观测值,实时地传输给数据处理中心,通过数据处理中心的实时处理产生一个称为区域改正参数发送给移动用户使用。为了降低基准站网络中的数据播发量,Leica采用主辅站技术来播发区域改正参数。

(3)主辅站技术(Master-Auxiliary Concept,MAC)

主辅站技术也是各参考站向控制中心发送原始数据，再由控制中心解算后播发改正信息给用户。然而与VRS不同的是:

①播发的改正信息是标准格式的,不含有专有技术知识产权信息。

②提供的是全网解。所谓全网指的是用户(流动站)所在的参考站网(子网)。由于一个主辅站网可能由很多参考站组成,如果进行全部的参考站解算,不但浪费时间,而且如果区域很大的话,大气环境差异很大容易造成改正信息误差较大。

③主辅站技术最大的突破是它支持单向通信(由于播发占用的带宽较小,同时在线用户数量可以大大超越占用较大带宽的双向通信技术),其优势不言而喻。为了兼容较早版本的接收机,徕卡的主辅站技术还支持双向通信。

④对用户(流动站)来说,主参考站并不一定是距离用户最近的参考站,尽管那样会更好一些。因为它仅仅被用来简单地实现数据传输的目的,而且在改正数的计算中并不扮演任何特殊的角色。如果由于某种原因,主站传来的数据不再具有有效性,或者根本无法获取主站的数据,那么,任何一个辅站都可以被设定并充当主站的角色。

⑤数据安全性好，徕卡GPS Spider安全性概念的关键部件是RTK代理服务器。RTK代理服务器是处于外部的防火墙,也是直接用来向用户提供改正数据的部件,使用如NTRIP或TCP/IP,或通过一个存取路由器。网络处理模块(网络服务器)与RTK代理服务器之间的通信只有网络服务器才能启动。所有敏感的信息,例如用户名单及记账信息是存储在防火墙后面的数据库中,并且不会出现在RTK代理服务器或存取于路由器中的,这正是许多竞争对手的系统所处的情景。因此不管什么样的黑客企图潜入到RTK代理服务器(因为它通常都是在因特网上处于开放状态),都不能够获取任何需要保密的信息或系统其他部分的信息。

5.单基站技术

1)单基站GPS系统结构

单基站GPS系统由基站部分、数据传输网络和终端用户组成。基站部分是由GPS基准站和控制中心组成。基站控制中心软件由基站实时监控软件和数据库管理软件组成,分别配置在基站的监控服务器、数据库服务器和工控机上。系统结构如图3-1-7所示。

基准站监控系统软件读取来自基站 GPS 接收机的原始观测数据或差分信息，通过网络将数据发送到控制中心数据库管理软件;数据库管理软件将原始数据写入数据库,同时提供查询与分析的接口；基准站控制软件通过命令获取 GPS 接收机状态信息并发送到远程控制软件,远程控制软件直观显示远端 GPS 接收机状态,并向基准站控制软件发送 GPS 接收机控制命令；基准站控制软件将接收到的命令解释为 GPS 接收机命令并发送到接收机串口。

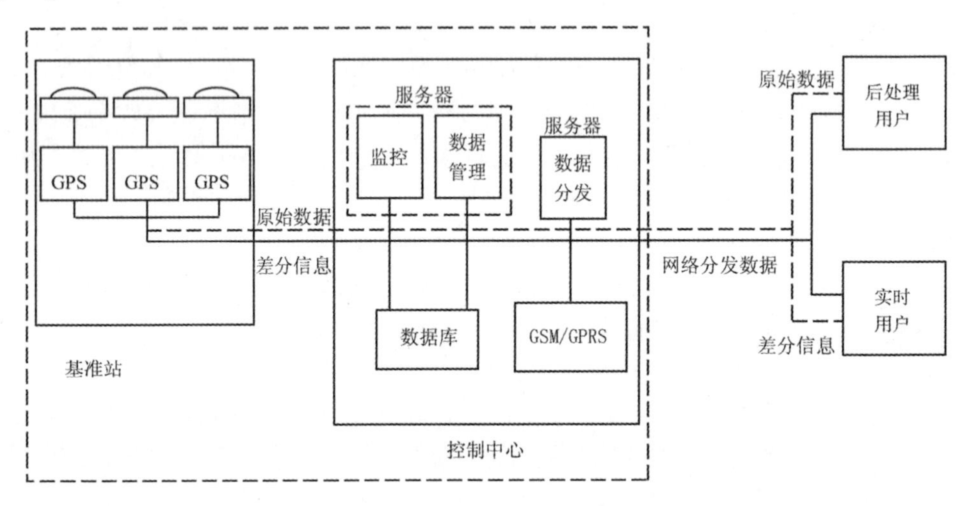

图 3-1-7 单基站系统结构图

2)单基站的建立

GPRS/CDMA 的工作方式有两个:一是中心对点方式;二是点对点方式,现分别描述如下。

(1)中心对点方式

①基站所需设备。PC 机一台(配有串口),宽带上网线一条,DG System 软件一套,参考站一台。

②工作原理。参考站工作并产生差分改正数,通过串口输出到 PC 机的串口上,PC 机运行 DG System 软件,将串口上得到的改正数通过网络发送到每一个 GPRS/CDMA 模块上；GPRS/CDMA 模块连接到流动站上,流动站得到差分改正数并进行解算,得到固定解。

③优缺点。优点是基站无须 GPRS/CDMA 模块；缺点是基站架设需宽带或电话线路支持,不太适合于野外作业。

(2)点对点方式

点对点方式适用于基站架在任何地方,无须宽带或电话线路支持。

①基站所需设备。参考站一台,GPRS/CDMA 模块一个。

②工作原理。参考站工作并产生差分改正数,通过串口输出到 GPRS/CDMA 模块,基站的 GPRS/CDMA 模块把差分改正数发送到流动站的 GPRS/CDMA 模块上；流动站得到差分改正数并进行解算,得到固定解。

因为 GPRS/CDMA 模块的 IP 地址是可变的，所以要建立一个中央控制中心来统筹 GPRS/CDMA 模块的 IP 地址。这个中央控制中心可以建在任何地方,全国只需要建立一个即可,但必须有宽带或电话线路。

3)单基站系统的特点

单基站系统有很多的优点,主要体现在以下几方面。

(1)设备使用效率得到最大发挥

系统建成之后,原有的GPS接收机只需保留一个作为长期运行基准站,其余的都可作为流动站使用,RTK作业时不需再架设基准站,可实现单人作业。

(2)人员施工效率高

进行RTK作业时,作业时间大为缩短,因为不需要再额外架设基站,覆盖区域内任何地方都可快速地得到固定解。

(3)作业区域扩展大

理论上说,RTK作业长基线可以做到30 km以上,但传统的RTK作业半径受到数据电台传播距离的限制,通常为10～15 km(市区由于建筑物遮挡,一般小于10 km)。单基站系统建成之后,将由GSM或GPRS网络取代传统的数据电台方式,差分数据传输距离不再受到限制,只要有手机信号的地方即可以进行RTK操作。通常要达到厘米级精度,作业距离可以从基准站向外扩展至30 km以外。

(4)施工质量高

使用GPRS或GSM通讯方式,只要电信的信号能覆盖的地方就能接通网络,作业区域内不存在死角或盲区;由于传输速度较快,数据质量能够得到保证,初始化速度也大大缩短。由于不使用传统数据电台,传统RTK方式存在的电台信号串扰现象将不再存在。此外,GSM网络使用的是公众电话网,通过单基站系统,将不需要再向频率管制委员会申请单独的频率通道,数据传输将是点对点的传输,数据保密性大大增强。

单基站系统软件可进行数据完好性监控,降低了传统模式下流动站对单个基准站数据质量的依赖性。流动站可现场进行施工质量检验,降低了返工的风险。

单基站系统除了在石油管线、物探等方面的应用外,其本身可以做高等级控制点,做板块监测、大气监测等多种基础研究,它提供的实时定位能力使网络内所有需要移动定位的用户得到高精度的位置信息。可以很好地服务于测量、测绘行业,GIS应用,市政工程,机械施工,车辆、船舶、河道、公路管理,此外,还可用于电信、物流管理及环保、动植物保护、林业、资源调查等。

6.广域差分技术

广域差分技术是在一个广大的区域范围内,建立若干GPS跟踪站组成差分GPS基准网,通过对GNSS观测量的误差源加以区分,并分别对每一种误差源加以模型化,然后将计算出的每一种误差源的数值通过无线电通信数据链传输给用户,以对用户GNSS观测量加以改正,达到消弱误差源,改善定位精度的目的。

目前国外已有一些提供广域差分GNSS信号服务的系统,如LandStar、OmniStar和StarFire(图3-1-8)信号服务系统。各种广域差分GNSS信号服务系统由于自身的组网方案、覆盖范围的区域性和核心算法技术应用的差别,提供给用户的精度和作业距离是不同的。

利用广域差分GNSS技术进行物探测量作业与现有自建基准站的差分作业模式相比,每个作业组可省去一台基准站所用的GNSS接收机和中继站;减少了无线电差分信号存在的盲区,提高了野外的作业效率。因此,广域差分技术在未来石油勘探(特别是复杂地区和远海海域)中,必将拥有广阔的应用前景。

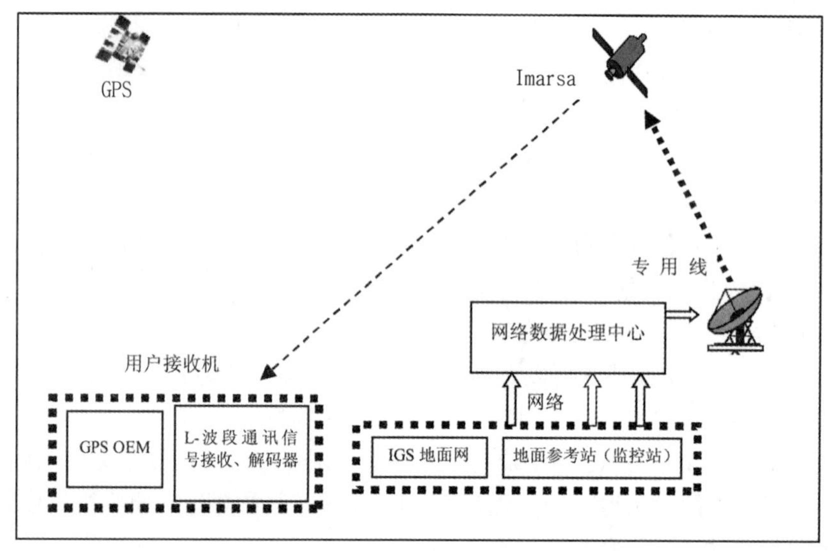

图 3–1–8 StarFire 系统结构示意图

1)星站差分系统

(1)星站差分系统的工作特点

最具代表性的 StarFire 星站差分系统是美国 NAVCOM 公司于 1999 年建立的全球范围内 GNSS 差分系统,属于广域差分系统 RTG(Real-time GIPSY)。它提供了可靠性的分米级的定位精度,水平位置<15 cm,垂直位置<30 cm;具备 99.99 %的联机可靠性。它有两个独立的通道,一个用于接收 SBAS(Satellite Based Angmentation System)信号;另外一个用于接受 L 波段差分改正信号。目前常用的 StarFire 快测 -2050 使用的信号是 L 波段差分改正信号。该信号通过 Inmarsat(国际海事卫星)进行广播。覆盖了北纬 76°到南纬 76°,在此地区的任何地球表面,都能提供同样精度的定位。在世界范围内有 60 多个参考站收集差分信息,这些信息收集以后发回数据处理中心,经数据处理中心处理后,形成一组差分改正数, 将其传送到卫星上, 然后通过卫星在全世界范围内进行广播。采用 RTG (Real-time GIPSY)技术的 GNSS 接收机在接收 GNSS 卫星信号的同时,也接收卫星发出的差分改正信号,从而达到实时高精度定位。

(2)系统组成

整个快测 StarFire 系统由五部分组成。

①参考站。均为双频 GNSS 接收机,24 小时连续作业采集 GNSS 卫星信息,并实时向数据中心发送。在世界范围内,这样的参考站共有 55 个。

②数据处理中心。全球有两个数据处理中心,均位于北美。中心从 55 个参考站不断接收数据,然后经过分析计算得到 GNSS 卫星轨道改正数和钟差改正数,将其发送至卫星信号上传系统。

③注入站。注入站是连接数据中心与海事卫星的关键部分。它将从数据中心接收到的信息实时发送给卫星,从而完成地面与卫星的信息交换。

④地球同步卫星(Inmarsat)。三颗卫星即为本系统一般状态下使用的卫星。三颗卫星是沿赤道轨道平行分布的地球同步卫星。由于其轨道较高,可以覆盖南北纬76°之间的所有范围。也就是说,在其覆盖范围内,均可以接收到稳定的、同等质量的差分改正信号,从而达到世界范围内同等精度。

⑤用户站。用户接收机实际上同时由两部分组成,一个是双频GNSS接收机,一个是L波段的通信接收器。双频GNSS 接收机跟踪所有可见的卫星,然后获得GNSS卫星的测量值。同时,L波段的接收器通过L波段接收卫星改正数据。当这些改正数据应用在GNSS 测量中时,一个实时的高精度点位就被确定了。

(3)工作方式

快测StarFire™是在早期的增强差分系统上发展的,它独立地考虑每项GNSS卫星信号误差。在快测StarFire™系统中参考站和用户站都采用双频接收机。根据参考站的双频观测数据,精确计算GNSS卫星轨道改正和钟差改正。这些改正数通过国际海事卫星(Inmarsat)传输到用户站接收机,电离层延迟和对流层改正是根据用户站双频观测数据和模型进行处理的。同时,利用NavCom的一项专利技术,来大大消除多路径效应的影响。

星站差分GNSS工作原理如图3-1-9所示。

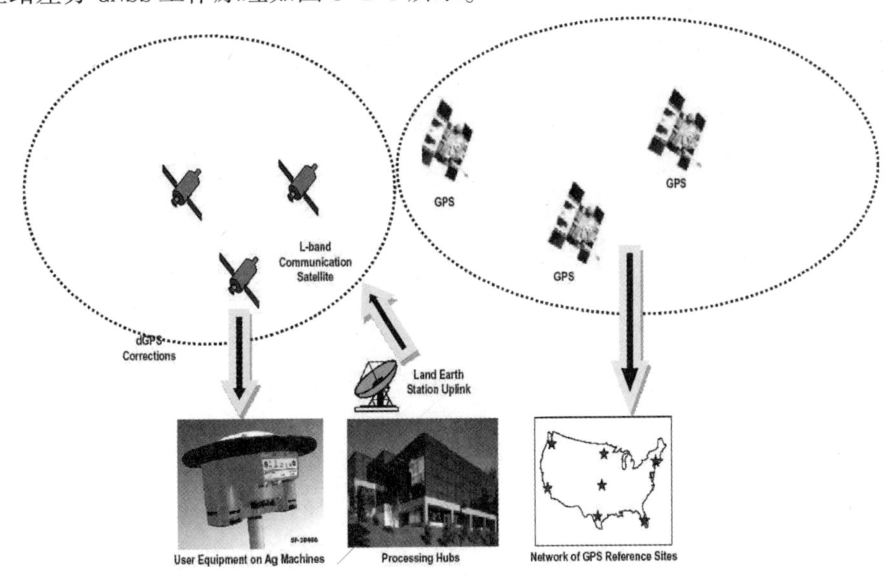

图3-1-9 星站差分GNSS工作原理

(4)数据传递流程

快测系列接收机由两部分组成,一部分是双频GNSS接收机,另一部分是L波段的通信接收机。双频GNSS接收机跟踪所有可见的卫星,然后获得GNSS卫星的观测值。同时,L波段的接收机接收快测starfire™系统广播的L波段卫星改正数据。当这些改正数据应用在GNSS测量中,就可以得到实施的高精度定位数据了。工作模式如图3-1-10所示。

2)信标差分

(1)定位原理及特点

信标差分RBN 伪距差分定位是利用信标台站和流动站两台GNSS接收机同时测量来

自相同 GNSS 卫星的导航定位信号，用以联合确定用户的精确位置。其中位于已知点（基准点）上的 GNSS 信号接收机简称信标台站接收机，安设在运动载体上的 GNSS 信号接收机简称信标 RBN+GNSS 接收机。信标台站接收机所测得的三维位置与该点已知值进行比较，便可获得 GNSS 定位数据的改正值。如果及时将 GNSS 改正信息发送给若干台观测共同卫星用户的动态接收机来改正后所测得的实时位置，便叫信标差分 RBN 伪距差分定位。

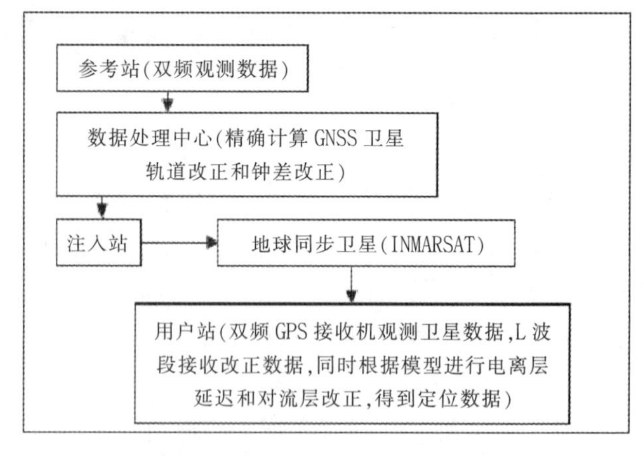

图 3-1-10　快测系列接收机工作模式

信标台站发送的改正值信息为“伪距差分”方式,伪距差分是目前用途最广的一种技术,其差分定位的基本原理是信标台站上的接收机根据已知坐标和接收的星历,解算出站星间的距离,将此结果与含有误差的观测值进行比较。利用一个 a-p 滤波器将此差值滤波并求出偏差,然后将所有卫星的测距误差传输给用户,用户利用改正后的伪距求解出本身的位置,就可消除公共误差,达到提高定位精度的目的。

伪距差分的优点:一是伪距改正数是直接在 WGS-84 坐标系上进行,无须坐标转换,就能达到很高的精度。二是改正数能提供伪距改正值及伪距变率,使得在未得到改正数的空隙内,继续进行精度定位,达到了 RTCM-0104 所制定的标准。三是能提供所有卫星的改正数,用户可允许接收任意 4 颗卫星进行改正,不必担心所要求的两者卫星完全相同(图 3-1-11)。

其缺点是随着用户到信标台站距离的增加而出现系统误差，即用户和信标台站的距离对精度具有决定性影响。

(2)RBN 伪距差分在中国沿海分布情况及技术参数

为了更好地利用资源、节约成本,中国交通部海事局在沿海地区从南至北建立了 21 个信标台站,这些信标台站 24 小时不间断免费发送 RTCM-0104 差分信号,为沿海船舶等提供定位服务。

(3)误差来源和纠正

影响信标差分实时定位精度的因素很多,其中主要有:卫星星历误差;电离层延迟;对流层延迟;多路径的传播;接收机钟和卫星钟的误差。

这些误差从总体上讲都具有较好的空间相关性，也就是说对于相距不太远的各个测站来讲,上述误差所产生的影响基本上是相同的,信标台站在一个位置已精确确定的已知点配备 GNSS 接收机,求得各个观测瞬间由于上述因素所造成的影响,通过信标台将这些偏差播发给用户移动站,那么用户移动站的定位精度就能得到保障。由于信标差分 RBN 单一基站覆盖的范围比较广(陆上 100 km、海上 300 km),这些误差的相关性是随着两站间距离的增加而减弱,定位精度随之下降。

从表 3-1-5 可以看出,距离基站越远,定位精度也跟着下降,在实际使用过程中我们可以采用工作区域范围精确的已知坐标点对信标差分定位数据进行纠正，结果可以达到亚米级的精度,完全满足地震测量、水下地形测量、海上施工船定位、海域使用测量等领域的使用要求。

当然,信标差分技术还受到许多限制,如卫星本身的分布、运行情况不良引起信号失锁,坐标系统换算误差以及基站、用户接收机本身硬件的缺陷,这些都有待于完善和解决。但信标差分技术以其全天候性、可靠的工作性能、均匀的定位精度、简洁友好的界面,特别是我国沿海免费全天候发布信标差分改正信号,使得该技术在沿海一带得到广泛应用。

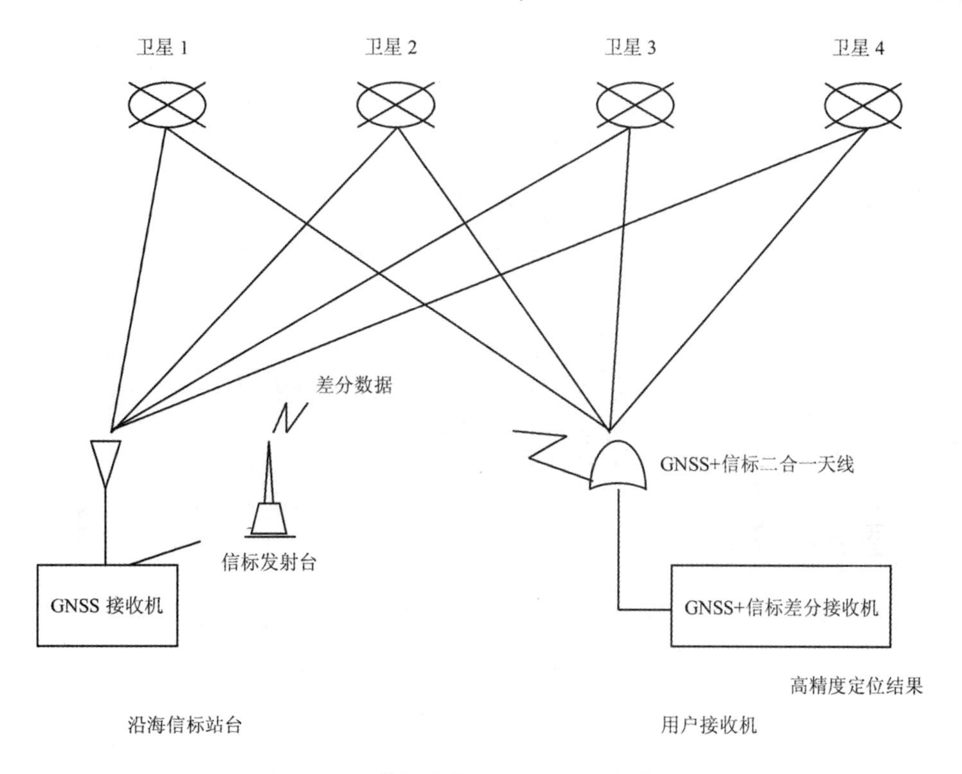

图 3-1-11 信标差分 RBN DGNSS 技术原理图

表 3-1-5 信标差分精度与距离的关系

距离(km)	0	30	150	300	600
精度(HDOP=1.5)(m)	±1.5	±5.2	±7.4	±11.1	±13.9

二、声学定位技术

济阳坳陷的东部地表为滩浅海，浅海的地震测量大多在不断运动的海面和海水里进行,使其使用的仪器、设备和数据处理方法有别于陆上地震测量。由于测量工作是在动态条件下进行的,而且同一观测要素也无法进行多次测量,更要求不同观测要素必须同步进行观测,这一特点使浅海测量在通常技术条件下,其测量精度比陆地测量精度要低。随着测量新技术在浅海中的应用,浅海测量技术水平和测量精度有了迅速提高。

以GPS为代表的卫星全球导航系统,其全球覆盖、全天候、实时、高精度提供定位服务的特性,极大地提高了海洋测绘中各种测量载体和遥测设备的定位精度和工作效率。特别是适用于全球范围的星站差分系统、多基准站的无线电指向标差分(信标差分)GNSS网的建立，将使我国在江河湖海中航行或进行水域测量的任何船只都能实时获得米级甚至亚米级的定位精度。

声学定位系统目前已在海洋开发中得到了非常广泛的应用,而在浅海地震勘探水下压电检波器的精确定位应用中尤其重要。目前,用于浅海地震勘探中实时监测海底压电检波器的位置的水下声学定位系统（二次定位系统）主要有美国的I/O公司生产的Digipoint System和英国的Sonardyne国际有限公司生产的Sonardyne TZ/OBC声学定位系统。

1.TZ/OBC声学定位系统简介

1)系统设备

TZ/OBC声学二次定位系统设备包括主机(OBC 12 Transcevier Kit)、应答器(TZ/OBC Transponder)、接口电源单元、RFID采集系统、HydroPos Seismic 软件数据采集和数据后处理,如图3-2-1所示。

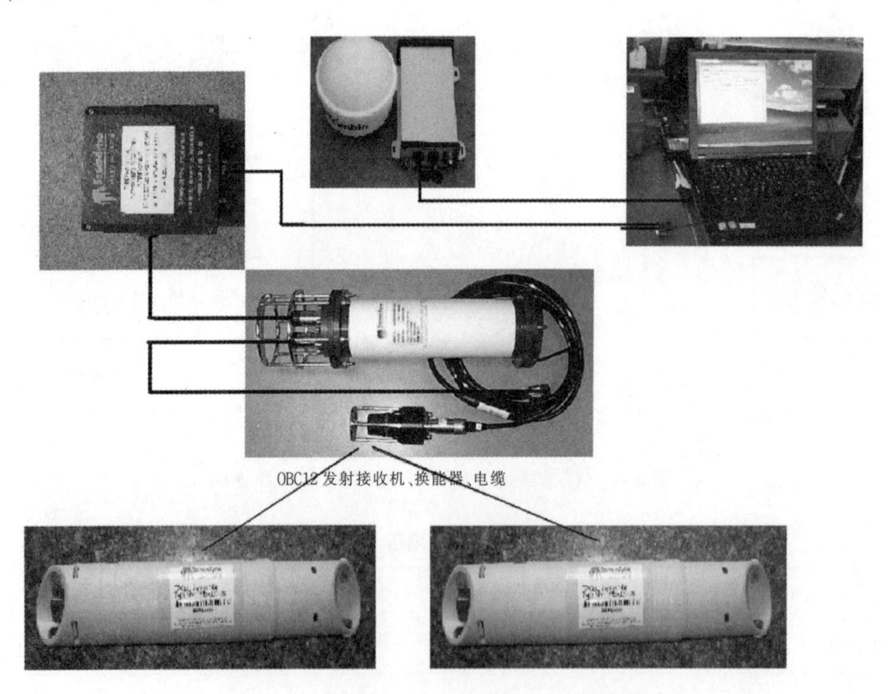

图3-2-1 TZ/OBC声学二次定位系统设备图

主机OBC 12 Transcevier是核心部分,主机产生一种声呐信号通过换能器发出并激发应答器,应答器接受到激发信号后迅速发出应答信号并通过应答器传给主机。主机接受到应答信号记录下每一个信号的旅行时间并通过接口电源单元传给计算机。

HydroPos Seismic软件:接收并处理采集数据实时显示应答器在海底的实际位置坐标,直观显示与设计理论坐标的相对位置。

应答器编码/测试单元程序器:是TZ/OBC声学二次定位系统中独立的便携式单元。它是用来给应答器设定ID号、分配组号。它还可以检查或修改已存入应答器中的以上参数;也可检查应答器的电池电压,水中测距功能等。

RFID设备:是系统的重要组成部分,主要利用RFID可以进行全部设备的跟踪,RFID天线是非接触设备,安装在导缆槽中,并与RFID拾读器连接,距离在3 m以内,拾读器用电缆与电源和导航系统连接,系统将自动记录应答器标示,并组合GNSS定位生成相关布设预铺文件。

2)系统的工作原理

TZ/OBC声学二次定位系统是利用声呐技术、空间定位技术,确定海底压电检波器的实际位置。其技术特点是:系统根据GNSS实时坐标与应答器预铺文件信息,在有效范围内寻址发射并采集数据。这种工作特点具有以下优点。

①系统可以设定范围只对有效距离的应答器提供唤醒信号,节约了系统资源,提高了信号的使用效率和应答率。

②作用距离的缩短提高了采集信号的质量,增加了图形强度,提高了坐标计算的精度。

③自动剔除了质量低的观测值。由于远距离信号接收,信号质量差,多径效应影响大,因此,此类观测值对结果影响较大。

TZ/OBC声学二次定位系统能够实现多台收发机同时数据采集,系统应答器的地址容量是401组,每组9个独立应答码,可使每个队同时布设3 609个的海底电缆信标而没有地址重复。

RFID自动放缆,是系统读取提前写入的地址信息结合GNSS导航系统生成预铺文件,供二次定位采集使用。

系统的野外采集,是HydroPos Seismic软件在预铺文件里以当前GNSS位置为中心,对有效设定范围内寻址循环发射采集,其有效范围根据野外施工要求可以确定,这样提高了野外施工效率。

3)工艺流程

TZ/OBC声学二次定位系统的工作原理及技术特点决定了野外的施工方式。

①所有的应答器在室内统一编写地址码和RFID射频识别码,同时检测应答器的电量,保证应答器在整个施工期内保持良好的工作状态。

②随机成组抽取部分应答器,在施工工区进行测量精度、采收率、采集速度的试验,从而对设备进行技术检测并提供检测报告。

③协同地震队技术人员,根据施工方案合理地分配所有应答器至压电检波器。

④由RFID设备配合GNSS定位在放缆过程中自动生成相关预铺文件、预置文件包,或根据地震队提供应答器与桩号对应关系班报,人工制作预铺文件。

⑤进行野外数据采集和数据后处理,进而监督海上的野外施工。

⑥根据二次定位测量规范进行数据整理并填写二次测量定位班报。

⑦提交水下检波点的测量成果。

4)需要注意的问题

结合海上施工要求对系统软件进行检验,需要注意以下几个方面的问题。

①测线理论点不能批量导入,并且输入点数较多后出现错误造成软件终止运行;

②预置文件(桩号同 ID 号对应关系)数据的批量导入功能没有实现,只能手工输入,易造成错误及工作效率低;

③多个 RFID 自动放缆采集数据不能导出合并;

④软件运行过程中,Interface 配置时如果检测不到串口时出现错误提示,随即程序退出;

⑤cbl 包预置好后,在采集过程中不能对预置文件进行更改,如果更改则会造成处理数据导出结果丢失错误;

⑥采集交叉点的数据优选;

⑦使用不同的 cbl 包在同一个 log 记录文件中进行采集,则先采集的数据导不出来;

⑧RFID 放缆时没有"到点报警提示系统";

⑨处理窗口中数据不能根据 HDOP 值进行排序;

⑩系统对电源的要求太苛刻;

⑪后处理软件在进行数据处理时, 对 residual 很大的数据值不能有效地自动删除,从而影响处理成果,需要人工查看手动删除,从而易造成漏删。

导航定位资料的后处理。在地震勘探中,导航定位信息的采集是实时记录的。而在实时采集中,综合导航定位系统一方面接收来自地震勘探中的实时信息;另一方面由于受海况、气象及其他诸多客观因素的影响,在接收正常实时信息的同时将各种干扰信息也一并予以接收记录,而且定位设备并不能保证完好的工作状态,如 RGNSS 在海况恶劣的情况下易丢失信号,Acoustic CMX、CTX 在利用水中声波传播测距时易受震源巨大声响的干扰等。数据量非常大的实时信息对计算位置会带来一定的困扰;而诸多不利因素的影响,将会导致实时记录的导航定位信息出现少量丢失或部分不真实的尖跳等错误信息, 最终影响到整个勘探调查资料的质量。这时,就需要对导航定位资料进行后处理,利用后处理软件系统校正和处理来自各方面的干扰信息。当前,像 SPRINT、NEPTUNE 等软件就是这样一种导航后处理系统。这些系统可以提供多种滤波,如递归滤波、维纳滤波、卡尔曼滤波等供用户对大量冗余数据进行剔除,并除去不真实的尖跳和错误信息。同时还提供多种最优平滑算法、内插和外推的方法,供用户填补少量丢失的信息及利用多处定位信息对所需要的位置进行精准定位,最终得出满足需求而且最接近真实情况的导航定位资料。

随着现代测量技术的发展,浅海导航定位技术也将会越来越先进,定位精度也将越来越高,这将为海洋地质调查提供更多的便利,最终为海上石油地震勘探提供更精确的定位数据。

2.海上综合导航技术

海上综合导航技术是一门集测绘、电子、计算机及其他众多类别不同的海上勘查、勘探等多学科一体并综合应用的技术。20 世纪,应用最广泛的水下声学定位系统主要有长基线定位系统、短基线定位系统与超基线定位系统等技术。这些定位方法在海洋石油地球物理勘探中发挥了重要作用。

现在海上综合导航技术集 GPS 定位、水深测量、自动化控制、激光定位和相对 GPS 测量、罗盘定位、GIS 等技术于一体,可以说是向着计算机智能化的专门系统方向发展。它通过获取各种不同类型传感器测出的环境状况，如风速、风向、浪高、波涌等数据和工作状况，通过其数据库或知识库，帮助做出种种推理、判断与选择，并提供船舶航线、航向、航速、纵倾、舵角、发动机转数等数据。

未来，综合导航技术与不同学科的专门知识融合，可以完成各种复杂的石油地球物理勘探任务，并结合船舶自动控制技术不断地实现自动化数字勘探作业。

三、遥感影像辅助测量技术

1.遥感技术

所谓遥感(Remote Sensing，简称 RS)，就是从遥远处感知，泛指各种非接触的、远距离的探测技术。遥感技术是指在高空和外层空间的各种平台上，运用各种传感器(如摄影仪、扫描仪和雷达等)获取目标信息，通过数据的传输和处理，从而实现研究地面物体形状、大小、位置、性质及其环境的相互关系的一门现代化科学技术。

遥感实际上是一个反演问题，即从接收的电磁波或光波的信息反推出地物的几何、物理特性。而这一信息反推过程就是利用遥感处理软件将遥感信息进行处理的过程。通常包括如下步骤。

①将传感器获取的地面信息，经过一系列的几何处理、图像增强处理，制成数字正射影像图(DOM)。

②根据信息识别出图像中的地物，并分类。

③将数字正射影像图与数字高程模型(DEM)结合处理，制成三维可视化的数字模型。

④将数字模型与工区的地球物理勘探信息结合，应用于实际勘探生产中。

目前在石油物探领域，只能单一地利用遥感处理制成的数字正射影像图(DOM)，从而使得到的遥感信息大部分未能充分应用。

开发适合石油勘探的遥感数据处理软件，能够根据石油勘探野外作业过程中的地形图、卫星图片、航空照片、DEM 资料，自动地分辨并表示出地表各种地物、地貌，包括地表的岩性、植被种类和密度、道路、河流等石油勘探所关心的信息；然后利用虚拟现实技术来建立一套三维真实模型，可以直观反映石油勘探野外生产作业现场，指导勘探技术设计、生产管理和质量控制等环节，从而提高野外生产质量和作业效率，降低安全风险。

2.遥感影像在地震勘探生产中的应用

在地震勘探中，通常需要对测线等进行二次设计。二次设计的目的是为了能够避开障碍物，更好地布设激发点和接收点位，得到更好的地震资料。同时为了方便施工，物探施工前要根据地形、地貌的实际情况将原先设计好的激发点或接收点(通称物理点)进行避障移动，在允许的范围内放到最佳位置，从而得到最佳的施工效果。使用处理后的高精度遥感影像图，可以使这项工作在室内直接完成，用二次设计的点位进行测量放样，减少野外施工难度。具体的应用包括以下几个方面。

1)加载物理点

为了实现在工区中进行二次设计，首先必须将设计好的物理点展绘到遥感影像图中，物理点的展绘步骤如下：

①首先将物理点按照设计坐标展绘到平面上，制作矢量图层；

②建立拓扑关系,把展绘到平面上物理点的符号让计算机识别为点的集合;

③修改点的属性,如大小颜色等;

④增加属性字段,如桩号等。

图 3–3–1 物理点展绘

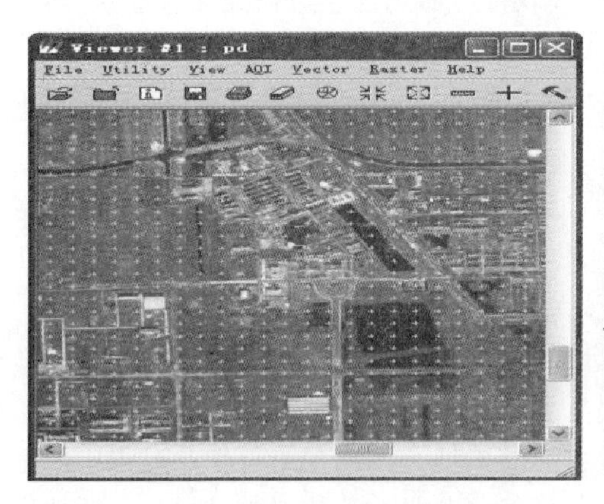

图 3–3–2 变观设计

将一部分炮点展绘在遥感影像图上(图 3-3-1),之后可以根据具体情况直接在图上进行适当的变观设计,减少了野外踏勘,缩短工时。

2)二次设计

炮点展绘在遥感图像上以后,可以清楚地看到有些炮点位置是不合适的,对于不适合震源激发的区域,可以将激发点在规定的范围内移动(图 3-3-2)。

3)绘制草图

遥感影像是从宏观上详细地反映地物与地貌的状况,特别是地物的精确位置与形状,这一点是常规野外测量草图所无法比拟的,其欠缺的是不能准确到细小建筑物。例如,高压线、管线、建筑名称、油井等,这一点正是野外测量草图记录详细的地方。两者相互结合,运用到绘制测量草图的过程中,可以更准确地反映出野外的实际情况。

3.无人机航摄技术

无人机航拍摄影是以无人驾驶飞机作为空中平台,以机载遥感设备,如高分辨率 CCD 数码相机、轻型光学相机、红外扫描仪、激光扫描仪、磁测仪等获取信息,用计算机对图像信息进行处理,并按照一定精度要求制作成图像。全系统在设计和最优化组合方面具有突出的特点,是集成了高空拍摄、遥控、遥测技术、视频影像微波传输和计算机影像信息处理的新型应用技术。

1)无人机航摄系统组成

无人机航摄系统包括空中和地面两部分。

空中部分:包括云台(含稳定平台)、机载遥感设备、执行部分、自动控制设备、差分GPS、摄像机、通信设备。

地面部分:包括地面GPS、手控设备、编码器、计算机、通信设备,如图3-3-3所示。

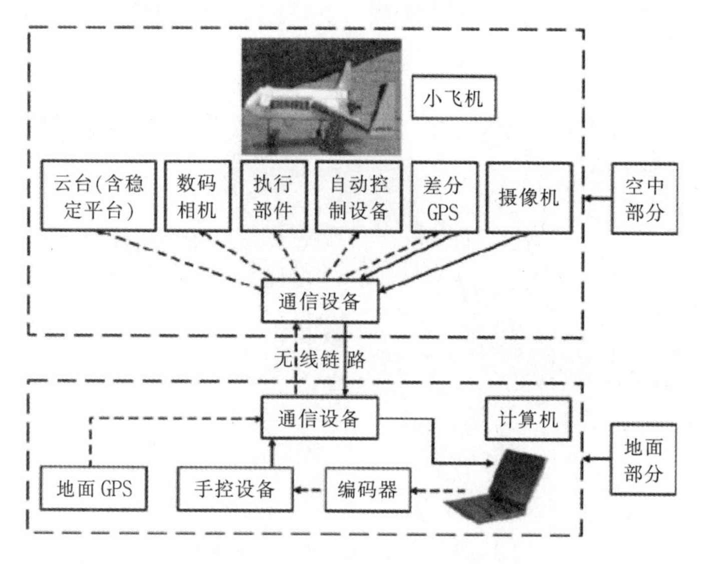

图3-3-3 无人机航摄系统组成

2)数据采集流程

无人机数据采集流程见图3-3-4,经过像控点的布设(图3-3-5)可完成航摄任务的规划设计(图3-3-6)。

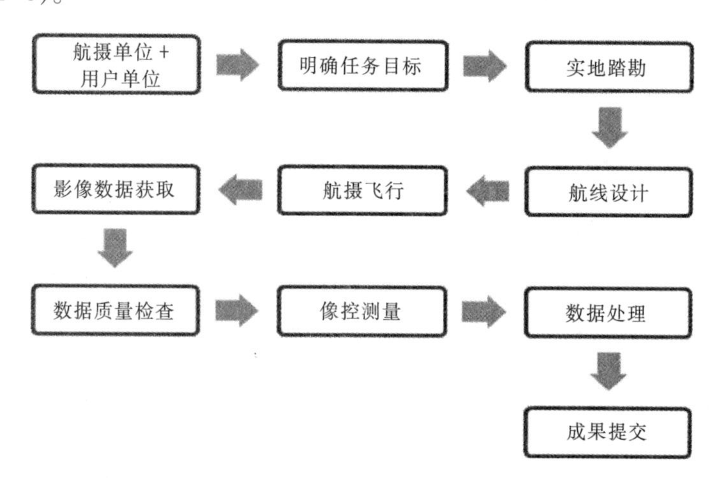

图3-3-4 无人机航摄数据采集流程

图 3–3–5 无人机航摄像控点布设

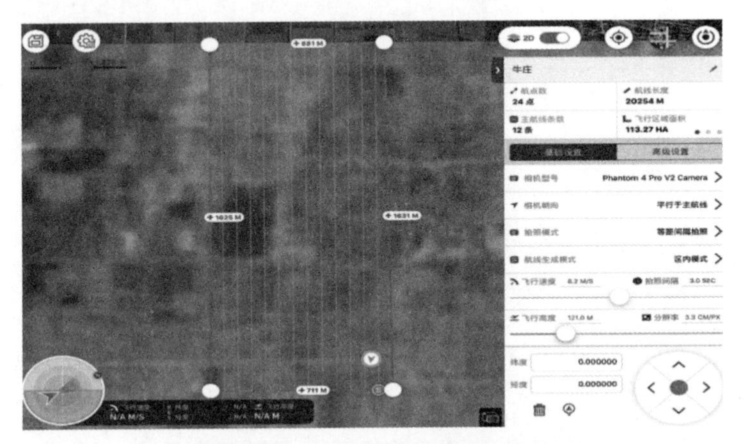

图 3–3–6 无人机航摄任务规划设计

3)数据处理技术

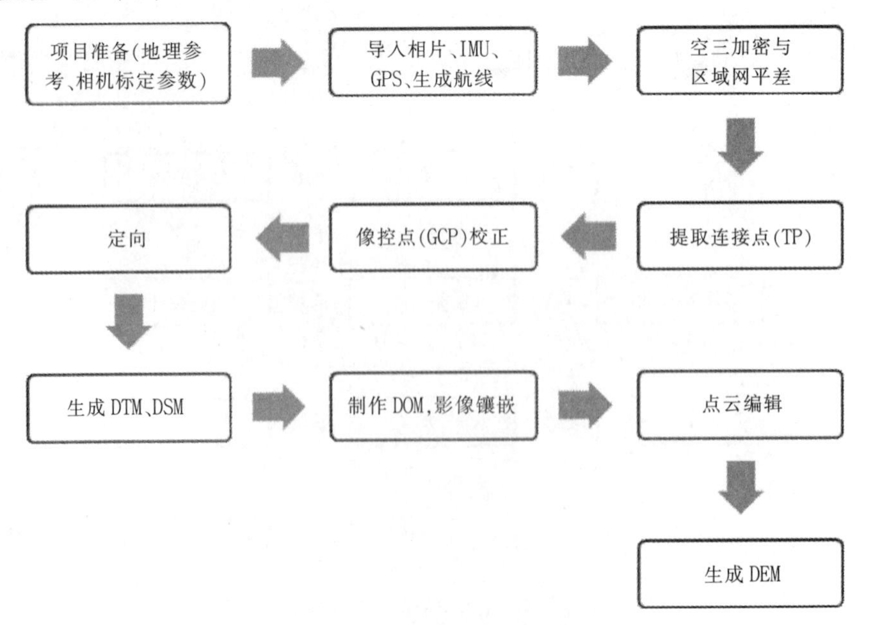

图 3–3–7 无人机航摄数据处理流程

目前的无人机航摄系统多使用小型数字相机(或扫描仪)作为机载遥感设备,与传统的航片相比,存在像幅较小、影像数量多,控制点获取容易、航摄像片倾角、旋角以及航线弯曲度大等问题,针对其遥感影像的特点以及相机定标参数、拍摄(或扫描)时的姿态数据和有关几何模型,对数据进行交互式处理,实现影像质量、飞行质量的快速处理,以满足整套系统实时、快速的技术要求。数据处理流程如图 3-3-7 所示。

将外业获取的航拍影像进行质量检查后,批量导入 Pix4DMapper 软件,会自动对影像定位信息和相机参数进行识别。进行初始化空三处理后,将外业获取的像控点坐标导入工程,并通过空三射线编辑器准确刺点,然后根据质量报告的反馈进行相应的增加人工连接点、加载优化参数等工作来提高二次空三质量,使各项指标均满足成图要求。

进行点云分类处理后,根据需求对输出成果的地面分辨率和瓦片形式进行设置,完成处理拼接,最终得到测区的 DOM 和 DSM 影像成果图(图 3-3-8)。

图 3-3-8　测区的 DOM 和 DSM 影像成果

4)应用情况

(1)辅助地震勘探施工测线设计

利用航空摄影测量技术制作分辨率为 0.2 m 的影像图作为施工底图, 获取各种险要地段的数据,避免由于人工踏勘无法到达造成的数据遗漏,为施工踏勘、炮检点变观设计等方面提供空间依据。

(2)辅助现场施工

无人机航摄效率高、机动灵活、使用方便,可以承担高风险的飞行任务,为测量及物探施工质量、安全监控提供了一种新的选择。利用无人机航摄技术可获得各种险要地段的数据,避免由于人工踏勘无法到达造成数据遗漏,可补充传统人工踏勘方式的不足;在影像获取方面,可以获取分辨率更高、现势性更强的真彩色影像,在安全、质量中,利用无人机航摄技术实时传回的视频图像,能清晰地辨识现场情况,并能做到定点跟踪,第一时间掌握潜在危险地点,为防止险情发生节约时间。随着无人机航摄技术的改进与发展,无人机航摄技术将在高精度地震测量中发挥越来越重要的作用(图 3-3-9、图 3-3-10)。

图 3-3-9 某城区施工区域　　图 3-3-10 某工区测线穿越河流

四、测量质量控制技术

1.优选物理点位

1)可实施原则

在高精度地震测量过程中,合理选择物理点位非常重要,要保证放样的点位无安全隐患,能够正常进行布设激发点和接收传感器。

①检波点:要选择在土质地面,如农田、田埂、土路边、河边、菜地中或城区的绿化带、树坑中。不宜选择硬化路面(水泥路、沥青路、砖路)、垃圾场、井盖等复杂地方。

②激发点:要选择在安全距离允许的,钻机或可控震源车能到位的地方,如农田、田埂、土路边、河边等土质地面;城区按照施工组提供位置或较偏地带。不宜选择安全距离不允许的,钻机或震源车不能到的位置,地形上有硬化路面、地下有乱石、垃圾场、防空洞等地段。

2)耦合性原则

在偏移范围允许范围内,保证检波器能插紧的位置,如农田、菜地、绿化带有土层的地方,且附近不要有空洞的地方(考虑单点检波器和小线对组合图形要求的不同)。

3)正点率原则

尽量正点位置放样,确保在 0.5 m 范围内。就是按照放样点坐标需要到达的位置,在不需要偏移的情况下,不允许随意偏移,且要保证正点放样误差在 0.5 m 以内。

4)最小量偏移原则

①优选偏移距离最小的放样点位。

②单点检波器在满足可实施的情况下,尽量保证最小化偏移。

③常规检波器在满足可实施的情况下,尽量考虑组合图形的大小,优选组合中心位置。

2.准确布设测量标志

测量标志是布设激发点和接收点的依据,因此,在地震测量过程中,必须保证测量标志放置准确、醒目、牢固,既方便野外施工,又保障测量精度。

①激发点的测量标志一般采用彩纸花、土堆、黄布条(部分埋置在土堆中)、胶带(胶带上书写桩号)四种标志,以保证标志明显、牢靠。

②检波点测量标志一般采用彩纸花、土堆、竹签、红布条四种标志。

③在城镇、公路、厂矿、村镇、河流、沟渠、水塘、水库等特殊地形要用油漆、布条等指明测线行进方向,并注明桩号。水域需要浮漂等指明测线行进方向并注明桩号。

④点位附近有树木的一般需要在树枝上系彩色布条,指示附近有点位或是测线的行进方向。

3.精确绘制测量草图

工区中使用实测物理点展点,按每条线绘制地形草图。为了提高地震勘探精度,有效指导野外地震施工,测量草图应详细准确,一般包括如下内容:

①房屋、城镇、村庄、厂矿企业;

②高压线、通讯光缆等的走向;

③河流名称、走向,湖泊、水库、养殖区、盐场;

④公路、土路、高速公路的走向等;

⑤气井、油井、大钻、风力发电等;

⑥图例、比例尺、物理点桩号等。

4.测量质量控制要点

①RTK 基站架设在驻地内新布设的控制网点上,全工区物理点在 RTK 有效覆盖范围内。

②每天作业前或参考站迁站、重新初始化后、接收机或控制器内的数据或参数更新后,复测 2 个及以上物理点或复测 2 次单个控制点进行检核,合格后才能进行施工。

③RTK 流动站距参考站的距离不超过 20 km。

④野外 RTK 测量施工执行 GNSS 动态差分法施工测量的基本技术指标:有效观测卫星数≥5;采样历元个数≥2;平面收敛精度≤±0.10;高程收敛精度≤±0.15,PDOP 值≤6。

⑤全工区物理点复测率≥2 %,复测要均匀。

⑥限差要求:

点位放样误差:正常情况下$\Delta s \leq 1.0$ m;

检验发展参考站误差:$\Delta x \leq 0.2$ m,$\Delta y \leq 0.2$ m,$\Delta h \leq 0.4$ m;

检验测线端点误差:$\Delta x \leq 0.3$ m,$\Delta y \leq 0.3$ m,$\Delta h \leq 0.6$ m;

物理点复测检核误差:$\Delta x \leq 0.4$ m,$\Delta y \leq 0.4$ m,$\Delta h \leq 0.8$ m。

第四章 高精度激发技术

爆炸震源作为激励源的人工地震勘探是地球物理勘探中的重要方法之一，也是济阳坳陷油气地震勘探中主要的人工震源。为了充分利用爆炸震源的能量,实现爆炸震源和激发岩土介质性质的匹配,提高能量转化率,进一步控制产生的爆炸地震波的幅频特性,实现对波场的控制,提高激发地震波的品质,达到提高地震勘探的深度和精度的目标,必须开展爆炸震源定量化精确激发设计理论与技术研究。爆炸震源定量化激发设计可以充分利用爆炸震源的能量,实现爆炸震源和激发岩土介质性质的匹配,提高能量转化率,控制产生的爆炸地震波的幅频特性,实现对波场的控制,从而提高激发地震波的品质。炸药震源的爆炸特性是影响地震波场特征参数的主要因素。为了通过控制炸药震源激发条件达到控制地震波场幅频特性的目的,首先应该掌握炸药震源激发地震波的原理、炸药爆炸特性对地震波场参数的影响规律,为进一步实现地震波场控制提供理论指导。实现通过炸药震源激发参数控制地震波场后,需要针对勘探目标开展炸药震源激发方案设计,通过炸药震源激发效果对比方法,优化炸药震源激发方案,最终实现定量化精确激发方案设计。

一、爆炸理论和波动理论转换关系

地震勘探技术是利用人为产生的激励引起地壳震动，在沿测线的不同位置用地震勘探仪器检测和记录大地的震动,对采集到的信号进行加工处理后,得到可用于判别地下地质构造的地震资料。陆上石油地震勘探是一项复杂的系统工程,主要工作流程包括震源激发地震波、野外资料采集、室内资料处理和地震资料解释。可以说,震源激发地震波是地震勘探的“第一把力”,震源激发效果的优劣直接影响后续工作的开展。地震勘探技术发展至今,地震信号的激发源已有炸药震源和非炸药震源两种。由于炸药震源具有良好的脉冲性能和较高的激发能量,所以,自 20 世纪 20 年代以来一直沿用至今。

在我国陆上石油地震勘探中,约 95 %的地震勘探队应用炸药震源(国外约 40 %),使用的大多是不同装药组分或不同装药结构的固体炸药震源。这种方法是利用炸药在土介质中爆炸产生的瞬态强扰动,借助地层中产生的地震反射波,构制可用于测定和分析地层结构的地震图来实现勘探目的,亦称反射地震勘探方法。炸药震源激发技术是一门交叉学科,涉及爆轰学、爆炸力学、岩土力学和地震波理论等学科领域。从事火工的技术人员主要研究炸药在爆炸过程中对岩石和周围环境的破坏作用，关心的是对周围介质的破坏程度,而地球物理工作者关心的是爆炸后的震动和波动情况,同时还关心爆炸产生地震波的品质问题,两者之间存在研究空白。在地震勘探技术日臻完善的今天,炸药震源激发技术的发展始终滞后于其他方面,是地震勘探技术中相对薄弱的环节。

当激发岩性基本一致时,炸药震源的爆炸特性是影响地震波场特征参数的主要因素。

在等药量条件下,炸药爆炸特性主要由炸药的装药组分和装药结构决定。炸药激发的地震波品质以特征参数表示为地震波能量、信噪比、主频及频带宽度。开展炸药爆炸特性与地震波场特征参数之间的关系研究,研发用于地震勘探的新型安全高能物探炸药,对石油地震勘探技术的发展具有积极的推动意义和实际应用价值:首先,通过开展炸药爆炸特性对地震波场参数的影响规律研究,能够为石油勘探用炸药配方和装药结构的设计提供依据,从而可以根据不同的工程需求设计和开发新型的炸药震源, 进而促进石油地震勘探技术的发展。其次,炸药震源适用于煤田、天然气、地下水等资源的勘查;也可以为爆炸地震效应及爆破工程等领域的研究提供丰富实验数据, 对推动爆炸科学的发展具有十分重要的意义。

1.炸药震源激发地震波过程

炸药在土中爆炸并产生地震波的过程中,爆炸波由冲击波经过不同阶段的衰减过程,最终演变为地震波。该过程可以分为四个不同阶段,分别是流体动力学阶段、岩土介质粉碎阶段、非波动式动态膨胀阶段及弹性波传播阶段。

在这四个阶段中,空间波场会随着阶段的演化呈现不同的类型。在紧邻装药的区域内,爆炸释放的强大能量产生了远远高于岩土介质强度的压力, 岩石在这种高压作用下表现为流体性质。在爆炸瞬间,从爆室岩壁推出一个具有陡峭前沿的球面冲击波(图 4-1-1a)。随着波在向外传播中的几何发散和物理能耗,冲击波的应力峰值近似于以 R^{-2}(R 为爆心距)衰减。岩体逐步从流体受力状态转化为弹塑性体受力状态,冲击波变为塑性波(图 4-1-1b 与图 4-1-1c),它的传播速度也逐渐降低。当其峰值下降到某个值后,其传播速度则小于弹性波,此时在冲击波里分离出一个走在它前面的弹性波,即弹性前驱波。波阵面前沿陡峭的塑性波变成了具有缓慢上升前沿的弹塑性波, 波的峰值出现在塑性波阵面处。在传播中,塑性波峰值不断下降,波速也不断减慢,而弹性波则保持恒定速度传播,所以弹塑性波的前沿不断增长。当波在传播中的压力峰值进一步衰减到介质从塑性变为弹性的临界值以下时,塑性波消失。此时的爆炸波完全演化为通常定义上的地震波(图 4-1-1d)。

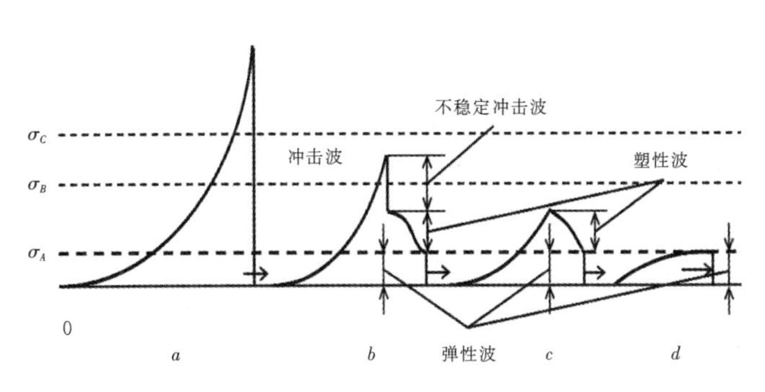

图 4-1-1 爆炸波随应力峰值衰减的演化

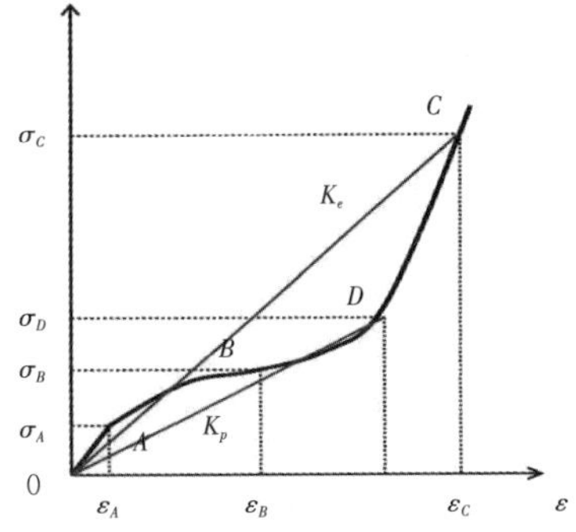

图 4-1-2 岩石的应力-应变曲线

图 4-1-1 中所描述的爆炸应力波的演化过程, 是由于岩土介质在爆炸压力作用下的非线性变形特征所决定的。而介质的一维应变 (平面波) 的应力 - 应变关系可以用图 4-1-2 来表示。从图 4-1-2 中可以看出,整个介质在受力作用下的变形可以分为两个主要

的部分,即应力大于 σA 时的非线性变形和应力小于σA 时的线性变形。在紧邻装药的区域内,作用在介质上的爆炸载荷峰值很高,当 $\sigma>\sigma C$,决定速度的体模量大于弹性体模量 Ke,弹性波无法分离出来。而且 $\mathrm{d}\sigma/\mathrm{d}\varepsilon$ 随应力的增大而增大,因此应力幅值大的塑性波追赶前面的塑性波,形成陡峭的冲击波波阵面,冲击波在岩石中以超音速传播,衰减最快。随着冲击波向外传播、衰减,当 $\sigma B<\sigma<\sigma C$ 时,图 4-1-2 中的 D 点,随着此时变形模量 $\mathrm{d}\sigma/\mathrm{d}\varepsilon$ 随应力的增大而增大,意味着仍会出现塑性追赶加载,形成陡峭的波阵面。但此时割线模量 Kp 小于弹性体模量 Ke 以及 AD 塑性段的割线体模量,所以冲击波面以亚声速传播,成为非稳态冲击波。而且在非稳态冲击波前存在声速传播的前导弹性波和其后的以亚声速传播应力幅值逐渐增大的塑性波。当 $\sigma A<\sigma<\sigma B$ 时, 由于 $\mathrm{d}\sigma/\mathrm{d}\varepsilon$ 随应力的增大而减小,因此应力幅值大的应力波速度低于应力幅值小的应力波速度,而应力小于 σA 的部分以弹性波声速传播。当 $\sigma<\sigma A$ 时,$\mathrm{d}\sigma/\mathrm{d}\varepsilon$ 为常数,且等于岩石的弹性体模量,此时的应力波为弹性波,扰动以介质中的声速进行传播。

炸药爆炸激发地震波的过程复杂,但总体分为三个部分:震源爆腔的形成,产生初始弹性波,初始弹性波在粘弹性介质中的衰减。

2.炸药震源激发地震波理论模型研究

对于震源模型,大部分学者的研究都是基于空腔震源模型,空腔震源模型分为球形空腔震源模型和柱形空腔震源模型, 但两者最初都是用于描述一维空间内炸药爆炸的成腔问题。对于地震波衰减模型,最初在完全弹性介质中进行基础研究,后更贴近实际,爆炸近区岩土破坏压缩实则更适合粘弹性介质, 远处地震波的传播衰减也需要考虑振荡阻尼效应,因此引入粘弹性介质模型对爆炸地震模型进行描述。

1)空腔震源模型理论

对于空腔震源模型的研究起源于 20 世纪中期,1942 年 Sharpe 假定炸药空腔半径较小时,空腔附近介质受冲击波作用发生破坏,但是在较远距离处仍为理想弹性介质,宏观状态下变为球形空腔内部压力作用于理想弹性介质表面产生振动,形成地震波,并提出炸药空腔震源模型,指出其空腔内表面的压力为指数衰减规律,给出了均匀弹性介质中的弹性波解析解,通过大量爆炸实验测量地表振动速度解释炸药空腔震源与波场之间的关系,后人对炸药空腔理论的研究大多是基于该模型,但该模型基于泊松方程进行求解,只适用于泊松体;考虑爆生气体的膨胀过程,利用炸药的爆轰参数、绝热参数和岩土的强度参数,计算了空腔表面质点的径向位移和应力分布。Goldsmith 假设均匀各向同性弹性介质中存在一定半径的球形空腔,空腔压力呈现指数衰减,据此计算出空间和时间与质点振动速度、位移的函数关系式。A.B. Михалюкь 根据土介质在爆炸冲击作用下岩性状态不同,划分土介质为塑性区和弹性区,指出空腔壁面位移呈非线性变化,给出了球形装药的爆腔计算公式。亨力奇利用静力学理论将爆炸作用下近区岩土介质假设为流体状态,产生空腔过程绝热,给出了爆腔半径的计算方法。高金石研究了炸药在岩石中爆炸形成空腔的计算方法,根据建立的岩石介质中爆炸空腔数学模型得到了空腔壁面质点振动速度解析解。许连坡利用 X 光的强穿透性拍摄到了球形装药爆炸产生的空腔过程, 并分析了不同性质炸药和不同参数的土介质对空腔发展的影响规律。于成龙、王仲琦考虑炸药特性包括初始爆压、膨胀指数和爆轰速度等炸药的基本参数对空腔形成的过程,考虑炸药爆炸后产生的非线性区对地震波形成的影响,完善炸药空腔模型的空腔产生过程,将爆炸后介质划分为破碎区、裂隙区、弹性区,给出了球形装药空腔尺寸的计算方法。

2)柱形装药空腔震源模型

国外关于柱形装药空腔震源模型的研究开始于20世纪50年代,Heelan在1953年通过实验研究了柱形药包波场远区的低频辐射解,对球形装药和柱形装药在爆腔区产生的裂缝进行了分析,指出预先存在的裂缝和气体产生裂缝的模式对裂缝扩展有重要影响,裂缝优先在迭加的最大主应力方向扩展,且比新裂缝长度要长;亨力奇研究了柱形药包的空腔大小,相同装药半径条件下对比球形药包,柱形药包在土中扩腔半径要比球形药包扩腔半径大,并给出了简单的计算模型;A.B. Михалюкь计算球形装药空腔半径的同时,考虑爆腔变形的非线性曲线,也给出了柱形装药在土中爆炸空腔半径的解析解。

国内关于柱形炸药空腔半径的研究多采用透射试验和数值模拟方法。龙源通过X光拍摄了条形炸药在土中爆炸的扩腔过程,证明空腔发展符合幂函数规律,并受炸药长径比、传爆特性和裂缝出现时间的影响,空腔最终的形态与条形药包的起爆位置无关;王野平也使用X光射线摄影的方式,对条形药包在土中爆炸进行试验,由于存在爆轰传播时间,药包两端扩腔运动存在时间差,发现药包爆轰结束后形成锥形空腔,爆生气体以准静态压力的形式向外扩腔,空腔壁面的径向扩展速度呈幂指数下降;戴俊在柱形装药条件下,考虑了岩石三向应力状态作用和应变率效应,在MISES强度准则下导出了柱形装药在岩石中爆炸形成的破碎区和裂隙区的计算公式;王仲琦提出了两种以上介质处理的算法,并编写SMMIC程序对爆炸挤压黏土密度变化过程进行数值模拟,分析被挤压的土体参数变化规律,建立爆炸挤压垫层和黏土的力学模型,得到了爆炸形成空腔的膨胀过程;林大能等人以爆炸挤压空腔模型为基础,结合理想介质流体模型给出了条形装药的塑性区半径和空腔半径,但计算量较大,实际操作较为耗时;郑云木使用LS-DYNA非线性有限元软件在无限空间岩土介质中对不同药量的条形炸药进行了空腔模拟研究,模拟结果表明条形装药的长径比值与爆腔半径和装药半径之比值呈线性关系、条形装药比集团装药具更强爆扩能力;吴亮分析了柱状耦合装药情况下冲击波对岩石的破坏方式和气体膨胀对原有裂缝的扩展作用,计算出冲击波对周围岩石做功的爆炸能量约占总爆炸能量的40 %,而气体膨胀使空腔变大和裂缝扩展的能量约占爆炸总能量的23 %,剩余能量中的小部分用于产生新裂缝,其余则被吸收消耗;穆朝民分析了柱状装药形成空腔的壁面应力分布,并给出了弹性区和塑性区的应力分布表达式,通过实验证明理论计算与试验吻合度较好。

3)球形装药产生地震波理论研究

国外学者对无限空间内的爆炸地震波问题研究较早,H.Jeffreys最早在1931年研究了无限空间一维空腔振动问题,给出了球面脉冲作用下P波和S波的质点位移表达式,见公式(4-1-1)和公式(4-1-2),其中x为相应的波传播距离与空腔半径的比值,并分析两波对质点位移的影响规律,使用算符算子回答了无限空间一维空腔振动问题;Blake对点源爆炸理论模型在非泊松体无线空间内的冲击波压力、波阵面特征和介质结构不均匀性进行了研究,指出无线空间内爆炸应力波是一个高阻尼振荡波列;Duvall计算了粘弹性介质中球形空腔附近质点的位移、振动速度、振动波形形状,并与试验数据进行比较,吻合度较好;Ricker对粘弹性介质中的球形空腔震动进行研究,得出通解条件下的球面波位移解析解,对于指定边界条件,该方法则不适用;Howell 研究了地震波能量和炸药量的关系,并给出了体波、耦合波、Rayleigh 波所占的能量比率;Gaskell 通过大量的土中爆炸试验证明地震波振幅正比于炸药药量,质点振动速度正比于炸药药量的开平方根;Friedman 对一维空腔振动产生的应力波在介质中传播进行了研究,给出了各向同性弹性介质中质点位移和压力关于所处距离和传播时间的函数式,假设空腔壁面压力关于时间呈指数形式衰减,但随着与爆心距离的增加计算精度误差过大,实用性不强;Favreau 提出一种球面波运动方程和爆生气体膨胀过程耦合的弹性波解析解,用于预测炸药在无线空间介质中的球形空腔内产生的应力波特性,并指出应力波是高阻尼振荡波列,其特性(子波主频、振幅)受岩石性质(密度、弹性模量、泊松比)以及炸药性质(初始爆炸压力、爆生气体的比热参数)的影响。

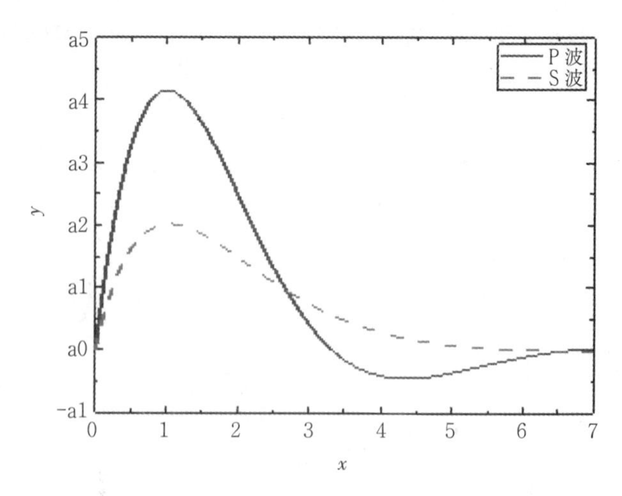

图 4-1-3 P 波和 S 波的质点位移图

$$y_{\mathrm{P}}=\mathrm{e}^{-\frac{2}{3}x}\sin\frac{2\sqrt{2}}{3}x \tag{4-1-1}$$

$$y_{\mathrm{S}}=\mathrm{e}^{-\frac{\sqrt{3}}{2}x}\sin\frac{1}{2}x \tag{4-1-2}$$

国内对无限空间中球形装药爆炸产生地震波的问题研究,大多基于爆炸空腔理论和点源矩理论。陈运泰研究了多层均匀各向同性完全弹性半空间的地震波传播问题,使用 Haskell 矩阵方法,给出了多层弹性介质对平面体波的响应谱;廖振鹏讨论了爆炸形成的压力空腔和爆炸中心的等价问题,利用对等价的爆炸点源函数做褶积的方式,计算出层状空腔爆炸产生的位移场,用积分形式给出了半空间地表质点位移的暂态解,并指出应同时考虑爆生气体的状态方程和空腔附近介质的非线性问题;唐延、王明洋等人研究了地下爆炸的近地表运动,将整个爆炸空腔区看成一个爆炸源,根据爆炸等效荷载和爆炸近区破坏的计算方法,得到用速度表达的空腔边界荷载,提出简化的地下震源模型,将地下爆炸的地表响应转化为弹性半空间内球面膨胀波的传播和反射问题,从而得到地表响应的运动场。

但对于土中爆炸的工作大部分是在半无限空间中进行,因半无限空间对于地震波的传播属于非对称域,在空间界面会产生地震波的反射,炸药埋深较浅时甚至会产生能量溢出,因而研究半无限空间的地震波问题相对复杂。对于半无限空间中的爆炸问题,Bycroft 在 1966 年给出了地下爆炸引起的弹性半空间表面质点位移的解,考虑了弹性波由空腔产生在界面反射后再进入空腔壁面并再次反射引起的质点振动;Müller 研究了半无限空间均匀各向同性弹性介质中的弹性波传播过程,爆炸源为点源或者单一垂直压力作用,指出在任意时刻每个观测点的位移都是由其他波形贡献而出;Adoubi 研究了弹性半无限空间中在球形空腔壁面加载瞬时压力的情况,计算了包括 Rayleigh 波在内的多种波形由空腔壁面传播到地表面,再由地表面返回介质内部产生的质点位移,同时给出空腔线性膨胀情况下的解析解;Hryniewicz 在半无限空间中，考虑岩土参数为随机函数情况下的多层地层剪切波的传播过程,获得单一层的质点位移和应力状态解,然后通过转移矩阵将该解扩展到多层,通过与均匀单一介质中的解进行比较,表明岩土参数的随机性会增加阻尼。

4)柱形装药产生地震波理论研究

球形装药空腔模型对地震波的形成和传播过程做出了详细的理论解释，对研究地下爆炸问题提供了基础指导,但是在实际地震勘探中由于球形药包体积大、井中装药困难等问题不利于实际勘探作业,一般地震队都使用长径比较大的柱形药包。柱形药包利于打孔埋放,同时长径比较大的药包在相同质量下相对于球形药包爆轰时间长,产生的地震波能量要高,更符合地震勘探的需要。

国外学者 Hustrulid 等人基于柱状装药子波理论，推导出了长柱装药近区质点振动速度峰值衰减公式和短柱装药质点峰值振动速度公式;Blair 基于线性粘弹性模型,假定爆炸近区岩石品质因子 Q 足够低,随着距离的增加呈指数增加,结合长柱形装药空腔壁面压力分布表达式,给出了柱形装药爆腔震源产生弹性波的解。国内对柱(条)形炸药震源的研究,大多基于柱面波理论推导地震子波质点振动的解,或使用高速摄影观测爆炸过程以及有限元软件进行模拟分析,其中卢文波基于柱面波理论、长柱状装药中的子波理论以及短柱状药包激发的应力波场 Heelan 解的分析,推导了岩石爆破中质点峰值振动速度衰减公式,并用室内外试验资料和数值模拟结果初步验证了该公式的有效性;杨年华通过室内试验,使用高速摄影机和电磁质点速度测量观测冲击波速度和峰值质点速度衰减规律,从能量密度衰减规律方面解释岩土破裂发展规律,并给出岩土破裂深度的计算公式;姜鹏飞使用 LS-DYNA 非线性有限元软件对条形炸药在岩石中进行了多种不耦合装药分析，并给出了不耦合系数对爆腔壁面应力和质点振动速度的关系；孙海利使用 LS-DYNA 非线性有限元软件，分析条形药包爆炸扩腔过程中的应力分布云图，得到了空腔壁面应力分布规律,运用拟合函数的方法对沿条形药包径向和轴向的质点振动速度进行拟合,给出了拟合公式,通过实验测量验证公式的合理性;王伟自制爆破试件对柱形不耦合装药爆炸应力波传播规律进行了实验研究,发现不耦合装药有助于降低爆炸应力波峰值的衰减幅度,并存在最佳不耦合系数可以使爆炸应力波峰值衰减最慢。

5)土中爆炸地震波的衰减

当炸药震源激发的爆炸冲击波经过一系列衰减后，在介质的弹性边界上形成初始弹性波,即地震子波。如果初始弹性波在假设完全弹性介质中传播,则地震波的形式将不会发生变化。但是大量的实验表明,初始地震波在岩土介质中传播时,会出现能量和频率的衰减。

目前,国内外提出了不同的岩土介质模型,来描述地震波在传播过程中的衰减现象,这些模型主要包括三种:第一类,双相介质模型,利用双相介质的正演模拟来解释地层的吸收作用,其中 Biot 理论是应用最为广泛的双相介质模型;第二类,不均匀介质模型,即利用散射理论来描述地震波的衰减吸收;第三类,粘弹性介质模型,根据以上球形和柱形空腔震源的研究，弹性介质中的爆炸产生地震波引起质点振动和位移的问题得到了初步解答,但实际爆炸并非在完全弹性介质中进行,爆炸近区岩土破坏压实则更适合粘弹性介质,远处地震波的传播衰减也需要考虑振荡阻尼效应,因此引入粘弹性介质模型对爆炸地震模型进行描述非常有意义。在弹性介质模型上加入了描述介质对波场吸收衰减的粘性项,其广泛应用的模型包括 Kelvin-voight、Maxwell、SLS 等。地震波的吸收衰减是由初始弹性波的特征和岩土介质的衰减吸收共同决定的，如果当岩土介质的吸收衰减规律确定时,远场地震波信号的特征则由初始弹性波的特征决定。在某个特定的介质中,就可以通过控制炸药震源参数来改变初始弹性波的特征,从而对整个地震波场进行控制。

国外学者 Kjartansson 使用岩土介质的品质因子 Q 提出地震波衰减的线性模型,其中每个波形的周期或波长内损失的能量与频率无关,波的传播过程由两个参数界定,品质因子 Q 和任意参考频率下的相速度 V_0;Gladwin 用正弦波每周期的能量随时比例作为岩土介质品质因子 Q 的值,在对大量岩石中波的传播过程进行试验的基础上,给出了波的上升时间和传播时间的经验关系式;Ghosh 假设爆炸空腔较远距离处为弹性介质,而近区为粘弹性介质,对粘弹性边界波的传播速度进行两种假设分析,一种假设波速为定值,爆腔壁面的压力为静态压力值不变,一种假设为波速和爆腔壁面压力都随时间呈指数衰减,并得到两种假设情况下的解析解;Jalinoos 进行了大量外场模拟实验，验证了粘弹性介质中地震波传播的合理性。国内学者陈杰等人分析了岩石破碎和永久变形对地震子波的影响,并在粘弹性模型的基础上推导地震波相速度和品质因子 Q 的表达式,从地震波振幅、相位和频率的角度分析了 Q 值对波形特征的影响；肖建华根据粘弹性理论对爆腔近区进行分析,推导出了更符合实际的退缩球腔激发瞬时震源的应力边界条件,并获得波动方程的定解。

至此,前人对炸药空腔震源模型及产生地震波的研究形成了系统而全面的理论基础,但是炸药空腔震源模型将炸药特性与空腔的形成、地震波的传播隔离开,并没有融入炸药特性对空腔和地震波的影响,而是简化成空腔壁面压力对周围介质作用产生地震波。而对于计算球形和柱形装药激发的地震波场,考虑炸药本身的特性尤为重要。

6)影响炸药震源激发地震波场的因素

在炸药参数方面,Tite 通过向炸药中增加氧化金属材料,通过减缓炸药爆轰速度提高地震波转化率,来增加组合炸药产生地震波的能量,相比于常规炸药,其能量提高 30 %以上;Bremner 通过使用金属化炸药激发地震波,实验测得地震波信号能量增强 3~6 dB,证明炸药中加入金属有助于提高地震波的信噪比和频宽；于成龙研究球形装药激发地震波场理论时,得出炸药初始爆炸压力升高会降低初始地震波的主频,同时降低炸药能量转化为地震波的效率,而炸药膨胀指数的增加会增加初始地震波的主频。研究还发现改变炸药震源的一些特性能够提高地震波的频率和幅值。

在装药结构方面,Poulter 使用聚能射流的方式对炸药结构进行改造,因聚能射流能够聚集较强能量,产生的地震波质点振动速度大、能量高;Voorhees 指出由于聚集起爆使得初始爆炸压力过大,爆炸作用时间短,大部分能量都用来对周围岩土介质扩腔、破坏做功,导致形成地震波的能量占比少,对此使用多级装药形式,增加竖向多个药柱的间距进行起爆;Tite 在 Voorhees 的基础上改进了炸药激发地震波的装药方法,通过分段延迟起爆的方式,增加炸药间距并延长起爆时间,使地震波的频率和能量都有较大提高。牟杰分析了不同长径比炸药激发的地震波场差异,指出随着长径比的增大,产生地震波质点振动速度也在增大。

通过向炸药中加入高能金属成分或进行不耦合装药有助于提高地震波的能量。牟杰、王仲琦等人研究了不同不耦合介质(水、空气、细砂、岩土)在不同不耦合系数情况下,对炸药爆炸产生的地震波幅频特征的影响,分析得出以水为不耦合介质产生的地震波能量较高;姜鹏飞使用LS-DYNA对不耦合装药在岩石中爆炸产生的应力场和地震波衰减规律进行了数值模拟,模拟结果表明,耦合状态对波速的衰减指数影响较大,在炸药和岩石空隙间加入水介质可以增加炸药向下传播的能量。

岩土介质性质的不同也会影响地震波的传播与衰减规律。钱七虎通过引入粘性系数,推导了在三相饱和土中的爆炸冲击波的传播方程,指出空气的增加会降低地震波质点振动速度;赵跃堂在三相土中考虑介质粘性和变形特性,对地震波的衰减影响进行了分析,推导了冲击波作用下三相土的本构关系,对饱和土中空气运动规律进行了研究,指出空气的压缩性和附近岩土介质的粘性是影响空气运动规律的主要因素。

3.炸药震源激发地震波研究中存在的问题

对于炸药震源理论的研究,目前的研究主要建立在经典空腔震源模型的基础上。一方面,该模型简化了炸药震源的作用过程,忽略了爆炸近区非线性对初始弹性波的影响,导致无法建立描述整个地震波场的炸药震源激发地震波理论;另一方面,在炸药震源激发初始地震波过程的研究中,由于爆炸近场与远场的尺度存在较大差异,无法对远场地震波的特征进行研究。因此,需要建立一个考虑炸药震源、爆炸近区岩性特征共同作用的完整地震波理论模型。

对于炸药震源实际应用研究不足,实际石油勘探所使用的是柱形装药震源。柱形装药结构激发地震波场的频谱特征研究存在局限性,因为柱形装药在岩土层中形成的空腔大小难以确定,空腔壁面的压力不易计算,故计算空腔形成的初始弹性波的解析解成为较难的课题,传统柱形装药波场模型只能给出质点振动峰值的衰减规律,不易给出震源近场振幅和频率的衰减规律,有必要建立完整的柱形装药激发地震波场理论模型。

炸药基本参数和岩土介质基本参数对近源波场的影响规律有待加强研究。一方面,对于不同长径比尤其是较大长径比条件下柱形装药激发的地震波场特征研究较少,而实际勘探中使用的正是这种大长径比的装药方式,并缺少该条件下的理论指导;另一方面,岩土材料因影响参数过多,炸药震源处,岩土的各个参数对炸药激发效果影响各不相同,选择合适的激发土层有利于提高激发地震波品质。

一方面,对于典型炸药在较大长径比条件下的激发效果研究不够深入,需要从理论模型上对不同炸药激发不同地震波场进行详细的解释;另一方面,对岩土参数的影响规律从震源激发本质上解释的不够完整,还需要通过试验结合理论模型的方式进行分析。

4.球形装药震源激发地震波理论模型研究

球形装药激发地震波场模型发展了空腔震源模型,建立了炸药震源激发地震波场理论模型。首先,分析了炸药震源激发地震波的整个过程,总体描述了炸药震源激发地震波场理论模型的不同阶段;其次,针对空腔震源模型简化炸药震源的问题,建立了炸药震源的空腔膨胀模型描述炸药震源的作用过程，通过该模型可以得到炸药震源初始参数与弹性区特征之间的关系,将弹性区特征作为空腔震源模型的初始条件,从而得到炸药震源初始参数与弹性波场之间的关系;最后,利用粘弹性介质模型描述真实介质对初始弹性波幅频特征的吸收与衰减作用，从而使炸药震源激发地震波场模型能够对全场地震波幅频特征进行描述。

1)爆炸破坏区域模型

根据弹性力学理论，无限介质中各类弹性波的传播速度与介质弹性参数间有如下数学关系：

$$V_{\mathrm{p}}=\sqrt{\frac{E(1-\mu)}{\rho(1+\mu)(1-2\mu)}} \tag{4-1-3}$$

$$V_{\mathrm{s}}=\sqrt{\frac{E}{2\rho(1+\mu)}}\sqrt{\frac{G}{\rho}} \tag{4-1-4}$$

式中,V_{p} 为纵波波速(m/s);V_{s} 为纵波波速(m/s);ρ 为波传播介质速度(kg/m^3);E 为弹性模量(kPa);G 为剪切模量(kPa);μ 为泊松比。

当弹性波波速被测定以后,即可计算出土体相应模量和泊松比值。

在空腔震源模型中，炸药震源在岩土中爆炸所产生破坏区的大小是描述其作用效果的重要因素。由于在岩土中爆炸,其药包周围介质的复杂性使得无法通过精确的数学方法来描述爆炸的过程。岩土的破坏机理随着爆炸距离的增加而改变,因此许多研究通过应力状态和破裂的形状等因素来区分不同的爆炸区域。图 4-1-4 是岩土中爆炸装药周围介质分区示意图。

区域 1:直接与药包接触,爆炸冲击波的压力峰值远远超过了岩土的抗压强度。在这个区域内产生了严重的不可逆变形,介质被高压压碎并形成空腔。目前关于这个区域的尺寸界定还没有形成统一的认识,许多研究结果显示,塑性流动区域的尺寸在药包半径的 3~5 倍以内。

区域 2:这个区域为径向破裂区域,它的结构更为复杂。这个区域内岩石破碎的强度由以下两个方面确定。a 径向天然裂缝之间的相交;b 随着爆心距离的增加,可能会围绕爆炸空腔形成环形断裂。其区域的外边界位于所有单个径向裂隙的外部。

区域 3:为弹性变形区,由于爆炸应力波的峰值在该区域内小于岩土介质发生塑性变形的临界强度,因此不会对介质产生破坏,同时爆炸应力波将以弹性波的形式进行传播。

在球形装药条件下,平衡方程可以表示为

$$\begin{cases}\dfrac{\partial\sigma_r}{\partial r}+\dfrac{1}{r}\dfrac{\partial\tau_{\theta r}}{\partial\theta}+\dfrac{1}{r\sin\theta}\dfrac{\partial\tau_{\varphi r}}{\partial\varphi}+\dfrac{1}{r}[2\sigma_r-(\sigma_\theta+\sigma_\varphi)+\tau_{r\theta}\cot\theta]=0\\ \dfrac{\partial\tau_{r\theta}}{\partial r}+\dfrac{1}{r}\dfrac{\partial\sigma_\theta}{\partial\theta}+\dfrac{1}{r\sin\theta}\dfrac{\partial\tau_{\varphi\theta}}{\partial\varphi}+\dfrac{1}{r}[(\sigma_\theta-\sigma_\varphi)\cot\theta+3\tau_{r\theta}]=0\\ \dfrac{\partial\tau_{r\varphi}}{\partial r}+\dfrac{1}{r}\dfrac{\partial\tau_{\theta\varphi}}{\partial\theta}+\dfrac{1}{r\sin\theta}\dfrac{\partial\sigma_\varphi}{\partial\varphi}+\dfrac{1}{r}[3\tau_{r\varphi}+2\tau_{\theta\varphi}\cot\theta]=0\end{cases} \tag{4-1-5}$$

弹性介质中柱形药包爆炸会产生一个轴对称平面的应变解。三个区域可划分为:弹性变形区域——区域 3,$b_0(t)\leqslant r\leqslant\infty$;径向破裂区域——区域 2,$b_*(t)\leqslant r\leqslant b_0(t)$;完全破碎区域——区域 1,$a_0(t)\leqslant r\leqslant b_*(t)$。

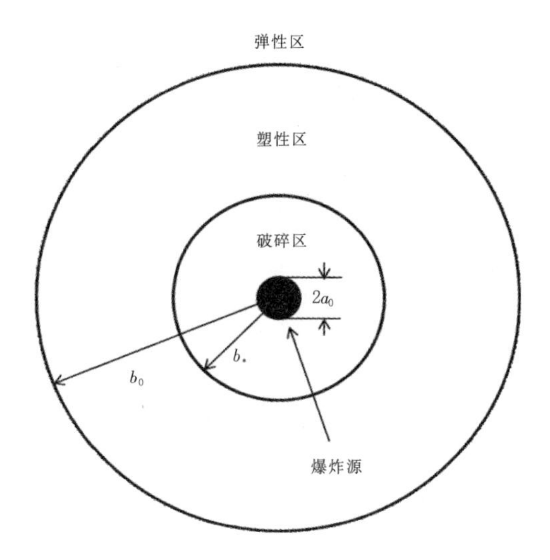

图 4-1-4　岩土中爆炸装药周围介质分区示意图

一方面,在弹性区域的内边界中,切应力受限于岩体的抗拉强度(σ_0)。现在考虑作用在区域 1 和区域 3 边界上的径向应力。由连续性条件，径向应力在两个边界上的作用相等。为了描述完全破碎区岩石的行为,引入了应用内聚力的不可压缩颗粒介质模型。

应用建立的模型,对 1 kg 胶质炸药在砂质黏土中爆炸进行计算。其中炸药与砂质黏土的相关特征参数见表 4-1-1 和表 4-1-2。

表 4-1-1　胶质炸药特性参数

D(m/s)	ρ_{exp}(kg/m^3)	P_0(GPa)	γ
6 900	1 650	9.82	3.15

表 4-1-2　砂质黏土特性参数

σ*(MPa)	σ_0(MPa)	μ(GPa)	F	K(kPa)	ρ_{soil}(kg/m^3)
11.6	2	0.16	0.2	50	1600

由理论公式可以分别得到不同破坏区域的半径,计算结果显示,爆炸形成的粉碎区半径(b*)为 0.36 m,裂隙区半径(b_0)为 0.81 m。

另一方面，不同炸药震源的作用特征也表现在炸药震源激发的应力波在介质中演化规律的差异,有必要对介质中应力峰值的变化规律进行分析。根据计算可以得到介质中的应力分布曲线(图 4-1-5),如图所示,紧邻炸药震源的介质在爆炸瞬间受到高压爆炸产物的作用,应力为整个过程的最大值,在高压作用下岩土介质发生破坏,与此同时消耗了大量的能量,应力峰值迅速衰减。当应力峰值小于岩土介质的抗压强度时,介质由粉碎破坏变为裂隙破坏(塑性区),峰值压力衰减速度降低。当应力峰值小于介质的抗拉强度时,介质的变形由塑性变形转变为弹性变形，应力峰值的衰减速度进一步降低，并基本保持不变。

2)爆炸初始弹性波耦合模型

爆炸产生爆腔的过程非常迅速(化学爆炸通常只有几微秒)，炸药震源激发并产生高压气体的过程几乎是瞬间转换的。瞬间产生的高压作用在空腔壁面上并向外传播,产生的扰动以声速 c 离开爆源并向周围介质传播。假设产生的爆腔是半径 b_0 的球形,周围介质均匀且各项同性,其密度为 ρ_{soil},杨氏模量为 Y,泊松系数为 σ,爆压为 P_0;同时假设爆生气体的状态方程可用比容 v 来表示。

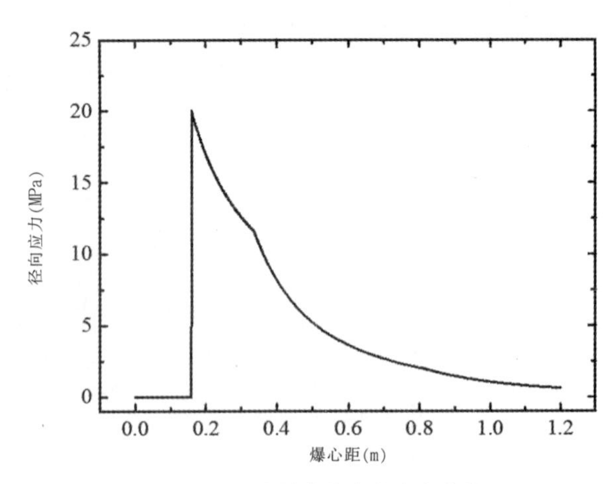

图 4–1–5 介质中的应力分布曲线

初始冲击主要推动爆腔向外运动,当爆腔基本形成后,开始在平衡位置进行振动源向外激发振动。Favreau 在 Shape 建立的经典空腔震源模型中,考虑了在爆炸气体状态方程的基础上,建立了初始弹性波与弹性空腔之间的关系。

(1)运动方程

由于球对称性,介质的运动在任意处径向且无旋。在求解运动方程中,认为应力和应变呈线性关系。由于岩土是脆性的,线性理论只适用于较小值的径向应变$\frac{\partial u}{\partial r}$和环向应变$\frac{u}{r}$。如图 4-1-6 所示,当体积元从最初位置 r 沿着径向移动距离 u,其径向压力和沿着环向的拉力如图 4-1-7 所示。

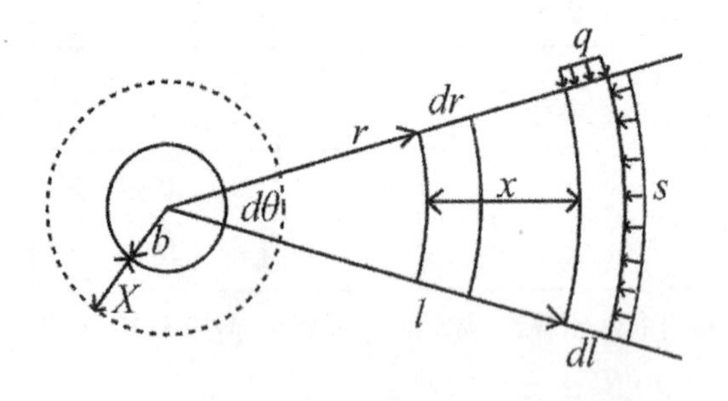

图 4–1–6 介质中典型单元

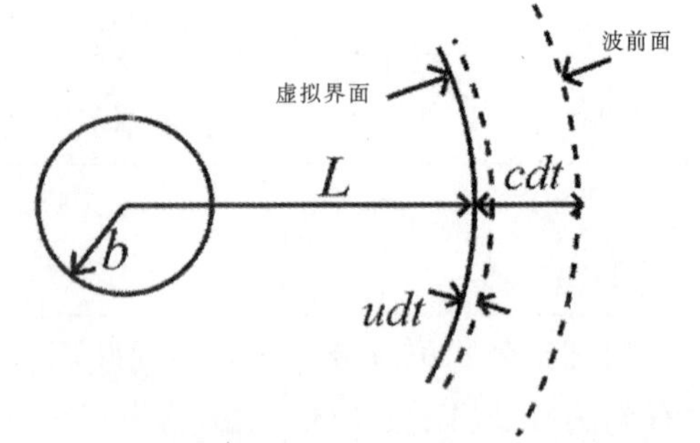

图 4–1–7 径向距离 L 的波前假象球形表面

因此可以引入$\frac{\partial u}{\partial r}$和$\frac{u}{r}$的近似值,简化的运动方程如下:

$$\frac{\partial^2 u}{\partial r^2}+\frac{2}{r}\frac{\partial u}{\partial r}-2\frac{u}{r^2}=\frac{1}{c^2}\frac{\partial^2 u}{\partial t^2} \tag{4-1-6}$$

(2)初始条件

结合试验得到空腔内压力的改变十分短暂，因此爆炸会在介质内产生一个前端陡峭的应力波。在距离 r 处,径向应力 s 与应变$\frac{\partial u}{\partial r}$和$\frac{u}{r}$的关系为

$$s=\rho_{soil}c^2\left[\frac{\partial u}{\partial r}+\frac{2\sigma}{(1-\sigma)}\frac{u}{r}\right] \tag{4-1-7}$$

在波前，介质不会产生位移，因此在前端 u 的初始值为 $u(front)=0$，在前陡坡，径向应力 $-s$ 的值不为零。因此对以上方程在波前进行合并，其中 $\frac{\partial u}{\partial r}$ 的初始值为

$$\frac{\partial u}{\partial r}(front)=-(s/\rho_{soil}c^2) \tag{4-1-8}$$

由于在波前密度不变，根据牛顿第三定律，空腔边界一定存在持续的压力。因此，爆生气体在介质中膨胀产生的压力 p 任意时刻 t 瞬间转化为腔壁上的应力，可推得

$$p=-\rho_{soil}c^2\left[\frac{\partial u}{\partial r}(cavity)+\frac{2\sigma}{(1-\sigma)}\frac{x}{b_0}\right] \tag{4-1-9}$$

式中，$\frac{\partial u}{\partial r}(cavity)$ 表示腔壁上的径向应变，X 表示腔壁从初始位置 b_0 在时间 t 内的位移。

之前的研究认为，应力 p 是一个随时间的确定函数。针对应力的性质，目前工作与之前的解有很大的不同。假设应力 p 是一个随时间的确定函数，有两个明显的缺点：

一是会给问题的解带来未知的参数，而这些参数的值与爆炸空腔无关；二是忽略了爆生气体的真实作用。

对于缺点二，一方面，应该指出的是在给定时刻的爆炸气体的膨胀过程中的瞬时压力实际上不取决于任意的时间函数，而是取决于他们的状态方程，即此时此刻它们的比容 v 的值。体积取决于多远空腔的壁以相同的瞬间已经移出，但腔壁本身的这种运动依赖于压力的各种值。另一方面，体积取决于相同瞬间腔壁移动的距离，而腔壁移动的本身取决于运动开始时爆生气体产生的不同压力值。因此该问题的精确动力学只有通过腔体中的爆生气体以及后者周围的介质得到，同时确定腔体运动的时间。只有通过这种方法，其解才是一个既包含爆炸特性参数又包含岩土特性参数的函数。

对于理想气体，p 和 v 的状态方程为

$$pv^r=constant=PV^\gamma \tag{4-1-10}$$

式中，P 为气体在初始比容 V 的爆压；γ 为爆生气体的膨胀指数，即震源炸药的膨胀指数，同时假设爆炸为绝热过程。由于任意时刻，腔内气体的质量恒等于后者的体积除以比容，则有

$$\frac{4\pi b_0^3}{3V}=\frac{4\pi(b_0+X)^3}{3v} \tag{4-1-11}$$

由于理论只适用于小应变，$\frac{X}{b}$ 的值相对整体较小，通过二项式展开得到

$$\left[3\gamma P-\frac{2\sigma\rho_{soil}c^2}{(1-\sigma)}\right]\frac{x}{b_0}-\rho_{soil}c^2\frac{\partial u}{\partial r}(cavity)=P \tag{4-1-12}$$

计算了不同炸药震源产生的弹性空腔半径及初始爆炸压力，可以获得关于爆炸源的参数和地震波场的振幅 - 频率特性的解析表达式。利用该模型对 1 kg 胶质炸药在砂质黏土中的爆炸进行计算，胶质炸药和砂质黏土的相关参数见表 4-1-3。将表 4-1-3 中的参数代入相关方程式，可以得到空腔半径、弹性区半径、初始弹性波的主频和振幅，计算结果如下：

表 4-1-3 1kg 胶质炸药在砂质黏土中激发初始弹性波特征

P_0(GPa)	b_*(m)	b_0(m)	f_1(Hz)	A_0(cm)
9.82	0.37	0.81	81.22	34.11

通过该模型可以预测得到质点振动速度和位移曲线,见图 4-1-8a 和图 4-1-8b。

图 4-1-8a 中所示的初始弹性波的振动速度仍然保持着尖脉冲的形式,如果在完全弹性介质中传播,则这种振动波形将不会发生变化,而该初始弹性波的特征与经典空腔震源模型给出的振动波形一致。这里建立的模型中考虑了炸药震源的作用过程,对空腔震源的发展体现在可以通过炸药震源的初始参数对初始弹性波的振动速度进行计算。图 4-1-8b 中给出的初始弹性波径向位移曲线,是通过对弹性波速度积分得出的,该结果与 Favreau 建立的模型计算的初始弹性波径向位移计算结果一致。通过考虑炸药震源作用并产生弹性空腔的过程,就可以得到炸药震源初始特征参数与初始弹性波的幅频特征之间的关系模型。利用该模型分析炸药震源初始特征参数对初始弹性波幅频特征的影响规律,为进一步实现波场控制提供理论指导。

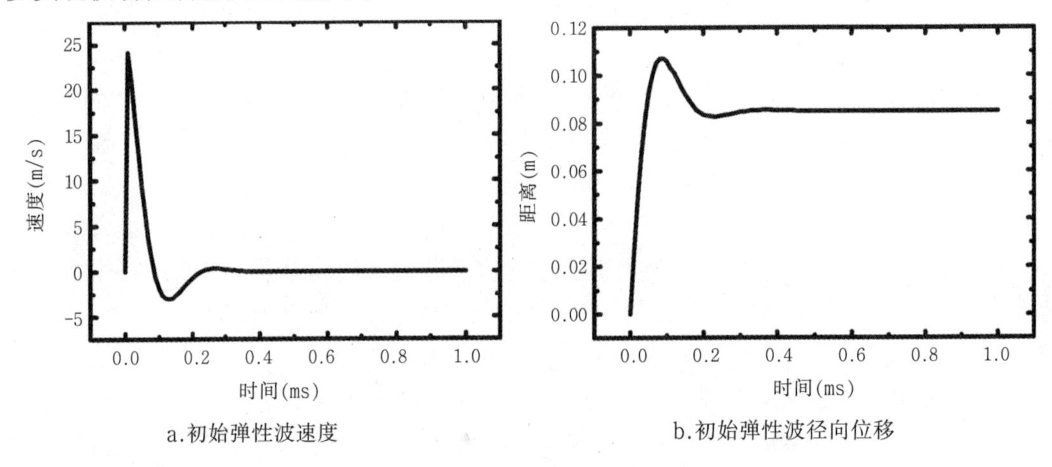

a.初始弹性波速度　　b.初始弹性波径向位移

图 4-1-8 初始弹性波特征

3)初始子波幅频特征的主控参数分析

通过分析可以得出,初始地震波的主频和振动幅值是炸药震源和激发介质共同影响的。为了实现炸药震源激发地震波场的控制,需要掌握炸药震源特征参数和岩土介质性质对地震波场幅频特征的影响规律。基于激发介质的特征确定的条件下,通过控制炸药震源的特征来实现地震波场控制,因此只针对炸药震源特征参数对地震波幅频的影响规律进行分析。

炸药震源的爆压 P 和爆炸产物的膨胀指数 γ 是影响地震波场幅频特征的主要控制因素。利用公式计算可以分别得到初始弹性波主频 f_1 和幅值 A_0 随炸药震源的爆炸压力和膨胀指数的变化规律。

(1)爆压

目前常用炸药的爆速变化范围为 3 000~9 000 m/s,由公式计算可以得到其爆炸初始压力为 1~15 GPa,保持表 4-1-3 中炸药震源其他参数不变,改变初始爆炸压力,利用公式计算不同爆炸压力下初始弹性波的主频和振幅,其计算结果如图 4-1-9 所示。

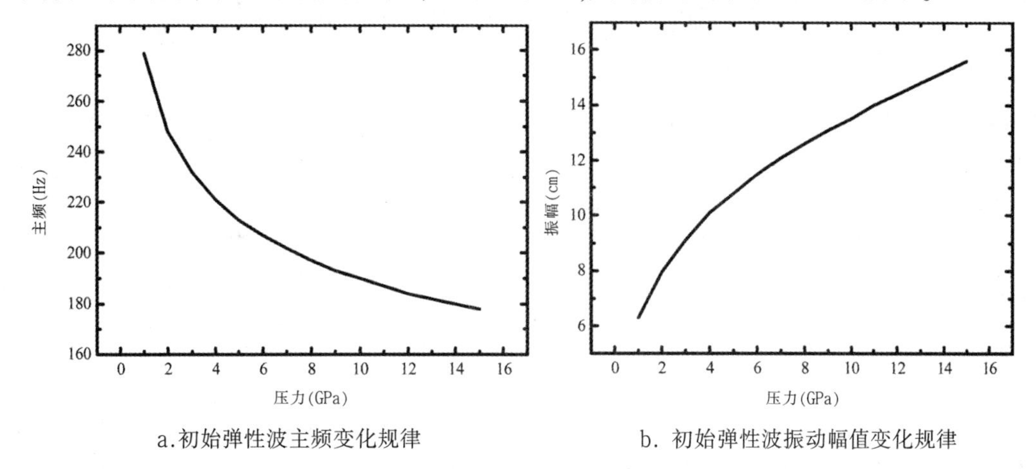

a.初始弹性波主频变化规律 b. 初始弹性波振动幅值变化规律

图 4-1-9 不同爆炸压力对初始弹性波的影响规律

图 4-1-9a 中所示的是初始弹性波的主频随爆炸压力升高的变化规律,由于炸药震源的爆压升高,岩土介质在爆炸压力作用下的破坏效应加剧的同时爆炸空腔增大,由于地震波的信号是弹性空腔的振动产生的,空腔增大会导致频率降低。而在地震波能量方面,虽然随着爆压升高,初始弹性波的能量有所上升,但由于更多的能量被用于岩土介质的破坏作用,导致爆炸应力波转换为地震波的转换率降低,该现象可以通过初始弹性波幅值变化曲线的斜率进行说明,图 4-1-9b 中曲线的斜率逐渐降低。

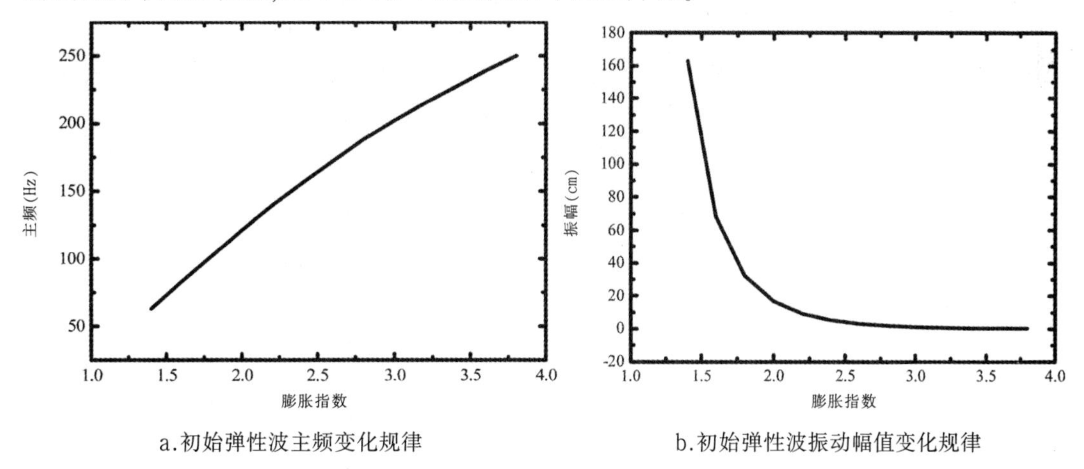

a.初始弹性波主频变化规律 b.初始弹性波振动幅值变化规律

图 4-1-10 膨胀指数变化对初始弹性波的影响规律

(2)膨胀指数

炸药爆炸产物的膨胀指数是影响初始弹性波幅频特征的另一个重要因素, 目前常见的炸药其膨胀指数变化范围为 1.4~3.8。现保持表 4-1-3 中炸药震源其他参数不变,改变炸药震源的膨胀指数,利用公式计算初始弹性波的主频和幅值的变化规律,计算结果见图 4-1-10。

图 4-1-10a 中所示的是初始弹性波的主频随膨胀指数升高的变化规律, 炸药震源爆压产生弹性空腔的过程十分迅速,该过程可以认为是绝热过程。根据绝热定律,当炸药震

源的膨胀指数增大时,产生的弹塑性区域减小,初始弹性波的主频升高。但是随着膨胀指数的增高,初始弹性波的能量降低,初始弹性波的幅值随之降低(图 4-1-10b)。

由于地震勘探中希望获得高频地震波的同时保证地震波的能量，从而获得较好的激发效果,通过分析爆压和膨胀指数对初始弹性波幅频特征的影响规律,炸药震源的特征参数应该结合勘探目标进行选取,针对具体的勘探目标,给出炸药震源爆压的选择范围。

4)炸药震源激发全场地震波理论模型

当炸药震源激发的爆炸冲击波经过一系列衰减后，在介质的弹性边界上形成初始弹性波,即地震子波。如果初始弹性波在假设完全弹性介质中传播,则地震波的形式将不会发生变化。但是大量的实验表明,初始地震波在岩土介质中传播时,会出现能量和频率的衰减。

目前,国内外提出了不同的岩土介质模型,来描述地震波在传播过程中的衰减现象,这些模型主要包括三种:第一类,双相介质模型,利用双相介质的正演模拟来解释地层的吸收作用,其中 Biot 理论是应用最为广泛的双相介质模型;第二类,不均匀介质模型,即利用散射理论来描述地震波的衰减吸收;第三类,粘弹性介质模型,在弹性介质模型上加入了描述介质对波场吸收衰减的粘性项，其广泛应用的模型包括 Kelvin-voight、Maxwell、SLS 等。地震波的吸收衰减是由初始弹性波的特征和岩土介质的衰减吸收共同决定的,如果当岩土介质的吸收衰减规律确定时,远场地震波信号的特征则由初始弹性波的特征决定。在某个特定的介质中,就可以通过控制炸药震源参数来改变初始弹性波的特征,从而对整个地震波场进行控制。

对此,在炸药震源激发初始弹性波的理论研究基础上,利用粘弹性介质模型来描述介质对地震波的吸收衰减作用,最终建立炸药震源激发全场地震波的理论模型,为实现地震波场的控制提供理论指导。初始弹性波形成后，将在岩土介质中以弹性波的形式进行传播。但由于岩土介质特征十分复杂,目前对于岩土介质的衰减吸收特征还无法完全进行描述,基于大量的理论研究和现场试验,普遍认为地震波在传播过程中,高频部分的吸收衰减高于低频部分。对于地震波在粘弹性介质中的传播形式可以用斯托克斯方程进行表示,其具体形式为

$$\frac{\partial^2}{\partial R^2}\left[R\Phi+\frac{\partial}{\partial T}(R\Phi)\right]\frac{\partial^2}{\partial T^2}(R\Phi) \tag{4-1-13}$$

Ricker 得出了 Stokes 方程的解,因此随着初始弹性波在粘弹性介质中传播,其位移和速度分别可以表示为

$$\Phi=\frac{2}{R}\int_0^\infty \exp\left[-R\beta(1+\beta^2)^{-\frac{1}{4}}\sin\left(\frac{\tan^{-1}\beta}{2}\right)\right]\cdot\cos\left[R\beta(1+\beta^2)^{-\frac{1}{4}}\cos\left(\frac{\tan^{-1}\beta}{2}\right)-\beta T\right]\mathrm{d}\beta \tag{4-1-14}$$

$$\dot{\Phi}=\frac{2}{R}\int_0^\infty \beta\exp\left[-R\beta(1+\beta^2)^{-\frac{1}{4}}\sin\left(\frac{\tan^{-1}\beta}{2}\right)\right]\cdot\sin\left[R\beta(1+\beta^2)^{-\frac{1}{4}}\cos\left(\frac{\tan^{-1}\beta}{2}\right)-\beta T\right]\mathrm{d}\beta \tag{4-1-15}$$

通过公式(4-1-15)可以得到初始弹性波在粘弹性介质中传播的波形特征变化。

根据炸药震源特征参数与初始弹性波幅频特征之间的关系，为了进一步描述炸药震源激发的全场地震波过程，需要在已经建立的模型中考虑岩土介质对地震波场的吸收衰减效应,而岩土介质对地震波的作用表现为选频吸收。

炸药震源激发后所形成的地震波频谱是一个连续曲线，对于不同频率的地震波在岩土介质中的衰减效果也不尽相同。在地球物理领域中，通过品质因子 Q 来描述不同介质中对地震波的衰减效果，Q 可定义为

$$Q^{-1}=\frac{1}{2\pi}\frac{\Delta W}{W} \tag{4-1-16}$$

ΔW 为一正弦波通过粘弹性体时，一个周期内能量的损耗，W 为该周期内贮存的最大弹性势能。从公式中可以看出，Q 值是与岩土介质特征有关的参数，该值与地震波的频率无关。在工程爆破中，常用 α 表示衰减系数，在考虑完全弹性情况时，设有一平面波，其位移表达式为

$$u(x)=A_{0\,\exp}\left[i(Kx-\omega t)\right] \tag{4-1-17}$$

式中，$u(x)$ 为质点振动位移(m)；A_0 为质点的振幅(cm)；ω 为振动圆频率；t 为时间(s)；K 为实数，而在粘弹性介质中 K 为复数，即 $K=k+\alpha i$。

对于频率 f_1 和 f_2，波长分别为 λ_1 和 λ_2 的两列面波，假设平面波沿 x 轴传播，一个周期内波通过垂直于 x 轴的单位截面的能力为 W，根据品质因子的定义将公式化简后得到：

$$\frac{\alpha_1}{\alpha_2}=\frac{\lambda_2}{\lambda_1} \tag{4-1-18}$$

即为衰减系数与波长的关系，一次爆炸后所形成的不同频率的同类弹性波在同一种介质中的传播速度相同，即 $v_1=v_2$，则有

$$\frac{\alpha_1}{\alpha_2}=\frac{f_1}{f_2} \tag{4-1-19}$$

公式(4-1-19)表明，不同频率的地震波在传播过程中具有不同的衰减特征，频率高的地震波衰减快，频率低的地震波衰减慢。令

$$\frac{1}{Q}=g(\alpha)=\frac{1}{2\pi}\left[1-\exp(-2\alpha\lambda)\right] \tag{4-1-20}$$

对上式求导后得到

$$g'(\alpha)=\frac{1}{2\pi}\frac{2\lambda}{\exp(2\alpha\lambda)} \tag{4-1-21}$$

$g'(\alpha)>0$，因此 $g'(\alpha)$ 为 α 的单调递增函数。因此表明，介质的衰减系数越大，则介质的品质因子 Q 越小，因此地震波能量的耗损 $\left(\frac{1}{Q}\right)$ 越大。当 α 趋近于零时，介质则趋近于完全弹性介质。

目前对于岩土介质的吸收作用最为普遍的认识就是岩土介质对高频地震波的衰减程度要大于低频地震波，然而岩土介质还对地震波的传播存在选频吸收的效应，假设介质为完全弹性时，波动方程可以表示为

$$U=-\int_0^{\infty}\zeta\cos\zeta\frac{2\sqrt{6}}{\lambda_a}\tau\mathrm{d}\zeta \tag{4-1-22}$$

式中，λ_a 为波长；ζ 为 $\frac{f}{f_0}$；f_0 为主频；f 为整个频率范围。

介质对不同频率地震波的通过性质可以通过下式来表示：

$$\exp\left[-\left(\frac{f}{f_0}\right)^q \frac{x}{b_0}\right] \tag{4-1-23}$$

式中，f 是地震波的频率；f_0 是地震波的主频；x 是爆心距离；b_0 是地震波主频的振幅；q 为确定吸收波段边缘陡峭程度的参数。当 $x=b_0$，则公式(4-1-23)变为

$$\exp\left[-\left(\frac{f}{f_0}\right)^q\right] \tag{4-1-24}$$

上式代表了不同 q 值的一簇曲线，这些曲线代表了可能的吸收频带以表示介质的吸收频谱。

可以看出，当 q 值增加，波段或频带边缘的陡峭程度增加；q 无限增大则所有频段低于主频 f_0 的波将自由地传输，而高于主频的波完全被吸收。

当地震子波的主频确定后，根据不同的岩土介质特征，呈现出不同的频谱特征，如图4-1-11所示。

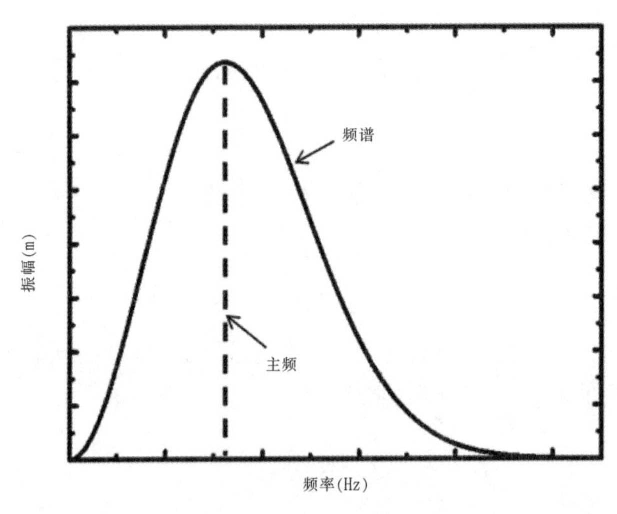

图 4–1–11 地震波频谱形式

粘弹性介质中，由于含水量、孔隙率、土骨架强度等因素的影响，会导致不同的岩土介质对地震波的衰减吸收产生差异。岩土介质对地震波频谱的吸收则通过 q 值进行表征。不同的岩土介质具有不同的 q 值。当 q 值增大，岩土介质对地震波频率的吸收作用越明显。在某一确定的频率 f 处，随着地震波的传播，高于频率 f 的部分将被介质全部吸收，而低于频率 f 的部分会继续传播。应用建立的频谱预测模型对 1 kg 胶质炸药在砂质黏土中的爆炸情况进行预测。

从计算结果中可以看出，1 kg 胶质炸药在砂质黏土中激发后，其初始爆炸压力为 9.82 GPa，空腔半径 0.36 m，弹性区半径 0.81 m，产生的初始地震波主频为 81.2 Hz，振幅 37.11 cm。从预测的结果中可以看出，随着爆心距离的增加，地震波的主频逐渐向低频处移动，而高频部分衰减十分明显，频谱的低频部分虽然也发生了较为明显的衰减，但是衰减速度明显低于高频部分。

建立炸药震源激发地震波场理论模型，可以对不同爆心距离处的地震波频谱进行预测。利用该模型，分析不同炸药震源特征参数对地震波频谱的影响规律，为地震波场的控

制提供理论指导。

从地震波频谱预测公式中可以看出，地震波的频谱特征与炸药震源参数和岩土介质的衰减吸收性质有密切关系。在岩土确定的条件下控制炸药震源参数来实现地震波场的控制。对此分别研究炸药震源的爆压和膨胀指数对地震波频谱的影响规律,在其他参数不变的条件下,改变某个参数,从而得到地震波频谱的变化规律。

利用建立的模型分析炸药震源的初始爆炸压力对频谱特征的影响规律，在保证表4-1-3中其他参数不变的条件下,改变炸药震源初始爆炸压力。由于常用炸药的爆炸压力为5~10 GPa,因此本次计算分别选择初始爆炸压力为4 GPa、8 GPa、12 GPa,通过模型计算得到初始弹性波以及30 m、50 m爆心距时质点振动频谱,可以看出,随着初始爆炸压力的增加,地震波的频谱能量升高、主频降低。通常炸药的膨胀指数变化范围为1.4~3.5,因此分别选择膨胀指数为1.5、2.5和3.5，将不同的膨胀指数代入建立的模型中进行计算，可以看出,随着膨胀指数的增加,地震波的频率升高,而地震能量下降。通过对初始爆炸压力和膨胀指数对地震波频谱特征影响规律的分析，很难达到同时提升地震波的主频和幅值。如果简单地改变炸药震源的膨胀指数和爆炸压力,在提升主频或振幅中某一个指标的同时,另一个指标则会下降。这也是实际生产中阻碍地震勘探分辨率进一步提高的难题之一。结合建立的理论模型,为了获得更高频率和更宽频带的地震波,同时保持足够的能量,应综合考虑爆炸的初始压力和膨胀指数,寻找满足要求的最优参数。

综合考虑了炸药震源激发地震波的不同阶段(流体阶段、粉碎阶段、非波动式膨胀阶段和弹性波传播阶段),发展了炸药震源作用理论模型,从而建立了炸药震源激发地震波理论模型,并得到了炸药震源特征参数对地震波场幅频特征的影响规律,为进一步实现地震波场控制提供了理论指导。

针对经典空腔震源模型忽略了爆炸作用过程，导致无法建立炸药震源特征参数与初始弹性波幅频特征关系的问题,建立了空腔膨胀模量模型描述炸药震源的作用过程,从而建立炸药震源初始参数与初始地震波幅频特征之间的关系模型；针对空腔震源模型无法描述岩土介质对地震波的传播所产生的吸收衰减作用的问题，利用粘弹性介质模型描述地震波在介质中传播过程中频谱的吸收衰减,从而建立炸药震源激发地震波场特征模型,利用模型对炸药震源初始参数对地震波场幅频特征影响规律进行分析,并得出以下结论。

① 炸药震源的爆压和产物膨胀指数是影响地震波幅频特征的主要因素。当炸药震源的爆炸压力增大或膨胀指数降低时,弹性区的范围变大,初始地震波的主频降低、幅值升高。随着爆炸压力和膨胀指数的进一步增加，主频的降低速度或振幅的升高速度逐渐降低。

②通过分析炸药震源的爆压和膨胀指数对远场地震波幅频特征的影响规律，如果简单地改变炸药震源的膨胀指数和爆炸压力,在提升主频或振幅中某一个指标的同时,另一个指标则会下降。为了获得更高频率和更宽频带的地震波,同时保持足够的能量,应综合考虑爆炸的初始压力和膨胀指数,寻找满足要求的最优参数。

③建立的炸药震源激发地震波理论模型，相比于经典炸药震源作用理论模型的发展在于,加入了炸药震源的作用过程,从而能够通过炸药震源的初始参数预测地震波场的幅频特征,即从定量化的角度对炸药震源激发地震波过程进行分析,为进一步实现地震波场

的控制提供了理论基础。

5.有限长柱形装药震源激发地震波场模型

在济阳坳陷的石油地震勘探中，一般使用长径比较大的柱形药包进行激发地震波。柱形装药主要有两点优势：一是长径比较大的细长药柱更利于钻井埋放，相对短粗形药柱钻孔的难度小、成本低，通常将细长药柱分节埋入选择要激发的土层；二是细长药柱爆轰时间长，对周围岩土层的作用时间长，大部分能量用于形成地震波，形成的空腔半径小，可以产生频率和能量更高的地震波，向地层深处传播的信号更强，有利于监测。高频率、高能量的地震波意味着可以给地震勘探提供更高的分辨率，能够探测更深的目的层。要产生高能高频地震波就要对柱形装药产生的波场进行控制，了解柱形炸药激发的地震波场特征对石油地震勘探工作具有重大意义。

柱形装药激发地震波场模型，利用一维球形爆腔准静态模型迭加的方法，对长径比较大的柱形装药进行近似替代，首先给出柱形装药爆炸产生的爆腔和塑性区的特征尺寸和初始参数与弹性区之间的关系，然后使用迭加震源近区的地震波的方法，给出合成地震波的幅频特征。分析二维空间内柱形装药不同方向上地震波的衰减情况，并与球形装药激发地震波场模型进行比较，分析两者差异。通过数值模拟验证其准确性。

1)有限长柱形装药空腔计算方法

根据上述球形装药准静态模型，利用球形迭加的方式提出一种计算柱形装药爆腔的近似方法(假设条件一致)，当柱形装药长径比足够大时(取长径比大于等于 10)，可近似认为该柱形药包由 n 个合适的球形药包迭加组成，在炸药性质和质量不变的情况下应满足：柱形药包和球形药包总体积相等；爆轰过程的连续性，球形药包间距为零；药包形状相近，球形药包直径应尽量与柱形药包直径相近或相等，球形药包直径之和应尽量与柱形药包长度相近或相等。那么可分为三种近似替代情况，如图 4-1-12 所示。

为便于求解，优先考虑球形药包直径之和与柱形药包长度相等的情况，即图 4-1-12a 的情况：

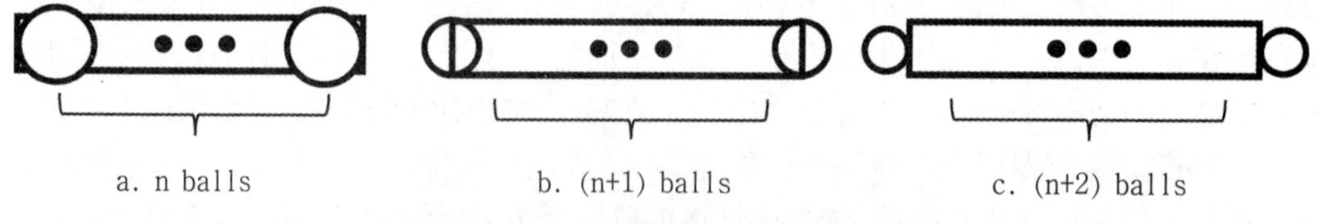

图 4-1-12 柱形药包替代模型划分方式

柱形药包爆腔的特征尺寸可用以下公式表示：

爆腔长半轴为

$$b_{*n}=(N-1)a_0+b_* \tag{4-1-25}$$

爆腔短半轴仍为 b_*，塑性区长半轴为

$$b_{on}=(N-1)a_0+b_0 \tag{4-1-26}$$

塑性区短半轴仍为 b_0，其中 N 代表球形药包个数 n,n+1,n+2 三种情况中的某一值。

为比较三种近似替代情况的合理性，对 6 kg 胶质炸药在土中爆炸形成的爆腔进行计算分析，土介质由三轴试验和轻气炮测定其力学参数，如表 4-1-4 所示。

表 4-1-4 土介质参数

σ_*/MPa	σ_0/MPa	μ/GPa	k	φ/kPa	ρ_{soil}/(kg·m^3)	K/MPa	G/MPa	σ_s/MPa
13	2	0.147	0.115	11.8	1 840	245	147	22

根据计算得出图 4-1-12a、图 4-1-12b、图 4-1-12c 分别对应的球形药包个数 n 值为 8、9、10,对应的球形药包半径为 47.89 mm、46.05 mm、44.46 mm。根据计算球形药包近似替代柱形药包与柱形药包形成的爆腔计算结果如图 4-1-13 所示。

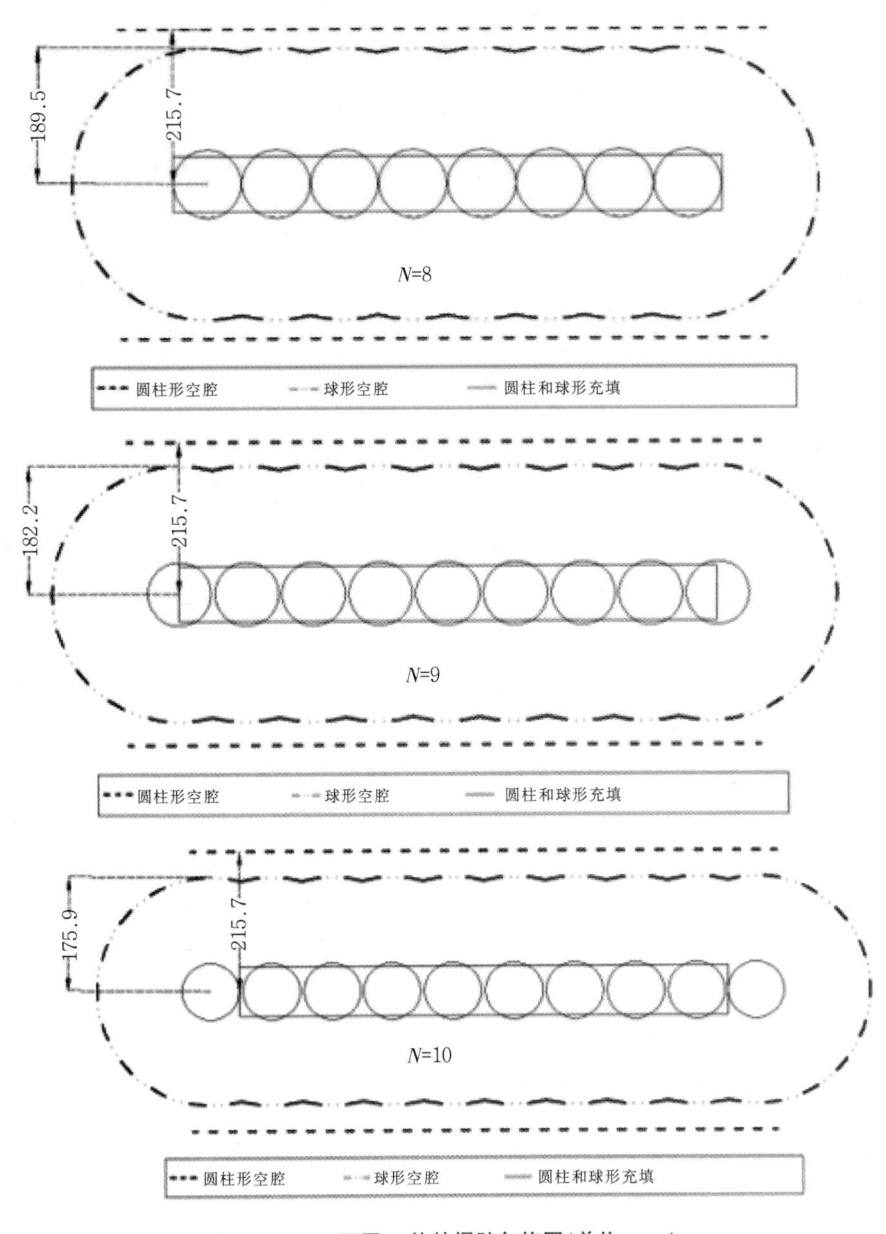

图 4-1-13 不同 N 值的爆腔包络图(单位:mm)

从图 4-1-13 的爆腔包络图中可以看出，柱形药包转球形药包划分的球形药包个数越多，球形药包的直径之和越大，形成的爆腔轴向越长，包络图越扁长，与一维柱形装药准静态模型半径相差越大。而 N=8 时，两者爆腔半径最为接近，即按照公式计算当 N=n 时，图 4-1-12a 的近似替代方法较为合理，此时 b_*=189.5 mm，b_{*n}=524.73 mm。

为比较三种近似替代方法的合理性，使用商业有限元软件 AUTODYN 进行二维数值模拟。AUTODYN 是美国 Century Dynamic 公司开发的显式有限元分析程序，用来解决固体、流体、气体及其相互作用的高度非线性动力学问题，广泛应用于冲击、爆炸等问题的分析研究。用该软件模拟土介质材料在不同形状药包的作用下的空腔过程研究。

(1)炸药爆轰产物状态方程及参数

炸药选择胶质炸药，采用标准 JWL 理想爆轰产物状态方程，其表达式如下：

$$P=C_1\left(1-\frac{\omega}{r_1 v}\right)e^{-r_1 v}+C_2\left(1-\frac{\omega}{r_2 v}\right)e^{-r_2 v}+\frac{\omega e}{v} \tag{4-1-27}$$

式中，e 为 C_{-J} 爆轰能量；C_1、C_2、R_1、R_2、ω 为状态方程参数，其参数见表 4-1-5。

表 4-1-5 胶质炸药特性参数

C_1/GPa	C_2/GPa	R_1	R_2	ω	ρ/kg·m^{-3}	D/m·s^{-1}	E/J·m^{-3}	P_{CJ}/GPa	P_0/GPa
373.7	3.747	4.15	0.90	0.35	1 650	6 930	6.0×10^9	21	9.82

(2)土介质物理模型

土介质采用理想弹塑性模型，使用线性状态方程，其表达方式为

$$P=K\left(\frac{\rho}{\rho_0}-1\right) \tag{4-1-28}$$

式中，K 为土介质的体积模量，为体现土介质在爆炸作用下的弹塑性变化过程，土介质的强度模型则采用 von Mises 强度模型：

$$(\sigma_1-\sigma_2)^2+(\sigma_2-\sigma_3)^2+(\sigma_3-\sigma_1)^2=2\sigma_s^2 \tag{4-1-29}$$

式中，σ_s 是土介质的屈服强度。

土介质使用表 4-1-4 所给出的参数。

取 6kg 胶质炸药，柱形药包长径比为 10，划分成柱形和球形药包进行模拟，对于炸药及炸药近区，因网格变形过大，使用欧拉单元网格描述，远区冲击波应力小于介质强度极限，变形较小则使用拉格朗日单元描述，接触部分使用欧拉 - 拉格朗日耦合算法，土介质远区使用 transmit 完全投射边界条件，左右对称轴处使用 Velocity 条件，x 方向速度为 0，因爆腔最终结果与药包起爆点位置无关，爆腔形状存在对称性，故使用 1/4 网格计算，减少计算量。欧拉单元网格介质尺寸为 1 100 mm×500 mm，网格划分为 110×50，拉格朗日单元网格介质尺寸为 4 000 mm×400 mm，网格划分为 200×200，如图 4-1-14(整体网格几何模型)和图 4-1-15(炸药近区网格几何模型)所示。

根据参考文献，柱形药包爆腔近似为椭球型，在二维条件下，用离心率表征比较两种划分方式的近似程度，计算得出爆腔特征尺寸。计算结果如图 4-1-16、表 4-1-6 所示。

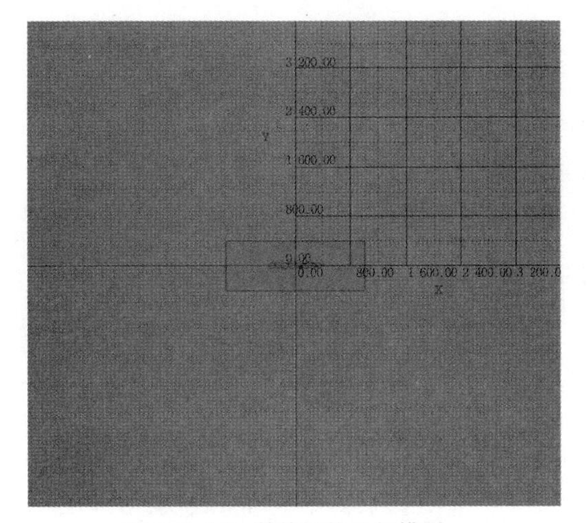

图 4-1-14 整体网格几何模型

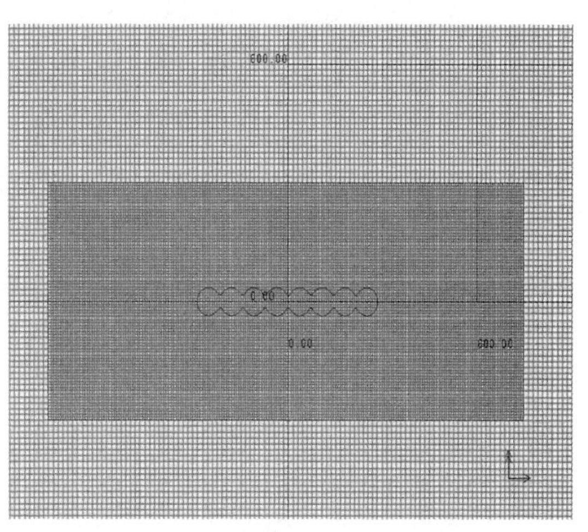

图 4-1-15 炸药近区网格几何模型

表 4-1-6 两种药包形成的爆腔特征尺寸

划分方式	等体积球个数	半径 /mm	爆腔长半轴 /mm	爆腔短半轴 /mm	爆腔离心率	塑性区长半轴 /mm	塑性区短半轴 /mm	塑性区离心率
柱形		38.84	530	200	0.377 4	800	570	0.712 5
球形	8	47.89	500	190	0.380 0	790	560	0.708 9

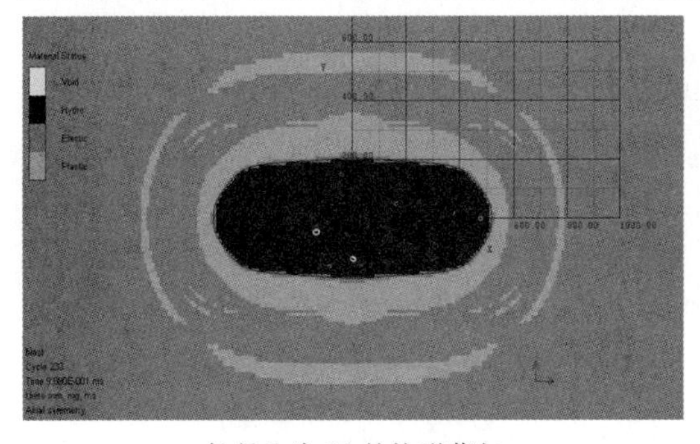

a.长径比为 10 的柱形药包

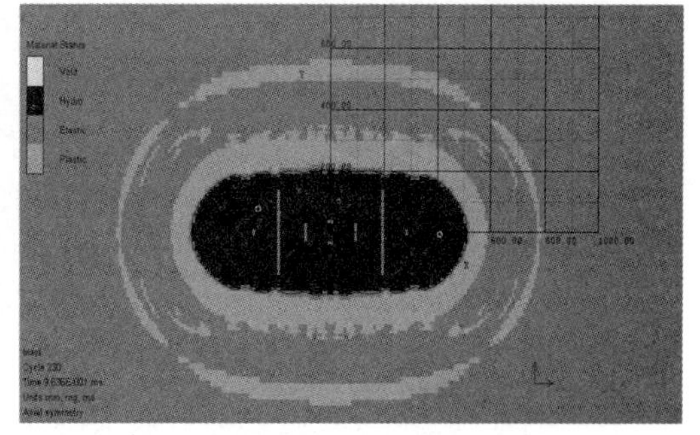

b.划分成 8 个球形药包爆腔特征尺寸图

图 4-1-16 两种药包形成的爆腔特征尺寸图(深色为爆腔区、浅色为塑性区)

根据图 4-1-16 模拟结果的爆腔形状可以看出柱形药包形成的爆腔表面较为平滑,而等体积分成球形药包后形成的爆腔带有轻微的锯齿结构,该结果主要是因为球形药包之间有弧形间隙,导致初始爆炸冲击波方向不同,并相互迭加不均匀,作用在土介质上形成锯齿结构。从爆腔尺寸上看,两个划分方式形成的爆腔形状基本一致,均近似为椭圆形,6 kg 柱形药包等体积划分为 8 个球时,形成的爆腔和塑性区特征尺寸与柱形药包形成的爆腔和塑性区特征尺寸接近,离心率相差较小,离心率分别为 0.38、0.708 9,所以按照图 4-1-16a 进行划分较为合理,此时式(4-1-25)、式(4-1-26)中 $N=n$。球形药包爆腔长半轴约为球形药包半径的 10.4 倍,短半轴约为 5.1 倍,这在文献中实验得到的空腔半径约为装药半径的 11 倍结果范围之内;而塑性区长半轴约为爆腔长半轴的 1.6 倍,短半轴约为

4.85 倍。

根据一维球形理论计算模型的迭加结果形成的爆腔包络线和一维柱形理论计算模型的爆腔半径进行对比,如表 4-1-6 和图 4-1-20 所示。N=8 时,一维柱形药包爆腔理论计算半径为 215.7 mm,一维球形药包爆腔理论计算半径为 189.5 mm。

由图 4-1-16 可以看出,8 个球形药包近似替代形成的爆腔两侧为锯齿结构, 数值模拟结果与图 4-1-12a 的结果基本一致,其爆腔短半轴比一维柱形爆腔理论半径略小,相差 11.9 %,这是因为一维柱形爆腔理论计算为无限长柱,轴向无冲击波能量传播,不考虑轴向能量损失,只考虑径向能量变化,所以对于有限长柱形药包存在轴向端头效应使能量向轴向传输,实际结果应该更接近球形迭加爆腔尺寸。

由计算结果可以看出,8 个球形药包迭加的近似计算方式与柱形药包模拟计算结果较为一致,爆腔长半轴相差 1 %,短半轴相差 5.25 %,离心率相差 4.29 %。结果表明,可以用一维球形药包理论计算迭加的计算方式来计算二维柱形药包爆腔特征尺寸,符合工程需要。

表 4-1-7 不同计算方式爆腔特征尺寸计算结果

计算方式	半径 /mm	爆腔长半轴 /mm	爆腔短半轴 /mm	离心率
柱形模拟	38.84	530	200	0.377 4
8 个球形替代模拟	47.89	500	190	0.380 0
一维柱形理论计算	38.84		215.7	
8 个球形叠加近似计算	47.89	524.7	189.5	0.361 2

(3)不同药量不同长径比药包的计算结果分析

按照图 4-1-12a 的柱形药包转球形药包划分方法,分别对 8 kg、10 kg、12 kg 胶质炸药长径比为 10、12、15、17、20 的情况下进行数值模拟和球形药包迭加形成的爆腔、塑性区特征尺寸及误差对比分析,结果如图 4-1-17、图 4-1-18 所示。

从图 4-1-17 和图 4-1-18 可以看出, 进行球形理论模型迭加后形成的爆腔与柱形药包数值模拟结果较为接近, 且理论计算结果小于模拟值, 误差趋势随长径比的增大而减小,与模拟值比较:爆腔长半轴误差范围为 1.3 %~8.75 %,短半轴误差范围为 3.9 %~14.2 %;塑性区长半轴误差范围为 1.7 %~6.4 %,短半轴误差范围为 4.6 %~7.3 %。可以看出两者长半轴误差相对较小,短半轴误差略大。

产生误差的原因主要有两方面: 理论计算结果的爆腔尺寸未考虑其他药包径向和轴向的迭加效果,只考虑端头药包的爆腔及塑性区尺寸,且产生塑性区所需冲击波压力小于形成爆腔的冲击波压力,此时忽略药包径向迭加效果会使塑性区短半轴尺寸产生误差;炸药在土介质中爆炸后产生地震波,在自由界面进行反射,反射波对介质的拉伸会进一步扩大爆腔尺寸,而理论计算结果未考虑反射波的影响,故结果较小。

同时,同一药量长径比越大,按照公式的球形药包迭加近似计算方法形成的爆腔特征尺寸(爆腔长半轴和短半轴)越接近柱形药包爆腔的模拟值,当长径比较大的时候,球形药包划分个数变多,与土介质接触的侧面趋向于一条直线,土介质受到的径向应力分布的越均衡,越接近柱形药包爆炸的应力荷载分布。

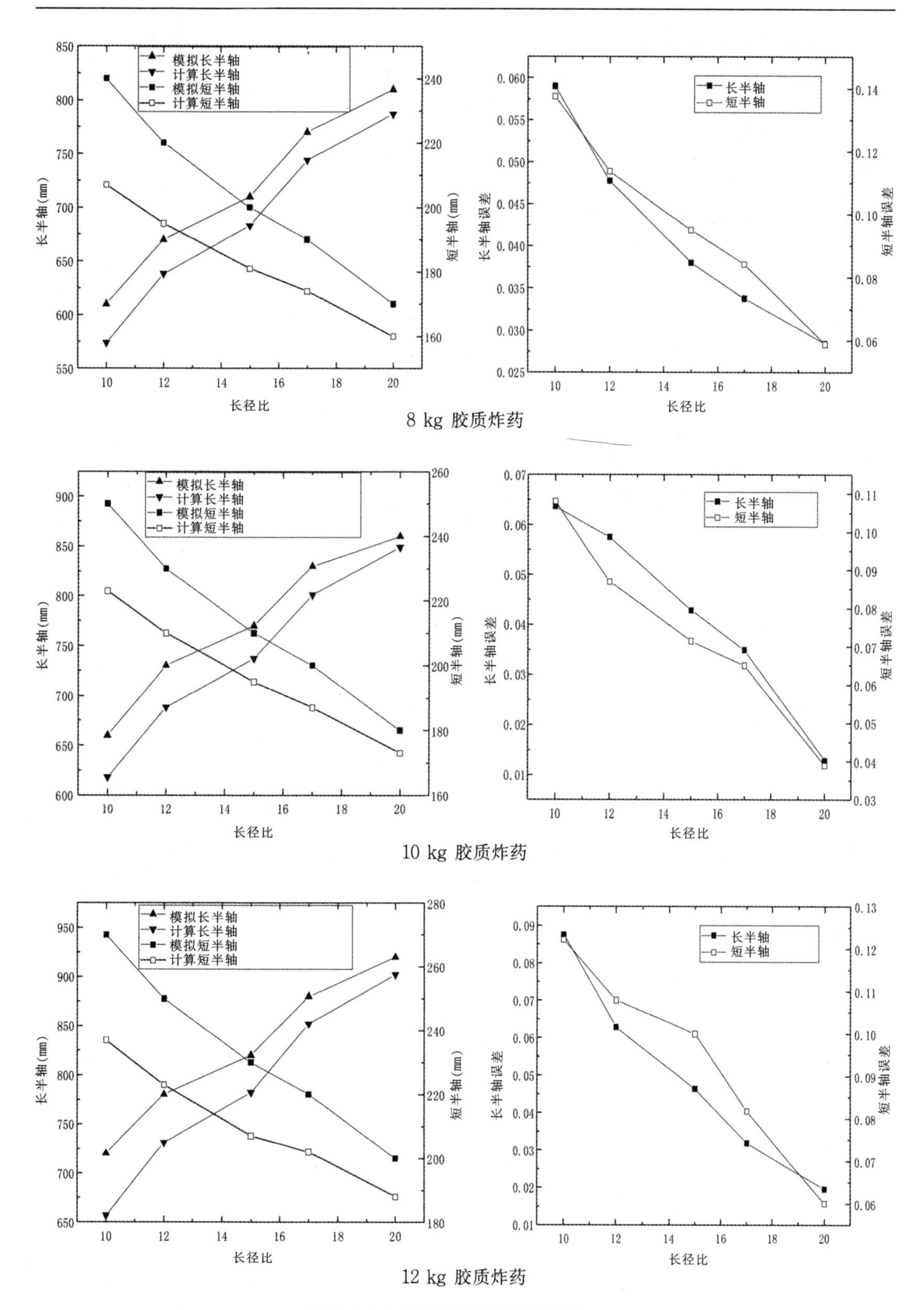

图 4-1-17 不同药量不同长径比情况下
爆腔特征尺寸理论计算与数值模拟对比(左)、相对误差分析(右)

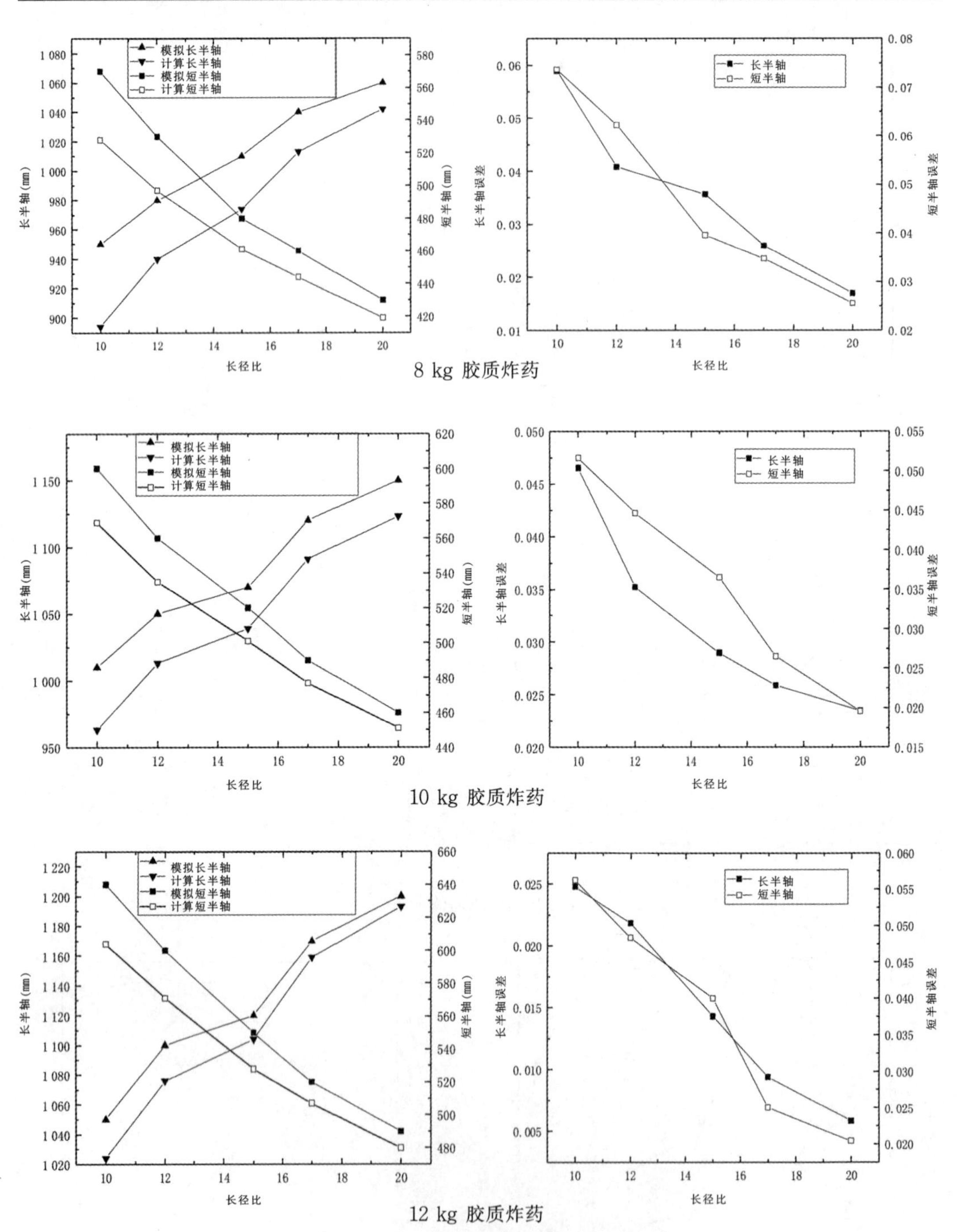

图 4-1-18 不同药量不同长径比情况下

塑性区特征尺寸理论计算与数值模拟对比(左)、相对误差分析(右)

综上所述,可得出如下结论:

① 一维球形装药爆腔预测准静态理论模型能够利用迭加的方法近似计算柱形装药爆腔的特征尺寸,当 $N=n$,药柱长径比在 10 及以上时,该计算方法较为合理,其爆腔尺寸和塑性区尺寸计算结果均小于数值模拟结果,误差较小,在 14.2 %以内,可以用于爆腔的

工程计算。

②球形迭加模型近似计算结果随着柱形药包长径比的增大而计算精度增加，适用于长径比较大的柱形药包爆腔尺寸及塑性区尺寸计算，且划分方式简单易算，表达式中参数获取较为方便，能够快速给出工程结果。

2)有限长柱形装药激发地震波幅频特征计算方法

上一小节使用球形药包迭加的方法计算了有限长柱形炸药在土中空腔的计算方法，在此，继续利用球形药包迭加的方法对有限长柱形炸药激发地震波近区的质点振动速度进行迭加计算。Favreau 在经典球形空腔模型的基础上考虑爆生气体在空腔壁面的压力作用，给出了空腔振动产生的弹性波的解析解。

在球对称和线性理论的应用下，引入线性的径向应变和环向应变，简化的运动方程为

$$\frac{\partial^2 u}{\partial r^2}+\frac{2}{r}\frac{\partial u}{r\,\partial r}-2\frac{u}{r^2}=\frac{1}{c^2}\frac{\partial^2 u}{\partial t^2} \tag{4-1-30}$$

解析过程省略，其质点振动方程阻尼振荡的解为

$$U(r,t)=e^{-\eta^2\tau/\rho_{soil}cb.}\cdot\left[\left(\frac{pb^2.c}{\eta\kappa r^2}-\frac{\eta pb.}{\kappa\rho_{soil}cr}\right)\sin\frac{\eta\kappa\tau}{\rho_{soil}cb.}+\frac{pb.}{\rho_{soil}cr}\cos\frac{\eta\kappa\tau}{\rho_{soil}cb.}\right] \tag{4-1-31}$$

其中，

$$\eta^2=\frac{2(1-2\sigma)\rho_{soil}c^2+3(1-\sigma)\gamma P}{2(1-\sigma)} \tag{4-1-32}$$

$$\kappa^2=\frac{2\rho_{soil}c^2-3(1-\sigma)\gamma P}{2(1-\sigma)} \tag{4-1-33}$$

$$\tau=t-\frac{r-b.}{c} \tag{4-1-34}$$

该振动方程的主频为

$$f_0=\frac{\omega}{2\pi}=\frac{n\kappa}{2\pi\rho_{soil}cb.} \tag{4-1-35}$$

主频对应的初始弹性波振幅为

$$A_0=e^{-\eta^2\tau_0/\rho_{soil}cb.}\cdot\sqrt{\left(\frac{pb^2.c}{\eta\kappa r_1^2}-\frac{\eta pb.}{\kappa\rho_{soil}cr_1}\right)^2+\left(\frac{pb.}{\rho_{soil}cr_1}\right)^2} \tag{4-1-36}$$

从式(4-1-32)可以看出，该振动方程由一个指数衰减项和一个正弦波余弦波迭加项组合而成，振动频率由正余弦项决定，振幅值由指数衰减项和正余弦波前系数决定。

初始振动速度衰减图形如图 4-1-19 所示，可以看出质点初始速度脉冲为尖波形状，短时间内由突升至最大振动速度，又马上衰减，阻尼效果较大，但是速度正值部分面积远大于负值部分面积，说明该速度曲线衰减过快，质点发生位移且没有回弹到原始位置，适用于空腔近区粘滞阻尼受迫振动，如果在完全弹性介质中传播，该波形将一直保持尖脉冲的形式而不发生变化，但对于震源近区将土介质视为粘弹性介质，质点振动速度衰减时间远大于图 4-1-19 的，衰减相对缓慢。

在柱形药包进行球形近似迭加的基础上，假设每个球形药包在土中完成爆炸过程，形成振动空腔，此时产生弹性波并开始从空腔边缘向外传播，对于远离球形药包的空间内任意一点都将经历每个球形空腔产生的弹性波作用，并存在时间差。该时间差主要由两部分

构成,第一是柱形药包在实际爆炸过程中是由上向下连续爆轰,那么对于球形药包也必然存在爆轰的先后问题,该时间差即为球形药包的间距与爆轰速度的比值;第二是球形药包的空间位置不同,忽略爆炸引起的空腔周围土介质密度的变化,则弹性波速不变,那么产生的弹性波传播到空间内同一质点的时间也不同。

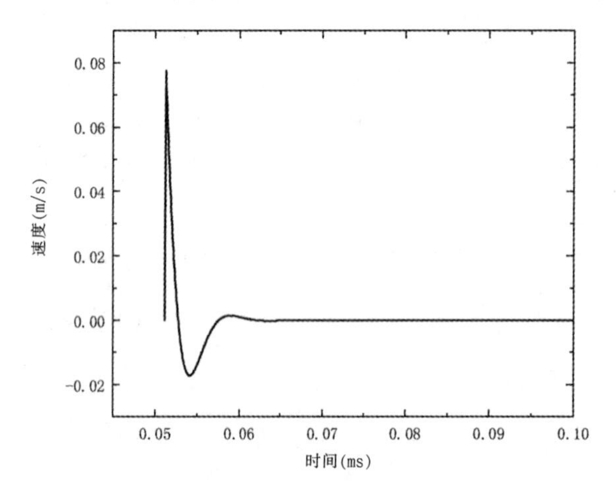

图 4-1-19 振动速度衰减图

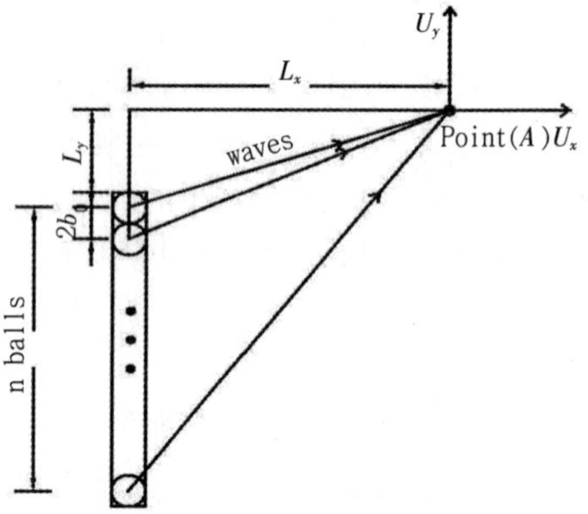

图 4-1-20 振动速度合成示意图

每一个球形药包作用于空间特定质点的速度方向不同,需要对该速度进行分解,再在 x 和 y 方向上迭加速度分量,最后合成终态速度,如图 4-1-20 所示。

那么在空间内某一点 A 处,第一个球形药包爆炸产生的地震波传播到 A 点时,其振动速度为 $U_1(r_1,t_1)$,其 x 方向振动速度为 $U_{1x}(r_1,t_1)$,其 y 方向振动速度为 $U_{1y}(r_1,t_1)$,则

$$U_1(r_1,t_1)=e^{-\eta^2\tau_1/\rho_{soil}cb}\cdot\left[\left(\frac{pb^2.c}{\eta\kappa r_1^2}-\frac{\eta pb.}{\kappa\rho_{soil}cr_1}\right)\sin\frac{\eta\kappa\tau_1}{\rho_{soil}cb.}+\frac{pb.}{\rho_{soil}cr_1}\cos\frac{\eta\kappa\tau_1}{\rho_{soil}cb.}\right] \tag{4-1-37}$$

$$U_{1x}(r_1,t_1)=U_1(r_1,t_1)\frac{L_x}{r_1} \tag{4-1-38}$$

$$U_{1y}(r_1,t_1)=U_1(r_1,t_1)\frac{L_y}{r_1} \tag{4-1-39}$$

那么对于 n 个球形药包则有:

x 方向振动合速度为

$$U_x(r,t)=U_{1x}(r_1,t_1)+U_{2x}(r_2,t_2)+\cdots+U_{nx}(r_n,t_n) \tag{4-1-40}$$

y 方向振动合速度为

$$U_y(r,t)=U_{1y}(r_1,t_1)+U_{2y}(r_2,t_2)+\cdots+U_{ny}(r_n,t_n) \tag{4-1-41}$$

最终合成速度为

$$U_0(r,t)=\pm\sqrt{U_x(r,t)^2+U_y(r,t)^2} \tag{4-1-42}$$

需要说明的是公式(4-1-39)中的正负值取决于合成速度的振动方向,因为炸药爆轰速度远大于地震波在土介质中的传播速度, 常用胶质炸药的爆轰速度约为 6 900 m/s,爆轰速度较小的铵梯炸药也有 3 000 m/s,而土中声速为 500~1 000 m/s,岩石中声速较大约为 2 000 m/s, 即便是最后一个球形药包产生的地震波传播到质点 A 的时间也远大于炸药完成爆轰过程的时间,质点的振动周期相对于爆轰过程较长,故最终合成速度的振动

方向基本与每个球形药包产生的地震波振动速度方向一致，正负号与 x、y 方向的合速度正负号相同。

对于质点的振动频率,因公式中正余弦波的角速度不随球形药包的位置变化而变化,只和空腔半径、土介质密度、土中声速等参数有关,在忽略岩土介质对地震波选频吸收的作用下,认为初始地震波在弹性介质内传播,只有地震波到达质点所用的时间 t 发生了变化,最后的频率为定值,且与每个球形药包爆炸产生的地震波频率相关。

第一个球形药包振动方程的振幅为

$$A_1=e^{-\eta^2\tau_1/\rho_{soil}cb}\cdot\sqrt{\left(\frac{pb^2.c}{\eta\kappa r_1^2}-\frac{\eta pb.}{\kappa\rho_{soil}cr_1}\right)^2+\left(\frac{pb.}{\rho_{soil}cr_1}\right)^2} \tag{4-1-43}$$

在 x 方向的分量为

$$A_{1x}=\frac{L_x}{r_1}e^{-\eta^2\tau_1/\rho_{soil}cb}\cdot\sqrt{\left(\frac{pb^2.c}{\eta\kappa r_1^2}-\frac{\eta pb.}{\kappa\rho_{soil}cr_1}\right)^2+\left(\frac{pb.}{\rho_{soil}cr_1}\right)^2} \tag{4-1-44}$$

在 y 方向的分量为

$$A_{1y}=\frac{L_y}{r_1}e^{-\eta^2\tau_1/\rho_{soil}cb}\cdot\sqrt{\left(\frac{pb^2.c}{\eta\kappa r_1^2}-\frac{\eta pb.}{\kappa\rho_{soil}cr_1}\right)^2+\left(\frac{pb.}{\rho_{soil}cr_1}\right)^2} \tag{4-1-45}$$

同理合成振幅为

$$A^*=\sum_1^n\sqrt{A_{nx}^2+A_{ny}^2} \tag{4-1-46}$$

炸药爆炸空腔振动形成弹性波后在土介质中传播，其振幅和频率都会因为土介质本身的含水量、孔隙率、密度不均匀、土体骨架强弱、土层之间性质差异等实际因素的影响而衰减吸收。基于前人的理论研究和大量实验成果,普遍认为在粘弹性的土介质中对地震波存在选频吸收效应,对高频地震波的吸收衰减程度要远大于低频部分,这也是阻碍地震勘探使用炸药震源产生高频高能地震波向地层深处传播的主要因素。

在弹性介质条件下,波动方程为

$$U=-\int_0^\infty\frac{f}{f_0}\varphi\cos\frac{f}{f_0}\frac{2\sqrt{6}}{\lambda_0}\tau\mathrm{d}\left(\frac{f}{f_0}\right) \tag{4-1-47}$$

其中 λ_0 为波长,f 为整个频率段,f_0 为主频值,φ 为地震波吸收系数。

土介质对整个频域内不同频率地震波的吸收系数为

$$\varphi=e^{\left[-\left(\frac{f}{f_0}\right)^q\frac{x}{A_0}\right]} \tag{4-1-48}$$

式中,q 表示某频率波段边缘的陡峭程度;A_0 为初始地震波主频振幅;x 为地震波在土介质中的传播距离。

那么在粘弹性介质中距离 x 处的地震波振动形式为

$$U=-\int_0^\infty\left(\frac{f}{f_0}\right)^q e^{\left[-\left(\frac{f}{f_0}\right)^q\frac{x}{A_0}\right]}\cos2\pi f\tau\mathrm{d}\left(\frac{f}{f_0}\right) \tag{4-1-49}$$

频谱特征表达式为

$$A_m^*=\left(\frac{f}{f_0}\right)^q e^{\left[-\left(\frac{f}{f_0}\right)^q\frac{x}{A_0}\right]} \tag{4-1-50}$$

带入式(4-1-42)得：

$$A_m^* = \left(\frac{f}{\dfrac{\eta\kappa}{2\pi\rho_{soil}cb.}} \right)^q e^{\left[-\left(\frac{f}{\frac{\eta\kappa}{2\pi\rho_{soil}cb.}} \right)^q \frac{x}{A_0} \right]} \tag{4-1-51}$$

该式表示确定地震波主频值后，在不同的土介质传播过程中，受选频吸收效应的影响,根据不同的 q 值,高于主频的地震波将被不完全吸收,低于主频的地震波将顺利通过不受影响,当 q 值无限大的时候,土介质变为弹性介质,高于主频的地震波将被完全吸收,低于主频的则完全通过。

(1)二维空间定点幅频特征计算实例

根据建立的柱形药包由球形药包迭加的激发地震波振动模型,选择在粉质黏土中进行,岩土介质参数见表 4-1-8。

对于 8 kg 震源药柱,长径比为 15,根据公式的计算结果为 n=12,也就是分成 12 个球形药包依次紧密排列,分解成的每个球形药包质量为 0.67 kg,当图 4-1-16 中 L_x=13.5 m,L_y=16.7 m 时,主频及振幅计算结果如表 4-1-9 所示,在 A 点所计算合成振动波形图的合成过程如图 4-1-21 所示。

表 4-1-8 粉质黏土参数

σ_* / Mpa	σ_0 / Mpa	μ / Gpa	k	φ / kPa	ρ_{soil} / (kg·m^3)	σ
11.3	0.2	0.494	0.25	22	1700	0.25

表 4-1-9 A 点振动幅频计算结果

药量 /kg	n	f_0 /Hz	A_0 /cm
8	12	331	0.82

由图 4-1-21 可以看出 x、y 方向上的振动速度分量略小于原振动速度,振动频率与原振动速度保持一致,同时第一个球形药包在 A 点处的起振速度峰值为 0.029 cm/s,第六个球形药包在 A 点处的起振速度峰值为 0.026 5 cm/s,第十二个球形药包在 A 点处的起振速度峰值为 0.024 9 cm/s,随着球形药包距离质点 A 越来越远,在质点 A 处的起振速度峰值随之降低,说明地震波传播随着距离的增加,能量发生衰减。合成后的质点振动与各个球形药包在 A 点处的振动速度形式基本保持一致，振动速度峰值也是各个球形药包的分量速度合成的结果,随着振动时间的增加,质点振动能量衰减,但是振动周期基本不变,这是因为未考虑地震波在岩土介质中传播的选频吸收效应,振动频率高频部分没有明显被吸收衰减的痕迹。

但是岩土介质对地震波有吸收衰减效应,对于不同频率的地震波吸收衰减效果不同,在确定地震波主频及振幅的情况下，可以得出在 A 点不同 q 值条件下衰减计算后的频谱特征如图 4-1-22 所示。

由图 4-1-22 可以看出,不同 q 值情况下,地震波的高频部分和低频部分被吸收的情况也不相同。当 q 值较小时,如 q=1,地震波频率较高部分基本被吸收,其质点振幅几乎为 0,随着 q 值的增加,地震波频率较高部分未被完全吸收,得到释放,但是频率较低部分振幅减小,表示被岩土介质吸收衰减,当 q 值继续增大时,未被吸收的频率变高,频带变窄,低频部分振幅接近于0。但是大量的试验证明,随着地震波传播距离的增加,地震波被岩土介质吸收的形式应为高频部分被吸收,低频部分保留下来,因而 q 取值较小,经过大量实验分析,q 值一般取2或3,鉴于所使用的岩土参数较为质软,所以 q 值取3。

当 q=3时,该柱形药包使用球形药包迭加合成近似计算后,在距离第一个球形震源不同位置处地震波的频谱特征如图4-1-22所示。

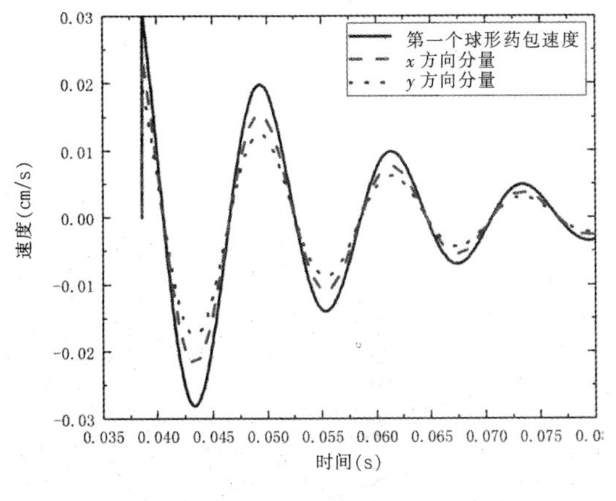

a.第一个球形药包振动速度及分量

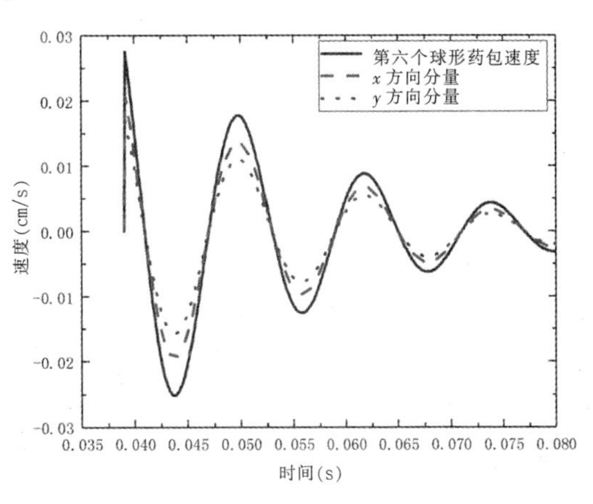

b.第六个球形药包振动速度及分量

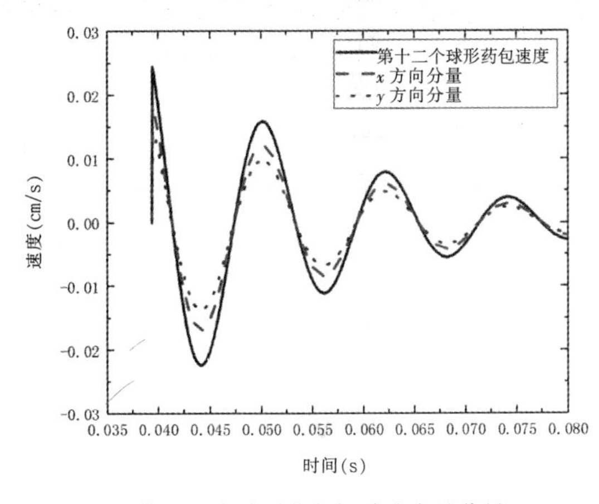

c.第十二个球形药包振动速度及分量

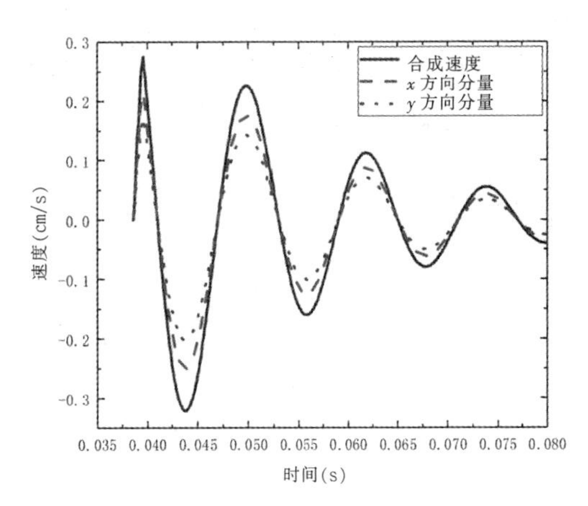

d.最终合成振动速度及分量

图4-1-21 部分球形药包在 *A* 点处振动速度及分量图和最终合成速度

由图4-1-22的频谱特征可以知道,随着距离的增加,地震波高频部分发生明显衰减,距离爆炸源1 m处的振幅和21 m处的振幅相差较大,说明在爆炸近区,炸药震源激发的振动能量大部分被吸收,用于对震源周围岩土介质做功,只有少部分能量以弹性波的形式向外传播,并且频率和振幅相对于炸药震源初始弹性波都要低很多。

根据表4-1-9的理论计算结果,在距离震源约21 m处的质点 A,4 kg柱形装药胶质炸药变为由球形药包迭加合成后激发的地震波主频为331 Hz,合成振幅为0.82 cm,经过岩土介质对地震波的选频吸收衰减作用后,主频降为80 Hz,对应最大振幅降为0.44 cm。通过上述球形药包迭加的计算方式,得到了岩土介质区域某一点处的主频和振幅值,对其他任意一点的幅频特征也可以使用该方法进行计算,从而建立完整的柱形药包震源在岩土介质中激发地震波的频谱模型。

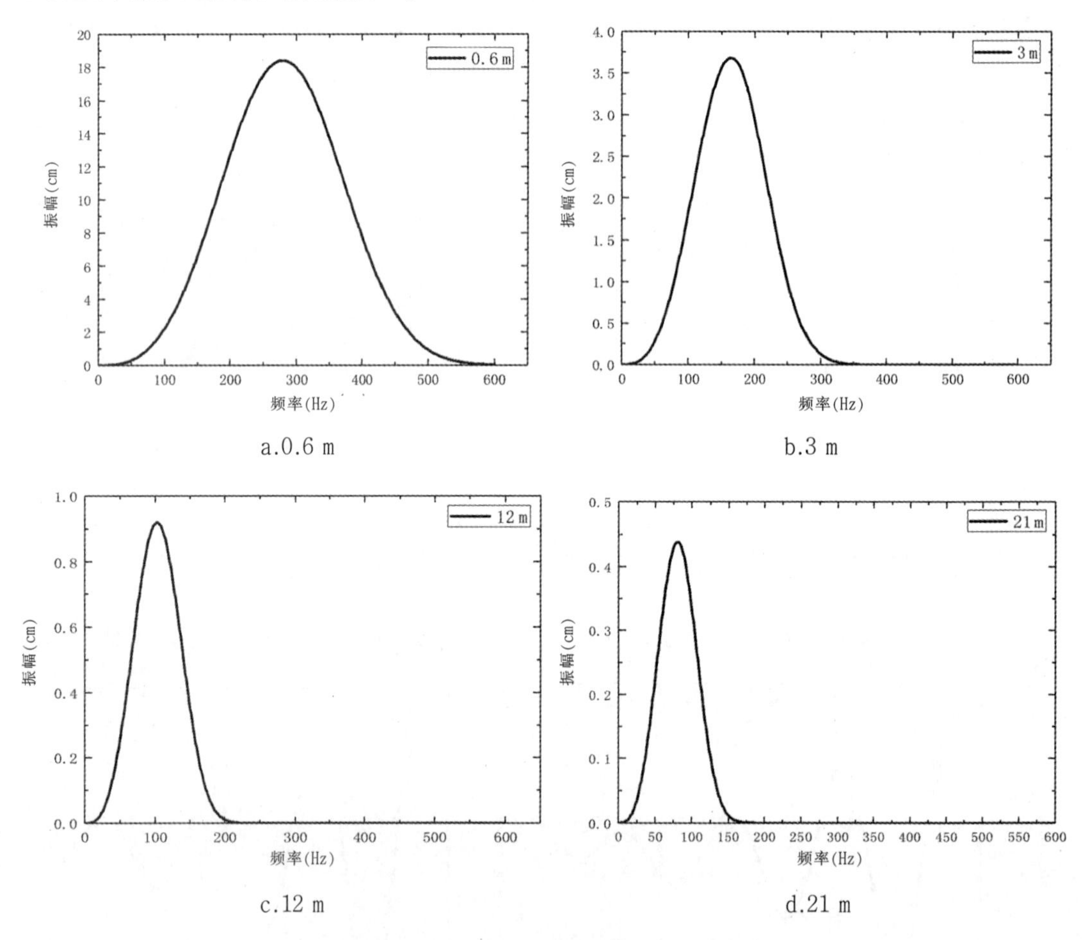

图 4-1-22 不同距离处合成地震波的频谱特征

通过前文可以计算空间内任一定点的地震波幅频特征。与球形装药激发的地震波不同，柱形装药激发的地震波因其轴向和径向的炸药作用差异属于二维空间问题。在药柱近区,因为地震波传播时间不同,距离药柱中心相同距离处的轴向和径向的质点振动速度存在差异,幅频特征也会有所不同。为比较柱形装药这两个方向上的地震波差异，分别对轴向和径向及夹角方向距离炸药中心相同距离处的质点幅频特征进行计算。

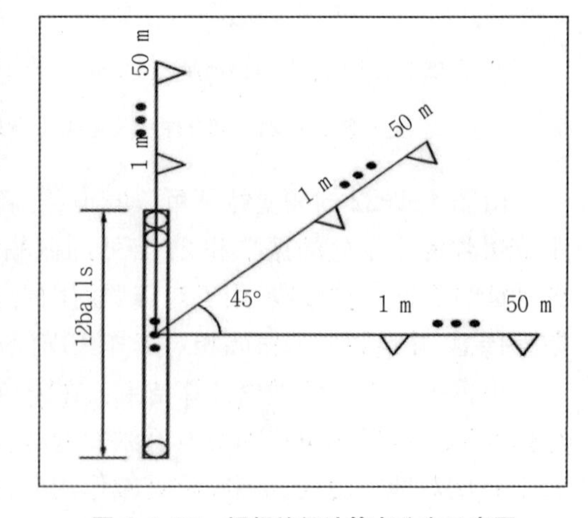

图 4-1-23 幅频特征计算点分布示意图

使用 8 kg 胶质炸药柱形药包,长径比为 15,长度 1.1 m,取点情况如图 4-1-23 所示，以柱形炸药中心为原点,在轴向和径向及 45°夹角方向每隔 1 m 取一个计算点，计算长度为 50 m,共 150 个点。

按照用球形药包近似替代的计算方法得到图 4-1-24 频率衰减和图 4-1-25 振幅衰减的计算结果。可以看出在 10 m 范围内,轴向、径向及 45°方向上的主频值及振幅值迅速衰减,主频和振幅的大小排序为:轴向 >45°方向 > 径向,原因是轴向点距离药柱(药柱顶端)最近而径向点距离药柱(药柱中心)最远,而主频及振幅是由近及远迅速衰减的。在接近 10 m 距离处三者曲线几乎重合，以轴向主频及幅值为参照，经过计算发现 8 m 处径向及 45°方向主频及振幅值的对比百分数差异分别小于 1 %和 5 %。此距离约为药柱长度的 5.5 倍，可以认为此距离处轴向、径向及 45°方向上的主频和振幅已无差异，计算结果如表 4-1-10 所示。

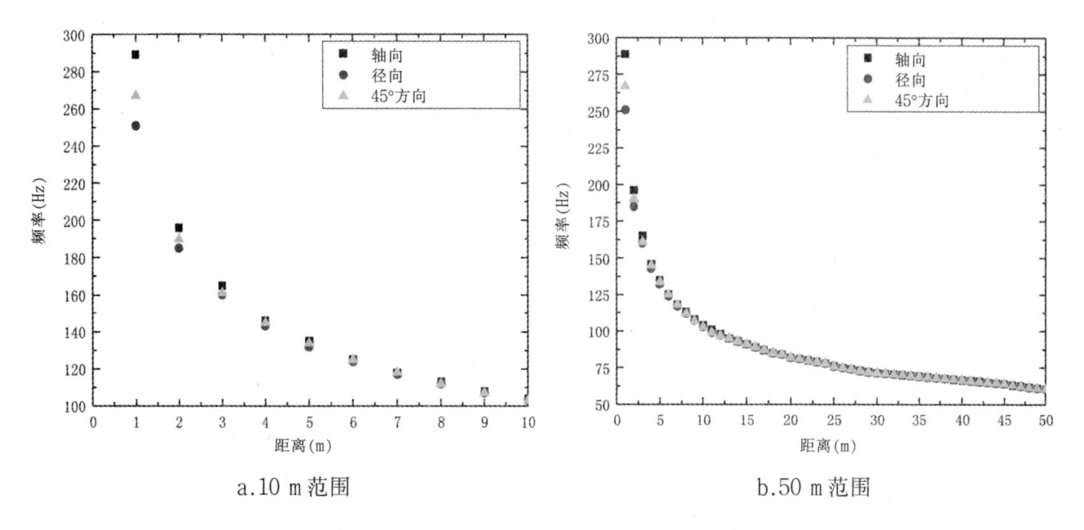

a.10 m 范围　　b.50 m 范围

图 4-1-24　轴向径向及 45°方向上的主频衰减对比

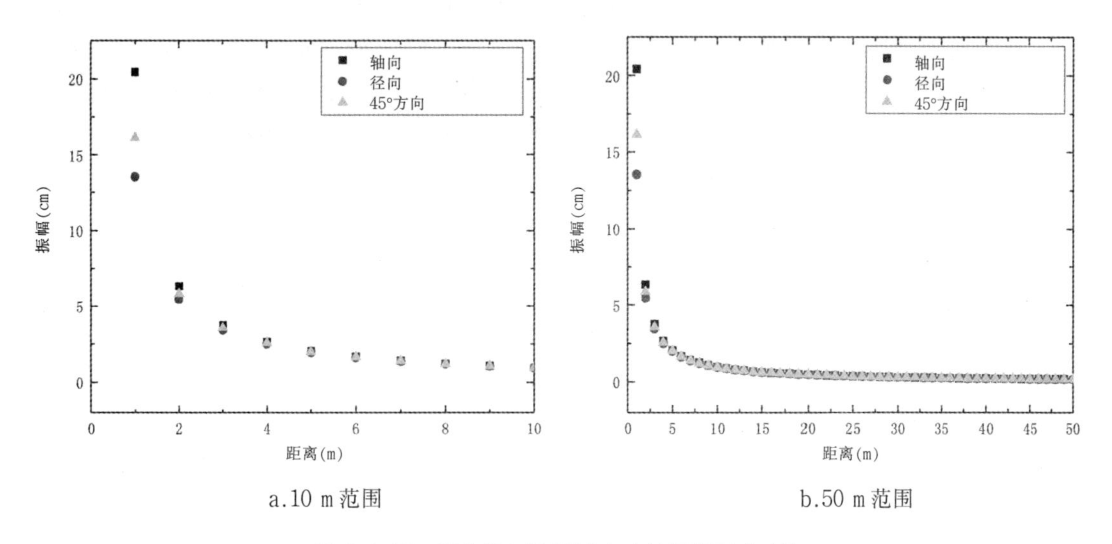

a.10 m 范围　　b.50 m 范围

图 4-1-25　轴向径向及45°方向上的振幅衰减对比

同理分别比较 4 kg、6 kg、8 kg、12 kg、16 kg 长径比分别为 5、10、15、20 的主频和振幅,在径向和 45°方向上相比轴向分别小于 1 %和 5 %时,计算点到炸药中心距离与药柱长度的比值,计算结果如表 4-1-11 所示。

表 4-1-10　8 m 处幅频特征百分数差异

方向	主频 /Hz	百分数差异	振幅 /m	百分数差异
轴向	125		0.016 87	
45°方向	124.5	0.4 %	0.016 51	4.1 %
径向	124	0.8 %	0.016 19	4 %

表 4-1-11　炸药中心距离与药柱长度的比值

质量 /kg	长径比			
	5	10	15	20
4	3.1	3.5	3.9	4.3
6	3.3	4.2	4.8	4.6
8	3.5	4.6	5.5	5.8
12	3.9	5.1	5.9	7.1
16	4.4	5.6	6.2	7.9

可以看出，随着药量和长径比的增加，当轴向、径向及 45°方向上主频和幅值无差异时，计算点与炸药中心的距离与药柱长度比值也在增加，比值在 3 到 8 倍之间。

为验证柱形装药方式的正确性，增加 8 kg 药量柱形装药的数值模拟对比分析，数值模拟使用上节中的计算模型及参数，几何模型如图 4-1-26 所示。

柱形装药计算结果和数值模拟轴向结果对比如图 4-1-27 所示，可以看出两者主频值在小于 10 m 处相差较大，误差大于 10 %；而在大于 10 m 距离处，误差在 6 %以内。总体看数值模拟结果大于理论计算结果，这是因为数值模拟使用的岩土模型为弹塑性模型，而理论计算使用的是粘弹性模型，前者对地震波主频衰减影响较小，后者因为存在吸收衰减效应对地震波主频衰减影响较大。

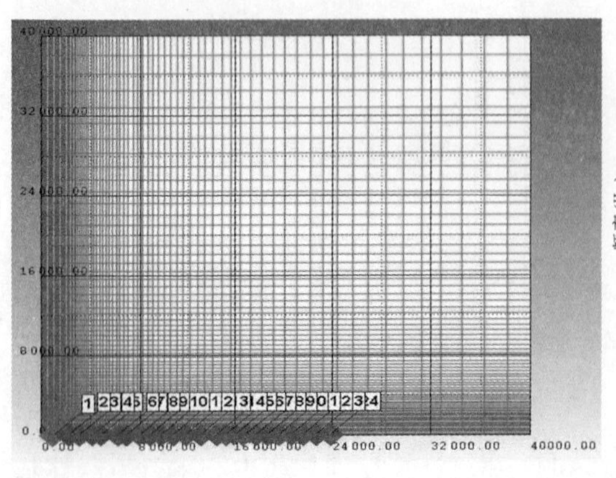

图 4-1-26　数值模拟几何模型

图 4-1-27　柱形装药计算结果和数值模拟轴向结果对比

(2)柱形装药与球形装药激发地震波场对比分析

在研究炸药激发地震波场理论模型时,因计算方便球形装药较为常见,而实际地震勘探工程上因埋置简易柱形装药较为常见,为比较两种装药方式对地震波幅频特征影响的差异,按照以上的计算方式,添加 8 kg 球形装药在 1~50 m 范围内的主频和幅值衰减计算结果。

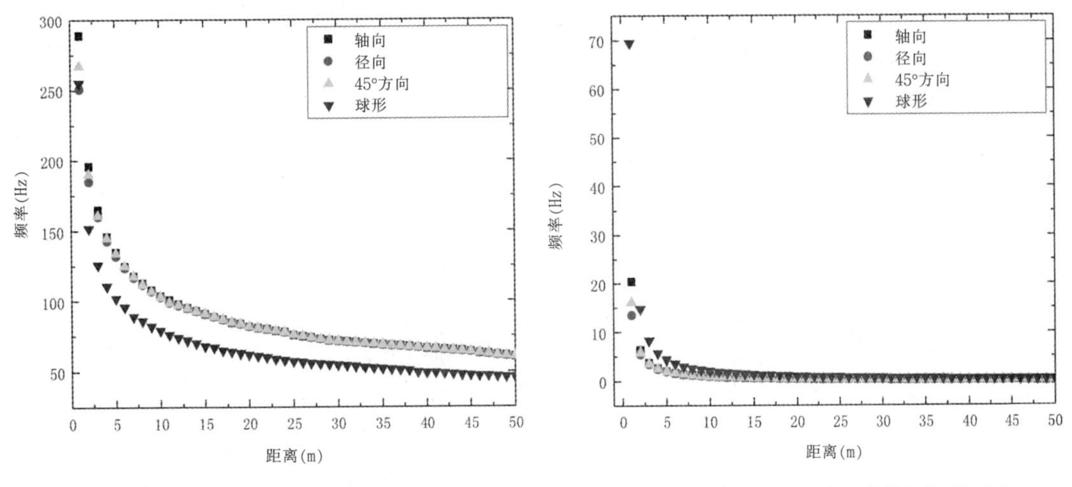

图 4-1-28　柱形装药和球形装药主频值对比　　图 4-1-29　柱形装药和球形装药振幅值对比

由图 4-1-28 和图 4-1-29 可以看出,球形装药激发的地震波主频值明显小于柱形装药激发的地震波主频值,但振幅值相反。产生这种差异的原因是球形装药药量集中,相同时间内激发的能量大,形成的空腔大,所以主频低而振幅高;而柱形装药药量分散,完成爆轰过程比球形装药时间长,相同时间内激发的能量较小,形成的空腔径向半径比球形装药的小,所以主频高而振幅低。对比两种装药方式激发的地震波主频和振幅,可以发现,在 47 m 处,柱形装药的主频为 61 Hz,振幅为 0.001 98 m;球形装药的主频为 49 Hz,振幅为 0.002 15 m,主频相差 19.7 %,振幅相差 7.9 %。从主频的角度考虑柱形装药激发的地震波要优于球形装药。

柱形炸药震源在岩土介质中激发地震波的过程十分复杂,地震波的幅频特征不仅受炸药参数的影响,还受岩土介质参数、岩土构造、孔隙率、含水量、岩土骨架强度、密度均匀程度、波的反射散射等因素影响,通过该球形药包迭加近似模型简化炸药、岩土参数,使用合适的粘弹性模型,考虑岩土介质对地震波的吸收衰减效应,可以得到空间内某一点及二维方向上的质点振动速度图形和频谱特征,从而为地震勘探提供理论支撑。

基于球形震源一维准静态理论模型给出的球形装药在土中爆炸产生的不同破坏区域(空腔区域、塑性区、弹性区),利用球形药包迭加的方式,近似计算了柱形装药条件下的药柱在土中爆炸产生的空腔及弹塑性区域尺寸,并在初始弹性波耦合模型给出的地震波模型,于粘弹性介质中传播得到的质点在粘滞阻尼下受迫振动方程,考虑岩土介质对不同频率地震波的选频吸收衰减效应,得到了柱形装药震源激发地震波在空间内某一质点的合成振动波形图,建立柱形装药震源激发地震波近似计算模型,通过球形药包迭加的近似计算方式,为简化柱形装药震源激发地震波的计算进行理论分析。

柱形装药震源激发地震波模型计算的难点在于确定产生的空腔表面压力，由于空腔并非规则形状(近似于椭球形),压力呈现非线性分布难以计算,本节的计算方法越过柱形装药的空腔壁面压力计算过程,通过近似计算给出以下结论。

①利用球形震源一维准静态理论模型迭加近似的方式,可以计算长径比在 10 及以上情况下的柱形装药岩土介质中爆炸的特征尺寸,包括空腔、弹塑性区域等尺寸,通过数值模拟的结果验证,其误差范围在 12 %以内,可以用于工程计算的结果参考。

②随着柱形装药长径比的增加，利用球形震源一维准静态理论模型迭加近似计算的结果,精度也会增加,且近似划分方式简单易算,参数获取较为容易,提高了工程计算效率。

③在球形震源一维准静态理论模型近似计算的基础上，再次使用球形震源产生地震波的迭加计算,可以得到空间内某一质点的振动波形图,给出主频和振幅两个重要结果,利用粘弹性介质模型,考虑岩土介质对不同频率地震波的选频吸收衰减效应,可以得到衰减后的质点振动主频和振幅值,从而建立柱形装药震源激发地震波场近似计算理论模型,为实际石油勘探中使用柱形药包激发地震波提供了理论基础。

④分析了柱形装药轴向、径向及 45°方向上的幅频衰减规律,发现在 8 m 范围内药柱轴向主频和振幅值大于 45°方向和径向的主频和振幅值,8 m 以外可以近似认为无差别;分析了不同药量在不同长径比条件下满足主频和振幅值近似无差别的结果，发现在距离炸药中心 3~8 倍药柱长度的位置处，可以认为三个方向上主频和振幅值不再有差异;对比球形装药激发地震波场幅频特征,发现柱形药包激发的地震波主频高于球形药包,而振幅则低于球形药包,综合考虑建议地震勘探使用柱形装药震源。

6.不同岩性中地震波衰减规律研究

前文在建立的柱形装药波场近似模型的基础上分析了炸药参数对波场特征的影响,给出了炸药长径比、爆轰速度和膨胀指数对波场幅频特征的影响规律,并用数值模拟的方法分析了四种常见炸药的波场特征。但是地震波的激发和传播受炸药参数和岩土参数两部分内容共同影响，回答炸药在不同介质中激发对地震波的影响规律是选择优质激发岩土层的理论基础。试验发现相同的炸药在不同性质的土层中激发的地震波品质效果不一样,当炸药在粉质黏土层中激发时产生的地震波频率要高于在粉土层中激发的频率,而土工试验表明,两种土层在塑性指数、泊松比、粘聚力、内摩擦角和压缩系数五种参数上有明显差别,本节将通过试验和理论对此进行分析。

首先分别在粉土层和粉质黏土层做柱形装药近源波场幅频特征试验，在炸药震源近区布置速度传感器进行测试,得到不同距离处的振动速度曲线,通过(FFT)变换分析其幅频特征，并与之前建立的计算模型进行对比；其次通过变换计算模型中不同的岩土参数值,分析其对地震波场幅频特征的影响规律,得到对波场幅频影响最大的主控参数,为提高炸药激发地震波场的品质提供参考依据。

1)不同土层中激发地震波场的试验及幅频特征

炸药在不同土层中的激发效果不一样，在粉质黏土层中激发的地震波品质（频率振幅)与在粉土层中激发有明显区别,为研究两种土层中炸药的激发效果,对近源爆炸地震波波场数据进行采集分析,开展两种土层中激发的地震波场试验。

试验选择在空旷的砂质土上进行,砂质土密度为 1.6～1.95 g/cm^3,炸药埋深在距离地表 10 m 以下，通过前期的土工试验发现距离地表 10 m 到 12.7 m 处为粉质黏土层,距离地表 13 m 到 15.7 m 处为粉土层,纵波波速为 400～600 m/s,测试地表质点振动速度的传感器采用低频检波器,样式和检波器参数如图 4-1-30 和表 4-1-12 所示。

图 4-1-30 低频检波器

表 4-1-12 检波器参数值

名称	量程	灵敏度	调谐畸变
低频检波器	175 mV	248.3 mV/cm·s^{-1}	<0.005 %

试验测试系统选用 NZXP24 型高精度地震仪,其主要优点:系统集成性高,便于野外携带测试;接收道数多,最多可达 64 道,也可以进行外接采集站扩展;通频带宽度达到 1.75 kHz 到 20 kHz,可以扩至低频区域;背景噪声射频干扰小;采样间隔由 0.02 ms 到 16 ms 之间;并自带 Windows XP 操作系统,方便数据操作。

因该高精度地震仪量程较小,在离爆炸中心较近距离处质点振动速度过大,为防止试验超出量程数据溢出,传感器在距离炸药中心水平距离 18 m 处开始布置,间隔 4 m 放置一个检波器,总共放置 12 个传感器,埋深 0.3 m,总长度达到 66 m,检波器布置如图 4-1-31 所示。

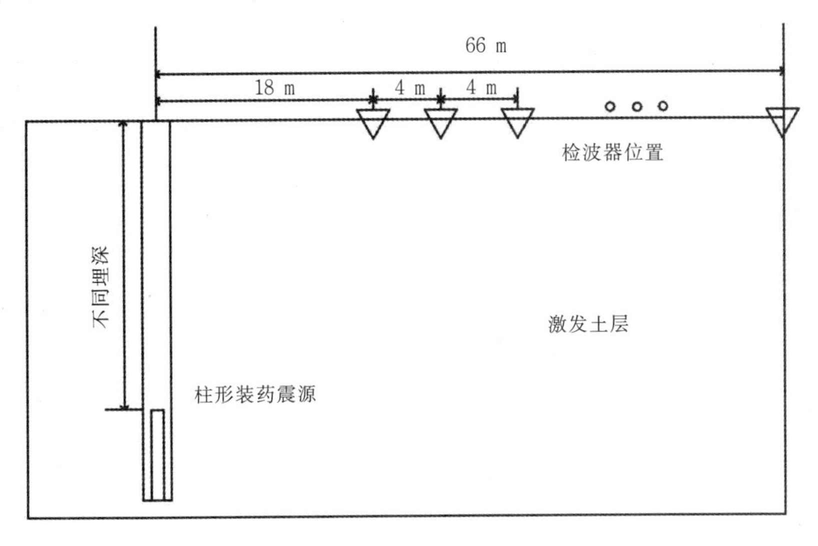

图 4-1-31 现场检波器布置图

所使用的柱形炸药震源为长径比较大,1 kg 柱形装药半径约为 6 cm,长度约为 30 cm,8 kg 炸药数据如表 4-1-13 所示。

表 4-1-13 柱形炸药震源尺寸参数

炸药名称	药量 /kg	长径比	截面半径 /cm	总长度 /m
胶质炸药	8	48	2.9	2.4

根据近地表调查的数据,在粉质黏土层中,地表距离柱形药柱顶端 10 m 处埋放炸药;在粉土层中,地表距离柱形药柱顶端 13 m 处埋放炸药。分别进行震源近场地震波测试实验,通过检波器记录每个位置处质点振动速度数据。

通过地震仪对检波器采集数据的分析,得到图 4-1-32 和图 4-1-33 所示的距离炸药顶端不同直线距离位置处的质点振动速度波形图,需要解释的是图 4-1-32 中时间轴出现负值,是因为 NZXP24 型高精度地震仪在测量地震波信号时,由于试验场地的限制选择手动触发记录数据,所记录的地震波信号为手动触发时刻的前 4 s 和后 4 s,即以手动触发时刻为 0 时刻,此时地震仪记录时长为 -4～4 s,因手动触发不能准确地与炸药爆炸时间同步,故时间轴产生负值,比如在粉质黏土中激发 28 m 处质点在手动触发前 -0.879 s 时刻开始振动。

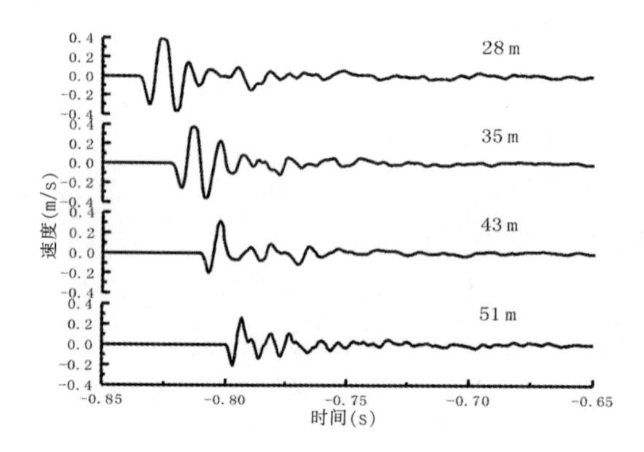

图 4-1-32 粉质黏土不同距离处质点振动速度

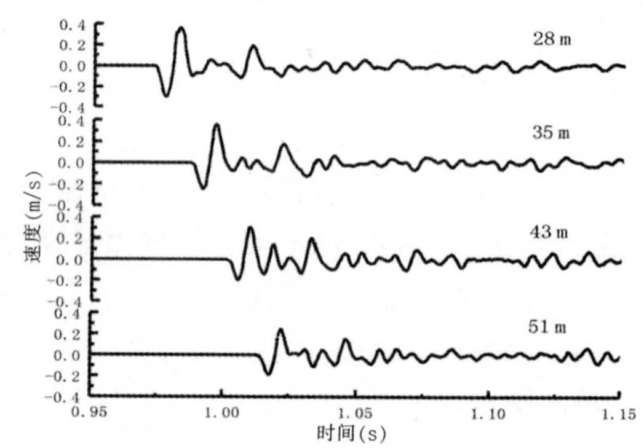

图 4-1-33 粉土不同距离处质点振动速度

选取了 8 kg 炸药震源药柱分别在 10 m 处和 13 m 处不同土层位置处进行激发后,得到了 28 m、35 m、43 m、51 m 处的质点振动速度波形图,从图 4-1-32 可以看出四个位置处的振动波形基本规律一致,但是振动速度峰值随距炸药顶端位移的增加明显降低,在 28 m 处质点振动速度峰值为 0.396 cm/s,而在 51 m 处质点振动速度峰值为 0.259 cm/s。分别对图 4-1-32 和图 4-1-33 中的振动速度峰值进行统计,可以得到炸药在不同性质的土介质中激发的振动速度峰值衰减趋势,如图 4-1-34 所示。

从图 4-1-34 中可以明显看出质点振动速度峰值随距离增加而衰减,在土介质中传播的地震波能量也进行了衰减,对比数值模拟的结果图 4-1-26 中震源药柱在 10 m 范围内的快速衰减程度,可以发现在距离震源 28 m 以外衰减幅度不大,这也反映出弹性波在爆炸源距离较远处相对稳定传播。对比在相同距离处,震源药柱在不同的土层中激发质点振动速度峰值发现存在明显差异,在粉质黏土中激发的质点振动速度峰值要高于在粉土中激发的质点振动速度峰值,从现场试验中初步分析是粉质黏土中含水量高于粉土的结果,因为在粉质黏土中激发后因爆炸压力从埋藏炸药的孔洞中喷发出来的土质较为湿润。

(1)不同土层质点幅频特征分析

对图 4-1-32 和图 4-1-33 所测振动速度数据进行傅立叶变换(FFT),可以得到相应的质点振动频谱图,如图 4-1-35 和图 4-1-36 所示。

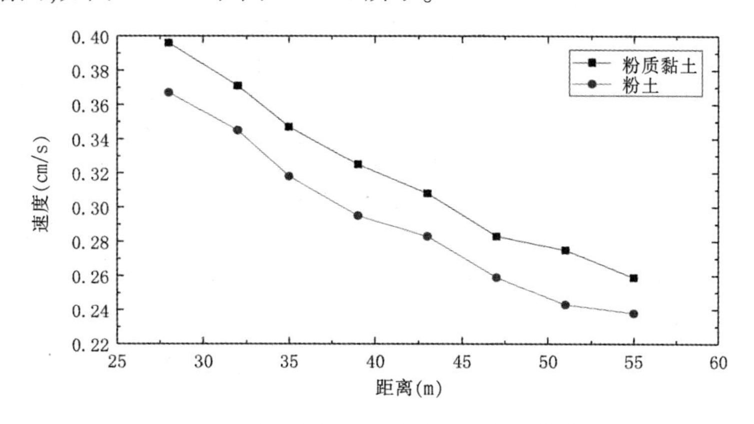

图 4-1-34　两种土介质中的速度衰减(PPV)

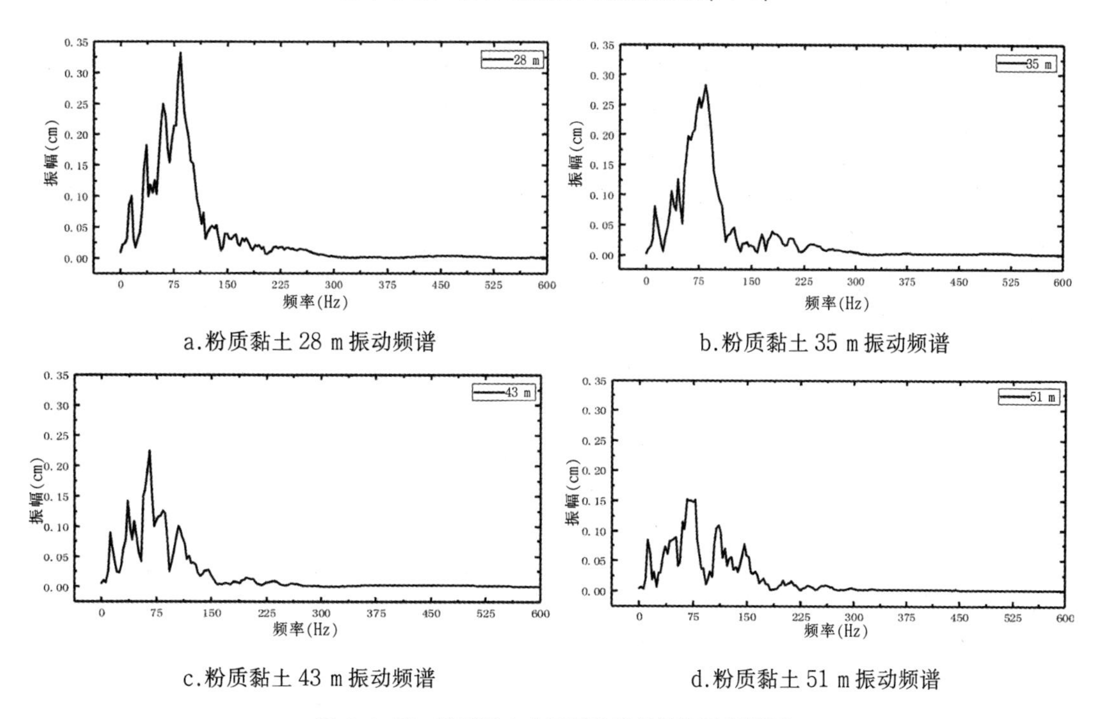

a.粉质黏土 28 m 振动频谱　　b.粉质黏土 35 m 振动频谱

c.粉质黏土 43 m 振动频谱　　d.粉质黏土 51 m 振动频谱

图 4-1-35　粉质黏土中不同位置处的振动频谱图

从图 4-1-35 和图 4-1-36 可以看出,随着地震波传播距离的增加,波场的振幅和频率都在降低,对比 28 m 和 51 m 处的质点振动频谱图可以看出,地震波经过一段距离的衰减后,其大于地震波主频的高频部分对应振幅衰减较快,而低于地震波主频的低频部分对应振幅衰减较慢, 这与前面的理论分析和数值模拟得出的结论一致。对比图 4-1-35 和图 4-1-36 相同距离处的频谱图可以发现,虽然地震波都经过了衰减,但药柱在粉质黏土中激发的振幅和主频要高于在粉土中激发的振幅和主频，对两种土层中激发不同距离处频率能量分布进行分析:0~30 Hz、30~60 Hz、60~90 Hz、90~120 Hz、120~150 Hz、>150 Hz，可以得到如图 4-1-37 和图 4-1-38 所示的衰减规律。

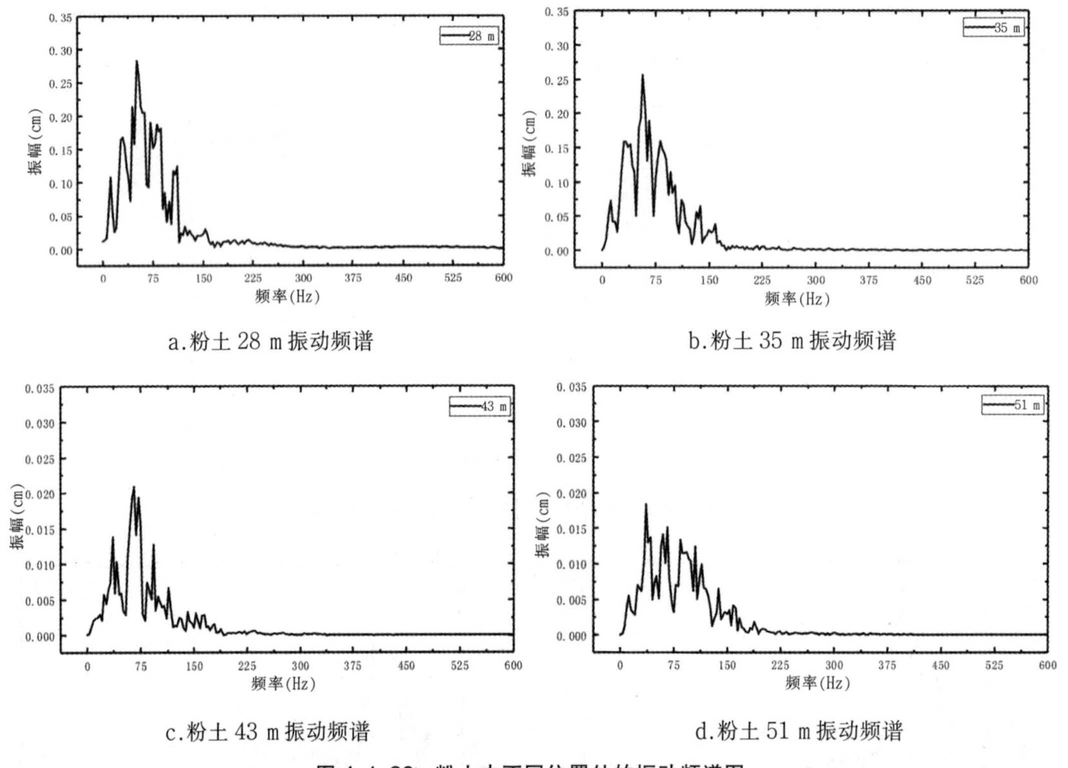

a.粉土 28 m 振动频谱　b.粉土 35 m 振动频谱

c.粉土 43 m 振动频谱　d.粉土 51 m 振动频谱

图 4-1-36　粉土中不同位置处的振动频谱图

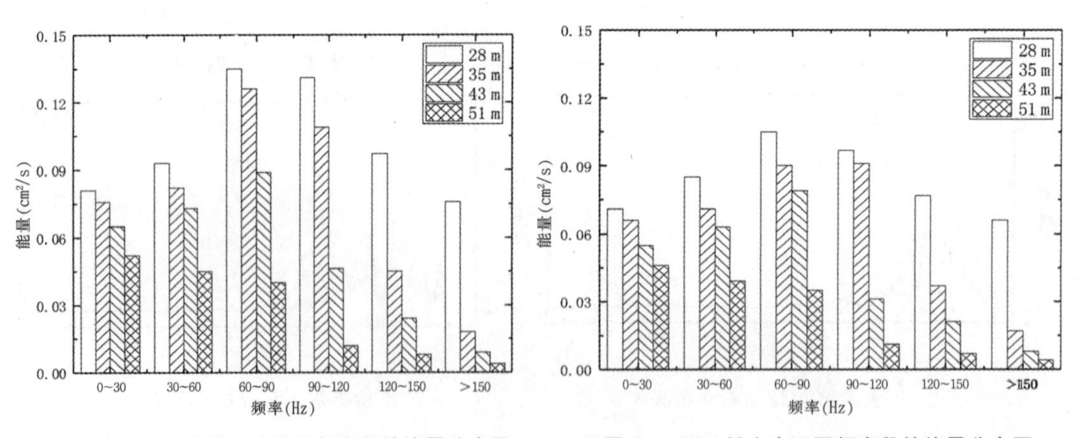

图 4-1-37　粉质黏土中不同频率段的能量分布图　**图 4-1-38　粉土中不同频率段的能量分布图**

通过对比不同距离处质点振动不同频率段的能量分布图可以看出，高频部分能量衰减明显,低频部分衰减幅度相对较小,更进一步地说明地震波传播过程的衰减规律,而在粉质黏土中激发高频部分(大于主频)的地震波能量明显大于粉土中激发。但是石油地震勘探需要高频高能频率段较宽的地震波,通过对比在不同土层中的激发效果,可以看出在粉质黏土中的激发效果要好于在粉土中激发,这从定性的角度给出了土层选择的依据。

(2)理论模型与试验结果对比

为了从定量的角度给出地震波幅频变化的规律，将柱形装药激发地震波场迭加近似模型与试验进行对比，利用公式计算图 4-1-35 和图 4-1-36 中各个位置处的主频和频谱特征,粉质黏土参数见表 4-1-6,粉土参数见表 4-1-14,计算结果见图 4-1-39、表 4-1-15、表 4-1-16 和图 4-1-40、表 4-1-17、表 4-1-18。

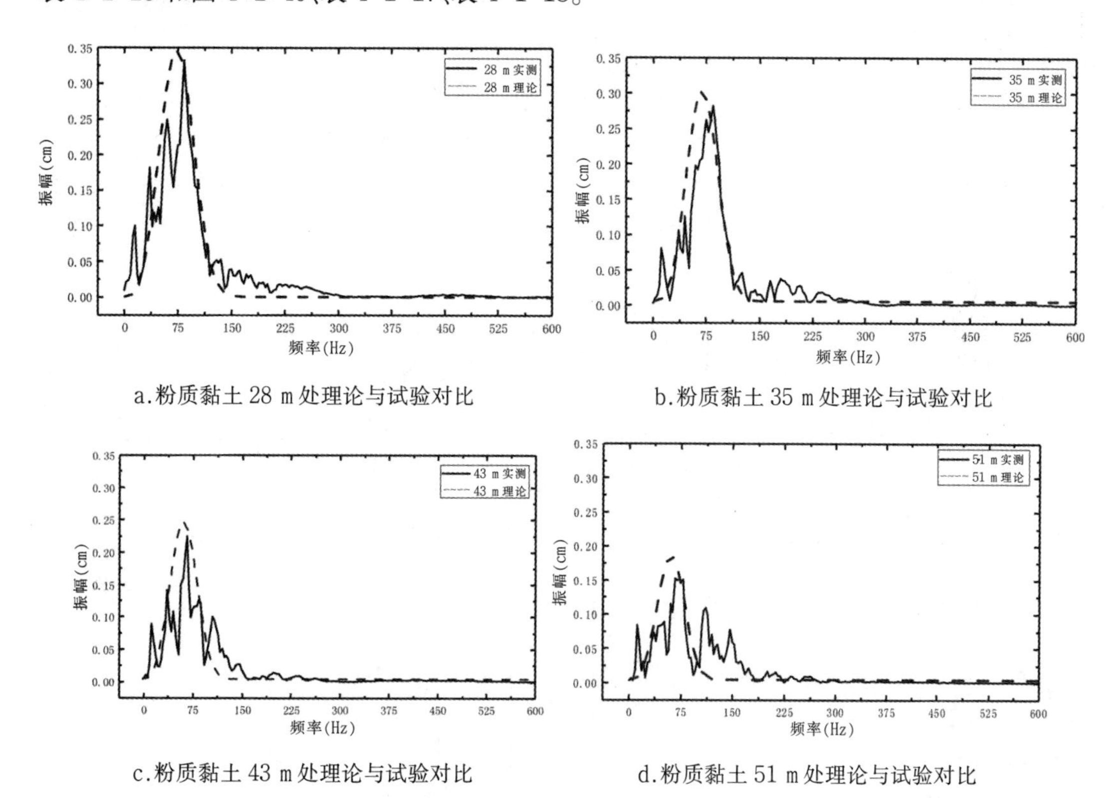

a.粉质黏土 28 m 处理论与试验对比　b.粉质黏土 35 m 处理论与试验对比

c.粉质黏土 43 m 处理论与试验对比　d.粉质黏土 51 m 处理论与试验对比

图 4-1-39　粉质黏土不同距离处频谱实测与理论对比

表 4-1-14　粉土参数

σ_* / Mpa	σ_0 / Mpa	μ / Gpa	k	φ / kPa	ρ_{soil} / (kg·m^3)	σ
5.92	0.3	0.434	0.2	7.8	1 650	0.2

表 4-1-15　粉质黏土的主频(Hz)计算结果及误差

震源距离	28 m	35 m	43 m	51 m
主频试验结果	76	74	71	64
主频理论结果	70	65	61	57
主频误差	7.8 %	12.2 %	14.1 %	10.9 %

表 4-1-16　粉质黏土的振幅(cm)计算结果及误差

震源距离	28 m	35 m	43 m	51 m
振幅试验结果	0.33	0.28	0.23	0.16
振幅理论结果	0.32	0.25	0.21	0.17
振幅误差	3 %	10.7 %	8.7 %	6.3 %

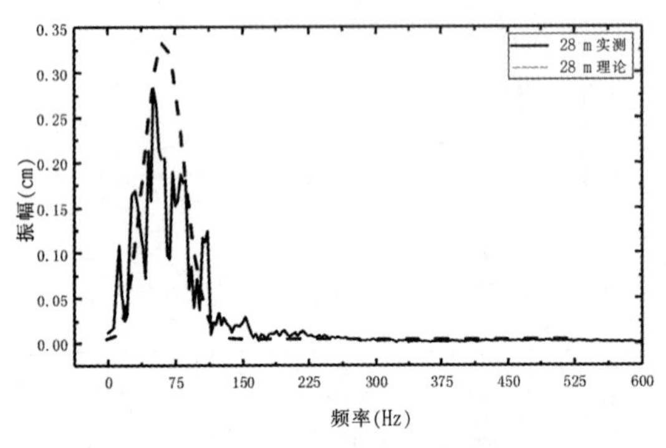

a.粉土 28 m 处理论与试验对比

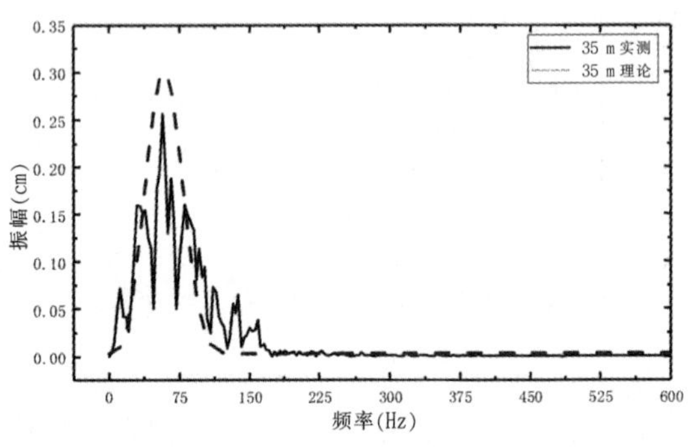

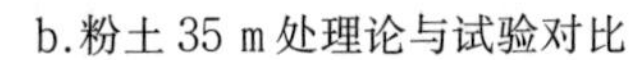

b.粉土 35 m 处理论与试验对比

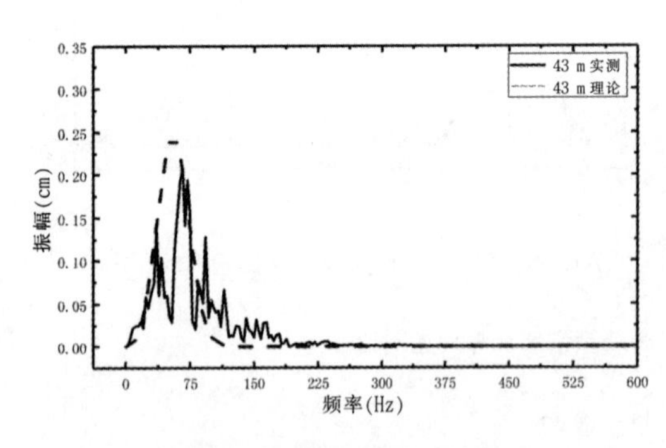

c.粉土 43 m 处理论与试验对比

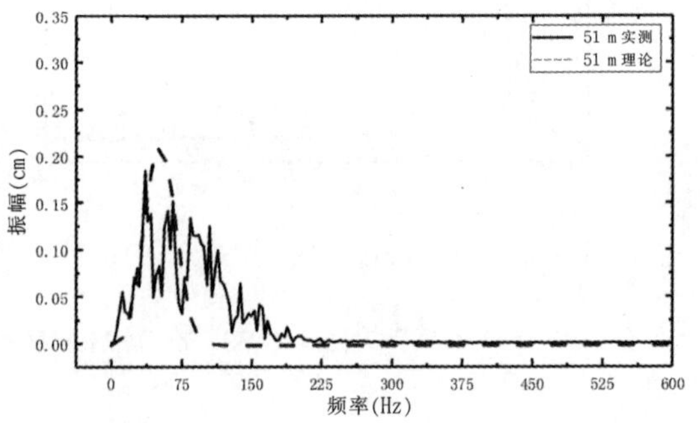

d.粉土 51 m 处理论与试验对比

图 4-1-40　粉土不同距离处频谱实测与理论对比

表 4-1-17　粉土的主频(Hz)计算结果及误差

震源距离	28 m	35 m	43 m	51 m
主频试验结果	70	64	61	59.5
主频理论结果	66	61	57	53
主频误差	6.1 %	4.7 %	6.6 %	11 %

表 4-1-18 粉土的振幅(cm)计算结果及误差

震源距离	28 m	35 m	43 m	51 m
振幅试验结果	0.28	0.26	0.21	0.18
振幅理论结果	0.33	0.29	0.25	0.21
振幅误差	17.9 %	10 %	14.8 %	16.6 %

可以看出在 28 m 到 51 m 距离范围内,理论值和试验值在主频和振幅上吻合得较好,其误差如表 4-1-17 和 4-1-18 所示。

通过对比理论计算结果和试验结果，发现柱形装药波场近似计算迭加模型与实测的在两种土层中激发地震波主频的误差范围为 4.7 %～14.1 %,对应振幅误差范围为 6.1 %～16.6 %。从结果上可以看出,模型的计算结果在一定程度上能够定量描述长径比较大的情况下柱形装药在土中激发的地震波场幅频特征,对于工程实践具有一定参考意义。

2)土层参数对波场幅频特征的影响分析

从实际试验中测得的地震波资料上看，柱形装药在粉质黏土中激发和在粉土中激发产生的波场幅频特征有明显的不同,这一点在上一小节理论计算中也得到了证明,究其原因是岩土参数有差异,但影响地震波传播的岩土参数众多,找到主要影响参数对研究和控制地震波幅频特征有重要意义。

对比粉质黏土参数表 4-1-2 和粉土参数表 4-1-14 不难看出,两种土层有差别的参数为抗拉压强度(动荷载条件下)、拉梅系数、内摩擦角和粘聚力。以粉质黏土参数为参照,使用单一变量法,依次改变粉土中参数,变为粉质黏土中对应的参数值,分别计算 28 m 处的主频值,并与粉质黏土 28 m 处主频(76 Hz)对比,得出每个改变量对应的主频值占 76 Hz 的百分数,如表 4-1-19 所示。

表 4-1-19 进行单一变量后主频占比百分数

改变量	σ_* / Mpa	σ_0 / Mpa	μ / Gpa	k	φ / kPa	ρ_{soil} / (kg·m^3)	σ
百分数	96 %	85 %	85 %	87 %	85 %	85 %	87 %

由表 4-1-19 可以看出,将粉土的抗压强度数值改变为粉质黏土的抗拉强度后,计算得到的主频占比最高,说明土介质参数中抗压强度对地震波主频影响最大,另外泊松比和内摩擦角对地震波主频也略有影响,可以确定土介质抗压强度为主要影响参数。从牟杰的试验中也可以看出,当耦合介质为水时,激发的地震波主频和振幅都要高于耦合介质为岩土和细砂的值,这是因为当水分布于土介质中时,在瞬时爆炸强冲击作用下,水因其难以压缩的特点使得土介质抗压强度高于粉土的抗压强度,形成的空腔小振动频率高,地震波能量转化率也得到提高。

二、定量化精确设计激发技术

基于炸药震源激发地震波场的控制方法以及炸药震源激发地震波场幅频特征影响规律,通过攻关研究,建立炸药震源定量化精确激发设计理论与方法,针对近地表地层岩土参数提取方法和系统的研究,形成了相应的方法和系统。根据定量化精确激发设计理论与方法研究,开发定量化精确激发设计系统。开发可以实现近地表地层地质参数快速提取并建立近地表地层地质参数模型的近地表参数模块;在炸药震源激发地震波场模拟系统的研究与开发中,将炸药震源爆炸作用和近源岩土介质非线性作用过程引入炸药震源激发地震波模拟系统;针对定量化精确激发系统数据存储及传递过程,对炸药震源激发地震波场相关数据库进行研究。该软件可以对激发条件和地震波特性进行分析,可进行实际激发条件下激发效果分析和评估。该技术和参数优化方法,已经在实际生产中得到大规模应用,效果良好。

1.定量化精确激发设计原理

随着地质勘探目标从大目标构造层位向小目标地质体转变,对地震勘探精度要求也越来越高,如何实现精细勘探成为当前必须面对的难题。地震波激发是地震勘探的基础环节,必须实现定量化精确激发,才能为精细地震勘探提供震源保障。

1)地震勘探对地震波场的幅频要求

地震波在传播过程中,当遇到弹性分界层面时,将会产生反射、折射和透射,这导致波在传播过程中会携带不同信息。通过人工产生地震波的方法(如炸药)激发弹性波,在地面布设一定范围与密度的振动监测点接收地震波,通过将这些携带了地层信息的信号进行处理并解释,从而达到可以推断和查明地下介质结构、岩性、地层埋深、构造状态(空间位置)等勘探目的的方法即地震勘探。分析不同类型的地震波,就构成不同的地震勘探方法(如反射波勘探、折射波勘探和透射波勘探)。其原理如图 4-2-1 所示。

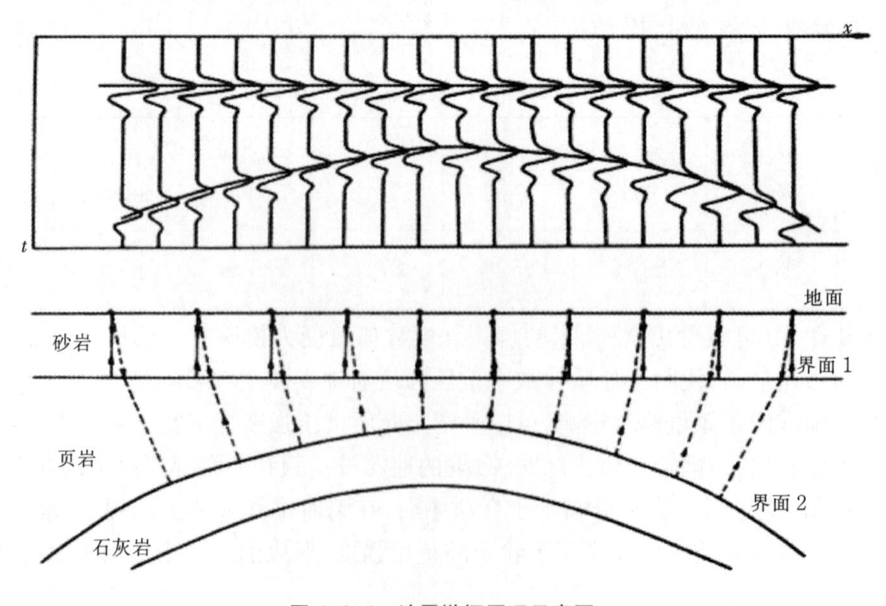

图 4-2-1 地震勘探原理示意图

在地表某点处人工激发地震波,最常用的方法是打一口十多米深的井,在井底放置一定质量的炸药,利用炸药激发地震波。地震波向下传播过程中会遇到两种地层分界面1(如砂岩、泥岩两种地层分界面),就会发生反射,再向下传播又遇到两种岩层分界面2(如泥岩和石灰岩分界面),也会发生反射。在地面上用精密仪器(地震检波器和地震仪)把来自各个地层分界面反射波引起的地面振动情况记录下来,然后根据地震波从地面开始向下传播的时刻(爆炸的时刻)和从地层分界面来的反射波到达地面的时刻,得出地震波从地面向下传播到达地层分界面又反射回地面的总时间 t_0。再利用别的方法测定出地震波在岩层中的传播速度 v,同样可利用速度时间公式 $H=\frac{1}{2}vt_0$ 公式得出地层分界面的埋藏深度 H。

沿着地面上一条测线,等间距设置一系列炮点,一段一段进行观测并对观测结果进行处理之后,就可以得到形象地反映地下岩层分界面起伏变化的资料——地震剖面图(图4-2-1上部)。从图4-2-1中可以看出,地层界面1是水平的,因而在地面各点观测时,这个界面的反射波的传播时间都相同。这些反射波形最大振幅处的连线(地震勘探中称为波的同向轴)就是一条水平线,它形象反映了界面1的形态。地层界面2是隆起的,所以来自界面2的反射波的传播时间在各点就不同,在界面埋藏浅的地方,传播时间短;埋藏深的地方传播时间长。这个反射波的同向轴就是弯曲的,与界面2的形态相对应。在工区内布设多条测线,形成观测网,并在每条测线上都进行观测后,就能得到地层起伏的完整形态,从而查明地下可能储油的构造,确定钻探的井位。

通过地震勘探原理可以发现激发地震波的质量是能否实现地震勘探的基础。在地震勘探中地震波的质量判断标准主要是频带宽度和激发能量,对应到地震资料的分辨率和信噪比。

分辨能力是指分离出两个十分靠近物体的能力,一般用距离来表示。如果两个物体间的距离大于某个特定距离时可以辨认出是两个分离的物体,而小于这个特定的距离时就不再能辨认,则这个特定距离就表示分辨能力。在地震勘探中,分辨能力的强弱一般有两种表示方法:一是用距离来表示,分辨的垂向距离及横向范围越小,则分辨能力越强;二是用时间信息来表示,且常用时间间隔(Δt)的大小来度量,Δt 越小则分辨能力越强,而 $1/\Delta t$ 即为分辨率。从三维空间上讲,地震分辨率又分为垂向分辨率与横向分辨率。垂向分辨率也叫纵向分辨率或时间分辨率,是指分辨某个厚度地层顶底界面的能力(图4-2-2),也可以是分辨两个有一定间隔的薄地层的能力。

Ricker 认为,地震波能分辨出的最薄地层与地震波的波长有关:

$$\Delta h=\frac{c}{5.2f_p}=\frac{\lambda_p}{5.2} \tag{4-2-1}$$

式中,c 为层速度;f_p 为子波谱的峰值频率;λ_p 为与峰值频率相应的波长。引入优势频率 f_b,主波长 λ_b,其中

$$f_b=1.3f_p$$

则

$$\Delta h=\frac{c}{4.004f_p}=\frac{\lambda_p}{4} \tag{4-2-2}$$

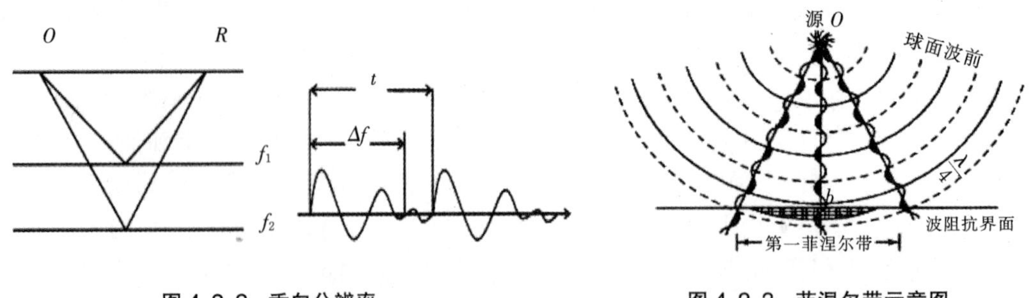

图 4-2-2 垂向分辨率

图 4-2-3 菲涅尔带示意图

横向分辨率也叫水平分辨率或空间分辨率，是指沿水平方向所能分辨的最小地质体的宽度。

根据惠更斯原理，地面记录到的反射信号应视为反射面上各二次震源发出的振动之和,这说明反射波并不是来自反射面上某一反射点的贡献,而是一个面积上的贡献。第一菲涅尔带的含义就是,当入射波前与反射面相交形成反射时,波前面相位差在 $\lambda/4$ 以内的那些点所发出的二次振动将在接收点形成相长干涉,使记录的能量增强,而在该区以外各点发出的二次振动则相互抵消，这个区域是产生反射的有效面积，即第一菲涅尔带（图 4-2-3)。该带直径的一半即为第一菲涅尔带半径。如果地质体的宽度比第一菲涅尔带小,则反射将表现出点绕射相似的特征,地质体的宽窄不能被分辨;只有当地质体的宽度大于第一菲涅尔带时才能被分辨。所以,第一菲涅尔带的大小就定为确定横向分辨率的标准。这个标准也是一个相对的概念,因为它受多种因素的影响。

设界面深度 h,地层波速 V,地震波主频 f,则横向分辨率 Δs 为

$$\Delta s^2=\frac{Vh}{f} \tag{4-2-3}$$

由此可见,地震勘探的分辨率直接影响到勘探的效果,而地震勘探的分辨能力与地震波场的主频有密切关系。为了提高地震勘探的分辨能力,需要尽可能提高地震波主频及能量。

信噪比是衡量地震资料品质高低的另一个重要指标，信噪比越高意味着地震资料越好,处理的结果可信度越高。在炸药震源的设计中,炸药震源激发地震波的信噪比也是需要考虑的。信噪比一般定义为地震有效信号与噪声之间的比值,该比值可以是振幅比,也可以是能量比。在噪声水平相同的情况下,浅层地震波和深层地震波资料存在一定差异,而强反射和弱反射的能量也不同,最终造成信噪比之间的差异。

如果将信噪比定义为有效信号与噪声的振幅比,则噪声振幅用均方根振幅表示,信号振幅有的用最大振幅,有的用均方根振幅表示。两者之间的使用各有利弊。根据信噪比估算过程中的表示方式不同,信噪比可以采用能量迭加、频谱估算、功率谱估算等不同方法进行表示。

其中能量迭加法是最直观的信噪比表示方法。在地震资料的处理中,多次覆盖和水平迭加就是利用能量迭加的方法去噪的。假设所取的分析窗为$[X_{ij}]_{M\times N}$,一共有 M 点、N 道;假设地震记录具有相同性,且噪音为随机噪声。则

$$X_{ij}=s_{ij}+n_{ij} \tag{4-2-4}$$

$$\sum_{j=1}^{N} n_{ij}=0 \tag{4-2-5}$$

公式中有效信号 s_{ij} 可以认为是地震到水平迭加的效果,则 N 道信号的总能量为

$$Es=N\sum_{j=1}^{M} s_i^2=N\sum_{j=1}^{M}\left(\frac{\sum_{j=1}^{N} x_{ij}}{N}\right)^2=\frac{1}{N}\sum_{j=1}^{M}\left(\sum_{j=1}^{N} X_{ij}\right)^2 \tag{4-2-6}$$

当随机噪声不变时,地震资料的信噪比与地震波的能量有关。地震波的能量越强,则信噪比越高。综上所述,为了保证地震资料的品质,需要提高地震波的分辨率和信噪比,而分辨率和信噪比这两个参数与地震波的频率和能量有直接关系。要提高分辨率和信噪比,则需要炸药震源激发的地震波能量更高、频带更宽。

从地震波频谱的衰减规律来看,其高频部分衰减速度快,低频部分衰减相对慢。通过炸药震源激发地震波场的机理分析,并配合数值模拟得出了近场地震波与中远场地震波之间的转换特征,认为中远场的波场特征与近场地震波特征有密切关系。2017 年 5 月,在济阳坳陷开展了地震波场近场与中场之间的地震波检测,旨在对这一观点进行验证,从而指导新型炸药震源的设计。

测试方案中道距为 5 m,最大炮检距是 60 m。近场接收点埋设“二分量速度检波器”,中距离场埋置“速度检波器”,保证检波器二分量方向一致、耦合条件一致。激发药量:6 kg、8 kg。激发井深:11 m、12 m、13 m,采用常规震源药柱。

按照表 4-2-1 中列出的炮号、药量、埋深进行试验,其传感器布设方案如图 4-2-4 所示,10 个炮点每两炮布设一次传感器,自东向西平行布设,每两个炮点之间距离为 50 m。在近场地表处 5~30 m 范围内每 5 m 埋设一个二分量速度传感器,共埋设 7 个,在中距离场 20~60 m 范围内每 5 m 布设一个速度传感器。图 4-2-5 是试验采用的检波器,图 4-2-6 是试验现场测点的布设情况。

利用二分量速度传感器检测常规震源激发的近场强震动速度波形,利用速度检波器检测中距离场处的速度波形。其中强震和中场处的典型速度波形及频谱如图 4-2-7 所示。

表 4-2-1 实验相关因素

炮号	埋深(m)	药量(kg)	备 注
1	11	6	乳化炸药
2	11	8	乳化炸药
3	11	8	乳化炸药
4	11	8	乳化炸药
5	12.5	8	乳化炸药
6	12.5	8	乳化炸药
7	13.5	8	乳化炸药
8	13.5	8	乳化炸药
9	13.5	8	乳化炸药
10	13.5	8	乳化炸药

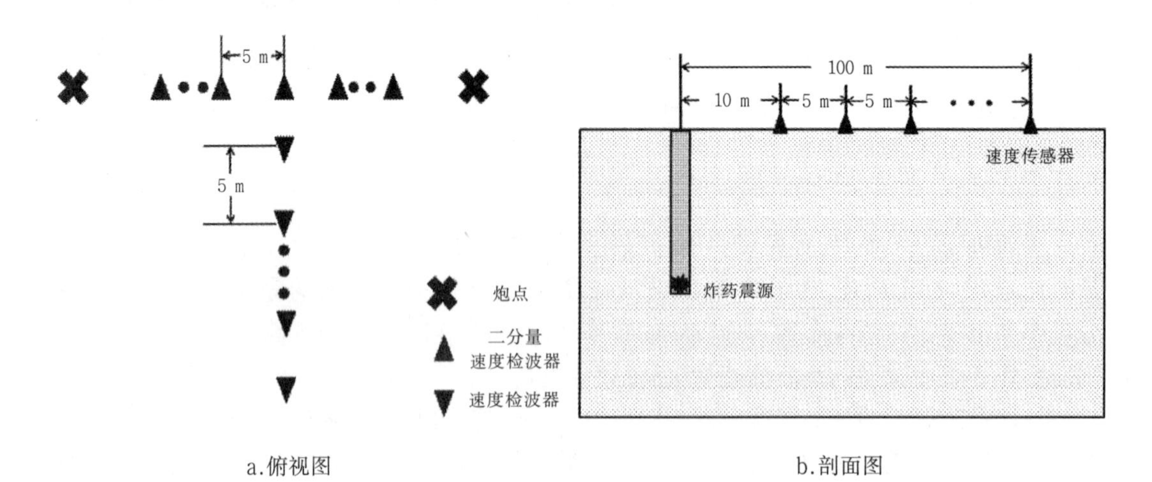

图 4-2-4 现场炮点及传感器布设

a.二分量速度检波器　　b.速度检波器

图 4-2-5 试验采用的检波器　　图 4-2-6 现场测点布设

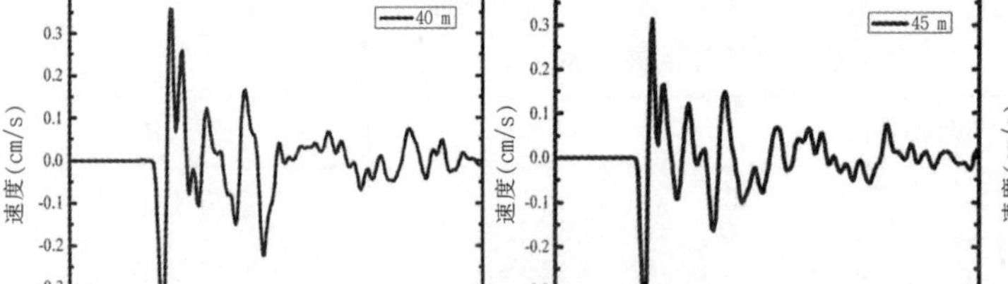

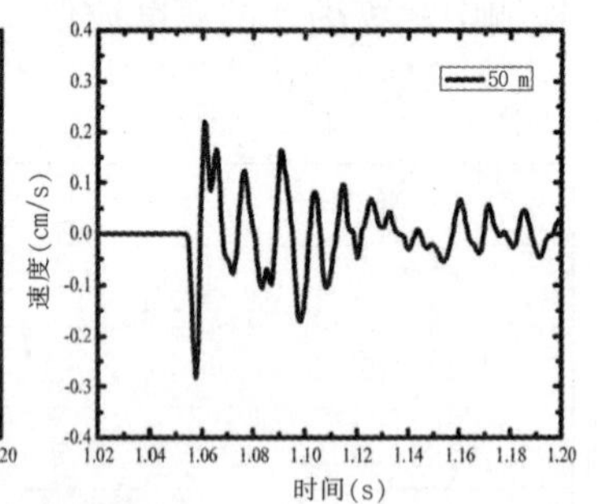

图 4-2-7 中场处质点振动速度波形(40 m、45 m、50 m)

图 4-2-7 显示了在中距离场中,不同爆心距位置处质点的振动速度。从 40 m、45 m 和 50 m 距离处的波形中可以看出,波形的特征非常相似,但是 PPV 有了明显的降低。由于试验工区内土的均匀性较好,所以地震波在传播过程中,波形特征没有发生明显变化。但由于地震波在土中的传播过程中伴随着能量的衰减,因此 PPV 有较为明显的降低。

将图 4-2-7 中不同距离处质点振动速度进行傅立叶变换, 则可以得到如图 4-2-8 所示的粒子振动频率谱。从图中可以看出,三个位置处振动的主频均为 70 Hz 左右,没有明显的衰减。但是随着地震波的传播,距离为 45 m 和 50 m 处的频谱中,高频部分(大于地震波主频的部分)发生了明显的衰减,而低频部分变化很小。因此证明了理论分析中得出的,高频部分衰减快,低频部分衰减慢的结果。

为了进一步验证地震波场之间的转换关系,分别将强震检波器检测到的 15 m 处的振动频谱与中场检波器检测到的 30 m 处的振动频谱进行对比,结果如彩图 4-2-9 所示。在对比中可以看出,地震波的频谱在 60～110 Hz 的范围内,振幅发生了明显的衰减,而低频部分(0～60 Hz)的衰减并不明显。

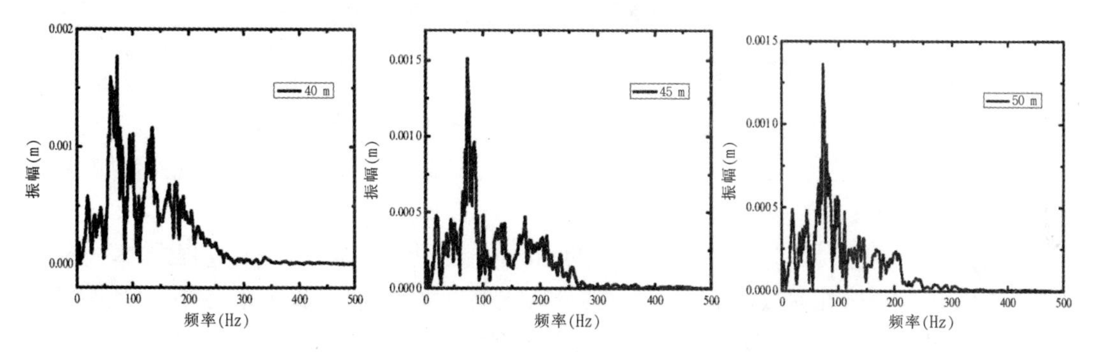

图 4-2-8 中场处质点振动速度的频率谱(40 m、45 m、50 m)

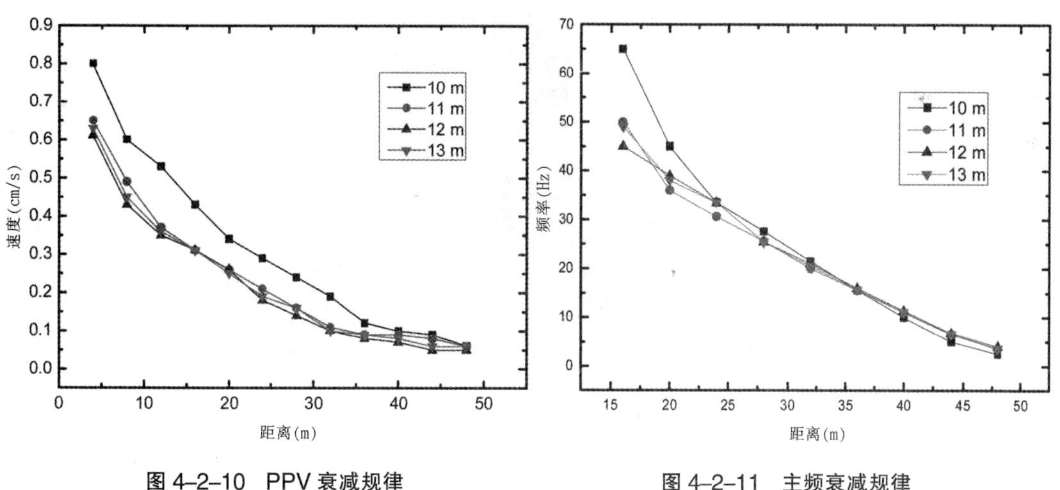

图 4-2-10 PPV 衰减规律

图 4-2-11 主频衰减规律

图 4-2-10 所示的是不同距离处,地震波的 PPV 衰减曲线。四条曲线分别为不同埋深下粒子的振动速度峰值。在近距离处,药包在埋藏浅的条件下所激发的粒子速度峰值有明显区别。但是随着地震波的传播,在距离较远处,PPV 的差距逐渐缩小。

而图 4-2-11 所示的是不同距离处,地震波主频的衰减曲线。四条曲线分别为不同埋深下粒子的振动主频。在近距离处,药包在埋藏浅的条件下所激发的粒子主频有明显区别。但是随着地震波的传播,在距离较远处,主频的差距逐渐缩小。图 4-2-10 和图 4-2-11 的结果显示,在距离较远的位置处,地震波的差别进一步缩小。但是其频段内能量的变化却有很明显的差距。将地震波的频段分为 6 个部分,分别为 0～25 Hz、25～50 Hz、50～75 Hz、75～100 Hz、100～125 Hz、>125 Hz。其频段内的能量分布如图 4-2-12 所示。

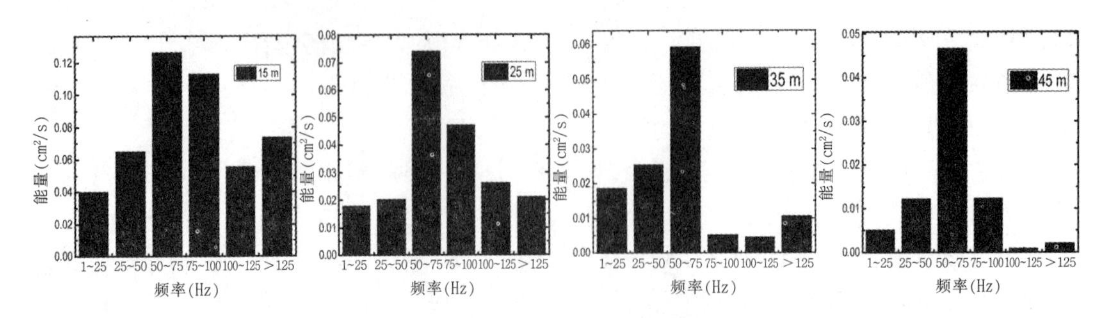

图 4-2-12 不同爆心距处的频段能量分布图

通过对比不同爆心距下,地震波频段的能量分布可以看出,随着地震波的传播,高频部分的衰减十分明显。而将这四个分布图进行归一化处理后,高频段能量的衰减就更加明显了(图 4-2-13)。对此,为了保证地震波的分辨率,需要提高高频部分的能量,尽可能拓宽频谱的范围。

通过试验分析后,认为炸药震源激发的地震波在近场与中场的传递过程中,频宽较宽的频谱,其主频衰减相对缓慢,高频部分的能量比例更大。在地震勘探中,为了保证高频部分的能量,设计的炸药震源应该尽量拓宽其频谱范围。

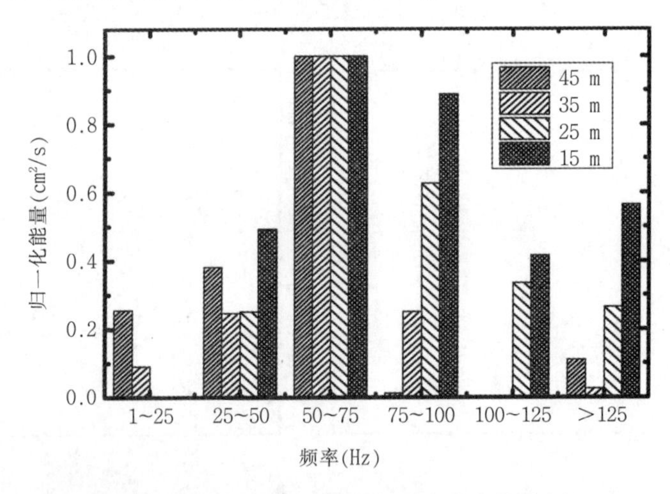

图 4-2-13 归一化后的不同距离处频段内能量分析

2)定量化精确激发设计原理

通过地震勘探原理可以发现激发地震波的质量是能否完成地震勘探任务的基础。如果激发地震波的频率太低则不能有效分辨出地下地层，从而无法获得地下有利构造的特征。所以地震勘探中我们希望获得较高的地震波激发频率,但是地震波在岩土中传播过程中,由于衰减吸收作用,高频的地震波会被岩土优先吸收,导致高频地震波往往无法到达目的地层并反射回地面被检波器接收,从而导致无法获得有效的地震波信号。

所以在地震激发过程中需要综合考虑岩土地质对地震波信号的吸收、目的地层深度以及目的层厚度后才能对炸药震源激发方案进行确定。炸药震源定量化精确激发设计方法正是基于这些因素的解决方案(图 4-2-14)。

地震波衰减往往采用道夫斯基公式来计算爆破地震的质点振动速度:

$$V=K\left(\frac{Q^{\frac{1}{3}}}{R}\right)^{\alpha} \tag{4-2-7}$$

式中,V 为质点振动速度(cm/s);Q 为炸药药量(kg);R 为质点到爆源中心的距离,又称爆心距(m);K、α 均为与爆破方法、地质、地形条件有关的待定系数,又称 K 为场地系数,α 为衰减指数。

根据Ricker地震波分辨能力公式，地震波能分辨出的最薄地层与地震波的波长有关,即

$$\Delta h=\frac{c}{5.2f_p}=\frac{\lambda_p}{5.2} \tag{4-2-8}$$

式中,c 为层速度(m/s);f_p 为子波谱的峰值频率;λ_p 为与峰值频率相应的波长。引入优势频率 f_b,主波长 λ_b,其中

$$f_b=1.3f_p \tag{4-2-9}$$

则

$$\Delta h=\frac{c}{4.004f_p}=\frac{\lambda_p}{4} \tag{4-2-10}$$

根据目标层深度、目标层厚度等相关信息,计算出能够实现目的层勘探目标的地震波频率及振幅,考虑地震波在地层中传播的衰减过程,最终获得初始地震波至少应当提供的频率及振幅。综合考虑分辨能力和地震波衰减就可以获得初始地震波至少应当提供的频率及振幅。

为了达到提高地震勘探精度的目的，需要以炸药震源药量和岩土介质参数对地震波幅频的影响规律为基础,在一定程度上调整炸药震源药量和炸药震源埋深,控制地震波的幅频特征,从而达到提高地震勘探精度的目的。

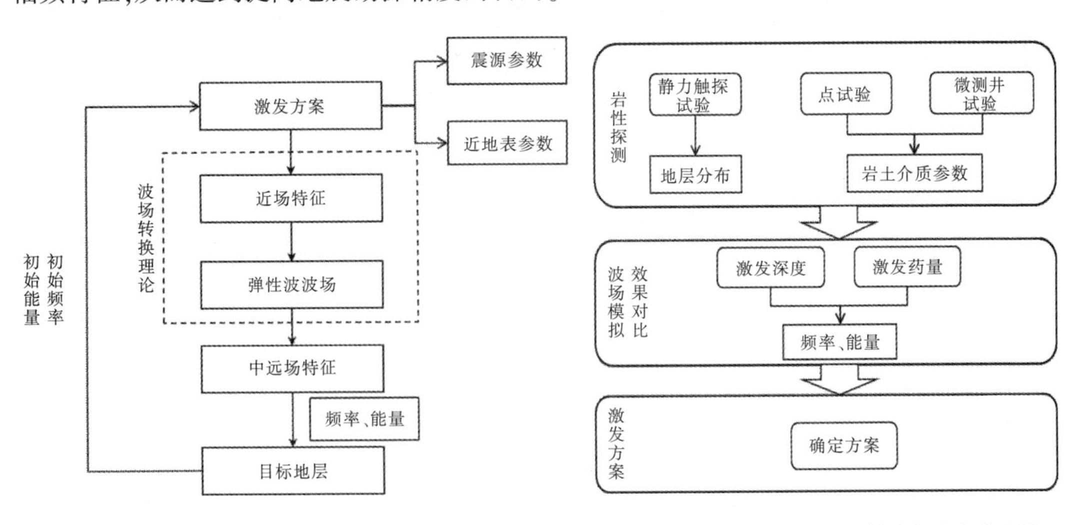

图 4-2-14　定量化精确激发设计原理　　图 4-2-15　炸药震源定量化精确激发方案设计

2.定量化精确激发设计方法

炸药震源设计不仅从炸药震源特征参数的角度进行考虑，更应该充分考虑炸药震源激发介质参数与地震波场幅频特征之间的关系。通过对炸药震源激发地震波理论的研究，

得到了炸药震源激发介质参数与波场幅频特征之间的关系，在此基础上进行近地表地层地质调查,并根据试验结果进行近地表地层地质建模,通过调整炸药埋深和药量的方法进行波场模拟的结果对比,根据对比结果确定炸药震源激发方案,炸药震源定量化精确激发方案设计实现过程如图 4-2-15 所示。

1)炸药震源激发参数

地震勘探中炸药震源激发设计是目前实现地震波控制的主要方法，通过大量炸药震源激发试验发现,在考虑炸药震源的能量释放规律并结合实际工程经验的基础上,通过改变炸药震源形式和调整炸药震源激发介质等均会影响炸药震源激发效果，炸药震源激发方案设计主要是围绕这两方面开展的。

炸药震源的爆炸性能直接影响炸药震源能量的释放，从而间接影响到地震波的幅频特征。在地震勘探中,对于震源激发的地震波场,要求能量强、频带宽、信噪比高。炸药本身特性以及装药结构会对地震波频率及振幅产生影响。

(1)炸药性质对地震波主频的影响

地震勘探中对远场地震波频率有一定要求，因此需要充分探究炸药震源与远场地震波主频之间的关系。主频的解析式如下,分别讨论炸药爆炸压力与膨胀指数与频率之间的关系：

$$f=\frac{\sqrt{(8\rho_c^2-9\gamma P)(4\rho_c^2+9\gamma P)}}{12\pi\rho_c b} \tag{4-2-11}$$

炸药的膨胀指数是改变地震波的另外一个因素,目前常见的炸药其膨胀指数变化范围为 1.4～3.8。现保持炸药的爆炸初始压力为 7 GPa,改变膨胀指数,计算结果见图 4-2-16。

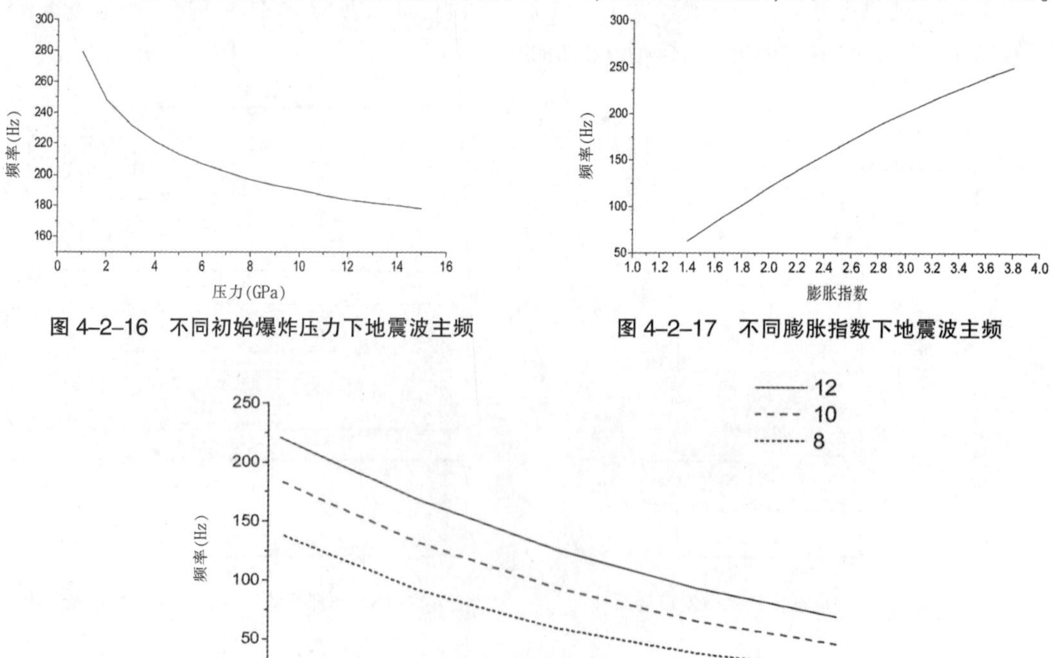

图 4-2-16 不同初始爆炸压力下地震波主频

图 4-2-17 不同膨胀指数下地震波主频

图 4-2-18 不同 P 与膨胀指数乘积下地震波频率

炸药对地震波主频的影响是通过初始压力和膨胀指数共同进行的(图 4-2-17)。为了研究二者共同作用下地震波主频的变化情况，特选定爆炸压力 P 和膨胀指数 γ 的乘积分别为 12、10、8 的情况下进行讨论。计算结果如图 4-2-18 所示。

根据结果获得测区内近地表地层结果。确定炮点位置后获得各个炮点处近地表地层地质参数以及炸药参数。

地震勘探中希望得到能量较高的地震波。针对炸药性质与地震波的振幅进行分析,地震波振幅的解析式如下：

$$x=e^{-\frac{\alpha^2\tau}{\rho cb}}\frac{P}{\alpha\beta}\frac{b^2}{2\rho_c^2 r} \tag{4-2-12}$$

(2)爆炸初始压力对地震波振幅的影响

现保持膨胀指数为 3,改变爆炸初始压力其计算结果如图 4-2-19 所示。

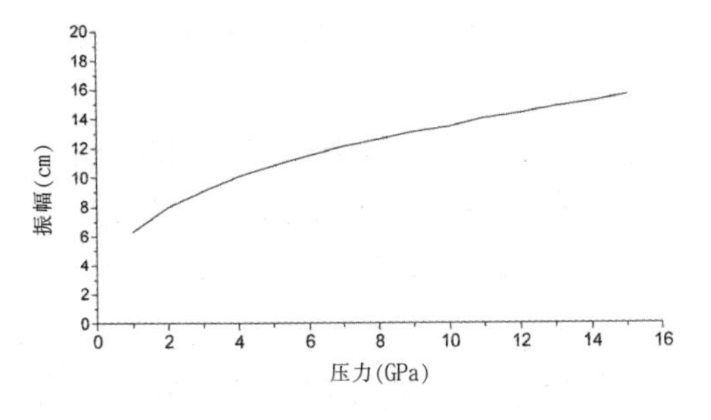

图 4-2-19 不同压力下地震波幅值

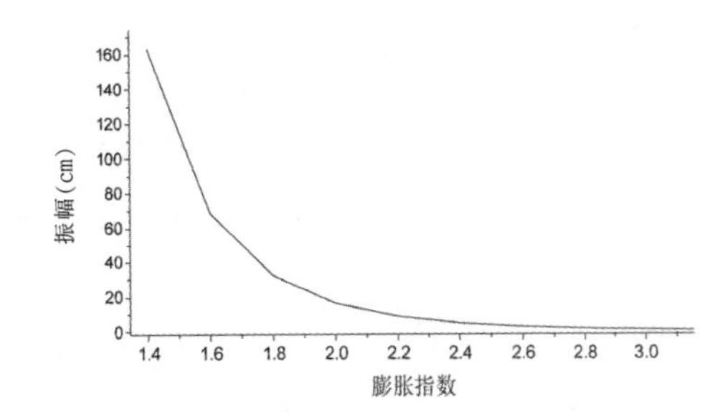

图 4-2-20 不同膨胀指数下地震波幅值

现保持炸药的爆炸初始压力为 7 GPa,改变膨胀指数,计算结果见图 4-2-20。

炸药对地震波幅值的影响也是通过初始压力和膨胀指数共同进行的。为了研究二者共同作用下地震波幅值的变化情况，同样选定爆炸压力 P 和膨胀指数 γ 的乘积分别为 12、10、8 的情况下进行讨论。计算结果如图 4-2-21。

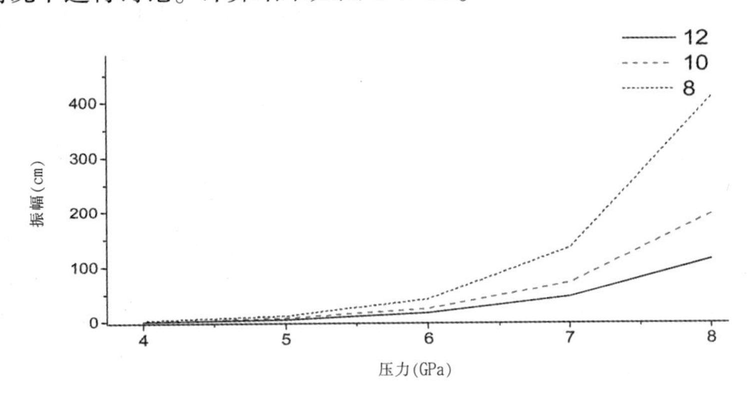

图 4-2-21 不同 P 与膨胀指数乘积下地震波幅值

从图上可以看出,当爆炸压力与膨胀指数的乘积较大时产生的地震波幅值较小。因此在设计震源过程中,为了取得较高能量的地震波时应该充分考虑爆炸压力与膨胀指数之间的相互关系。

常见炸药类型的爆速、密度、压力及膨胀指数如表 4-2-2 所示。

表 4-2-2 不同炸药特性参数

炸药类型	爆速(m/s)	密度(kg/m³)	压力(GPa)	膨胀指数
RDX	8300	1700	14.64	3.4
TNT	6900	1650	9.82	3.15
TL	4500	1500	3.80	2.6
BP	3100	1500	1.81	1.8

2)激发介质参数

炸药震源的激发介质会影响炸药震源的激发效果，从而间接影响到地震波的幅频特征。在炸药震源激发设计前需要获得炸药震源激发介质参数。近地表地层介质参数通过地质勘探方法获得。岩土介质参数获取方法分为两种:岩土取心采样后实验室试验直接获得岩土介质物理参数;通过原位测试方法间接获得岩土介质参数。

岩土介质参数实验室测定方法很多,应对不同要求的岩土测试规程也很多,其间也会有很多差别。岩土工程试验操作规则主体以国家标准《土工试验方法标准》(GB/T 50123—1999)、《土的工程分类标准》(GB/T 50145—2007)、《工程岩体试验方法标准》(GB/T 50266—1999)、《岩土工程勘察规范》(GB/T 50021—2001)为基准。岩土介质参数实验室测定方法测定岩土物理参数包括土质比重、含水量、孔隙比、塑性指数、内摩擦角、粘聚力及压缩模量等性质。主要测试方法包括比重测定试验、液塑限试验、相对密实度试验、直剪试验、单轴压缩试验、三轴压缩试验等。其中与炸药震源激发效果密切相关的主要是岩土介质密度、抗拉强度、抗压强度、抗剪强度、剪切模量、内摩擦角和粘聚力。为了获得这些岩土参数需要进行密度测试、直剪试验、抗压强度试验、抗拉强度试验。

土的密度是指单位体积土体质量，特指土体在天然情况下的密度，一般也称天然密度。测定密度的基本思想就是先确定土体体积和土体质量,然后求得土体密度。环刀法测定土体密度是先确定土的体积然后再称量土体质量，采用环刀法测定土体密度优点是速度快、对土体扰动小。环刀法测定岩土密度操作步骤如下：

取原状或制备好的重塑黏土土样,将土样的两端整平。在环刀内壁涂一薄层凡士林,称量涂抹凡士林后的环刀质量 m_0,再将环刀刃口向下放在土样上;一边将环刀垂直下压,一边用刮刀沿环刀外侧切削土样,压切同步进行,直至土样高出环刀;根据试样的软硬采用钢丝锯或切土刀对环刀两端土样进行整平。取剩余的代表性土样测定含水率。擦净环刀内壁,称量环刀和土的总质量 m_1,准确至 0.1g,扣除环刀质量 m_0 后,即得土体质量 $m=m_1-m_0$。

所测岩土体密度为

$$\rho=\frac{m}{v} \tag{4-2-13}$$

式中,ρ 为土体天然密度(g/cm³);V 为环刀容积(cm³)。

用直剪试验测定土体抗剪强度。直剪试验,全称直接剪切试验,其原理是通过设定剪破面,确定土体剪破面上法向应力与剪应力间的关系,获取土体抗剪强度指标(粘聚力和内摩擦角),并得到土体在剪切过程中剪应力和剪切位移之间的关系。

根据库伦在 1776 年进行的土体试验,得到了应力应变曲线以及破坏面上法向应力 σ 和抗剪强度 τ_f 间的关系:

$$\tau_f = c + \sigma \tan \varphi \tag{4-2-14}$$

式中,τ_f 为岩土抗剪强度(kPa);σ 为剪切滑动面上的法向应力(kPa);φ 为土的内摩擦角(°);c 为土的粘聚力(kPa)。

直剪试验在直剪仪中进行。一个试样,设定分属于上、下两个剪切半盒,在试验过程中,推动下半盒,使得上、下半盒产生错动,从而人为设定土体在上、下半盒交界面处破坏,并通过确定这个破坏面上不断发展的相对位移程度,确定土体所受剪切力与剪切位移的关系,并由此确定土体强度,绘制相应强度包线。直剪试验步骤如下:

试样制备。根据工程需要对取样岩土进行制样,试样至少需要 4 组。试样制备完毕后直接将试样放入直剪盒中。

安装试样盒。将试样盒放入卡槽滚珠之上,对正上、下剪切盒后,将固定销钉插入,然后在盒中依次放入不透水的等大小塑料膜;上、下盒外部各有一个凸起的钢珠构造,可以保证与量力环和推进杆的结合。

调节剪切盒水平位置,使上半剪切盒的前端钢珠刚好与量力环接触,依次放上传压盖、加压框架,安装垂直位移和水平位移量测装置,对量力环百分表调零或侧记初读数。

施加垂直压力。根据工程需要施加四级竖向加载。垂直压力分别为 100 kPa、200 kPa、300 kPa、400 kPa。

快剪试验。在施加垂直压力后,直接转动手柄,试推下剪切盒,量力环读数显示有接触后,拔出销钉,开始剪切,记录相应数据。

剪切过程中,试样所受剪切力是量力环位移读数与其钢环系数的乘积,若再除以土体的受剪面积,则近似可以看成土体所受剪应力的大小。其关系如下:

$$\tau = \frac{T}{A} = \frac{R \cdot C}{A} = r \cdot C \tag{4-2-15}$$

式中,τ 为试样所受剪应力(kPa);T 为试样所受剪力(N);A 为试样受剪面积;R 为量力环百分表读数(0.01 mm);C 为量力环刚度系数(N/0.01 mm)。

同时计算试样相应的剪切位移,即上、下直剪盒的相对位移 Δl 为

$$\Delta l = \delta - R \tag{4-2-16}$$

式中,δ 为上下剪切盒水平位移;R 为量力环百分比读数。

(1)岩土介质参数原位获取

原位测试,从广义上讲,应包括原位检测和原位试验两部分,即指在被测试对象的原始位置,在不破坏、不扰动或少扰动被测试或检测对象原有(天然)状态的情况下,通过试验手段测定特定的物理量,进而评价被测试对象的性能和状态。从狭义上讲,原位测试是岩土工程勘察与地基评价中的重要手段之一,是指利用一定的试验手段在天然状态(天然应力、天然结构和天然含水量)下,测试岩土的反应或一些特定的物理、力学指标,进而依据理论分析或经验公式评定岩土的工程性能和状态,原位测试技术是岩土工程中的一个重要分支,它不仅是岩土工程勘察的重要组成部分和获得岩土体设计参数的重要手段,而

且是岩土工程施工质量检验的主要手段，并可用于施工过程中岩土体物理力学性质及状态变化的监测。

参照国家标准《岩土工程勘察规范》(GB 50021-3-2009)所列的原位测试内容,论述岩土工程勘察与地基评价中常用的原位测试基本理论及技术方法。

原位测试的目的在于获得有代表性的、能反映岩土体现场实际状态下的岩土参数,认识岩土体的空间分布特征和物理力学特性,为岩土工程设计提供参数。这些参数包括岩土体的空间分布几何参数(如土层厚度);岩土体的物理参数和状态参数(如土的容重和粗颗粒土的密实度);岩土体原位初始应力状态和应力参数(如静止侧压力系数和超固结比);岩土体的强度参数(如黏性土的不排水抗剪强度);岩土体的变形性质参数(如土的变形模量);岩土体的渗透性质参数(如固结参数和渗透参数)。

表 4-2-3 原位测试与室内试验对比

项目	原位测试	室内试验
试验对象	测定土体范围大,能反映微观、宏观结构对土性的影响,代表性好； 对难以取样的土层仍能试验； 对试验土层基本不扰动或少扰动； 有的能给出连续的土性变化剖面，可用以确定分层界线； 测试土体边界条件不明显	试样尺寸小,不能反映宏观结构、非均质性对土性的影响,代表性差； 对难以或无法取样的土层无法试验； 无法避免钻进取样对土样的扰动； 只能对有限的若干点取样试验,点间土样变化是推测的； 试验土样边界条件明显
应力条件	基本上在原位应力条件下进行试验； 试验应力路径无法很好控制； 排水条件不能很好控制； 试验时应力条件有局限性	在明确、可控制的应力条件下进行试验； 试验应力路径可以事先预订； 能严格控制排水条件； 可模拟各种应力条件进行试验
应变条件	应变场不均匀； 应变速率一般大于工程条件下的应变速率	试样内应变场比较均匀； 可以控制应变速率
岩土参数	反映实际状态下的基本特性	反映取样点上,在室内控制条件下的特性
试验周期	周期短,效率高	周期较长,效率较低

原位测试与室内测试特点对比如表 4-2-3 所示。从表 4-2-3 可以看出,尽管原位测试和室内试验都是利用一定的技术手段获取岩土体参数。但二者区别明显,各有特点。在岩土工程勘察中,原位测试和室内试验总是相互补充、相辅相成的。

室内试验具有试验条件(边界条件、排水条件、应力条件和应变速率等)的可控性和建立在此基础上的计算理论比较清晰的优点。但是室内试验需要取样和制样,而取样和试验过程中对土样的扰动,以及小的试样(看作土体中的一个点)可能缺乏代表性。尽管现有的一些精细的取土技术，降低了取土对土样的扰动影响，但在整个钻探—取样—试验过程中,这种影响是难以克服的。因此在利用通过室内试验得出的岩土参数时,须认真对待。

原位测试的优点不只是表现在对难以取得不扰动土样或根本无法采样的土层，仍能通过现场原位试验评定岩土的工程性能,更表现在它不需要采样,从而最大限度地减少了对土层的扰动,而且所测定的土体体积大,代表性好。原位测试一般并不直接测定土层的某一物理或力学指标,如标准贯入试验的标贯击数、静力触探试验的测试指标锥尖阻力和侧壁摩阻力等,加之试验结果的影响因素较多,传统的做法是建立试验测试指标与土性参数之间的经验关系式,通过经验关系式来评价土的参数。

基于现有原位测试方法,在拓展测试方法可以获得的岩土介质参数的基础上,增加试验炮测试以及数值模拟调整和验证参数准确性的环节，为近地表地层原位测试获得岩土介质参数勘探提出新的思路。

(2)静力触探方法及原理

岩土作为一种地质材料,其强度较低,在取样过程中易受到扰动,致使室内试验结果与土的实际参数之间有较大出入。所以原位测试方法是获得土性参数的较准确的方法。孔压电测静力触探作为一种土工原位测试技术,它是通过将带有锥头的锥杆匀速贯入土中,用传感器来测锥头上的阻力 q_c、锥杆摩擦筒上的侧摩阻力 f_s 及锥头或锥杆上的超孔隙水压力 Δu。目前,最普遍采用的一种触探仪,它可以将三个力同时测出。利用测试结果,可以做土层划分、辨别土性、确定土的物理力学性质及确定地基土的承载力等,并有较高的精度,而且静力触探测试连续、快速、精度高,所以成为目前应用最广泛的一种原位测试技术。在 q_c、f_s、Δu 三者之中,q_c 的应用最广泛。如可用熟知的公式 $E=2q_c$ 来估算土的变形模量,还可用来确定桩基承载力和压缩模量等。CPT 数据不仅可以用于土层划分、土类判别,并可以用于估算黏性土的不排水抗剪强度、超固结比、灵敏度、砂土的相对密度、内摩擦角、土的压缩模量、变形模量、饱和乳土不排水模量、砂土初始切线弹性模量和初始切线剪切模量以及砂土液化判别等,甚至可用来探测边坡体中弱剪切面。

静力触探原位测试技术由于其优越性越来越受到重视。国内外学者力图从理论上对触探过程中发生的现象找出科学合理的解释，使静探结果的分析不再仅仅依赖于经验关系。因而出现了许多近似理论分析方法。本文基于孔扩张理论提出锥头阻力获得相关岩土参数的理论分析方法,并将其运用到工程实践中。

静力触探就是用准静力(相对动力触探而言,没有或很少冲击荷载)将一个内部装有传感器的触探头以匀速压入土中,由于地层中各种土的软硬不同,探头所受的阻力自然也不一样,传感器将这种大小不同的贯入阻力通过电信号输入到记录仪表中记录下来,再通过贯入阻力与土的工程地质特征之间的定性关系和统计相关关系,来实现取得土层剖面、提供浅基承载力、选择桩端持力层和预估单桩承载力等工程地质勘察目的。静力触探在工程上的应用主要体现在三个方面:划分土层判别土类、确定土的工程性质指标和岩土工程的设计参数。其作业流程见图 4-2-22。

静力触探主要适用于黏性土、粉性土、砂性土。静力触探适用于地面以下 50 m 内的各种土层。目前,国内工程界使用的静力触探探头有三种:单桥探头、双桥探头和孔压触探头。单桥静力触探方法功能简单,在我国占主导地位,但是存在分辨率低,而且和国际标准不接轨等问题。双桥静力触探虽已应用,但发展比较缓慢。

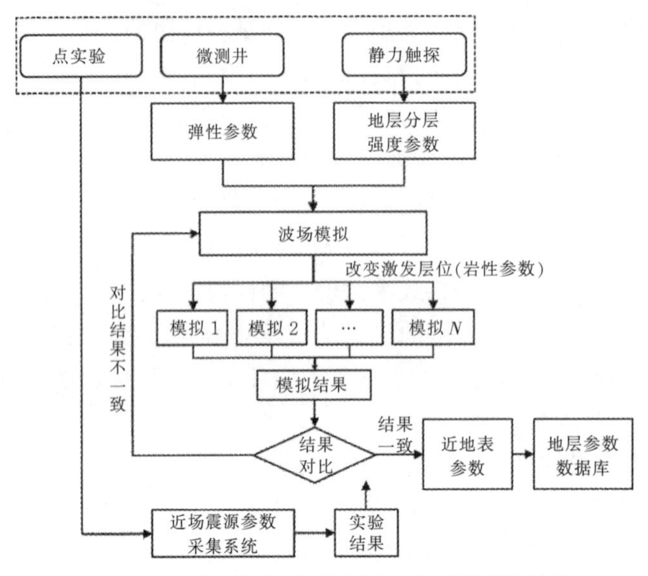

图 4-2-22 静力触探试验近地表地层参数提取流程

如图 4-2-23 所示，锥形探头借助机械力量匀速压入土中时，探头受到来自土体的阻力，土体阻力通过探头中的传感器以电信号的形式输入到记录仪并记录下来，然后通过率定系数换算成压力，由此可得到各种随深度变化的曲线(图 4-2-24)。由于不同土层强度不同，而同层土强度相似，因此反映到 q_c–h 和 f_s–h 曲线上就呈现出成层分布的规律。静力触探测试精度高、功能齐全，兼具勘探与测试双重作用。测试中不取样，其成果的可靠性与再现性均好，且采用电测技术，便于实现测试与成果处理的微机化和自动化。静力触探的重要用途之一是划分土层，准确确定土层界面信息，这对于土层的工程性质指标的统计计算具有重要意义。

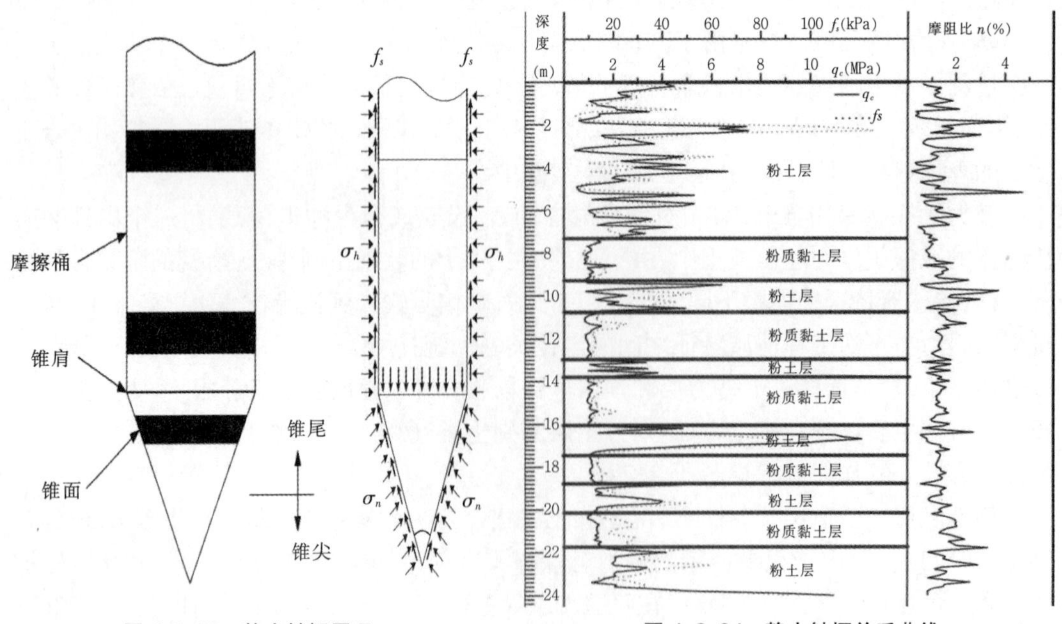

图 4-2-23 静力触探原理

图 4-2-24 静力触探关系曲线

双桥探头的使用使得静力触探可以同时测得锥尖阻力及侧壁摩阻力两个参数，因此采用双桥参数划分土层及土类比单桥触探曲线提高了精度与准确性。当触探过程中遇到相同的 q_c,而土性不同时,可以再用 f_s 加以区分土类,因为不同土的 q_c 相同时，f_s 会不同；反之，f_s 相同时,q_c 不同。为能够对不同土质进行区分，双桥静力触探还增加了摩阻比 P_s 参数。

从比例尺相同的双桥探头曲线图上可以看到,砂土 f_s 的曲线在 q_c 曲线的内侧,黏性土的 f_s 曲线在 q_c 曲线的外侧,因此 f_s、q_c 及其摩阻比 f_s/q_c 的大小与土的成因、种类及物理力学性质有密切的关系。

触探参数与土类的关系受多种因素的相互制约,使触探参数交替重叠,但在复杂的关系中还是可以找出主要的趋势和规律。此时，f_s/q_c 是一个很重要的判别值,用它不但可以划分出黏性土和砂性土这两大类，而且还可以划分出两大类之间的过渡带即粉土等。当前,利用双桥静力触探参数划分土层和土类的方法标准主要有北京铁路局标准、铁道部标准和施莫特曼标准。

①北京铁路局标准。北京铁路局在北京、天津、唐山和石家庄等地区对 70 个静力触探孔及相应的钻孔资料共 270 组进行了分类整理,绘制了 f_s/q_c–q_c，f_s/q_c–f_s，f_s–q_c 等三种散点图,如图 4-2-25 所示。根据图上的分区即可确定土的种类,对图上某些重叠区,则结合地区经验曲线及曲线形态变化分析确定,基本上可把土分为三类:砂性土、粉土和黏性土。

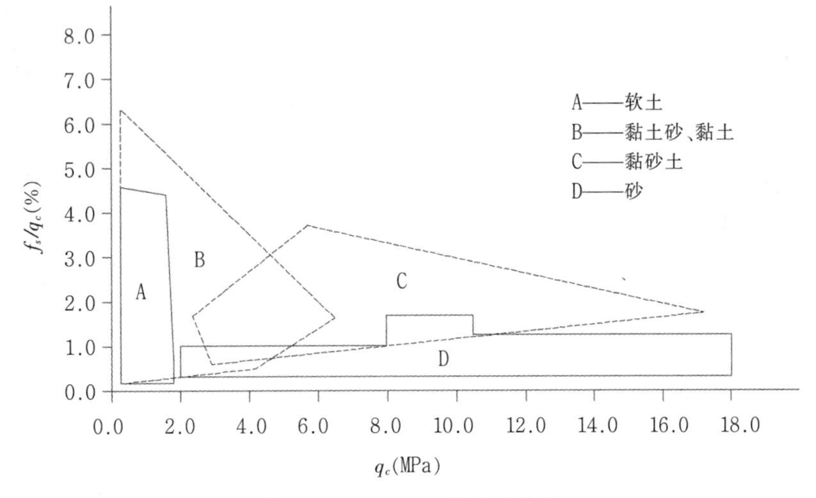

图 4-2-25 f_s/q_c–q_c 散点分布图

②铁道部标准。铁道部在多年从事触探研究的基础上,分析整理出《静力触探技术规则》(1989)。对使用双桥探头的触探曲线,归纳出如图 4-2-26 所示的划分土类方法,图中 R_f 为摩阻比。

③施莫特曼标准。施莫特曼标准采用 q_c 及 f_s/q_c 两个指标,归纳出划分土层的模型，其各类土的摩阻比如下:一般软石、贝壳或松散砾石填土,f_s/q_c=0 %～0.5 %,砂或砾石:f_s/q_c=0.5 %～2.0 %;黏土与砂混合物或粉土,f_s/q_c=2 %～5%;黏土,f_s/q_c≥5 %。用双探头测得的 q_c 及 f_s 曲线划分土层可以显著减少或避免用钻孔取土定土名的工作方法,因而减少了工作量,也进一步提高了精度,但是可以发现采用这些方法仅仅可以获得地层分层,并

不能获得不同地层的物理参数。

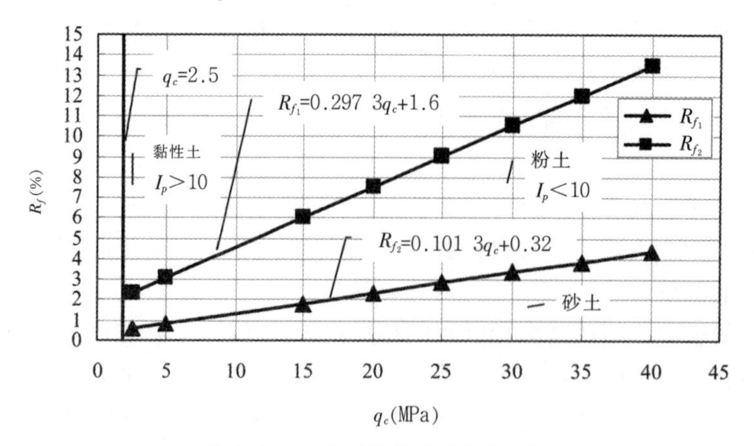

图 4-2-26 双桥探头参数划分土类

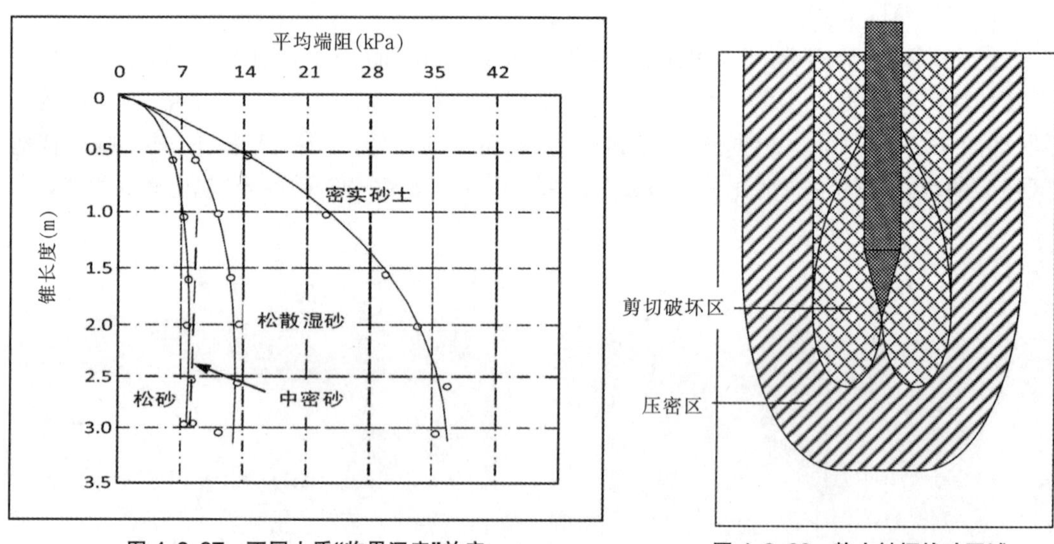

图 4-2-27 不同土质"临界深度"效应

图 4-2-28 静力触探扰动区域

在均质土层中贯入,不论锥尖阻力 q_c 还是侧壁摩阻力 f_s,都存在"临界深度"的问题,即在一定深度范围内,均随着贯入深度的增大而增大。但达到一定深度后,q_c 和 f_s 均达到极限值,贯入深度继续增加,q_c 和 f_s 不再增加。"临界深度"是土的密实度和探头直径的函数,土的密实度愈大、探头直径愈大,"临界深度"也愈大(图 4-2-27)。但是,q_c 和 f_s 并不一致,一般 f_s 的临界深度比 q_c 的要小。

静力触探的破坏机理与探头的几何形状、土类和贯入深度有关。当探头的上端等径(目前采用的标准探头)时,在松砂中贯入为刺入破坏,探头阻力主要决定于土的压缩性;而在一般土和较密实的砂土中,贯入深度小于"临界深度"时,以剪切破坏为主,达到"临界深度"以后,由于土的侧向约束应力增大,土中一般不会出现整体剪切破坏,探头下的土体强烈压缩,有时甚至发生土粒压碎,并发生局部剪切。圆锥探头在贯入土中时,在其周围及底部土中会形成一定扰动区(图 4-2-28)。在软黏土中土体的扰动使强度降低;在松砂中土体的扰动使土被挤压密实,强度反而提高;在密实砂中砂粒甚至被压碎。探头在贯入过程中的阻力受到了土扰动的影响,与土的原始状态相比,土扰动后强度会偏高或偏低。

在揭示静力触探贯入机理方面,主要采用刚塑性理论的纯剪切理论。而实际上静力触探在一定深度的土层中连续贯入，是高应力水平下探头周围附近土体大应变的塑性破坏与更外围土体小应变的弹性变形共同作用的结果。对于砂土,塑性区大多是剪胀或塑性流动。无限土体中孔扩张理论由于其特殊性能够很好地考虑土体的压缩机理已被广泛用于解决静力触探和深基础承载力的有关岩土工程问题中。孔扩张理论视孔周围塑性区土体为不可压缩的塑性固体,不考虑体变的影响,属于以剪切机理为主的弹塑性混合课题。饱和黏性土的应力－体变关系试验成果中注意到塑性区有体变的现象，主张将其纳入孔扩张理论分析中。目前,理论分析还不能解释静力触探锥头阻力的临界深度现象。孔扩张理论可以用于饱和黏性土中静力触探贯入阻力或桩端承载力的估算，然而在粒状土中的应用却受到许多因素的影响。孔扩张理论既考虑了贯入过程中土的弹性变形,又考虑了塑性变形，并且它至少可以近似考虑贯入过程对初始应力状态的影响和锥头周围应力主轴的旋转将土体性质与锥头阻力计算紧密联系,可以体现土的体积压缩、剪切相对位移等非线性特征,能更好地合理反映被测试土体的实际状态。

结合 SMP 准则和 Mohr-Coulomb 准则,以及柱形孔扩张理论推求静力触探临界深度以下的极限锥头阻力近似计算方法和临界深度确定公式，并结合试验数据分别和基于 Mohr-Coulomb 准则及球形孔扩张理论的计算结果进行对比研究,从而研究柱孔扩张和球孔扩张用于建立静力触探锥头阻力近似理论计算方法的适宜度，同时促进静力触探锥头阻力近似理论分析方法的发展,并对砂土中极限锥头阻力临界深度现象进行定量解释。

(a)塑性区位移增量衰减。将模型探头贯入均匀砂土中至 h_{cr} 以下,设继续将探头下贯一个小量 Δh,在 $r=r_1=(2/3)B$ 处的位移增量为 ΔS_1,在 $r<r_p$ 处的位移增量为 ΔS。根据试验观测,ΔS 比较符合指数衰减方程：

$$\Delta S=\Delta S_1\left(\frac{r_1}{r}\right)^{\alpha} \tag{4-2-17}$$

式中,α 称为塑性区位移增量衰减指数,也可称为塑性区体变增量特征参数;B 为锥径。对于三种密度的标准砂处于 h_{cr} 附近的 α 值由试验测得,如表 4-2-4 所示。

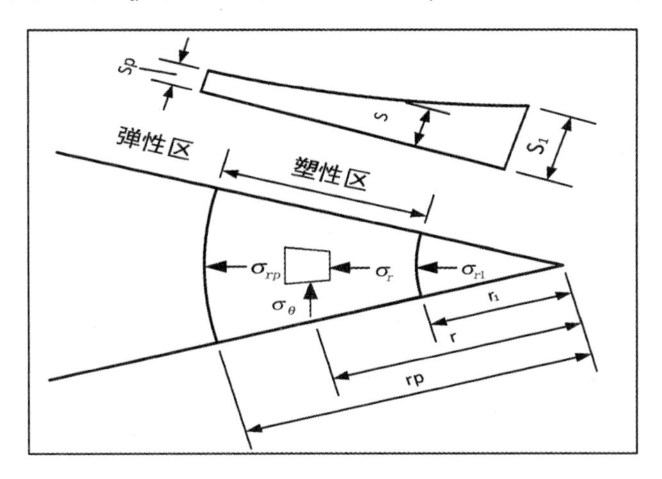

图 4-2-29 塑性区增量衰减

表 4-2-4 试验测得的值

砂土密度 Dr	0.3	0.5	0.75
表减指数 α	1.5	1.3	1.2

(b)塑性区应力分布衰减。如图 4-2-29 所示,平面应变条件下柱孔扩张静力平衡方程为

$$\frac{\mathrm{d}\sigma_r}{\mathrm{d}r}+\frac{\sigma_r-\sigma_\theta}{r}=0 \tag{4-2-18}$$

空间准滑动面破坏准则在砂土(c=0)中可表示为

$$\sigma_r=R_{\mathrm{PS}}\cdot\sigma_\theta \tag{4-2-19}$$

引入 $r=r_1$ 处应力边界值 $\sigma_r=\sigma_{r_1}$,则有:

$$\sigma_r=\sigma_{r_1}\left(\frac{r_1}{r}\right)^{1-\frac{1}{R_{\mathrm{PS}}}} \tag{4-2-20}$$

式中,$1-\frac{1}{R_{\mathrm{PS}}}$为塑性区径向应力衰减指数。

(c)塑性区外边界应力边界条件。如图 4-2-29 所示,并根据对探头周围土体应力场的观测,在 $r=r_p$ 处,可设:

$$\sigma_{\theta p}=(1+\sin\varphi)\gamma h \tag{4-2-21}$$

式中,h 为土层深度;γ为上覆土层平均容重,将式(4-2-21)代入式(4-2-20)得到:

$$\sigma_{rp}=R_{\mathrm{PS}}(1+\sin\varphi)\cdot\gamma h \tag{4-2-22}$$

令上式中 $R_{\mathrm{PS}}(1+\sin\varphi)=K(\varphi)$

则式(4-2-22)简记为

$$\sigma_{rp}=K(\varphi)\cdot\gamma h \tag{4-2-23}$$

弹性区内边界(塑性区外边界)位移增量。在弹性区范围内,当探头下贯 Δh,在 $r=r_1$ 处发生 ΔS_1 时,弹性区径向应力增量为

$$\Delta\sigma_r=\Delta S_1\left(-\frac{\mathrm{d}\sigma_r}{\mathrm{d}r}\right) \tag{4-2-24}$$

应用弹性理论 Lame 解,弹性区 r 处发生应力增量所引起的压缩位移增量为

$$\Delta u_r=\frac{1+v}{2E}\cdot r\cdot\Delta\sigma_r \tag{4-2-25}$$

在 r 与 $r+\mathrm{d}r$ 之间的位移增量差值为

$$\mathrm{d}\Delta u_r=\frac{1+v}{2E}[r-(r+\mathrm{d}r)]\Delta\sigma_r \tag{4-2-26}$$

则有

$$\mathrm{d}\Delta u_r=\frac{1+v}{2E}\cdot(-\mathrm{d}r)\cdot\Delta S_1\cdot\left(-\frac{\mathrm{d}\sigma_r}{\mathrm{d}r}\right)=\frac{1+v}{2E}\cdot\Delta S_1\cdot\mathrm{d}\sigma_r \tag{4-2-27}$$

于是可得到弹性区内边界处位移增量如下:

$$\Delta S_p=\int_\infty^{\tau_p}\mathrm{d}\Delta u_r=\int_\infty^{\tau_p}\frac{1+v}{2E}\cdot\Delta S_1\cdot\mathrm{d}\sigma_r=\frac{1+v}{2E}\cdot\Delta S_1\cdot\sigma_{rp} \tag{4-2-28}$$

(d)弹性区内边界与塑性区外边界的位移增量协调方程。由式(4-2-28)得到塑性区外

边界位移增量边界条件：

$$\Delta S_p = \Delta S_1 \left(\frac{r_1}{r_p} \right)^{\alpha} \tag{4-2-29}$$

与式(4-2-27)联立，即得到位移增量协调方程：

$$\left(\frac{r_1}{r_p} \right)^{\alpha} = \frac{1+v}{2E} \cdot \sigma_{rp} \tag{4-2-30}$$

(e)极限锥头阻力解析解。将式(4-2-25)代入(4-2-30)可得到塑性区范围解：

$$r_p = \left(\frac{1}{K(\varphi) \cdot \gamma h} \cdot \frac{2E}{1+v} \right)^{\frac{1}{\alpha}} \cdot r_1 \tag{4-2-31}$$

由式(4-2-26)得到：

$$\sigma_{r_1} = \sigma_{rp} \left(\frac{r_p}{r_1} \right)^{1-\frac{1}{R_{PS}}} \tag{4-2-32}$$

再将式(4-2-29)和式(4-2-30)代入上式即得：

$$\sigma_{r_1} = K(\varphi) \cdot \gamma h \cdot \left(\frac{1}{K(\varphi) \cdot \gamma h} \cdot \frac{2E}{1+v} \right)^{\frac{1}{\alpha} \cdot \left(1-\frac{1}{R_{PS}}\right)} \tag{4-2-33}$$

设极限锥头阻力 $q_c = \xi \cdot \sigma_{r1}$，在此取 $\xi=1$，则有

$$q_c = K(\varphi) \cdot \gamma h \cdot \left(\frac{1}{K(\varphi) \cdot \gamma h} \cdot \frac{2E}{1+v} \right)^{\frac{1}{\alpha} \cdot \left(1-\frac{1}{R_{PS}}\right)} \tag{4-2-34}$$

若采用传统的表达形式：

$$q_c = \gamma h \cdot N_q \tag{4-2-35}$$

则承载力因数 N_q 为

$$N_q = K(\varphi) \cdot \left(\frac{1}{K(\varphi) \cdot \gamma h} \cdot \frac{2E}{1+v} \right)^{\frac{1}{\alpha} \cdot \left(1-\frac{1}{R_{PS}}\right)} \tag{4-2-36}$$

为更清楚地表达深度影响特征，式(4-2-35)可表达为

$$q_c = [K(\varphi) \cdot \gamma h]^{1-\frac{1}{\alpha} \cdot \left(1-\frac{1}{R_{PS}}\right)} \cdot \left(\frac{2E}{1+v} \right)^{\frac{1}{\alpha} \cdot \left(1-\frac{1}{R_{PS}}\right)} \tag{4-2-37}$$

(f)极限锥头阻力临界深度解析解。由式(4-2-29)可知，随着深度 h 增大，塑性区范围 r_p 是逐渐减小的。当 h 与 r_p 的比值达到一定的数值 η 时，上自由界面的影响将消失，q_c 呈现稳值或似稳值，即

$$h_{cr} = \eta \cdot r_p \tag{4-2-38}$$

据试验观测，η 的数值可近似表示为

$$\eta = 1 + \sin \varphi \tag{4-2-39}$$

将式(4-2-39)代入式(4-2-36)并考虑到 $r_1=(2/3)B$，则有

$$h_{cr} = \left(\frac{2}{3} \eta \right)^{\frac{\alpha}{1+\alpha}} \cdot B^{\frac{\alpha}{1+\alpha}} \cdot \left(\frac{1}{K(\varphi) \cdot \gamma} \cdot \frac{2E}{1+v} \right)^{\frac{1}{1+\alpha}} \tag{4-2-40}$$

将上式代入式(4-2-29)(其中 $h=h_{cr}$)，消去 $\frac{2E}{1+v}$ 项，可得到：

$$h_{cr} = \left(\frac{2}{3} \eta \right)^{\frac{R_{PS}-1}{2R_{PS}-1}} \cdot [K(\varphi)]^{-\frac{R_{PS}}{2R_{PS}-1}} B^{\frac{R_{PS}-1}{2R_{PS}-1}} \cdot \left(\frac{q_c}{\gamma} \right)^{\frac{R_{PS}}{2R_{PS}-1}} \tag{4-2-41}$$

为简化，取系数：

$$F(\varphi)=\left(\frac{2}{3}\eta\right)^{\frac{R_{PS}-1}{2R_{PS}-1}}\cdot\left[K(\varphi)\right]^{-\frac{R_{PS}}{2R_{PS}-1}} \tag{4-2-42}$$

则式(4-2-41)可表达为

$$h_{cr}=F(\varphi)\cdot B^{\frac{R_{PS}-1}{2R_{PS}-1}}\cdot\left(\frac{q_c}{\gamma}\right)^{\frac{R_{PS}}{2R_{PS}-1}} \tag{4-2-43}$$

(h)极限锥头阻力解析解。承载力因数 N_q 为

$$N_q=K(\varphi)\cdot\left(\frac{1}{K(\varphi)\cdot\gamma h}\cdot\frac{2E}{1+v}\right)^{\frac{1}{\alpha}\cdot\frac{2\sin\varphi}{1+\sin\varphi}} \tag{4-2-44}$$

砂土中临界深度以下的锥头阻力：

$$q_c=\left[K(\varphi)\cdot\gamma h\right]^{1+\frac{1}{\alpha}\cdot\frac{2\sin\varphi}{1+\sin\varphi}}\cdot\left(\frac{2E}{1+v}\right)^{\frac{1}{\alpha}\cdot\frac{2\sin\varphi}{1+\sin\varphi}} \tag{4-2-45}$$

(i)桶壁阻力解析解：

$$h_{cr}=\mu\cdot F(\varphi)\cdot B^{\frac{2\sin\varphi}{1+3\sin\varphi}}\cdot\left(\frac{q_c}{\gamma}\right)^{\frac{1+\sin\varphi}{1+3\sin\varphi}} \tag{4-2-46}$$

(3)静力触探获得近地表地层参数实验

在近地表地层物理参数获取过程中可以发现，不同地层的划分方法与依据获得地层划分结果不同,为了能够获得济阳坳陷东部沿海地区地层划分模型,结合该地区土质取样及动态力学性能测试结果,对该地区采用静力触探方法获得近地表地层参数,并提取适合该地区使用物理学参数模型,从而为下一步定量化精确激发提供依据。

对某测点进行静力触探试验，并通过静力触探方法对测点处进行近地表地层分层处理。并将试验结果与岩土取心室内试验结果相对比,验证静力触探方法近地表地层分层正确性。对 S_1 点处分别进行两种试验,即静力触探试验和岩土取心室内试验。

静力触探试验采用双桥静力触探探头进行不排水方法开展试验。静力触探探锥底直径 35.7 mm;锥底面积 10 cm²;有效侧壁长度 200 mm;锥角 60°;探杆直径 33.5 mm;静力触探设备如图 4-2-30 所示。具体测试条件、打孔深度等见表 4-2-5。静力触探结果如图 4-2-31 所示。

图 4-2-30 CLD-3 型静力触探仪

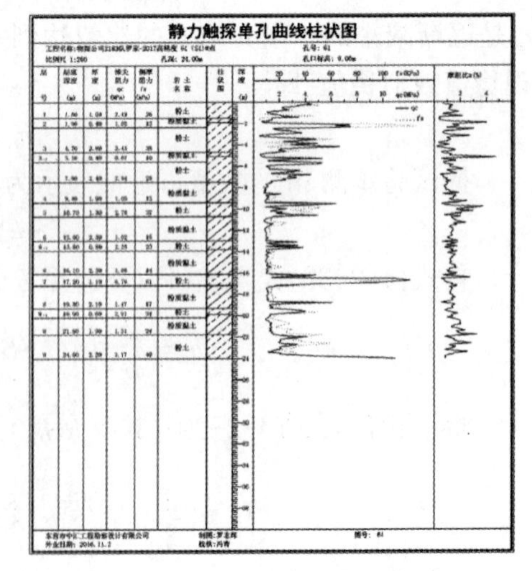

图 4-2-31 静力触探成果图

将静力触探成果图中的端阻及摩阻比数据导出(彩图 4-2-32)。并根据其力学性质对探测区域进行分层处理(图 4-2-33)。对照 DG/TJ 08-2189-2015 静力触探技术规程,粉土层端阻大于 2.5 MPa,切端阻曲线波动较大,摩阻比大部分小于 1 %且有所波动;而粉质黏土层端阻小于 2.0 MPa,端阻曲线波动较小,摩阻比大于 1 %。最终确定 S1 点处近地表地层分布见表 4-2-6。

表 4-2-5　双桥触探参数

项目	参数
探头类型	双桥探头
贯入速度	1.2 m/min±25
锥尖角度	60°
锥头截面积	10 cm^2
锥头直径	35.7 mm
钻探深度	24 m

表 4-2-6　S_1 点处近地表地层分布

深度	土质
0~9.5 m	粉土
9.5~15.5 m	粉黏土
15.5~20 m	粉土
20 m 以下	粉黏土

为了对不同层土质的物理参数进行提取,需要确定不同层的土质类别。采用静力触探方法进行测试时,不同土质的端阻以及侧壁摩擦之间的数学关系不同,为了能够获得不同地区端阻与摩阻比关系,对该地区多组数据进行最小二乘分割。彩图 4-2-32 为济阳坳陷 LJ 地区 4 个测试点的静力触探和取心数据对比结果图。其中蓝色点为不同深度粉质黏土端阻 - 摩阻比,红色为粉土端阻 - 摩阻比关系。

总结该地区 10 组不同点位的数据进行分析对比后,可以获得该地区不同地层端阻 - 摩阻比关系,如表 4-2-7 所示。

通过对 10 组不同位置处土质物理参数分析后可以获得最佳分类模型 $Y=-2.41+2.39x$,即当端阻 - 摩阻比点位于该直线上方时即可认定该深度处为粉质黏土,反之,位于该直线以下时则该深度处为粉土。

岩土取心室内试验在静力触探附近 2 m 内区域进行取样,取样直径 110 mm,钻孔深度 24 m。

通过土样取心室内实验分析后,可以发现该土样土层分为两种土质:粉土和粉质黏土。两种土质交叉出现且各层分布明显单一,同层土质均匀且两种土质间隔明显。

表 4–2–7 端阻–摩阻比关系

组号	线性分类模型
S_1	Y=-2.08+2.09x
S_2	Y=-3.46+3.23x
S_3	Y=-2.04+2.34x
S_4	Y=-3.02+2.34x
S_5	Y=-2.24+2.65x
S_6	Y=-2.17+2.12x
S_7	Y=-3.18+2.76x
S_8	Y=-2.43+2.18x
S_9	Y=-2.33+2.26x
最佳分类	Y=-2.41+2.39x

地质时代	层号	层底标高（m）	层底深度（m）	分层厚度（m）	柱状图 1：200	地层描述
Q_4^{al}	1	-1.50	1.50	1.50		粉土：黄褐色，中密，湿，摇振反应迅速，无光泽反应，低干强度，低韧性
Q_4^{al}	2	-2.00	2.00	0.50		粉质黏土：黄褐色，软塑，稍有光泽，中等干强度，中等韧性
Q_4^{al}	3	-4.80	4.80	2.80		粉土：黄褐色，中密，湿，摇振反应迅速，无光泽反应，低干强度，低韧性
Q_4^{al}	3_{-1}	-5.30	5.30	0.50		粉质黏土：黄褐色，软塑，稍有光泽，中等干强度，中等韧性
Q_4^{al}	3	-7.40	7.40	2.10		粉土：黄褐色，中密，湿，摇振反应迅速，无光泽反应，低干强度，低韧性
Q_4^{al}	4	-9.90	9.50	2.10		粉质黏土：灰褐色，软塑，稍有光泽，中等干强度，中等韧性
Q_4^{al}	5	-10.80	10.80	1.30		粉土：灰褐色，中密，湿，摇振反应迅速，无光泽反应，低干强度，低韧性
Q_4^{al}	6	-12.90	12.90	2.10		粉质黏土：灰褐色，软塑，稍有光泽，中等干强度，中等韧性
Q_4^{al}	6_{-1}	-13.90	13.90	1.00		粉土：灰褐色，软塑，稍有光泽，中等干强度，中等韧性
Q_4^{al}	6	-16.00	16.00	2.10		粉质黏土：灰褐色，软塑，稍有光泽，中等干强度，中等韧性
Q_4^{al}	7	-17.30	17.30	1.30		粉土：灰褐色，中密，湿，摇振反应迅速，无光泽反应，低干强度，低韧性
Q_4^{al}	8	-19.20	19.20	1.90		粉质黏土：灰褐色，软塑，稍有光泽，中等干强度，中等韧性
Q_4^{al}	8_{-1}	-20.00	20.00	0.80		粉土：灰褐色，软塑，稍有光泽，中等干强度，中等韧性
Q_4^{al}	8	-21.90	21.90	1.90		粉质黏土：灰褐色，软塑，稍有光泽，中等干强度，中等韧性
Q_4^{al}	9	-24.00	24.00	2.10		粉土：灰褐色，中密，湿，摇振反应迅速，无光泽反应，低干强度，低韧性

图 4–2–33 S_1 号点取心实验分层

同时对各点的端阻、压缩模量以及不排水抗剪强度之间进行多组数据对比后可以获得该地区不排水抗剪强度与端阻之间关系为

$$C_u=0.296\cdot q_c-2.7 \tag{4-2-47}$$

近地表地层压缩模量与端阻之间关系为

$$E_s=3.47\cdot q_c+1.01 \tag{4-2-48}$$

(4)微测井方法及原理

微测井表层调查技术是一种用来测量近地表松散沉积层的低、降速层厚度和速度变化规律的浅井地震测井。按激发和接收方式可分为两类:一是井中激发地面接收,二是地面激发井中接收。前者是在井内按一定间隔布设激发点,在地面固定位置埋置检波器,由深到浅逐点激发观测,获得不同深度激发的震动波记录;后者是在井内按一定间隔放置检波器,在地面固定位置激发观测,获得不同深度接收的震动波记录。对所获得的记录进行初至波对比后,即可做出 t–h 垂直时距曲线,根据 t–h 曲线斜率的不同,划分出不同的速度层。

在地震勘探区域,布设不同密度的微测井点,对每个微测井点进行观测,做出各自的 t–h 曲线,统一进行分层对比,以分出不同的速度层次来研究工区的低、降速带的变化规律。由于井中激发地面接收的微测井表层调查方法易于实现,且能满足上述目的要求,所以目前已得到了普遍应用。

如图 4-2-34 所示,采用双井微测井进行地层参数测试时,激发井与观测井相隔一段距离,在激发井井口和观测井底部安装震动传感器,在地表扇形区域按指定位置安装若干震动传感器。根据不同传感器采集到地震波的初至时间以及时间 - 速度模型,可以获得不同地层中的波速。

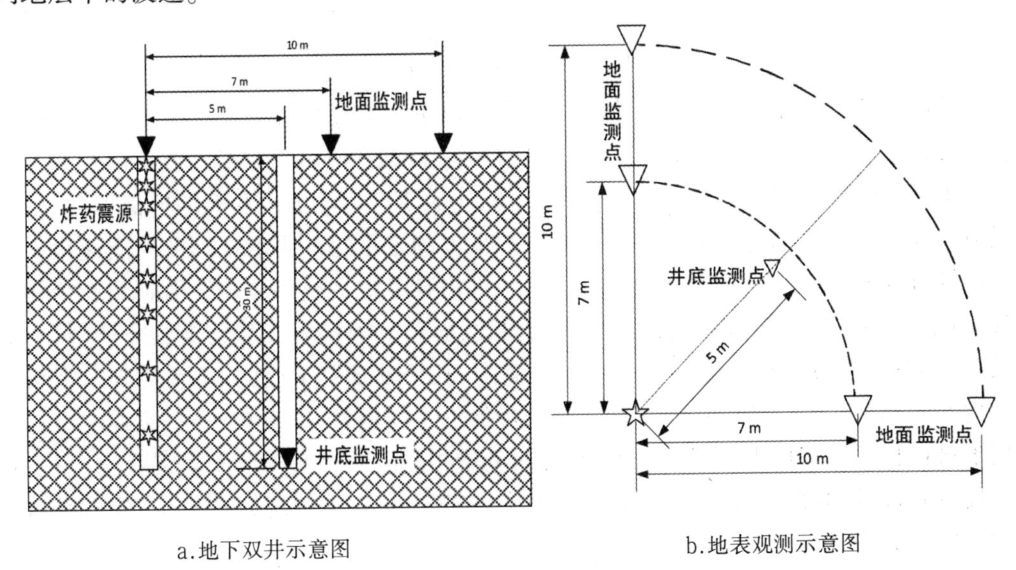

图 4-2-34　双井微测井示意图

定义坐标系远点为钻井孔,z 轴沿钻孔向下为正,x 轴向右为正。设震源深度为 h_i,震源距钻孔距离为 d_x。

对于第一个测试点 h_1,设深度 h_1 以上土层的剪切波波速为 V_{s1},剪切波射线长度为 L_1,它与钻孔轴线夹角为 θ_1,根据三角关系,射线长度 L_1 为

$$L_1=\frac{h_1}{\cos\ \theta_1} \tag{4-2-49}$$

则埋深 h_1 处震源地震波到达地面监测点 d_x 的走时 t_1 为

$$t_1=\frac{L_1}{V_1}=\frac{1}{\cos\ \alpha_1}\times\frac{h_1}{V_1} \tag{4-2-50}$$

对于埋深为 h_2,震源在 $h_1\sim h_2$ 深度土层中的波速为 V_{s2},波程为 L_2,它与钻孔轴线的夹角为 θ_2。而 L_2 分为 L_{21} 和 L_{22} 两个部分,其中 L_{21} 对应波速 V_{s1},L_{22} 对应波速 V_{s2},根据三角关系,则两段波程 L_{21} 和 L_{22} 分别为

$$L_{21}=\frac{h_1}{\cos\ \theta_2} \tag{4-2-51}$$

$$L_{22}=\frac{h_2-h_1}{\cos\ \theta_2} \tag{4-2-52}$$

则地震波的走时 t_2 为

$$t_2=\frac{L_{21}}{V_1}+\frac{L_{22}}{V_2}=\frac{1}{\cos\ \alpha_2}\times\frac{h_1}{V_1}+\frac{1}{\cos\ \alpha_2}\times\frac{h_2-h_1}{V_2}=\frac{1}{\cos\ \alpha_2}\left(\frac{h_1}{V_1}+\frac{h_2-h_1}{V_2}\right) \tag{4-2-53}$$

同理可以获得埋深 h_i 处激发点地震波到地面监测点的走时为

$$t_i=\frac{1}{\cos\ \theta_i}\left(\frac{h_i-h_{i-1}}{V_{si}}+\sum_{j=1}^{i-1}\frac{h_i-h_{i-1}}{V_{sj}}\right) \tag{4-2-54}$$

式中,$\theta_i=arctan\left(\frac{dx}{h_i}\right)$,反演波速可得:

$$V_i=\frac{h_i-h_{i-1}}{t_i\cos\ \alpha_i-\sum_{j=1}^{i-1}\frac{h_i-h_{i-1}}{V_j}} \tag{4-2-55}$$

土质在小应力作用所产生的小应变范围下可以近似看作弹性介质，对于弹性介质在弹性波传播过程中,波速与其物理学参数密切相关。根据介质中质点振动方向以及波的传播方向关系,可以将弹性波分为纵波和横波。纵波的质点振动方向和波的传播方向一致,而横波的质点振动方向与波的传播方向垂直。从波的基本特征来看，纵波的波速快于横波,且纵波振幅小而频率高,横波相对来说振幅大但频率低。当体波在传播到地表会相互干涉形成次生波沿地表传播,这种波统称为面波,面波分为瑞利波和勒夫波两种,其中瑞利波是面波的主要成分,质点的振动轨迹是椭圆,其长轴垂直于地面,而旋转方向则与波的传播方向相反。不同的波在同一种介质中传递的波速、频率和振幅不同,实践中也正是利用了这种特征对波形进行提取与识别,进而分析相应波的波速以为工程应用。

具体而言,根据弹性力学理论,无限介质中各类弹性波的传播速度与介质弹性参数间有如下数学关系:

$$v_p=\sqrt{\frac{E(1-\mu)}{\rho(1+\mu)(1-2\mu)}} \tag{4-2-56}$$

$$v_s=\sqrt{\frac{E}{2\rho(1+\mu)}}=\sqrt{\frac{G}{\rho}} \tag{4-2-57}$$

$$G=\frac{E}{2(1+\mu)} \tag{4-2-58}$$

式中，v_p 为纵波波速(m/s)；v_s 为横波波速(m/s)；ρ 为波传播介质的密度(kg/m^3)；E 为弹性模量(kPa)；G 为剪切模量(kPa)；μ 为泊松比。

反之，如果当弹性波波速测定后，即可计算出土体相应模量和泊松比。

(5)微测井方法获得近地表地层参数实例

根据波速与弹性介质物理参数关系，可以发现土介质密度越高、结构越均匀、弹性模量越大，地震波在土介质中的传播速度也越高，此类土介质的力学特性越好。开展地震波在近地表土介质中的微测井检测，旨在对近地表土质波速分层，从而指导近地表地质参数提取工作。

测试方案中道距如图 4-2-34 所示。震源井井口埋设检波器，在两个方向上按距离 7 m 和 10 m 分别布设检波器。检测井距离震源井 5 m，检测井深度 30 m，检测井中传感器埋深 30 m。采用地震勘探电雷管激发：每次激发 5 发雷管，分 30 次激发。激发井深：距离地面 0～10 m，激发间隔 50 cm；距离地面 10～20 m，激发间隔 100 cm；距离地面 20～30 m，激发间隔 200 cm。炸药类型：常规乳化炸药。

实验数据及结果。利用不同位置检波器监测不同埋深震源激发的震动速度波形，包括地面检波器以及位于检测井中的利用速度检波器检测中距离场处的速度波形。

彩图 4-2-35～彩图 4-2-38 为不同埋深震源激发后记录到的地面道振动波形（全波形)和井底道振动波形。

通过对不同埋深震源激发后产生的地震波初至时间的分析，获得不同地层地震波波速，如表 4-2-8 所示。

通过分析发现地震波纵波波速在深度 5 m 处发生陡增，波速从 540 m/s 增加到 1 200 m/s，说明从该深度处近地表岩土进入降速层，纵波波速达到 1 200 m/s；在深度 10 m 处纵波波速发生第二次陡增，波速从 1 240 m/s 增加到 1 640 m/s，说明测点处高速层顶高度为 10 m，近地表地层从该深度进入高速层(图 4-2-39)。

表 4-2-8 不同深度地层地震波波速

h(m)	V_s(m/s)	V_p(m/s)	h(m)	V_s(m/s)	V_p(m/s)	h(m)	V_s(m/s)	V_p(m/s)
1	300	500	11	680	1 680	21	580	1 740
2	300	540	12	680	1 640	22	580	1 740
3	300	540	13	680	1 640	23	580	1 740
4	400	540	14	400	1 640	24	640	1 740
5	400	1 200	15	600	1 640	25	640	1 740
6	480	1 200	16	600	1 640	26	640	1 680
7	480	1 240	17	600	1 640	27	600	1 680
8	520	1 240	18	600	1 700	28	600	1 680
9	520	1 680	19	600	1 700	29	600	1 640
10	680	1 680	20	600	1 700	30	640	1 640

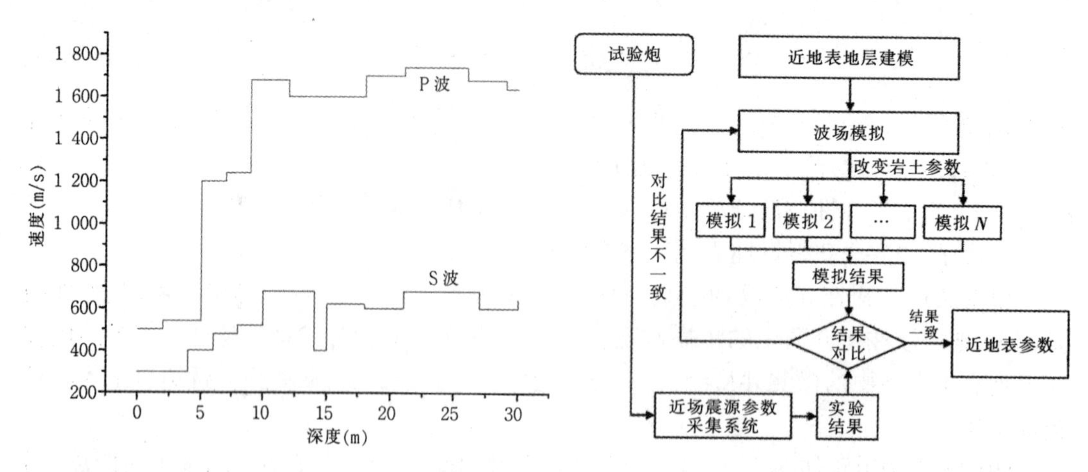

图 4-2-39 不同深度岩土层对应波速曲线

图 4-2-40 激发试验提取近地表参数流程

根据岩土取心结果可以获得在离地面 5 m 深度以内岩土属于松散土,土中孔隙较多,其波速变化与岩土孔隙多少有关,波速传播主要由土中空气传播为主,所以此时土中波速与其土体弹性模量无关。当深度超过 5 m 后,由于潜水面存在的关系,该深度处土质含水量较多,地震波传播速度与含水及空气共同作用有关,此时波速与弹性波在水中传播波速相近。当深度达到 10 m 后,该深度以下土质属于饱和水,地震波在该深度波速与其本身物理特性有关,且波速可以反映出岩土弹性模量。根据波速与弹性模量关系从而获得测点处黏土剪切模量为 70 MPa,粉土剪切模量为 42 MPa。

通过静力触探和微测井方法可以获得近地表地层弹塑性参数，炸药震源激发介质参数还有强度参数(岩土抗拉 δ_* 与抗压强度 δ_0),无法通过上述两种方法直接获得。为了提取岩土介质强度参数和验证静力触探、微测井方法获得的岩土介质弹塑性参数是否能够真实反映测点处岩土介质的性质,还需要开展野外炸药震源激发试验。

通过静力触探和微测井方法获得近地表地层弹塑性参数后，根据静力触探对测点处的地层分层结果进行近地表地层岩土介质建模，将建模结果作为数值进行计算输入项对炸药震源激发进行数值模拟分析。

炸药震源激发试验方案采用不同深度、不同岩性以及不同药量分别激发,在地面点安装近场强震传感器,记录不同激发方案下的地震波情况。

数值模拟炸药震源参数以试验炮激发方案为准,在相同位置处设立相同性质、相同药量、相同结构的炸药震源,并根据试验炮中传感器安装位置设立数值模拟测试点。野外炸药震源激发试验流程如图 4-2-40 所示。

3)近地表地层岩土模型

由于近地表地层地质存在差异，不同炮点处近地表地层分层及各地层地质参数不可能完全相同,所以在进行震源激发地震波时激发条件也各不相同。在工程应用中考虑到施工状况,无法对每个炮点处的近地表参数进行详细调查。一般采用插值的方法求取未知炮点处近地表地层模型及地层参数。选择合适的插值方法，利用有限的采样点进行数据拟合,获得其他位置相对准确、精度较高的地层模型及参数。

近地表地层三维模型构建分为属性模型和结构模型两部分。属性模型主要包括不同地层介质参数,可以通过之前的方法对测区内部分采样点进行详细测试,获得测区内不同种类近地表的地质参数,并以此为基础推广到整个测区内;结构模型主要指测区内近地表地层分层情况,通过对整个测区内以一定密度测试点为调查目标的地层分层,并以此为插值参考点,从而获得整个测区内的近地表地层分层结果。

测区内近地表地层地质体参数之间变化不是很明显,在进行震源激发过程中相同地质体之间的参数差异可以忽略,所以三维模型中的属性模型可以通过前文方法直接获得。测区内近地表不同地层变化比较明显,所以近地表地层三维模型结构模型需要通过插值获得。

近地表各个地层地质体是通过上下两个地质层面表示的,理论上说每一地层都有上下两个地层面,但是考虑到地质体地层间的过渡是无缝的,即上下相邻地层共同拥有一个地层面,上地层的下地层面与下地层的上地层面重合,在逐层进行插值时对于每层地层只进行一层地层面(上地层面)的插值。常见的三维插值方法包括三种:普通克里金插值法、反距离权重法和样条函数法。一种插值方法一般来说对于某些特征的地层具有较好的效果,而对其他特征的地层效果却不佳,在实际应用中我们采用样条函数法进行三维地层插值,这种方法操作简单,插值速度快,估测大小的范围不不受限制。

由于岩层沉积的时间、环境等方面的影响和地质构造的作用,地质体某一岩层可能不是连续的、均一的,可能会发生尖灭。表现在近地表地层结构模型数据上就是某一地层的厚度在某些区域为零。由于表征地层是用岩层的上下两个地层面来表示的,所以在某地层尖灭的地区,该地层的上下地层面会被该地层的相邻地层的上下地层面所取代。因此,在对某一地层进行插值后,需要对地层曲面进行拓扑关系判断,主要是相交关系及位置的判断。如求出地层 a、地层 b 在 A 点处相交。a、b 为两个钻孔,其中假定 a 为钻遇地层最多的钻孔。当研究区域发生地层缺失时,在 b 钻孔数据中人为添加地质分界面,并等于相邻的上层底面标高,如图 4-2-41 所示。继续循环下去,直至所有钻孔。最后,每个钻孔都涵盖完整的地层顺序表,并建立起覆盖整个研究区域的地层顺序表,根据插值结果,获得每个炮点处近地表地层分层结果以及近地表地层地质参数。

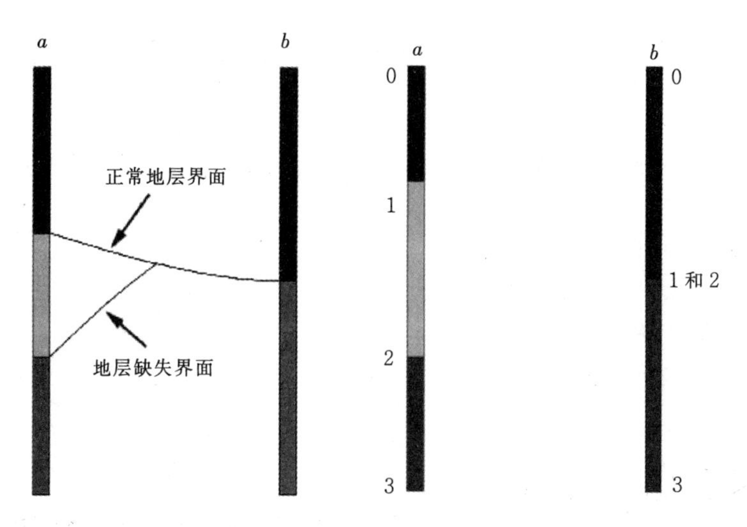

图 4-2-41 地层顺序探测示意图

3.定量化精确激发设计系统研发

随着地震勘探目标精度要求越来越高，需要对传统炸药震源激发方案设计方法进行改进升级。在炸药震源激发方案设计过程中,除了在宏观上对比震源激发效果来确定震源激发方案外,还应当从炸药震源激发效果产生本质原因入手,掌握炸药震源激发效果发生变化的原因以及调整激发效果的方法。震源激发设计要充分考虑炸药本身性能、结构等对地震波场的影响,还需要考虑到现场生产情况,在保证激发效果的同时,增加用户震源激发方案设计的效率。

炸药震源定量化精确激发设计系统正是从炸药震源激发效果本身出发，以炸药震源激发波场理论基础,结合野外生产需求所开发的震源激发设计系统。该系统可以根据野外生产中地质勘探数据为基础，针对不同地质条件对各个炮点进行逐点炸药震源定量化精确激发设计。系统旨在不改变现有地震勘探生产流程的基础上,通过对已有数据的精确分析,实现炸药震源精确设计,便于地震勘探人员的现场使用。

1)定量化精确激发设计系统软件设计

(1)系统可行性分析

现有炸药震源设计方法在以往炸药激发效果经验基础上,结合新工区地质特点,以静力触探、微测井以及激发试验等勘探方法为数据支持,通过人工方法对测区炮点进行炸药震源激发因素设计。其设计参考标准主要有两项:高速层及岩土分类。在考虑高速层的情况下,在高速层下 3～5 m 处进行炸药震源激发,其设计方法原理比较简单,即炸药震源在高速层激发效果优于低速层或降速层。在某些工区内还会考虑激发岩土性质,通过大量现场试验结果总结出炸药震源在粉黏层中激发效果优于粉土层，所以将炸药震源设计在粉黏层中。这种方法能够满足一些地质条件简单、近地表地层岩土性质变化不大并且与积累经验地区地层地貌相似的地区,对于一些地质构造相对复杂、近地表条件变化比较明显的地区采用现有方法则其激发效果优劣无法预知。

开发炸药震源定量化精确激发设计系统，在已有勘探条件基础上将炸药震源地震波场控制理论与生产实际相结合,通过波场数值模拟方式进行炸药震源激发效果优化。震源设计人员可以将现有地质勘探数据导入震源设计系统，通过人工筛选方法进行震源设计，也可以通过设计软件自动设计方法进行炸药震源激发方案设计。系统可以根据静力触探、微测井及激发试验等资料，实现近地表地层分层、岩土物理参数提取、近地表地层建模、炸药震源波场模拟、炸药震源激发效果优化等功能，这会在提高炸药震源设计效果的同时增加震源设计人员工作效率。软件设计流程见图 4-2-42。

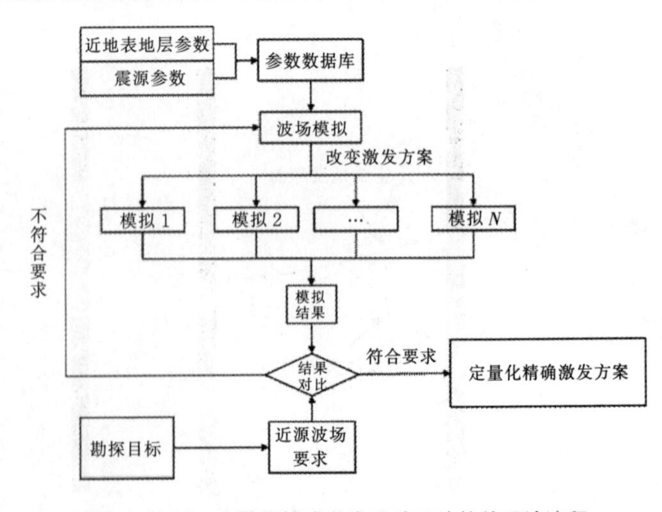

图 4-2-42　定量化精确激发设计系统软件设计流程

(2)系统功能需求

系统功能需求从两个方面考虑,一方面是现场震源设计需求,另一方面是震源激发效果精细化对比需求。针对现场震源设计,需要在设计人员导入现场地质勘探结果情况下,根据现场需要,实现系统自动建模,并快速给出各个炮点处逐点震源设计优化结果。对于震源激发效果精细化对比需求,需要能够在输入各点处地质条件后,进行炮点波场数值模拟,展现波场模拟动态效果,获得各个测点处波场模拟结果,便于精细化对比分析。

将炸药震源定量化精确激发设计系统功能进行分解之后发现,完整的炸药震源定量化精确激发方案设计能够满足以上基本功能以外还必须拥有其他功能模块,才能保证系统能够成功运行。

近地表地层参数提取模块:使用人员可以通过静力触探、微测井和试验炮等数据完成对近地表地层岩土参数提取。主要包括通过静力触探数据获得近地表地层分层、通过微测井方法获得近地表地层岩土弹性参数提取以及最终通过试验炮的方法完成对近地表地层岩土参数的调整及验证工作。

波场模拟模块:该模块能够根据使用者需求,进行炸药药量、激发深度等参数设置,并根据近地表地层结果进行近地表建模与数值模拟分析。波场模拟可以动态显示炸药在土中的爆炸过程。用户可以调整监测点位置、显示各个监测点处的波形结果。

炸药震源激发方案优化:该模块能够通过调整炸药药量、激发深度来获得各种不同激发方案下的激发结果。通过对激发结果对比,最终获得其激发效果最好的炸药震源激发方案。

数据库维护功能模块:该功能提供不同岩土物理性质的岩土物理参数以及不同性质炸药的相关参数。用户可以在后期对炸药、岩土进行调整,使采用的参数符合波场模拟需要。

震源分析软件通过读取地层建模文件获取模型参数信息,需要与现场实验对接,通过现场试验结果建立地层模型;通过分析建模流程,根据业务模块完善、优化GUI界面,实现与现场试验对接功能;同时开发语法解析模块,提高配置文件读取的健壮性,满足软件未来在科学研究、现场试验中的需要。

需求包括以下几方面

①近地表地层岩土参数提取。能够读取静力触探试验结果(数据文件);能够读取微测井试验结果(数据文件);能够读取激发试验结果(数据文件);不同的试验数据,需选择相应的试验、材料模型,换算成对应的材料参数。其中,试验模型、材料模型可能有多种。

②波场模拟功能。近地表地层建模:根据现场地质勘探结果进行炮点处近地表地层建模,包括土层厚度、各土层类型等;

爆炸效应建模:根据炸药埋深、装药结构以及近地表地层建模结果获得爆炸波场模拟建模;

网格剖分:对模型进行网格剖分,用户可以根据需要选择网格密度;

爆炸波场模拟:完成模型构建和网格剖分后,即可进行土中爆炸的有限元数值计算,计算过程中可以实时观测动态压力图,以便了解土中爆炸过程及爆炸效应。通过设定监测点,还可以在计算完成后对监测点处波形进行详细分析。

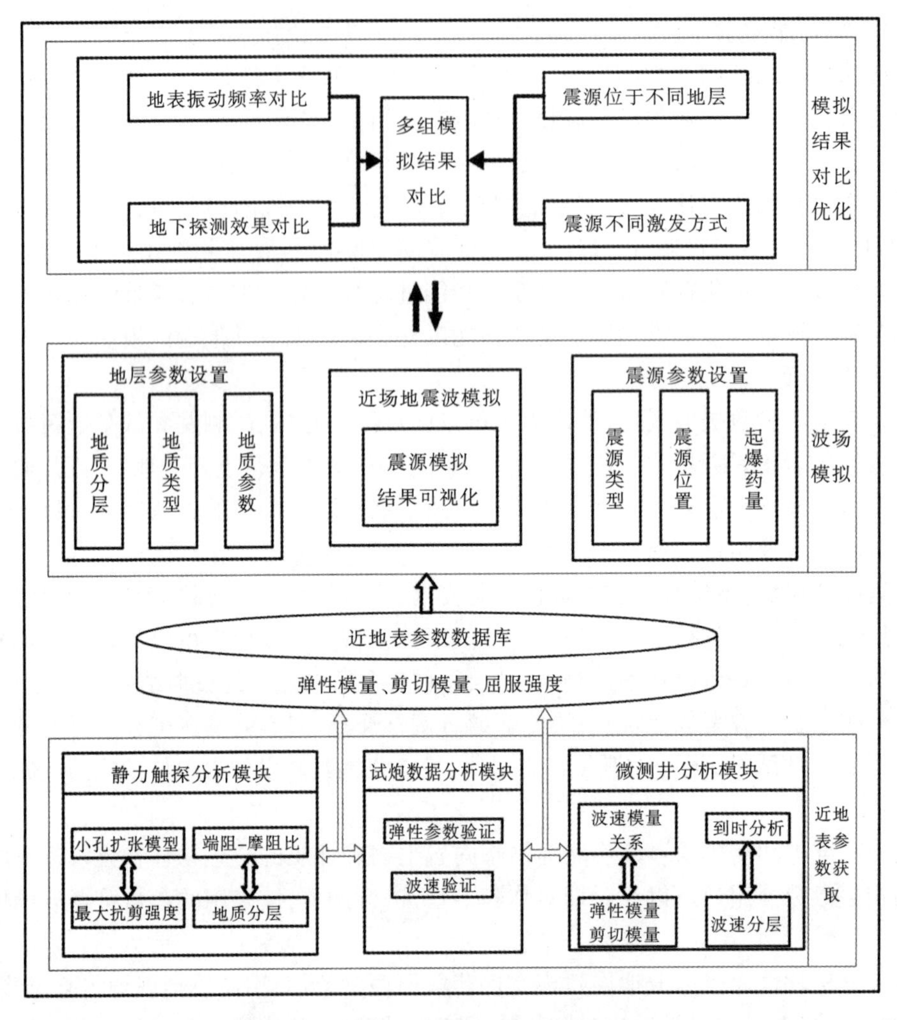

图 4-2-43 定量化精确激发设计系统示意图

③炸药震源激发方案优化。炸药震源方案优化模块能够通过调整炸药药量、炸药埋深来获得各种不同激发方案下的激发结果。通过对激发结果的对比，最终获得其激发效果最好的炸药震源激发方案。

④数据库维护功能模块。测区工程数据库：系统可以根据不同工区情况建立符合不同工区需求的数据库，包括测区内静力触探模型、近地表地层模型、炮点优化结果等数据，随着测区增加工程累积逐渐丰富数据库，为后续工程提供数据参考；

炸药参数数据：以 JWL 方程对炸药爆炸后产生的爆压对炸药性质进行描述，包括密度、爆速、爆压等参数；

岩土参数数据：主要包括不同岩土类型分类以及各种岩土对应的岩土参数。通过土中地震波波速、岩土密度、强度参数来描述不同性质类型岩土的物理性质。

(3)系统设计

根据系统功能需求将系统分为四个模块：近地表地层岩土参数提取、波场模拟、炸药震源波场模拟结果对比优化以及参数数据库。

其中,近地表参数提取部分包含三个模块:静力触探分析模块、微测井分析模块和激发试验数据分析模块;

波场模拟包含三个部分:地层参数设置、震源参数设置和近源波场地震波模拟;

震源对比优化部分主要包括对不同激发方案的激发效果进行对比;

数据库包括三个部分:测区工程数据库、炸药参数数据库和岩土参数数据库。

系统整体设计如图 4-2-43 所示。

2)近地表参数提取模块算法设计

(1)静力触探模块算法设计

静力触探获得实验结果为端阻、侧壁阻力以及摩阻比曲线,通过对曲线数值分析得到近地表地层的分层参数,包括各层的深度、厚度以及每一层地质材料的屈服强度参数。由于静力触探结果来自第三方处理软件,提交的成果数据为图片格式,需要从图片文件中提取曲线参数,拟合对比后再进行参数提取,具体实现流程如图 4-2-44 所示。其相关的参数结构如图 4-2-45 所示。其相应的操作包括导入试验结果文件;导出地层模型;选择参数转换模型;静力触探分层算法。

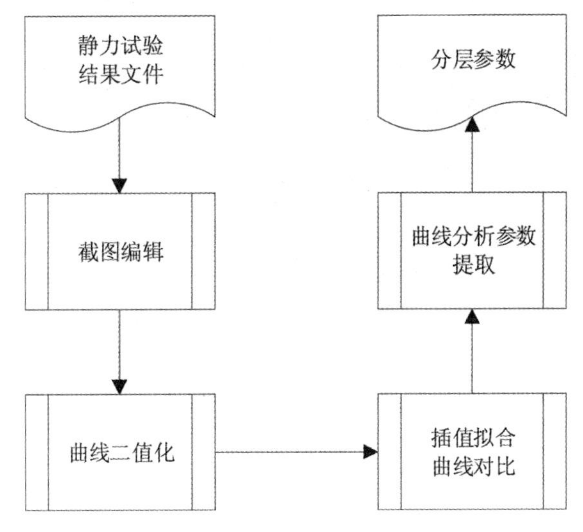

图 4-2-44 静力触探结果导入流程

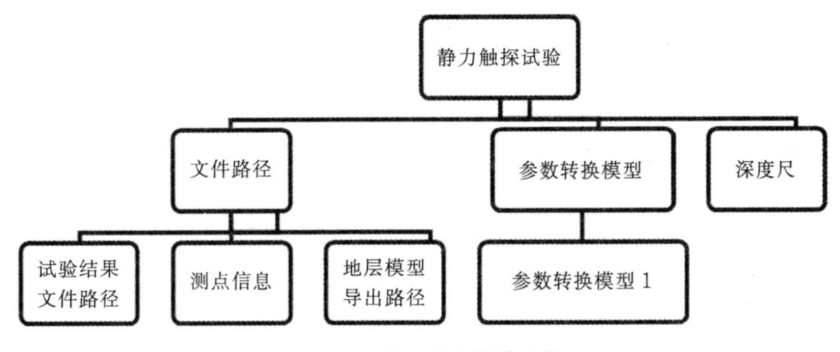

图 4-2-45 静力触探模块结构图

在同一工程地质土层,锥尖阻力 q_c 会有很大变化,而对近地表地层分层主要判断标准就是锥尖阻力变化,系统采用最优分割理论,根据锥尖阻力 q_c 对每一工程地质土层再进行力学分层。

静力触探数据是随深度变化的有序数列,前后数据不可调换。最优分割方法就是把这些有序数列进行最优分割,即分层,使层内数据差别尽量小,层间数据差别尽量大。

最优分割理论具体方法如下。

设有 N 个按一定顺序的样品,每个样品测得 M 项指标,其原始资料矩阵:

$$X=\begin{bmatrix} X_{11} & X_{12} & \cdots & X_{1N} \\ X_{21} & X_{22} & \cdots & X_{2N} \\ \cdots & \cdots & \cdots & \cdots \\ X_{M1} & X_{M2} & \cdots & X_{MN} \end{bmatrix} \tag{4-2-59}$$

式中,元素 X_{ij} 表示第 j 个样品的第 i 个指标的观测值,现将第 N 个样品按顺序(不破坏序列的连续性)进行分割(分层)。其中可能的分发有

$$C_{N-1}^{1}+C_{N-2}^{2}+C_{N-1}^{3}+\cdots+C_{N-1}^{N-1}=2^{N-1}-1 \tag{4-2-60}$$

在所有的分法中,找出一种满足各段内样品之间的差异最小,而各段差异最大的分法即为最优分割法。

如果把 N 个样品分为若干段,若从第 i 个样品到第 j 个样品为其中某一段,则该段内的差异用变差来表示,段内变差用 d_{ij} 来表示:

$$\mathrm{d}_{ij}=\sum_{\beta=i}^{j}\sum_{\alpha=1}^{M}[X_{\alpha\beta}-\overline{X}_{\alpha}(i,j)]^2(i,j=1,2,\cdots,N) \tag{4-2-61}$$

式中,

$$\overline{X}_{\alpha}(i,j)=\frac{1}{j-i+1}\sum_{\beta=i}^{j}X_{\alpha\beta} \tag{4-2-62}$$

因为

$$\mathrm{d}_{ij}=\begin{cases} 0 & i=j \\ \mathrm{d}_{ij} & i\neq j \end{cases} \tag{4-2-63}$$

所以只需计算$\dfrac{N(N-1)}{2}$个$(1\leqslant i,\ j\leqslant N)$即可得到矩阵:

$$D=\begin{bmatrix} \mathrm{d}_{12} & \mathrm{d}_{13} & \cdots & \mathrm{d}_{1N} \\ & \mathrm{d}_{23} & \cdots & \mathrm{d}_{2N} \\ & & & \vdots \\ & & & \mathrm{d}_{N-1,N} \end{bmatrix} \tag{4-2-64}$$

假设指标(M=1)则原始资料矩阵为

$$X=[X_1,X_2,X_3,\cdots,X_N] \tag{4-2-65}$$

首先将 N 个样品分为两段,那么该段矩阵共有 N-1 种分割方法:

$$\begin{bmatrix} \{X_1\},\{X_2,X_3,\cdots,X_N\} \\ \{X_1\},\{X_2,X_3,\cdots,X_N\} \\ \cdots\cdots\cdots\cdots\cdots\cdots \\ \{X_1,X_2,X_3,\cdots,X_{N-1}\},\{X_N\} \end{bmatrix} \tag{4-2-66}$$

从这 N-1 种分割方法中选择最优分割方法,分别计算 N-1 种分发所对应的总变差,找出总变差最小的分割方法即为最优分割。总变差(用 S 表示)为段内所有变差之和。如果分法最优,其段内变差和最小,因而总变差最小,单指标变差为

$$\mathrm{d}_{ij}=\sum_{\beta=i}^{j}[X_\beta-\overline{X}(i,j)]^2(i,j=1,2,\cdots,N) \tag{4-2-67}$$

式中,

$$\overline{X}(i,j)=\frac{1}{j-i+1}\sum_{\beta=i}^{j}X_\beta \tag{4-2-68}$$

二分割将总变差为 $S_N(2;j)$ 即第 N 个样品在第 j 个样品上分割的总变差,则上述 N-1 种分法的总变差变为

$$\begin{cases} S_N(2;1)=\mathrm{d}_{11}+\mathrm{d}_{2N} \\ S_N(2;2)=\mathrm{d}_{12}+\mathrm{d}_{3N} \\ \cdots\cdots\cdots\cdots\cdots\cdots \\ S_N(2;N-1)=\mathrm{d}_{1N-1}+\mathrm{d}_{NN} \end{cases} \tag{4-2-69}$$

式中,$\mathrm{d}_{11}=\mathrm{d}_{22}=\mathrm{d}_{33}\cdots\cdots=\mathrm{d}_{NN}=0$,

设 $j=a$ 时 $S_N(2;j)$ 为最小值,则

$$S_N(2;a)=\min_{1\leqslant j\leqslant N-1}S_N(2;j) \tag{4-2-70}$$

此时的最优分割为 $\{X_1,X_2,X_3,\cdots,X_a\},\{X_{a+1},\cdots,X_N\}$。

最优分割就是在二次分割的基础上对 $X=[X_1,X_2,X_3,\cdots,X_N]$ 的样品进行最优(K>1)的分割,首先找到前 j 个样品优化最优 K-1 的分割总变差。

$$S_N(K-1;a_1,a_1,\cdots,a_{K-2})(j=N-1,N-2,\cdots,K-1) \tag{4-2-71}$$

式中,$a_i(i=1,2,\cdots,K-2)$ 表示前 j 个样品的第 i 个分割点。

$$\begin{bmatrix} X_1,X_2,\cdots,Xa_1 \\ Xa_{1+1},\cdots,X_2, \\ \cdots\cdots\cdots\cdots\cdots \\ Xa_{K-2}+1,\cdots,X_j \\ X_{j+1},\cdots,X_N \end{bmatrix} \tag{4-2-72}$$

由此构成了一个 K 分割,但不一定是最优分割,可选择一个使下式为最小的 j:

$$S_N(K;a_1,a_1,\cdots,a_{K-2},j)=S_j(K-1;a_1,a_1,\cdots,a_{K-2})+\mathrm{d}_{j+1N} \tag{4-2-73}$$

即可得到最优 K 分割,设 $j=a_{K-1}$ 时,$S_N(K;a_1,a_1,\cdots a_{K-2},j)$ 最小,即

$$S_N(K-1;a_1,a_1,\cdots,a_{K-1})=\min_{K-1<j<N-1}S_N(K;a_1,a_1,\cdots,a_{K-2},j) \tag{4-2-74}$$

如此可得到最优 K 分割:

$$\begin{bmatrix} X_1,X_2,\cdots,Xa_1 \\ Xa_{1+1},\cdots,Xa_2 \\ \cdots\cdots\cdots\cdots\cdots \\ Xa_{K-2}+1,\cdots,X_j \\ Xa_{K-1},\cdots,X_N \end{bmatrix} \tag{4-2-75}$$

图 4-2-46 是最优分割方法计算的流程图,根据流程图最优分割理论的计算步骤如下。

输入初始数据,即输入各工程地质分层对应的静力触探测试的锥尖阻力 q_c 有序数列,对输入的初始数据正则化。将原始资料矩阵 X 中的元素 X_i 变换为

$$Z_i=(X_i-X_{\min})/(X_{\max}-X_{\min})(i=1,2,\cdots,N) \tag{4-2-76}$$

得到矩阵 $Z=\{Z_1,Z_2,Z_3,\cdots,Z_N\}$

计算变差矩阵 D。

先进行最优 2 分割,再进行最优 3 分割…… 一直进行到最优 K 分割。最优分割数 K 可以根据总变差 $S_N(K;a_1,a_1,\cdots,a_{K-1})$值的变化确定。

$$\delta=\frac{S_N(K)-S_N(K-1)}{S_N(K-1)}\times 100\% \tag{4-2-77}$$

式中,$S_N(K-1)$与 $S_N(K)$分别是最优 $K-1$ 分割和最优 K 分割的总变差。

根据 δ 值确定最优分割类数,当 $\delta<5\%$时则最优分割类数为 K。

(2)微测井模块算法设计

微测井试验反馈的结果为地震数据 sg2 文件,通过对地震数据的分析处理,可以获得简单的地层分层以及地层中的弹性模量参数。其相关的参数结构如图 4-2-47 所示。其相应的操作包括导入试验结果文件;导出地层模型;地层参数提取。

(3)试验炮模块算法设计

通过启动试炮程序,采集试验炮地震数据,以 csv excel 文件格式记录试验结果数据。读取结果文件,在绘图区展示试验结果,并与预设参数得到的数值模拟结果对比。通过不断调整地层参数,使模拟结果与试验结果趋于一致,从而得到一组与真实数据相符合的地层物理参数(图 4-2-48)。

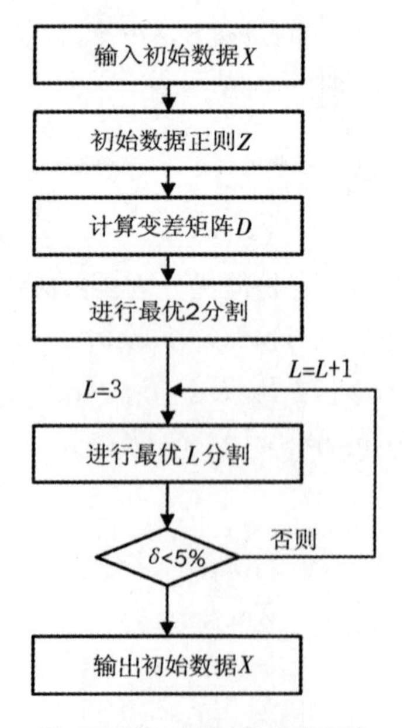

图 4-2-46 最优 K 分割流程

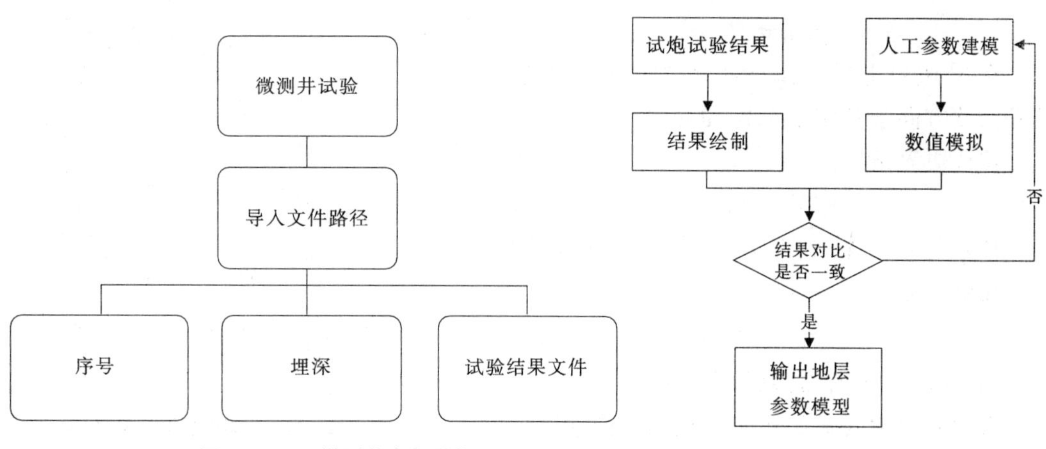

图 4-2-47 微测井参数结构　　图 4-2-48 试验炮结果导入流程

3)炸药震源激发地震波场模拟系统

计算模块基本算法采用欧拉－拉格朗日耦合方法,实现欧拉计算方法与有网格、无网格拉格朗日计算方法的耦合。计算模块基于自主开发的爆炸波场计算程序和岩土动态力学响应计算程序,并采取紧耦合方法将两者有机结合,对应炸药震源应用的初边值条件形成炸药震源波场分析专用程序。

(1)波场模拟计算程序总体结构

①初始条件。取初始时刻的质点坐标为 $X_i(i=1,2)$,在任意时刻 t,质点坐标为 $x_i(i=1,2)$,则质点的运动方程为

$$x_i=x_i(X_j,t)(i=1,2) \tag{4-2-78}$$

在 t_0 时刻,初始条件为

$$\dot{x}_i(X_j,0)=v_i(X_j,0) \tag{4-2-79}$$

式中,v_i 为初始速度。

②守恒方程。动量方程:

$$\sigma_{ij,j}+\rho f_i=\rho a_i \tag{4-2-80}$$

式中,σ_{ij} 为柯西应力;f_i 为单位体积物体受到的力;a_i 为加速度。

质量守恒:

$$\rho J=\rho_0 \tag{4-2-81}$$

式中,ρ 为当前面积质量密度;ρ_0 为初始面积质量密度;$J=\det\left(\frac{\partial x_i}{\partial x_j}\right)$为雅可比行列式。

能量方程:

$$\dot{E}=VS_{ij}\dot{\varepsilon}_{ij}-(p+q)V \tag{4-2-82}$$

式中,$\dot{E}$为能量的变化率;V 为现时构形的体积;$\dot{\varepsilon}_{ij}$为应变率张量;q 为体积粘性力;S_{ij} 和 p 分别为偏应力和压力。在程序中能量方程用于状态方程的计算。

③边界条件。一般问题中可能包含如图 4-2-49 所示的几类边界条件:位移、面力边界条件和接触边界条件。

面力边界条件:

$$\sigma_{ij}n_j=t_i(t) \tag{4-2-83}$$

在 S^1 边界上式中，$n_j(j=1,2)$为现时构形边界的外法线方向余弦，$t_i(i=1,2)$为面力载荷。

位移边界条件：

$$x_i(X_j,t)=K_i(t) \tag{4-2-84}$$

在 S^2 边界上，式中，$k_i(i=1,2)$是给定位移函数。

接触间断：

$$(\sigma_{ij}^{+}-\sigma_{ij}^{-})n_j=0 \tag{4-2-85}$$

当$x_i^{+}=x_i^{-}$，接触时沿接触边界 S^3。

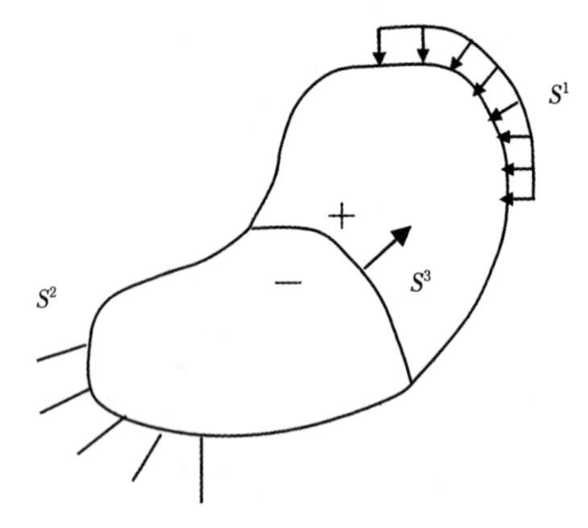

图 4-2-49 不同类型的边界条件

有限元求解列式的建立，根据虚位移原理建立平衡方程：

$$\int_V(\rho a_i-\sigma_{ij,j}-\rho f_i)\delta x_i\mathrm{d}V+\int_{S^3}(\sigma_{ij}^{+}-\sigma_{ij}^{-})n_j\,\delta x_i\,\mathrm{d}S+\int_{S^1}(\sigma_{ij}n_j-t_j)\delta x_i\,\mathrm{d}S=0 \tag{4-2-86}$$

式中，δx_i 在 S^2 边界上满足位移边界条件。

利用散度定理：

$$\int_V(\sigma_{ij}\delta x_i)_{,j}\mathrm{d}v=\int_{\partial b1}\sigma_{ij}n_j\delta x_i\,\mathrm{d}s+\int_{\partial b3}(\sigma_{ij}^{+}-\sigma_{ij}^{-})n_j\,\delta x_i\,\mathrm{d}s \tag{4-2-87}$$

和分部积分：

$$(\sigma_{ij}\delta x_i)_{,j}-\sigma_{ij,j}\delta x_i=\sigma_{ij,j}\delta x_{i,j} \tag{4-2-88}$$

式(4-2-88)可化为

$$\delta\pi=\int_V\rho\ddot{x}_i\,\delta x_i\,\mathrm{d}v+\int_V\sigma_{ij}\delta x_{i,j}\,\mathrm{d}v-\int_{\partial b1}t_i\delta x_i\,\mathrm{d}s=0 \tag{4-2-89}$$

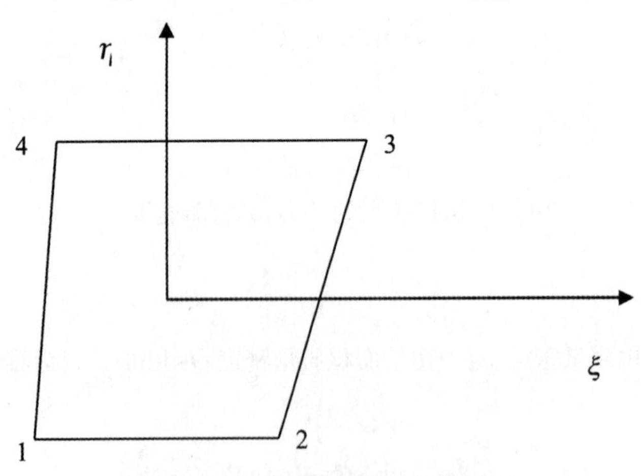

图 4-2-50 轴对称单元截面及节点编号

对物体进行有限元离散，使用一系列由节点联系着的单元来模拟连续介质。对单元进行等参变换，图 4-2-50 中 4 节点四边形单元为例，单元内任一点的坐标用节点坐标插值表示为

$$x_i(\xi,\eta,t)=\sum_{j=1}^{4}\varphi_j(\xi,\eta)x_i^j(t)(i=1,2) \tag{4-2-90}$$

式中，ξ 和 η 为自然坐标；$x_i^j(t)$ 为 t 时刻第 j 个节点的坐标值，形状函数 $\varphi_j(\xi,\eta)$ 的表达式为

$$\varphi_j(\xi,\eta)=\frac{1}{4}(1+\xi\xi_j)(1+\eta\eta_j)(j=1,2,\cdots,4) \tag{4-2-91}$$

式(4-2-91)可表示为矩阵形式：

$$\{x(\xi,\eta,t)\}=[N]\{x\}^e \tag{4-2-92}$$

式中，单元内任意点的坐标的矢量形式：

$$\{x(\xi,\eta,t)\}^T=[x_1,x_2] \tag{4-2-93}$$

单元的节点坐标的矢量形式：

$$\{x\}^{eT}=[x_1^1,x_2^1,\cdots,x_1^4,x_2^4] \tag{4-2-94}$$

对每个单元的列式相迭加，就可以得到整体的有限元求解方程：

$$M\ddot{x}(t)=P(x,t)-F(x,\dot{x}) \tag{4-2-95}$$

采用的数值积分方法是单点高斯积分法。按照数值积分理论，对于二维数值积分：

$$I=\int_{-1}^{1}\int_{-1}^{1}F(\xi,\eta)\mathrm{d}\xi\mathrm{d}\eta=\sum_{j=1}^{n}\sum_{i=1}^{n}H_iH_jF(\xi_i,\eta_j)=\sum_{j,i=1}^{n}a_{ij}F(\xi_i,\eta_j) \tag{4-2-96}$$

如果 $F(\xi,\eta)=\sum a_{ij}\xi^i\eta^j$ 且 $i,j\leqslant 2n-1$ 则上式给出精确的积分结果，所有数值积分都采用单点积分的方式，因为采用单点积分大大节省了计算时间，另外单点积分也可以避免数值积分中的锁死问题。当然，采用单点积分也会带来积分精度的下降，但是根据在 DYNA 等程序中使用的情况，单点积分的计算结果是可以接受的。

取单元自然坐标系原点为积分点，采用公式求得的质量阵称为一致质量阵。由于一致质量阵不是对角化的，所以在时间积分求解加速度时会有矩阵求逆的问题。将一致质量阵每行中的元素集中到对角线上，即

$$N^TN|_{(0,0)}=\frac{1}{4}[I_{24\times24}] \tag{4-2-97}$$

由此求得的质量阵为对角化的，称为团聚质量阵。团聚质量阵相当于将单元质量平均分布于节点上，使用团聚质量阵，最后单元质量矩阵可写为

$$M^e=4\times\rho\times N^TN|_{(0,0)}\times|J(0,0)|=\rho\times|J(0,0)|[I_{24\times24}] \tag{4-2-98}$$

根据 $J|_{(0,0)}$ 的表达式，只要已知节点坐标即可由式(4-2-98)求得单元团聚质量阵。

(2)材料模型及状态方程

程序具备结构动力学问题计算中常采用的弹性、弹塑性材料模型、泡沫材料模拟、流体－弹塑性材料模型及多种状态方程，即多线性状态方程、格留乃森状态方程，主要实现过程与 LS-DYNA3D 等动力学软件中的材料模型及状态方程的主要过程类似。

(3)多物质流体动力学计算程序

在欧拉－拉格朗日耦合计算程序中，欧拉计算程序采用北京理工大学开发的多物质流体动力学方法程序 MMIC-2D，使用结构网格的有限差分方法进行数值求解。MMIC-2D 程序需要求解的非守恒形式的柱对称流体弹塑性控制方程组如下：

$$\frac{\partial\rho}{\partial\tau}+u_z\frac{\partial\rho}{\partial z}+u_r\frac{\partial\rho}{\partial r}+\rho\left(\frac{\partial u_z}{\partial\tau}+\frac{\partial r^\alpha u_r}{r^\alpha\partial r}\right)=0 \tag{4-2-99}$$

$$\rho\left(\frac{\partial u_z}{\partial \tau}+u_z\frac{\partial u_z}{\partial z}+u_r\frac{\partial u_z}{\partial r}\right)=-\frac{\partial \rho}{\partial z}+\frac{\partial S_{zz}}{\partial z}+\frac{\partial r^{\alpha}S_{rz}}{r^{\alpha}\partial r} \tag{4-2-100}$$

$$\rho\left(\frac{\partial u_r}{\partial \tau}+u_z\frac{\partial u_r}{\partial r}+u_r\frac{\partial u_r}{\partial r}\right)=-\frac{\partial \rho}{\partial r}+\frac{\partial S_{rz}}{\partial z}+\frac{\partial r^{\alpha}S_{rr}}{r^{\beta}\partial r}-\alpha\frac{S_{\theta\theta}}{r} \tag{4-2-101}$$

$$\rho\left(\frac{\partial e}{\partial \tau}+u_z\frac{\partial e}{\partial z}+u_r\frac{\partial e}{\partial r}\right)$$

$$=-\rho\left(\frac{\partial r^{\alpha}u_r}{r^{\alpha}\partial r}+\frac{\partial u_z}{\partial z}\right)+S_{ZZ}\frac{\partial u_z}{\partial z}+S_{rr}\frac{\partial u_r}{\partial r}+S_{rz}\left(\frac{\partial u_z}{\partial r}+\frac{\partial u_z}{\partial z}\right)+\alpha\frac{u_rS_{\theta\theta}}{r} \tag{4-2-102}$$

式中,ρ 为密度;u_r、u_z 为径向和轴向速度;τ 为时间;r 为半径;p 为压力,S_{rr}、S_{rz}、S_{zz}、$S_{\theta\theta}$ 为各个方向的偏应力;e 为比内能。对于柱坐标系,α 取 1。

采用结构网格的有限差分法对方程进行数值求解。求解过程分为两步:应力效应步和输运步。第一步只考虑压力和偏应力对“物质团”的作用;第二步中处理物质信息在网格间的输运。程序可以包含两种物质的输运,采用物质界面处理算法对混和网格中的物质进行处理。

基于定量化精确激发设计理论,通过对定量化精确激发设计系统的应用,提出了定量化精确激发设计技术的应用方法。通过定量化精确激发设计系统可以实现对激发条件和地震波特性分析,给出炸药激发参数优化对比结果。

炸药震源的定量化精确激发设计已经实现工程应用。在精确化激发设计条件下,可以实现炸药震源定量化精确激发方案的快速设计。通过激发理论的研究可应用到更多生产环境中,并提供良好的技术支持。

三、宽频激发技术

1.炸药类型对激发频率的影响

为了分析不同炸药类型对激发频率的影响，必须从炸药自身的性质对地震波的影响开始分析。由于远场地震波的频率及振幅受到爆炸空腔尺寸大小及空腔形成后内部残余压力的影响,而空腔的大小根据炸药的性质的不同会发生改变,因此需要对炸药与爆腔之间的关系进行分析。

对爆腔及各个区域范围的推导，得到震源药柱在土中爆炸形成的爆腔和塑性区半径公式分别为

$$b_{*m}=a_0\left(\frac{P_0}{-\frac{k}{f}\left[\sigma_*+\frac{k}{f}\right]L^{\frac{2f}{1+f}}}\right)^{\frac{1}{2r}}\sqrt{\frac{\mu}{\sigma_*\left[1+\ln\frac{\sigma_*}{a_0}\right]}} \tag{4-3-1}$$

$$b_{0m}=\left(\frac{\sigma_*}{\sigma_0}\right)b_{*m} \tag{4-3-2}$$

利用上述公式对不同条件下柱形药包形成的爆腔及各个区域范围进行计算。由解析式可知,爆腔尺寸受炸药特性参数的影响,之前对常用的 TNT、RDX 等四种炸药已经进行了分析计算。这里选用砂质黏土介质,其具体参数见表 4-3-1,对爆腔、塑性区及残余爆腔压力的计算结果见表 4-3-2。

表 4-3-1 砂质黏土特性参数

介质种类	σ_*(MPa)	σ_0(MPa)	μ(GPa)	f	k(kPa)	ρ(kg/m^3)
砂质黏土	11.6	2	0.16	0.2	50	1 600

表 4-3-2 不同炸药计算结果

炸药类型	b_*/a_0	b/a_0	残余压力(kPa)
RDX	6.13	35.57	64.46
TNT	6.24	36.17	96.40
TL	6.45	37.43	233.7
BP	8.40	48.73	846.9

从表 4-3-2 的结果可以看出,虽然高爆速炸药爆炸产生的初始压力较大,但由于高爆速炸药伴随着其膨胀指数也相对较大,根据绝热定律最终得到的参与压力往往较小。先分别对炸药初始压力及膨胀指数这两个因素的变化对爆腔的影响进行分析。

目前常见的炸药中,爆速变化范围为 3 000～9 000 m/s,因此其爆炸初始压力为 1～15 GPa,当膨胀指数保持不变的条件下随着爆炸初始压力的上升爆腔尺寸变大。但是随着爆腔尺寸不断增大,爆炸初始压力的大小对爆腔尺寸的影响力逐渐减弱,当爆炸初始压力达到某一值时,爆腔尺寸将趋于某一定值。

由于炸药爆腔前后的平衡关系，当改变炸药爆炸初始压力时并不会改变爆腔形成后内部的残余压力。

根据之前的研究,炸药的膨胀指数也是改变爆腔大小的重要因素,目前常见的炸药其膨胀指数变化范围为 1.4～3.8。当炸药初始爆炸压力不变的条件下,膨胀指数增大会导致爆腔尺寸变小。但是随着爆腔尺寸不断减小，膨胀指数大小对爆腔尺寸的影响力逐渐减弱,当膨胀指数达到某一值时,爆腔尺寸将趋于某一定值。

炸药震源与远场地震波主频之间的关系,也可以看作炸药爆炸压力、膨胀指数与频率之间的关系:

$$f=\frac{\sqrt{(8\rho_c^{\ 2}-9\gamma P)(4\rho_c^{\ 2}+9\gamma P)}}{12\pi\rho_c b} \tag{4-3-3}$$

对不同炸药在砂质黏土中爆炸产生地震波的主频进行计算,其结果见表 4-3-3。

表 4-3-3 不同炸药产生地震波主频

炸药分类	膨胀指数	b_*/a_0	压力(GPa)	主频(Hz)
RDX	3.4	6.13	14.64	204.01
TNT	3.15	6.24	9.82	200.60
TL	2.6	6.45	3.80	193.90
BP	1.8	8.40	1.81	149.18

分析可见,炸药激发的主频与爆腔的作用有关,是通过初始压力和膨胀指数共同影响的。当爆炸压力与膨胀指数的乘积较大时产生的爆腔尺寸较小。在设计震源过程中,为了取得频率较高的地震波时,应该充分考虑爆炸压力与膨胀指数之间的相互关系。

2.装药方式对激发频率的影响

在野外炸药震源激发中,我们期望的是炸药爆炸产生的一次地震波能量强、频带宽。因此,在此基础上通过优化装药方式,实现激发地震子波的能量以及频率的加强。下面进一步分析长药柱震源、分布式震源激发时的幅频特性。

1)震源药柱激发时的幅频特性

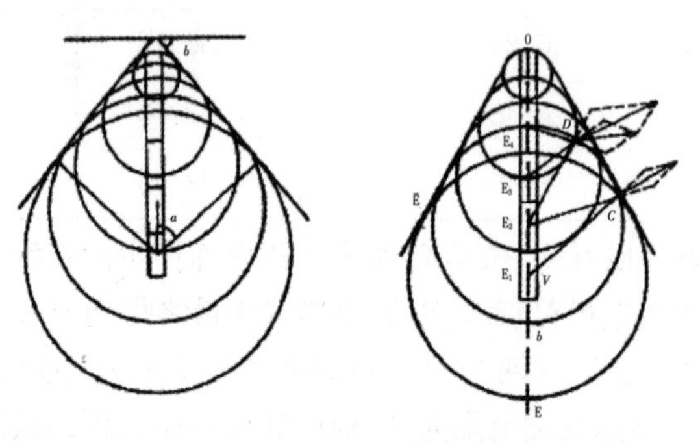

图 4-3-1 长药柱震源起爆示意图

对长药柱震源采用顶端起爆的正向激发方式,可以将其简化为多个等长度药包的组合爆炸,在不同的方向上进行同相迭加,分析长药柱震源存在的幅频特性(图 4-3-1)。

将长药柱震源等分为 n 节,每节药柱长度为 L,炸药的爆速为 v_2=2 000 m/s,介质波速 v_1=1 000 m/s。同时,为了讨论的方便和理论研究的合理性,设每节药柱为单位长度,可近似看成点震源。设从顶端正向起爆第一个药包所产生的子波沿 θ 角传播到地面所用的时间为 t,即子波为 $s(t)$,则以后各节药包传播的时间延迟分别为 $\Delta t, 2\Delta t, \cdots, n\Delta t$。假设每节药柱激发的子波是一样的,则整个药柱组合爆炸产生的子波为

$$f(t)=s(t)+s(t-\Delta t)+\cdots+s[t-(n-1)\Delta t] \tag{4-3-4}$$

式中,

$$\Delta t=\frac{\Delta L}{v_2}-\frac{\Delta L\cos\theta}{v_1} \tag{4-3-5}$$

对式(4-3-4)进行傅立叶变换得到长药柱震源激发子波的幅频特性,设子波的频谱为 $S(\omega)$,则

$$F(\omega)=S(\omega)\cdot K(\omega) \tag{4-3-6}$$

式中,

$$K(\omega)=e^{-j\omega\frac{n-1}{2}\Delta t\frac{\sin\frac{n}{2}\omega\Delta t}{\sin\frac{1}{2}\omega\Delta t}} \tag{4-3-7}$$

可以发现当时 Δt=0,$|K(\omega)|$ 最大。

在地震波速度和爆速一定的情况下,无论药柱长度如何变化,均不影响激发子波的主能量方向。从不同爆速的细长药柱震源影响子波的主能量方向,随着爆速与地震波速度接近,能量更加易于下传;同时,在每节药柱长度和节数一定且只考虑 θ=0°的情况下,随着爆

速的增加,地震波的频带变窄。这也是为什么实际地震勘探中,高能量低爆速的炸药震源能取得较好地震资料的一个原因。从不同药柱长度的幅频曲线看,假设每节药柱的能量与其长度成正比,随着药柱长度的增加,激发能量增大,频带变窄(彩图 4-3-2)。

2)分布式震源激发时的幅频特性

在考虑轴向分布式震源时,每一个点震源之间的时间延迟为 $\Delta\tau$。通过延迟时间的人为控制实现震源的迭加,为了对比分析延迟震源与长药柱震源之间的关系,设震源间距为 ΔL,其他原理与长药柱震源相同,这里不再赘述。此时:

$$\Delta t=\Delta\tau-\frac{\Delta L\cos\theta}{v_1} \tag{4-3-8}$$

不同时间延迟情况下的幅频曲线如彩图 4-3-3 所示,从图中可以发现,当延迟时间低于震源间地震波的传播时间时,随着时间延迟的增大,激发子波的频带变宽;当延迟时间超过震源间地震波的传播时间时,随着时间延迟的增大,激发子波的频带变窄。

通过对比分析不同延迟级数(彩图 4-3-4)和不同间距(彩图 4-3-5)激发的幅频曲线可以发现:随着延迟级数的增加,振幅特性曲线的极大值增大,极大值对应的频率降低,通放带宽度变小;随着间距的增大,振幅特性曲线的极大值减小,极大值对应的频率降低,通放带宽度变小。

将分布式组合震源与常规炸药震源的爆炸进行对比，通过分析不同震源所产生的地震波速度幅频特征来验证分布式炸药震源的优越性。

对常规炸药、1 号和 2 号分布式组合震源进行测试。其中 1 号组合震源为 2 组 4 kg 炸药震源组合,2 号组合震源为 4 组 2 kg 炸药震源组合。激发井深为 12 m、13 m、16 m。测试道距为 5 m,最大炮检距为 20 m,在每个接收点埋置“三分量数字检波器”,保证检波器三分量方向一致、耦合条件一致。测试观测系统以及野外测试方案如表 4-3-4 所示。按照表中列出的炮号、药量、埋深,其传感器布设方案如图 4-3-6 所示,10 个炮点每排 5 炮,自东向西平行布设，每个炮点之间距离为 5 m。速度传感器自北向南垂直于炮点布设方向,每 5 m 埋设一个三分量速度传感器,共埋设 4 个。

表 4-3-4　实验相关条件

炮号	埋深(m)	总药量(kg)	备注
1	13	8	2 号组合震源
2	12	8	1 号组合震源
3	12	8	1 号组合震源
4	12	8	1 号组合震源
5	12	8	1 号组合震源
6	12	8	2 号组合震源
7	12	8	2 号组合震源
8	16	8	常规炸药
9	16	8	常规炸药
10	12	8	常规炸药

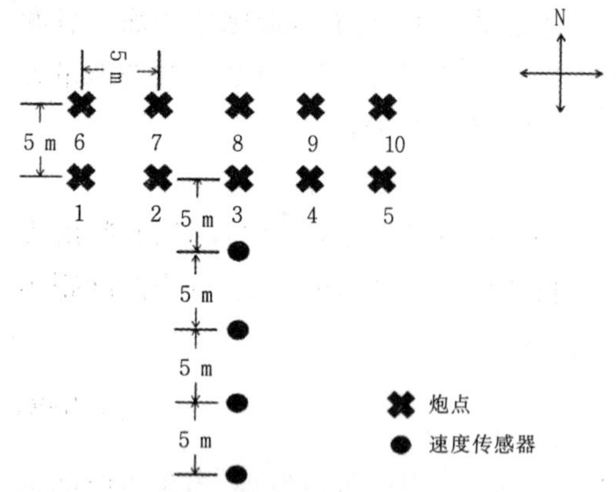

图 4-3-6 测试炮点及传感器布设图

图 4-3-7 测试现场

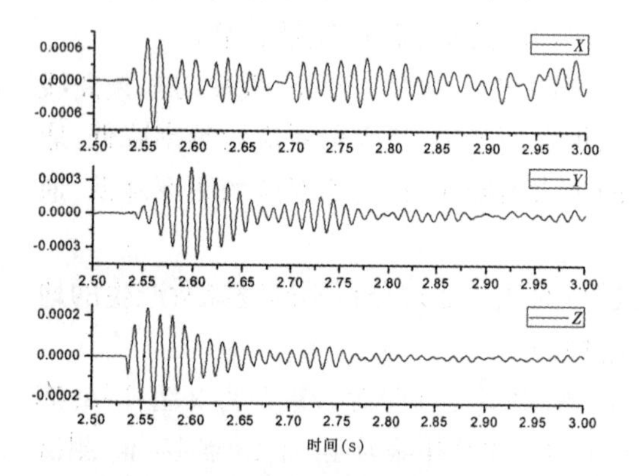

图 4-3-8 常规炸药三分量速度波形

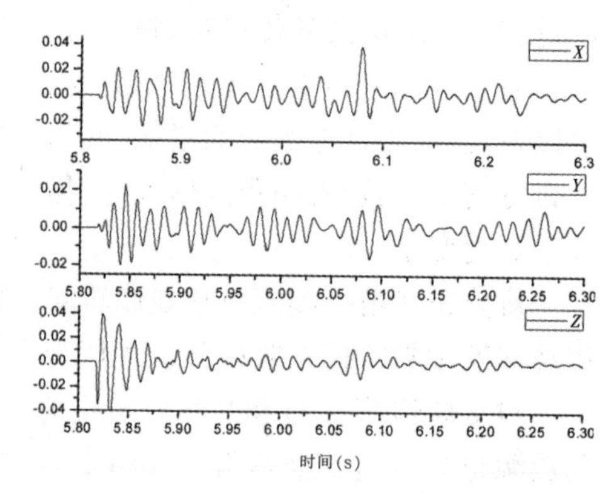

图 4-3-9 1 号组合震源三分量速度波形

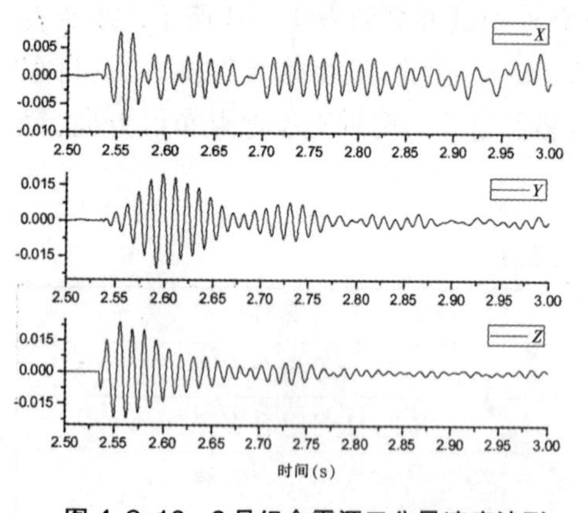

图 4-3-10 2 号组合震源三分量速度波形

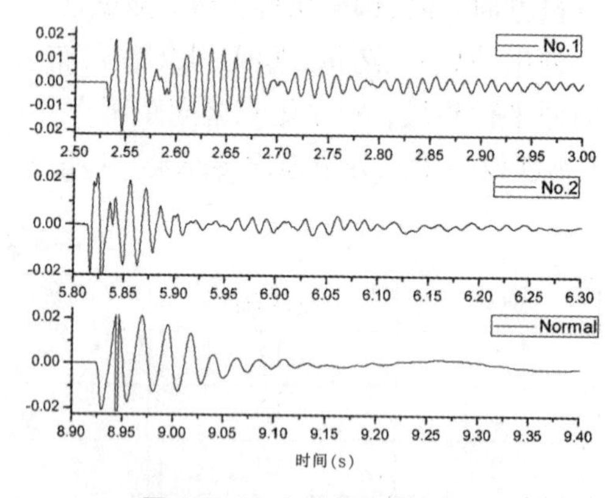

图 4-3-11 1 号点对比波形

图 4-3-7 是测试现场,利用三分量速度传感器分别检测常规震源、1 号组合震源、2 号组合震源三种不同的炸药震源的速度波形,在距离震源 10 m 处三种震源的三分量速度波形如图 4-3-8 所示,是常规炸药速度波形的 x、y、z 三个方向的不同分量。从图中可以看出,地震波在 x 方向上的能量较小,且干扰信号较多,子波很难与干扰波分离,而 y 和 z 方向则有明显的波动,2.7~2.8 s 的第二次波峰是反射波产生所引起的,其中 z 方向的反射波相比 y 方向产生的影响更小。

图 4-3-9 所示的是 1 号组合震源所产生速度波形的 x、y、z 三个方向的不同分量。从图中可以看出,该震源与常规震源三方向分量的波形较为相似,同时新型组合震源的能量更高。

图 4-3-10 所示的是 2 号组合震源所产生速度波形的 x、y、z 三个方向的不同分量。从图中可以看出,该震源在 z 方向产生的地震子波与干扰波能够形成较为明显的区分。

图 4-3-11 所示的是 1 号测点三种不同炸药震源所产生的地震波速度波形,从图中可以看出,分布式组合震源所产生的地震子波频率要高于常规震源。这是由于常规震源所产生的单次破坏大,随之地震波的频率会降低,不利于远场地震波的传播。

图 4-3-12 至 4-3-14 分别显示的是 2、3、4 号测点三种不同炸药震源所产生的地震波速度波形,所得到的结果与图 4-3-11 相似。因此常规震源所产生的地震波频率较新型组合震源低。

彩图 4-3-15 所示的是三种炸药震源从 5～20 m 的速度峰值(PPV)曲线,其中常规震源虽然在 5 m 处产生的地震波能量最大,但是衰减速度也更大,因此在 20 m 处地震波的能量是三种震源中最小的,而分布式组合震源的衰减都相对较慢,更适合应用于地震勘探。

彩图 4-3-16 所示的是 1 号测点三种不同炸药震源所产生地震波的频谱对比,从对比中可以看出,常规震源的主频约为 40 Hz,其优势频率范围为 25～50 Hz。1 号组合震源产生地震波的主频约为 60 Hz,优势频率范围为 50～100 Hz。2 号组合震源的主频更高(约为 75 Hz),但是频带相对较窄(60～90 Hz)。因此,组合震源在频率和频宽上均优于常规震源,同时 1 号组合震源的频带更宽,2 号组合震源的主频更高。

彩图 4-3-17 所示的是 2 号测点三种不同炸药震源所产生地震波的频谱对比,从对比中可以看出,其结果与图 4-3-16 相似。常规震源的主频约为 40 Hz,其优势频率范围为 10～50 Hz。1 号组合震源产生地震波的主频约为 60 Hz,优势频率范围为 50～100 Hz。2 号组合震源的主频更高(约为 75 Hz),但是频带相对较窄(50～90 Hz)。

彩图 4-3-18 所示的是 3 号测点三种不同炸药震源所产生地震波的频谱对比,从对比中可以看出,其结果与彩图 4-3-16 相似。常规震源的主频约为 45 Hz,其优势频率范围为 10～65 Hz。1 号组合震源产生地震波的主频约为 70 Hz,优势频率范围为 50～110 Hz。2 号组合震源的主频约为 80Hz,频带范围为 60～100 Hz。

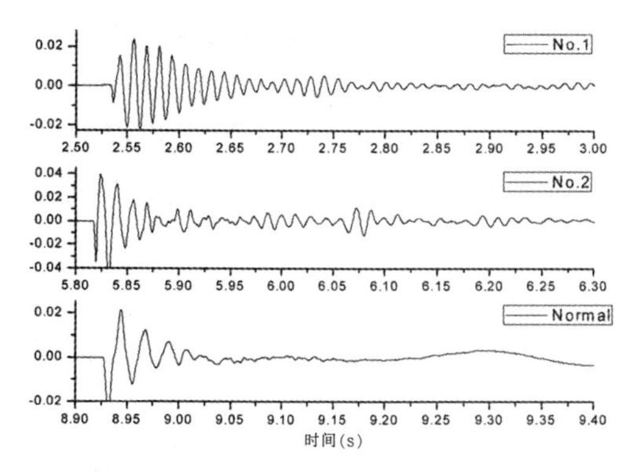

图 4-3-12 2 号点对比波形

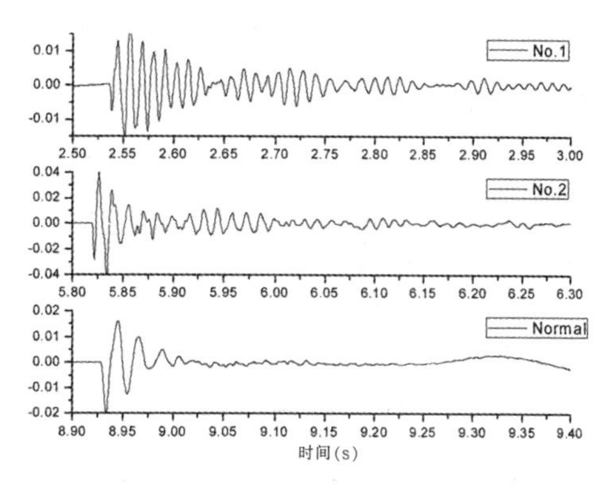

图 4-3-13 3 号点对比波形

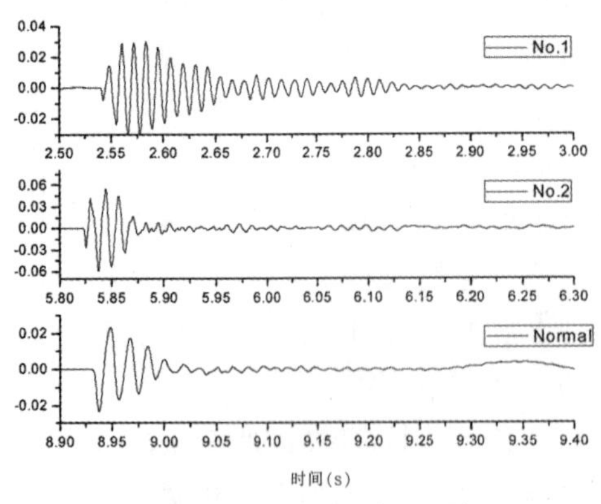

图 4-3-14 4 号点对比波形

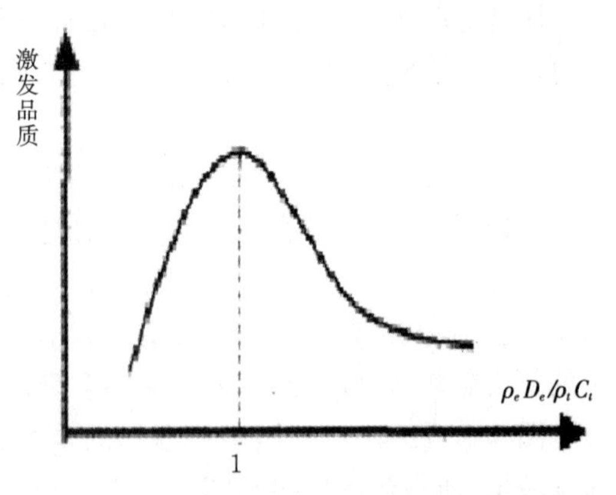

图 4-3-20 阻抗耦合系数对激发品质影响曲线

彩图 4-3-19 所示的是 4 号测点三种不同炸药震源所产生地震波的频谱对比,从对比中可以看出,其结果与图 4-3-16 相似。常规震源的主频约为 50 Hz,其优势频率范围为 25～65 Hz。1 号组合震源产生地震波的主频约为 75 Hz,优势频率范围为 50～100 Hz。2 号组合震源的主频约为 85 Hz,但是频带相对较窄(75～100 Hz)。

由此可见,分布式组合炸药震源所产生地震波的主频与频宽均优于常规炸药震源,采用 2 号震源组合时频带更宽,4 号震源组合时主频更高。这也充分说明分布式震源能够较好地应用于地震勘探中。

3.激发岩性对激发频率的影响

在陆上地震勘探中,炸药震源是主要的激发方式,激发因素的选取正确与否直接影响地震资料的品质,激发井深是最重要的激发因素之一,合理地选择激发井深,是确保获得高品质地震资料的基础。常规的激发井深选择主要基于虚反射理论,井深设计在虚反射界面以下;通过系统试验点进行井深验证,选择合适的激发井深进行生产。在高精度地震勘探中,对地震信号的频率有较高的要求,因此对激发井深的研究需要进一步重视,选择最佳激发深度,确保激发出宽频带和高能量的地震波。

基于虚反射理论的常规井深设计中,井深一般包括虚反射界面深度、药柱长度和激发点在虚反射界面下的深度三部分。为了使虚反射能量与下传地震波能量起到迭加加强的作用。考虑到炸药激发不击穿虚反射界面,保证激发能量下传,根据理论分析和经验验证可知,激发点到虚反射界面的距离等于最高频率(F)对应波长(λ)的 1/4 较为合适。

井深设计时首先进行表层速度调查,调查方法一般采用小折射、微测井等,根据调查解释结果确定出虚反射界面。根据公式 $h_1=\lambda/4=V/4F$ 计算出 h_1,将井深设计在虚反射界面下 h_1 深度处,确保药柱在虚反射界面下激发。

常规的井深设计存在以下缺点。

①虚反射界面基于小折射、微测井确定,因此小折射、微测井调查的准确性和解释的人为性对井深设计影响较大。

②一般根据有限的系统试验点确定井深,全区井深单一,没有考虑表层结构的变化。

③井深设计没有考虑岩性对激发效果的影响,但是通过实际生产验证激发岩性差异,对激发效果有重要影响;激发岩性不好,容易造成低频激发,影响单炮资料品质。

因此井深设计过程中,在考虑虚反射界面的同时,需要考虑激发岩性差异,根据岩性变化逐点设计井深,确保最佳激发岩性。

1)基于岩性的井深设计方法

基于激发岩性的井深设计主要考虑两方面的因素,一是考虑激发岩性特性阻抗与炸药震源特性阻抗的匹配,确保炸药激发能量向弹性能量转换的最大化;二是考虑选择弹性较好、不容易产生破碎的岩性,保证激发出有效的高频信号。

(1)理论基础

岩石的特性阻抗是指岩石中的纵波速度与岩石密度的乘积。它表明应力波在岩体中传播时,运动着的岩石质点产生单位速度所需的扰动力。它反映了岩石对动量传递的传播能力。界面两侧的特性阻抗变化,对波的能量传播有很大影响。当两侧特性阻抗相等时,入射波的能量全部透过界面传到另一侧。界面两侧特性阻抗不等时,无论增大或变小,入射波的能量都不能全部透过界面传到另一侧。界面前方的特性阻抗为零时称自由端反射,反射波和入射波的幅度大小相等符号相反;当界面前方的特性阻抗为无限大时,称固定端反射,反射波的大小、符号都与入射波相同,透射波则是入射波的两倍。

岩性对激发效果的影响基于特性阻抗理论:

$$P_m=K\frac{2\rho_e D_e}{(\rho_t C_t+\rho_e D_e)}p_0 \tag{4-3-9}$$

式中,ρ_t 为岩层介质的密度;C_t 为岩层介质的弹性波速度;ρ_e 为炸药的密度;D_e 为炸药的爆速;P_m 为冲击波初始压力;P_0 为炸药爆轰压力;K 岩层为与塑性指数有关的参数。

从上式可以看出,炸药在岩石中爆炸所激起的冲击波压力,对于一定的炸药,又因岩石的特性阻抗不同而异,这说明炸药爆轰传递给岩石的能量及传递效率是与岩石特性阻抗、炸药特性阻抗有着直接的关系。炸药特性阻抗同岩石特性阻抗愈接近,岩石应变值愈大,同时岩石的应变值与其塑性指数有关。

将炸药的特性阻抗 ρ_e、D_e 与围岩阻抗 ρ_t、C_t 之比定义为阻抗耦合系数 K,即

$$K=(\rho_e D_e)/(\rho_t C_t) \tag{4-3-10}$$

式中,ρ_e、D_e 为炸药的密度、爆炸爆速;ρ_t、C_t 为围岩介质密度、传播速度;K 为阻抗耦合系数。

当 $K<1.0$ 或 $K>1.0$ 时,对孔壁作用的应力较小,激发效果差;$K=1.0$ 或 $K\approx1.0$ 时,炮孔壁上的应力达到最大,岩石爆破效果最佳,激发效果好(图 4-3-20)。

(2)激发岩性的调查

炸药在松散的干燥岩层(如砂层)或松软的岩层中爆炸,频率很低,爆炸能量大部分被松散岩层所吸收,而且在爆炸点周围产生很大破碎带,转换成弹性波能量不多,频率较低。在激发过程中选择合适的激发岩性,如潮湿的可塑性泥质黏土(常规的胶泥层),使炸药的特性阻抗与岩石的特性阻抗达到良好的匹配;可使激发的频率满足要求,获得最佳的激发效果。

为了查明工区的表层岩性,引入两种土工力学中的表层岩性调查方法——动力钻探法、静力触探法。

①静力触探。静力触探是将一圆锥形探头,按一定速率匀速压入土中,测量其贯入阻

力(锥尖阻力、侧壁阻力)的过程。

通过不同岩层在其试验过程中贯入阻力的不同来达到辨别岩性的目的。

②动力钻探。动力钻探,俗称岩性取心,是利用取心器械将地下岩层分段取出。在取心过程中要注意下压的压力,防止岩层发生形变,影响实验室内对各种岩性指数的测定。

③实验室测定。利用取心资料进行实验室测定,获得岩心的物理力学性质指标,通过各项指标辨别地层岩性,包括岩层的含水率、比重、空隙比、塑性指数、压缩系数等描述地层岩性物理性质的参数。

(3)激发岩性的选取

图 4-3-21 是双井微测井、岩性取心与静力触探的成果对比,图 4-3-22 是不同深度岩心对比。根据工区表层结构试验结果(密度、速度、塑性指数、压缩系数),可将工区表层岩性大致分为:

粉土(1.99 g/cm^3、600 m/s、I_p<10、a<0.3);

粉质黏土(1.86 g/cm^3、900 m/s、15>I_p>10、0.3<a<0.5);

泥质黏土(1.80 g/cm^3、1600 m/s、I_p>15、a>0.5)。

密度关系为:泥质黏土<粉质黏土<粉土;

速度关系为:粉土<粉质黏土<泥质黏土;

塑性指数关系为:粉土<粉质黏土<泥质黏土;

压缩系数关系为:粉土<粉质黏土<泥质黏土。

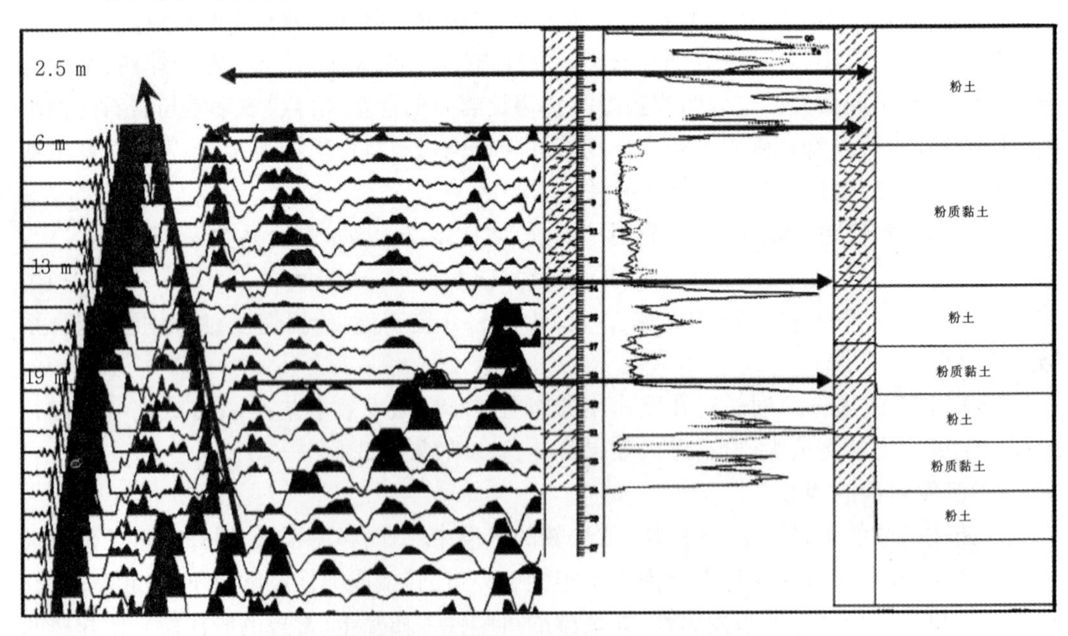

图 4-3-21 双井微测井、岩性取心与静力触探成果对比

地震勘探中使用的炸药速度一般为 5 000~6 000 m/s,密度为 1.2~1.4 g/cm^3,根据表层岩性的性质可以得出阻抗耦合系数 K 的对应关系为:粉土<粉质黏土<泥质黏土。

根据图 4-3-23 不同激发岩性的单炮地震资料分析来看:泥质黏土激发效果好于粉质黏土和粉土,在泥质黏土段激发效果较好,与理论基础相吻合。

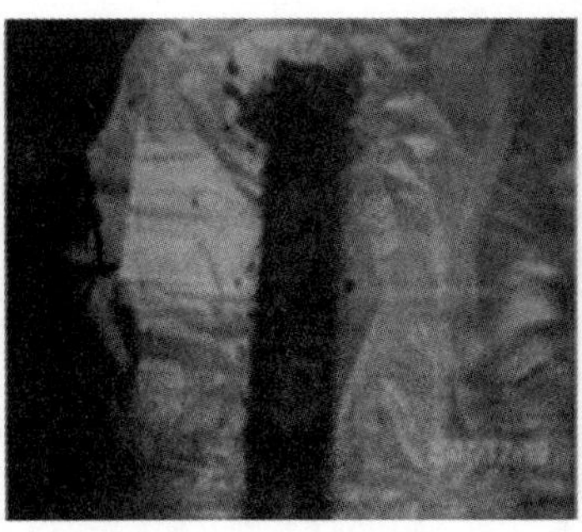
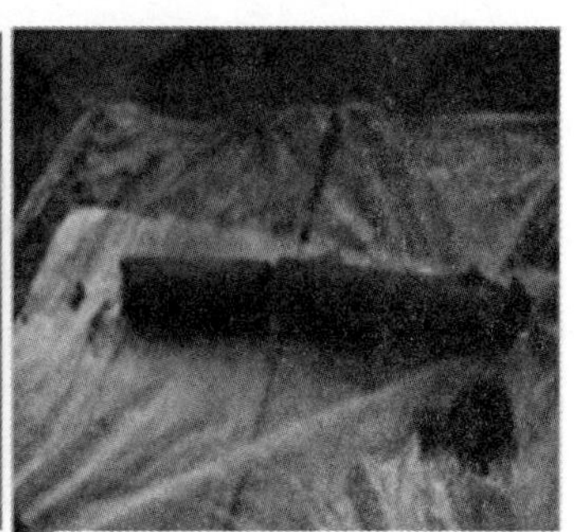

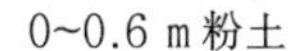
0~0.6 m粉土　　6.6~7.2 m粉质黏土　　12~12.6 m泥质黏土

图 4-3-22　不同深度岩心对比

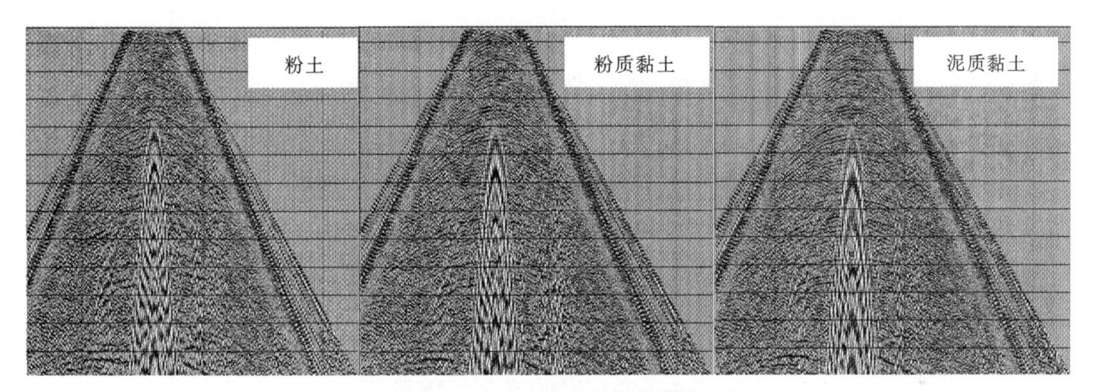

图 4-3-23　不同激发岩性单炮解编记录

(4)基于岩性的井深设计

常规的基于虚反射界面的井深设计中,虚反射界面一般根据小折射和微测井资料,基于近地表岩层速度确定,无法确定虚反射界面与岩性界面的关系。根据基础理论分析,波阻抗界面本身也是虚反射界面,虚反射界面和岩性界面之间的关系需要根据野外调查确定,在部分地区小折射和微测井调查所得虚反射界面与潜水面一致,部分地区虚反射界面与岩性界面重合。在井深设计中,参考小折射和微测井确定的虚反射界面深度(H_0),保证设计井深在虚反射界面以下,同时根据岩性分布进行井深的逐点设计。图 4-3-24 是基于岩性的井深设计示意图。

通过对试验区小折射与微测井解释结果的统计分析,可以看出在试验工区小折射和微测井解释结果中高速层速度一致性较好,但低降速层厚度解释结果差异较大,主要原因是降速层与高速层速度差异较小,小折射难以准确区分,解释精度没有微测井高。

因此,需要通过岩性取心和静力触探的解释结果来确定全区的岩性,获得全区的岩性控制点,根据岩性进行井深设计。彩图 4-3-25 是试验区泥质黏土顶底界面分布图,可优选出最佳激发岩性层(图 4-3-26),绘制出全区岩性顶界面深度等值线图(图 4-3-27)和全区井深等值线图(图 4-3-28)

以全区的胶泥岩顶界面深度 H_0 为基准,井深公式为:$H=H_0+\Delta H+H'$。式中,H 为设计井深;H_0 为胶泥岩顶界面深度 (由控制点三维插值获得);ΔH 为炸药长度;H'为校正参数(试验工区 $H'=0.5$ m)。

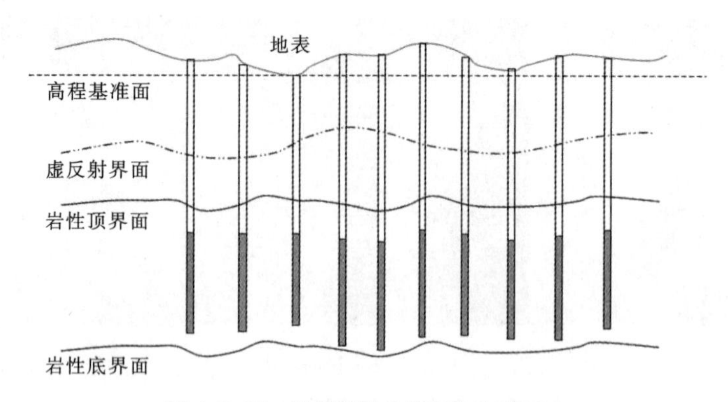

图 4-3-24 基于岩性的井深设计示意图

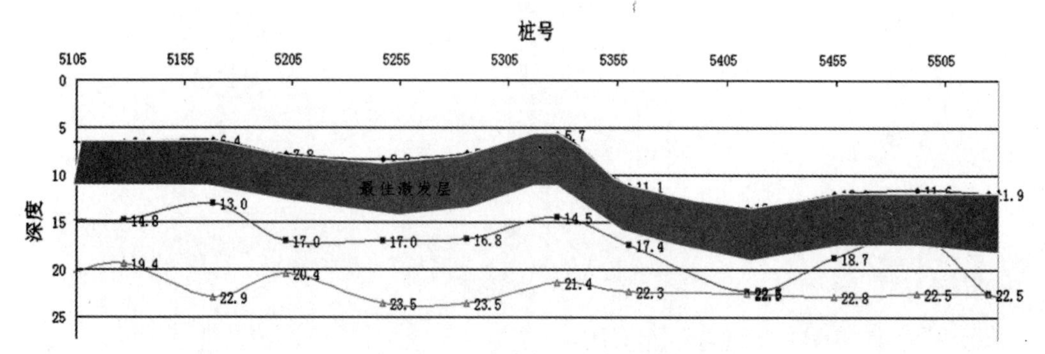

图 4-3-26 束线井深设计示意图

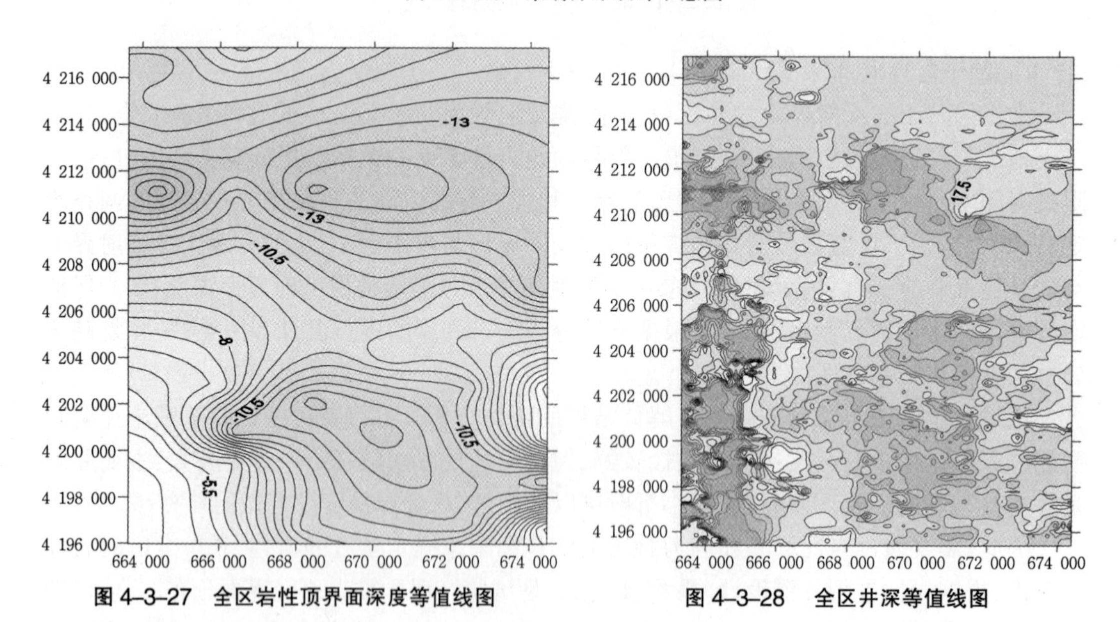

图 4-3-27 全区岩性顶界面深度等值线图

图 4-3-28 全区井深等值线图

2)效果分析

从图 4-3-29 和图 4-3-30 的新老资料对比分析来看,有效最佳激发因素后,新单炮各目的层同相轴连续,反射明显,深层能量强,信噪比较高。新剖面深层资料信噪比显著高于老剖面,层间信息丰富,资料分辨率高。

3)结论

①选择合理的激发岩性,能够有效提高资料品质。

②岩性对激发效果有一定的影响,不同的岩性在主频上有较大差异,炸药震源的激发效果与激发岩性的密度、纵波传播速度、塑性指数有关。

③在激发岩性的选取上,应优选特性阻抗与炸药匹配较好、塑性指数大、压缩系数大的岩层激发。不同地区应根据试验确定激发岩性。

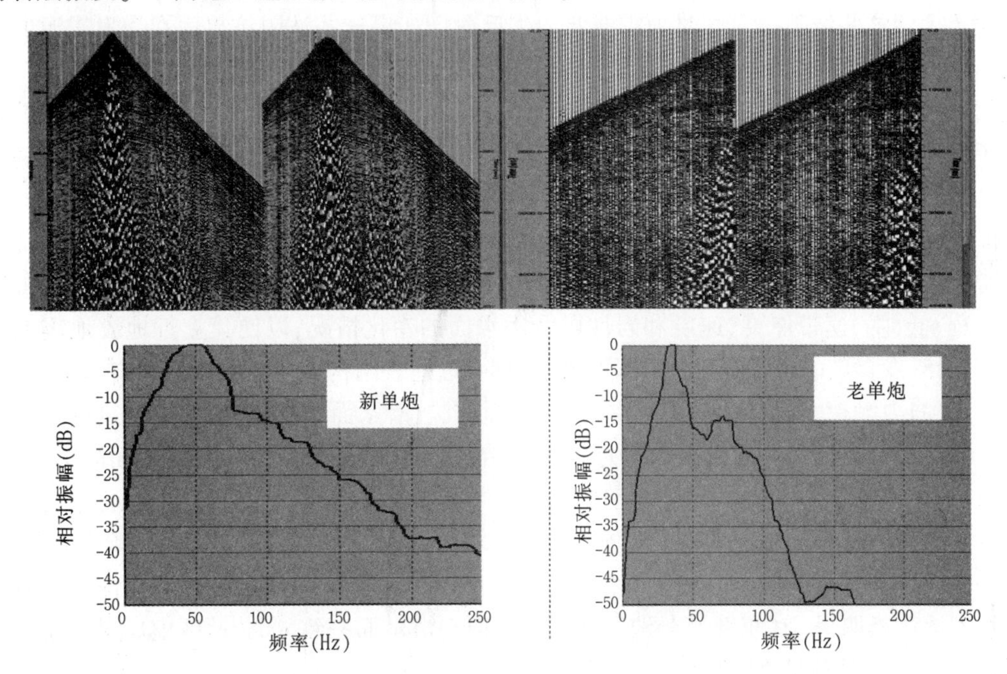

图 4-3-29 试验区新老单炮及频谱

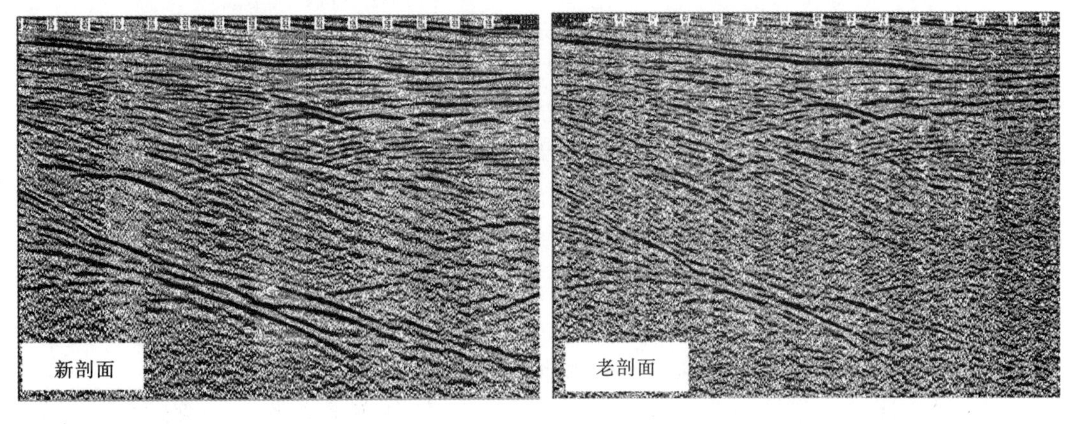

图 4-3-30 试验区新老剖面对比

4.虚反射对激发频率的影响

在地震勘探中,表层的岩性或速度差异形成了某些近地表的波阻抗界面,人们将地震波激发过程中近地表波阻抗界面产生的反射下行波称为虚反射波,而且将这种虚反射波称为"鬼波",造成这种虚反射波的界面称为虚反射界面。这种虚反射与直接下行的地震波在时间上有一个时差,对产生的下行地震波的频率和能量有一定的影响。

随着精确的表层调查技术的发展,人们可以较准确地确定虚反射界面,并且通过震源爆炸半径和需要保护的最高信号的频率,定量地确定震源距虚反射界面的距离,最佳地选择激发井深。同时,还可以充分利用虚反射界面来减少表层干扰波的能量,增加下传的能量,达到在一定条件下利用虚反射界面的目的。

由于近地表介质的纵向不均匀性形成了不同的波阻抗界面,当震源爆炸后,形成的地震波传播到这些波阻抗界面时地震波便产生反射。如果这些波阻抗界面在激发震源的下方,产生的这些反射波就会形成近地表的一些干扰;如果这些界面在激发震源的上方,产生的这些反射波就是紧跟下行一次波之后的虚反射波,这些波与下行的一次波叠合,就形成了激发的地震波。如果虚反射波与一次下行波有较大的时差,则会产生一个尾波紧随其后;如果时差较小,将会叠合在一起,形成一个频率降低、振幅加强的“胖波”。

虚反射的调查方法是通过近地表结构调查来实现的。近地表结构调查是一项基础且非常重要的工作,该项工作的准确性对提高地震勘探精度具有重要影响。它主要是调查地表高程、低(降)速带厚度、速度和岩性以及潜水面的变化情况,以便建立近地表地震地质模型,为激发参数的设计等提供重要依据。目前,近地表结构的调查方法主要有微测井、浅层折射、静力触探、岩性取心、约束层析反演、面波法、潜水面调查等,这些近地表调查方法主要是通过获得速度和岩性资料来进行表层结构调查,其中微测井、小折射、面波法、约束层析反演主要是利用速度资料,而静力触探、岩性取心、岩石露头调查主要是通过获取直观的岩性资料进行的表层调查。在济阳坳陷,虚反射界面一般为速度界面(低降速带界面)或潜水面。低降速带界面一般根据小折射和微测井资料基于速度确定,而潜水面一般通过野外实地调查取得。在东部部分地区虚反射界面与潜水面一致,部分地区虚反射界面与低降速带界面或者岩性分界面重合。

下面通过对济阳坳陷东营地区小清河两岸附近的激发试验, 分析虚反射界面对振幅频率特性的影响。东营地区小清河两岸的低降速带界面,南北差异较大,与潜水面基本重合,也是该地区主要的虚反射界面,小清河以南潜水面普遍较深。潜水面一般定义为近地表含饱和水层的顶界面,它是一个较强波阻抗界面,所产生的虚反射对地震资料的频率有很强的滤波效应,而激发深度及药柱长度是决定滤波特性的两个主要因素。为此,对潜水面虚反射的振幅－频率特性关系进行研究,结合野外试验资料,研究以潜水面为主要虚反射界面的情况对激发效果的影响。

设潜水面以上表层厚度为 h_0, 地震波传播速度为 V_0, 潜水面以下地震波传播速度为 V_1,在潜水面以下 O 点激发,地震波直接传播到 P 点称为直接下行波;地震波从 O 点出发传播到 A ,经潜水面反射向下传播到 P 点的波称虚反射波(图 4-3-31)。

对于长药柱而言,设炸药爆炸速度为 V_2,药柱顶到潜水面的距离为 h_1,药柱长度为 H,把药柱分成 N 段,每段药柱可看成一个点震源,并将雷管放置在药柱顶端,炸药爆炸的过程是从顶部引爆后以速度 V_2 向下引爆,每个长度的药段爆炸后,到达 P 点的地震波是一次波与虚反射波的迭加。

对不同深度的虚反射幅频特性曲线(图 4-3-32)分析,可以得出如下结论。

①当激发点距潜水面的距离为 0 时,即药柱顶面与潜水面一致时,无论频率高低,激

发产生的下传地震波能量都是最小的。

②使激发下传能量达到最大的激发深度不止一个,而在实际工作中,应选择最浅的有利激发深度。为利用虚反射加强下传激发能量,要选取激发深度为四分之一波长处,或以其值为中心的某一深度范围。

③激发点距潜水面的距离越小,虚反射幅频特性曲线的通放带就越宽,就越有利于获取宽频带的信号。

总之,在目前地震勘探所需要讨论的频率范围内,潜水面以下激发深度越大,地震信号的高频端受潜水面虚反射的改造就越严重。

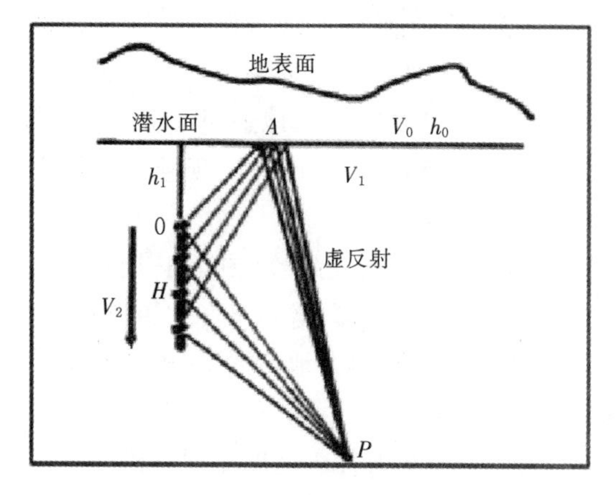

图 4-3-31 潜水面和虚反射波之间的关系

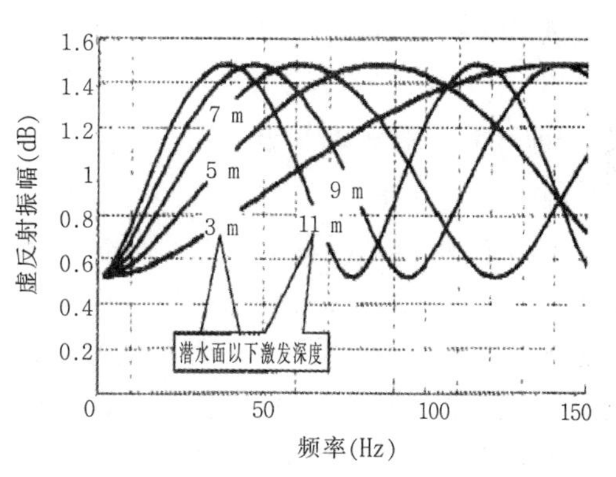

图 4-3-32 点震源激发的虚反射幅频特性曲线

四、多源联合激发技术

1.小型可控震源激发技术

近年来,小型可控震源的广泛应用,较好地缓解了济阳坳陷复杂地表区域的安全、环保、工农等问题,弥补了因炸药震源无法实施而导致的资料缺失和观测系统属性变差的问题。然而应用小型可控震源激发,在不同复杂区块得到的资料品质差异较大,部分单炮效果不够理想。为此需要开展东部复杂探区小型可控震源应用技术研究,形成小型可控震源优化设计技术,以提高复杂区域小型可控震源单炮能量及信噪比,改善地震资料整体品质;同时针对小型可控震源资料能量低、信噪比差等问题,研究小型可控震源资料配套处理技术,解决常规简单处理效果不够理想的问题。

1)可控震源扫描技术基础

(1)可控震源工作基本原理

可控震源是一种频率和能量可控的连续振动系统,它产生连续和频率不断变化的扫描信号,信号的起始频率和持续时间是可以控制的,通过相关原理形成地震记录。可控震源工作系统主要由几个部分组成:震源车体、扫描信号发生器、震源震动控制器、可控震源机械振动系统。

基本工作原理:首先由安装在仪器车上的扫描信号发生器(DPG)产生具有一定起始频率的参考信号,主要有线性、非线性、脉冲等类型,扫描信号根据用户要求来设置。仪器通过电台将参考信号参数传输给安装在震源车上的振动控制器(DSD),DSD将扫描信号转换成电信号,通过力矩马达控制伺服阀,再通过伺服阀控制液压油的变化,液压油压力的变化推动重锤的上下运动,重锤与地面紧密耦合的振动平板做相对运动,就实现了按照扫描信号把重锤的能量向地下传播的目的，最后使可控震源按照设计的扫描信号进行振动工作。

通过仪器发送TB信号(点火命令FO),控制震源扫描的开始,同时,仪器开始记录地震数据,采集长度是扫描长度加听时间,一次振动结束后由DSD传回震源的各种状态信息,通过状态信息分析,达到质量控制的目的。

地震仪器采集结束后,用参考信号与采集的母记录相关,最后形成设计记录长度的地震记录,并按一定的格式记录在地震仪器的存储媒体上。

DSD上安装GNSS用于导航和提供震点的位置信息,DSD之间还可以通过WIFI互相通讯,提前计算出震源的组合中心,传输给仪器,用来确定震动位置精度和实现准确的炮点桩号施工。

振动系统是可控震源的核心系统,由振动器(图4-4-1a)、电控系统(图4-4-1b)组成。振动器是振动系统机械核心,由反作用重锤、振动平板以及伺服阀、定心空气皮囊、隔振空气皮囊组成。可控震源系统的扫描信号就是通过振动器的工作向大地传播的,振动液压系统主要功能是为振动器提供液压油从而驱动振动器振动。

在重锤和振动平板上,安装有振动信号检测装置(加速度表),通过加速度表检测重锤与振动平板的振动信号,并把它们反馈到电控系统,重锤与振动平板振动出力的矢量和称为力信号,电控系统校正力信号的相位与出力大小,从而保证可控震源振动的同步精度和振动精度。理想状态下,力信号与参考信号(扫描信号)是相同的,这是可控震源互相关的前提条件,但是实际上它们之间是存在差别的。

a.小型可控震源实物图

b.电控箱体实物图

图4-4-1 小型可控震源实物图及电控箱体

振动器上的定心空气皮囊是保证振动器机械重心位置不发生变化的装置，这样才能保证重锤稳定振动，可控震源车90 %以上的重量通过隔振空气皮囊施加到振动平板上，从而保证振动平板在振动过程中与地面良好耦合,避免脱耦现象发生。

相关器安装在仪器车上，主要功能是把野外采集的地震原始记录与编码器的真参考信号做互相关、迭加处理，从而压缩原始信号得到通常意义的原始单炮记录。随着计算机处理能力的增强，现在的地震仪器都采用软件相关，取消了独立的相关器硬件设备。

(2)可控震源扫描信号

可控震源地震勘探来源于 Chrip 雷达技术。Chrip 雷达利用雷达发射机向空间发射大功率的 Chrip 信号(线性调频信号)，遇到空间物体时信号被反射回来后由雷达接收机接收，对发射信号和回波信号进行互相关处理。从理论上可以认为，接收信号是发射信号经双程旅行时延时的信号，这样从互相关函数的峰值点的时间坐标就可以求出双程旅行时，而后根据电磁波在空间的传播速度就可以求出反射体与雷达的距离。

地震勘探中的激发源能量既可以用振幅高度集中的信号(如脉冲信号，在此通常指炸药)，也可以用低振幅、长信号(如可控震源)产生。其实，可控震源主要是依赖长时间的振动激发，得到相对弱的地震信号。可控震源另外一个重要特征就是激发源是有限带宽的信号。另外，可控震源激发技术只产生需要频带内的信号，而脉冲震源，如炸药震源，生产的一部分频率在数据采集过程中是不予记录的。

炸药爆炸的过程可以用脉冲来表示，即一个振幅高度集中的信号在非常短的瞬间生成(图 4-4-2a)，它的频谱中包含了所有的频率成分(图 4-4-2b)。对于有限带宽信号而言，它只表示在有限带宽内(图 4-4-2c)。在所展示的一个平坦的振幅谱(在图 4-4-2d)中只有 10～60 Hz 的频率成分，在可控震源中使用的信号大多形如图 4-4-2d 所示。

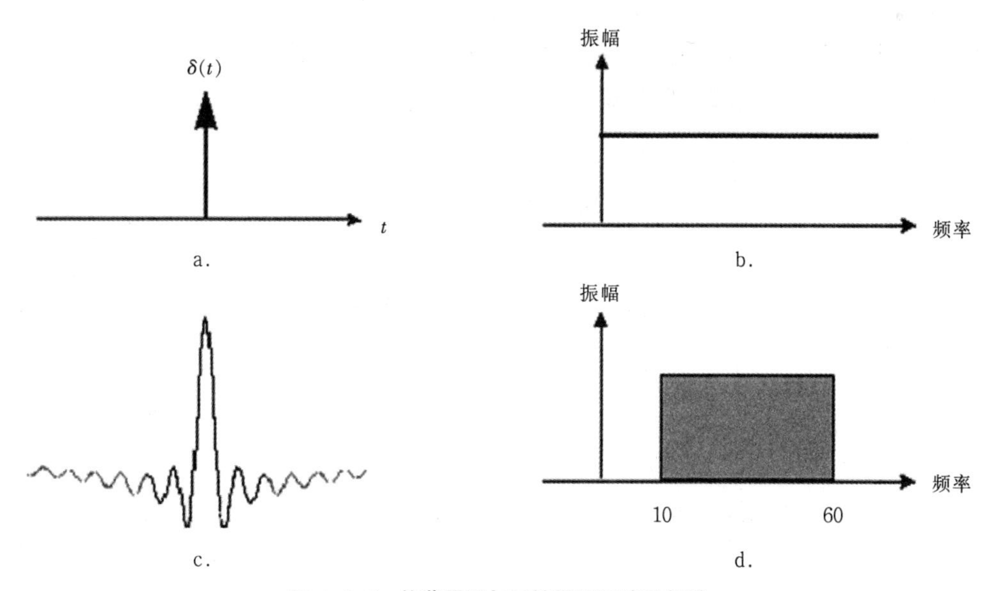

图 4-4-2　炸药震源与可控震源子波及频谱

扫描信号是可控震源技术的重要组成部分，频带宽度要求在 3～250 Hz。扫描信号按其特征分为三类：线性扫描信号、非线性扫描信号和伪随机扫描信号。扫描信号的类型选择主要取决于油气勘探目的与勘探精度的要求以及信号的相关子波(自相关函数)，相关子波中的旁瓣会直接影响到地层的分辨与检测，因此生成扫描信号必须改善信号的特性，抑制相关信号的旁瓣，这是扫描信号设计中的核心问题。而扫描信号的自相关函数决定了相关记录的基本波形,最理想的自相关函数应属于脉冲函数,因为它的频谱宽度无限大,幅度也无限大,所以分辨率最高。实际中很难产生这种信号,但可以采用小能量、长时间激发波来等效冲击震源瞬时产生大能量的激发波。实际工作中采用最多的是容易实现的线性扫描,而伪随机信号因其具有良好的自相关函数可以获得较好的反馈波形,也受到广泛的关注和应用,具有良好的发展前景。

(3)可控震源扫描信号设计

正弦扫描信号一般分线性和非线性两种信号类型。线性扫描信号在可控震源技术中是一种应用广泛的信号类型,这种信号具有相对稳定的振幅,信号频率随时间呈线性变化等特点。

正弦线性扫描信号是可控震源地震资料采集中主要的扫描形式,所谓线性扫描就是扫描的频时曲线是线性递增的或线性递减的。线性递增的叫作升频扫描,线性递减的叫作降频扫描。线性扫描信号一般由频率范围、频率函数关系、周期、斜坡和振幅函数构成,并结合扫描升、降频方式、初始相位生成完整的扫描信号。

线性扫描频谱特征就是振幅谱为平的,即对于每一个频率点能量分配是相等的,可用频率连续变化和正弦函数表示。设扫描信号的起始频率为f_1,扫描终止频率为f_2,扫描长度(持续时间)为T,则扫描信号为

$$s(t)=A\sin 2\pi\int_0^t f(t)\mathrm{d}t=A\sin 2\pi\left(f_1+\frac{f_2-f_1}{2T}t\right)t \tag{4-4-1}$$

式中,A 为扫描信号的幅度;t 为时间变量。

线性扫描参数主要包括起始扫描频率、终了扫描频率、扫描长度和扫描斜坡。与能量有关的还包括可控震源台数、震次和驱动幅度。

瞬时相位为

$$\varphi(t)=2\pi\int_0^t f(t)\mathrm{d}t=2\pi\left(f_1+\frac{f_2-f_1}{2T}t\right)t \tag{4-4-2}$$

瞬时频率为

$$f(t)=\frac{1}{2\pi}\mathrm{d}\frac{\varphi(t)}{\mathrm{d}t}=f_1+\frac{f_2-f_1}{T}t \tag{4-4-3}$$

可见$f(0)=f_1$,$f(T)=f_2$,且$f(t)$是t的线性函数。

当给出扫描信号的振幅谱$A(f)$,其频率范围为f_1-3-f_2,并且给出了扫描信号的长度为T,则可用下面步骤来计算扫描信号:

①对各个频率的扫描时间按照其与该频率成分要求的振幅呈正比的关系进行分配:

$$\mathrm{d}(f)=KA(f)\mathrm{d}f \tag{4-4-4}$$

②求各个频率成分在扫描信号中的出现时间,求出$t(f)$函数:

$$T=k\int_{f1}^{f2} A(f)\mathrm{d}f \tag{4-4-5}$$

$$t(f)=\frac{T\int_{f1}^{f} A(f)\mathrm{d}f}{\int_{f1}^{f2} A(f)\mathrm{d}f} \tag{4-4-6}$$

式中，K 为计算使用比例常数；$A(f)$为子波频谱；f 为可控震源扫描信号瞬时频率；df 为可控震源扫描信号瞬时频率微分。

③求扫描信号中的瞬时频率，它就是$t(f)$的反函数$f(t)$，实际上就是由上式解出$f(t)$的表达式；

④根据时频函数$f(t)$求取本方法扫描信号：

$$S(t)=B(t)\cdot\sin\left[2\pi\int_0^t f(t)\mathrm{d}t\right] \tag{4-4-7}$$

$$B(t)=\begin{cases} w(k),k=\dfrac{t}{\Delta t}, & 0\leqslant t\leqslant T_1 \\ 1 & T_1\leqslant t\leqslant T_2 \\ w(k),k=\dfrac{T-t}{\Delta t}, & T_2\leqslant t\leqslant T \end{cases} \tag{4-4-8}$$

$$k=1,2,\Lambda,N_i \qquad N_i=\frac{Ti}{\Delta t}+1 \qquad (i=1,2)$$

式中，$S(t)$为可控震源扫描信号；$B(t)$为布莱克曼(Blackman)斜坡函数；$T_{1\text{-}3}$ 为可控震源扫描信号起始段斜坡长度；T_2 为可控震源扫描信号终止段斜坡长度。

2)可控震源激发与地表条件关系研究

(1)可控震源机械系统物理模型

建立可控震源机械系统物理模型(图 4-4-3)。图中，X_m 为重锤运动位移(m)；X_p 为平板运动位移(m)；HF 为液压力，液压油作用于重锤活塞产生的动态输出力(N)；GF 为地面力(震源输出力)，由大地施加在平板上的反作用力(N)；M_m 为重锤质量(kg)；M_p 为平板质量(kg)；H_v 为液压油黏度(NS/m)；H_s 为液压油压缩系数(N/m)；G_v 为大地阻尼系数(NS/m^3)；G_s 为大地的刚性系数(N/m^3)；S_p 为平板面积(m^2)。

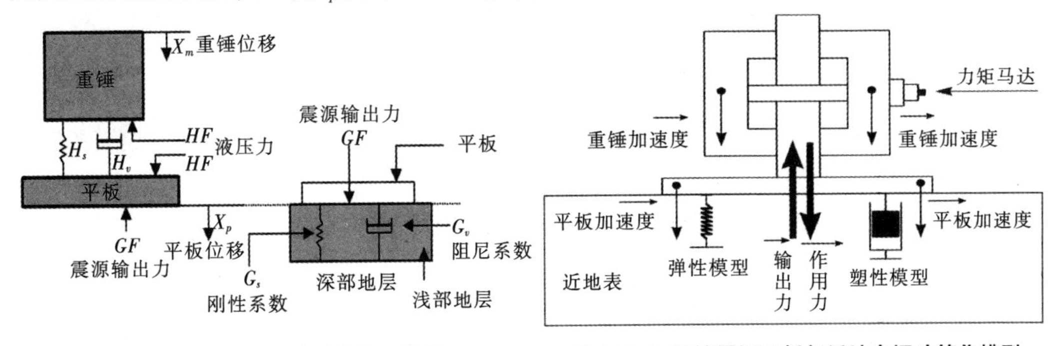

图 4-4-3　可控震源机械系统物理模型　　图 4-4-4　可控震源平板与近地表振动简化模型

假定重锤与平板是刚性连接的，作用在重锤与平板上力的方程式可以写成如下形式：

作用在重锤上的力：

$$-HF=M_m\frac{\mathrm{d}^2x_m}{\mathrm{d}t^2}+H_v\left(\frac{\mathrm{d}x_m}{\mathrm{d}t}-\frac{\mathrm{d}x_p}{\mathrm{d}t}\right)+H_s(x_m-x_p) \tag{4-4-9}$$

作用在平板上的力：

$$F_t+HF-GF=M_p\frac{\mathrm{d}^2x_p}{\mathrm{d}t^2}-H_v\left(\frac{\mathrm{d}x_m}{\mathrm{d}t}-\frac{\mathrm{d}x_p}{\mathrm{d}t}\right)-H_s(x_m-x_p) \tag{4-4-10}$$

假定作用力 F_t 可以忽略,则两式相加得到:

$$-GF=M_m\frac{d^2x_m}{dt^2}+M_p\frac{d^2x_p}{dt^2} \tag{4-4-11}$$

GF 是大地作用于平板上的反作用力,因此是负值。

为了表示大地的阻抗特征,有下式:

$$M_m\frac{d^2x_m}{dt^2}+M_p\frac{d^2x_p}{dt^2}=-S_p\left(G_v\frac{dx_p}{dt}+G_sx_p\right) \tag{4-4-12}$$

在式中,Gv、Gs 与近地表参数(ω_n、ξ)情况密切相关。

因此,作用于大地的作用力定义如下:

$$GF=-M_m\frac{d^2x_m}{dt^2}-M_p\frac{d^2x_p}{dt^2} \tag{4-4-13}$$

此处:力 = 质量加速度。

在实际工作中,震源振动输出力 $F(t)$往往取决于震源本身的特性和对震源的控制。

实际上,大地的响应与作用力相反,即震源输出力与大地的反作用力大小相等、方向相反。

对于大地的响应而言,如果 f 代表地面力的反作用力,则由震源产生的输出力可以用下式表述:

$$\vec{f}=-\overrightarrow{GF} \tag{4-4-14}$$

输出力决定了大地的模型,输出力是重锤加速度和平板加速度的函数。大地的阻抗模型可以用振幅比和重锤与平板加速度的相位差来表述。

对于理想的弹性系统,反作用力与质点振动位移的幅度成正比:

$$F = KsX \tag{4-4-15}$$

对于理想的阻尼系统,反作用力与质点振动位移的速度成正比:

$$F = KvV \tag{4-4-16}$$

(2)可控震源大地耦合响应模型

绝大多数情况下,可控震源的振动与大地耦合响应为一低通滤波器,将可控震源激发时平板与大地振动模型进行简化,如图 4-4-4 所示。

建立一个二阶系统方程,将输入 $u(t)$与输出 $x(t)$信号联系在一起:

$$a_2\frac{d^2x(t)}{dt^2}+a_1\frac{dx(t)}{dt}+a_0x(t)=b_0u(t) \tag{4-4-17}$$

式中,a_0 ,a_1,a_2 和 b_0 为方程系数。

转换成另外一种标准形式:

$$\frac{d^2x}{dt^2}+2\xi\omega_n\frac{dx}{dt}+\omega_n^2x=k\omega_n^2u(t) \tag{4-4-18}$$

式中,$k=\frac{b_0}{a_0}$为静态增益;$\omega_n=\left(\frac{a_0}{a_2}\right)^{\frac{1}{2}}$为自然角频率;$\xi=\left(\frac{a_1}{2a_2\omega_n}\right)$为阻尼系数。

因此,系统的传递函数可以表示为

$$G(s)=\frac{X(s)}{U(s)}=\frac{k\omega_n^2}{S^2+2\xi\omega_ns+\omega_n^2} \tag{4-4-19}$$

式中，s 为拉普拉斯变换算子；$X(s)$为输入 $x(t)$的拉普拉斯变换；$U(s)$为输出 $u(t)$的拉普拉斯变换。

可以看出，该二阶系统方程为一个标准振荡环节，并可用 $G(j\omega)$表示系统方程：

$$G(j\omega)=\frac{1}{\left(1-\frac{\omega^2}{\omega_n^2}+j2\xi\frac{\omega}{\omega_n}\right)\cdot\frac{1}{k}} \tag{4-4-20}$$

式中，ω 为振动角频率。

其幅频特征 $A(\omega)$与相频特征 $\varphi(\omega)$分别表示为

$$A(\omega)=\frac{k}{\sqrt{\left(1-\frac{\omega^2}{\omega_n^2}\right)^2+\left(2\xi\frac{\omega}{\omega_n}\right)^2}} \tag{4-4-21}$$

$$\varphi(\omega)=-\arctan\frac{2\xi\frac{\omega}{\omega_n}}{1-\left(\frac{\omega}{\omega_n}\right)^2} \tag{4-4-22}$$

当输入为扫描信号时，其力表示为

$$u(t)=R_0\cdot\sin(\omega t) \tag{4-4-23}$$

通过上述耦合响应模型后，输出表示为

$$h(t)=A_0\mathrm{e}^{-bt}\sin(\omega_n t+\varphi_1)+A\sin(\omega t+\varphi) \tag{4-4-24}$$

当 t 值较大时，上式第一项可忽略，对于可控震源来说，上式可简化为

$$h(t)=A\sin(\omega t+\varphi) \tag{4-4-25}$$

式中，

$$A(\omega)=\frac{kR_0}{\sqrt{\left(1-\frac{\omega^2}{\omega_n^2}\right)^2+\left(2\xi\frac{\omega}{\omega_n}\right)^2}} \tag{4-4-26}$$

$$\varphi(\omega)=-\arctan\frac{2\xi\frac{\omega}{\omega_n}}{1-\left(\frac{\omega}{\omega_n}\right)^2} \tag{4-4-27}$$

根据公式(4-4-26)的幅频特征与公式(4-4-27)的相频特征，可得出震源系统不同阻尼系数的幅频响应曲线与相频响应曲线(彩图 4-4-5)。

二阶系统的幅频与相频响应曲线如彩图 4-4-5 所示，说明了可控震源系统是一个非线性系统，它不仅与震源本身的机械特性以及对自身的控制能力有关外，还与近地表参数(ω_n、ξ)情况密切相关。

(3)可控震源激发与地表条件关系

可控震源与地表的相互作用，很大程度上决定着地面信号的特征，而且近地表的岩石性质沿测线的横向变化又会引起震源信号特征的改变，所以必须要考虑地面震源和大地的耦合以及它们的响应。可控震源记录与地表条件变化密切相关，地表介质的粘弹性系数不同，可控震源与平板耦合条件不一样，造成震源激发的地震记录有所差异。

一般情况，将可控震源平板－大地振动系统简化为质量－弹簧－阻尼器受迫振动来模拟(图 4-4-6)。可控震源与地表的相互作用，很大程度上决定着地面信号的特征，而且近

地表的岩石性质沿测线的横向变化又会引起震源信号特征的改变。

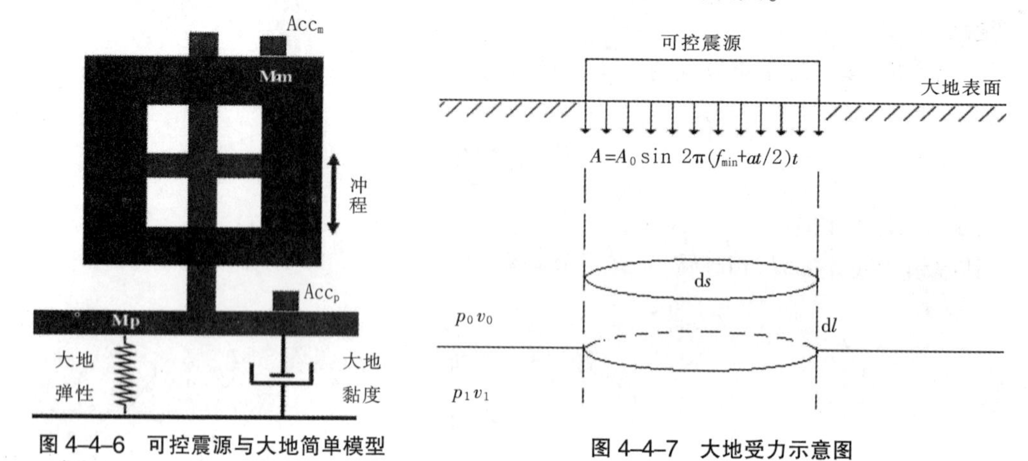

图 4-4-6 可控震源与大地简单模型　　图 4-4-7 大地受力示意图

如图 4-4-7 所示，假设我们所研究的是一个半无限空间介质的平面纵波情况，震源的振动器在半无限空间介质的一侧施加一个力：

$$A=A_0\sin 2\pi\left(f_{\min}+\frac{at}{2}\right)t \tag{4-4-28}$$

如果这里仅研究一维纵向振动，则位移函数为下列常微分方程的解，即

$$m\frac{\mathrm{d}_2h(t)}{\mathrm{d}t_2}+n\frac{\mathrm{d}h(t)}{\mathrm{d}t}+k^2h(t)=A_0\sin\omega_1 t \tag{4-4-29}$$

$$\omega_1=2\pi\left(f_{\min}+\frac{at}{2}\right) \tag{4-4-30}$$

式中，m 为振动耦合质量，$m=\rho_1\cdot \mathrm{d}_1\cdot \mathrm{d}s$；$n$ 为近地表岩性及能量辐射产生的阻尼系数，正比于介质的波阻抗和横截面积 $\mathrm{d}s$；k 为系统恢复力的系数，正比于介质的杨氏弹性模量 E 和横截面积 $\mathrm{d}s$，反比于长度 d_l。

反射波可控震源地震记录从数学上可以表示为下列形式：

$$a(t)=S(t)\times B(t)\times M(t)\times n(t) \tag{4-4-31}$$

式中，$S(t)$为扫描信号；$B(t)$为可控震源—大地系统滤波因子；$M(t)$为地层、可控震源组合、记录系统等综合滤波因子；$n(t)$为所有附加噪声。

扫描信号 $S(t)$与算子 $B(t)$的褶积即平板－大地系统的振动，对地震记录的好坏起着关键作用，它决定着探测信号。在一个工区，扫描信号一经确定，影响可控震源地震探测信号的主要因素就是可控震源－大地滤波因子 $B(t)$，而影响 $B(t)$的主要因素就是地表介质的粘弹性系数和平板与大地的耦合情况，其中耦合因素又与地表介质有关，因此影响着 $B(t)$的客观因素主要就是介质的粘弹性系数。不同的地表介质由于粘弹性系数不一样，可引起可控震源激发的地震波信号存在差异。

假设：近地表的模式为 v_0=250～1 500 m/s，ρ_0=1.4～2.5 g/cm^3，h_1=5 m，v_1=1 600 m/s，ρ_1=2.6 g/cm^3（取泊松比为 0.25），则可以求得不同 v_0 和 ρ_0 时的耦合响应曲线。

彩图 4-4-8 是可控震源在不同低降速带耦合条件下的响应曲线，可以看出：随着表层速度和密度的增大，扫描信号的振幅和能量减小，穿透能力变差，但其所属各频率振幅趋于一致，衰减相对减小。

3)不同地表条件激发试验及效果对比

东部复杂探区涉及土路、柏油路、水泥路等多种地表情况,不同地表可控震源耦合效果不一样,激发效果也不同,通过不同地表可控震源激发资料的对比分析,能够寻找最佳的激发条件,为激发点位优选提供依据。

(1)水泥路面、新修土路以及压实土路的激发资料效果对比

如图 4-4-9~ 图 4-4-11 所示,从不同地表条件激发的单炮效果对比可以看出:新修土路,由于地下较疏松,激发效果较差,信噪比较低,而三种地面激发,反射能量基本相当,压实土路激发效果最好,水泥路面次之,均优于疏松路面激发效果。图 4-4-12 是不同地表激发单炮的能量和信噪比分析。彩图 4-4-13 是不同地表激发单炮的频谱分析,同样看出压实土路的激发效果最好。

(2)土路面、方砖路面以及柏油路面激发资料效果对比

如图 4-4-14~ 图 4-4-16 所示,从不同地表条件激发的单炮效果对比可以看出:三种路面激发资料的效果略有差别,土路面与柏油路面激发效果略好,方砖路面效果稍差,信噪比较低。图 4-4-17 是不同地表激发单炮的能量和信噪比分析,彩图 4-4-18 是不同地表激发单炮的频谱分析,同样看出土路面的激发效果最好,方砖路面的激发效果最差。

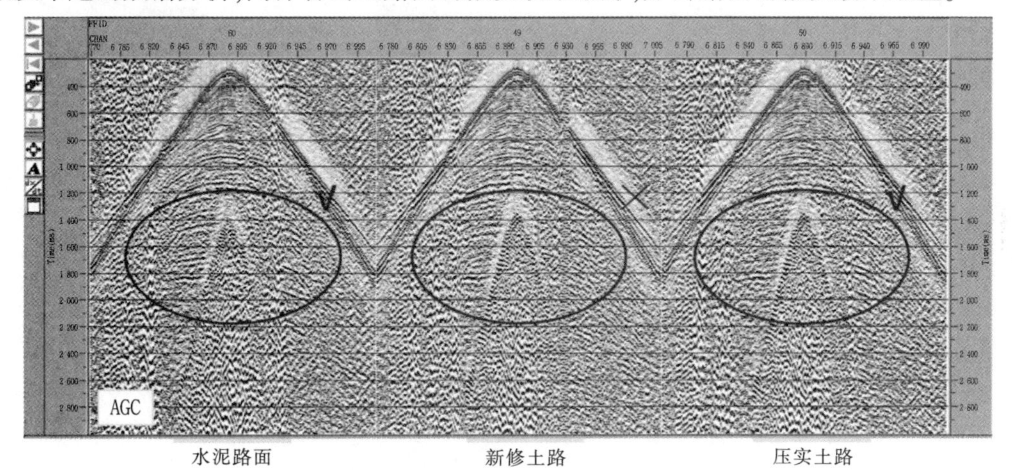

图 4-4-9 不同地表激发单炮对比(AGC 记录)

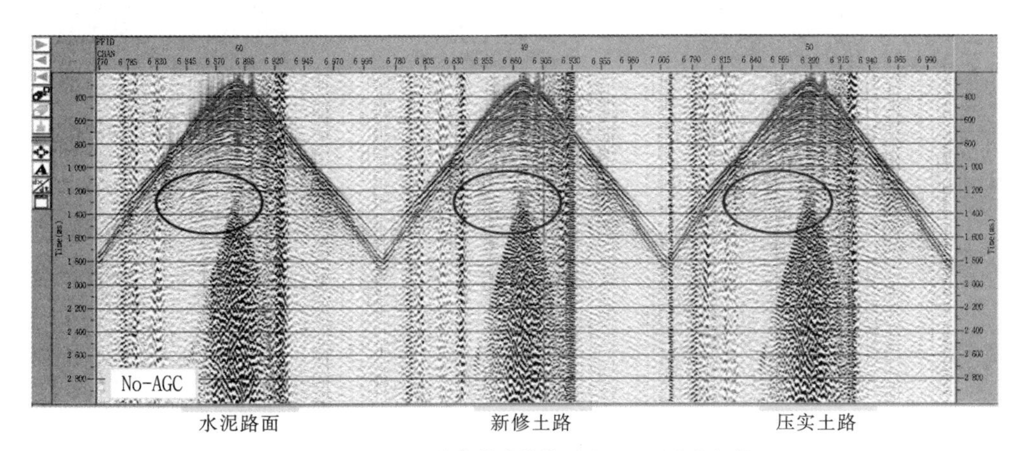

图 4-4-10 不同地表激发单炮对比(No-AGC 记录)

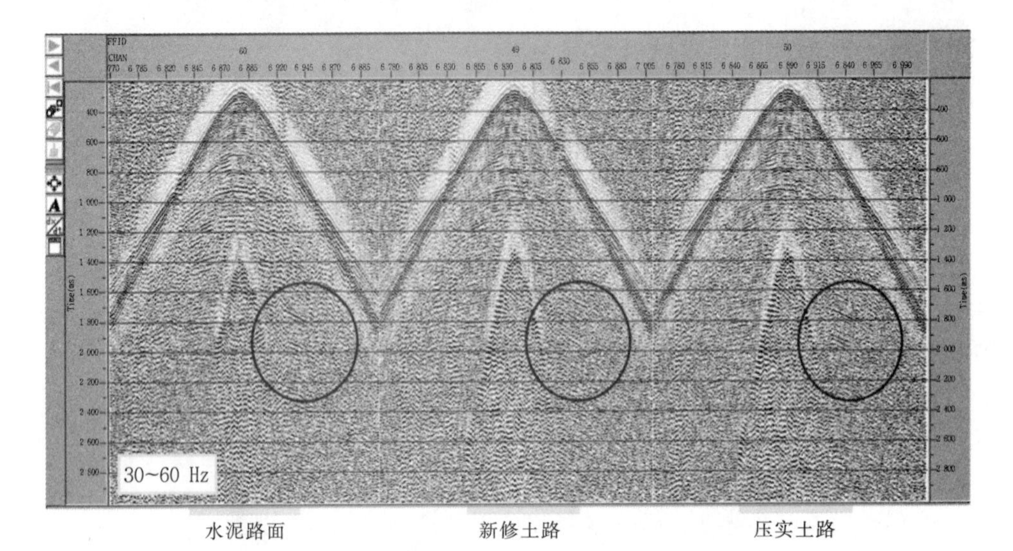

图 4-4-11 不同地表激发单炮对比(30~60 Hz 滤波记录)

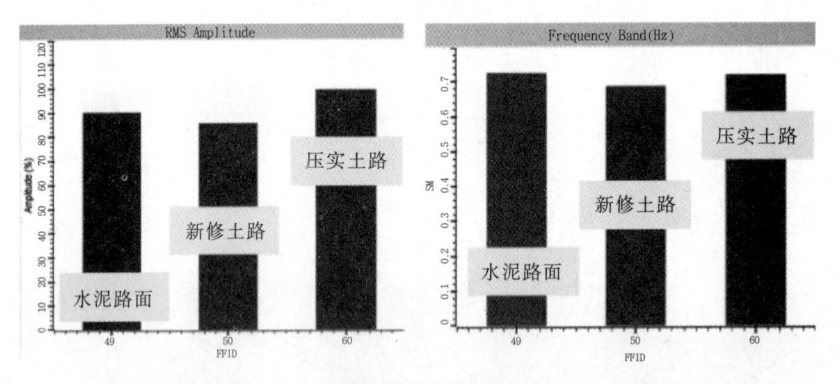

图 4-4-12 不同地表激发单炮能量(左)信噪比(右)分析

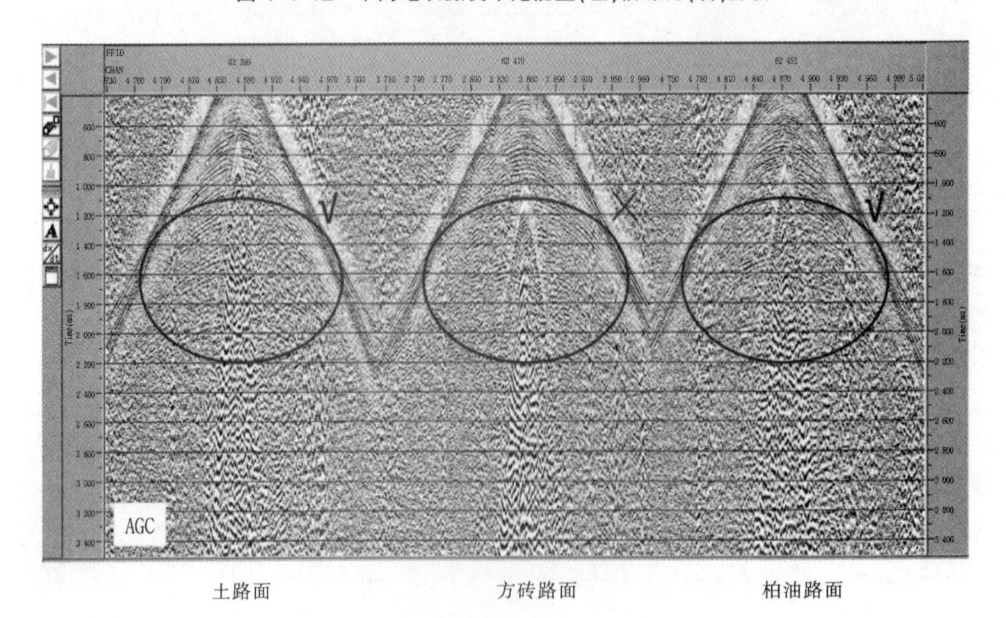

图 4-4-14 不同地表激发单炮对比(AGC 记录)

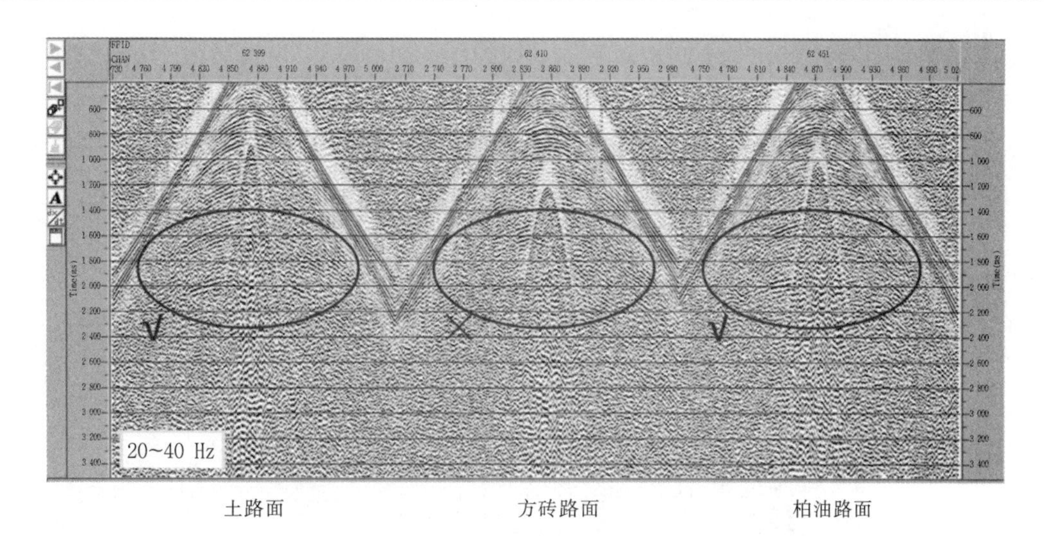

图 4-4-15　不同地表激发单炮对比(20~40 Hz 滤波记录)

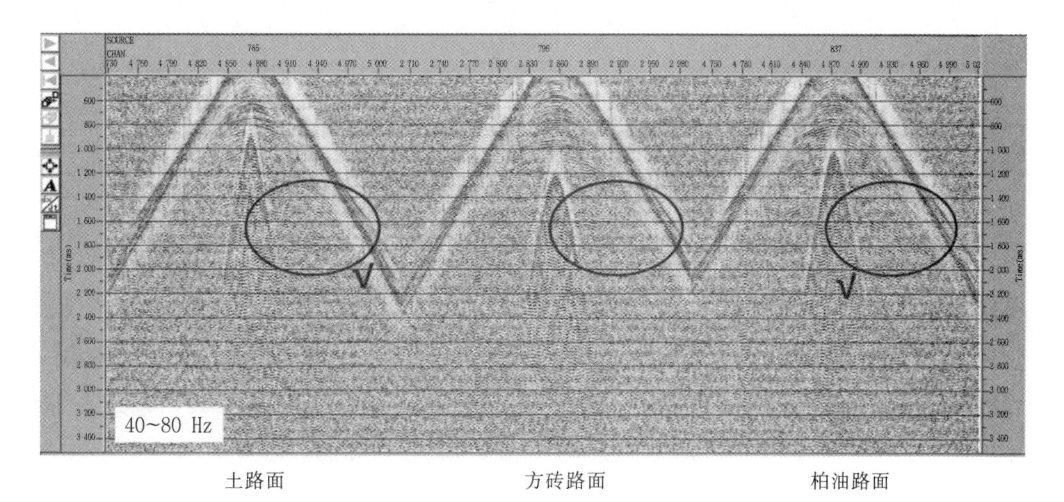

图 4-4-16　不同地表激发单炮对比(40~80 Hz 滤波记录)

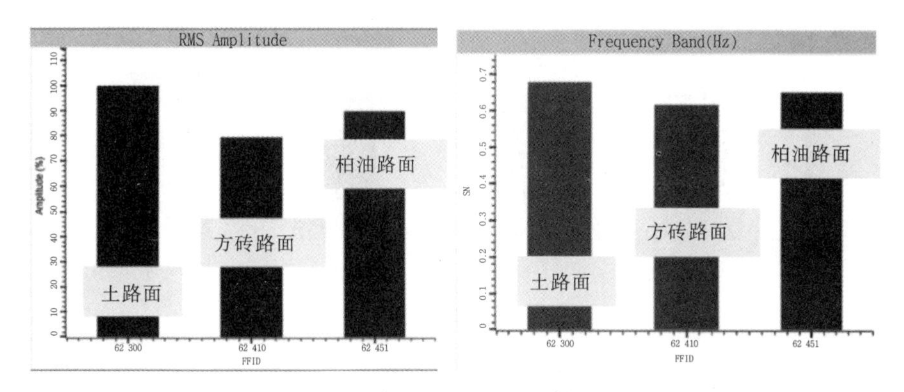

图 4-4-17　不同地表激发单炮能量(左)信噪比(右)分析

(3)疏松农田地与硬路面激发资料效果对比分析

如图 4-4-19~ 图 4-4-20 所示,从单炮效果对比可以看出:疏松农田地内激发效果较差,信噪比低。图 4-4-21 是不同地表激发单炮的能量和信噪比分析,彩图 4-4-22 是不同地表激发单炮的频谱分析,同样看出硬路面的激发效果较好。

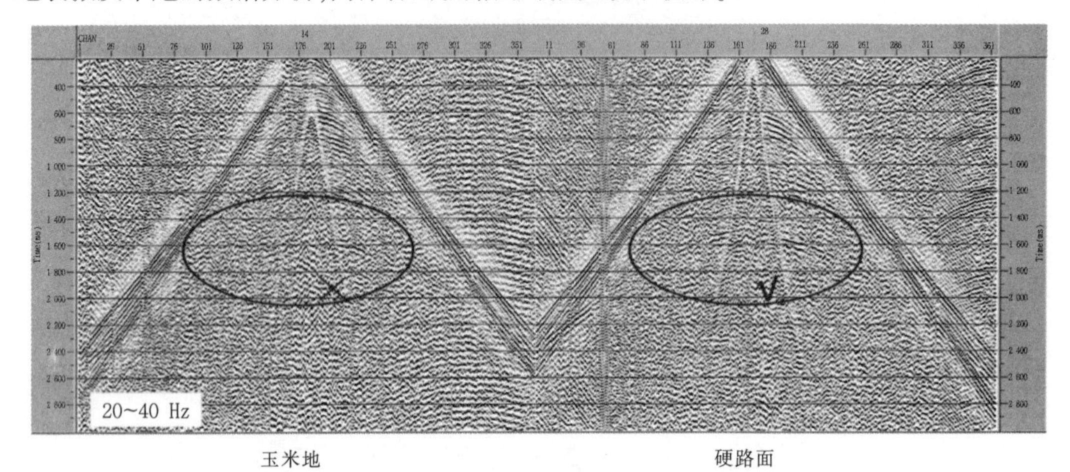

图 4-4-19 不同地表激发单炮对比(20~40 Hz 滤波记录)

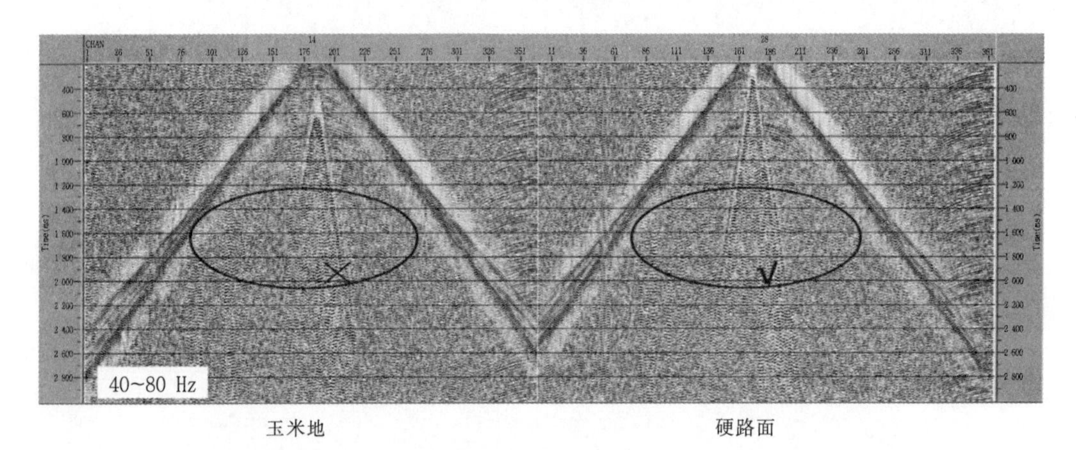

图 4-4-20 不同地表激发单炮对比(40~80 Hz 滤波记录)

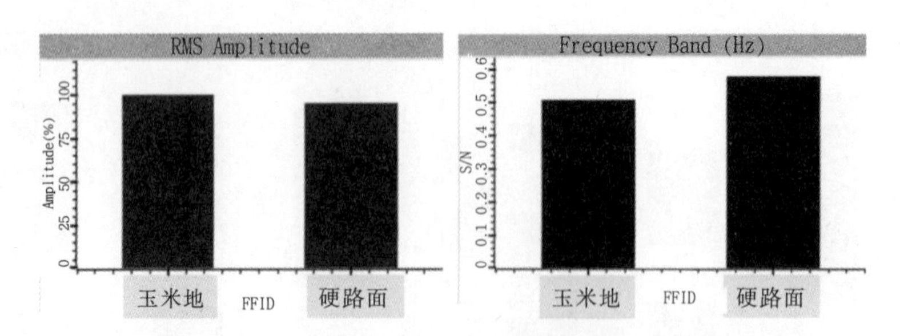

图 4-4-21 不同地表激发单炮能量(左)信噪比(右)分析

综上所述,不同地表小型可控震源激发效果不同,分析认为,可控震源平板与大地耦合效果,以及近地表压实程度对激发效果的影响较大,耦合与压实良好的土路面激发效果最好,其次为水泥路面与柏油路,疏松土路、农田、方砖地面效果较差;因此在施工过程中要尽量选取压实较好的平整地表进行激发。

2.东部复杂区小型可控震源激发参数优选

1)小型可控震源线性扫描参数试验及效果分析

通过可控震源扫描参数优选,获取最佳施工因素,提高可控震源激发资料的品质。

(1)扫描长度对比分析

图 4-4-23 到彩图 4-4-25 是 S_1 试验点进行的不同扫描长度对比试验的分析资料。从 S_1 点不同扫描长度激发单炮对比分析可知:随着扫描长度增加单炮能量增强,扫描长度到 18 s 以后信噪比较高,反射同相轴连续性较好。

从 S_1 点定量分析可以看出:单炮能量随扫描长度增加不断增大,14 s 与 16 s 信噪比较低、频谱较窄,综合考虑建议扫描长度在 18 s 以上。

图 4-4-26 到彩图 4-4-30 是 S_2 试验点进行的不同扫描长度对比试验的分析资料。从 S_2 点不同扫描长度激发单炮对比分析可知:单炮浅层效果相当,中层 1.6~2 s 段,扫描长度 20 s 以上信噪比略高,深层扫描长度 18 s 以上单炮反射能量略强、信噪比略高。

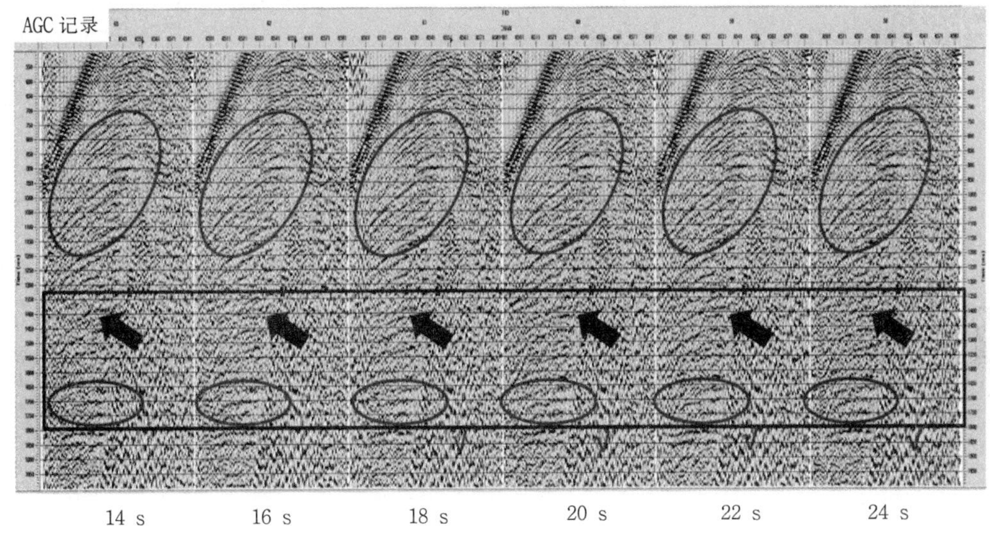

图 4-4-23 不同扫描长度的对比单炮记录(AGC 记录)

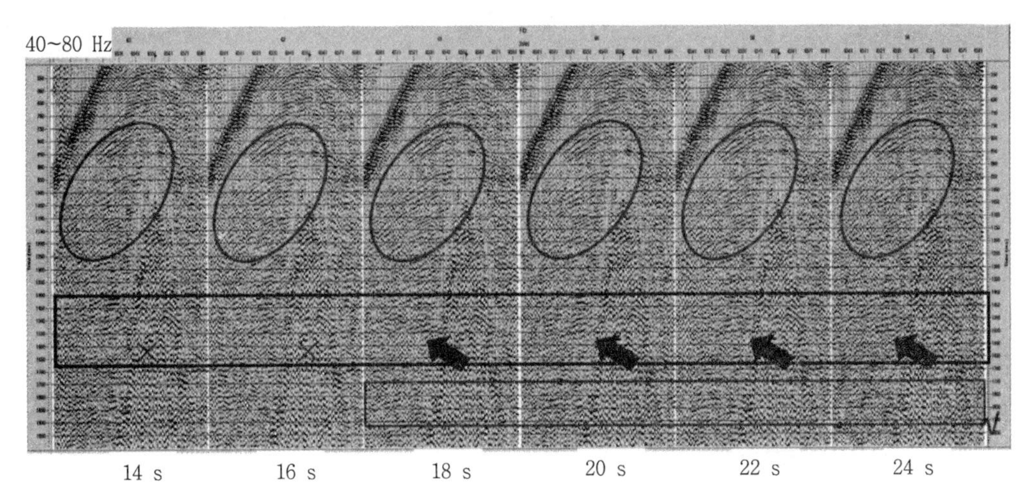

图 4-4-24 不同扫描长度的对比单炮记录(40~80 Hz 滤波记录)

从 S_2 定量分析可以看出:单炮能量随着扫描长度增加不断增大,信噪比相差不大,其中扫描长度 20～26 s 时资料信噪比略高。从图 4-4-30 的定量分析可以看出,整体频宽相差不大,其中,扫描长度 26 s 时高频端略有降低,扫描长度 20～24 s 时激发频带略宽。综合分析认为,扫描长度 20～24 s,能够满足中浅层勘探任务。

(2)振动次数对比分析

在 S_1、S_2 两个试验点也进行了不同振动次数的激发对比试验。图 4-4-31 到彩图 4-4-33 是 S_1 试验点进行的不同振动次数对比试验的分析资料。

从 S_1 点不同振动次数激发单炮对比分析可知：单炮能量随振动次数增加而增强,从 40～80 滤波记录看,振动次数达到 2 次后,单炮信噪比略高,激发效果较好。

图 4-4-34 到彩图 4-4-38 是 S_2 试验点进行的不同振动次数对比试验的分析资料。可以看到,单炮能量随振动次数增加而增强,在低频段,单炮效果基本相当,在高频段,振动次数达到 2 次后,单炮信噪比略高。综合分析认为,振动次数达到 2～3 次,激发效果较好,能够满足地质任务要求。

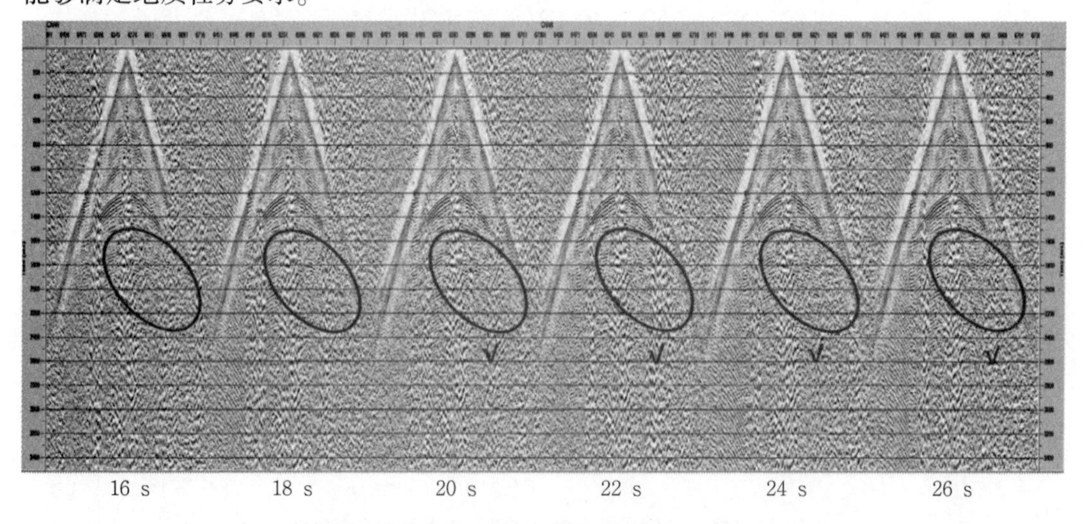

图 4-4-26 S_2 点不同扫描长度对比单炮(AGC 记录)

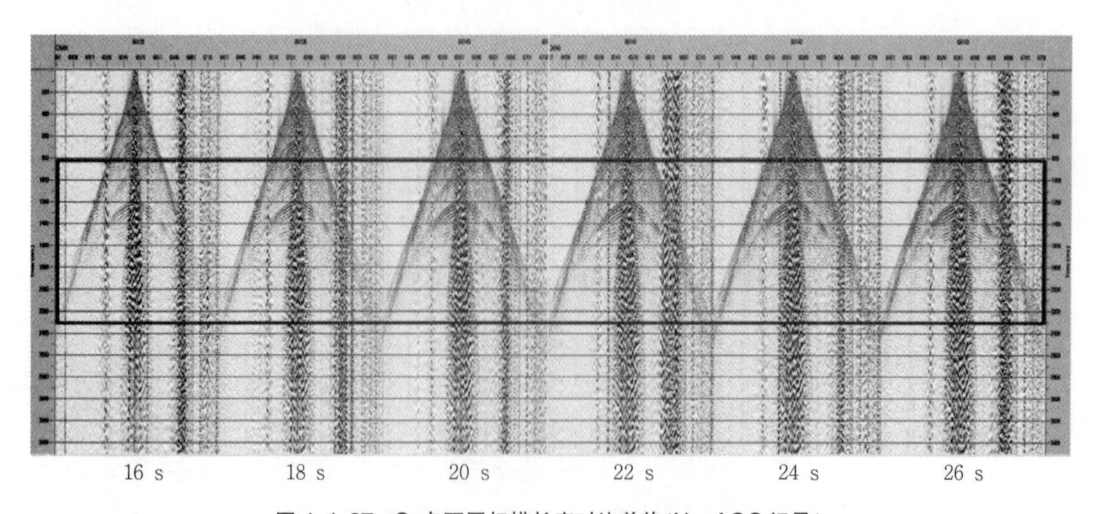

图 4-4-27 S_2 点不同扫描长度对比单炮(No-AGC 记录)

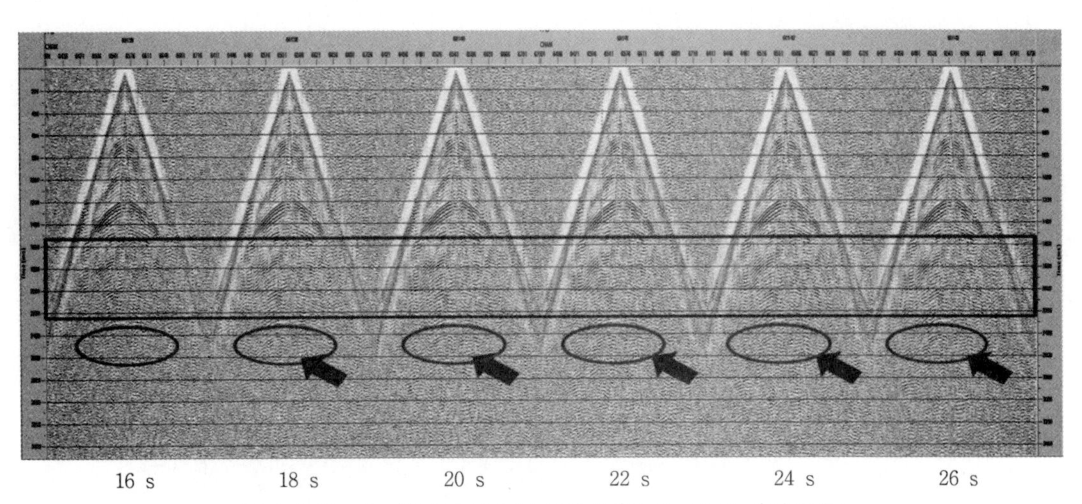

图 4-4-28　S_2点不同扫描长度对比单炮(30~60 Hz 滤波记录)

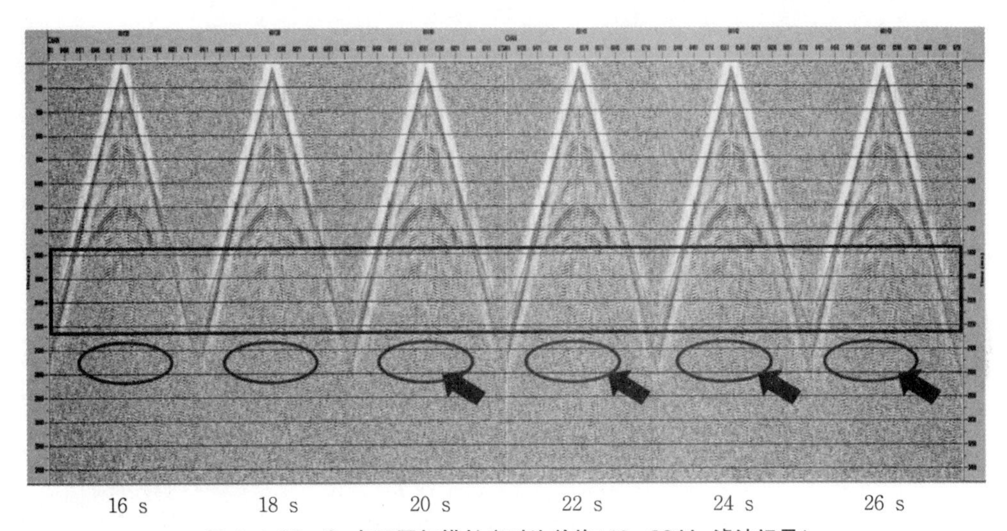

图 4-4-29　S_2点不同扫描长度对比单炮(40~80 Hz 滤波记录)

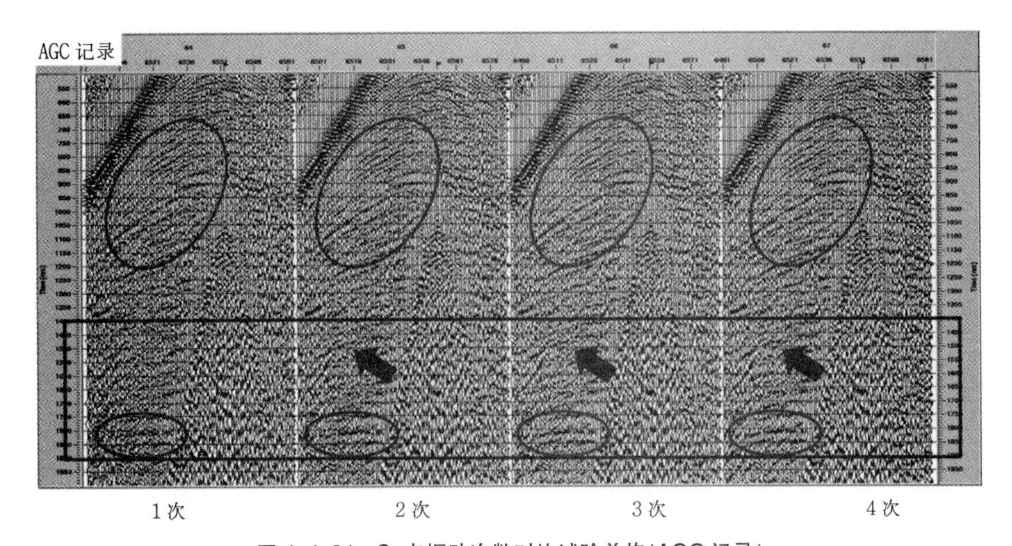

图 4-4-31　S_1点振动次数对比试验单炮(AGC 记录)

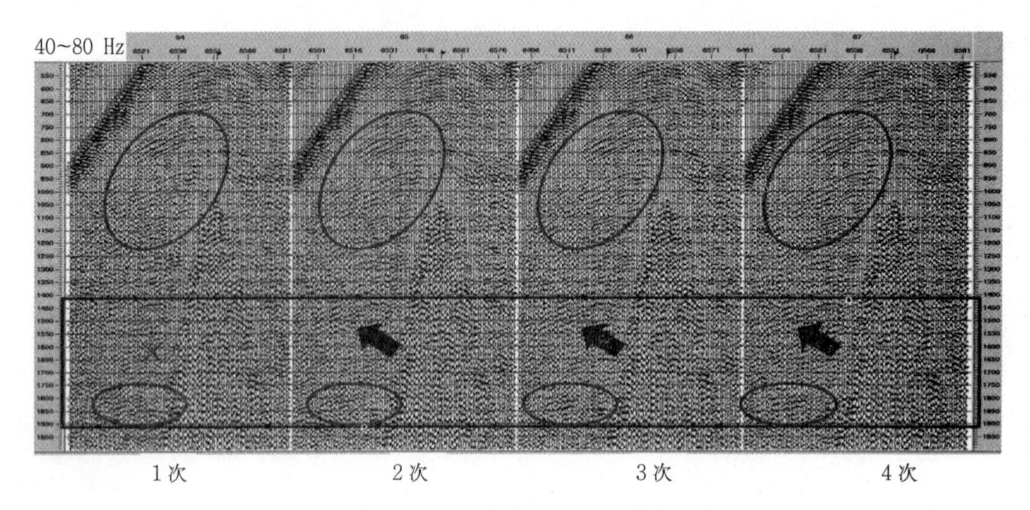

图 4-4-32 S_1 点振动次数对比单炮(40~80 Hz 滤波记录)

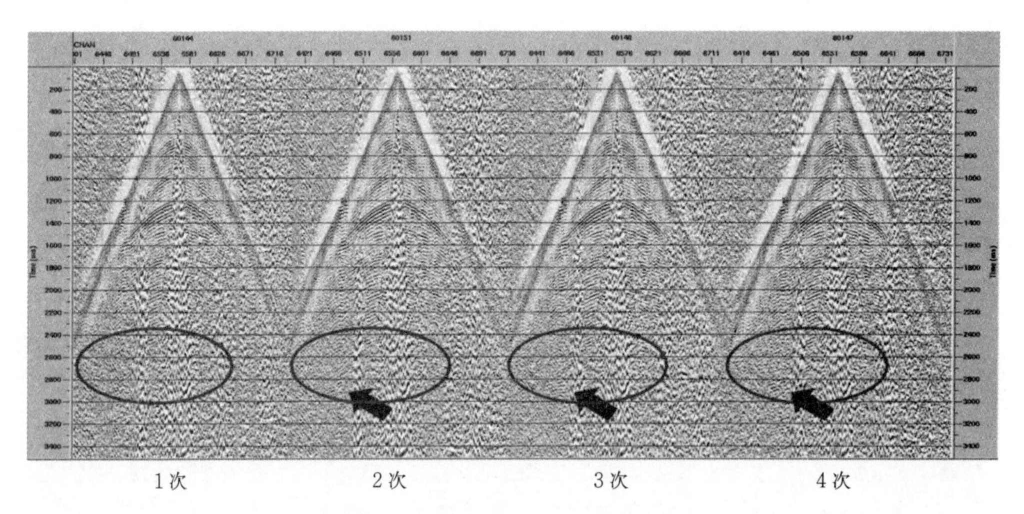

图 4-4-34 S_2 振动次数对比试验(AGC 记录)

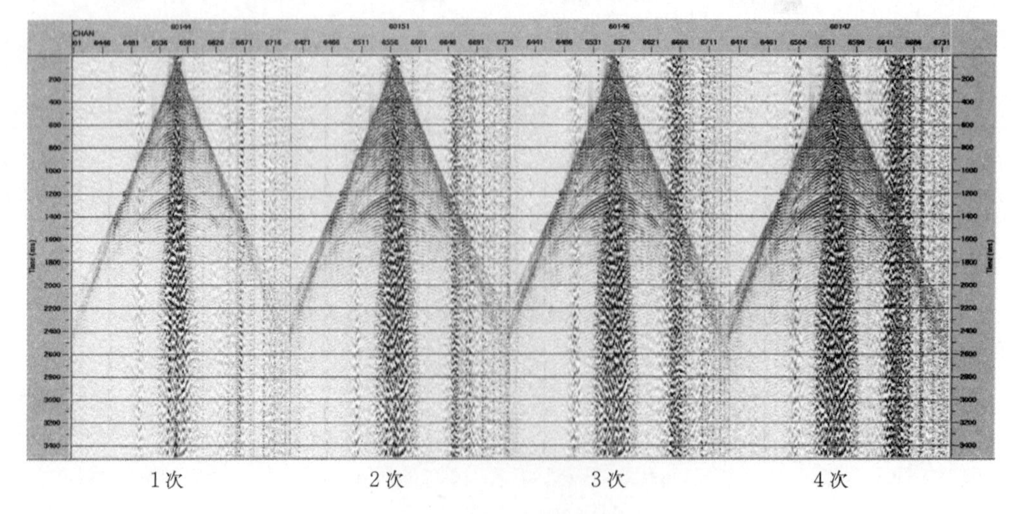

图 4-4-35 S_2 振动次数对比试验(No-AGC 记录)

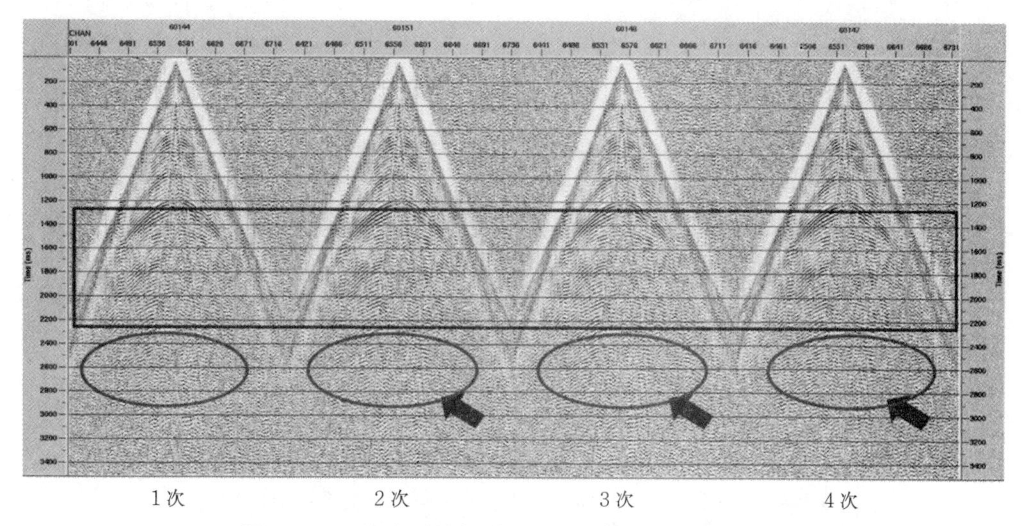

图 4-4-36　S_2 振动次数对比试验(30~60 Hz 滤波记录)

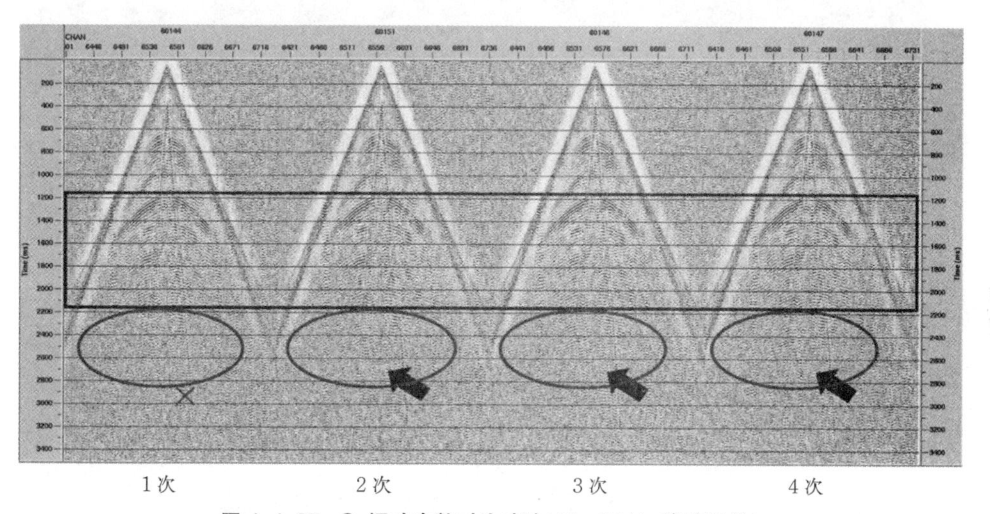

图 4-4-37　S_2 振动次数对比试验(40~80 Hz 滤波记录)

(3)扫描频率对比分析

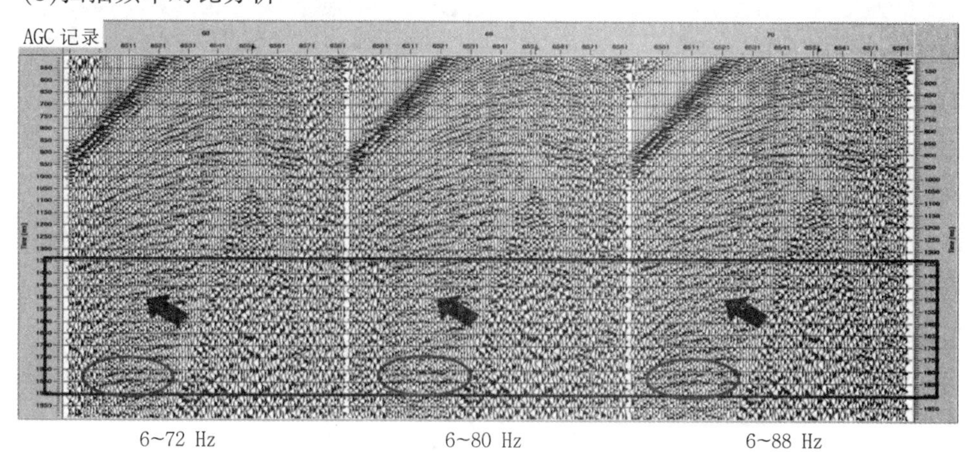

图 4-4-39　S_1 点不同扫描频率的对比单炮(AGC 记录)

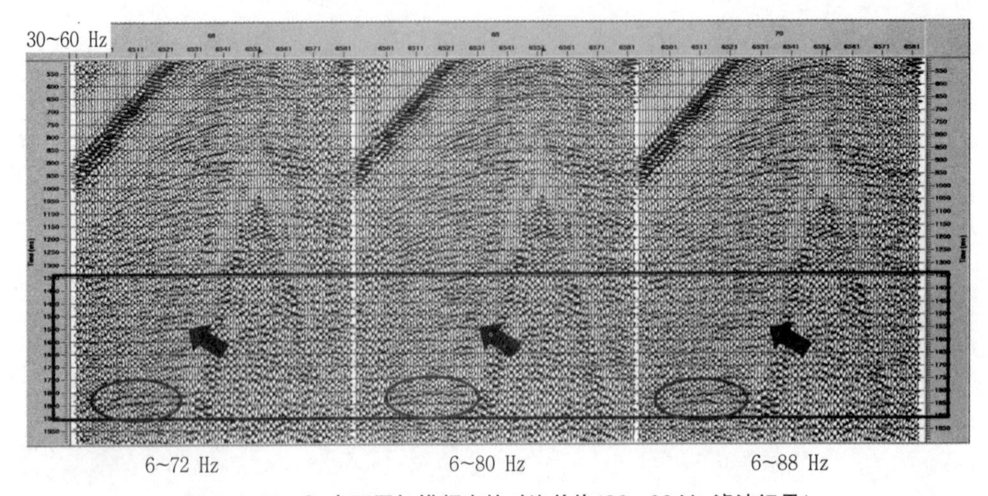

图 4–4–40　S_1 点不同扫描频率的对比单炮(30~60 Hz 滤波记录)

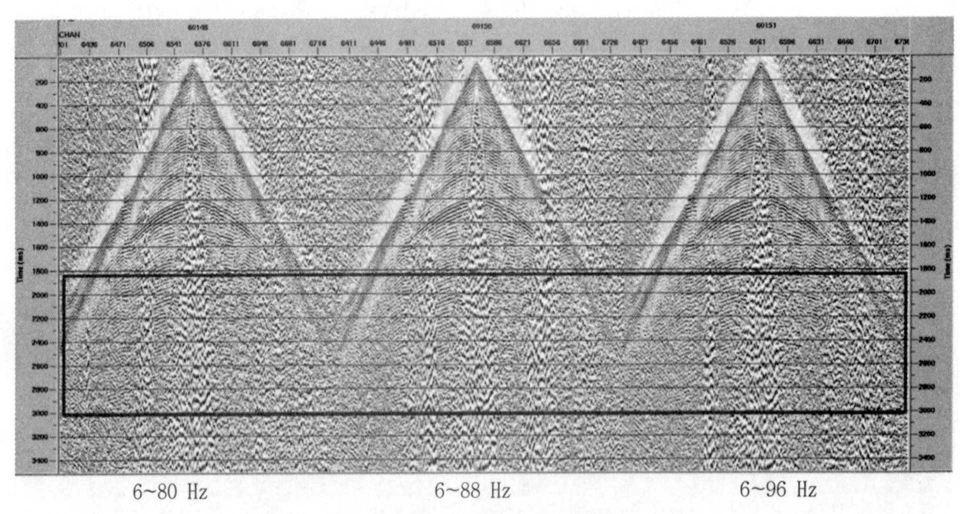

图 4–4–42　S_2 点扫描频率对比试验(AGC 记录)

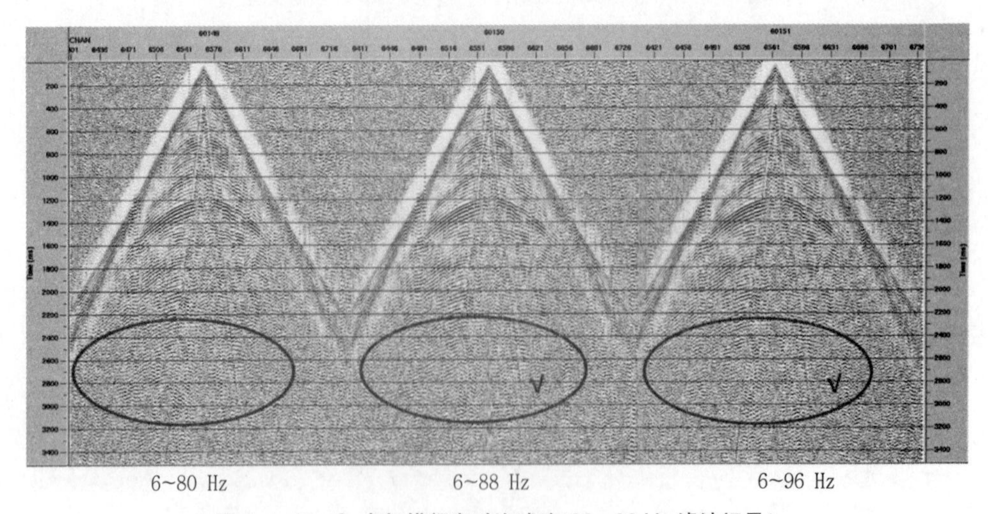

图 4–4–43　S_2 点扫描频率对比试验(30~60 Hz 滤波记录)

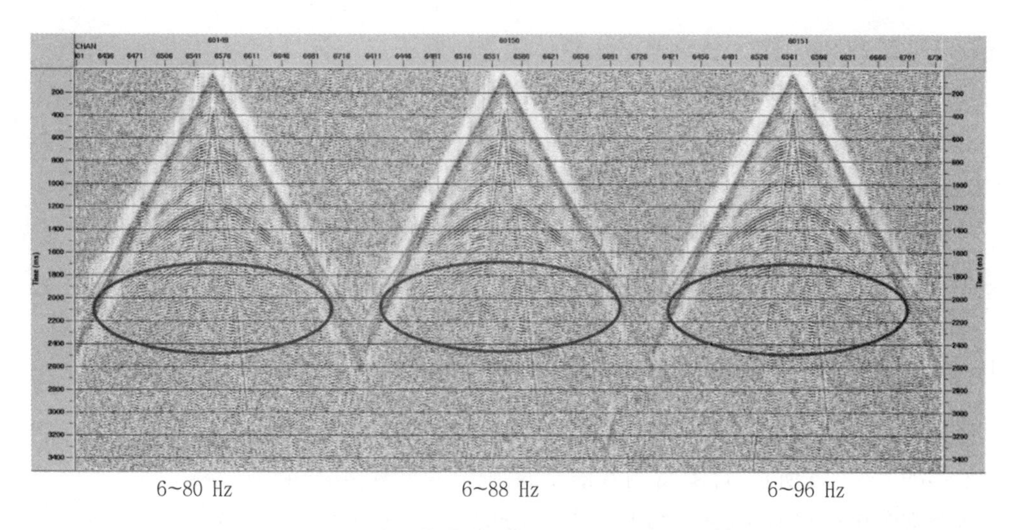

图 4-4-44 S_2 点扫描频率对比试验(40~80 Hz 滤波记录)

如彩图 4-4-38 所示,在 S_1 试验点进行了不同扫描频率的对比试验,扫描长度采用 20 s,1 台 2 次,扫描频率分别为 6～72 Hz(红)、6～80 Hz(暗红)和 6～88 Hz(蓝)。图 4-4-39 到彩图 4-4-41 是分析资料。从单炮对比分析可知:不同扫描频率激发,单炮整体效果基本相当,其能量、信噪比随扫描频带增加略有下降。

图 4-4-42 到彩图 4-4-45 是 S_2 试验点进行的不同扫描频率对比试验的分析资料。从扫描频率对比可以看出:单炮效果基本相当,最高扫描频率达到 88 Hz 和 96 Hz 时资料信噪比略高,高频信息丰富。综合分析认为,扫描频率 6～96 Hz 能够完成该区地质任务。

2)小型可控震源非线性扫描信号设计及试验效果分析

因为大地的低通滤波作用,振动的高频能量衰减更多,人们试图利用可控震源产生更强的高频信息。对可控震源来说要对某个频率产生更强的能量,只要在该频率的扫描时间延长即可。线性扫描信号的速率在扫描时间(长度)内保持恒定不变,其物理意义表现为扫描频率带内的任意一个频率点或段内的振幅(能量)保持恒定不变。除线性扫描信号外的其他扫描信号,统称为非线性扫描信号,主要特征是扫描信号的速率是时间的函数,其物理意义表现为激发带内的任意一个频率点或段内的振幅（能量）随时间或函数关系而变化,能量在整个激发带内分布不均匀。

可控震源配置了多种函数表示的非线性扫描信号可供选用,也易于模拟实现,这里不再赘述。可控震源一般还提供用户自定义的非线性扫描功能可供选择,可根据大地能量衰减程度,设计能量补偿曲线,实现需要的非线性扫描振动信号。

假设大地的低通滤波效应使得地震波能量衰减曲线为一线性函数:$G(f)=G_0(1-bf)$,要使得所有频率成分的能量得到补偿,可设能量补偿函数为 $P(f)=\frac{1}{1-bf}$,即补偿到各频率成分的能量与 $f=0$ Hz 时相同。如前面线性扫描中当扫描频率的终止频率为 96 Hz 时,能量相对于 $f=0$ Hz 时多衰减了 30 %,可求得 $b=\frac{1}{320}$。由于可控震源频率域能量实现是扫描时间的积累,若要某频率能量强,扫描时间就要长,反之亦然。可设扫描时间对频率的变化

率正比于能量(频率)函数,比例系数由整体扫描时间确定,其计算公式为

$$t=T_D\frac{\int_{f_0}^{f}P(f)\mathrm{d}f}{\int_{f_0}^{f_D}P(f)\mathrm{d}f}=T_D\frac{\ln(1-bf)-\ln(1-bf_0)}{\ln(1-f_D)-\ln(1-bf_0)} \tag{4-4-32}$$

可解得瞬时扫描频率相对于扫描时间的函数为:

$$f(t)=f_0+\frac{1}{n}\ln\left[\frac{t}{T}(e^{n(f_e-f_0)}-1)+1\right] \tag{4-4-33}$$

式中,$n=\frac{k\ \ln\ 10}{20}$;f_0 为起始频率;f_e 为终止频率;T 为扫描长度;k 为补偿分倍数。

设计 K=−0.3、K=−0.2、K=−0.1、K=0.1、K=0.2、K=0.3 以及线性扫描信号,其时间频率曲线如彩图 4-4-46 所示,计算得到各信号的频谱,见彩图 4-4-47。

从能谱图中可以看出,采用线性扫描信号的能谱是平的,即各频率成分的能量均匀分布,但经大地滤波衰减后,高频能量损失较多。按上述方法设计的非线性扫描信号,当 K<0 时,能量向低频端移动,下传后高频能量损失相对较少,总体能量增强,但频宽受到一定影响;当 K>0 时,能量向高频端移动,分布不均匀,但经大地滤波衰减后能谱变平,能量分布均匀,但能量损失相对较多,总体能量较弱。实际生产中可按目的层衰减情况,设计相应的非线性扫描信号。

从不同 K 值非线性扫描信号激发单炮记录(图 4-4-48~ 图 4-4-53)可以看出,当 K<0 时,能量向低频移动,单炮整体能量强,深层反射较好,而高频补偿信号,能量较低,信噪比稍差。

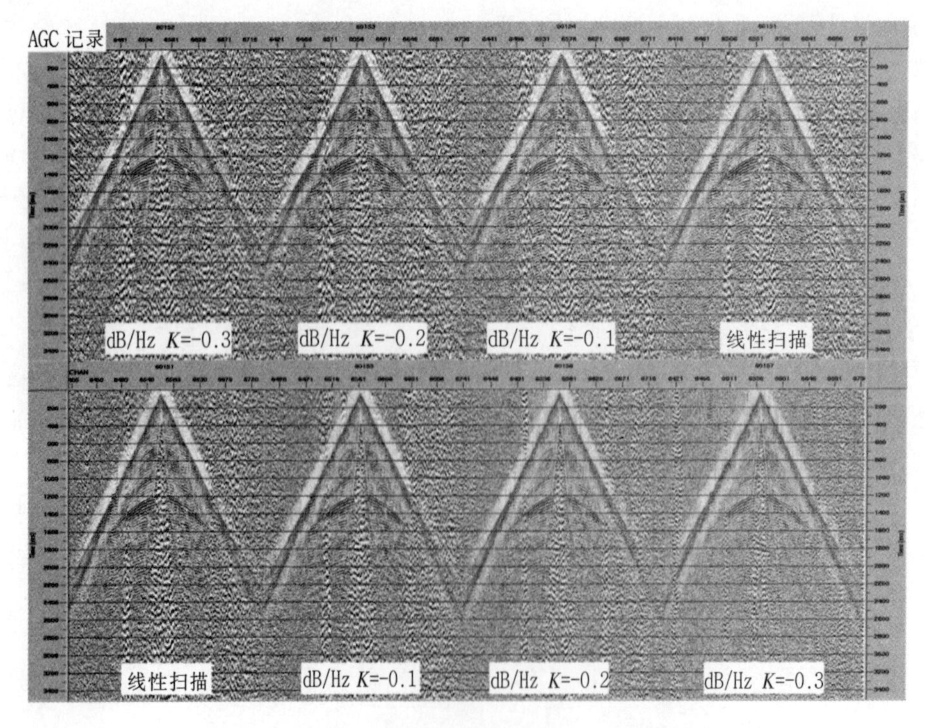

图 4-4-48 不同 K 值非线性扫描信号激发单炮(AGC 记录)

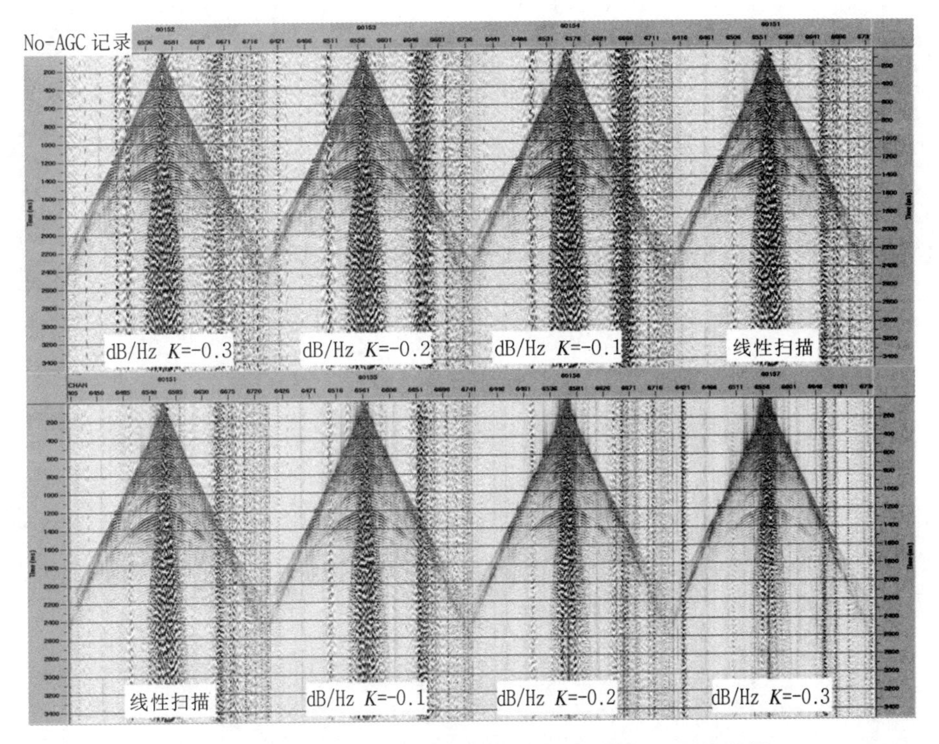

图 4-4-49 不同 K 值非线性扫描信号激发单炮(No-AGC 记录)

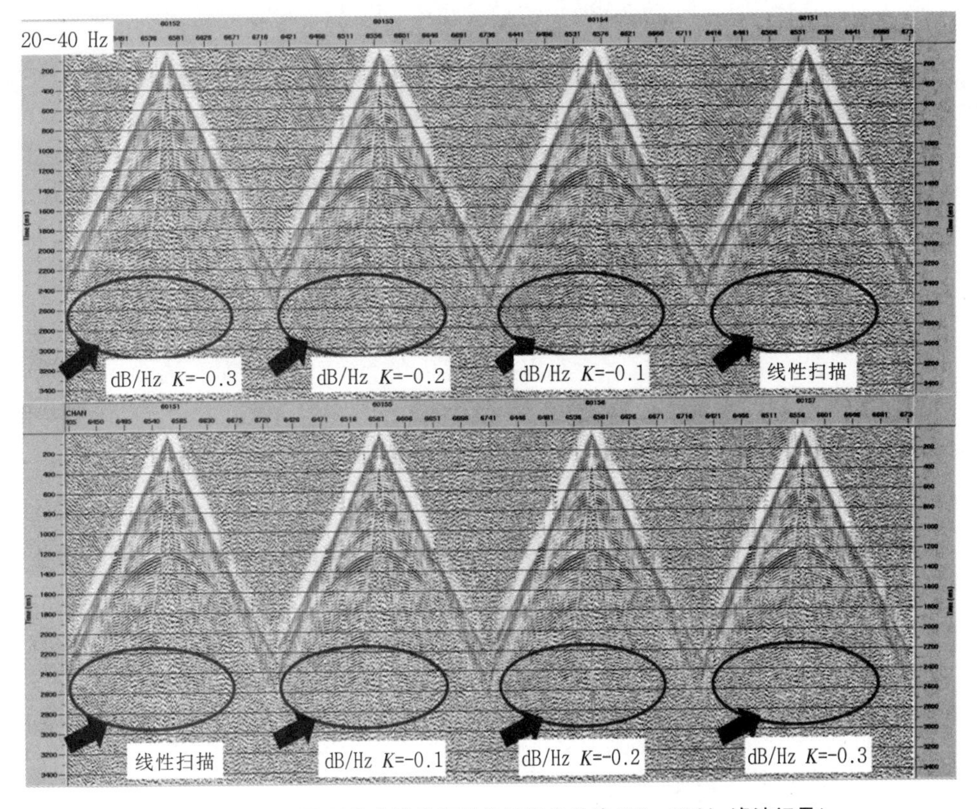

图 4-4-50 不同 K 值非线性扫描信号激发单炮(20~40 Hz 滤波记录)

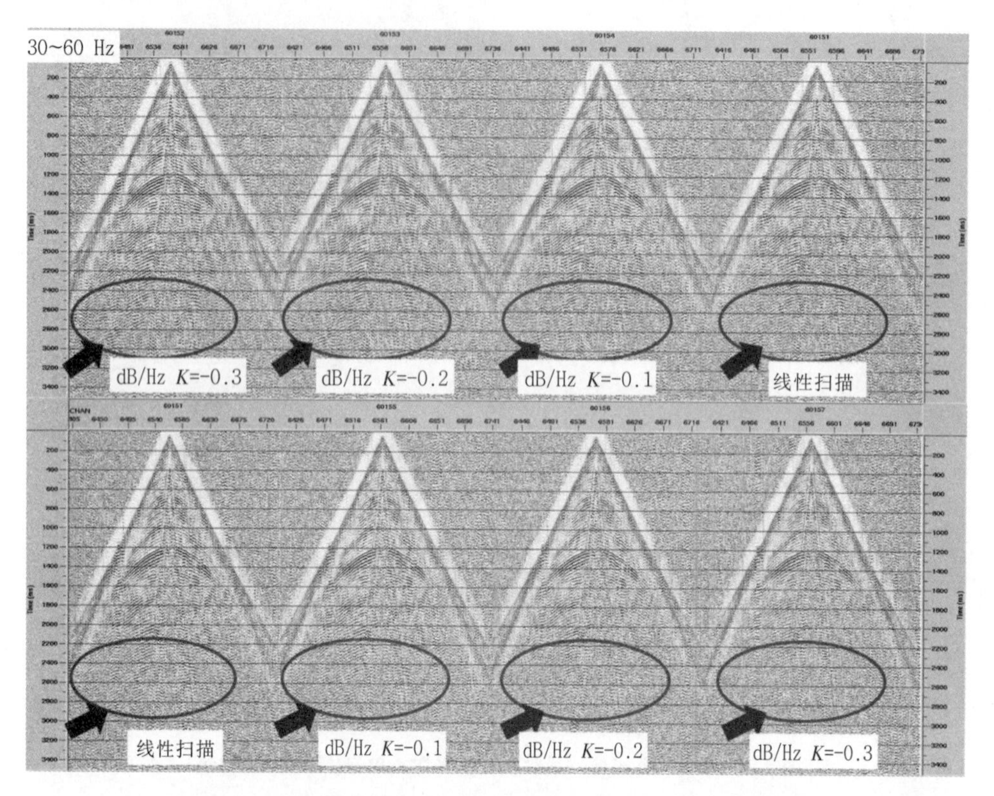

图 4-4-51 不同 *K* 值非线性扫描信号激发单炮(30~60 Hz 滤波记录)

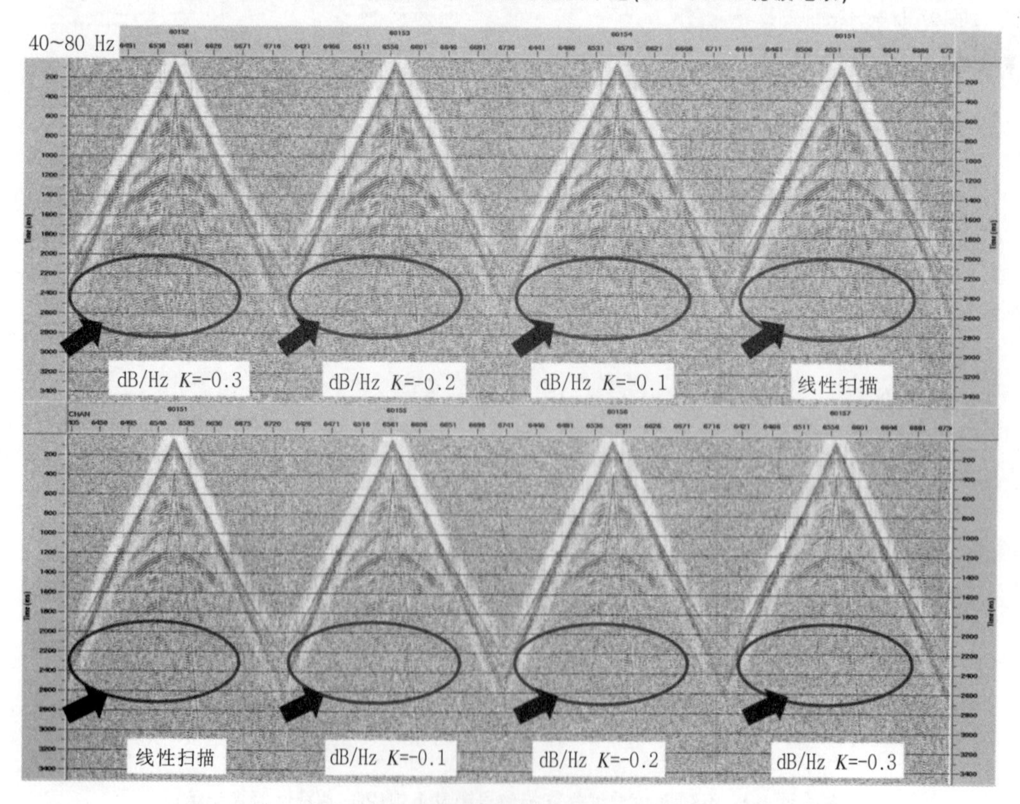

图 4-4-52 不同 *K* 值非线性扫描信号激发单炮(40~80 Hz 滤波记录)

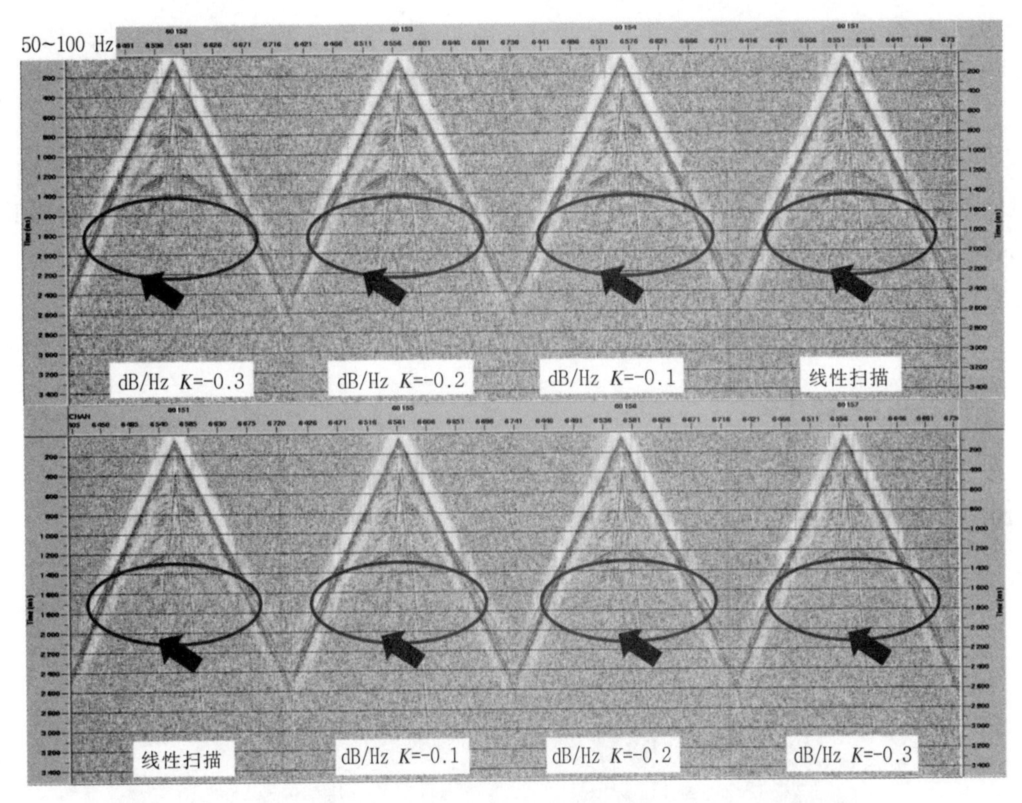

图 4-4-53 不同 K 值非线性扫描信号激发单炮(50~100 Hz 滤波记录)

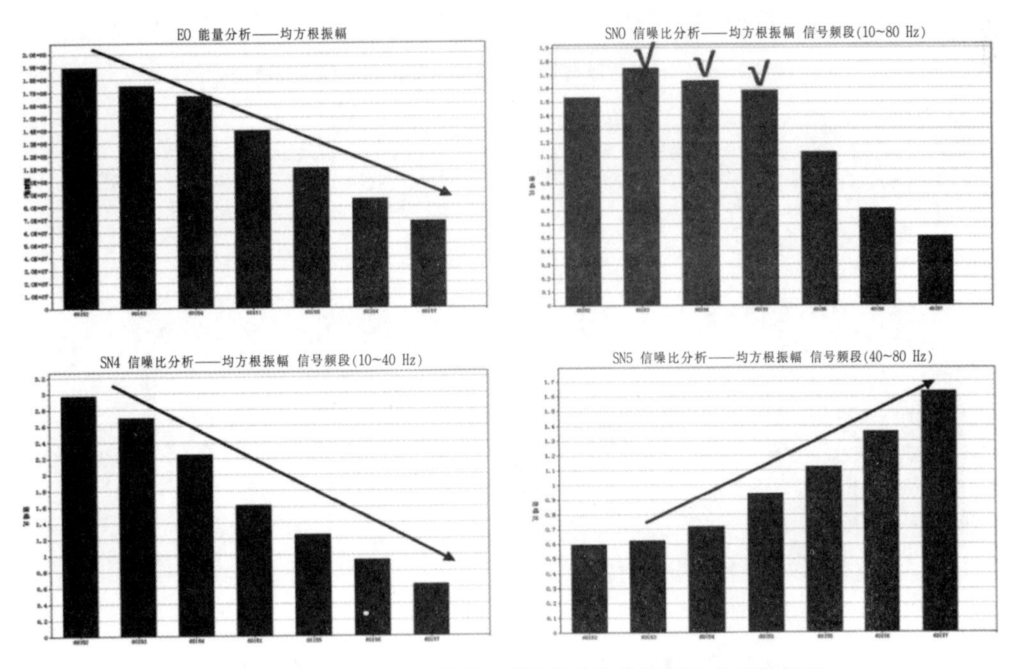

图 4-4-54 不同 K 值非线性扫描信号激发单炮能量、信噪比分析

图 4-4-54 到彩图 4-4-55 是不同 K 值非线性扫描信号激发的定量分析,可以看出,频率衰减趋势基本一致,约为 0.34 dB/Hz,低频信号激发能量较线性强,高频信号由于衰减

较多,能量最弱,但频宽较宽,低频信号激发在高频段反射信号仍丰富。因此,考虑到小型震源能量不足,信噪比低的实际情况,可考虑采用 dB/Hz=-0.1,但频宽略窄。

3)小型可控震源与炸药震源激发效果对比分析

可控震源属于低密度能谱的地表激发源,通过相关技术将扫描能量压缩获取较高能量的地震子波,而小型可控震源受到峰值出力的影响,资料主要表现为能量弱、信噪比低,勘探深度受到制约,下面选取信噪比不同的资料进行对比。

(1)信噪比稍低的 LYB 地区

可控震源与炸药震源激发单炮对比见图 4-4-56、图 4-4-57。

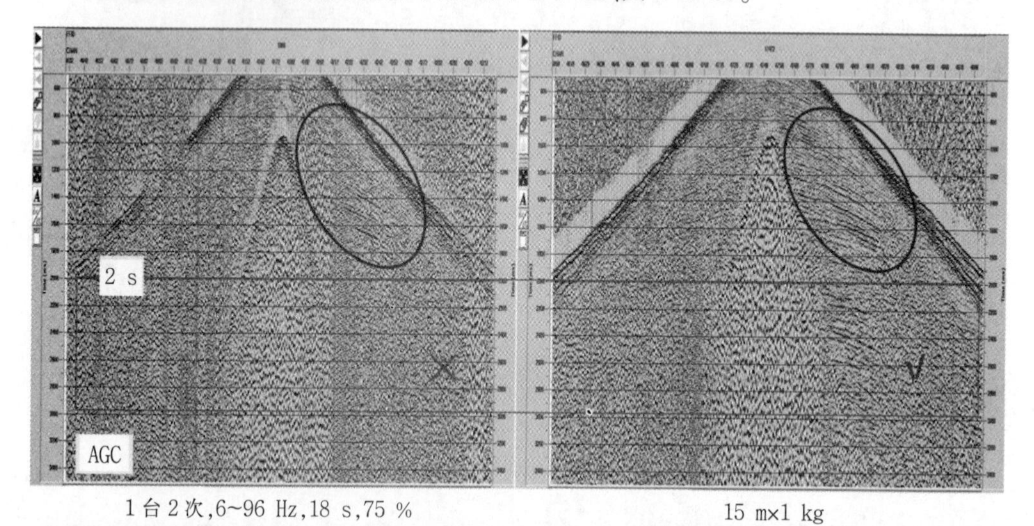

图 4-4-56 可控震源与炸药震源激发单炮对比(AGC 记录)

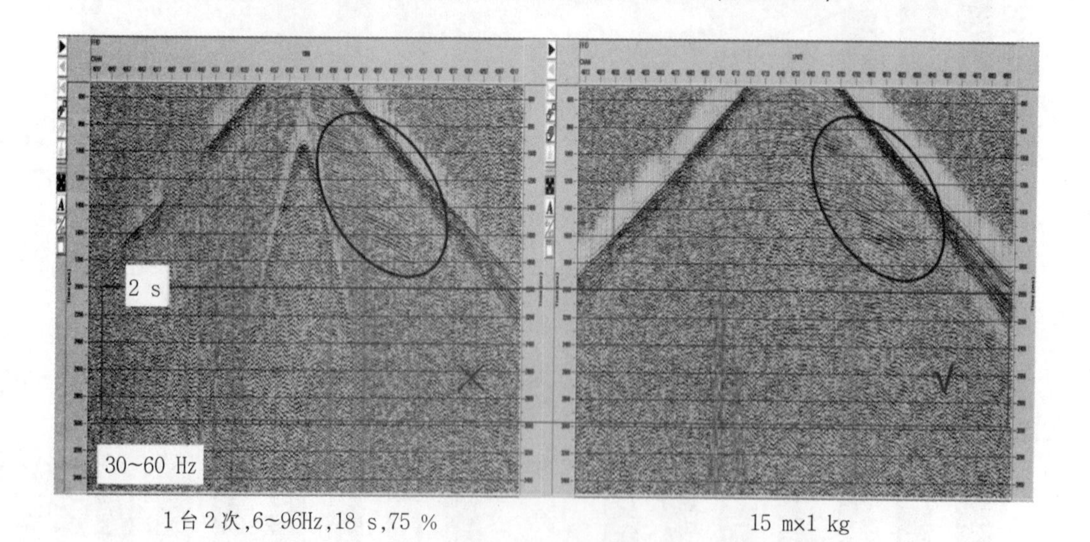

图 4-4-57 可控震源与炸药震源激发单炮对比(30~60 Hz 滤波记录)

可控震源与炸药震源激发剖面对比剖面对比见图 4-4-58。

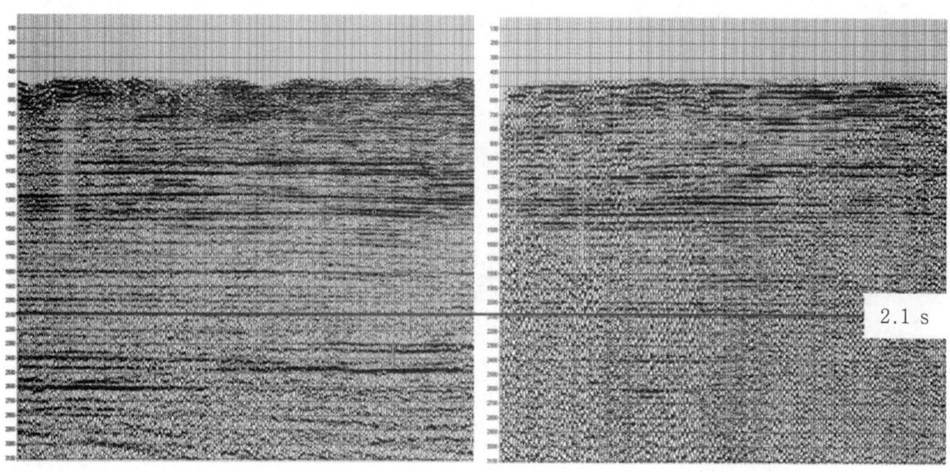

图 4-4-58 可控震源与炸药震源激发剖面对比

(2)信噪比稍高的 CGZ 地区

可控震源与炸药震源激发单炮对比见图 4-4-59、图 4-4-60。

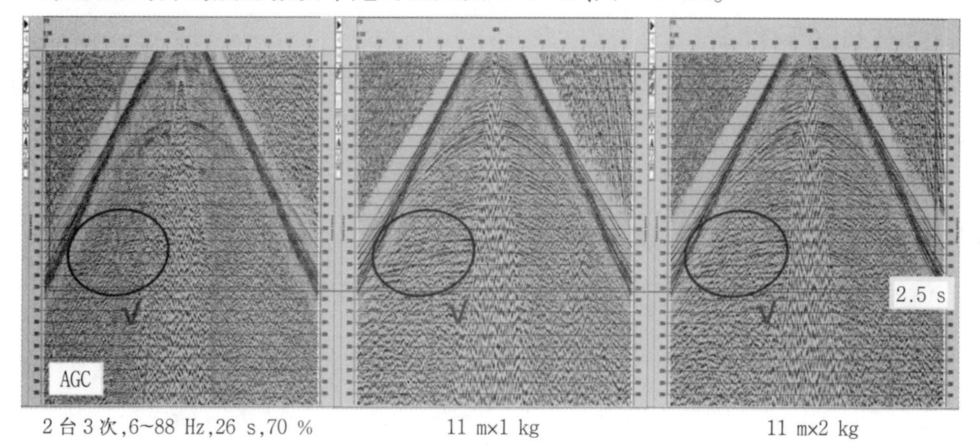

图 4-4-59 可控震源与炸药震源激发单炮对比(AGC 记录)

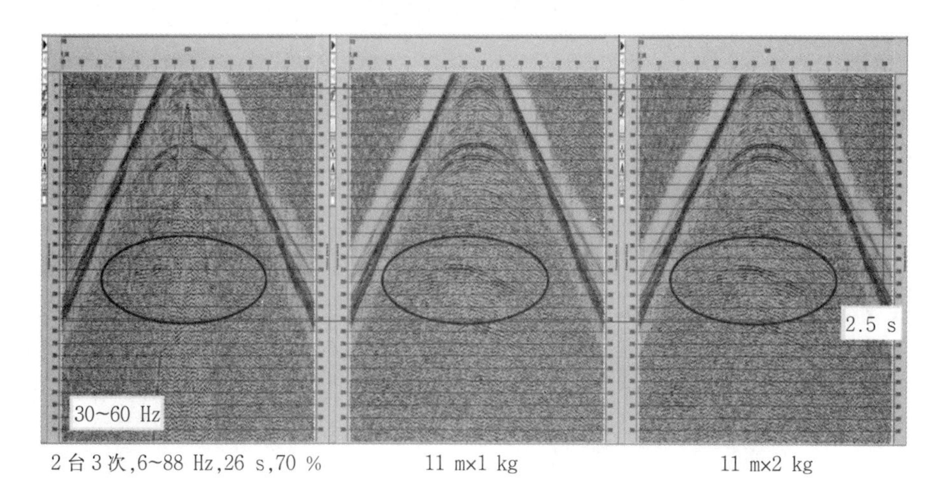

图 4-4-60 可控震源与炸药震源激发单炮对比(30~60 Hz 滤波记录)

可控震源与炸药震源激发剖面对比见图 4-4-61。

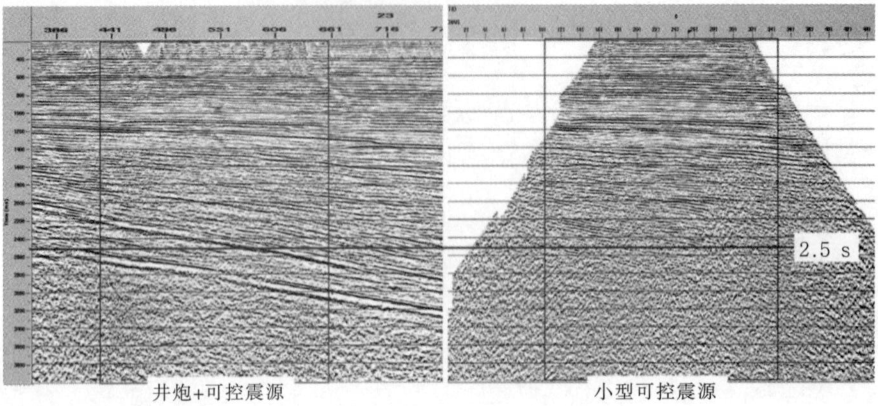

2.5 s

井炮+可控震源　　小型可控震源

图 4-4-61　可控震源与炸药震源激发剖面对比

从小型可控震源与炸药震源单炮与剖面资料对比分析可知，整体来说小型可控震源信噪比较低,根据小型可控震源的信噪比情况,能够获取 2.1 s 到 2.5 s 以上勘探深度的地震资料。

(3)信噪比较高的 NZ 地区

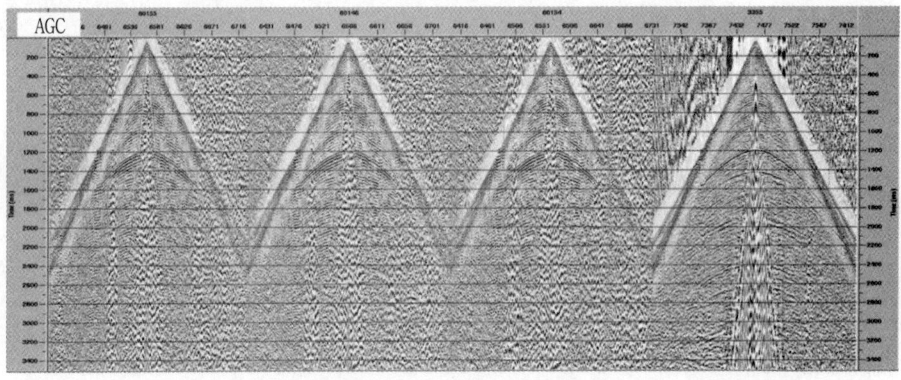

dB/Hz=0.1 高频 1 台 2 次　线性扫描 1 台 3 次　dB/Hz=-0.1 低频 1 台 2 次　井炮 12.5 m×8 kg

图 4-4-62　可控震源与炸药震源激发单炮对比(AGC 记录)

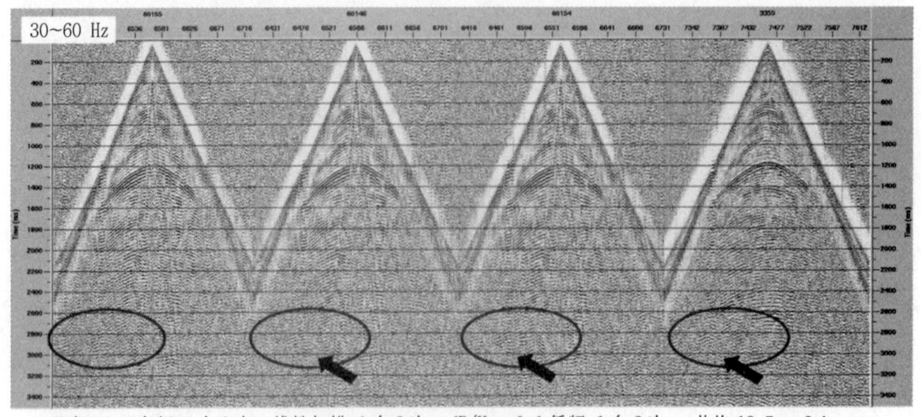

dB/Hz=0.1 高频 1 台 2 次　线性扫描 1 台 3 次　dB/Hz=-0.1 低频 1 台 2 次　井炮 12.5 m×8 kg

图 4-4-63　可控震源与炸药震源激发单炮对比(30~60 Hz 滤波记录)

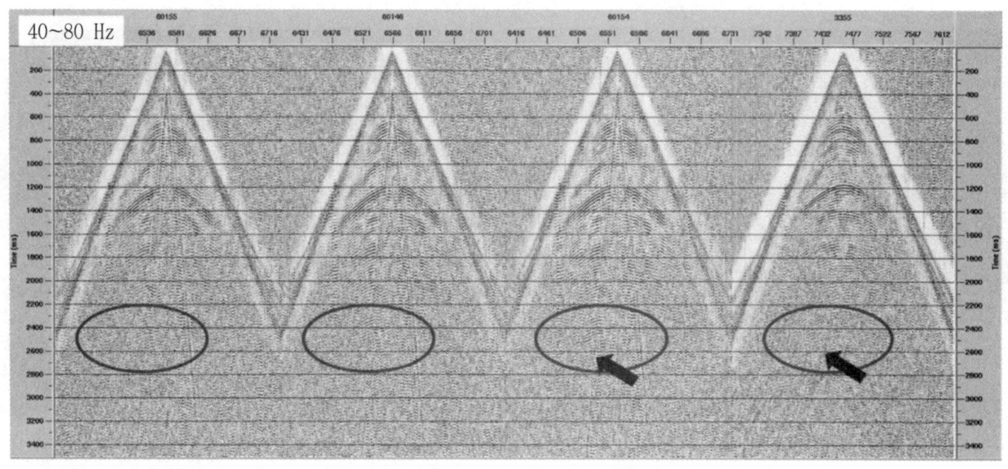

dB/Hz=0.1 高频 1 台 2 次　线性扫描 1 台 3 次　dB/Hz=-0.1 低频 1 台 2 次　井炮 12.5 m×8 kg

图 4-4-64 可控震源与炸药震源激发单炮对比(40~80 Hz 滤波记录)

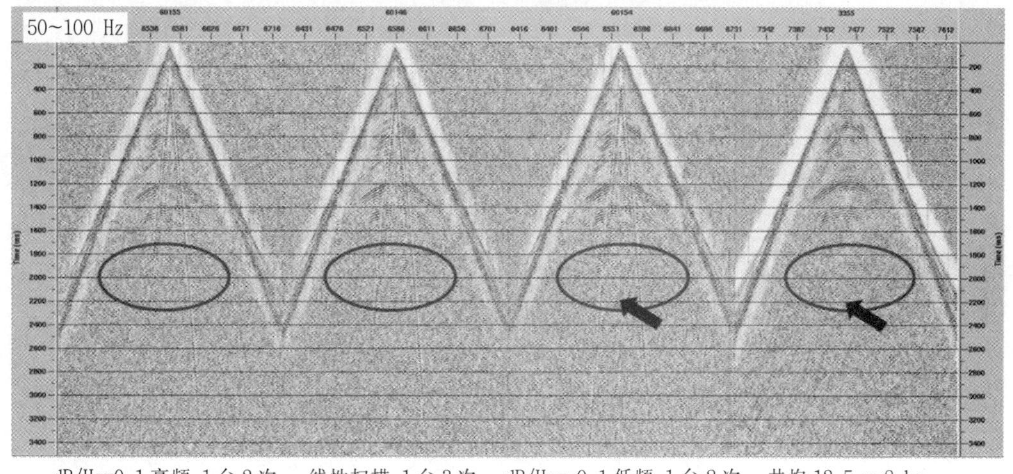

dB/Hz=0.1 高频 1 台 2 次　线性扫描 1 台 3 次　dB/Hz=-0.1 低频 1 台 2 次　井炮 12.5 m×8 kg

图 4-4-65 可控震源与炸药震源激发单炮对比(50~100 Hz 滤波记录)

从图 4-4-62 到图 4-4-65 的单炮对比资料来看,炸药震源能量更强、频带较可控震源单炮宽,但可控震源高频可达 80 Hz 以上。从彩图 4-4-66 的频谱对比分析来看,较高信噪比的可控震源资料能够满足地质任务的要求。

4)小型可控震源资料处理应用

(1)最大炮检距资料选择

图 4-4-67 到图 4-4-69 是采用小型可控震源激发单炮的不同排列记录,可以看到,近排列的远道和远排列的资料品质受噪音干扰较大,初至不清晰。排列 1、3、15 的近炮点区信噪比较高,排列 16、20 反射信息变弱、信噪比低,从 21 排列起的远炮点排列,资料信噪比很低。因此,采用小型可控震源施工时,在资料处理过程中,应分析资料信噪比,选择一定炮检距范围内的信噪比大于 1 的资料参与处理。

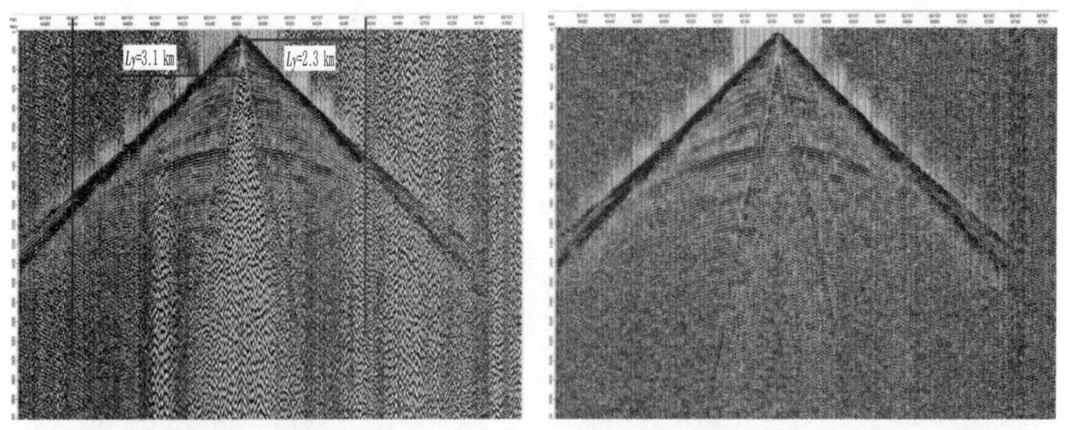

图 4-4-67 可控震源激发单炮近排列 AGC 记录 图 4-4-68 可控震源激发单炮近排列 30~60 Hz 滤波记录

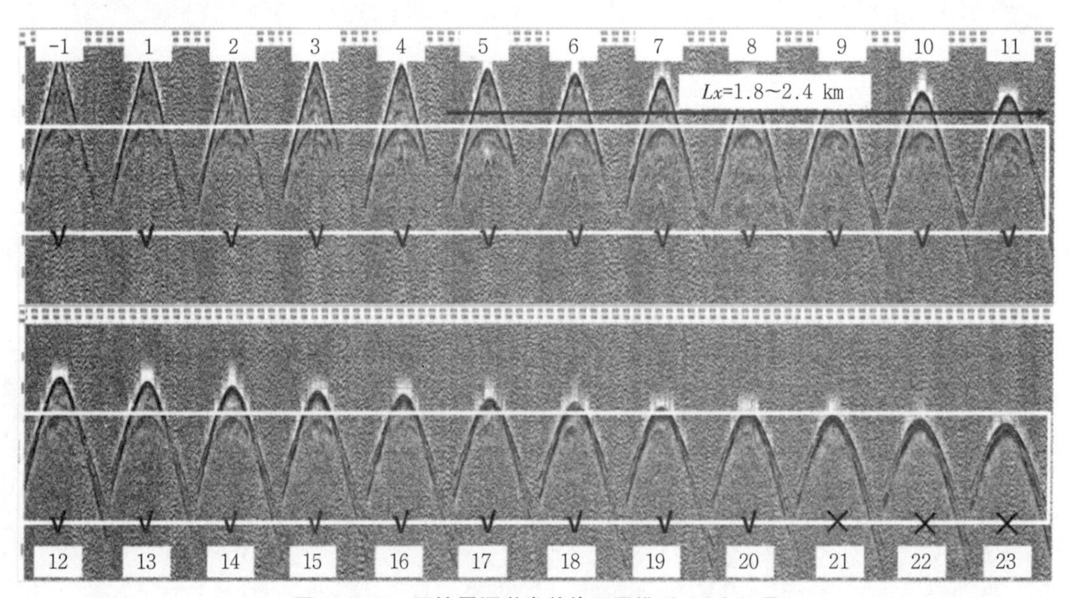

图 4-4-69 可控震源激发单炮不同排列 AGC 记录

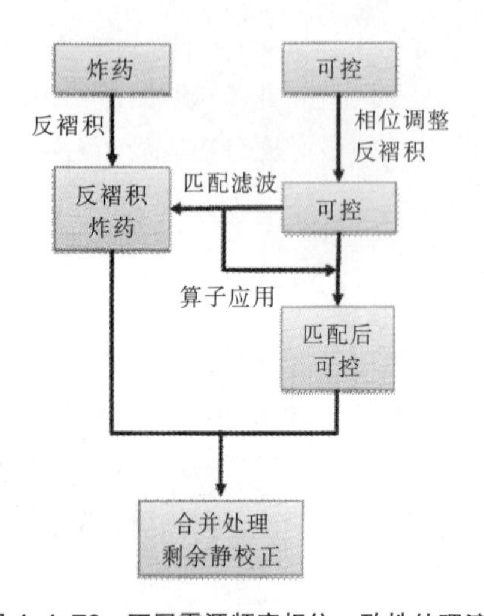

图 4-4-70 不同震源频率相位一致性处理流程

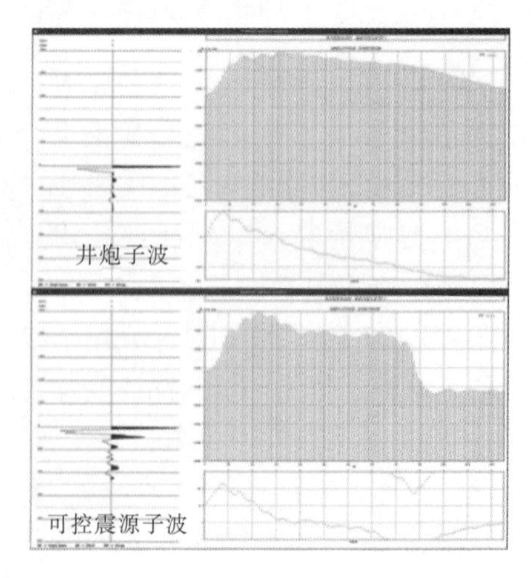

图 4-4-71 炸药与可控震源子波提取及频谱分析

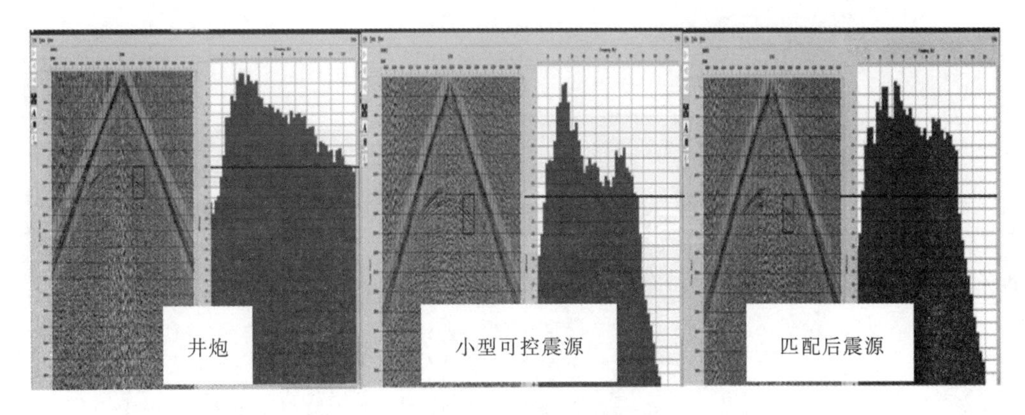

图 4-4-72 炸药震源及可控震源匹配前后对比

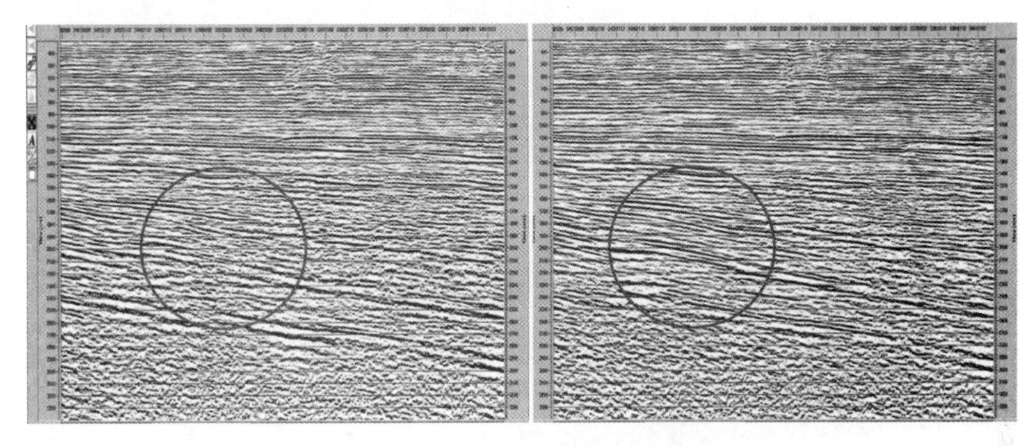

图 4-4-73 可控震源频率相位匹配前后剖面对比

(2)不同覆盖次数迭加剖面及速度分析

图 4-4-70 是小型可控震源资料与大面积井炮资料联合处理的基本流程。因可控震源资料与炸药震源资料在能量和相位上都存在差异(图 4-4-71),要进行一致性校正后才能合并处理。从图 4-4-72 和图 4-4-73 看,通过匹配滤波处理后,改善不同震源拼接区域的一致性,迭加剖面同相轴连续性变好,信噪比提高。

从理论方面讲,多次迭加是提高资料信噪比、压制随机噪音的最为经典的方法,随着覆盖次数的增加,信噪比可以获得不断的提高,而多次迭加所获得迭加速度更加准确。

由于小型可控震源资料能量较低,信噪比低,覆盖次数较少时,在常规资料处理过程中迭加速度分析精度较低,成像效果较差。因此,通过扩大面元的方法,提高覆盖次数,获取信噪比相对较高资料的迭加速度,然后用于低覆盖次数的震源资料处理之中,以改善成像效果。

选取 CGZ 三维工区中的小型可控震源资料, 通过扩大面元的方法对剖面进行了不同覆盖次数分析,由图 4-4-74 可以看出,覆盖次数越高,中深层资料信噪比越高。

图 4-4-75 是不同目的层对应的信噪比与覆盖次数的关系曲线,可以看出,随着覆盖次数的增加,可控震源资料信噪比不断增加,当覆盖次数达到 184 次之后,信噪比增加较缓,资料改善不大。

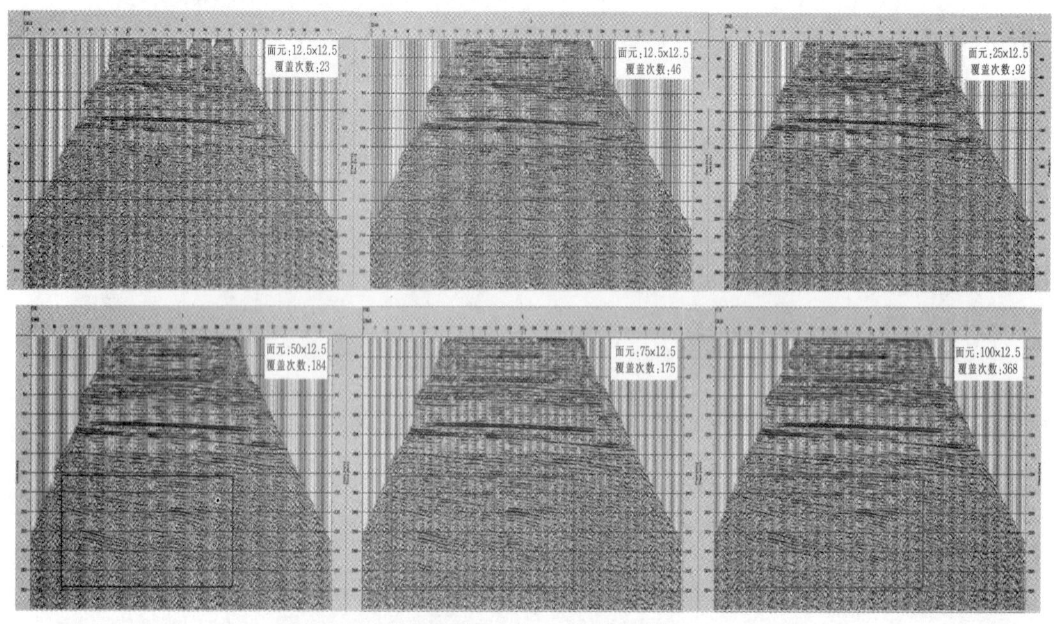

图 4-4-74 不同面元、不同覆盖次数迭加剖面对比

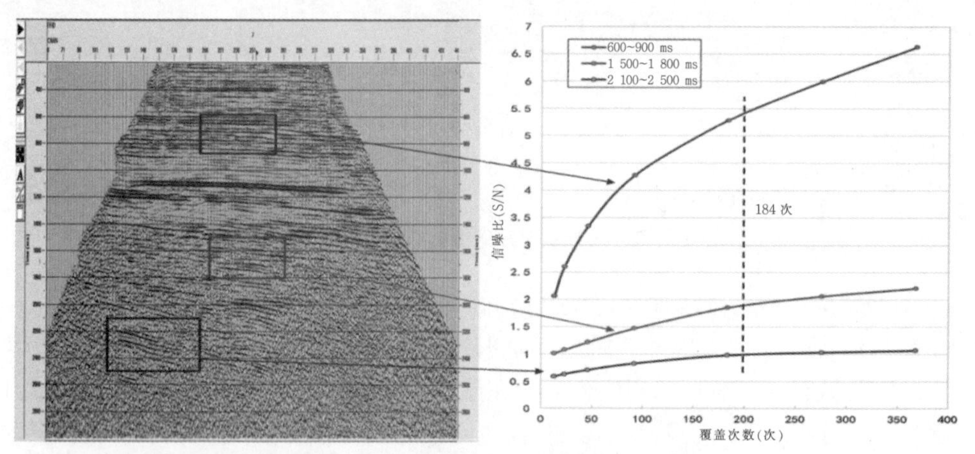

图 4-4-75 可控震源信噪比与覆盖次数对应关系

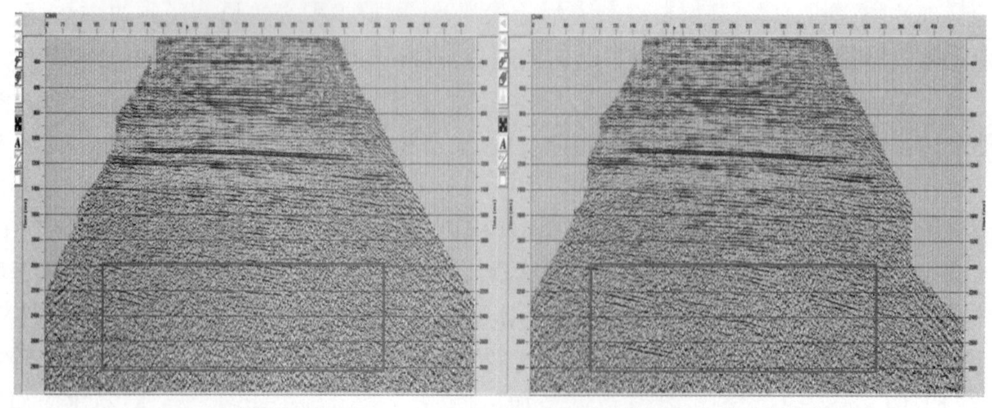

左:46 次获取的速度谱　　　　右:368 次获取的速度谱

图 4-4-77 不同速度谱迭加的可控震源剖面

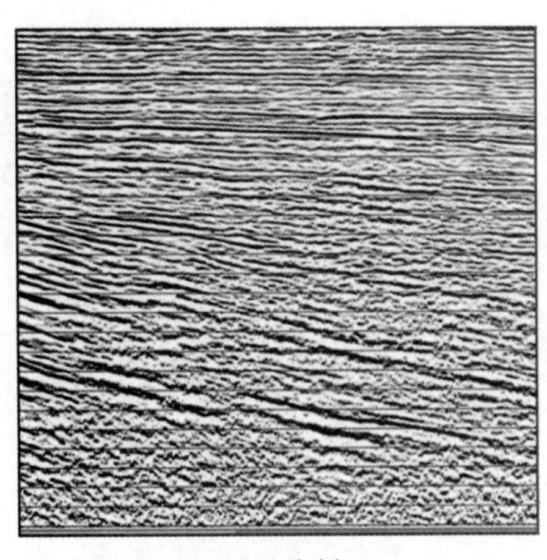
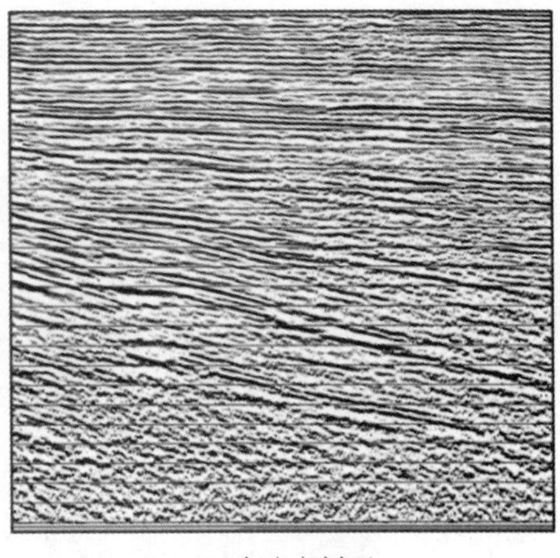

210 次速度剖面　　1680 次速度剖面

图 4-4-78 不同速度谱迭加炸药震源(左)与井震联合(右)迭加剖面对比

彩图 4-4-76 是可控震源不同覆盖次数对应的速度谱,可以看出,随着覆盖次数的增加,速度谱得到改善,速度分析更加精确。采用不同覆盖次数获取的速度谱对 12.5×12.5 面元,覆盖次数为 46 次的资料进行处理,可以看出,使用高覆盖次数获得的速度谱,使低覆盖次数剖面得到较大的改善。

图 4-4-77 是不同速度谱迭加的可控震源剖面, 图 4-4-78 是不同速度谱迭加的炸药震源剖面与井震联合迭加剖面,从对比的剖面效果可以看出,使用高覆盖次数的速度谱,剖面成像效果得到较大的改善,资料信噪比更高。

(3)室内资料组合效果分析

为了压制干扰波突出有效波,地震资料采集通常采用各种类型的检波器组合模式。随着数字检波器的诞生和地震仪带道能力的增强,为了进一步提高分辨率,小道距、高覆盖、不组合的野外采集方式逐渐得到应用,由于相邻道存在相似性,通过相邻道合成一道的方法进行了简单的室内线性组合,能够提高可控震源资料的信噪比,提高速度分析精度(图 4-4-79)。

针对 CGZ 项目使用的是单点陆用压电检波器, 进行了简单的室内线性道组合与炮组合分析。组合后,单炮信噪比得到提高(图 4-4-80)。

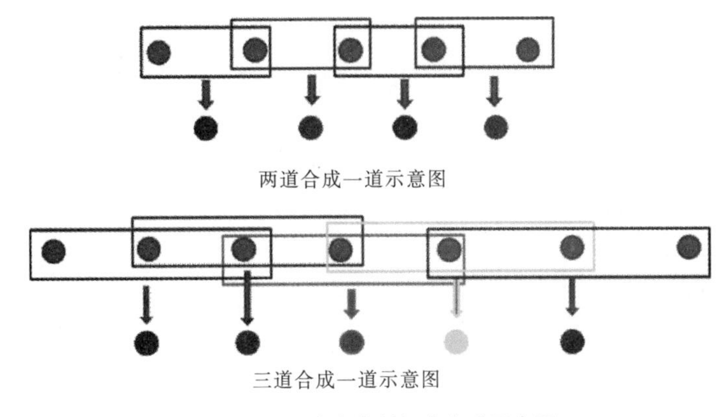

图 4-4-79 室内资料组合方式示意图

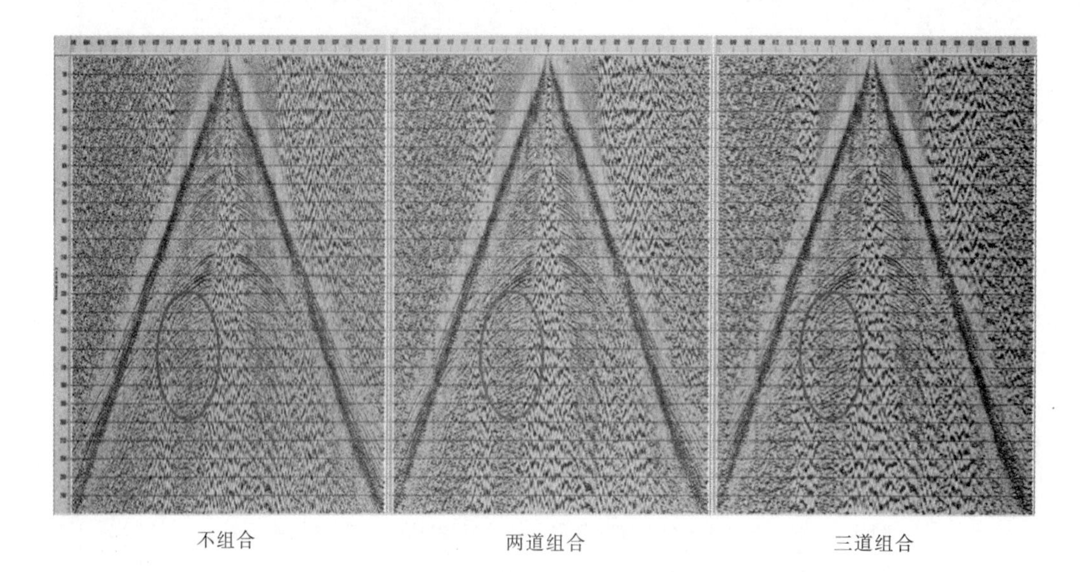

图 4-4-80 室内资料组合单炮 AGC 显示

从图 4-4-81 的室内资料组合迭加剖面对比可以看出，组合后深层信噪比得到改善，但浅层三道组合后效果变差，通过分析认为：由于排列布设的不均匀性、大的组合基距以及近地表静校量的存在，引起组内时差，造成高频信息的损失，信号发生畸变。组合数目越大、地震波速度越小(浅层反射)，对组合的影响越大。室内道组合处理能提高叠前数据信噪比，改善其他处理环节的效果。因此，道组合处理时应考虑空间假频问题和有效波道间时差问题，对小型可控震源资料，混道处理只是为了求准迭加速度。

为消除如图 4-4-82 所示的排列布设的不均匀性、大的组合基距以及近地表静校量而引起的组内时差，造成高频信息的损失，信号发生畸变等问题，将单炮动校正拉平后再进行室内组合分析(图 4-4-83)，能够改善资料信噪比，而且剖面浅层、深层都得到改善，信噪比更高(图 4-4-84)。

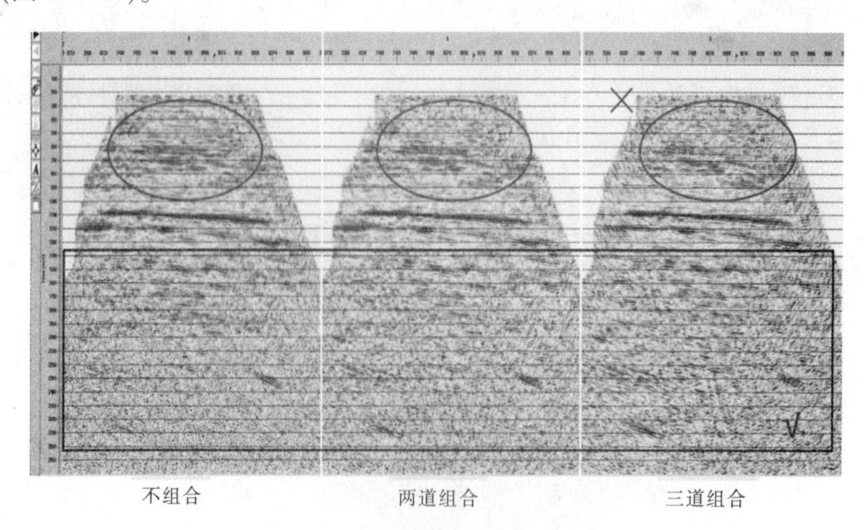

图 4-4-81 室内资料组合迭加剖面显示

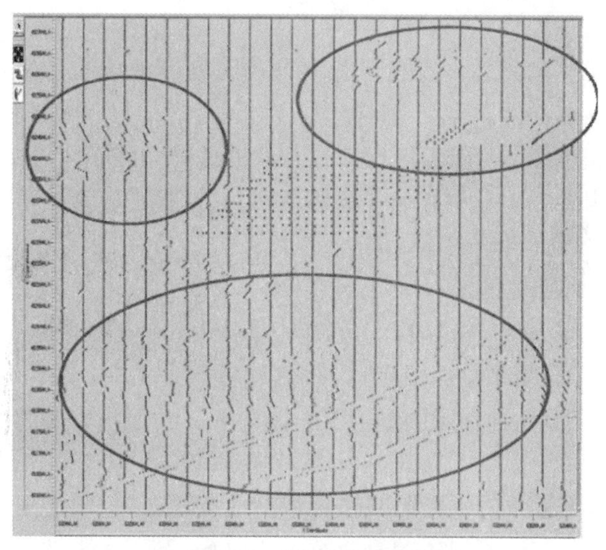

图 4-4-82 实际炮检点分布图

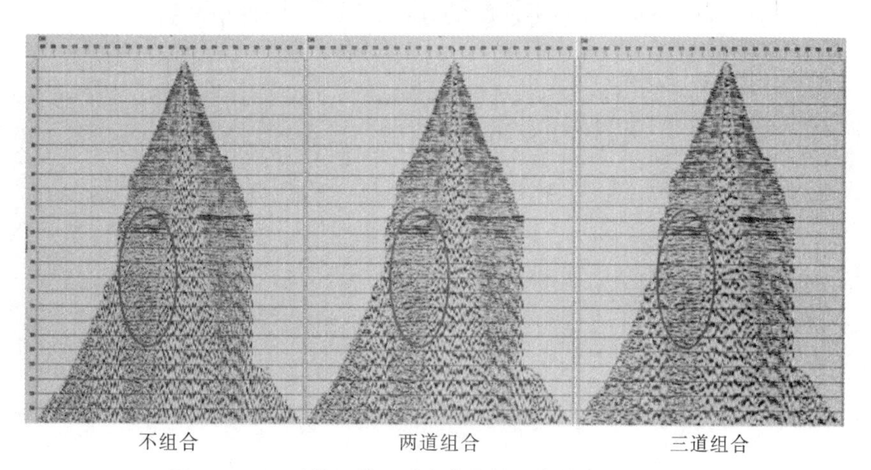

图 4-4-83 动校正拉平后室内资料组合单炮 AGC 显示

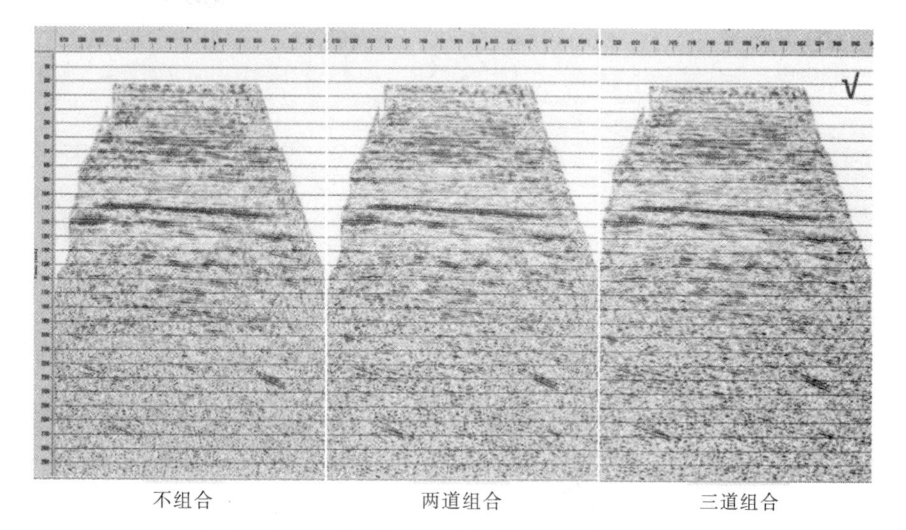

图 4-4-84 动校正拉平后室内资料组合迭加剖面显示

总体来说：

①通过扩大面元增加覆盖次数的方法，可以提高速度分析的精度，进而提升可控震源与井炮合并迭加的效果。

②进行合理的相位旋转与子波匹配可以有效地提升井震联合迭加效果。

③合理的多道组合处理在不影响分辨率的前提下，能显著地提高资料的信噪比，可以改善小型可控震源地震资料的迭加效果。

3.小型气枪震源激发技术

小型气枪震源是将小型气枪阵列安放在小型船只或特制的浮体上的小型气枪震源系统，枪阵一般由4～14只相干枪组成，作为载体的船只或浮体一般由几部分组成，便于现场拆装和陆地运输。小型气枪震源主要用于水深大于2 m，面积较大的内陆水域作业，如水库、河流等。

影响气枪震源激发效果的性能参数主要包括气枪总容量、气枪压力、沉放深度等。一般根据工区的地质任务和试验资料的分析情况来设置，工区目的层埋藏深，容量和压力可设置大一些；目的层较浅，对分辨率要求高的地区，容量可设置小一些。

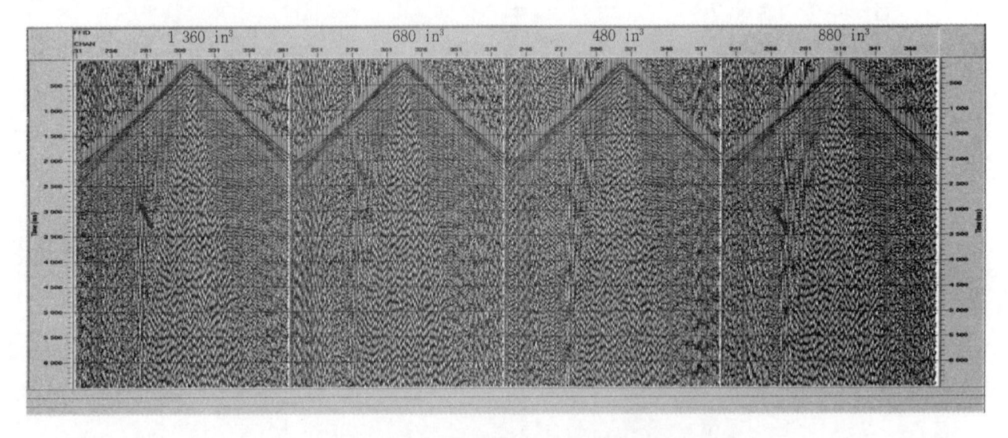

图 4-4-85 不同容量的试验单炮(AGC)

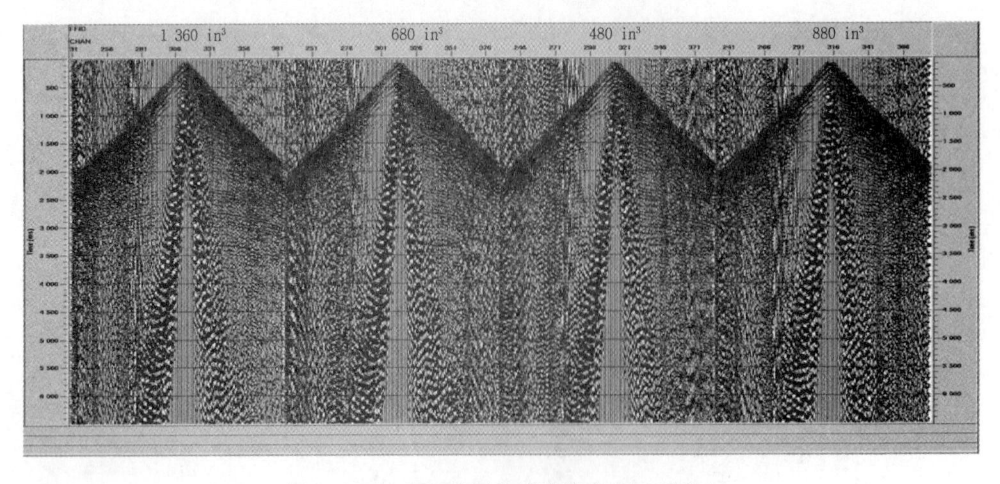

图 4-4-86 不同容量的试验单炮(固定增益)

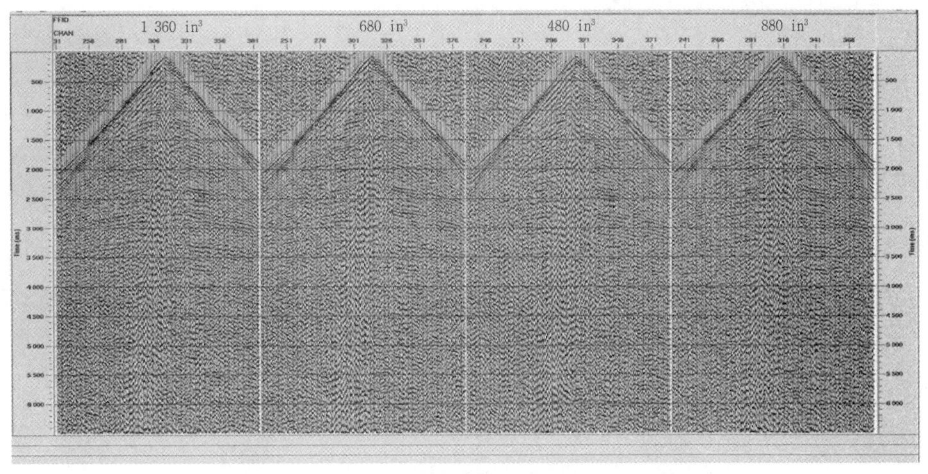

图 4-4-87 不同容量的试验单炮(10~20 Hz)

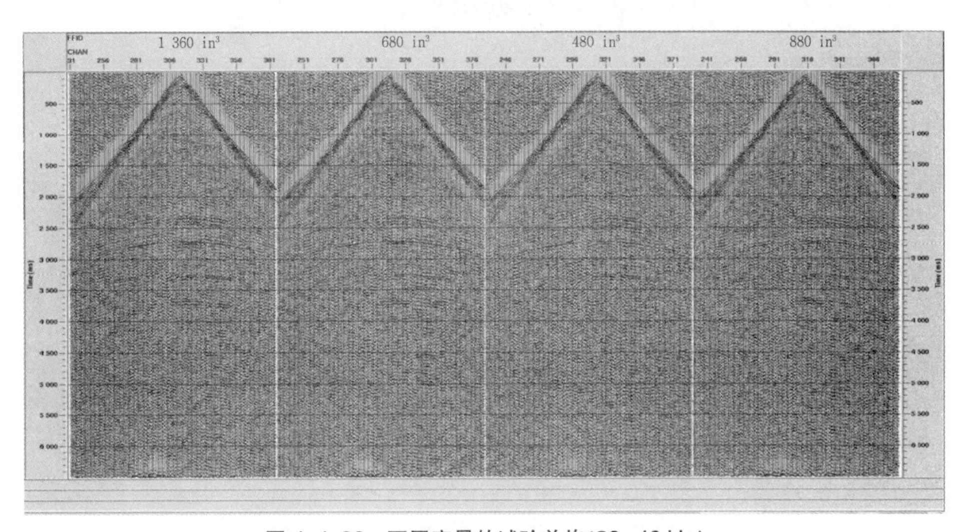

图 4-4-88 不同容量的试验单炮(20~40 Hz)

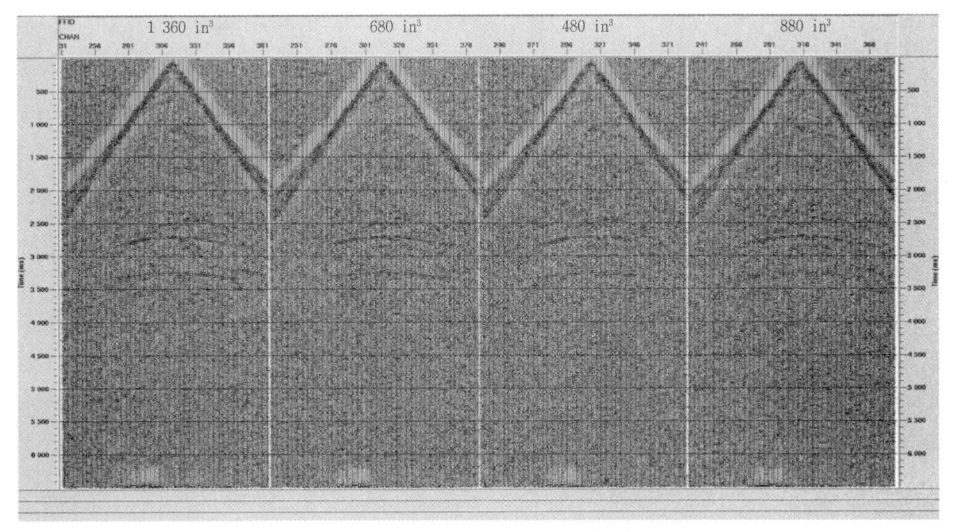

图 4-4-89 不同容量的试验单炮(30~60 Hz)

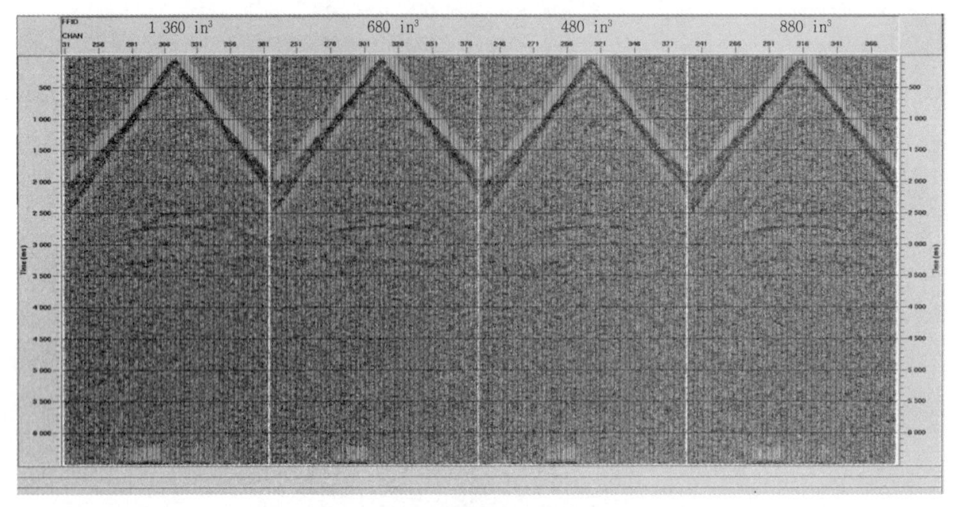

图 4-4-90　不同容量的试验单炮(40~80 Hz)

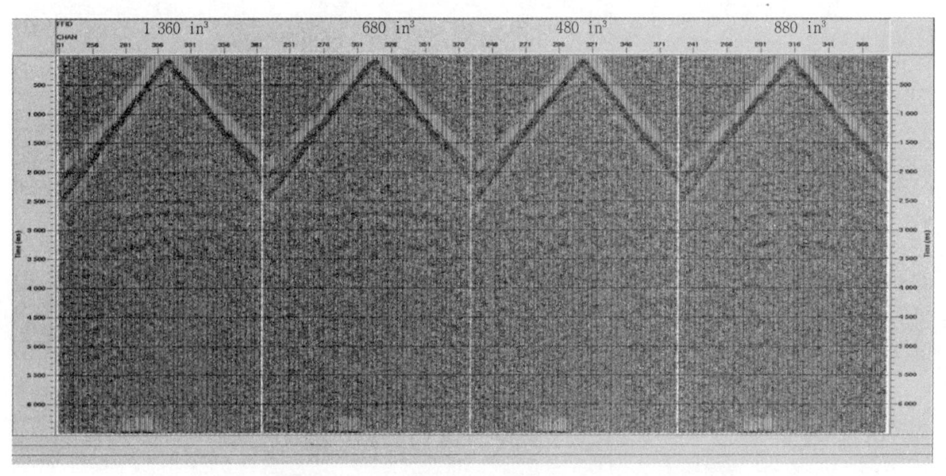

图 4-4-91　不同容量的试验单炮(50~100 Hz)

上面以某工区内的气枪激发方式为例进行说明。工区地层埋藏深,主要目的层双程反射时间在 2.8~4.1 s,要获得有效信息,需要有足够的激发能量,因此在设计气枪激发参数时首先考虑气枪阵列的激发能量,使其具有较大的下传能量和很好的压噪效果。该区使用的小型气枪震源由 14 只相干枪组成,共分为 4 组,前面由 2 组 3×80 in³ 的小枪构成,后面由 2 组 4×110 in³ 的小枪构成。通过现场试验优选最佳的气枪容量、压力和沉放深度。

(1)气枪容量选择

根据小型气枪震源阵列构成情况,选择全阵列(14 枪 1360 in³)和三种半阵列(8 枪 880 in³、7 枪 680 in³、6 枪 480 in³)进行对比试验,气枪压力 1800 PSI、沉枪深度 2.5 m。

图 4-4-85 至彩图 4-4-92 分别是不同气枪容量激发的试验单炮和分频记录。可以看出,随着气枪容量增大,激发能量逐渐增强。图 4-4-92 是不同气枪容量试验的单炮能量(左)信噪比(中)和频谱(右)定量分析,可以看出,在信噪比方面,半阵列(8 枪 880 in³)激发的信噪比最高,各阵列激发的频谱变化不明显。通过试验资料分析,采用 8 枪 880 in³ 气枪容量激发能较好得到试验区的资料。

(2)沉枪深度选择

根据试验区水深情况,分别选择沉枪深度为 1 m、1.5 m、2 m、2.5 m、3 m、3.5 m,气枪压力 1800 PSI、全阵列(14 枪 1360 in³)激发进行对比试验。

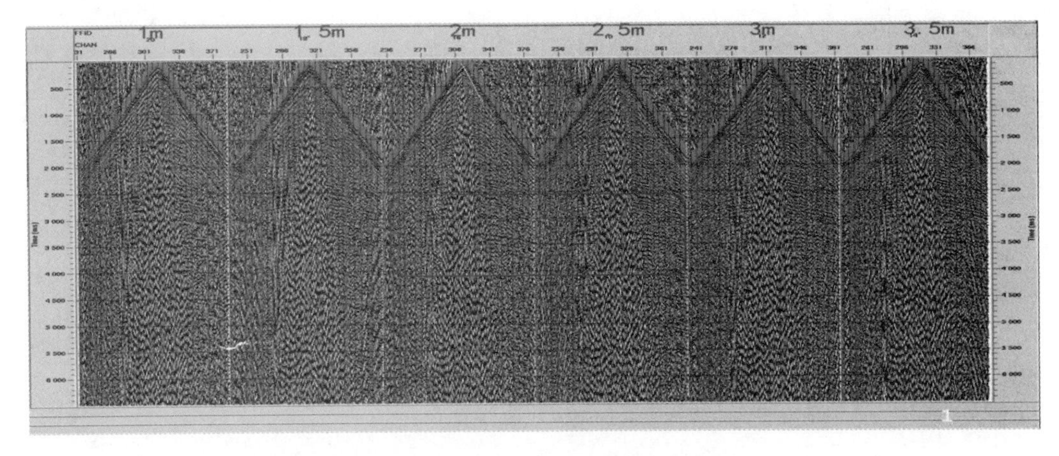

图 4-4-93　不同沉枪深度的试验单炮(AGC)

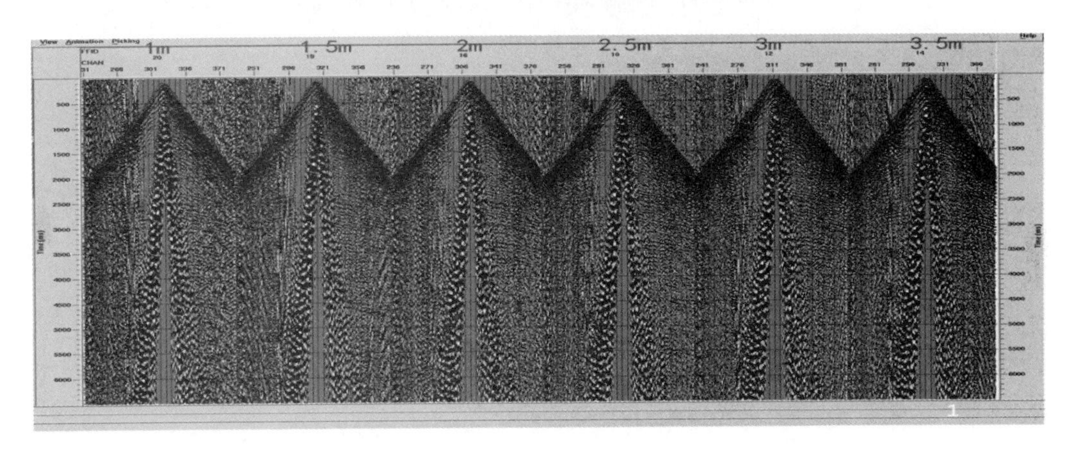

图 4-4-94　不同沉枪深度的试验单炮(固定增益)

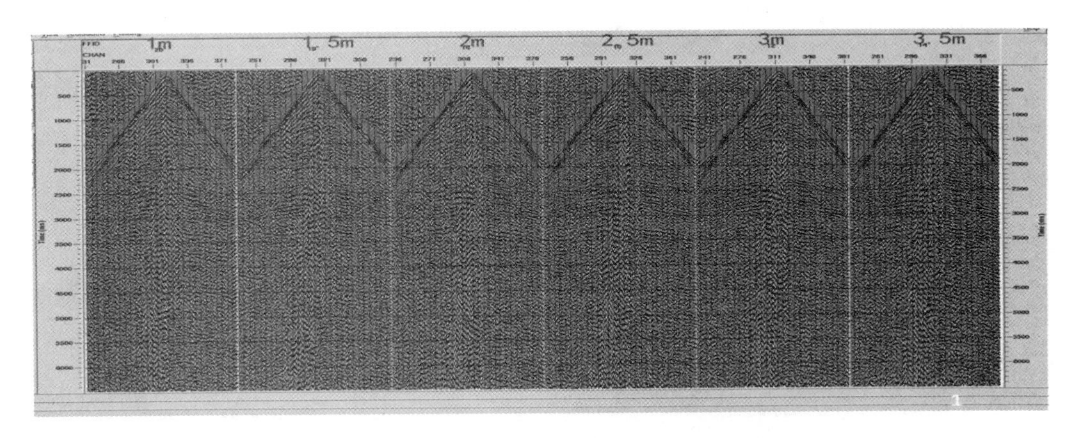

图 4-4-95　不同沉枪深度的试验单炮(10~20 Hz)

图 4-4-93~ 图 4-4-99 分别是不同气枪沉枪深度激发的试验单炮和分频记录。可以

看出,随着气枪沉枪深度增加,激发能量逐渐增强。彩图 4-4-100 是不同气枪沉枪深度试验的单炮能量(左)信噪比(中)和频谱(右)定量分析,可以看出,沉枪深度为 2.5 m 和 3 m 时资料的信噪比最高,各深度激发的频率变化不明显。通过试验资料分析,采用 2.5 m 的沉枪深度激发能较好得到试验区的资料。

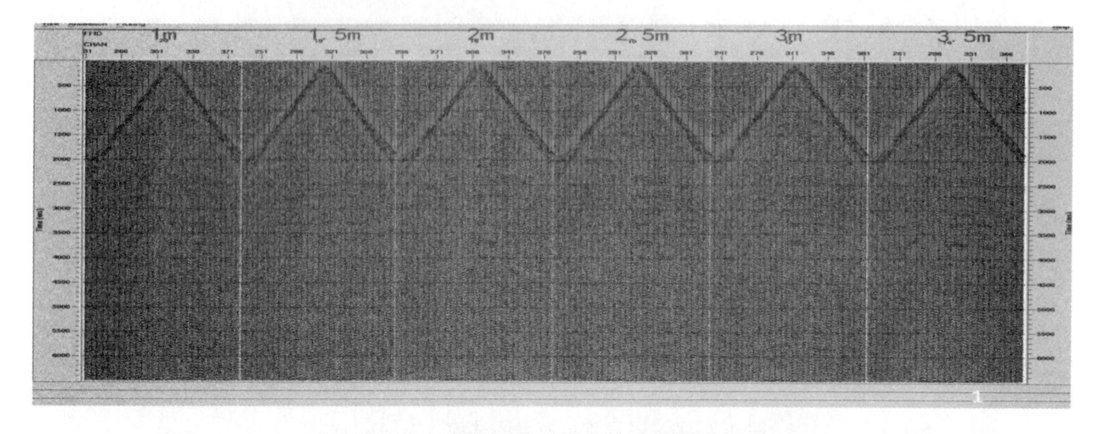

图 4-4-96　不同沉枪深度的试验单炮(20~40 Hz)

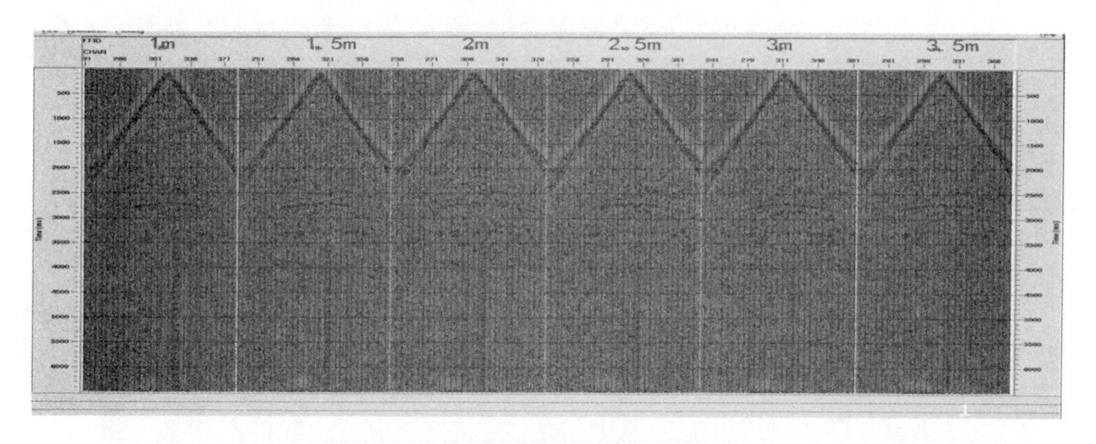

图 4-4-97 不同沉枪深度的试验单炮(30~60 Hz)

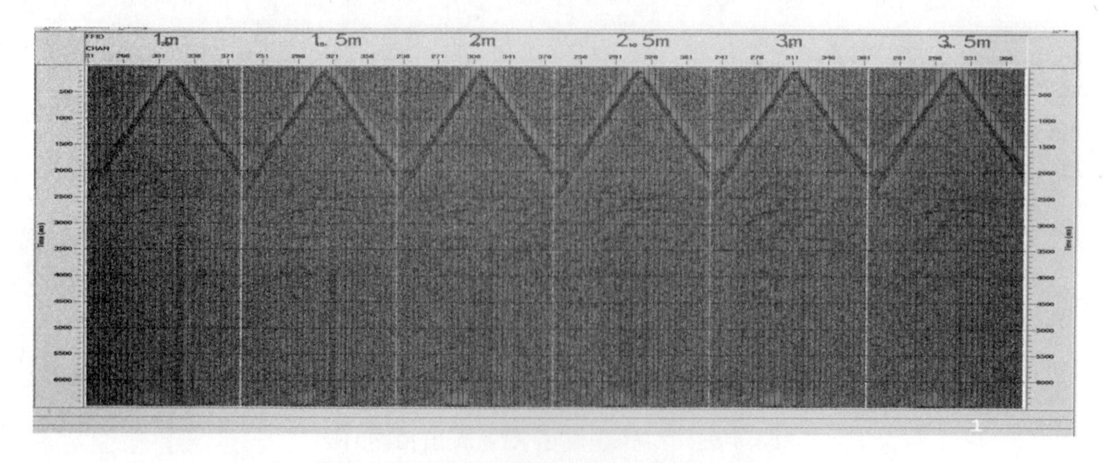

图 4-4-98 不同沉枪深度的试验单炮(40~80 Hz)

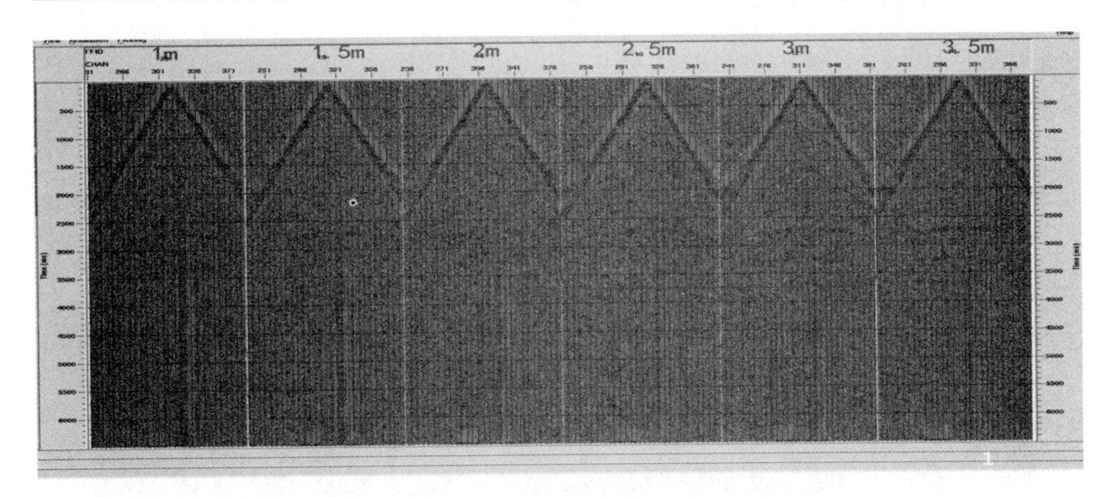

图 4-4-99 不同沉枪深度的试验单炮(50~100 Hz)

(3)气枪压力选择

根据根据小型气枪震源空压机的情况,分别选择气枪压力为 1 500、1 600、1 700、1 800、1 900、2 000 PSI,沉枪深度 2.5 m,全阵列(14 枪 1360 in^3)激发进行对比试验。

图 4-4-101 至图 4-4-107 分别是不同气枪压力激发的试验单炮和分频记录。彩图 4-4-108 是不同气枪压力试验的单炮能量(左)信噪比(中)和频谱(右)定量分析,可以看出,随着气枪压力增大,激发能量和频谱变化不明显,气枪压力为 1 800 PSI 和 1 900 PSI 时资料的信噪比最高。通过试验资料分析,采用 1 800 PSI 的气枪压力激发能较好得到试验区的资料。

(4)小型气枪震源的应用原则

与小型可控震源一样,小型气枪震源在济阳坳陷复杂地表的应用,主要是用于弥补炸药震源无法施工的内陆水域,满足高精度地震勘探的需求。因此,受施工环境的限制,气枪组合和沉枪深度不可能按照最佳激发子波的标准来设计,只能是根据实际施工条件,通过试验来优选适合施工区域的"最佳"激发参数。

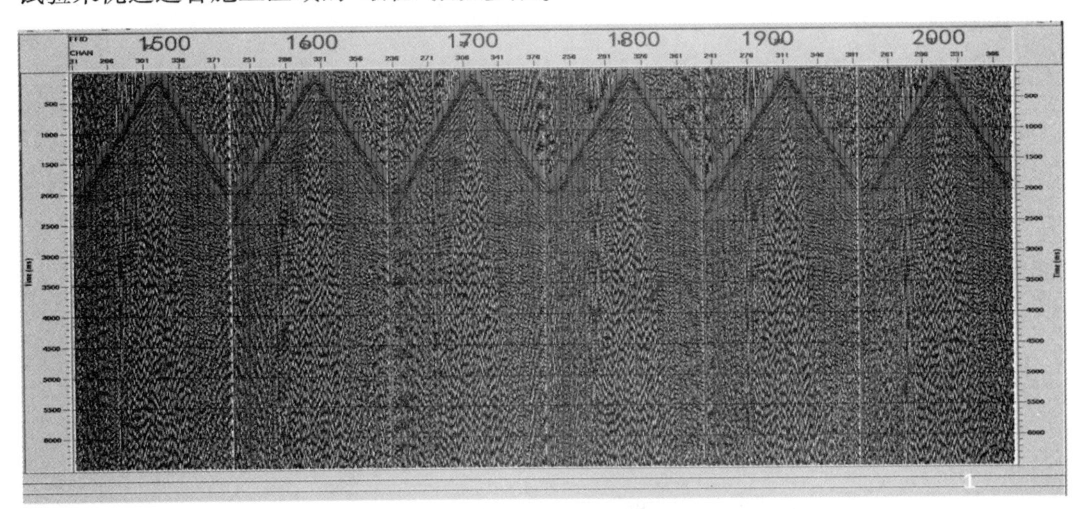

图 4-4-101 不同气枪压力的试验单炮(AGC)

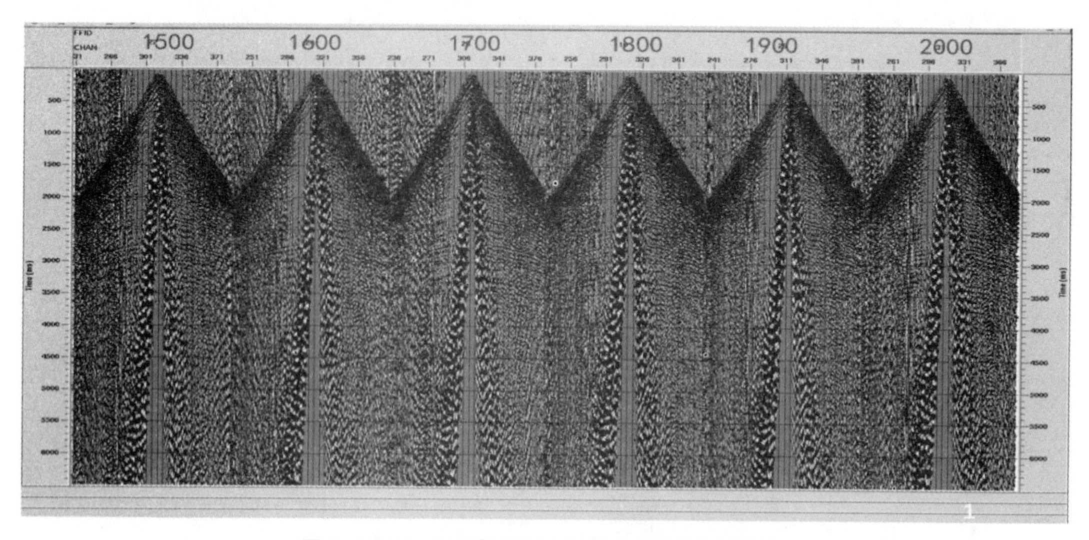

图 4–4–102　不同气枪压力的试验单炮(固定增益)

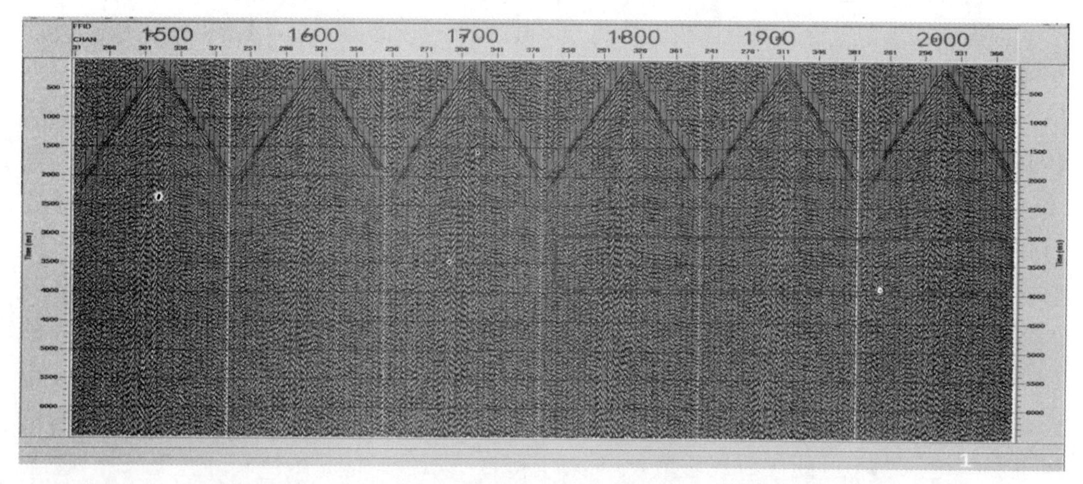

图 4–4–103　不同气枪压力的试验单炮(10~20 Hz)

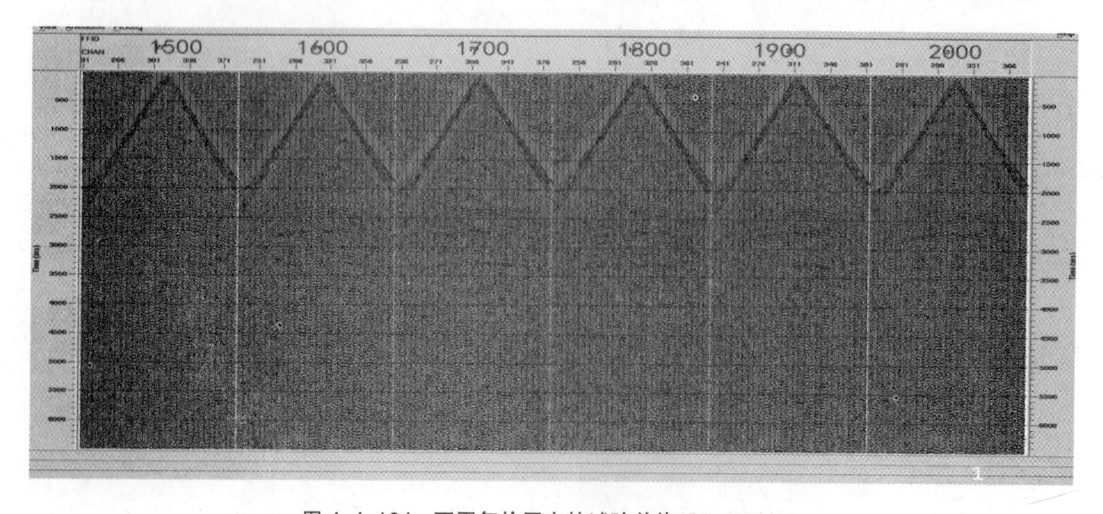

图 4–4–104　不同气枪压力的试验单炮(20~40 Hz)

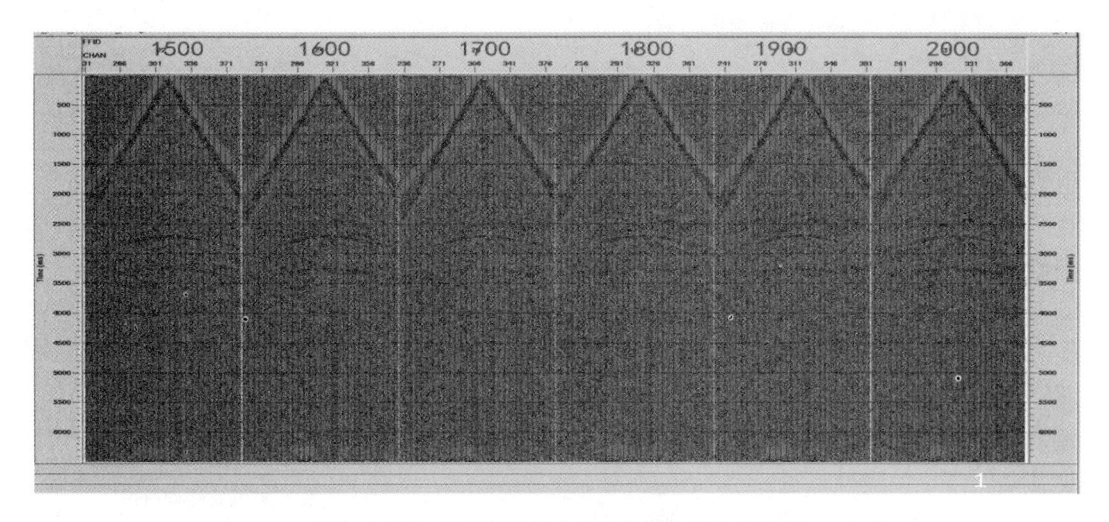

图 4-4-105　不同气枪压力的试验单炮(30~60 Hz)

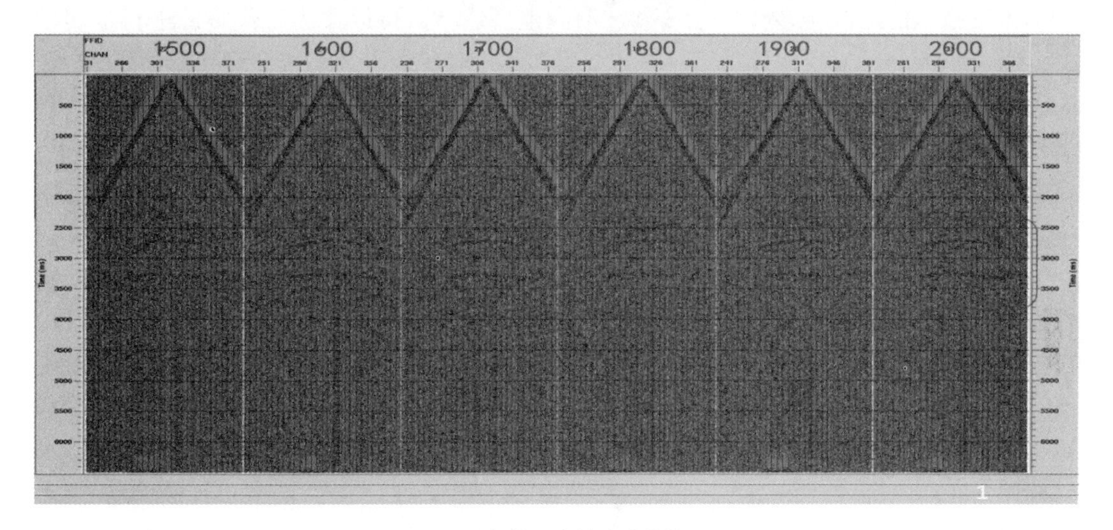

图 4-4-106　不同气枪压力的试验单炮(40~80 Hz)

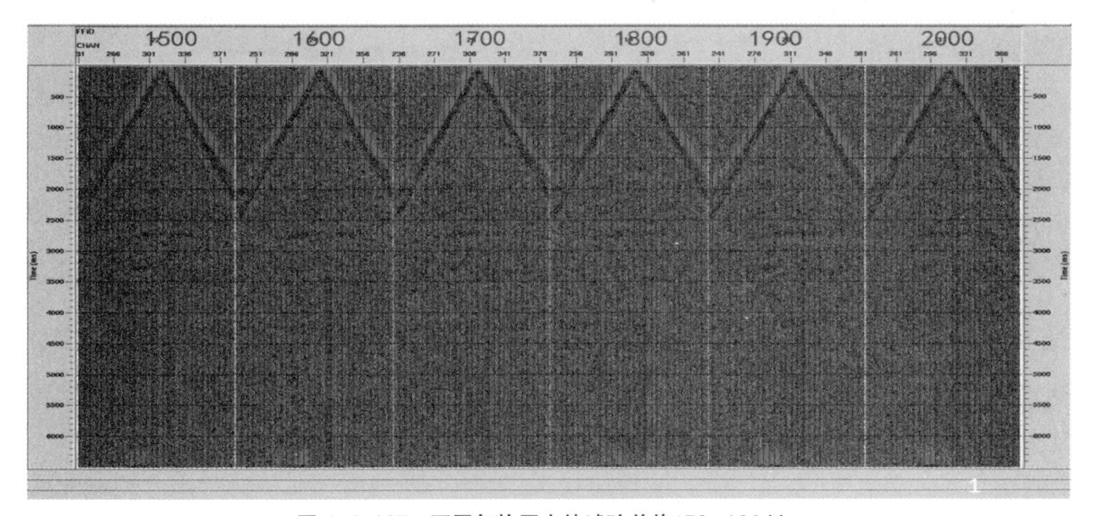

图 4-4-107　不同气枪压力的试验单炮(50~100 Hz)

4.电火花震源激发技术

1)电火花震源激发原理

电火花震源是一种快速释放电能的电器装置。其结构原理见图 4-4-109,电火花震源在微秒级别放电产生电弧,通过高温电弧汽化水形成冲击,带动周围介质振动而产生地震波。它具有体积小,适合陆地和水域等不同野外条件,且多次激发子波一致性较好等优点。电火花震源激发的地震波频率与炸药激发的地震波类似。电火花震源产生的塑性形变小,对周围环境破坏小,在可控震源、气枪震源和炸药震源都无法施工的地区,如内陆浅水区域、沼泽地、城镇等,可以作为替代震源进行地震勘探。目前常见的电火花震源的功率只有几百焦耳到几十万焦耳,而且能量转换率不到 20 %,因此,激发能量远不如炸药震源强,在常规地震勘探中,可用于近地表调查或浅层勘探,对于目的层较深的地区,只能弥补部分浅层资料,改善炮点的均匀性。在目前的技术条件下,与其他震源相比,施工效率较低,激发能量较小,要大面积替代炸药震源,还需要持续的攻关研究。

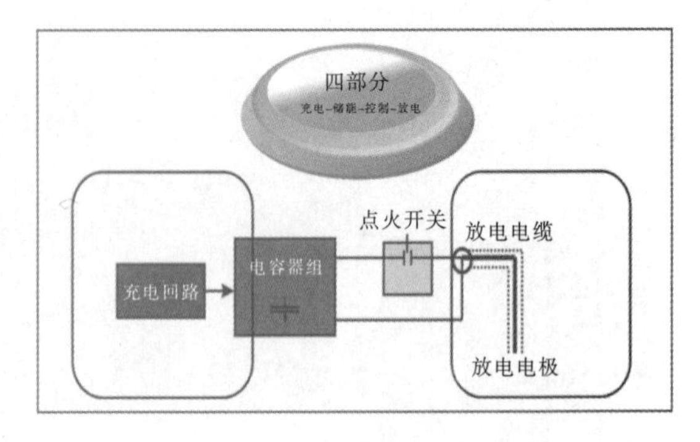

图 4-4-109　电火花震源的结构原理

电火花震源的工作过程可以分为三个阶段:第一阶段为电容器快速充电阶段,第二阶段为电容器储能向电弧通道输入能量的主放电阶段,第三阶段为放电后的气泡脉动阶段。在主放电阶段,电弧能量直接辐射出第一压力脉冲,同时,加热周围水介质,使水汽化形成气泡迅速膨胀,并将未汽化的水向外推动。与气枪激发原理相同,当气泡内压与环境静水压相等时,由于惯性作用,气泡继续膨胀到最大半径,这时气泡的内压小于环境静水压,水以相反方向向内流动。当气泡达到最小半径时,辐射出第二压力脉冲。气泡连续脉动,直至能量消耗完毕。

2)电火花震源在表层调查中的应用

(1)激发能量

近地表调查常用的微测井方法,使用的激发方式是井中激发,激发深度从 30 m 到 0.3 m,采用 20 kJ 的电火花震源激发;地面 5 道接收,偏移距为 1 m、5 m。从图 4-4-110 的微测井共接收点道集中可以看出,电火花激发的微测井资料初至清晰干脆,初至时间易于识别、拾取。图 4-4-111 是在同一个位置分别采用电火花激发和雷管激发的微测井共接收点对比道集,可以看出,初至波的波形和趋势完全相同。

对两种激发方式的微测井记录进行能量分析对比, 图 4-4-112 是不同激发方式的微测井资料的初至波能量分析,可以看出,无论是平均能量、最大能量,还是均方根能量,都是雷管的能量更强。从全时窗分析也会得到相同的结论(图 4-4-113)。用于微测井的激发能量是 20 kJ,激发能量约为 5 发雷管激发的 20 %左右。通过试验资料分析,20 kJ的电火花震源能量能够保证 30 m 激发深度的初至波清晰,因此,能够满足济阳坳陷的微测井近地表调查需求。

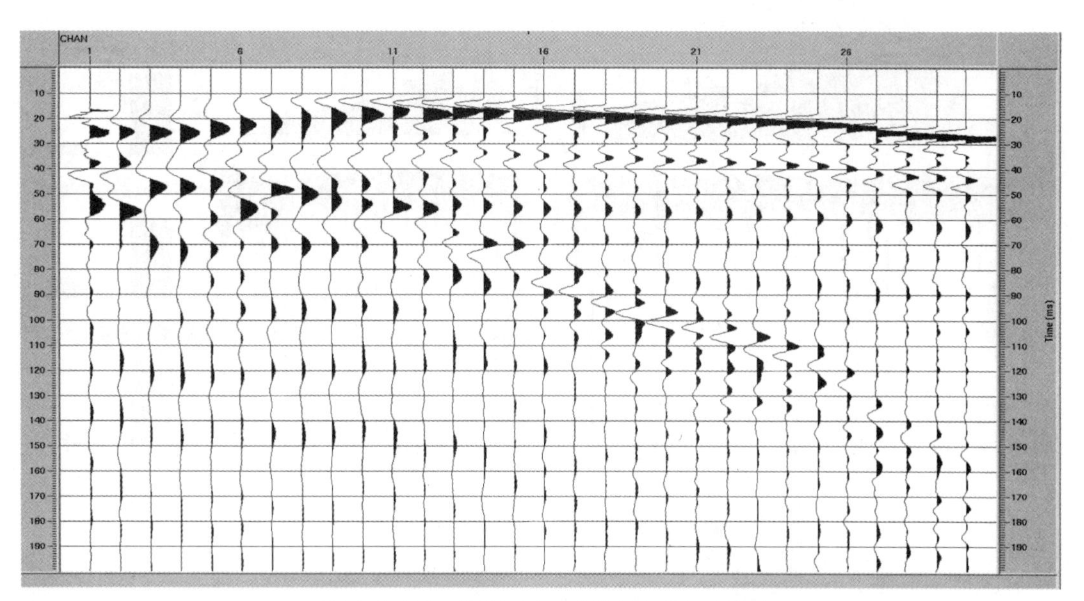

图 4–4–110　偏移距 5 m 的微测井共接收道集

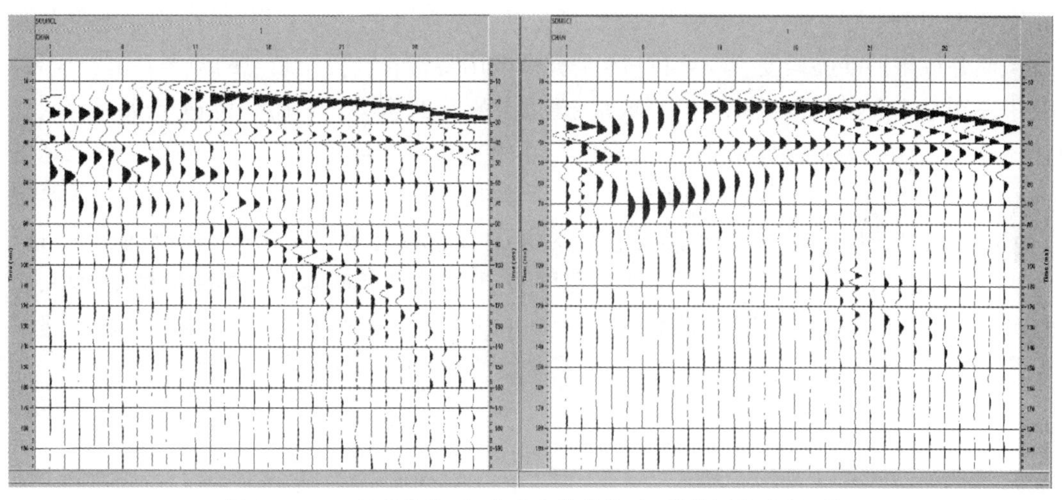

图 4–4–111　雷管激发(左)与电火花激发(右)的微测井对比记录

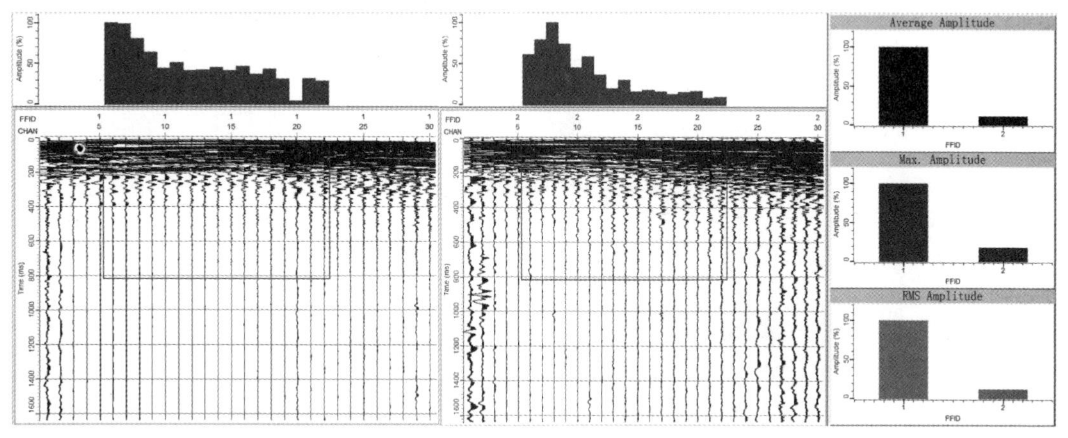

图 4–4–112　雷管激发(左)与电火花激发(右)能量对比

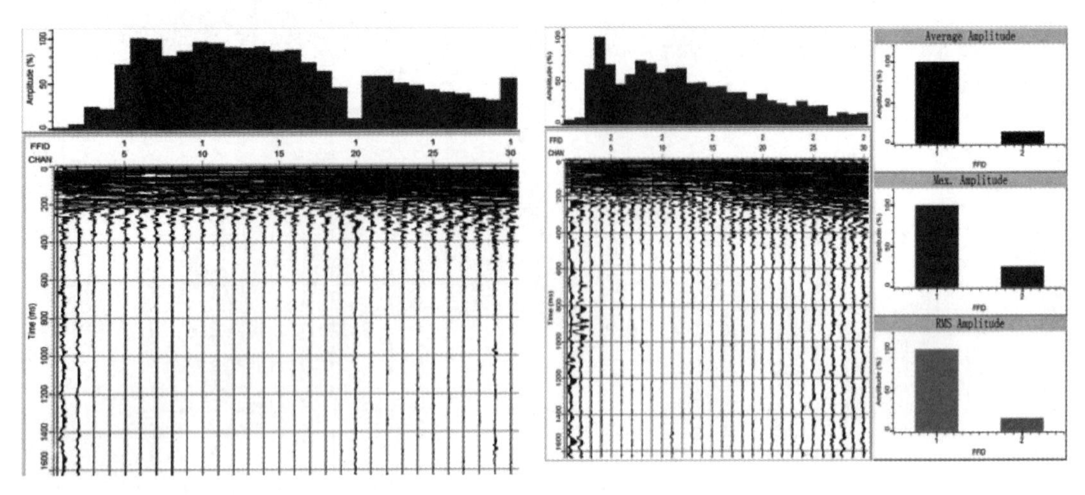

图 4-4-113 雷管激发(左)与电火花激发(右)能量对比(全时窗)

(2)微测井调查精度对比

为了验证电火花震源激发的微测井资料解释精度，在距离 20 m 处进行了雷管激发、相同深度、相同观测方式的微测井试验，通过两个微测井的解释成果对比，检验电火花激发微测井成果的准确程度。图 4-4-114 是分别采用雷管和电火花激发的微测井解释成果，其中左图是雷管激发的微测井解释成果：速度分别是低速层 278 m/s、降速层 954 m/s、高速层 1 604 m/s；低速层厚度 1.62 m、降速层厚度 6.8 m、低降速带厚度 8.42 m。右图是电火花激发微测井的解释成果：速度分别是低速层 462 m/s、降速层 1 049 m/s、高速层 1 615 m/s；低速层厚度 1.86 m、降速层厚度 6.79 m、低降速带厚度 8.65 m。通过对比可以看出，除低速层速度差别较大外，降速层速度、高速层速度和低降速带厚度都相差很小，经过分析，因电火花激发时井中需要注满水，使井口附近的含水量增加，造成了低速层速度偏高。通过其他点的试验资料分析，电火花激发的微测井资料精度是可靠的。

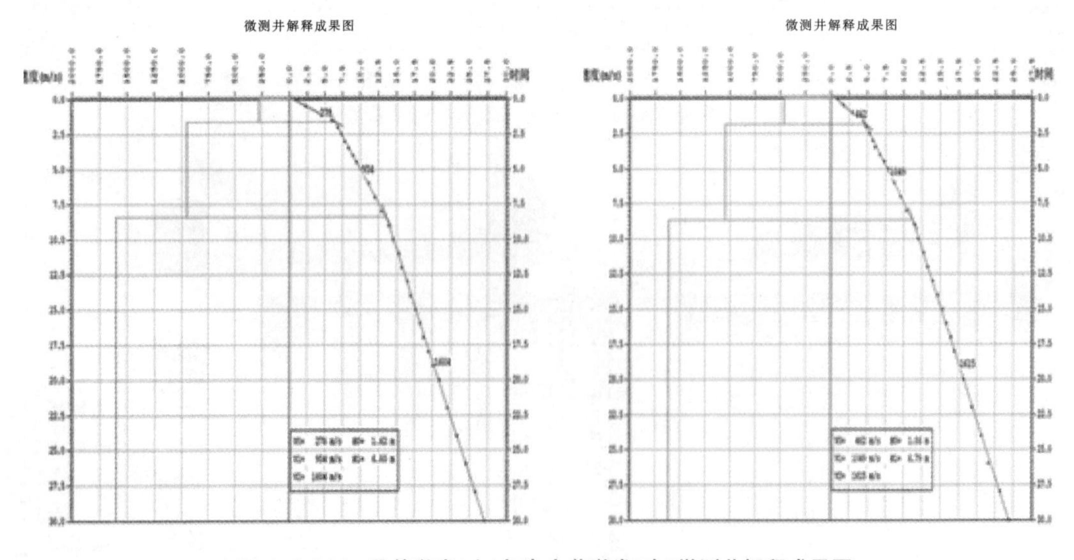

图 4-4-114 雷管激发(左)与电火花激发(右)微测井解释成果图

3)电火花震源激发参数选择

(1)放电方式——电极间隙研究

电火花震源的激发原理是通过高压脉冲放电将水汽化产生冲击压力，放电的装置是电极,电极分为正负两极,在两极间产生电弧,因此,电极放电间隙的大小直接影响能量的转换效率。最佳间隙的电阻应具有最高能量转换效率。而求电阻必须先求得通道半径和通道温度(图 4-4-115)。

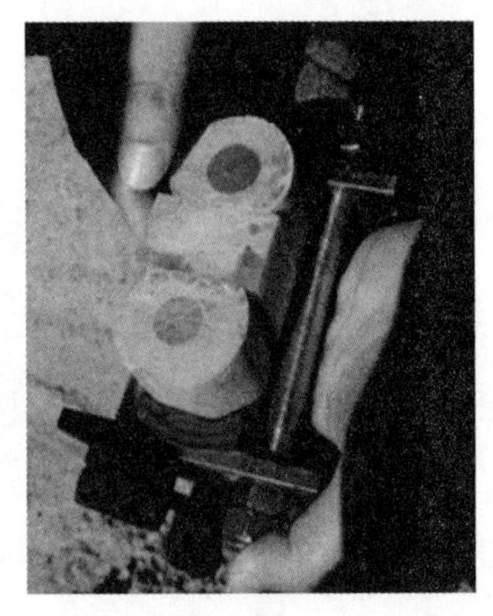

图 4-4-115 电火花震源放电电极间隙

根据压力波传播理论：

$$\frac{\partial v}{\partial t}=-\frac{1}{\rho_0}\mathrm{grad}\,\rho \tag{4-4-34}$$

得到：

$$p\approx\rho_0\frac{R_0^2}{\tau^2} \tag{4-4-35}$$

则圆柱形放电通道半径为

$$R_0\approx\left[\frac{(\gamma-1)}{\pi\rho_0}\tau^2\frac{E}{t}\right]^{\frac{1}{4}} \tag{4-4-36}$$

式中,τ 为放电间隙长度;γ 为绝热系数 =1.26;E 为电容器储能。

弧道的温度,在放电停止的瞬间为

$$\grave{u}T=\left[\frac{E(\gamma-1)D\iota_c}{\sigma k\tau SR_0}\right]^{\frac{1}{5}} \tag{4-4-37}$$

式中,D 为扩散能;ι_c 为辐射自由半径; σ 为玻耳兹曼常数,$\sigma=5.67\times10^{-5}$G/cm²·s·°。

等离子体的电导率定义为

$$\eta=\frac{n_e\mathrm{e}^2\tau'}{m_e} \tag{4-4-38}$$

式中,n_e 为 1 cm³ 中的电子数;e 为电子电荷 e=1.602×10^{-19}Q;m_e 为电子质量,$m_e=9.1\times10^{-28}$g;τ'为电子和离子及中子的碰撞时间。

经过一系列的代换后可得：

$$\eta_{ei}=1.06\times10^{-8}\tau^{\frac{3}{2}}\frac{1}{\omega\cdot\mathrm{cm}} \tag{4-4-39}$$

将这些数代入可得最佳间隙和一些参数的关系：

$$\tau_0=124.1L^{\frac{2}{3}}E^{\frac{1}{3}}\eta^{\frac{2}{3}} \tag{4-4-40}$$

目前采用的电火花震源温度为 12 000°K,回路电感 L=8.2 μH,能量与间隙的关系见表 4-4-1。

表 4-4-1 不同能量对应的间隙

能量(kJ)	300	400	500
间隙(cm)	3.05	3.35	3.62

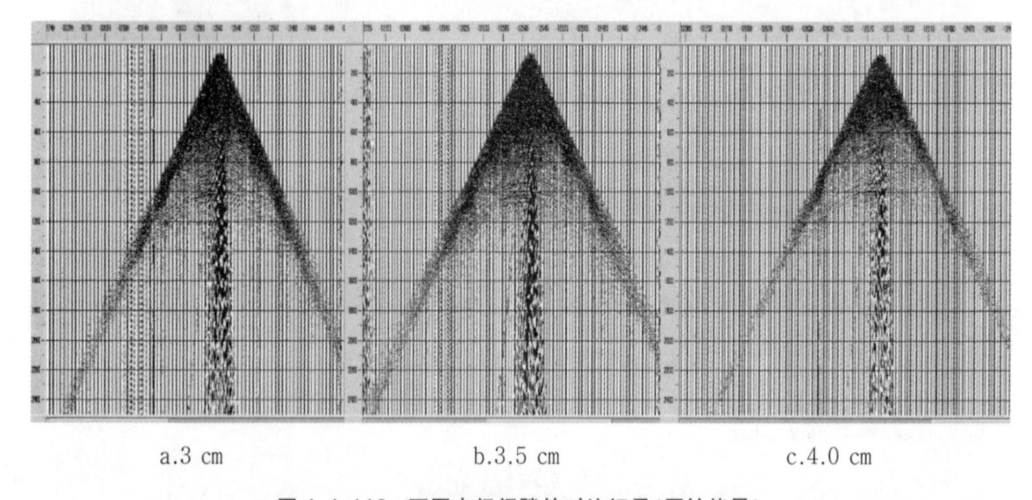

a.3 cm　　b.3.5 cm　　c.4.0 cm

图 4-4-116 不同电极间隙的对比记录(原始能量)

为了验证电极间隙对激发的影响,设计了三种电极间隙,分别是 3.0 cm、3.5 cm、4.0 cm,激发能量 400 kJ,电极沉入水中深度 2 m。所得的单炮记录和定量分析如图 4-4-116~ 图 4-4-122 所示。

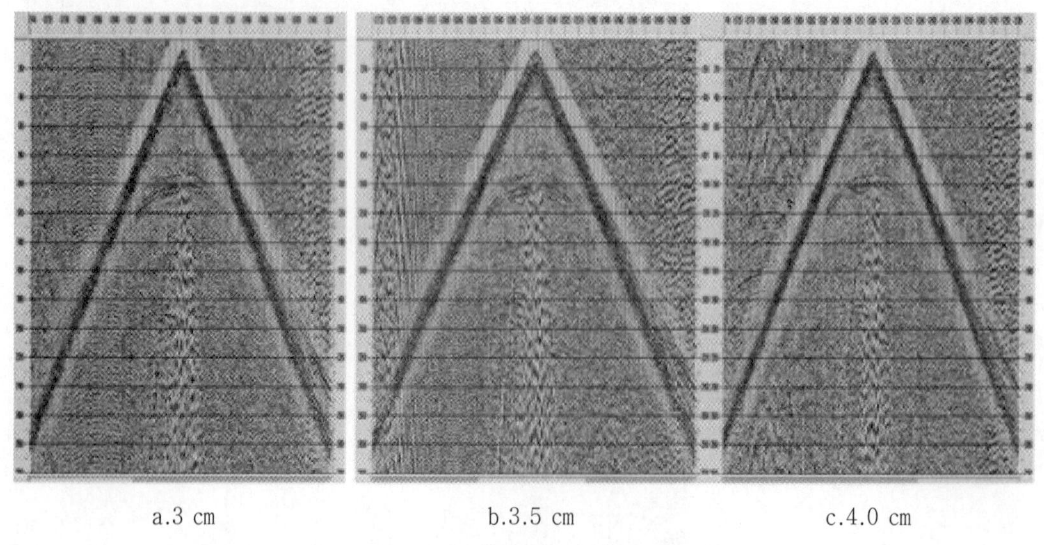

a.3 cm　　b.3.5 cm　　c.4.0 cm

图 4-4-117 不同电极间隙的对比记录(AGC)

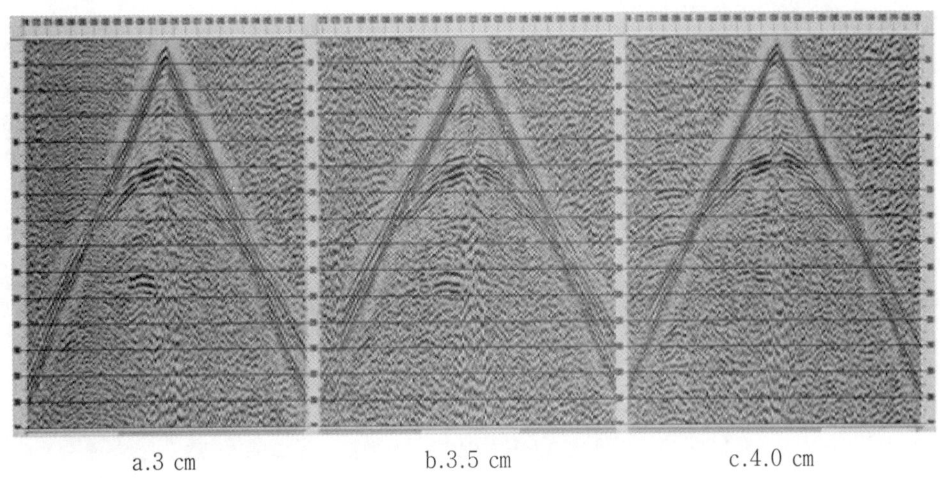

a.3 cm　　b.3.5 cm　　c.4.0 cm

图 4-4-118　不同电极间隙的对比记录(10~20 Hz)

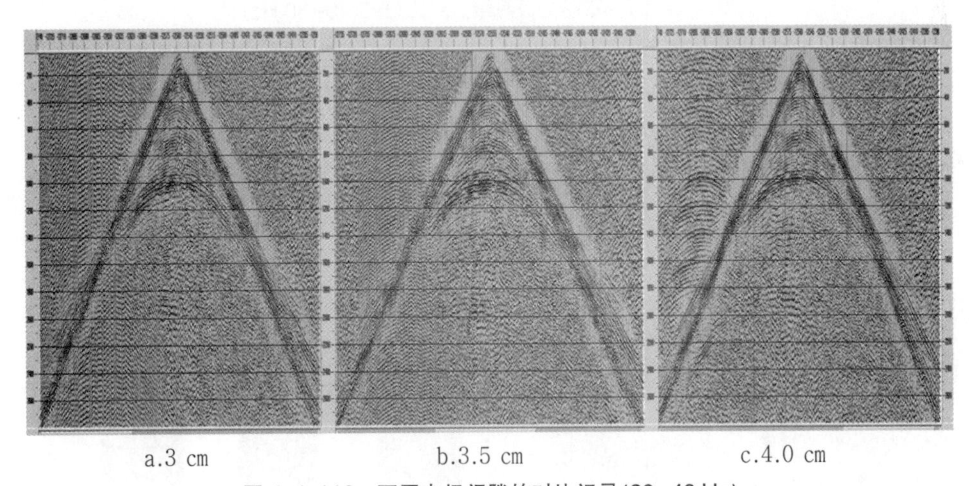

a.3 cm　　b.3.5 cm　　c.4.0 cm

图 4-4-119　不同电极间隙的对比记录(20~40 Hz)

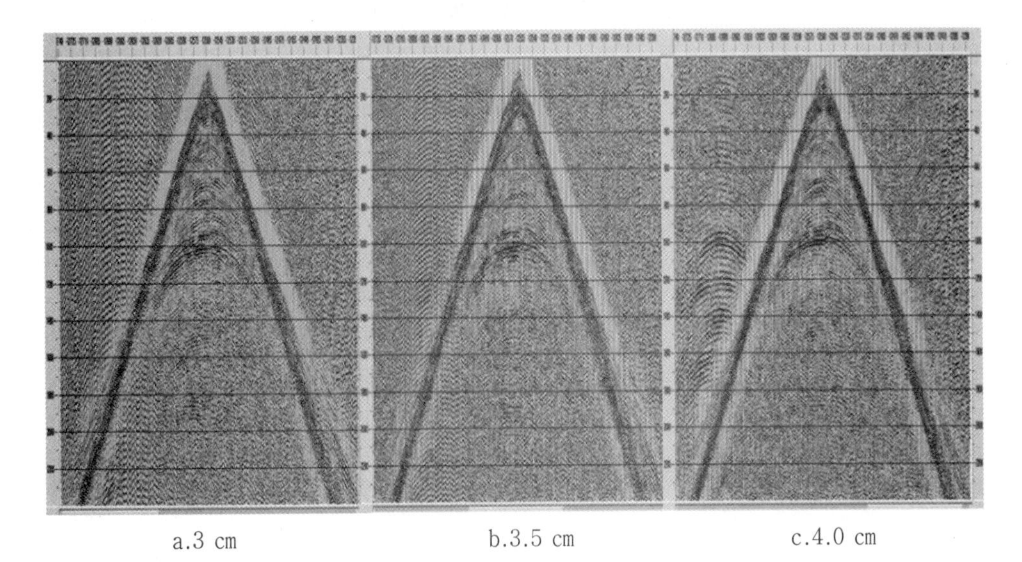

a.3 cm　　b.3.5 cm　　c.4.0 cm

图 4-4-120　不同电极间隙的对比记录(30~60 Hz)

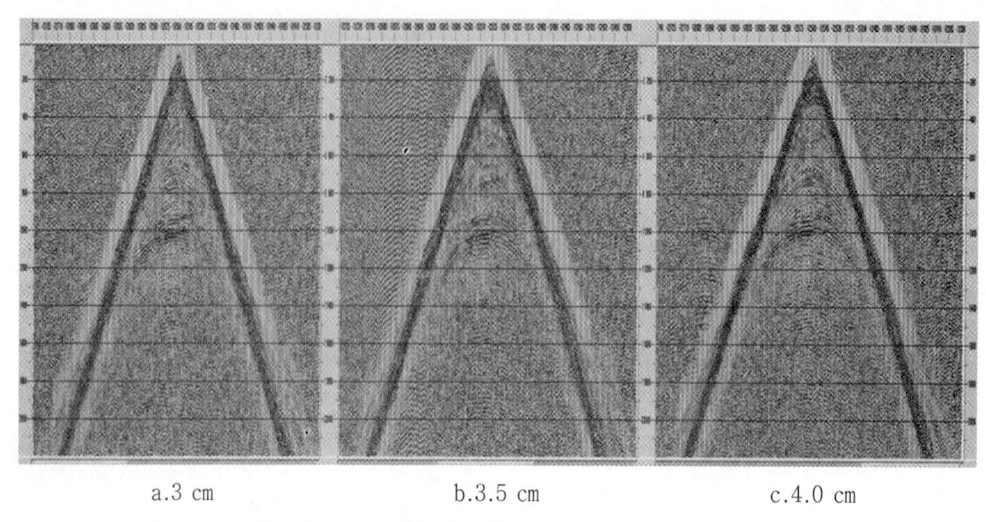

图 4-4-121　不同电极间隙的对比记录(40~80 Hz)

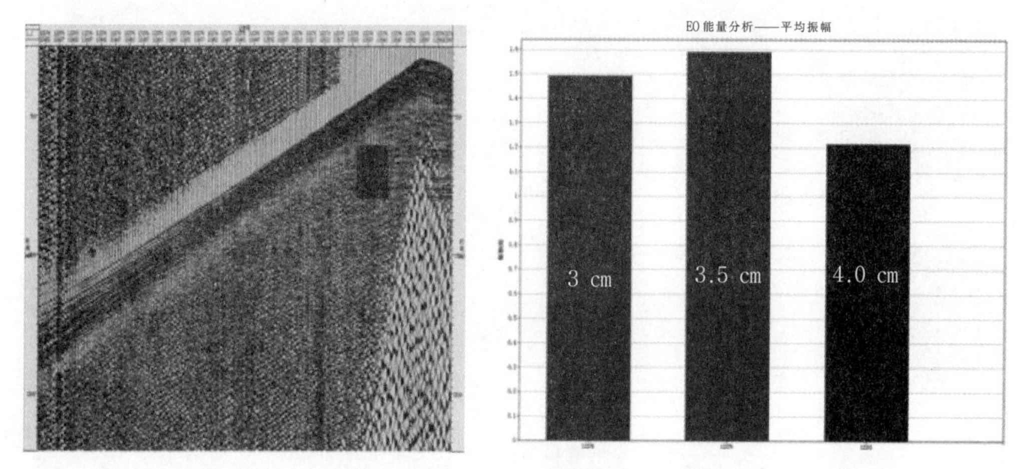

图 4-4-122　不同电极间隙单炮能量分析

从所得的 3 个单炮记录来看,3.5 cm 的电极间隙所得的资料与其他两种相比较,同相轴连续性更好,反射信息更加丰富;从定量分析来看,3.5 cm 间隙的能量是最强的。放电间隙和储能间存在着一定的关系,一般情况下,储能越大,放电间隙越大;如果放电间隙过大,储能能量达不到,反而会造成能能量的浪费;目前应用的电火花震源放电间隙 3.5 cm 是合适的。

(2)电极输出能量研究

根据电火花工作原理可知,电火花工作时先用电容器存储一定的电能,再经专用的发射头进行放电,形成高温电弧将水汽化而产生爆炸,从而形成振动源。

电火花发射能量可用以下公式表示:

$$Q=\frac{CU^2}{2} \tag{4-4-41}$$

式中,Q 为电火花发射能量(kJ);C 为电火花中用来存储电能的电容器的电容(法);U 为电容器中存储的电压(V)。

电火花震源的输出能量是可以调控的。对于一种电火花震源来说,系统的电容 C 是确定的。根据公式可以看出,要想得到大小不同的爆炸能量 Q,可以通过控制电容器的电压大小来达到目的。

试验的电火花震源参数:额定功率为 50 万焦耳,额定电压 10 kV 的电火花震源,电容 10 000 μF。

考虑到设备本身的安全问题,选择了储存电压 8 kV(相当于 40 万焦)、7 kV(相当于 35 万焦)和 5 kV(相当于 25 万焦)三种输出能量进行试验对比。理论上输出的能量越大,激发的效果越好。

从图 4-4-123~图 4-4-127 的不同电极输出能量的单炮对比看,输出能量越大,反射同相轴越清晰,深层反射效果越好,资料的信噪比越高。从图 4-4-128 所示的定量分析来看,电极输出能量较大的激发单炮能量大,信噪比高。

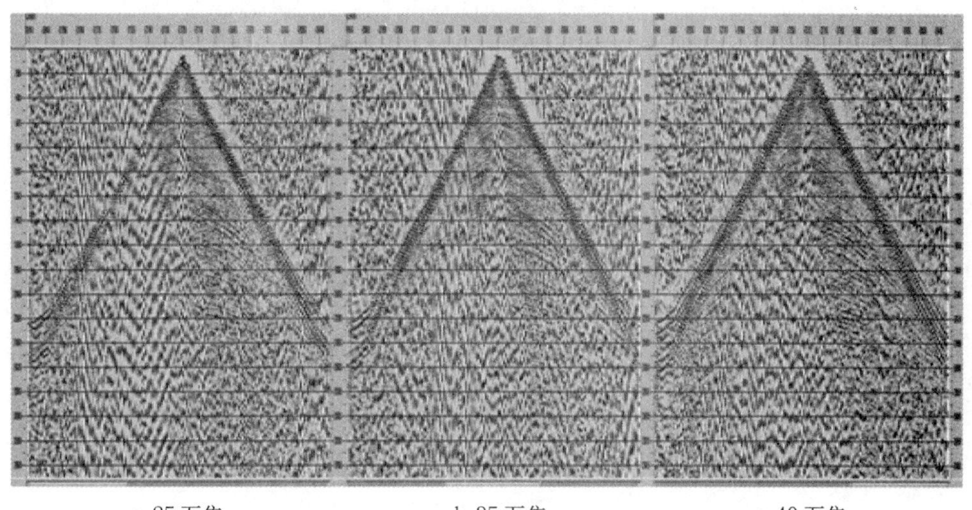

a.25 万焦　　b.35 万焦　　c.40 万焦

图 4-4-123　不同电极输出能量单炮记录(AGC)

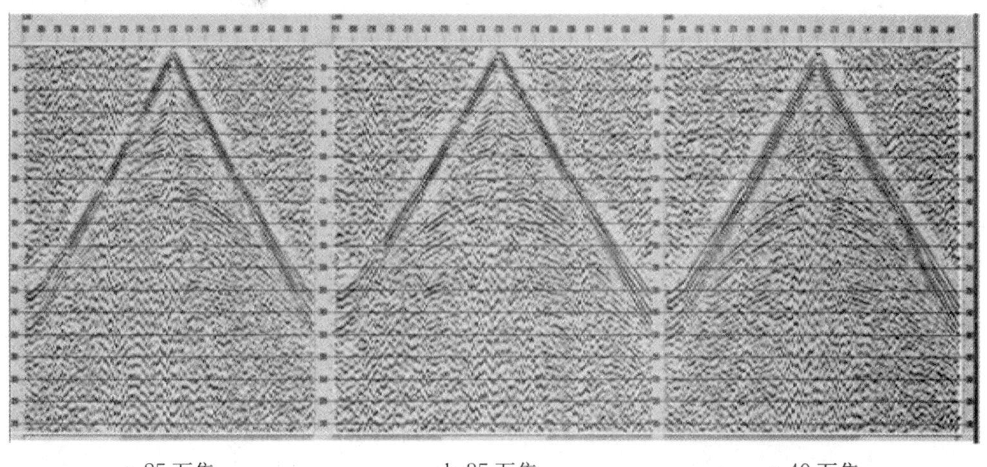

a.25 万焦　　b.35 万焦　　c.40 万焦

图 4-4-124　不同电极输出能量单炮记录(10~20 Hz)

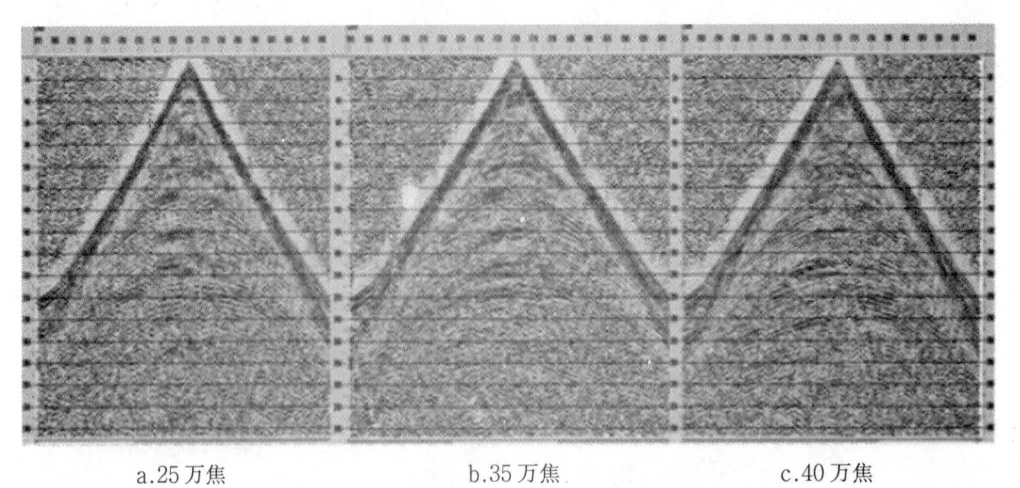

a.25 万焦　　b.35 万焦　　c.40 万焦

图 4–4–125　不同电极输出能量单炮记录(20~40 Hz)

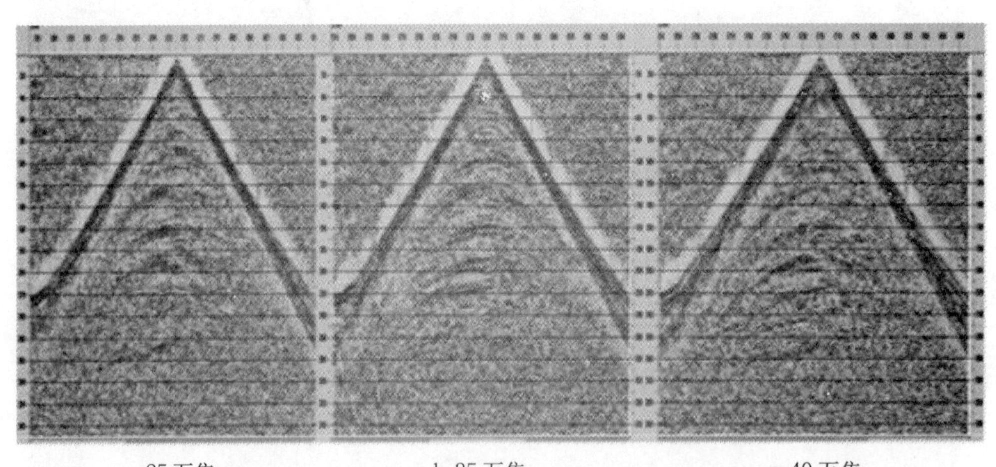

a.25 万焦　　b.35 万焦　　c.40 万焦

图 4–4–126 不同电极输出能量单炮记录(30~60 Hz)

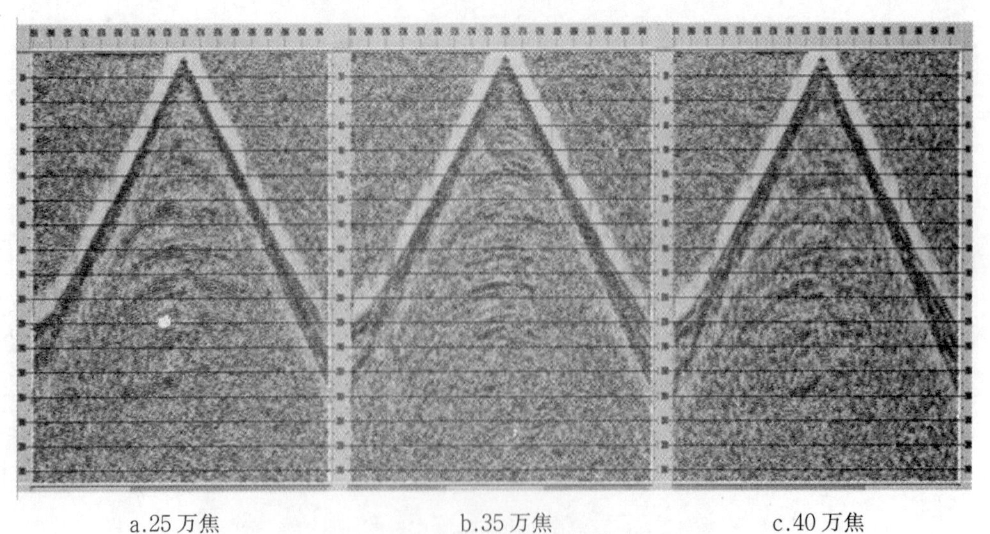

a.25 万焦　　b.35 万焦　　c.40 万焦

图 4–4–127 不同电极输出能量单炮记录(40~80 Hz)

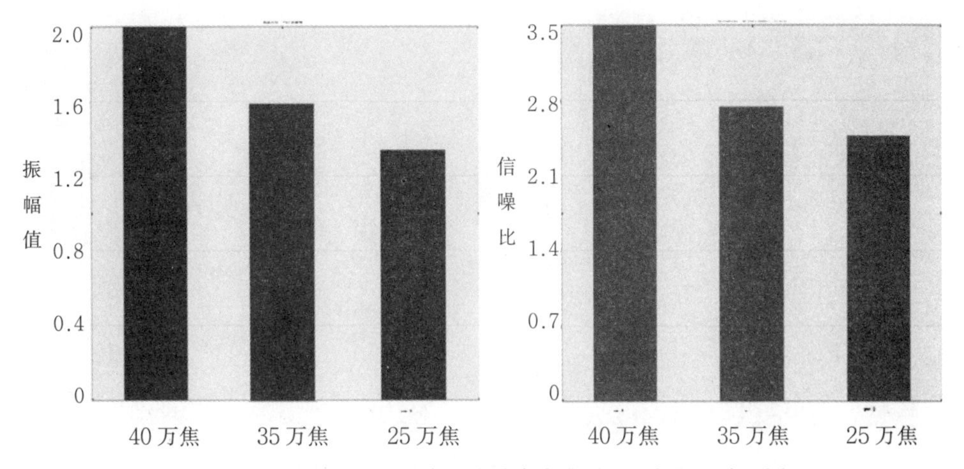

图4-4-128　不同电极输出能量单炮能量(左)和信噪比(右)分析

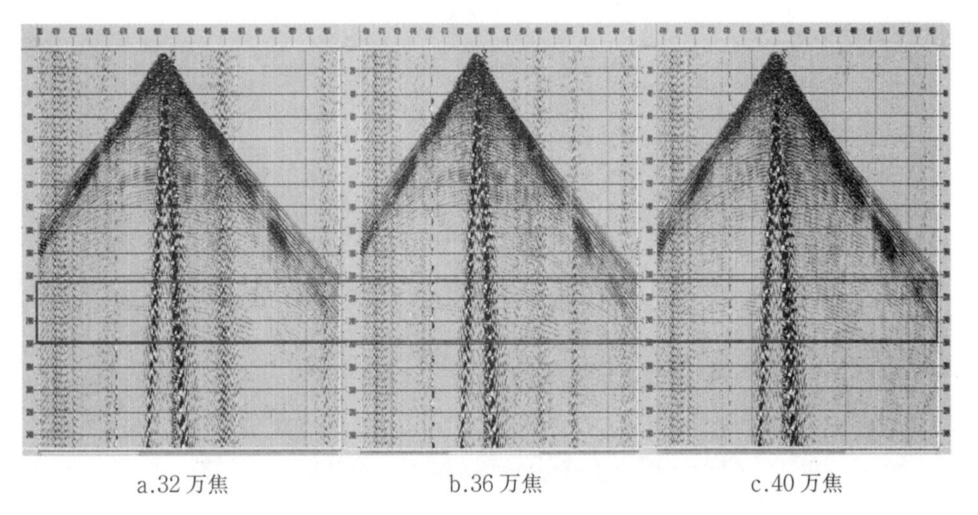

a.32万焦　　b.36万焦　　c.40万焦

图4-4-129　不同电极输出能量单炮对比分析(原始能量)

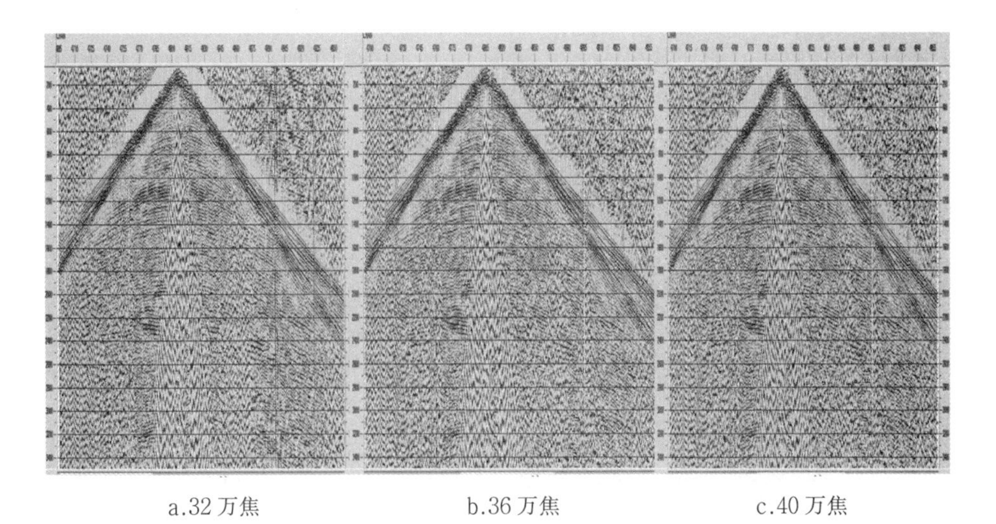

a.32万焦　　b.36万焦　　c.40万焦

图4-4-130　不同电极输出能量单炮对比分析(AGC)

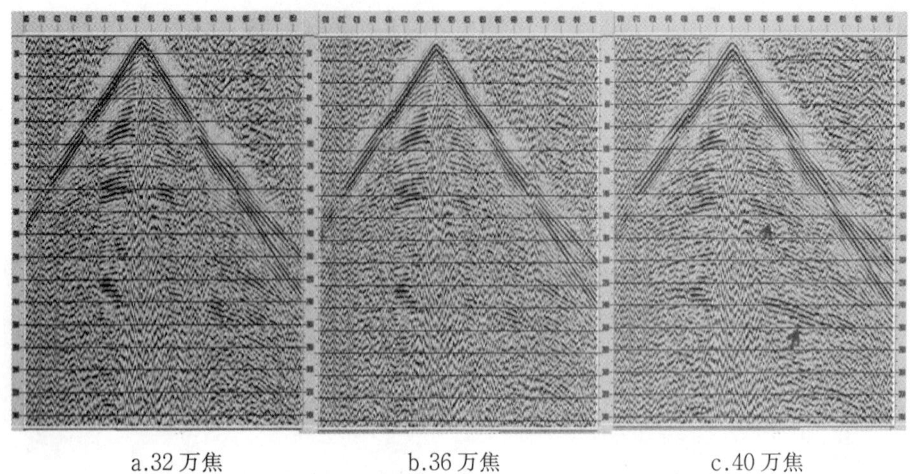

a.32 万焦　　b.36 万焦　　c.40 万焦

图 4-4-131　不同电极输出能量单炮对比分析(10~20 Hz)

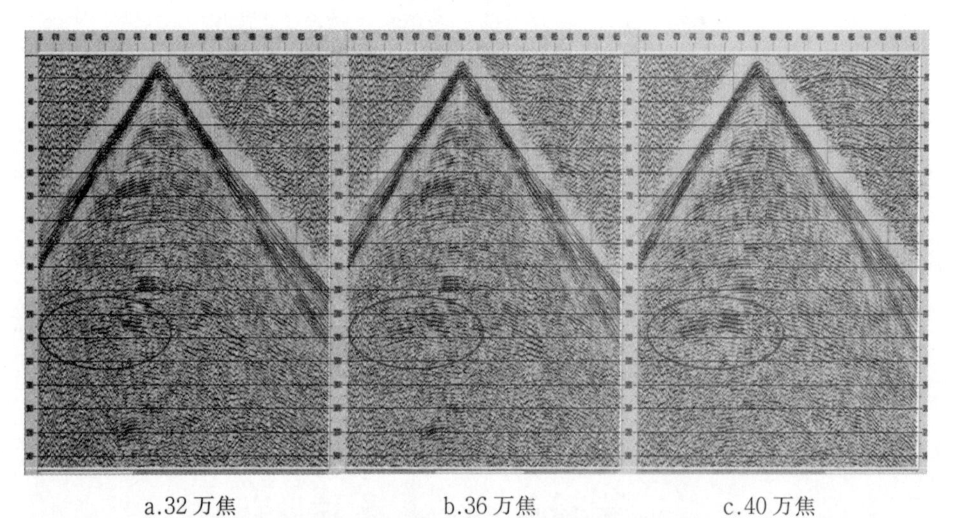

a.32 万焦　　b.36 万焦　　c.40 万焦

图 4-4-132　不同电极输出能量单炮对比分析(20~40 Hz)

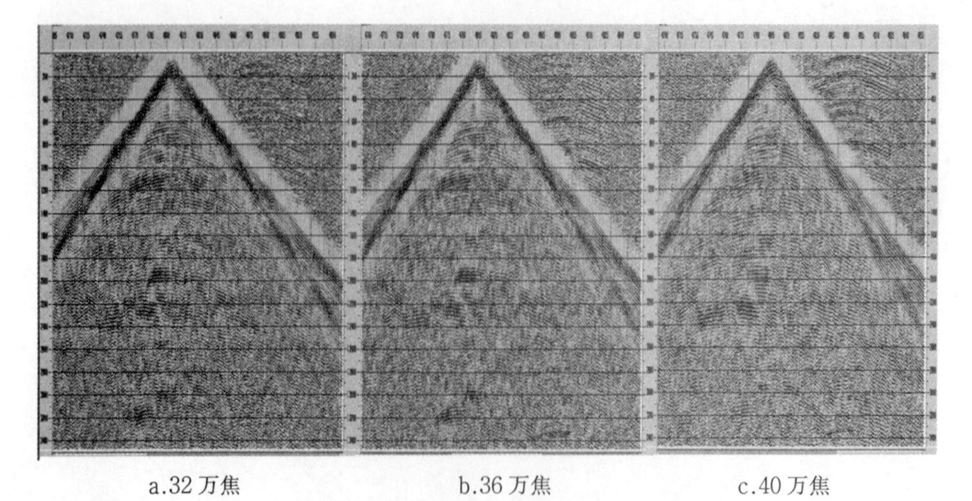

a.32 万焦　　b.36 万焦　　c.40 万焦

图 4-4-133　不同电极输出能量单炮对比分析(30~60 Hz)

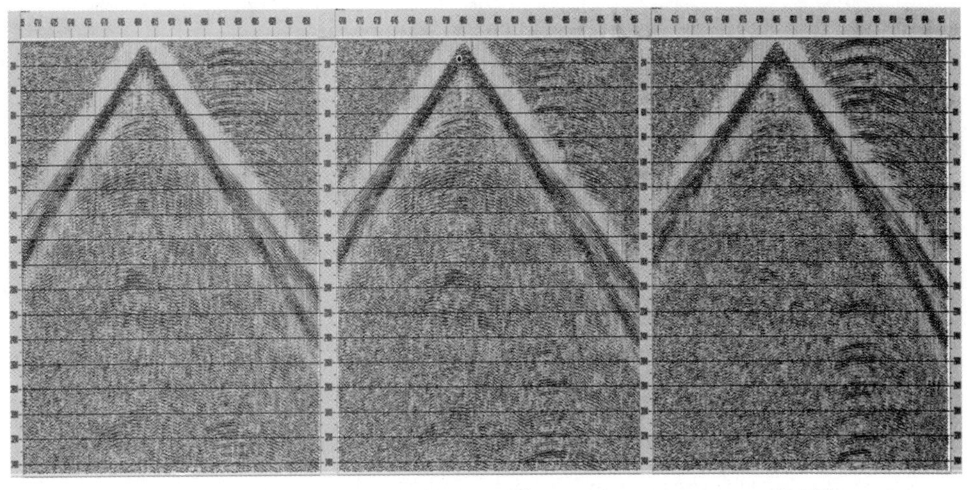

a.32 万焦　　b.36 万焦　　c.40 万焦

图 4-4-134 不同电极输出能量单炮对比分析(40~80 Hz)

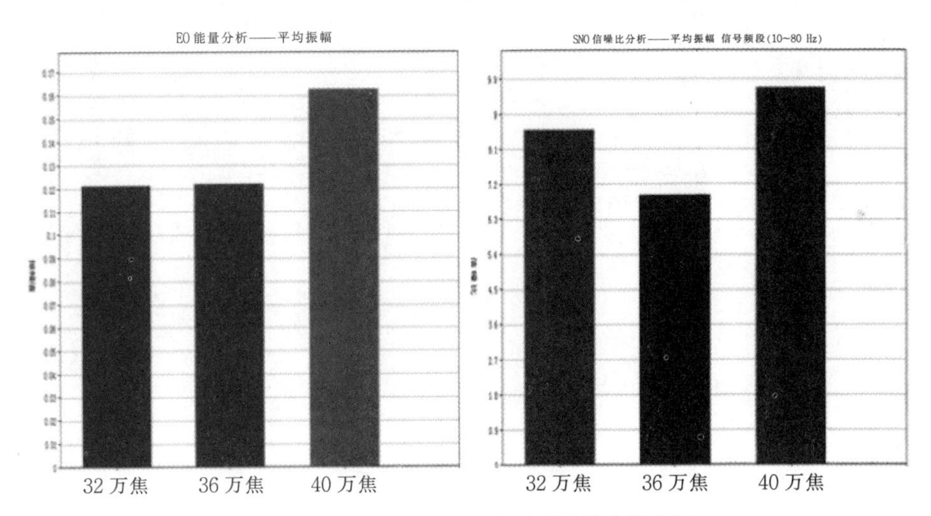

图 4-4-135 不同电极输出能量单炮定量分析

在 GD 三维地震资料采集项目中再一次进行电极输出能量试验，输出能量分别是 32 万焦耳、36 万焦耳、40 万焦耳，电极沉入水中的深度为 2 m，所得资料分析如下。

从图 4-4-129～图 4-4-134 的不同电极输出能量的单炮对比看，输出能量越大，反射同相轴越清晰，深层反射效果越好，资料的信噪比越高。从定量分析看(图 4-4-135)，电极输出能量较大的单炮能量较大，信噪比较高。

(3)电极沉水深度研究

由电火花震源的基本工作原理可知，电容器储能通过电极放电后形成的气泡脉动，就如同气枪震源将高压气体瞬间释放到水中一样，激发的能量和频谱与沉放深度有关。同样，电火花震源放电极(又称炮头)的沉放深度对激发效果有很大影响。

对地震勘探有用的能量有两部分：冲击波能量 W_{sh} 和气泡能量 W_{bub}。

冲击波能量按定义可表示为

$$W_{sh}=4\pi r^2\int_0^{\tau}\frac{p^2}{\rho_0 c_0}\mathrm{d}\tau \tag{4-4-42}$$

式中,τ 为放电时间;P 为冲击波压力;ρ_0 为水的密度;c_0 为波的速度;r 为冲击波半径。

气泡能量可表示为

$$W_{bub}=\pi P_0 R_{max}^{\ \ 3} \tag{4-4-43}$$

式中,P_0 为气泡压力;R 为气泡半径。

在水中激发时,电极沉入水中的深度主要是对气泡的能量产生较大的影响;当沉水深度较浅时,气泡的半径没有达到最大,能量在水面上散失,影响激发效果。在 GD 三维项目进行了电极沉入水中试验,参数为:电极输出能量 40 万焦耳,电极沉入水中深度分别为 2 m、2.5 m、3 m、3.5 m、4 m 共计五种深度(图 4-4-136~ 图 4-4-142)。从试验记录和定量分析记录可以看出(图 4-4-143),随着电极沉水深度的增加,深层反射同相轴更加清晰,能量逐渐增加。通过频谱分析,随着沉放深度的增加,频宽变窄。

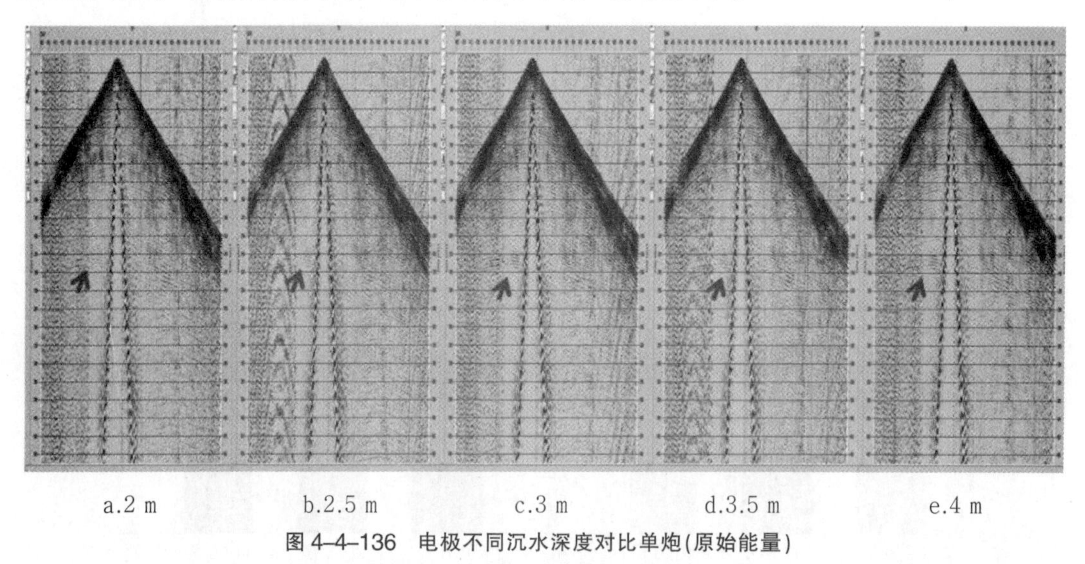

a.2 m　　b.2.5 m　　c.3 m　　d.3.5 m　　e.4 m

图 4-4-136　电极不同沉水深度对比单炮(原始能量)

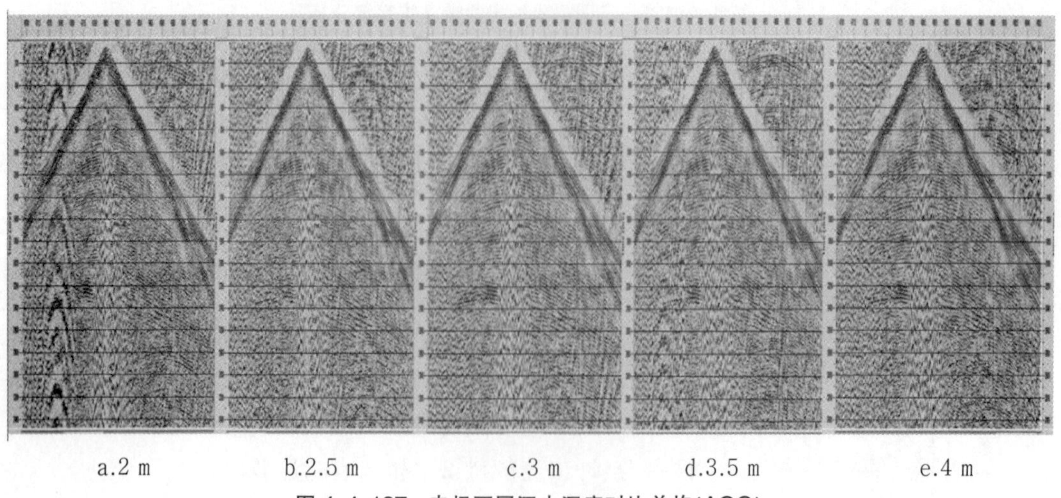

a.2 m　　b.2.5 m　　c.3 m　　d.3.5 m　　e.4 m

图 4-4-137　电极不同沉水深度对比单炮(AGC)

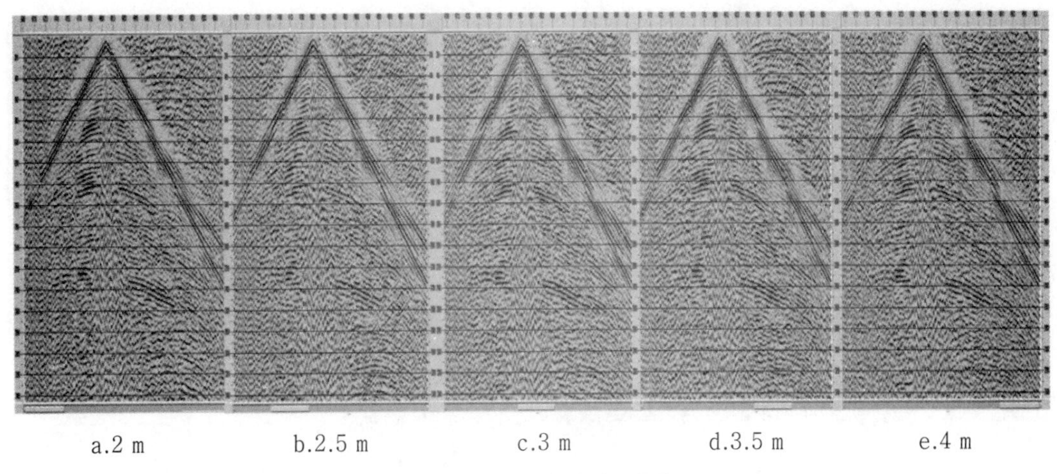

图 4–4–138　电极不同沉水深度对比单炮(10~20 Hz)

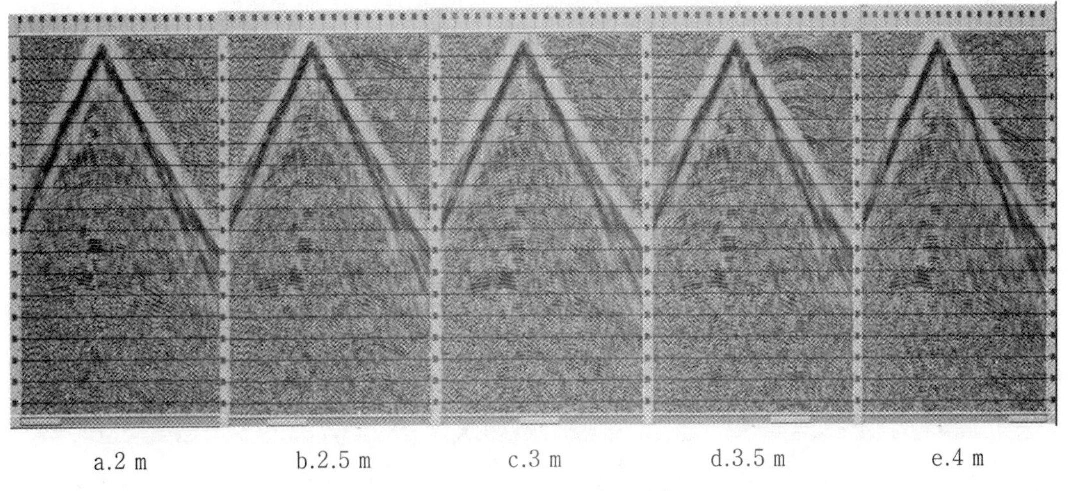

图 4–4–139　电极不同沉水深度对比单炮(20~40 Hz)

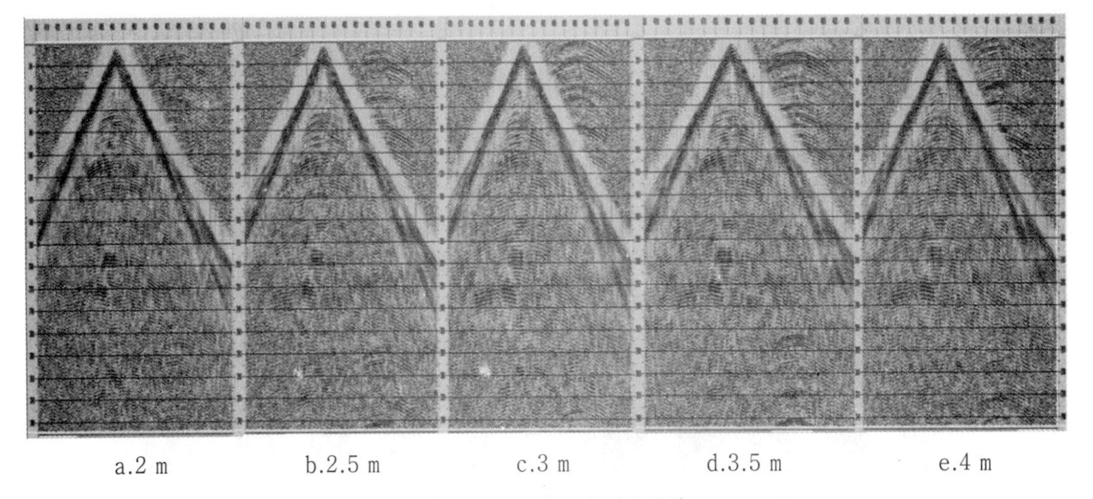

图 4–4–140　电极不同沉水深度对比单炮(30~60 Hz)

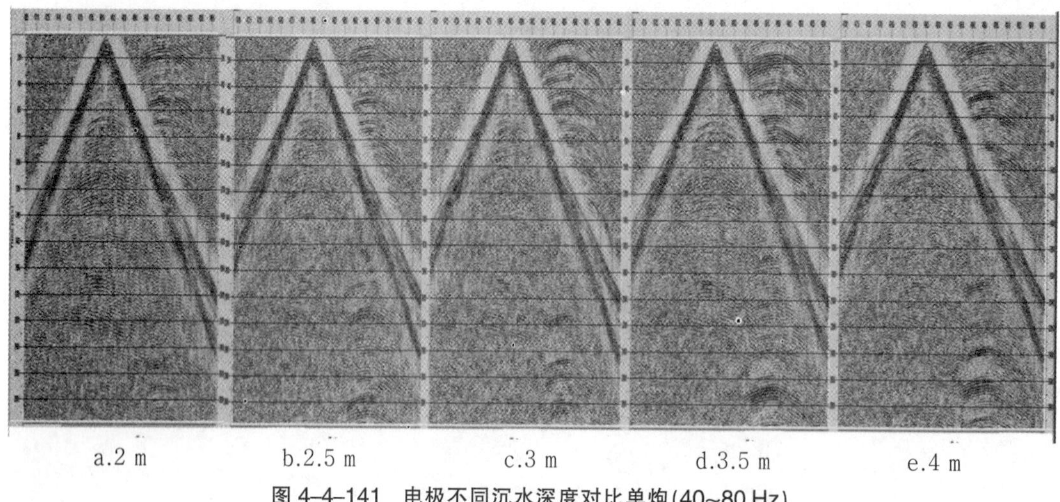

图 4-4-141 电极不同沉水深度对比单炮(40~80 Hz)

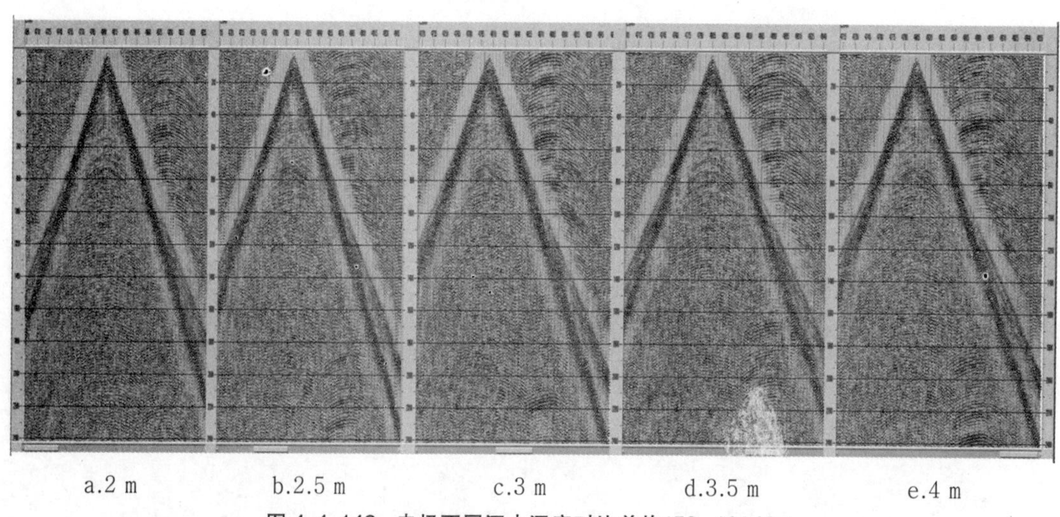

图 4-4-142 电极不同沉水深度对比单炮(50~100 Hz)

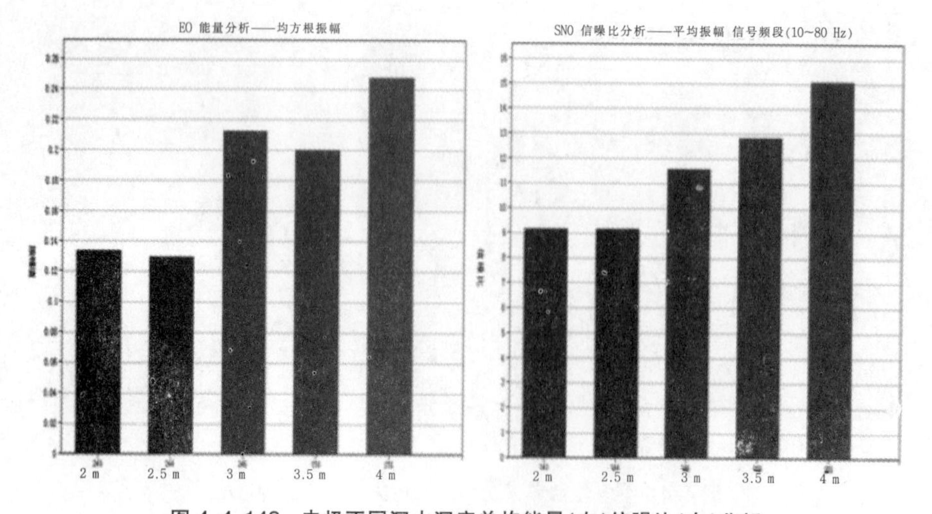

图 4-4-143 电极不同沉水深度单炮能量(左)信噪比(右)分析

4)电火花震源陆地应用情况分析

电火花震源的激发机理与炸药震源相同,通过瞬间爆破对周围介质产生压力(压强),激发出弹性波向外传播。电火花震源在陆上激发时,需要采用钻孔(井),井孔中蓄满水,电极沉入井水中激发。影响激发效果的因素除了电火花震源的放电能量外,还有井中水深、激发点介质的性质(速度、岩性等)。

(1)井中激发不同功率的激发效果

在GD试验区进行了电火花震源陆地井中激发试验,该点低降速带厚度为5 m,选择了9 m的激发深度,电极输出功率分别为40万焦耳、36万焦耳、32万焦耳(图4-4-145~图4-4-150)。从单炮的分频记录对比可以看出(图4-4-151),40万焦耳激发能量的单炮,反射同相轴更加清晰,连续性更好,单炮能量最强。

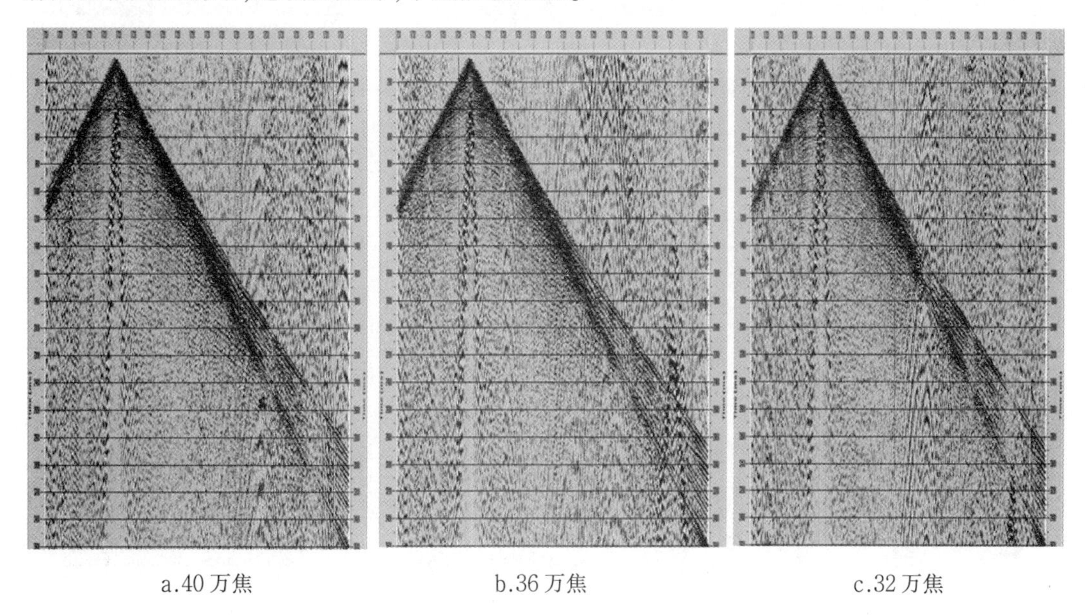

a.40万焦　　b.36万焦　　c.32万焦

图4-4-145　不同功率激发的对比单炮(No-Agc)

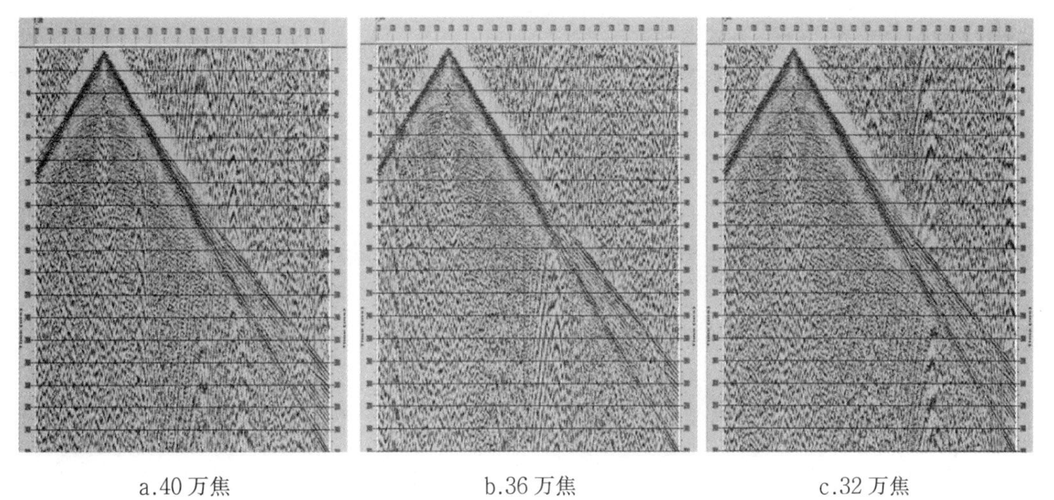

a.40万焦　　b.36万焦　　c.32万焦

图4-4-146　不同功率激发的对比单炮(AGC)

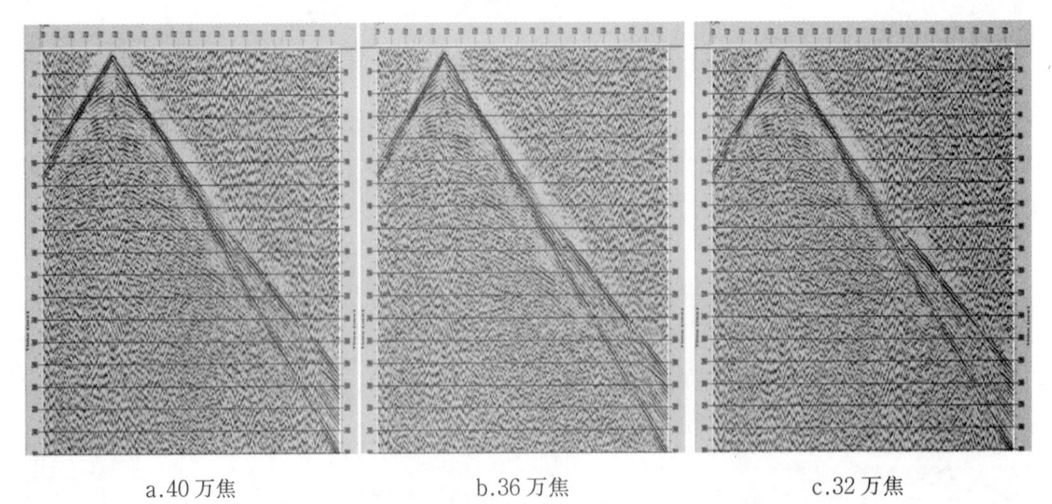

a.40 万焦　　b.36 万焦　　c.32 万焦

图 4-4-147　不同功率激发的对比单炮(10~20 Hz)

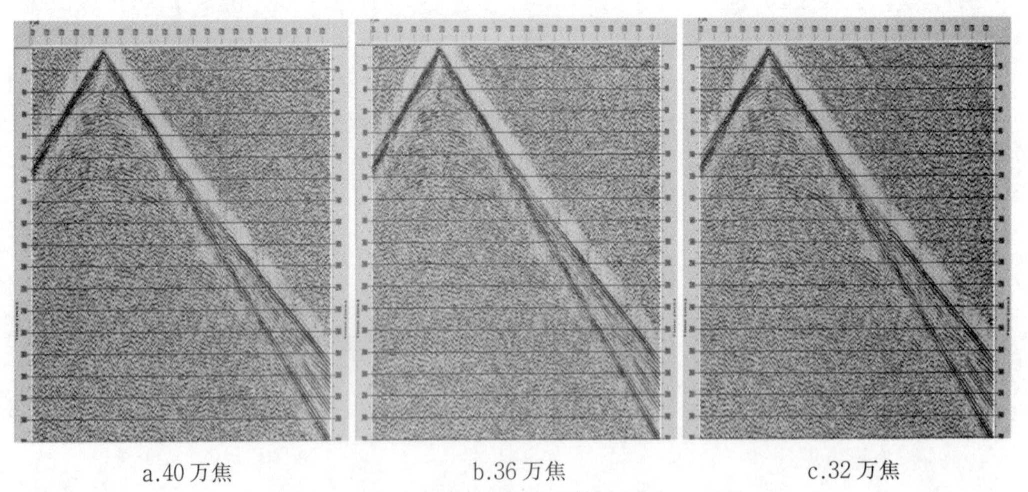

a.40 万焦　　b.36 万焦　　c.32 万焦

图 4-4-148　不同功率激发的对比单炮(20~40 Hz)

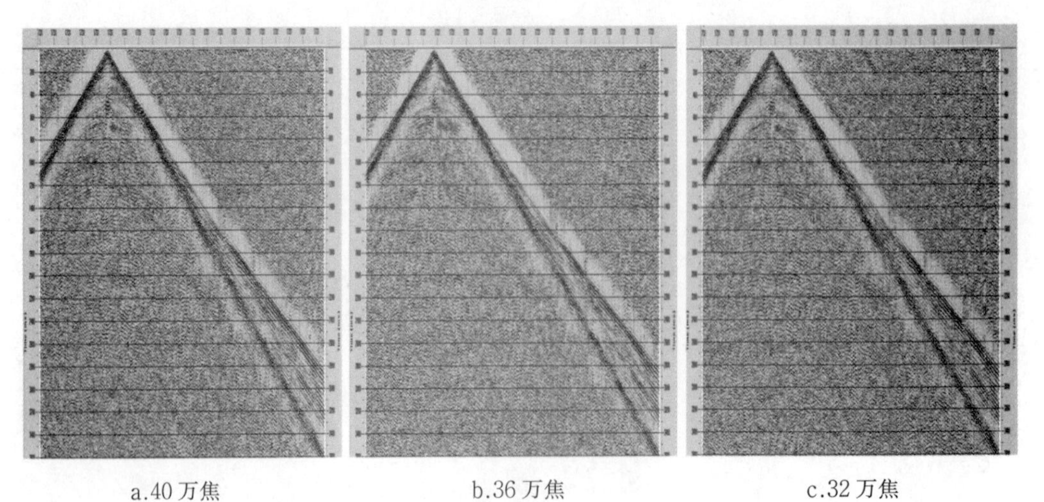

a.40 万焦　　b.36 万焦　　c.32 万焦

图 4-4-149　不同功率激发的对比单炮(30~60 Hz)

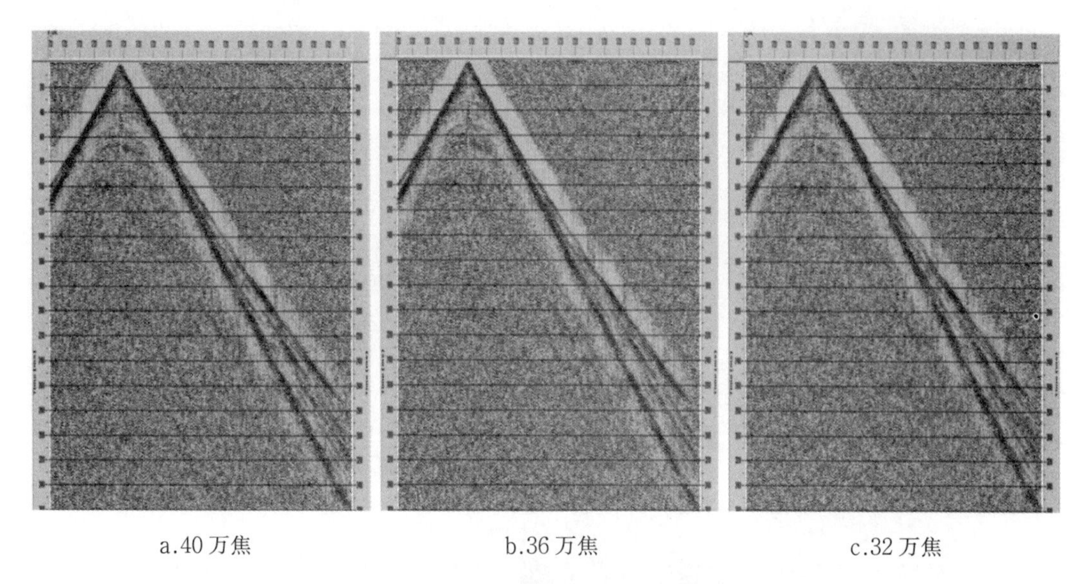

a.40 万焦　　b.36 万焦　　c.32 万焦

图 4-4-150　不同功率激发的对比单炮(40~80 Hz)

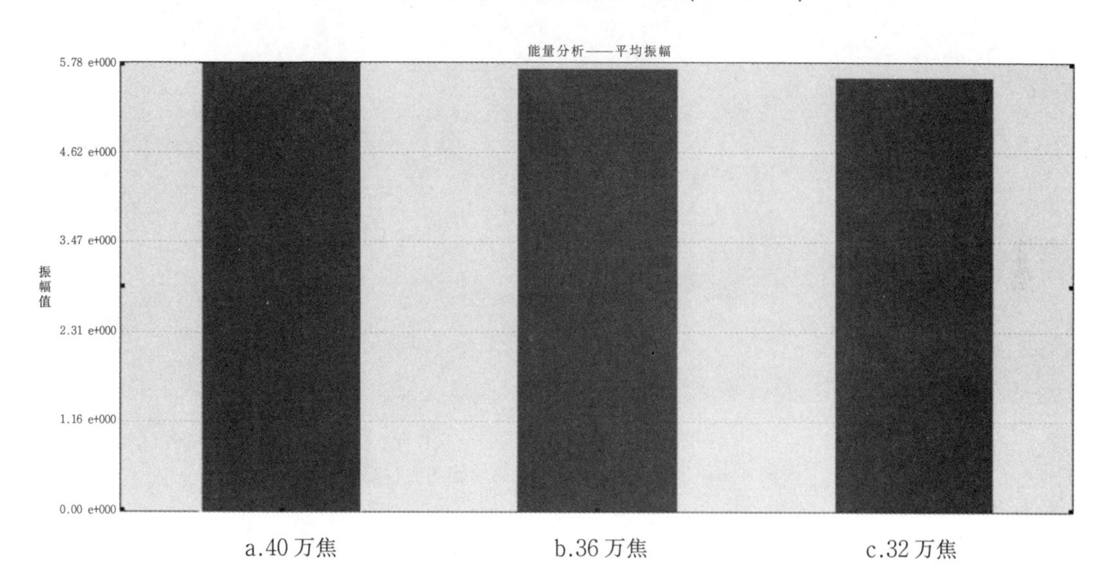

a.40 万焦　　b.36 万焦　　c.32 万焦

图 4-4-151　不同功率激发单炮的能量分析

(2)井中激发不同深度的激发效果

试验点的低降速带厚度为 5 m，岩性分布为 3.5～6.3 m 为粉土，6.3～15.3 m 为粉质黏土。选择的激发功率为 40 万焦耳，激发井保持满水状态，电极激发深度分别为 2 m、4 m、6 m、8 m。从试验资料(图 4-4-152～图 4-4-157)上看，电火花震源在陆地井中激发时，激发点位置在高速层中、黏土(粉质黏土)中的激发效果较好。

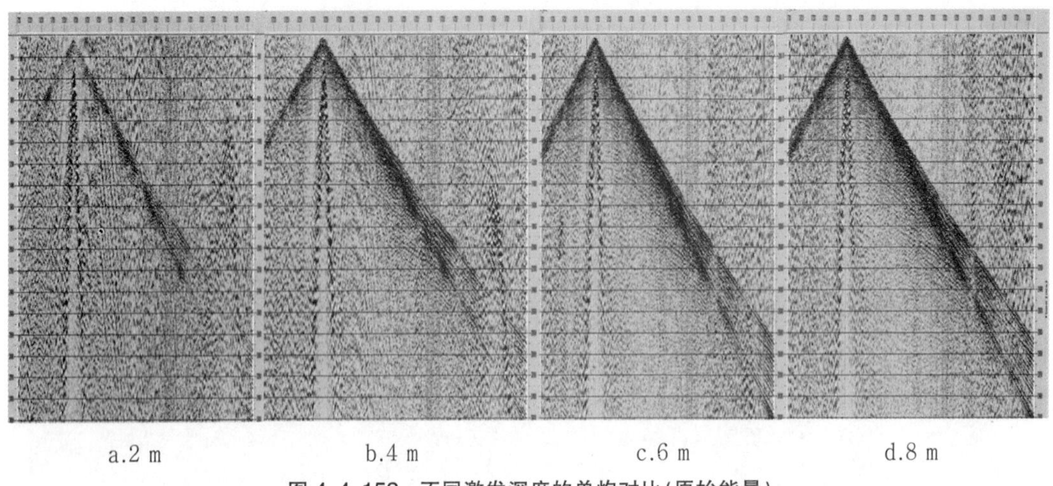

a.2 m　　b.4 m　　c.6 m　　d.8 m

图 4-4-152　不同激发深度的单炮对比(原始能量)

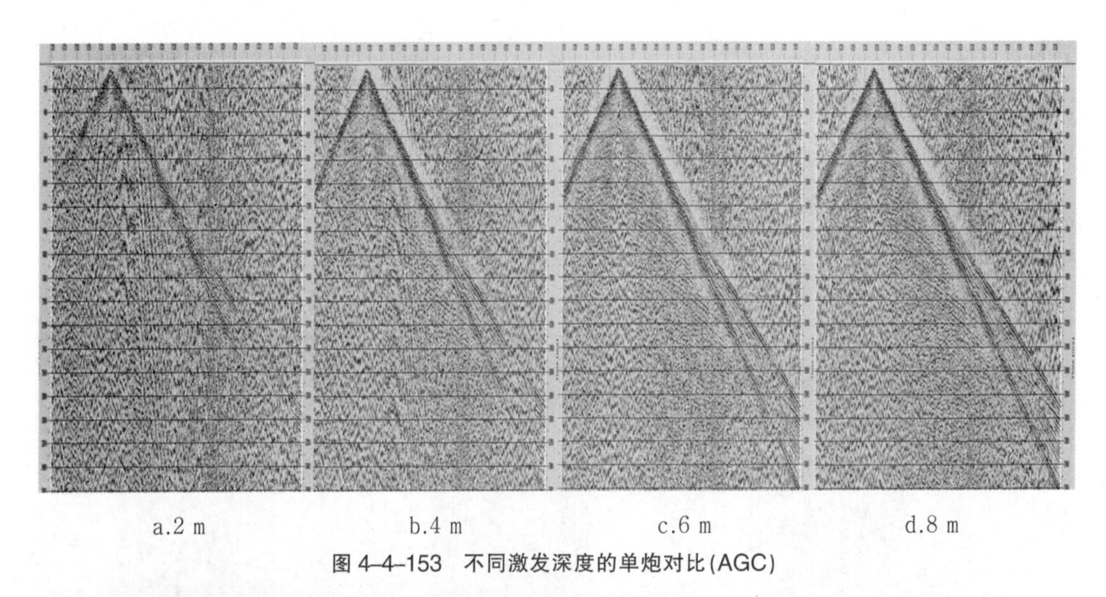

a.2 m　　b.4 m　　c.6 m　　d.8 m

图 4-4-153　不同激发深度的单炮对比(AGC)

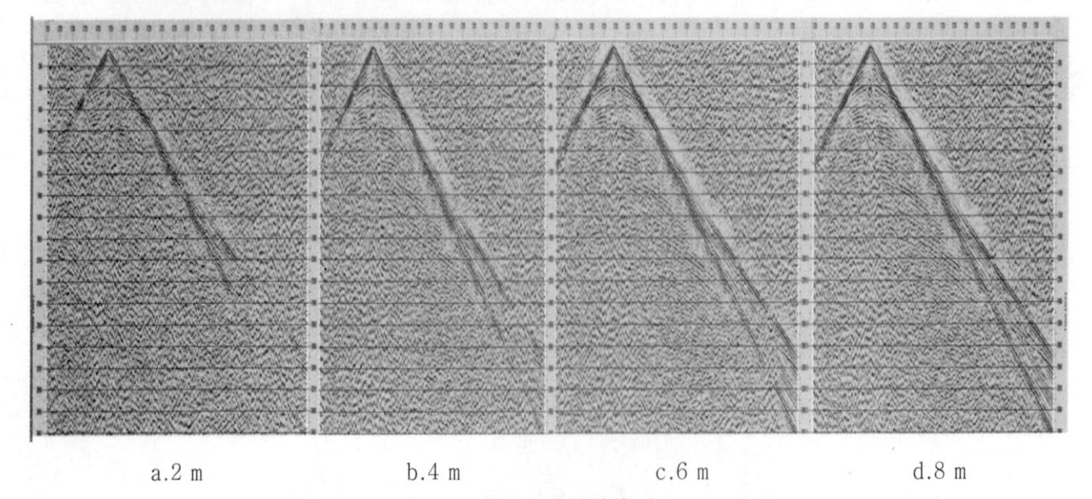

a.2 m　　b.4 m　　c.6 m　　d.8 m

图 4-4-154　不同激发深度的单炮对比(10~20 Hz)

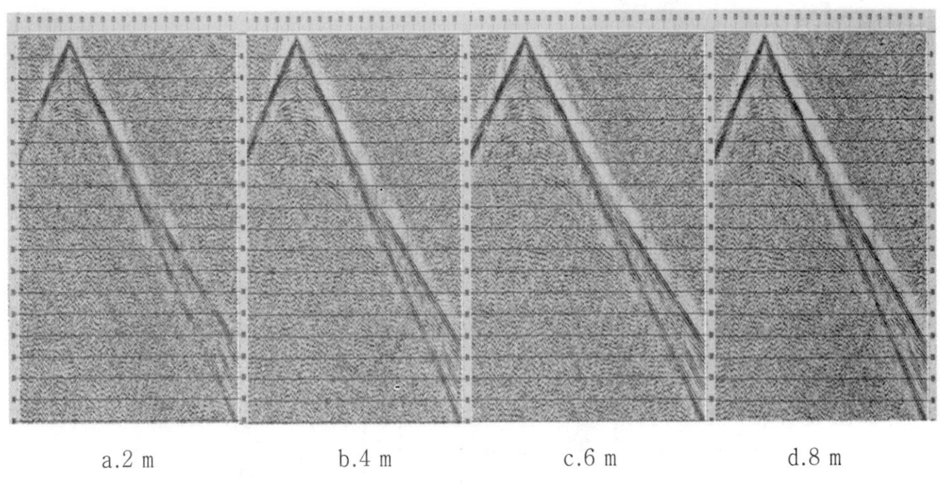

图 4–4–155　不同激发深度的单炮对比(20~40 Hz)

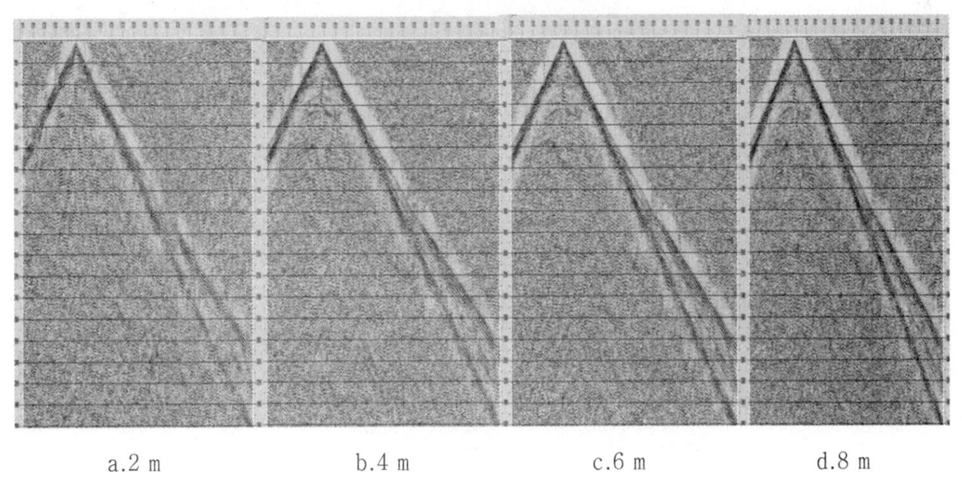

图 4–4–156　不同激发深度的单炮对比(30~60 Hz)

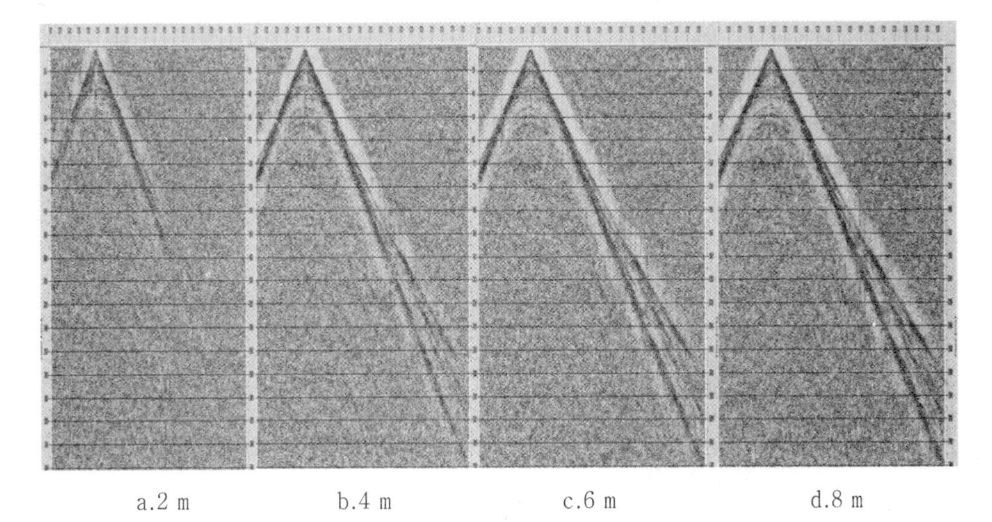

图 4–4–157　不同激发深度的单炮对比(40~80 Hz)

5.多震源联合激发效果分析

在FT工区,由于表层多样性,采用了多震源联合激发施工,确保激发点位的均匀。能够实施井炮的地表,采取不同的钻机类型,全部布设井炮炸药震源。

在城区、村庄、化工厂等区域,采用小型可控震源激发。在水库等水域,采用电火花震源施工。

1)三种震源地震资料特点分析

图4-4-158是不同震源激发的对比单炮,从单炮记录看,电火花和可控震源激发的单炮能量较弱,电火花震源比2 kg炸药震源激发的能量还弱,而小型可控震源比电火花震源激发的单炮能量弱近百倍。

小型可控震源、电火花震源的单炮品质差异性较大,在干扰小的地方,近炮点处的信噪比较高;在干扰大的地方,单炮资料品质差,抗干扰能力较差。

井炮和电火花震源激发资料的频带范围基本相近,可控震源的频带范围较窄。

可控震源和炸药震源电火花单炮存在相位差,可控震源是一个零相位信号。而炸药震源和电火花为一个混合相位子波,在处理中更多地把它近似为最小相位。

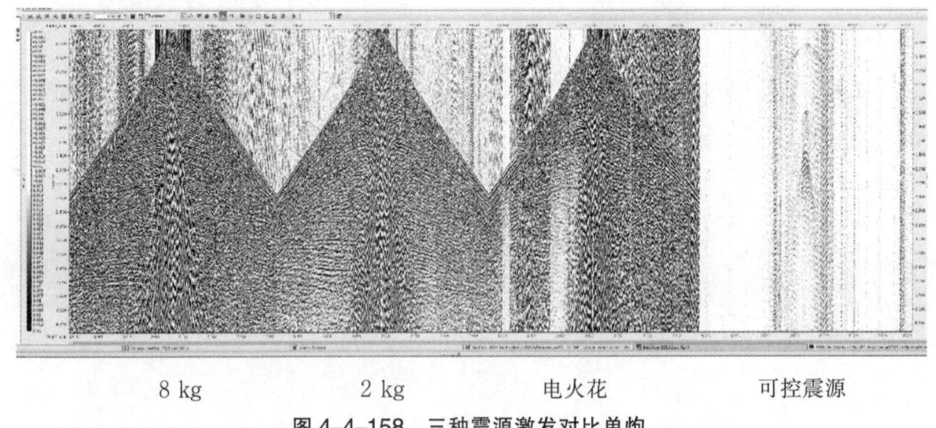

图4-4-158 三种震源激发对比单炮

2)子波匹配原理

由于三种地震资料在能量、相位和频率方面存在较大的差异,在不进行校正的情况下使得剖面不能同相迭加,造成反射轴错位、信噪比降低。子波匹配滤波处理技术主要是消除由于地震仪器、震源、检波器、激发岩性等多样性引起的地震记录在频率和相位上的差异,实现同相迭加。由于电火花和可控震源与炸药震源相比较能量和信噪比实在太低,有必要在子波校正前进行去噪和振幅一致性处理。

地震记录$x(t)$表示为反射系数序列$r(t)$与子波$b(t)$的褶积。

$$x(t)=r(t)\times b(t)$$

$$b(t) \longrightarrow \boxed{r(t)} \longrightarrow x(t)$$

地震记录子波$b(t)$可展开为震源子波$s(t)$、检波器脉冲响应$g(t)$、仪器脉冲响应$w(t)$的褶积。

$$b(t)=s(t)\times g(t)\times w(t)$$

$$s(t) \longrightarrow \boxed{r(t)} \longrightarrow \boxed{g(t)} \longrightarrow \boxed{w(t)} \longrightarrow x(t)$$

不同的激发震源产生不同的激发子波 $s(t)$，检波器具有不同的脉冲响应 $g(t)$，在相同的仪器条件下可以不考虑仪器脉冲响应的影响。

相同震源和仪器，不同检波器时两个记录道褶积模型：

$$x_1(t)=s(t)\times r(t)\times g_1(t)\times w(t)$$

$$x_2(t)=s(t)\times r(t)\times g_2(t)\times w(t)$$

相同检波器和仪器，不同震源时两个记录道褶积模型：

$$x_1(t)=s_1(t)\times r(t)\times g(t)\times w(t)$$

$$x_2(t)=s_2(t)\times r(t)\times g(t)\times w(t)$$

设压电检波器脉冲响应为 $g_1(t)$，速度检波器脉冲响应为 $g_2(t)$。震源、仪器及反射系数因素相同并合并，设为 $f(t)$。

$$f(t)=r(t)\times g(t)\times w(t)$$

因此有

$$x_1(t)=g_1(t)\times f(t)$$

$$x_2(t)=g_2(t)\times f(t)$$

如果设有两算子 $g_1'(t)$，$g_2'(t)$和一理想子波 $g(t)$

使得：

$$g_1(t)\times g_1'(t)=g(t)$$

$$g_2(t)\times g_2'(t)=g(t)$$

则有

$$g_1'(t)\times x_1(t)=g_1(t)\times g_1'(t)\times f(t)=g(t)\times f(t)$$

$$g_2'(t)\times x_2(t)=g_2(t)\times g_2'(t)\times f(t)=g(t)\times f(t)$$

因此可以通过找一理想子波 $g(t)$和两个滤波算子 $g_1'(t)$、$g_2'(t)$，将两种不同接收因素的地震记录进行匹配消除差异。理想子波 $g(t)$可以是余氏子波、脉冲子波等或可以直接使用 $g_1(t)$和 $g_2(t)$之一；滤波算子 $g_1'(t)$和 $g_2'(t)$线性方程组求解。可以用相同的理论说明不同震源子波的匹配原理和地表一致性子波校正的原理。

然后按如下步骤进行子波校正(以可控震源校正为例)：

分别提取可控震源和炸药统计子波 $g_1(t)$和 $g_2(t)$；子波提取方法使用同态方法；

选择炸药统计子波为期望子波 $g(t)=g_2(t)$，求取可控震源反滤波算子 $g_1'(t)$，$g_1(t)\times g_1'(t)=g(t)=g_2(t)$；算子 $g_1'(t)$求解使用最小二乘法：

$$E=\sum_t\left[g_1(t)\times g_1'(t)-g_2(t)\right]^2$$

对可控震源进行褶积运算 $x(t)=g_1'(t)\times x_1(t)$。

根据以上的分析和研究，在进行子波校正处理前，先对资料进行去噪和振幅一致性处理。图 4-4-159 为去噪对子波提取的影响示意图，a、c 是去噪前后的剖面，b、d 是匹配滤波后的剖面。由于原始记录存在较强的噪音，提取的子波不理想，匹配滤波后效果不好，去噪后进行子波匹配，剖面连续性好，信噪比高，匹配滤波效果明显。

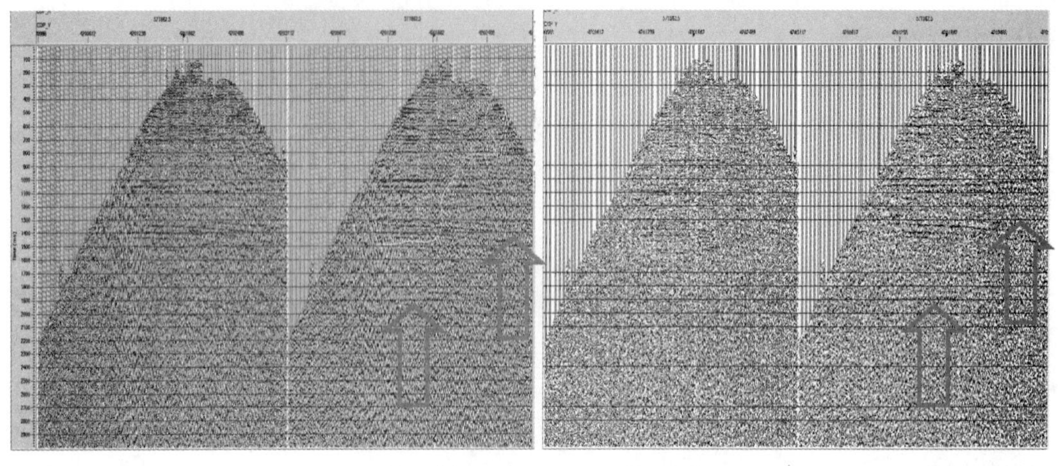

a.震源去噪前　　b.去噪前子波校正　　c.震源去噪后　　d.去噪后子波校正

图 4-4-159　去噪对子波提取的影响示意图

3)实际资料应用效果分析

使用子波匹配滤波对富台三维资料进行处理。图 4-4-160 左边部分是初叠剖面,从剖面中能明显看出有三个地方在能量、信噪比和分辨率方面有明显的差异;右边部分为子波校正后的剖面,采用子波校正后,剖面在相位、振幅和频率方面一致性好,同相轴连续性好,信噪比提高,成像效果明显变好。

针对多种震源交替激发产生地震资料在相位、振幅及频率方面存在的差异,采用了针对性的处理技术,得出以下结论:

①电火花、可控震源激发的地震记录能量弱,信噪比低,通过合理的去噪,能提高资料的能量和信噪比;

②子波匹配滤波技术能消除震源不一致引起的地震记录在频率和相位上的差异,实现同相迭加;

③电火花、可控震源激发的地震记录不仅能补缺口,还能用于处理生产。

野外在干扰大、施工条件允许的情况下适当增加台次和震次来提高资料的能量和信噪比,电火花应在风力小、干扰小的环境中施工,从源头提高资料品质。

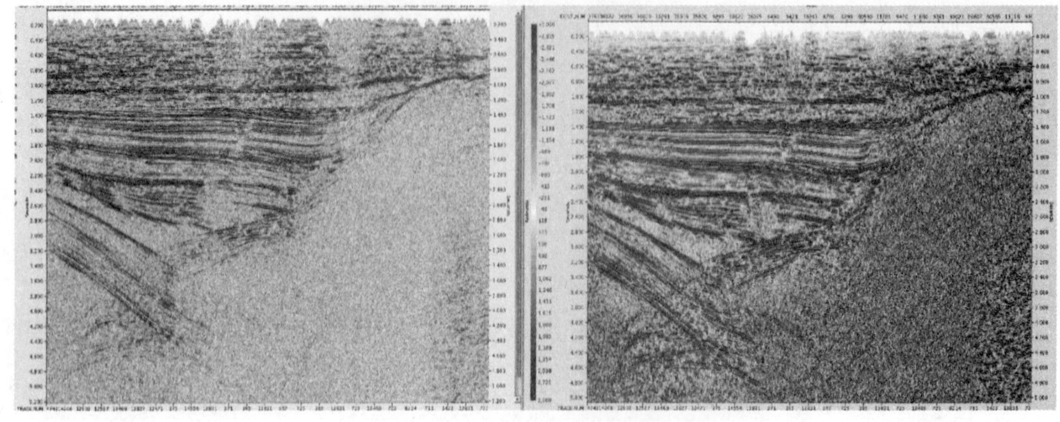

图 4-4-160　子波校正前后示意图

第五章 高精度接收技术

在济阳坳陷的高精度地震勘探过程中,配合高炮道密度的采集方式,在接收环节上逐渐由组合接收向单点接收过渡。一般情况下,单点接收主要是指单只检波器接收,单只检波器接收与传统的检波器串接收相比较可以避免组合效应对频率的压制作用、避免同道检波器由于埋置条件的差异而带来的静校正问题;单只检波器接收与传统的组合接收在单炮资料的信噪比方面、频率方面存在着差别;不同类型单只检波器接收的地震资料在信噪比、能量、频率方面也存在着差别;不同检波器组合方式在接收效果方面也不相同;这些差别、差异需要我们进一步进行研究。此外,节点仪器的发展推动了单点接收技术的发展,在生产中还需要进一步研究节点仪器采集系统的特性和应用中的规范。

一、单点接收技术

1.组合接收对高频信息的影响分析

采用检波器组合压制干扰波、提高信噪比,是长期以来地震勘探广泛使用且被普遍认可的技术,这项技术已经伴随地震勘探的发展沿用了几十年。很多文献对检波器组合参数与干扰波特性的关系进行了研究,探讨如何更有效压制干扰波,也有文献讨论了常规组合检波因地表组内高差、地下地层倾角、表层低降速层厚度的横向变化等引起的时差,对有效信号的高频滤波效应及波形畸变的影响,普遍认为只要把时差控制在规程范围内组合检波就是有效的;有的学者研究认为,在复杂地区放宽组内高差的限制,尽管有效波被损伤的程度会稍大一些,但干扰波被压制的效果更好,从提高信噪比的目标来衡量也是有利的;有学者提出采用检波器小组合(组合基距为 1～5 m)接收方式,降低组合对有效反射波的影响、提高分辨率;也有学者认为点(单检波器)接收方式是可行的,在室内数据处理中可实现压噪和去干扰波,也可以通过采用道间组合提高信噪比。

组合接收到底对反射波造成多大的影响?对这一问题需要进行深入分析,包括不同炮检距对反射波的影响,对哪些频率会造成影响?影响程度如何?不同目的层深度会有什么样的影响?

对平面简谐波来说,组合后的信号频率与组合前单个检波器的信号频率是一样的,因此,组合没有造成频率畸变。然而,实际的地震波并不是简谐波,而是脉冲波,在这种情况下,如果有效波到达相邻检波器的时差为零,那么,组合后的脉冲波形仍然是不变的,只是振幅增强了 n 倍。然而,实际上对有效波来说,到达相邻检波器的时差虽然可能很小,但不一定等于零,这时组合后的波形就发生了畸变。分析这种畸变的基本思路是:把组合看作一种频率滤波装置,从频谱分析的观点,把脉冲波看成由许多不同频率的简谐波组成,每种频率的简谐波在组合后的变化可以利用组合的方向频率特性公式计算。最后再把组合

后的各种简谐波成分迭加起来,就可以得到脉冲波组合的输出了。组合的频率特性公式为

$$\Phi(n,f)=\frac{\sin(n\pi f\Delta t)}{n\ \sin(nf\Delta t)} \tag{5-1-1}$$

式中,n 是组合接收的检波器数目;Δt 是有效波到达相邻检波器的时差。取一定数目的检波器进行纵向线性组合,检波器数量为 7,Δt=0.002。彩图 5-1-1 是组合基距为 6 m、12 m、18 m、24 m 时的频率特性曲线,曲线分别对应系列 1~ 系列 4。

从这个曲线可以看出,检波器数量相同,组内距不相同时,随着组合基距的增大,对频率的压制作用向低频移动,当组合基距为 6 时,压制频率在 70 Hz,当组合基距为 12 m、18 m、24 m 时,压制频率分别为 33 Hz、23 Hz、20 Hz。

取一定数目的检波器进行纵向线性组合,进行相同组内距,不同检波器数量(组合基距)的对比。Δt=0.004,彩图 5-1-2 是检波器数量分别为 3、5、7、9 时的频率特性曲线,分别对应系列 1~ 系列 4。从这个曲线可以看出,组内距相同时,随着检波器数量的增多(组合基距增大),压制频率成分向低频移动,组合的通放带变窄。

取一定数目的检波器进行纵向线性组合,进行相同组合基距、不同检波器数量(组内距)的对比,Δt=0.002,彩图 5-1-3 是检波器数量分别为 3、5、7、9 时的频率特性曲线,分别对应系列 1~ 系列 4。从这个曲线可以看出,组合基距相同时,随着检波器数量的增多,相邻检波器的时差变小,组合的通放带变宽。

从以上的分析可以看出,检波器组合是一个具有滤波作用的"低通高截"的系统,对高频的能量具有压制作用。

下面对组合接收、单点接收的地震资料的频谱进行对比,分析组合对高频能量的压制作用。

目前经常用到的频谱是振幅谱,振幅谱的意义是每个频率分量的幅度大小。常用的百分比谱、分贝谱是每个频率分量振幅与峰值频率振幅的比值。高(低)频能量强,频谱向高(低)频拓宽。图 5-1-4 是组合接收和单点接收的地震单炮的频谱,其中蓝色曲线是单点接收,红色曲线是组合接收,这是一个做了归一化处理的频谱。从这个频谱上可以看出,检波器组合后,高频能量受到了压制,40 Hz 以上的频率成分能量小于单点接收。

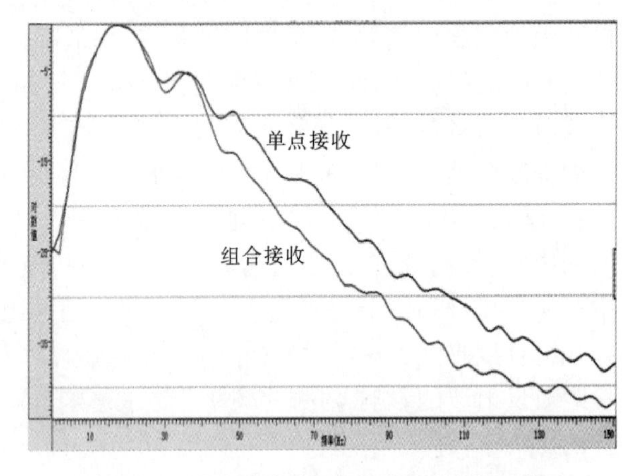

图 5-1-4 单点接收与组合接收频谱分析对比图

为了更加清楚地看到高频能量的压制,再进行另外一种频谱的对比,这种频谱能够看出各个频率成分的能量数值,从而更加容易地进行真实能量数值的对比。图 5-1-5 是频谱图 5-1-4 的另外一种表现形式,从这个对比的频谱可以清楚地看出,组合后 40 Hz 以上的频率成分能量都要小于单点接收,小于 40 Hz 的能量成分组合都要大于单点接收。组合接收对于高频能量的压制作用是比较明显的。

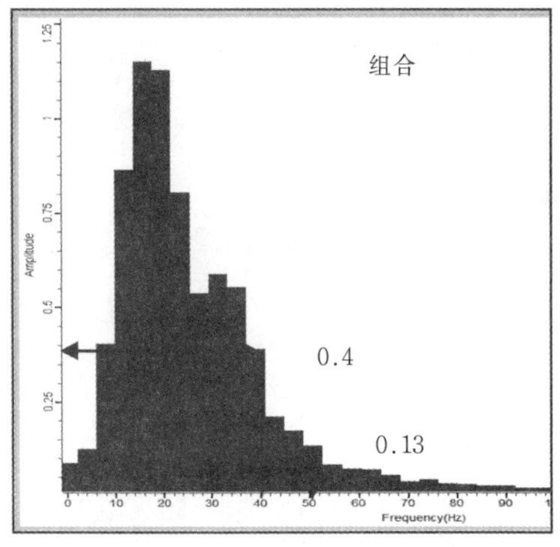

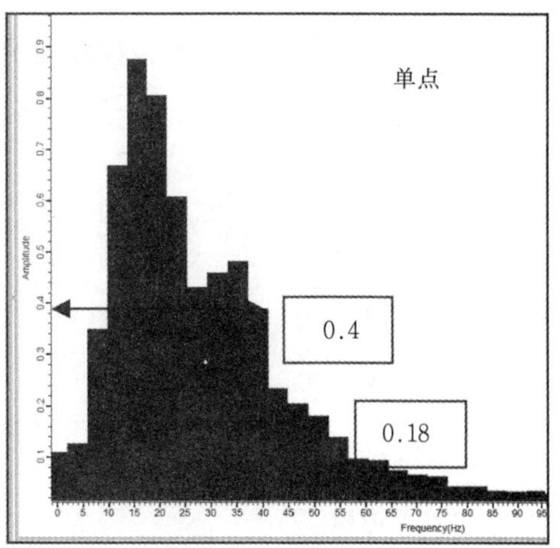

图 5-1-5　组合与单点接收频谱分析对比图

2.单点接收的基本原则

应用单点接收,是牺牲了单炮资料的信噪比来保证资料的频带宽度和保真度。单点接收配合着高炮道密度的观测系统,重点提高资料的纵横向分辨率,提高层间弱反射信号的成像精度。单点接收对检波器的基本要求是宽频带、高灵敏度。宽频带检波器是接收到的资料频带范围在低频或高频较普通检波器宽。提高检波器的灵敏度有利于提高对弱反射信息的接收能力,当前主要有两类检波器,一类是低频检波器——自然频率为5Hz的速度检波器,一类是加速度检波器(数字检波器、陆用压电检波器)。

1)5 Hz 速度检波器

对动圈式速度检波器来讲,自然频率也称为固有频率或共振频率,由检波器弹性系统的结构和材料决定。自然频率的高低决定了地震数据采集的有效频带宽度, 自然频率越低,接收低频地震信号的频率范围越宽;检波器的自然频率越高,其线性区域的灵敏度也就越高,对高频信号的接收更有益;自然频率越高,低于自然频率的低频区域的灵敏度也就越低,这就不利于接收低频信号。自然频率越低的动圈式检波器其弹簧片越软,惯性体质量越重,则越易损坏。

5 Hz 检波器是指自然频率为 5 Hz 的速度型模拟检波器,地震采集一般常规使用的是自然频率为 10 Hz 的检波器,10 Hz 检波器通常使用检波器串接收。两种检波器的参数对比见表 5-1-1。

从参数对比可以看出,两种检波器的主要差别是在自然频率以及灵敏度上,检波器的灵敏度是指机电转换的效率,效率越高,则检波器输出电压也越大,其灵敏度也高。因此,提高检波器的灵敏度,实质上是提高检波器的机电转换效率。灵敏度是检波器对激励(振动)响应的敏感程度,大小取决于线圈总长度和磁场强度。

$$S_0=BLN \tag{5-1-2}$$

式中,B 为磁钢的磁感应强度;L 为每匝线圈的平均长度;N 为线圈匝数;S_0 为检波器开路灵敏度。

表 5-1-1 低频检波器与常规检波器参数对比

项目	20DX-10 动圈检波器	SG5 低频检波器
自然频率(Hz)	10±0.5	5±0.38
失真系数(%)	<0.2	≤0.1
灵敏度[V/(m·s^{-1})]	28±2.1	82±4.1
开路阻尼	0.3	0.55±0.041
阻尼系数(并 20 kΩ 电阻)	0.7±0.07	0.764±0.057
线圈电阻(Ω)	395±20	1 900±95
假频(Hz)	200	≥130
线圈最大位移 - 峰值(mm) (由产品设计保证无须进行测试)	2	3
倾斜度	0～10°	0～10°
工作频宽(Hz)	5～200	5～200
动态范围(dB)	60	60
物理量	速度	速度

2)加速度检波器

震源激发之后,产生的大地振动有三种物理表现形式,分别是位移、速度和加速度。加速度检波器是指测量大地振动加速度量的检波器, 目前常用的加速度检波器是陆用压电检波器。陆用压电检波器与常规 20 DX-10 Hz 检波器的参数对比见表 5-1-2。加速度检波器与速度检波器相比较动态范围大、灵敏度高。

表 5-1-2 加速度检波器与速度检波器参数对比

项　　目	20DX-10 动圈检波器	LHKJ-1A
自然频率(Hz)	10±0.5	5
失真系数(%)	<0.2	≤0.1
灵敏度[V/(m·s^{-1})]	28±2.1	7.8
假频(Hz)	200	≥400
倾斜度	0～10°	0～10°
工作频宽(Hz)	5～200	5～300
动态范围(dB)	60	110
物理量	速度	加速度

3)三种检波器的对比分析

进行三种检波器的对比试验,分别是陆用压电检波器、10 Hz 检波器以及 5 Hz 高灵敏度检波器,使用的是单点检波器接收对比。图 5-1-6 是三种检波器单炮记录的原始能量显示,从中可以看出,加速度检波器的原始能量最强,5 Hz 检波器的原始能量要好于 10 Hz 检波器。单炮记录的原始能量是检波器灵敏度大小的表现。图 5-1-7 是三种检波器单炮记录的 AGC 记录显示,可以看出 5 Hz 检波器的信噪比最高,陆用压电检波器的信噪比最低,应用陆用压电检波器接收应该配合更高炮道密度的观测系统。图 5-1-8 是几种检波器的频谱分析,其中三种是组合接收,组合基距为 40 m 三串组合、组合基距 250 m 三串组合;组合基距为 40 m 一串组合,以及上述三种单点检波器。重点对比三种单点检波器的频谱,可以看出,5 Hz 检波器的频谱明显向低频拓展,陆用压电检波器的频谱明显向高频部分拓宽。

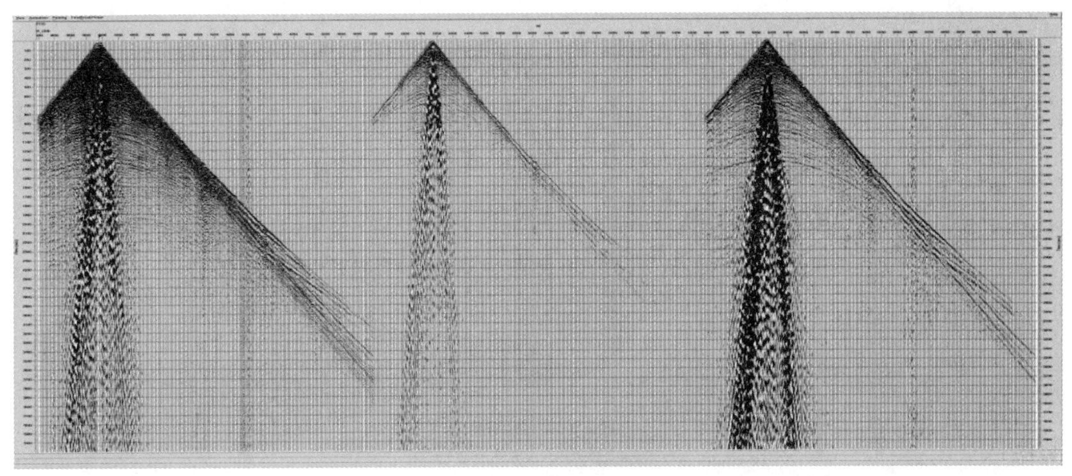

陆用压电　　10 Hz 检波器　　5 Hz 检波器

图 5-1-6　三种检波器单炮对比(原始能量)

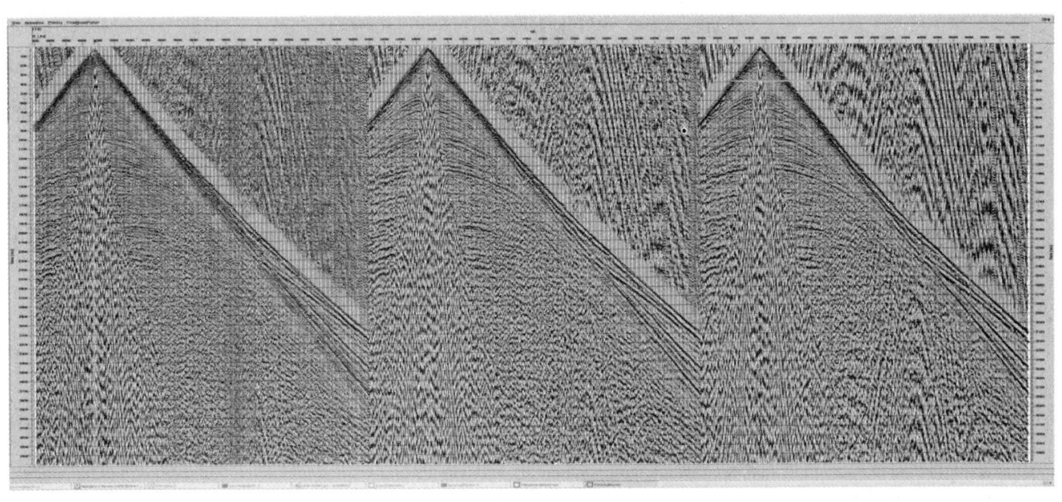

陆用压电　　10 Hz 检波器　　5 Hz 检波器

图 5-1-7　三种检波器单炮对比(AGC)

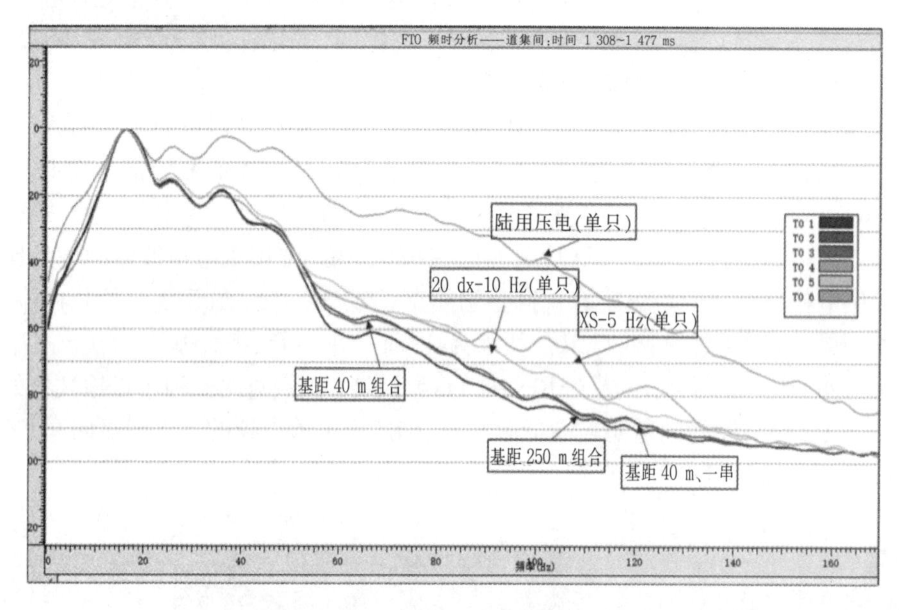

图 5-1-8 三种检波器单炮频谱对比

3.不同组合及单点接收的效果分析

1)不同组合接收效果分析

采用检波器组合压制干扰波、提高信噪比,是长期以来地震勘探广泛使用且被普遍认可的技术,这项技术已经伴随地震勘探的发展沿用了几十年。组合检波是利用干扰波与有效波出现规律的差异和传播方向的不同来压制干扰波的,这是组合检波的方向效应。

$$A_{\Sigma}=A_0\frac{\sin\left(\frac{n\Delta\varphi}{2}\right)}{\sin(n\Delta\varphi)} \tag{5-1-3}$$

检波器组合可以压制随机干扰、提高信噪比,统计效应的结论是当组内各检波器之间的距离大于该地区的随机干扰半径时,用 m 个检波器组合后,其信噪比增大 $m^{1/2}$ 倍。这是组合检波的统计效应。

$$G=\frac{\sqrt{m}}{\sqrt{1+\beta}} \tag{5-1-4}$$

组内检波器大于随机干扰半径的相关半径时,β=0。

因此,检波器组合接收效果,受到检波器组合的组合基距、组内距、检波器组合数量、检波器的组合形式等因素的影响。一般来说,检波器组合压制干扰提高信噪比主要依靠检波器的组合基距,组合基距越大,压制干扰波的效果越好。面积组合能够从横纵两个方向压制不同方向的噪音干扰,压噪效果要好于线形组合,面积组合资料的信噪比要高于线形组合。

(1)不同组合基距接收效果对比

同组检波器之间在平面上有位置上的差别,才能够对干扰波有压制作用,组合基距是压制噪音的基础和保证,是检波器组合中最重要的因素。要想压制干扰,必须有足够大的组合基距。图 5-1-9 是 6 个检波器组合接收的单炮记录, 从左到右组合基距分别为 5 m、

10 m、15 m、20 m 的线形组合。可以看出，随着组合基距的增大，线性干扰被压制，资料信噪比提高。

组合基距增大到一定程度，再继续增加检波个数、增大组合基距，资料的信噪比不会有显著增加(组合基距达到 18 m 后，信噪比相差不大)。图 5-1-10 从左到右分别是组合基距 14 m(8 个检波器组合)、组合基距 18 m(10 个检波器组合)、组合基距 26 m(14 个检波器组合)、组合基距 30 m(16 个检波器组合)的记录，从记录中可以看出，当组合基距达到 18 m 后，对线性干扰的压制效果不明显，资料信噪比变化不大。

(2)不同组内距接收效果对比

分别用 21 个检波器组合、11 个检波器组合、6 个检波器组合，组内距分别为 1 m、2 m、4 m，组合基距 20 m 的线形组合的资料进行对比(相干半径为 2 m 左右)，组合基距 20 m 时可以完全压制线性干扰。从图 5-1-11 可以看出，组内距小于相干半径时，背景噪音稍大。组内距较大时，记录的背景较为干净，对环境噪音压制效果好。从高频滤波记录(图 5-1-12)来看，使用 21 个检波器组合，组内距 1 m 的记录，高频信息信噪比更高。在相同组合基距的情况下，适当地增加检波器数量，减小组内距可以提高高频反射信息的信噪比。

(3)不同检波器数量组合效果对比

压制环境噪音的主控因素是组合基距，在组合基距相同的情况下，对比不同数量检波器的压噪效果。选取了相同组合基距(24 m)，图 5-1-13 是检波器组合数量分别为 2、3、4、5 的对比单炮记录，可以看出，随着检波器数量的增加，记录上的背景噪音(环境噪音)逐渐减弱，线性干扰也逐渐减弱；反射同相轴逐渐在增强，信噪比在提高。

(4)不同组合形式效果对比

进行相同检波器数量的不同检波器组合形式对比，对比了线形组合与面积组合的资料情况。图 5-1-14 左图是线形组合、右图是面积组合，可以看出，面积组合的压制噪音效果要好，资料的信噪比稍高。

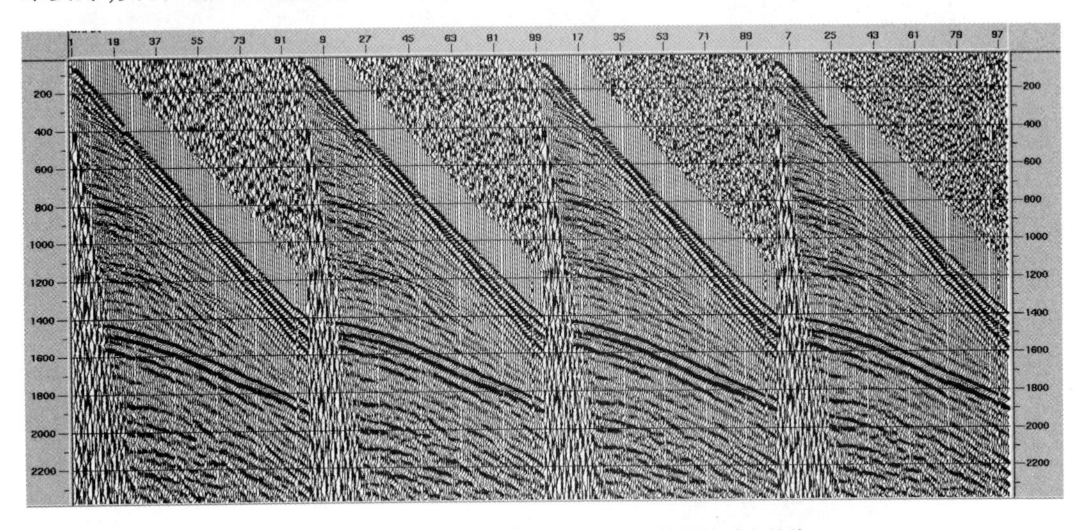

图 5-1-9 相同检波器数量、不同组合基距的对比单炮

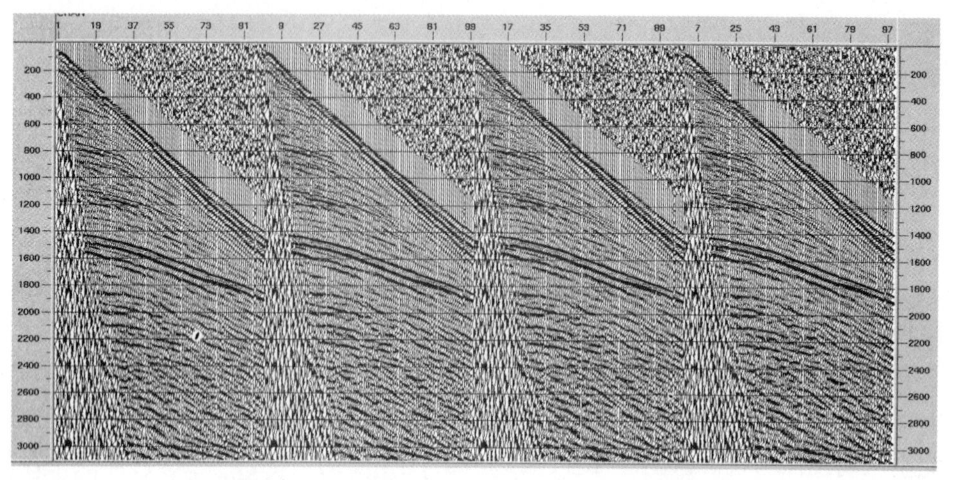

图 5-1-10 相同组内距、不同组合基距的对比单炮

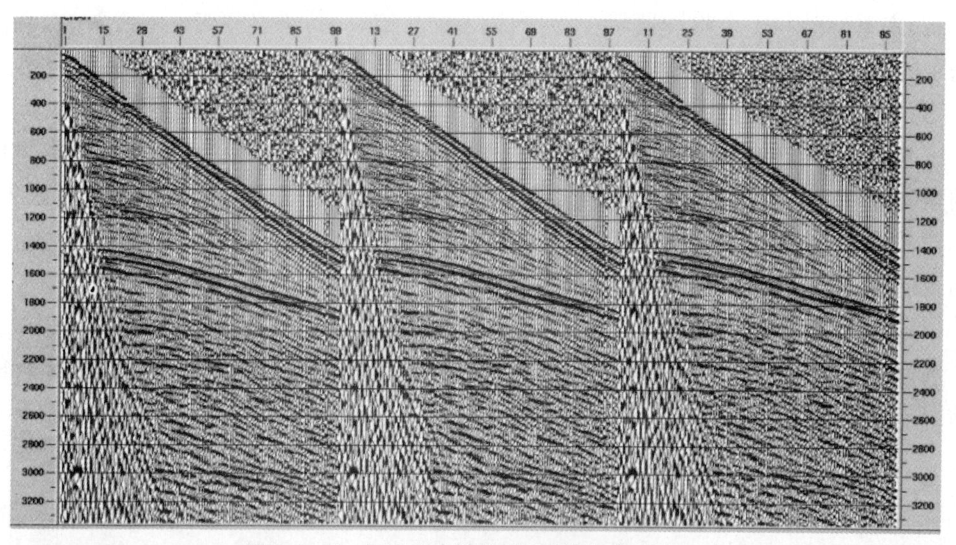

图 5-1-11 不同组内距的对比单炮记录(AGC)

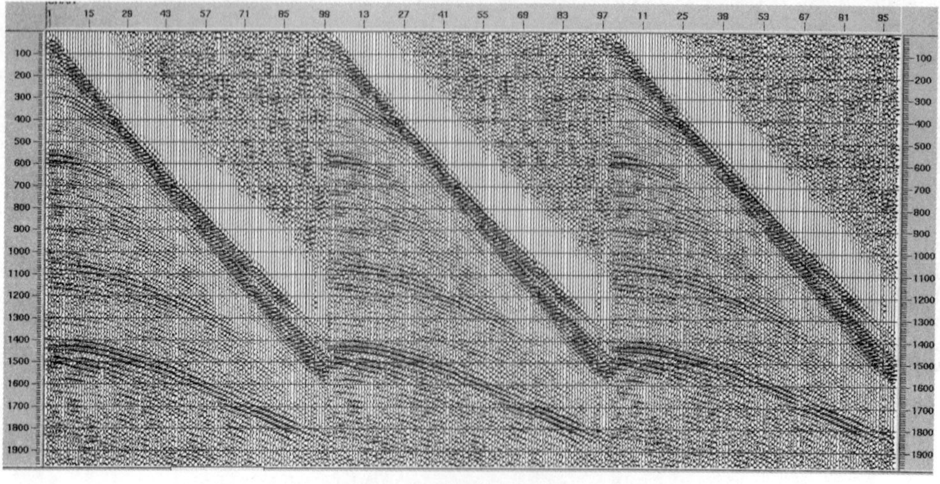

图 5-1-12 不同组内距的对比单炮记录(40~80 Hz)

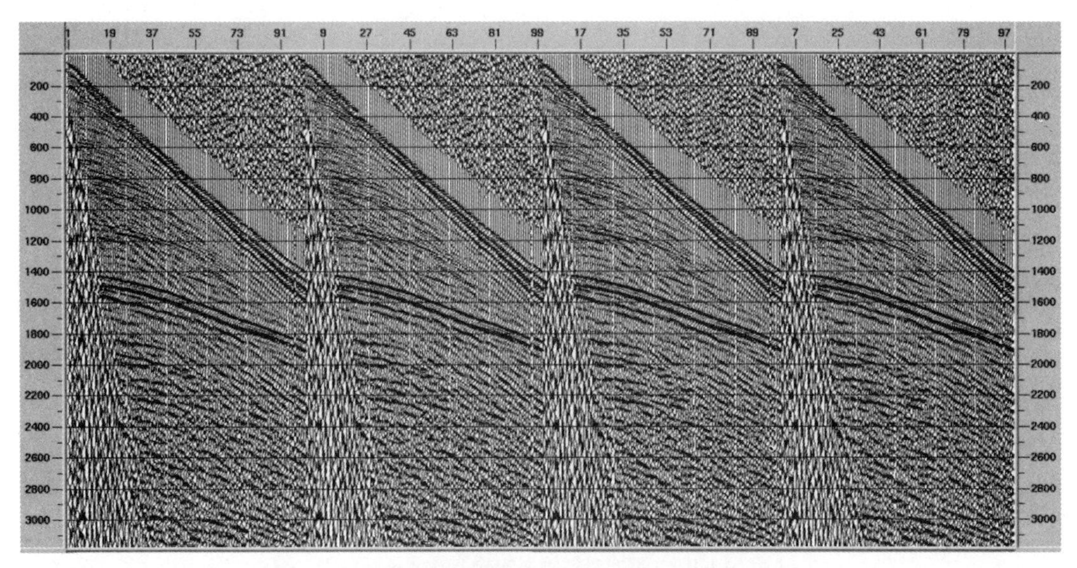

图 5-1-13 不同检波器数量组合的对比单炮记录(AGC)

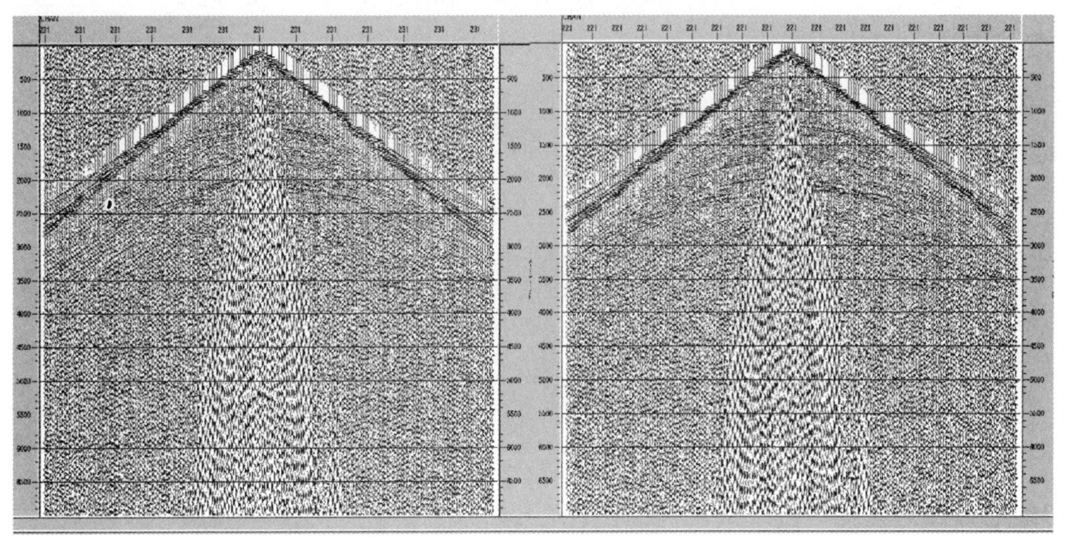

图 5-1-14 线形组合(左)与面积组合(右)的对比记录(AGC)

2)不同单点接收效果分析

单点检波器的种类较多,按照测量的物理量可分为速度型检波器和加速度型检波器;按照自然频率不同可分为低频检波器和高频检波器;按照灵敏度不同可分为高灵敏度检波器和低灵敏度检波器;按照信号性质可分为数字检波器和模拟检波器。

(1)不同自然频率的检波器对比

对不同自然频率检波器接收的单炮资料(图 5-1-15~图 5-1-21)进行分析,分别对比自然频率为 5 Hz、10 Hz、28 Hz、60 Hz 的动圈式速度检波器接收的资料,从记录上可以看出,视频率上两个高频检波器高于低频检波器;在信噪比上,无论是在 AGC 记录还是各个频段的分频记录,5 Hz、10 Hz 检波器记录要高于 28 Hz、60 Hz 检波器记录, 自然频率越高,信噪比越低。

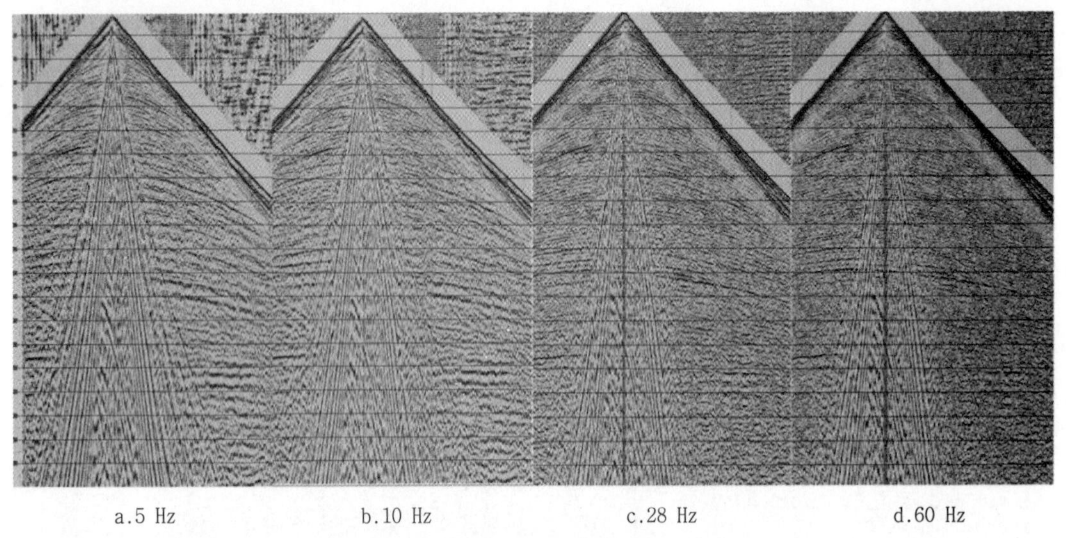

图 5–1–15　不同自然频率的检波器记录(AGC)

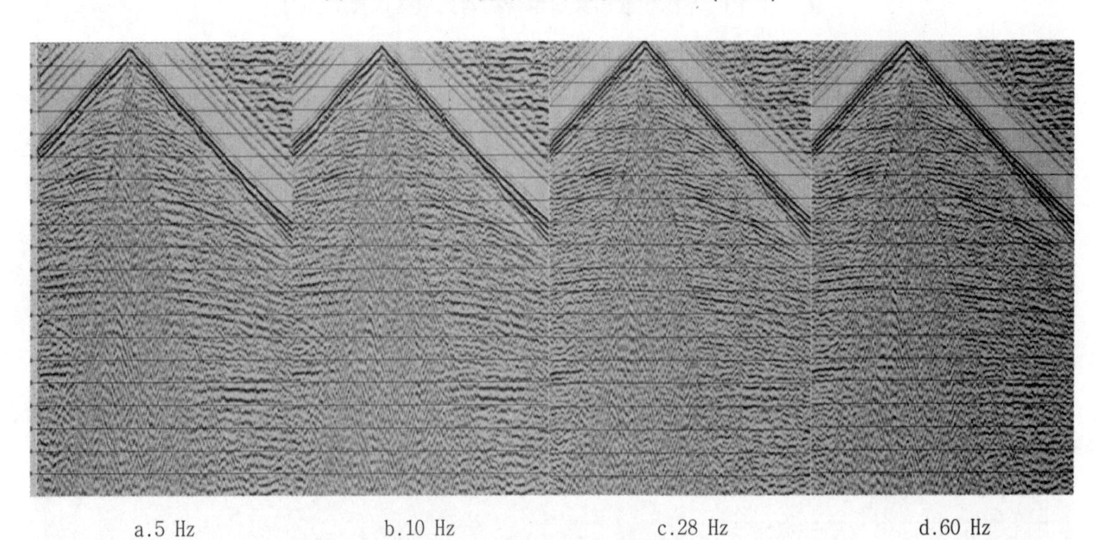

图 5–1–16　不同自然频率的检波器记录(10~20 Hz)

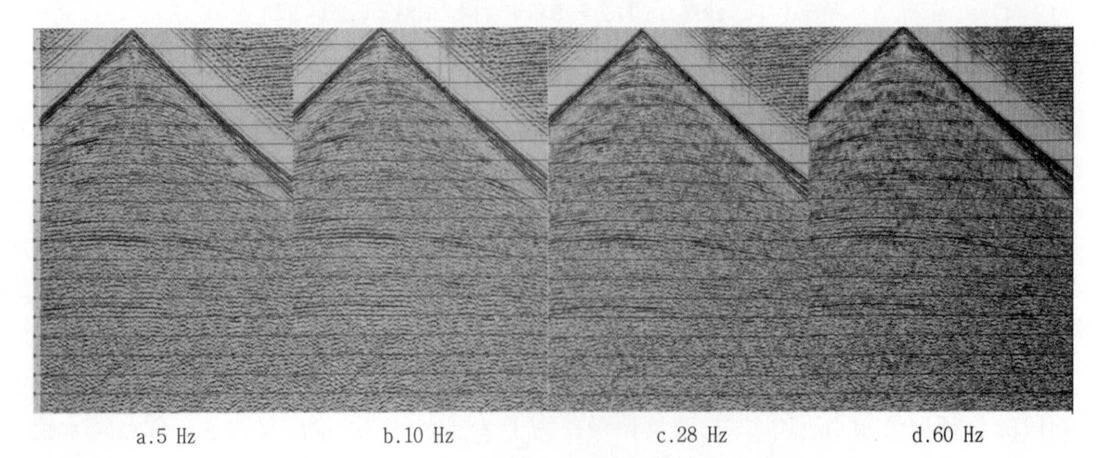

图 5–1–17　不同自然频率的检波器记录(20~40 Hz)

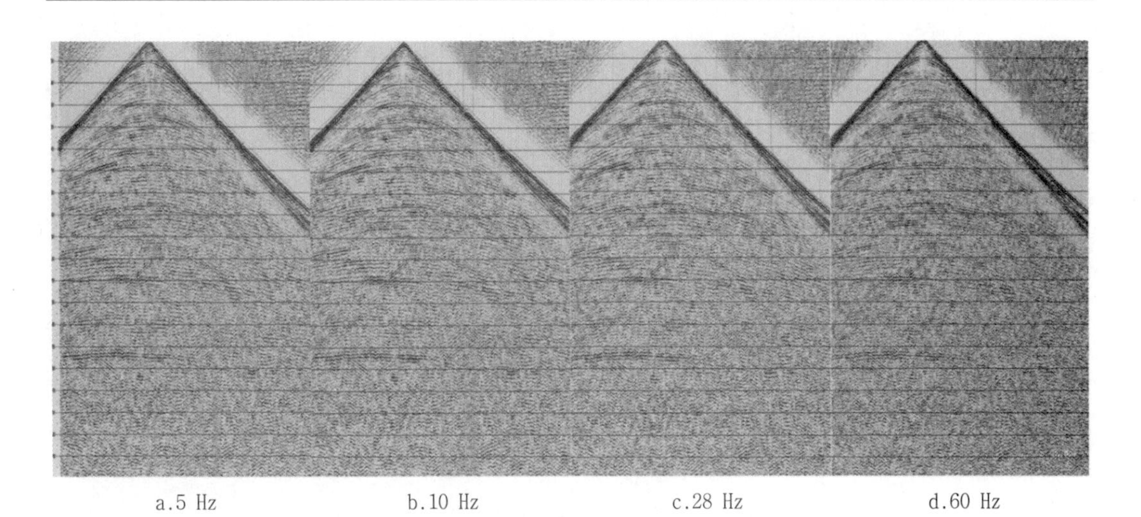

图 5-1-18　不同自然频率的检波器记录(30~60 Hz)

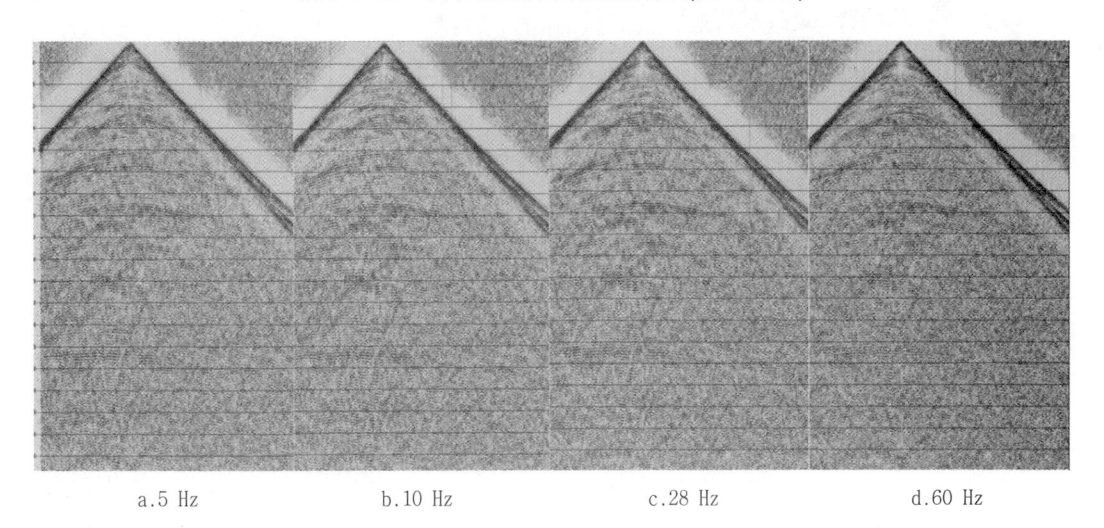

图 5-1-19　不同自然频率的检波器记录(40~80 Hz)

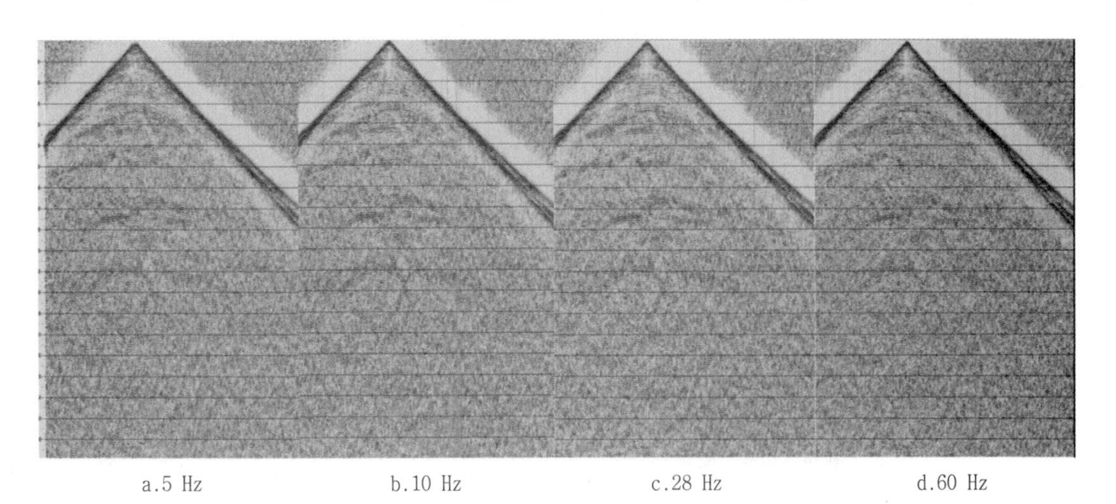

图 5-1-20　不同自然频率的检波器记录(50~100 Hz)

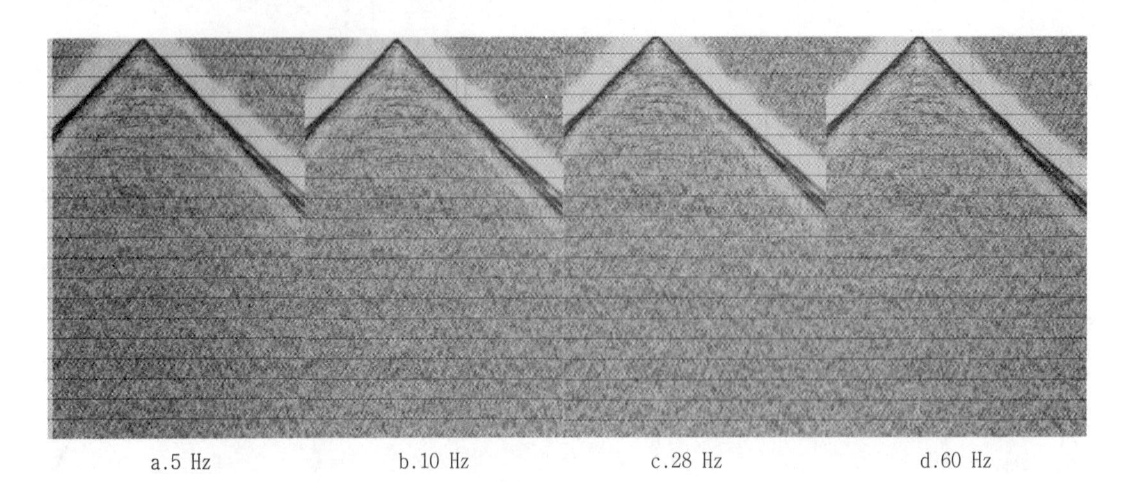

a.5 Hz　　b.10 Hz　　c.28 Hz　　d.60 Hz

图 5-1-21　不同自然频率的检波器记录(60~120 Hz)

(2)不同灵敏度检波器对比

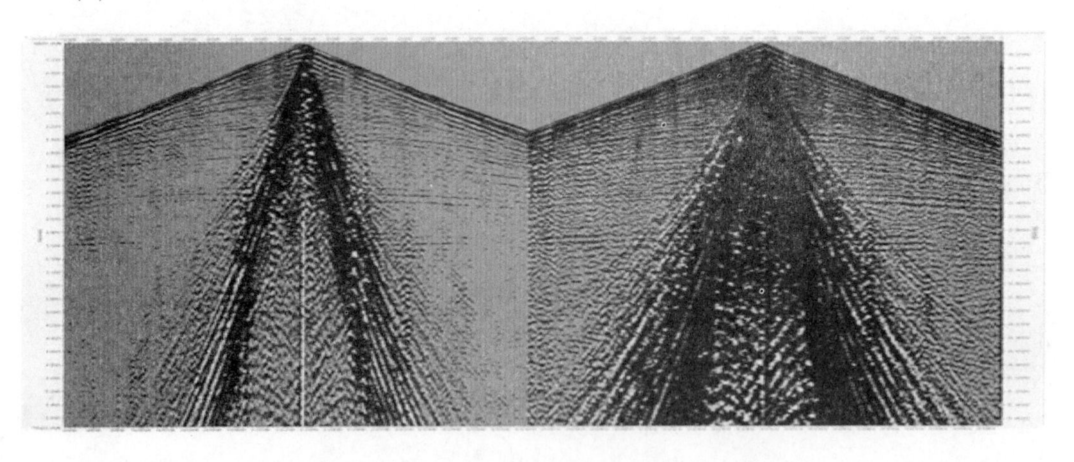

图 5-1-22　不同灵敏度检波器的单炮记录(No-AGC)

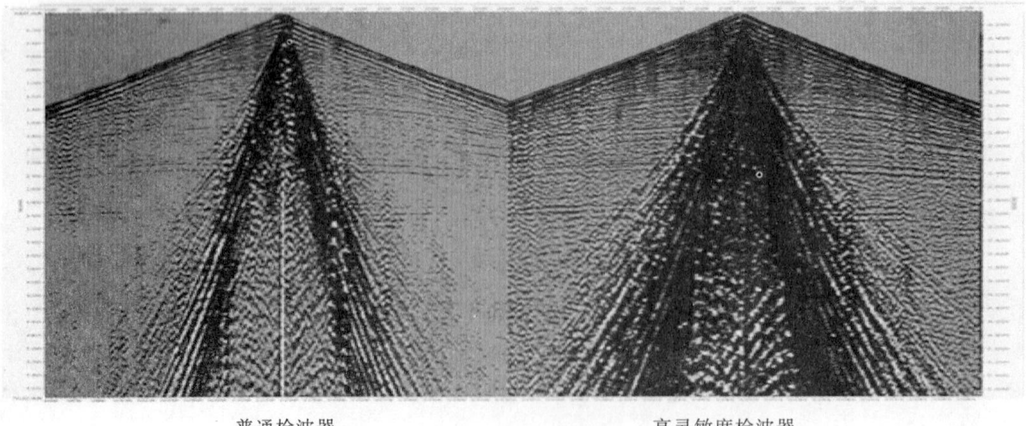

普通检波器　　高灵敏度检波器

图 5-1-23　不同灵敏度检波器的单炮记录(AGC)

选择普通 10 Hz、灵敏度为 28 V/(m·s^{-1})检波器与自然频率 10 Hz、灵敏度为 80 V/(m·s^{-1})检波器进行对比分析，图 5-1-22～图 5-1-24 是两种灵敏度检波器的对比单炮记录，从原始能量记录上看，高灵敏度检波器的接收能量明显高于普通检波器；从 AGC 记录和分频扫描记录来看，两种检波器在信噪比上差别不大。从图 5-1-25 的对比剖面来看，信噪比差别不明显，但是层间信息存在着差别，高灵敏度检波器接收的剖面层间信息更加丰富。

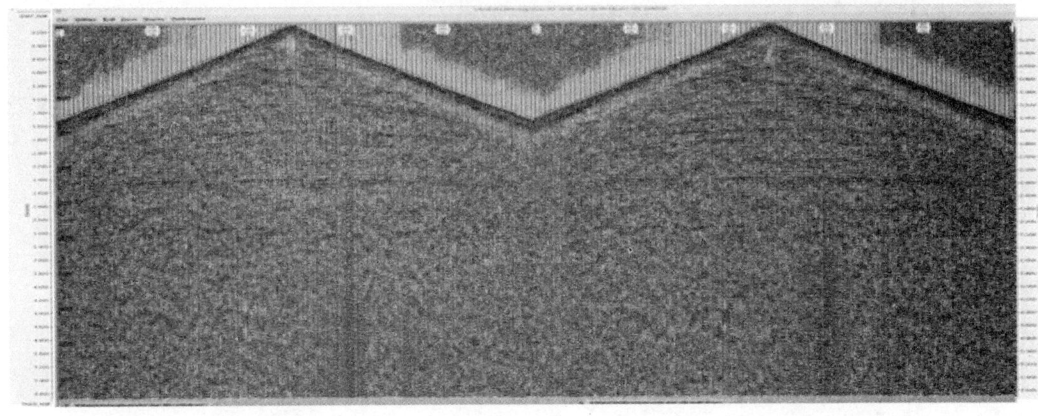

普通检波器　　　　高灵敏度检波器

图 5-1-24　不同灵敏度检波器的单炮记录(30~60 Hz)

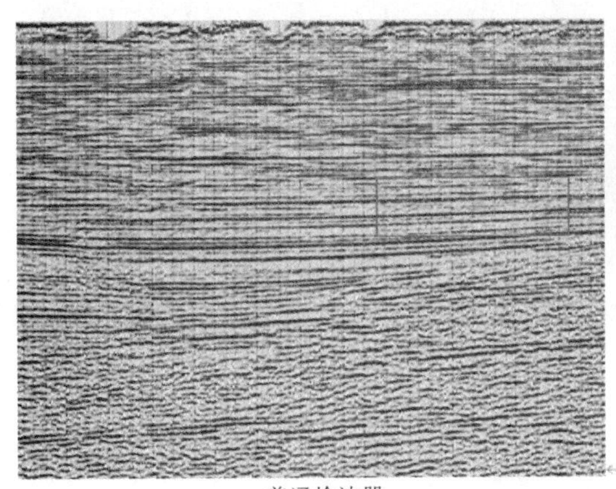

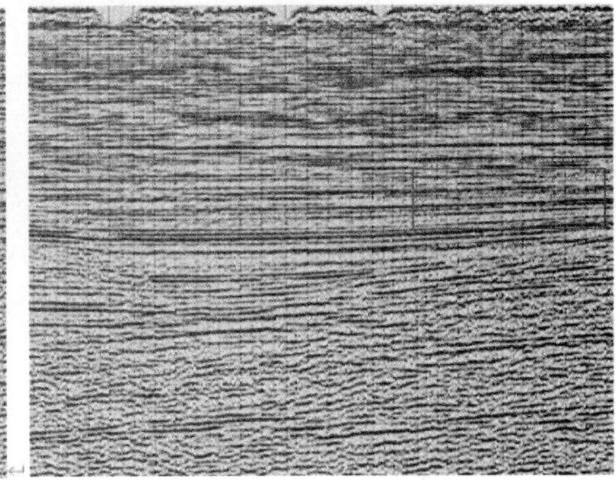

普通检波器　　　　高灵敏度检波器

图 5-1-25　不同灵敏度检波器接收的对比剖面

(3)速度型与加速度型检波器对比

为了分析速度型检波器与加速度型检波器的接收效果，选择了常规 10 Hz 的超级检波器和陆用压电检波器以及 DSU3 数字检波器进行对比分析（图 5-1-26～彩图 5-1-29）。从原始能量记录对比看，两种加速度检波器的能量明显高于速度检波器的能量；从 AGC 记录看，加速度检波器呈现高频特征，速度检波器呈现低频特征，而且速度检波器的信噪比高于加速度检波器，分频扫描记录也显示速度检波器的信噪比高；从不同时窗的频谱分析看，加速度检波器的频谱明显宽于速度检波器的频谱，加速度信号的主频要高于速度信号的主频。

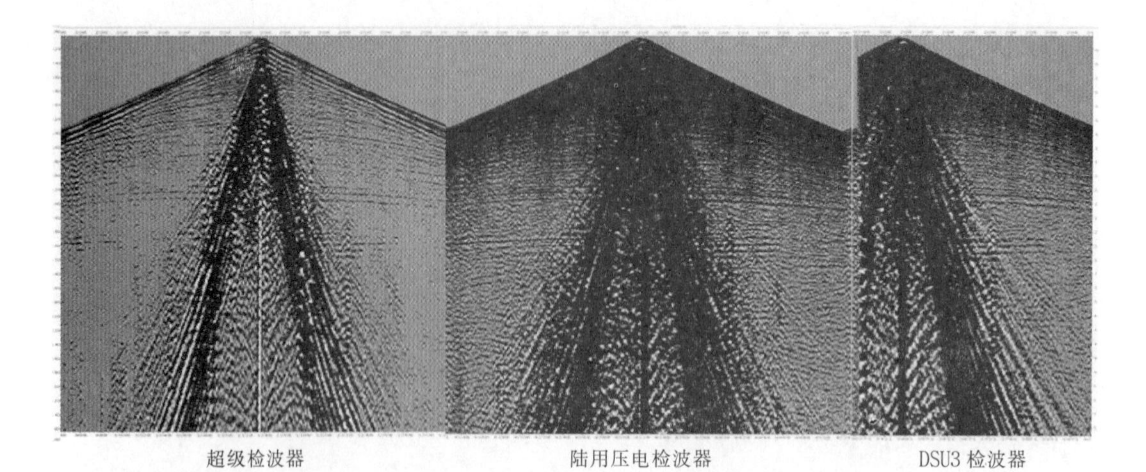

图 5-1-26 不同信号类型检波器的单炮记录(No-AGC)

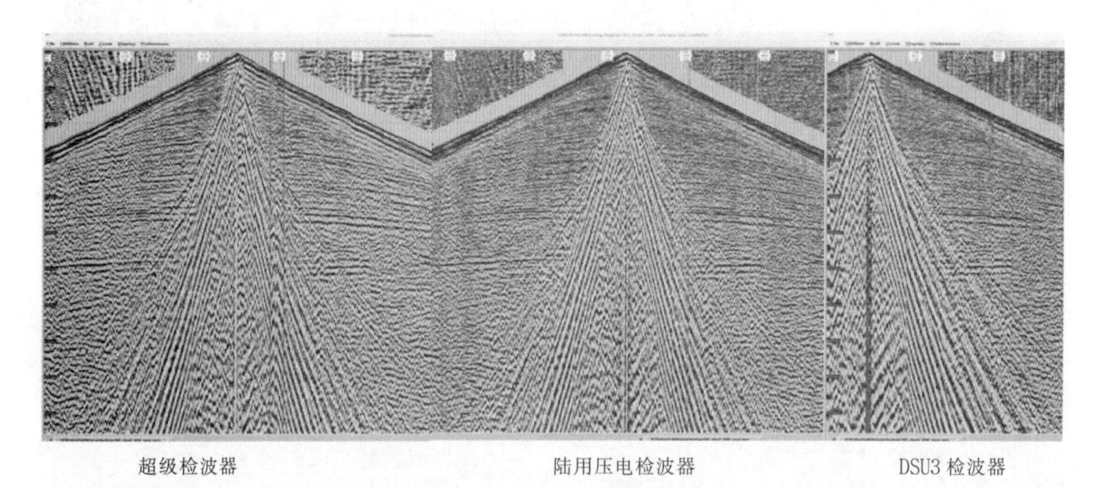

图 5-1-27 不同信号类型检波器的单炮记录(AGC)

图 5-1-28 不同信号类型检波器的单炮记录(30~60 Hz)

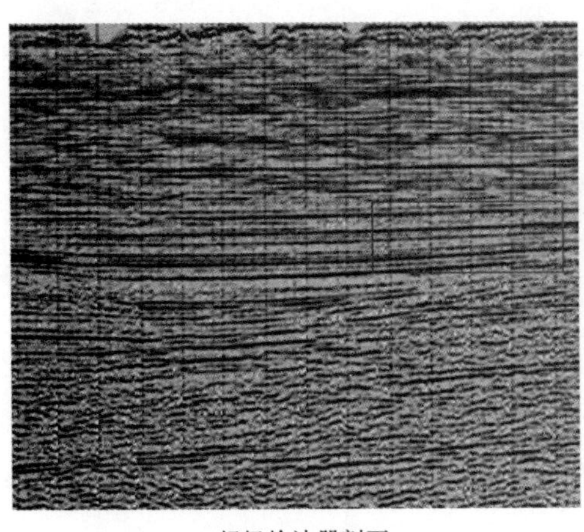
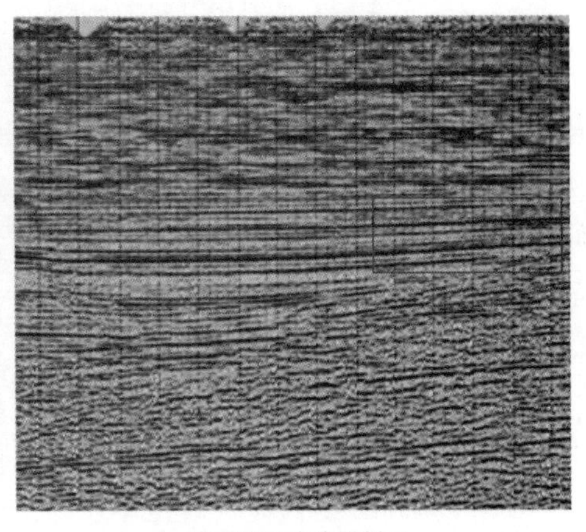
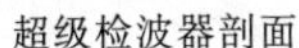

超级检波器剖面　　　　陆用压电检波器剖面

图 5-1-30　不同信号类型检波器的对比剖面

通过不同类型单点检波器的对比，可以得出如下结论：

在单炮品质方面：与不同自然频率的检波器相比，高频检波器能量较弱、信噪比低、视频率高，频带向高频拓展，缺少低频信息；与不同灵敏度检波器相比，高灵敏度检波器能量较强；与不同信号类型检波器相比，加速度型检波器能量强，信噪比低，视频率高，频带向高频拓展，低频信息的能量相对较弱。

在剖面品质方面：高频检波器剖面信噪比低，同相轴连续性差；高灵敏度检波器层间弱反射信息清晰；加速度检波器信噪比低、视频率高、弱反射信息清晰(图 5-1-30)。

4.高灵敏度检波器研发

在济阳坳陷的高精度地震采集过程中，为了减少高频信息的损失，提高地震资料的分辨率，将检波器组合的面积由大缩小，直到采用单点检波器接收。由于单只常规检波器的灵敏度过低，单点接收的地震资料单炮信噪比较低，为此，需要研制高灵敏度的单点检波器。主要进行了低频高灵敏度动圈检波器的研制。

1)适应低频的结构改造

低频高灵敏度检波器关键技术指标是提高低频接收能力和提升单只检波器的灵敏度，因此需要从改进弹性系统拓展低频性能、提升灵敏度两个方面入手。

(1)低频结构改造的原理

检波器的自然频率就是检波器在无任何阻尼的情况下振动时的谐振频率。由于检波器的弹性系统主要由检波器的惯性体和连接件弹簧片组成，因此频率主要由弹簧片的刚度以及惯性体质量所决定。检波器的自然频率 f_n 为

$$f_n=\frac{(K/M)^{\frac{1}{2}}}{2\pi} \tag{5-1-5}$$

式中，K 为弹簧片的刚度，它的大小与弹性模量有着直接的关系；M 为检波器惯性体质量。

由上式可以看出检波器的谐振频率主要受到弹簧片的刚度和惯性体质量所影响。弹簧片的刚度主要受到弹簧片花型、厚度和弹性模量的影响，其中弹簧片的厚度及臂长对频率的影响最大。惯性体质量即线圈、弹簧片等的质量之和。

(2)弹簧片性能改造

动圈式检波器弹性系统中的关键部件——弹簧片的固定方式主要为三支点平衡式，主要振动原理是将弹簧片的臂视为一端固定，另一端自由悬伸在外的悬臂梁,如图 5-1-31 所示。

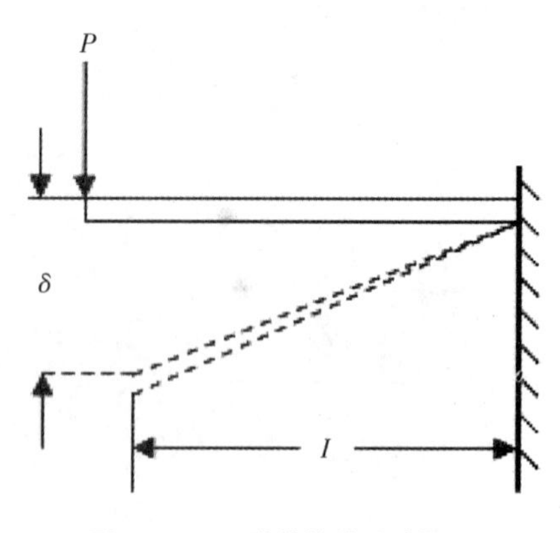

图 5-1-31 弹簧片的悬臂梁图

其谐振频率的公式可转换为

$$f_0=\frac{(3Ebh^3/2MI^3)^{\frac{1}{2}}}{2\pi} \qquad (5\text{-}1\text{-}6)$$

式中,E 为弹性模量;b 为臂宽;h 为弹簧片的厚度;I 为臂长(弧长);M 为惯性体质量。

可见,在惯性体质量不变的情况下,最有效的降低检波器频率的方法是减小厚度 h 和增加臂长 I。

弹簧片的外形设计对检波器稳定性起到至关重要的作用。弹簧片主要由内圈、连接臂和外圈三部分组成,其中连接臂在系统中起弹性作用,外圈和内圈分别固定在线圈架和磁体上。为了拓展检波器低频性能,在优选高性能弹簧片的基础上,重点做如下改造。

一是增加卡簧,增加低刚度弹簧片的稳定性,减少因降低弹簧片刚度而带来的弹性系统的畸变;二是改进弹簧片的形状,设计出更加稳定的三角形弹簧片。

弹簧片组由上、下弹簧片组成,上弹簧片是由固定舌头进行位置确定,从而支撑弹簧片的稳定性,但是一个点进行固定是不够稳定的,长时间使用不仅会损坏弹簧片,而且一个点进行固定的弊端就是弹簧片会产生横向运动并且纵向运动也会存在一些干扰，增加检波器的谐波失真。为了减小纵向和横向的干扰,增加弹簧片的稳定性,增加固定卡簧的设计可以保证弹簧片在机芯内部的相对位置，从而减小振动过程中弹簧片相对运动产生的误差。图 5-1-32 为检波器上弹簧片实物图,图 5-1-33 为固定卡簧实物图。

弹簧片中起弹性作用的是连接臂,其连接臂的稳定性也直接影响弹簧片的稳定性,常规动圈式检波器的弹簧片主要为圆弧型结构。

图 5-1-32 检波器上弹簧片

图 5-1-33 固定卡簧

众所周知,三角形在几何图形中稳定性更好,因此,降低频的设计思路主要是将其改为三角形结构,从而使得系统的稳定性得到提升。图 5-1-34 为花型改进后的弹簧片。另外,连接臂两端的稳定性也需要改进,改进后的三角形结构其连接臂更宽,受力面积更大,弹簧片在受力时不会产生其他畸变,受力更均匀,从而减小了弹性系统的畸变,拓宽了检波器的假频,也增加了弹簧片的使用寿命。图 5-1-35 为弹簧片连接臂的比较。

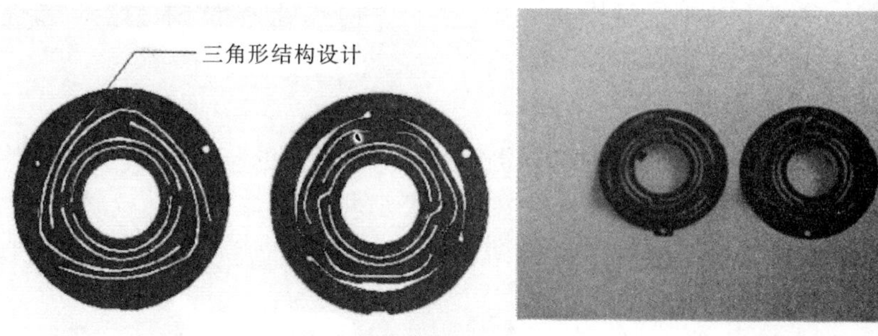

优化改进的检波器弹簧片　常规动圈式检波器弹簧片　　上下弹簧片

图 5-1-34　花型改进后的弹簧片

优化改进的检波器弹簧片　常规动圈式检波器弹簧片

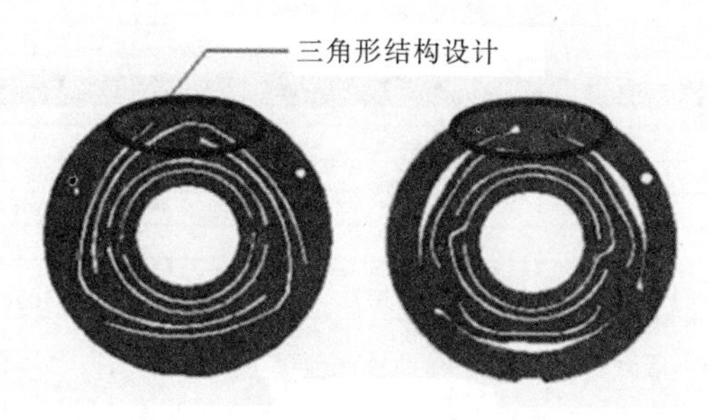

图 5-1-35　不同连接臂的弹簧片

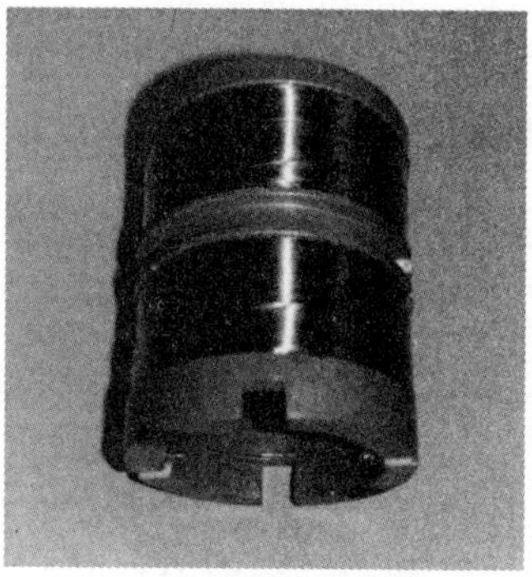

图 5-1-36　惯性体

线圈架图　　固定卡簧　　卡簧垫片

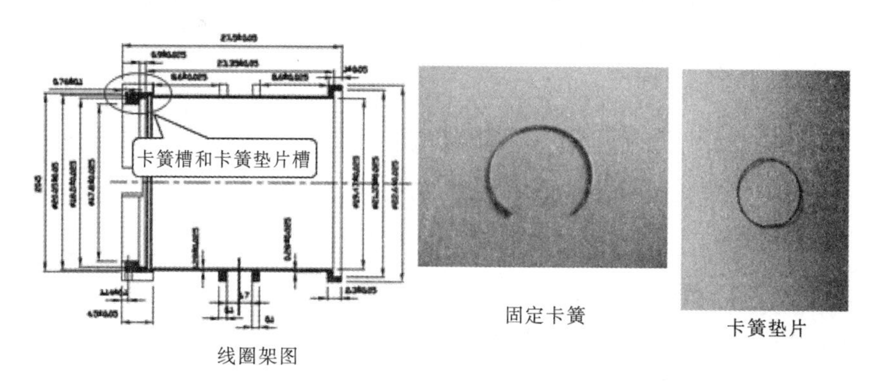

图 5-1-37　改进后的线架系统

(3)惯性体质量的优化改进

增加惯性体的质量可以降低弹性系统的谐振频率。动圈式检波器的惯性体,主要由引线簧、接线柱、漆包线和线架组成。其中引线簧和接线柱的质量可以忽略不计,我们主要考虑增加漆包线和线架的质量。

改进后的弹性系统除增加了固定卡簧外,也改进了线圈架的尺寸,在确保增加线圈匝数的基础上,增加了惯性体的质量。图 5-1-36 为惯性体实物图,图 5-1-37 为改进后的线架系统。

2)低频高灵敏度动圈检波器试制

对检波器进行改进且小批量样品测试成功后,进行了批量试制,然后对检波器样机进行了系统的技术指标测试和可靠性试验。

(1)技术指标测试

利用检波器测试设备,对试制检波器样机进行了严格的指标测试,确保谐振频率、幅频特性、灵敏度、失真度等关键技术指标满足技术要求。

低频检波器自然频率测试对比如图 5-1-38 所示,优化改进的检波器的自然频率集中在 5 Hz 附近,达到预期的目标。

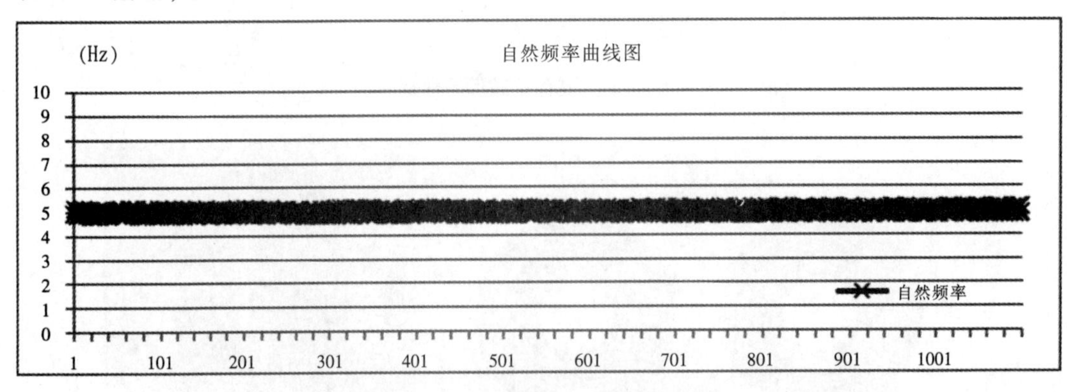

图 5-1-38　低频样机自然频率曲线图

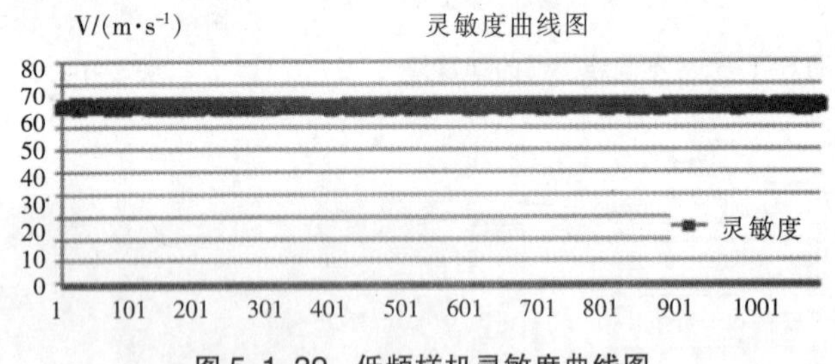

图 5-1-39　低频样机灵敏度曲线图

低频检波器灵敏度测试对比如图 5-1-39 所示，优化改进的检波器的灵敏度集中在 80 V/(m·s^{-1})附近,达到预期的目标。

(2)抗疲劳测试

地震资料采集时,野外使用环境是非常恶劣的,因此,需要检波器具有一定的使用寿命和可靠的性能指标,保证自然频率、阻尼系数、失真度、灵敏度等主要技术指标稳定。为了检测检波器使用的可靠性,采用跌落筒(图 5-1-40)进行重复自由跌落来进行老化速度的测试,使用高低温箱(图 5-1-41)模拟野外极寒极热天气,通过跌落试验和天气模拟,测试检波器性能指标的变化情况,研究检波器的抗疲劳程度。

图 5-1-40　检波器测试跌落桶

图 5-1-41　检波器测试高低温箱

检波器跌落试验是在高度为 1.2 m 的跌落滚桶中进行跌落，是测试检波器使用寿命的专用试验。

试验前对检波器的技术指标进行测试，在 1.2 m 的跌落滚桶中(图 5-1-40)跌落 5 000 次，试验时每 1 000 次取出放置室温 4 个小时进行测试后再进行跌落直至 5 000 次。

低频检波器进行 5 000 次跌落技术指标情况如图 5-1-42 至图 5-1-43 所示。

从图 5-1-42 可见，低频检波器经过跌落试验后，灵敏度集中在 79 V/(m·s^{-1})到 81.2 V/(m·s^{-1})之间，符合技术指标要求。从图 5-1-43 可见，低频检波器经过跌落试验，自然频率集中在 4.85 Hz 到 5.15 Hz 之间，符合低频检波器的技术指标要求。从图 5-1-44 可见，低频检波器经过跌落试验，阻尼集中在 0.586 到 0.615 之间，符合技术指标要求。从图 5-1-45 可见，低频检波器经过跌落试验后，失真度均小于 0.07 %，满足技术指标要求。

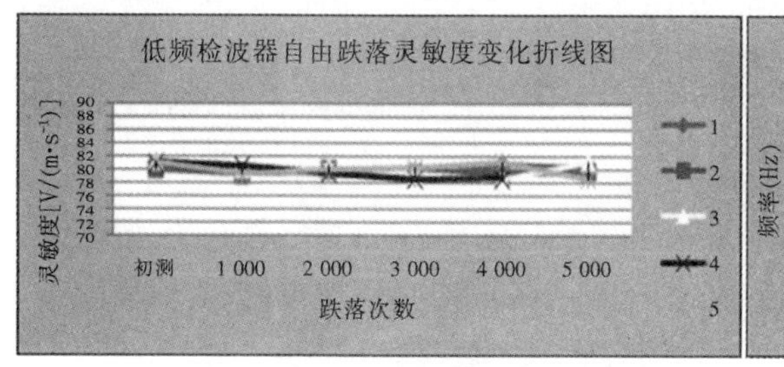

图 5-1-42　不同跌落次数灵敏度变化折线图

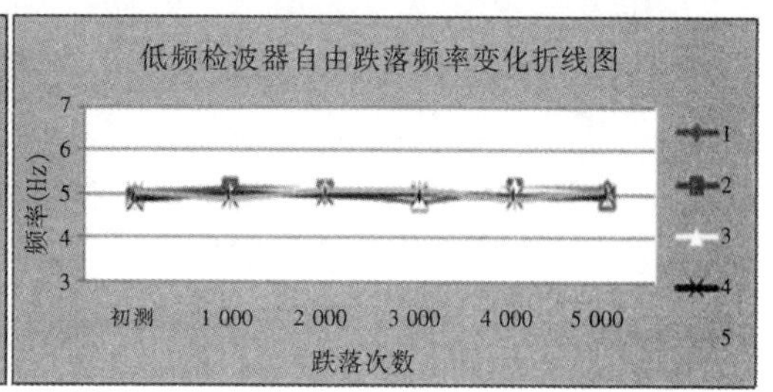

图 5-1-43　不同跌落次数自然频率变化折线图

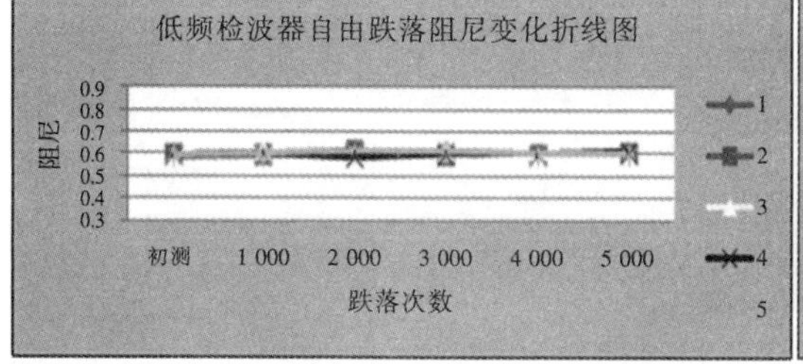

图 4-1-44 不同跌落次数阻尼变化折线图

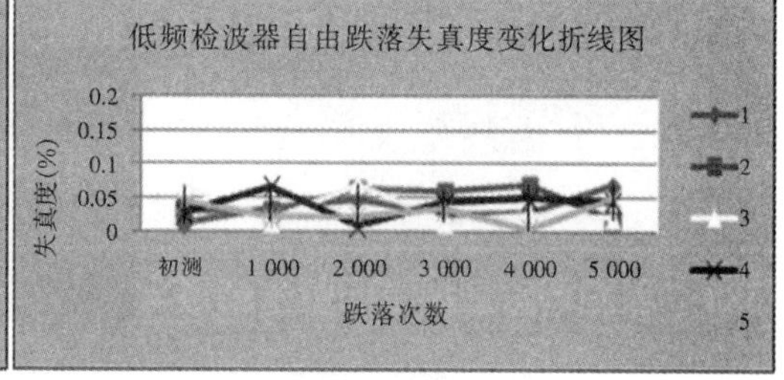

图 5-1-45 不同跌落次数失真度变化折线图

由指标折线图可以看出,改进后的低频检波器波器在经历 5 000 次跌落后,所有指标仍可满足技术指标的要求。

(3)温度冲击试验

高低温试验箱可完成温度从 -40 ℃~70 ℃范围内各个温度点下的环境模拟试验,有效检测检波器在各温度中的性能。

试验前对检波器的技术指标进行测试, 在高低温箱中从 -40 ℃~70 ℃每 10 ℃为一个温度点,将检波器在每个温度点放置 4 小时进行测试。

对低频检波器进行温度冲击试验,技术指标情况如图 5-1-46~5-1-49 所示。

从图 5-1-46 可见,低频检波器经过温度冲击试验后,灵敏度集中在 78.8 V/(m·s^{-1})到 81.2 V/(m·s^{-1})之间,符合技术指标要求。从图 5-1-47 可见,低频检波器经过温度冲击试验后,自然频率集中在 4.85 Hz 到 5.15 Hz 之间,符合低频检波器指标要求。从图 5-1-48 可见,低频检波器经过温度冲击试验后,阻尼集中在 0.586 到 0.615 之间,满足技术指标要求。从图 5-1-49 可见,低频检波器经过温度冲击试验后,失真度均小于 0.07 %。

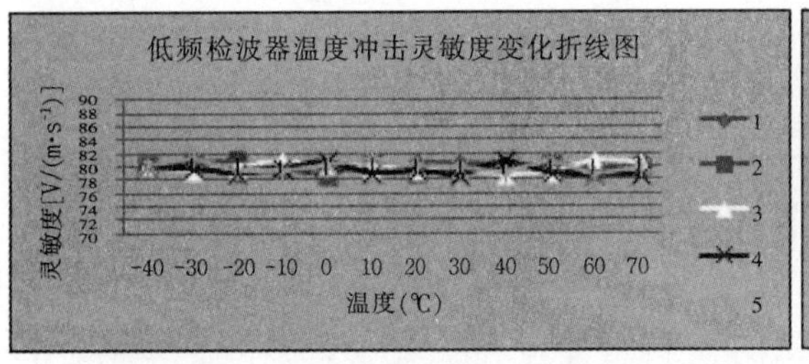

图 5-1-46 不同温度灵敏度变化折线图

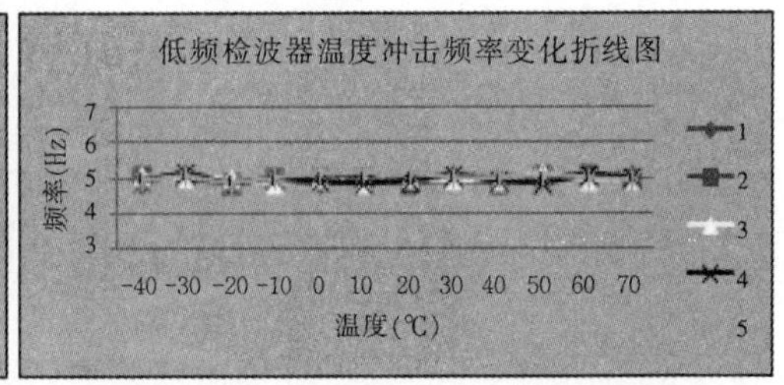

图 5-1-47 不同温度自然频率变化折线图

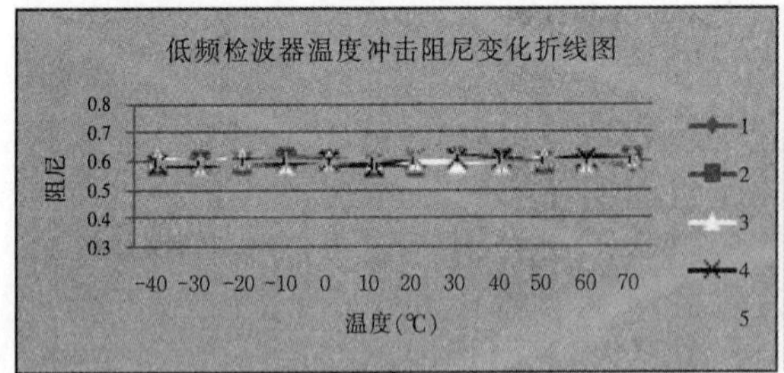

图 5-1-48 不同温度阻尼变化折线图

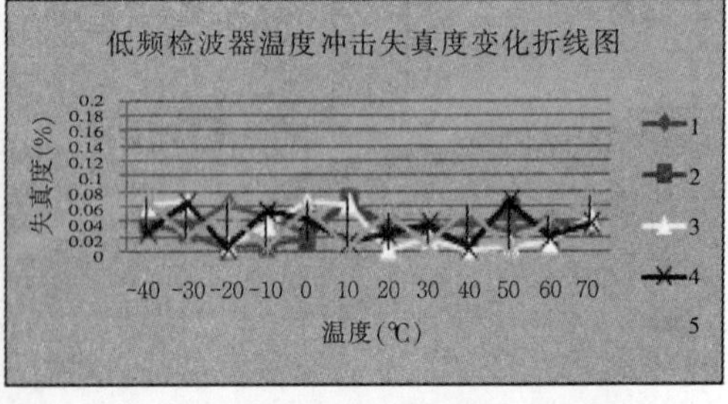

图 5-1-49 不同温度失真度变化折线图

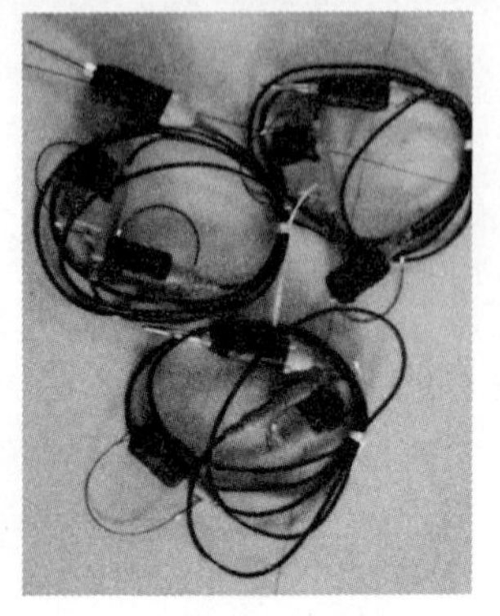

图 5-1-50 低频高灵敏度动圈检波器样机实物图

由指标折线图可以看出，改进后的低频检波器在经历 -40 ℃~70 ℃的温度冲击后，指标仍可满足技术要求。图 5-1-50 为低频高灵敏度动圈检波器样机实物图。

二、高精度接收工艺

1.耦合条件对谐振系统的影响

在 R.E.Sheriff 所著的《勘探地球物理百科辞典(第三版)》中，对“耦合(coupling)”一词的解释为：“耦合是指两个系统之间的相互作用。检波器和大地的耦合是影响能量转换的因素，取决于两者之间接触的牢固程度，以及检波器的重量和接触面积，这一耦合系统中存在着自然谐振并有滤波效应。”

上述概念主要强调了与大地的耦合。目前陆上地震勘探普遍使用检波器，从大地质点振动到检波器输出电信号的能量转换，耦合可分为两部分，第一谐振系统是地表介质与检波器外壳组成的振动系统，第二谐振系统是检波器自身的谐振系统，即外壳与线圈组成的振动系统。第一谐振系统主要包括检波器与空气(流体)的耦合和与大地介质的耦合。

1)大地介质与检波器外壳组成的振动系统研究

该系统耦合运动方程：

$$\frac{\mathrm{d}^2 X}{\mathrm{d}t^2}+2H\frac{\mathrm{d}x}{\mathrm{d}t}+\Omega_0^2 X=-\mathrm{a}(\mathrm{d}\Xi/\mathrm{d}t^2) \tag{5-2-1}$$

式中，$X(t)$是检波器外壳相对于大地介质的位移；$\Xi(t)$是大地介质的位移；H 是大地-检波器外壳振动系统的常数；Ω_0 为该系统的角频率。

$$H=\frac{k_2\rho \mathrm{b}^2 v}{2(M_0+M)} \tag{5-2-2}$$

$$\Omega_0=\left[\frac{k_1\rho b^2 v}{M_0+M}\right]^{\frac{1}{2}} \tag{5-2-3}$$

式中，M_0 为检波器的质量；b 为检波器尾锥的半径；M 为大地介质的“谐振”质量；ρ 为大地介质的密度；v 为大地介质振动的传播速度；k 为检波器与大地介质的耦合系数。

由该理论分析得到如下结论：

①对于 $\omega \leqslant \Omega_0$，即低频，检波器外壳与大地介质一起振动，其相对位移 X 趋于 0，则 $\xi(\mathrm{t})=\Xi(t)-X(t)$趋于 $\Xi(t)$。也指大地介质的振动被检波器无畸变地接收下来。

②当 $\omega\approx\Omega_0$ 时，出现谐振现象。即说明该频率地震波将被检波器外壳放大记录。

③对于 $\omega\geqslant\Omega_0$，即高频，由于耦合程度和惯性的作用，则 $\Xi(t)$趋于 $X(t)$，检波器外壳的绝对振幅随着频率的增加而减小，直至检波器不能记录高频地震波。

因此，提高检波器耦合效果，就需要提高 Ω_0，也就是“增大 Ω_0”是研究的重要目标。

根据公式(5-2-3)，提高 Ω_0 的途径有：检波器尾锥插入致密湿润的大地介质；增大检波器外壳与大地介质的接触面积；检波器的质量要轻；提高检波器与大地介质接触的“牢固度”，尽可能逼近“一体”；增加尾锥的长度。提高 Ω_0 即提高检波器外壳与大地介质耦合的谐振频率。而良好的检波器耦合是由作用到检波器尾锥上的切力所决定，差的检波器耦合主要由其重力作用所确定。垂直检波器的耦合谐振频率取决于土壤的坚硬程度。良好的埋置可以避免耦合谐振频率落入地震波的优势频段。增加检波器尾锥可以改良检波器的耦合效果,但超过一定长度后则产生负面影响。

2)检波器外壳与空气(流体)的耦合研究

以风为例，当风以角度 θ 作用于检波器及地面时，检波器会受到水平方向的风压 PH 作用，该作用力通过检波器外壳将施加在尾锥受力的 B 方向上,破坏与大地介质的耦合和干扰“第二个耦合系统”(检波器外壳与线圈组成的振动系统）的地震信号“传递”(图 5-2-1)。

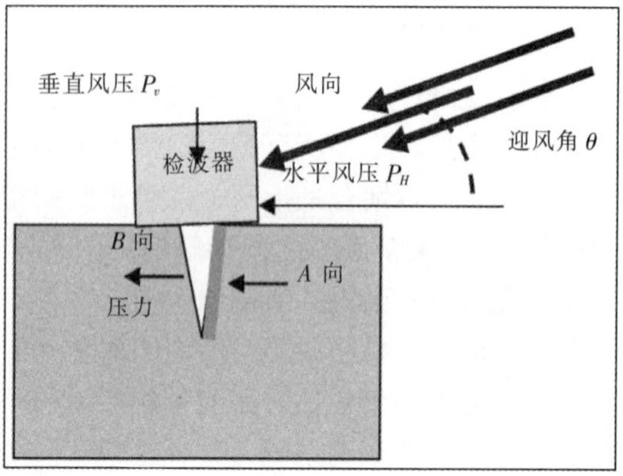

依据风荷载的有关规范和随机振动理论，利用结构运动方程对作用在检波器上的风力进行计算。

图 5–2–1　风对耦合系统的作用示意图

检波器上水平方向风的作用力：

$$F_H = S_j \times \omega_H \qquad (5\text{-}2\text{-}4)$$

式中,S_j 是风荷载标准值(KN/m^2);ω_H 是检波器迎风面面积(m^2)。

垂直方向地面上的风压：

$$\omega_v = \mu_z \omega_0 \omega_t \sin\theta \qquad (5\text{-}2\text{-}5)$$

式中,μ_z、ω_0、ω_t 分别是风压高度变化系数、基本风压、基本风压在时间上的修正系数。

在三级风力,迎风角 45°情况下,7.5 cm 尾锥在给定的两种介质中水平位移及地面沉陷的计算结果见表 5-2-1。

表 5–2–1　不同土壤类型的尾锥位移量

土壤类型	尾锥水平位移量	地面垂直位移量
沙土	74.3 μm	23.7 μm
沼泽(表层硬结)	1.3 μm	0.024 μm

研究认为：

①在风的压力下,尾锥会沿垂直方向微小位移。以 20 DX-10 Hz 检波器为例,其单只检波器灵敏度为 0.28 V/(cm·s^{-1})。地表质点振动的速度为 0.01 cm/s,可以产生振幅为 2.8 mv 的电压,对于 100 Hz 地震信号对应的振动位移仅 0.14 μm,而风压造成的不同类型的地面位移却达到 0.024~23.7 μm,可见,由于风的作用对地震信号的影响也很大。

②在风力作用下,检波器尾锥会产生微米级的水平位移,对原来比较好的耦合系统造成破坏和改造,虽然不会造成脱耦,但导致耦合系统传递函数变坏,致使耦合谐振频率降低。

③风对检波器的影响,随介质性质的不同而变化。

④研制新型检波器和埋置方法以减小风的作用力。

2. 不同地表耦合工艺分析

1)正常地表耦合工艺

为了保证检波器和大地的耦合以及避免风力的影响,在长期的生产实践中,不断地总结提高检波器的耦合工艺,保证了单只检波器的接收效果。提出了野外"六步法"埋置单点检波器工艺。六步法为"清杂草、挖坑、清坑、放置、压线、埋土"六个步骤(图 5-2-2)。

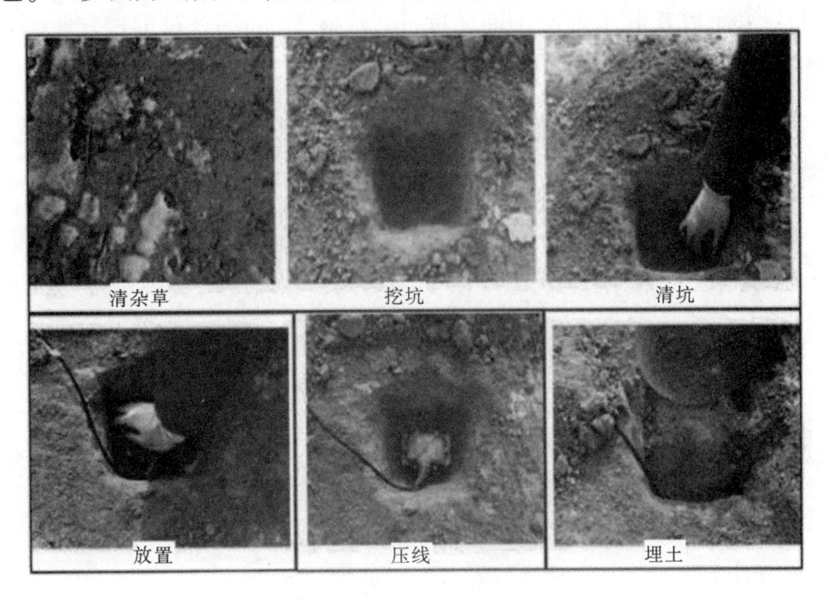

图 5-2-2 单点检波器埋置步骤

2)硬化地表耦合工艺

在硬化地面的特殊地形,接收的重点是保证弱反射信息的接收,提高接收信号的保真度。针对硬化路面进行检波器耦合工艺的对比试验,分别对检波器采取正常埋置、石膏贴法、圆盘法、压土袋法,进行对比分析,优选接收方法,保证接收信号的保真度(图 5-2-3)。

图 5-2-3 不同检波器耦合方式

如图 5-2-4～图 5-2-6 所示,对比四种不同埋置方式所得到的单炮记录,从记录面貌上看,用石膏贴检波器的方法得到的单炮记录与正常埋置方法所得的单炮记录最为接近。从单炮记录上抽取的单道记录波形对比看,用石膏贴检波器的方法与正常埋置方法最为接近。从不同检波器耦合方式的单道自相关子波对比看，用石膏贴检波器的方法与正常埋置方法最为接近。通过试验可以看出,在硬化地面通过石膏贴检波器的方法能够最好地保证检波器的耦合,得到最好的资料。

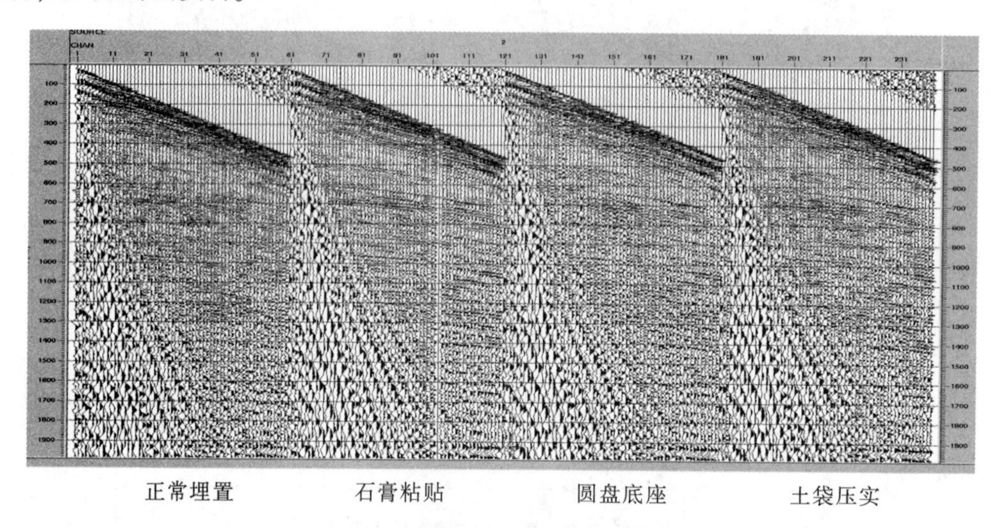

图 5–2–4 不同检波器耦合方式的单炮记录

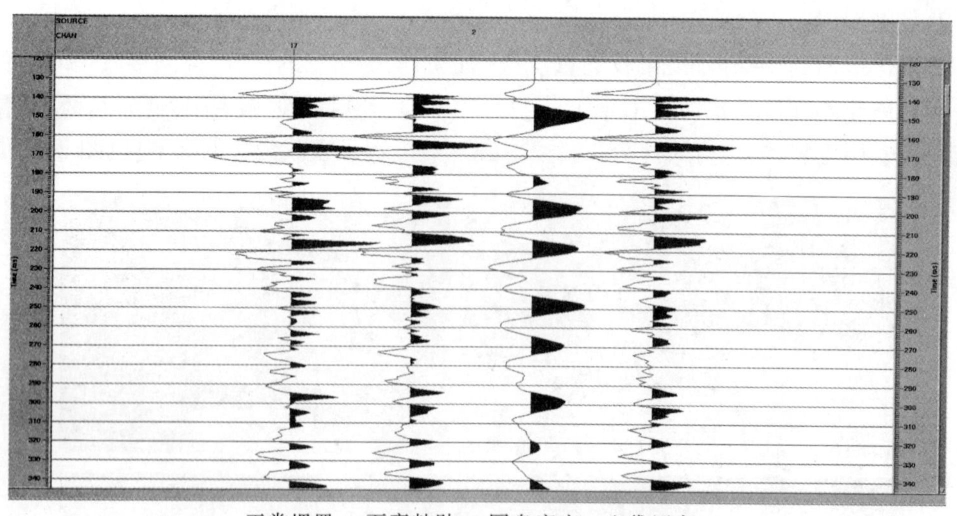

图 5–2–5 不同检波器耦合方式的单道记录

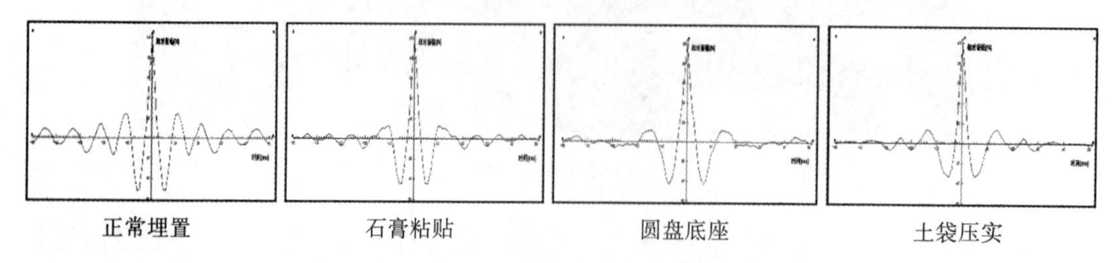

图 5–2–6 不同检波器耦合方式的单道自相关子波

三、多类型混合接收技术

1.节点采集系统特性分析

1)节点仪器的优点与分类

节点仪器是指用于地震资料采集的独立采集单元，其特点是内置高精度检波器或是外接检波器,并按照预订的方式自主完成性能测试、卫星授时、数据通讯、数据采集与存储。陆上节点地震系统是指用于陆地上的节点采集单元,与水下节点相比,其主要特点是采用卫星授时,内置陆地检波器。节点采集系统通过数据下载后,按照记录时间切割出有效数据,再根据观测系统合并形成需要的地震记录。节点采集系统的主要设备包括节点采集单元、节点通讯中继、质控手部、数据下载与充电设备。在施工过程中,主要包括节点仪ID号设置、节点仪布设、质控巡检、数据下载与合成等。

节点采集系统与有缆采集系统的最大区别就是野外采集单元之间没有传输电缆连接,各单元进行自主数据采集,数据存储在内部存储器里。其主要优势如下:

①接收道数没有限制,支持超大道数、高密度采集施工,观测系统灵活;

②便于特殊复杂地形的布设,解决了采集数据不完整的问题;

③重量轻、无传输电缆,可大大提高野外施工效率,降低勘探成本;

④可降低复杂地形施工带来的HSE风险。

节点地震仪器可分为两类:具有实时回传数据功能的节点仪器,实时数据回传系统利用无线通信技术,可实时监控野外排列,并且在一定的排列、施工条件和有限延时下,回传所有地震数据。系统的设备安全和数据质量能得到有效的监控。非实时回传数据功能的节点仪器,是指在采集过程中地震数据存储在节点仪器内,回收节点设备后再进行地震数据下载。

2)陆地节点仪的主要技术

(1)卫星同步技术

目前陆上大多数节点设备都采用GPS授时,以保证各节点设备、激发控制系统、有线采集系统(联合采集时)同步工作,确保采集数据的记录时间准确。

授时基本原理。GPS授时是利用GPS卫星搭载的高精度原子钟,产生基准信号和时间标准,提供覆盖全球的时间服务,其授时精度高达20亿分之一秒。GPS授时系统主要是利用GPS精确对时的特点来实现装置的统一对时。GPS接收器在任意时刻能同时接收其视野范围内4~8颗卫星信号,经解码和处理后从中提取并输出两种时间信号(图5-3-1):

①时间间隔为1 s的脉冲信号PPS,其脉冲前沿与国际标准时间(格林威治时间)的同步误差不超过1 μs;

②经串行口输出的与PPS脉冲前沿对应的国际标准时间和日期代码。

节点设备授时精度及实现原理。GPS授时对时方式主要有3种:硬对时(脉冲对时)、软对时(由通讯报文来对时)和编码对时(应用广泛的IRIG-B对时)。

目前节点设备普遍采用编码对时方式,因为它实际上是一种综合对时方案,在其报文中包含了秒、分、小时、日期等时间信息,同时每一帧报文的第一个跳变沿对应于整秒,相当于秒脉冲同步信号。秒脉冲精度可达到ns级别,并且没有累积误差。

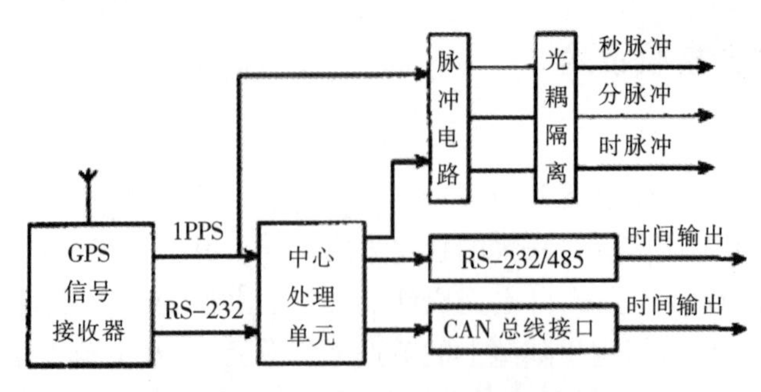

图 5-3-1 GPS 输出时间的方式

世界上使用GPS单信道C/A码进行授时的精度可达11.5 ns,使用多信道C/A码进行授时的精度可达5.7 ns。GPS授时精度完全能满足地震数据的需要，但条件是必须保证GPS信号连续跟踪校准。

一般节点设备都要求小于15 min的间隔校准。主要原因是节点设备电路中的振荡器随时间累计误差大,而且易受环境温度影响。在一般的勘探工区,GPS授时均没有问题。但是在GPS信号接收困难的地区(如地处热带茂密雨林、节点深埋地下等)将出现问题,通常采用外部时钟同步和内部时钟混合同步技术来保证节点单元的时钟精度，即节点单元布设的排列区域设置大功率精确时间信号发送装置,进行精确对时信号的播发。

(2)数据传输技术

由于节点设备之间没有传输电缆连接,如何解决各节点之间、节点与控制单元之间的通讯就显得尤为重要,因此仪器制造商根据自身设备的特点,综合考虑各种因素,灵活运用目前比较成熟的通讯技术,来满足自身产品的需要。其采用的主要技术见表5-3-1。

表 5-3-1 用于节点系统的不同通讯技术

技术类别	特点(优点)	局限性	代表仪器
无线蜂窝技术	结构简单可靠,频率可复用,小区分裂,易扩展,属于移动通讯解决方案	小区分裂不能无限进行，导致系统容量不能进一步提高	UNITE
WIFI 技术	属于无线局域网解决方案，速度快，可靠性高,传输距离较远	功耗大	RT2W RT3,UNITE SIGMA,WTU-508,Nseis
蓝牙技术	通讯质量高,点对点,功耗较低	通讯距离短	UNITEW WTU-508,HAWK
无线 mesh 技术	新型无线网络技术,网络中的节点均可发送和接收信号,数据自由交换		SIGMA
ZigBee 技术	短距离、超低功耗无线局域网协议，高容量	传输速率低	Nseis

(3)采集质量控制技术

节点设备采集时如何监控其状态,在某种程度上也决定了采集数据的质量和完整性,因此不同厂商采用的技术也不同,主要方式如下：

实时监控模式；

无人机巡线监控;

利用终端设备现场监控;

借助有线排列实时监控;

利用3 G/4 G网络监控;

利用节点设备自测试结果辅助监控;

防盗防丢失监控。

(4)数据综合处理技术

不同于单纯的有线采集系统,节点设备开始工作后,自主记录数据,并存储于本地,需事后进行地震数据的下载、分离,最后根据观测系统设计,合成完整的炮集文件,按照甲方要求提交合格的数据文件和磁带。因此需要研发专门的硬件和软件系统,用于数据的下载、存储、相关、合成、质量控制、记录格式转换等工作,对于不同的激发控制方式还要考虑数据的扭曲矫正。

(5)电源管理与控制技术

节点仪器设备具有自主不间断连续采集功能,长达几天、几十天的工作时间,因此如何保证持续给设备提供电源是各生产厂商必须面对的现实问题。设备中GPS授时电路、数据通讯和存储电路均有较大的功耗,直接影响设备的续航时间。目前市场上的节点设备都是在功能和功耗上找到一个平衡点,除采用高性能的电池、低功耗的元器件外,不断优化电路设计,优化电源管理,提高续航能力。

2.混合采集观测系统设计技术

有线仪器和节点仪器各有优缺点,采用混合采集的观测系统可以取长补短,利用有限仪器的实时质控能力和节点仪器的灵活施工优点,可以提高施工效率。混合采集的观测系统布设方式主要有下几种。

1)两种设备道内插观测系统

有线设备和节点设备在同一个排列布设,有线设备和节点设备道内插,即节点设备和有线设备隔道布设。这种方式的观测系统可以通过有线设备的资料品质情况监控节点设备的资料品质,对于处于盲采的节点仪器的质量监控提供帮助。缺点是野外操作难度大。

2)两种设备排列内插

这种布设方法是有线设备是一个排列、节点设备是一个排列,两个排列交替布设,形成线内插。这种方式的观测系统的优点是比较便于野外操作,减少施工难度。缺点是对节点排列的监控力度小。

3)局部进行检波点加密

在复杂地表区由于炮检点布设难度大,往往导致炮检点布设受到影响,通常情况下炮点受到的影响大,无法按照设计的炮点数量进行布设,造成了局部区域的炮道密度降低。这种情况下,可以采用节点设备加密接收点的方法进行以道补炮,提高炮道密度。另外,在复杂构造区或低信噪比区,将一定数量的节点仪器加密布设到有线排列中,形成局部高密度观测系统,可以提高这些地区地震资料的品质。

4)节点仪器和有线仪器各自在不同区域

在工区的不同区域分别布设节点设备和有线设备,例如在施工难度大的区域布设节点设备,在施工难度小的区域布设有线设备,以减少工作量和施工难度。

3.高精度混采规范

1)节点采集系统检测

①联合采集模式时,开工前两种仪器系统的检测项目齐全。检测记录合格与否,应由相关技术部门与仪器管理部门负责人共同验收,并出具检测合格证。

②联合采集模式时,开工前应完成两种仪器系统之间及节点地震采集系统内部的一致性对比工作。进行初至时间、极性、波形对比等,合格记录为初至时差不大于1个采样率,极性相同,远、中、近波形的波峰与波谷基本一致。

③节点独采模式时,开工前节点地震采集系统的检测项目齐全。检测记录合格与否,应由相关技术部门与仪器管理部门负责人共同验收,并出具检测合格证。

④节点独采模式时,开工前应完成节点地震采集系统内部的一致性对比工作。进行初至时间、极性、波形对比等,合格记录为初至时差不大于1个采样率,极性相同,远、中、近波形的波峰与波谷基本一致。

⑤节点地震采集系统出厂前,根据项目要求,确定内置检波器或外接检波器的接收方式,并提前完成节点地震采集系统的参数设定、设备调试或配备。

⑥每天对新布设的节点排列由手部回收节点采集单元的自检测试结果,对不回收的节点单元按5%比例,且最多不超过2 000道,重新开机自检后由手部回收节点采集单元的自检测试结果。当天从手部下载自检测试结果,并按测线号、接收点桩号的顺序整理并保存电子文档。

2)节点采集单元布设

①内置检波器的节点采集单元,埋置按照“平、稳、正、直、紧”的布设标准,确保与大地耦合良好,一般采用挖坑埋设,将节点单元周边用土夯实,顶部宜掩埋1 cm左右干土层;小区等硬化路面,应偏移至不易被车辆碾压的安全地带,使用快粘粉或泡沫胶固定。外接检波器的节点采集单元,检波器按照常规检波器的埋置标准布设,节点仪主机可放置在附近,确保卫星信号无遮挡。

②过水域区域施工时,可采取外接检波器的方法,将节点仪主机固定到水面之上。

③节点采集单元开机后检查仪器灯光,绿灯闪烁为正常工作状态,如不闪烁,需要检查或更换。

④布设时,根据测量桩号进行节点采集单元桩号配置并确认,遇无测量桩号或因工农关系、新增障碍物等原因需偏移点位时,应重新测量放样后再埋置。

⑤及时填写节点采集单元布设班报。

3)节点采集单元巡查

①巡查人员对节点采集单元配置的桩号进行检查,布设与质控手部显示桩号应与测量桩号一致。

②巡查人员利用布设与质控手部对区域的全部采集单元进行巡查,检查项目包括电池电压、储存状态、剩余储存空间、设备状态、采集参数、内部温度、GPS状态、经纬度信息等,状态文件自动保存于手部。

③巡查人员对区域内设备工作异常、损坏和丢失设备进行更换、补充、寻找和记录。

④村镇、工农关系复杂等特殊区域,可提高巡查频次或采取措施,减少设备受损毁或丢失。

⑤及时正确填写节点采集单元巡查班报和节点采集单元更换班报。

4)数据下载及单炮数据合成

①根据地震激发时间制作数据回收列表,对节点采集单元逐一进行地震数据、测试数据下载。

②下载巡线手部中的巡查记录,整理、制作地震数据合成软件需要的设备列表文件。

③节点地震系统设备列表文件按线号、点号排序,排序方式为从小到大,列表中检波点桩号不得空缺,必须与观测系统保持一致。

④根据炮点激发的GPS时间,制作地震数据合成软件需要时间格式的文件号－时间列表。

⑤可控震源激发时,应提取并制作每一次振动对应的文件号－时间列表。

⑥联合采集施工时,节点地震资料合成所使用的GPS时间可从有缆地震仪系统施工的LOG文件中获取。

⑦联合采集施工时,无缆节点与有缆地震仪混合采集,处理使用的SPS应该单独制作与整理。

⑧将节点原始数据根据要求转换成相应记录格式,生成SEGY或SEGD文件格式。

⑨节点仪器采集时,无论单炮接收地震道数据是否全部回收,每天也应对已回收的地震数据进行合成处理。节点地震系统地震数据合成后,应详细检查,包括初至时间、极性、不正常道等。

⑩联合采集施工时,节点地震数据与有缆地震数据在数据上交前,应做好两种数据合并工作。

5)节点采集系统布设工序

节点采集系统的布设工序控制点为埋置效果、埋置位置、桩号设置、设备状态。控制点要求包括以下几点。

①保证埋置效果。要达到平、稳、正、直、紧,确保与大地的耦合。

②保证埋置位置准确。埋置位置距离测量桩号不大于20 cm。

③保证桩号设置准确。布设手簿在设置桩号前需核实桩号信息,正确操作手簿,确认桩号输入正确。

④保证状态正常。设备开机后检查指示灯,绿灯常亮后方可进行后续作业,否则重新开机或更换设备。

6)节点地震采集系统巡查质检工序

节点地震采集系统的巡查质检工序控制点为埋置位置、桩号设置、设备状态、丢失处理。控制点要求包括以下几点。

保证位置准确。发现埋置位置距离测量桩号超过20 cm时,及时安排重新测量。

保证桩号准确。检查巡线手部显示桩号与测量桩号对应不误。当巡线手部桩号错误时及时重新设置桩号。

确保设备状态正常。利用巡线手部检查设备状态,状态不正常时采取重启设备或更换处理。

当发现设备丢失时,及时重新布设并设置桩号,同时搜寻丢失设备。

7)节点采集系统数据回收工序

节点采集系统的数据回收工序控制点为设备数量、回收列表、数据大小和质控反馈。控制点要求包括以下几点。

①保证回收列表制作准确。确保排列线号、采集日期、采集时间段制作准确。

②保证设备数量准确。接收设备时,专人负责清点核对当日回收设备总数。

③保证数据回收准确。数据回收过程中,检查每个设备的回收状态,避免出现回收异常,确保每个节点采集单元数据全部回收、数量大小无误。

④及时反馈设备问题并指导野外整改。根据从手部下载的LOG文件和野外班报,及时发现并反馈问题,确保问题得到及时排除。如出现桩号错误、同桩号、无桩号等问题,野外核实后及时整改;出现电压不足、存储空间不足及时通知更换设备;出现未处于采集状态、等待GPS同步、定位类型为估算中等问题时,采取重启设备或更换埋置位置措施,如仍未解决问题,更换设备。

8)节点采集系统充电工序

保证设备充电正常。充电时应关注充电状态,发现设备无法正常充电时及时处理。

9)节点采集系统数据合成工序

节点采集系统的数据处理工序控制点为设备列表、文件号-时间列表、SPS文件、单炮质控、数据存档。控制点要求包括以下几点。

①设备列表应注意将采集过程中更换的节点采集单元设备号制作准确。

②做好单炮质控。合成单炮后通过软件检查不正常单道,通知野外进行整改,合成单炮数据及时提交现场处理,进行数据读取和处理分析等相关处理工作。

③做好原始数据备份存档。所有回收原始数据、过程中数据,以及最终合成的单炮数据应及时备份存档。

10)设备维护

做好野外节点地震数据采集系统的保护工作,当节点单元丢失时,应详细记录丢失节点单元的桩号,并及时布设新的节点单元;当节点单元损坏无法回收地震数据时,宜交给检修人员,取出内存卡下载采集的地震数据。

①节点地震数据采集系统操作人员上岗前应经过专门的技术培训,由上级主管部门考核,合格后下发上岗证或操作证,方可上机操作。

②使用过程中,应严格遵守技术规程,正确操作,精心维护,保持各部件整洁,运行正常。未经主管部门批准,使用人员不得擅自更改仪器结构和电路。

③节点地震数据采集系统应安排专人负责,要求分工明确,责任到人。配有操作日志或运行日志、检修记录本,由当班操作员或检修员详细填写仪器运行情况、故障现象、排除方法及步骤等。

④节点地震数据采集系统在运输过程中,应使用专门的运输工具,采用固定的箱、架、座等,固定牢固,避免振动和碰撞。野外施工中应轻拿轻放,安置稳固,并注意防水,防过路车辆碾轧,防止其他意外损坏。

⑤在野外施工期间,任何情况下都不得随意在野外打开相关设备单元进行维修。

⑥对节点地震数据采集系统、中继单元、手持终端等电子设备检修的基本环境条件要求室内清洁卫生,温度适宜,干燥防潮,没有腐蚀性液剂和气体,附近没有振动,没有强电磁干扰和噪音，主要测试仪表和工具齐全，检修标准按照厂家提供的检修工序和方法进行。

⑦开箱检修或测试单元板时,必须采取防静电措施。

⑧节点地震数据采集系统设备入库验收时，应按出厂技术检验项目和标准进行全面验收检测。各项性能和指标均应达到技术要求,检测结果应随验收书等一起存入仪器设备档案。辅助配套设备、备用器材、技术资料等应严格检查与验收,并记录在仪器档案上。

第六章　地震采集资料监控与评价

随着济阳坳陷油气勘探开发的不断深入，勘探的地质目标已由原来的构造油气藏勘探转变为构造－岩性、岩性勘探，目标转向中深层、地质情况异常复杂和低信噪比地区，这就为地震勘探提出了更高的要求。近年来，随着高精度地震勘探技术的发展，地震采集面元日趋减小，炮道密度和覆盖次数剧增。同时，施工效率越来越快，每天日产炮数剧增，施工方式多变。采集技术的进步带来了地震数据量的暴增，每炮都是一个“海量”的数据体，现场人工监控的方法已无法满足海量数据采集的质控要求。

随着勘探技术的进步和计算机软硬件手段的丰富，智能化质控技术发展较快，通过现场质控软件来完成野外海量地震数据的实时质量监控和标准化评价，已成为地震队的标准配置。目前，在实施高精度海量地震数据采集时，主要是通过自主研发的 MassSeisQC 质控软件进行野外质量监控和实时资料评价的。

一、地震资料现场评价技术

常规地震资料品质的现场监控与评价，主要是通过纸质的监视记录，由现场技术人员通过观察记录的辅助道和不正常道情况、主要目的层的视信噪比和视频率情况，单炮记录的整体能量情况等，依据相关标准，判定每一张地震记录的等级(优良、合格、不合格)。这种评价方法受人为主观因素的影响较大，不同技术人员的评价结果会有一定的差距。海量数据因地震道数较多，野外现场已经无法采用纸质监视记录来展示每一地震道的面貌，因此，人工评价方法已经不能满足海量数据的现场质控要求。

1.地震采集质量评价原则

海量数据的采集质量评价主要依据相关的技术标准和采集项目施工设计的技术要求，通过在智能评价软件中设置相应的门槛值，对每炮记录做出“合格”或“不合格”的评价。

凡满足以下条件之一的地震记录将被评价为不合格记录：

①炮检关系错误，且无法确定的；

②单炮不正常道数超过该单炮记录总道数 1.6 %的；

③同一不正常道连续超过 24 炮的；

④同一接收排列中不正常道数超过该接收排列总道数 5 %或连续不正常道数超过 8 道的；

⑤TB 信号和验证 TB 时差大于 1 个采样间隔的；

⑥陆地井炮连续无井口时间超过 5 炮的；

⑦信噪比达不到技术设计指标，环境噪声大于标准记录环境噪声 200 %的；

⑧地震单炮记录能量小于标准记录能量 50 %的；

⑨主频与频宽或分频扫描达不到技术设计指标的;

⑩SPS文件中的信息与记录道头字不符的。

凡不满足不合格记录条件的均可评价为合格地震记录。

2.现场资料评价方法

实现海量数据智能化评价的方法主要有多元统计判别分析法和先验信息约束的判别分类法。下面简要介绍一下两种方法的基本原理。

1)多元统计判别分析方法

判别分析是在分类确定的条件下，根据某一研究对象的各种特征值判别其类型归属的一种多变量统计分析方法。其基本原理是按照一定的判别准则,建立一个或多个判别函数,用研究对象的大量资料确定判别函数中的待定系数,并计算判别指标,据此确定某一样本属于哪一类。它是一种统计判别和分组技术,就一定数量样本的一个分组变量和相应的其他多元变量的已知信息,确定分组与其他多元变量信息所属样本进行判别分组。其基本原理是计算待测点与各类的距离,取最短者为其所属类。

现有判别方法较多,包括极大似然估计、距离判别、Fisher判别和Bayes判别。其中,前者适用于分类变量,后三者适用于连续变量。Fisher判别和Bayes判别都是基于概率的分类方法,有其适应性。距离判别法是由训练样本得出每个分类的重心坐标,然后对新样本求它们离各个类别中心点的距离,根据远近确定其归属类,也就是根据个案离开母体远近进行判别。最常用的距离是马氏距离,也有用欧氏距离。欧氏距离是一种绝对距离,而马氏距离是考虑了随机变量方差的一种相对距离,体现了概率的思想。

若x,y是N维空间中的两个点,则x与y的欧氏距离为

$$d(x,y)=||x-y||_2=\sqrt{(x-y)^T(x-y)} \tag{6-1-1}$$

若x,y服从均值为μ,协方差阵为Σ的总体X中抽取的样本,则x,y两点的马氏距离为

$$d(x,y)=\sqrt{(x-y)^T\Sigma^{-1}(x-y)} \tag{6-1-2}$$

而样本点x与总体X的马氏距离为

$$d(x,X)=\sqrt{(x-\mu)^T\Sigma^{-1}(x-\mu)} \tag{6-1-3}$$

式中,x,y和μ都是向量。

在这里,讨论两个总体的距离判断,分别讨论两个总体协方差阵相同和协方差阵不同的情况。问题:设总体样本集X_1和X_2的均值向量分别为μ_1和μ_2,协方差阵分别为$\Sigma 1$和$\Sigma 2$,给定一个样本点,判断x来自哪个总体样本集。

分别计算样本点离两个样本集的中心点的距离,然后,比较两个距离的大小,从而判断其分类。

①两个协方差阵相同时,有

$$\omega(x)=(x-\bar{\mu})^T\Sigma^{-1}(\mu_1-\mu_2) \tag{6-1-4}$$

判别函数为

$$R_1=\{X|\omega(x)\geqslant 0\} \qquad R_2=\{X|\omega(x)<0\} \tag{6-1-5}$$

②两个协方差阵不同时,有

$$\omega(x)=(x-\mu_2)^T\Sigma_2^{-1}(x-\mu_2)-(x-\mu_1)^T\Sigma_1^{-1}(x-\mu_1) \tag{6-1-6}$$

判别函数为

$$Val=Coef\times\begin{cases}1, Coef\geq \mathrm{Thr}\\0, Coef<\mathrm{Thr}\end{cases} \tag{6-1-7}$$

Thr 是预先设定的一个阈值。

距离判别的特点是直观、简单,适合于对自变量均为连续变量的情况下进行分类,且它对变量的分布类型无严格要求,特别不要求总体协方差矩阵相等。

一个特定工区的地震资料受地表与近地表、地震地质条件的制约,评价地震单炮记录的因素较多,包括地震激发、接收与环境噪声,特别重要的因素是地震属性,如能量、频率与信噪比等。从以往地震采集资料分析,一个工区受外界因素和激发与接收因素的影响,一般可把整个工区的资料分为几个大的区域,在同一个区域内,地震单炮记录特征基本相似,而不合格单炮记录的某些特征就会出现明显的差异,所有这些单炮记录都是随机性的,通过对单炮地震记录属性分布规律研究发现,地震单炮记录属性基本呈正态或偏正态分布,因此符合概率统计的某些原理。

基于以上假设,为快速(几秒内)判定一个单炮记录是否合格,可以采用先验信息约束的多元统计判别分类方法。该方法主要由如下几个步骤构成:

①工区单炮记录分为几个处于差异显著的区域,在同一个区域内,单炮记录特征具有相似性;

②在同一个区域,由于地震激发、接收与环境条件差异不大,因此,采集的合格单炮记录相似,由这些单炮记录所提取的地震属性和其他因素可通过非线性回归成一个标准记录,它是衡量该区域单炮记录是否合格的尺度;

③以该标准记录为准绳,给定偏差,在偏差范围内可视为合格单炮记录。

因此,该分类方法的关键点有三个:区域划分、标准记录的求取和偏差的定义,考虑海量地震采集实时性需求,完全严格意义上的科学分类是不现实的,可以对该过程做实用性简化处理。

根据对工区地表与近地表条件调查,以及地震地质特征和以往地震资料品质分析,进行区域划分,这些工作也是目前进行地震勘探采集工作必备的基础工作和质量监控的依据之一。

理论上,标准记录应该根据地震激发子波,设计地质模型,考虑地震吸收衰减影响,合成地震记录,并在环境噪声分布调查基础上,迭加到合成地震记录上,形成标准记录。

实际生产中,更具实用性的是采用其他方式,直接或间接选择与标准记录相对较为“接近”的单炮记录。

如果说,前二者是个相对量,第三个关键点则弹性较大。标准记录的偏差(阈值)是判定单炮记录合格的指标,该指标人为性特别大,需要结合以往采集资料分析结果确定。

2)先验信息约束的多元统计判别分类方法

(1)评价区域与标准记录

根据地表与近地表条件、地震地质特征和以往资料品质,将工区内具有相同或相似地震地质条件的范围定义为评价区域。

标准记录是在相同或相似地表与地震地质条件下满足地质勘探目标设计要求且具有

代表性的炮集。标准记录一般按照以下方式确定：

选用评价区域内的试验炮作为标准记录；如果没有合适的试验炮，应选择生产炮；或是由多个生产炮合成的单炮记录，如由连续 20 炮平均所得的地震记录。

(2)评价模型参数

参与评价项目应包括以下内容：炮检关系、地震记录 TB、井口时间、不正常道、不正常排列、炮集属性与监控标准层属性(能量、频率、信噪比)、环境噪声和 SPS 等。

根据工区实际，宜选择一个或两个监控标准层的能量、频率和信噪比，并参考标准记录属性值作为评价指标。

监控标准层是海量数据评价中的一项重要内容，因为在一般单炮记录监控时，根据经验，评价区域内勘探目的层的一些属性变化较大。因此，为了更好地区分单炮记录类型，需要定义监控标准层。监控标准层是指评价区域内埋藏深度不大且具有稳定分布的地质反射层，一般指但不限于勘探目的层。

根据工区勘探程度和勘探目标要求的不同，参与评价的参数也应做适当调整。

(3)评价模型

根据地表条件与地下地质构造情况，选择采用多评价区域或多炮平均模式对原始地震记录判定是否合格。在地表变化相对缓慢且地下地质结构相对简单的工区，宜采用单一的多炮平均评价模式；在地表及地下地质结构复杂的工区，宜采用多评价区域评价模式。

所谓多炮平均评价模式是指单炮地震记录往往难以准确地表示标准记录，在地表变化不大与地下地质结构相对简单的工区，通过最近才有相同激发与接收条件的单炮记录求平均往往可以更好地反映标准记录属性。

二、地震单炮监控技术

海量数据的单炮监控，是指针对超大道数的单炮数据，在现场进行实时质量监控和记录质量评价的技术。为了快速判别单炮中每个记录道的质量好坏，需要借助现场质控软件进行智能化的监控和评价。

1.单炮智能化监控方法

目前单炮质量检查一般有两种方式：一是仪器监视记录的回放检查，由于考虑到施工效率，一般是隔炮或只回放部分排列，通过交替回放不同排列来实现现场质量监控；二是现场处理绘图，也是只绘单炮的部分排列或部分排列部分频带的滤波记录。同样，这种质量监控只是实现对部分单炮记录或部分排列的监控，无法实现对每个炮点、全排列进行检查；而现场处理的部分频带(通过带通滤波)的监控只能对频率这一项质量指标进行量化分析或监控。单炮定量分析只在开工试验时期或考核试验点的资料分析时才进行，不能始终贯穿于整个野外生产的过程中。

综合考虑人工评价和监控软件评价的分析内容，选取能量、主频、绝对频宽、优势频带、有效频带、信噪比、分频能量信噪比和分时能量作为样本的基本属性。通过数学变换提取到的地震属性多达二十余种，过多的地震数据和属性数量会导致处理算法执行效率低。通过属性选择剔除无关属性，增加分析任务的有效性，从而提高模型精度，减少运行时间。

1)主成分分析

主成分分析法是一种降维的统计方法，它借助于正交变换将其分量相关的原随机向量转化成分量不相关的新随机向量，这在代数上表现为将原随机向量的协方差阵变换成对角阵,在几何上表现为将原坐标系变换成新的正交坐标系,使之指向样本点散布最开的 p 个正交方向,然后对多维变量系统进行降维处理,使之能以一个较高的精度转换成低维变量系统,再通过构造适当的价值函数,进一步把低维系统转化成一维系统。

设有随机变量 $X_1,X_2,\cdots,X_P$,样本标准差记为 $S_1,S_2,\cdots,S_P$,首先做标准化变换：

$$C_j=a_{j1}x_1+a_{j2}x_2+\cdots+a_{jp}x_p(j=1,2,\cdots,p) \tag{6-2-1}$$

有如下定义：

①若 $C_1=a_{11}x_1+a_{12}x_2+\cdots+a_{1p}x_p$,且使 $\mathrm{Var}(C_1)$最大,则称 C_1 为第一主成分；

②若 $C_2=a_{21}x_1+a_{22}x_2+\cdots+a_{2p}x_p$,系数变量$(a_{21},a_{22},\cdots,a_{2p})$垂直于系数变量$(a_{11},a_{12},\cdots,a_{1p})$,且使 $\mathrm{Var}(C_2)$最大,则称 C_2 为第二主成分；

③类似地,可有第三、四……主成分。

假设至多有 p 个主成分。

主成分是原变量的线性组合,是对原变量信息的一种改组,主成分不增加总信息量,也不减少总信息量。设有 p 个随机变量,便有 p 个主成分。由于总方差不增不减,C_1、C_2 等前几个综合变量的方差较大,而 C_p、C_{p-1} 等后几个综合变量的方差较小。严格说来,只有前几个综合变量才称得上主(要)成分,后几个综合变量实为"次"(要)成分。实际中总是保留前几个,忽略后几个。保留多少个主成分取决于保留部分的累积方差在方差总和中所占百分比(累计贡献率),它标志着前几个主成分概括信息之多寡。实际中,粗略规定一个百分比便可决定保留几个主成分;如果多留一个主成分,累积方差增加无几,便不再多留。

具体计算步骤如下：

①原始指标数据的标准化采集 p 维随机向量 $x=(X_1,X_2,\cdots,X_p)^T$,n 个样品 $x_i=(X_{i1},X_{i2},\cdots,X_{ip})^T$,$i=1,2,\cdots,n$,且 $n>p$,构造样本阵,对样本阵进行如下标准化变换得到标准化阵 Z:

$$Z_{ij}=\frac{x_{ij}-\bar{x}_j}{s_j}(i=1,2,\cdots,n;j=1,2,\cdots,p) \tag{6-2-2}$$

式中,$\bar{x}_j=\frac{\sum_{i=1}^{n}x_{ij}}{n}$,$s_j^2=\frac{\sum_{i=1}^{n}(x_{ij}-\bar{x}_j)^2}{n-1}$。

②对标准化阵 Z 求相关系数矩阵：

$$R=[r_{ij}]_{p\times p}=\frac{Z^TZ}{n-1} \tag{6-2-3}$$

式中,$r_{ij}=\frac{\sum z_i\cdot z_j}{n-1}(i=1,2,\cdots,n;j=1,2,\cdots,p)$。

③解样本相关矩阵 R 的特征方程：

$$|R-\lambda I|=0 \tag{6-2-4}$$

则可得 p 个特征根,确定主成分。

按$\frac{\sum_{j=1}^{m}\lambda_j}{\sum_{j=1}^{p}\lambda_j}\geqslant0.85$ 确定 m 值,使信息利用率达 85%以上,对每个 λ_j, $j=1,2,\cdots,m$,解如

下方程组可得特征向量：

$$Rb=\lambda_j b \tag{6-2-5}$$

④将标准化后的指标变量转换为主成分：

$$U_i=z_{ij}^T b_j^0(j=1,2,\cdots,m) \tag{6-2-6}$$

式中，U_1 称为第一主成分，U_2 称为第二主成分，……，U_P 称为第 p 主成分。

⑤载荷系数的计算：

求解观测值 X_i 在主成分 U_i 上的得分：

$$I_{ij}=\sqrt{\lambda_j}\, eZ_{ij} \tag{6-2-7}$$

按照上述计算步骤，原始样本标准化后求相关系数矩阵，解矩阵特征方程，由累计贡献率确定主成分，然后转换得到具体的主成分数值。下面通过 LJ 工区数据测试进行具体说明。

首先，根据原始地震数据，提取单炮数据的基本属性；然后，做标准化处理，如表 6-2-1 和 6-2-2 所示。

然后，由标准化矩阵得到它的相关系数矩阵，如表 6-2-3 所示，属性交会图如图 6-2-1 所示。

由此可以看出，能量类的相关系数近 1，可以剔除其他两个属性，只保留全排列的总能量。优势频带信噪比跟能量类的相关最小，跟频带内的其他参数相关最多，应该保留。有效频带最小值因无明显规律性可剔除。

表 6-2-1 部分单炮数据的原始属性值

序号	总能量	主频	最小有效值	最大有效值	有效能量	有效信噪比	最小平均值	最大平均值	平均能量	平均信噪比
1	6.53E+19	12.33	2.44	77.50	6.50E+19	2.08	3.42	53.33	6.46E+19	1.66
2	3.39E+20	24.53	3.05	350.62	3.39E+20	5.44	4.52	106.05	3.34E+20	1.11
3	6.77E+18	24.90	3.91	93.24	6.69E+18	2.32	5.61	53.58	6.45E+18	1.65
4	1.21E+19	24.90	2.44	244.81	1.21E+19	3.71	3.66	54.80	1.09E+19	2.07
5	1.09E+20	21.48	2.44	71.27	1.08E+20	2.60	3.42	49.91	1.07E+20	2.06
6	8.57E+23	57.60	2.44	299.97	8.59E+23	13.63	3.66	243.10	8.56E+23	7.32
7	1.49E+24	49.43	2.81	258.85	1.49E+24	11.49	8.42	199.29	1.48E+24	5.81
8	6.57E+23	49.43	2.93	244.45	6.57E+23	10.98	8.79	186.72	6.43E+23	5.55
9	5.60E+23	43.32	2.56	268.37	5.59E+23	13.25	5.13	215.40	5.58E+23	7.22
10	1.04E+24	44.67	2.56	256.04	1.04E+24	13.30	4.88	206.74	1.04E+24	7.41
11	4.52E+22	44.67	3.66	242.86	4.41E+22	11.67	6.59	197.83	4.38E+22	6.43
12	8.13E+22	45.28	3.05	255.43	8.00E+22	12.22	4.88	209.42	7.98E+22	7.38
13	9.78E+22	43.45	4.52	238.22	9.66E+22	11.10	7.32	192.46	9.64E+22	6.24
14	4.78E+22	44.67	4.15	244.45	4.64E+22	11.75	7.20	199.90	4.62E+22	6.70
15	3.45E+22	44.67	4.27	246.03	3.41E+22	11.09	7.08	199.90	3.39E+22	6.11

表 6-2-2 部分属性数据标准化值

序号	总能量	主频	最小有效值	最大有效值	有效能量	有效信噪比	最小平均值	最大平均值	平均能量	平均信噪比
1	−1.505 2	−6.091 0	−0.846 8	−6.631 9	−1.505 1	−5.193 0	−1.503 5	−5.403 9	−1.507 1	−4.608 2
2	−1.504 8	−4.103 9	−0.197 0	4.499 2	−1.504 7	−3.301 6	−1.087 0	−3.280 6	−1.506 7	−5.190 6
3	−1.505 3	−4.043 7	0.719 1	−5.990 4	−1.505 2	−5.057 9	−0.674 4	−5.393 8	−1.507 2	−4.618 8
4	−1.505 3	−4.043 7	−0.846 8	0.186 8	−1.505 2	−4.275 4	−1.412 6	−5.344 7	−1.507 2	−4.174 0
5	−1.505 2	−4.600 7	−0.846 8	−6.885 8	−1.505 1	−4.900 3	−1.503 5	−5.541 6	−1.507 0	−4.184 6
6	−0.245 0	1.282 3	−0.846 8	2.434 9	−0.241 3	1.308 9	−1.412 6	2.238 9	−0.233 7	1.385 4
7	0.685 9	−0.048 4	−0.452 7	0.759 1	0.687 2	0.104 2	0.389 5	0.474 5	0.694 5	−0.213 6
8	−0.539 1	−0.048 4	−0.324 9	0.172 2	−0.538 5	−0.182 9	0.529 6	−0.031 8	−0.550 6	−0.489 0
9	−0.681 8	−1.043 5	−0.719 0	1.147 0	−0.682 7	1.095 0	−0.856 1	1.123 3	−0.677 1	1.279 5
10	0.024 1	−0.823 7	−0.719 0	0.644 5	0.025 1	1.123 2	−0.950 8	0.774 5	0.040 0	1.480 7
11	−1.438 9	−0.823 7	0.452 8	0.107 4	−1.440 3	0.205 6	−0.303 4	0.415 7	−1.442 0	0.442 9
12	−1.385 8	−0.724 3	−0.197 0	0.619 7	−1.387 5	0.515 2	−0.950 8	0.882 4	−1.388 5	1.448 9
13	−1.361 5	−1.022 4	1.368 9	−0.081 7	−1.363 1	−0.115 3	−0.027 0	0.199 4	−1.363 8	0.241 7
14	−1.435 0	−0.823 7	0.974 8	0.172 2	−1.436 9	0.250 6	−0.072 4	0.499 0	−1.438 4	0.728 8
15	−1.454 6	−0.823 7	1.102 6	0.236 6	−1.455 0	−0.120 9	−0.117 8	0.499 0	−1.456 7	0.104 0

表 6-2-3 相关系数矩阵表

	总能量	主频	最小有效值	最大有效值	有效能量	有效信噪比	最小平均值	最大平均值	平均能量	平均信噪比
总能量	1	0.400 8	−0.321	0.156 5	1	−0.033	0.317	0.168 8	0.999 9	−0.049
主频	0.400 8	1	−0.045 9	0.515 6	0.401	0.551 8	0.162 4	0.686 4	0.401 4	0.531 9
最小有效值	−0.321	−0.045 9	1	−0.100 5	−0.321 4	0.033 7	0.378 5	−0.021 1	−0.322 2	0.001
最大有效值	0.156 5	0.515 6	−0.100 5	1	0.156 7	0.442 2	−0.050 9	0.741 3	0.156 2	0.396 8
有效能量	1	0.401	−0.321 4	0.156 7	1	−0.032 9	0.316 4	0.169	1	−0.048 9
有效信噪比	−0.033	0.551 8	0.033 7	0.442 2	−0.032 9	1	0.055 5	0.786 5	−0.030 8	0.950 6
最小平均值	0.317	0.162 4	0.378 5	−0.050 9	0.316 4	0.055 5	1	0.019 9	0.314 8	−0.085 8
最大平均值	0.168 8	0.686 4	−0.021 1	0.741 3	0.169	0.786 5	0.019 9	1	0.169 5	0.800 5
平均能量	0.999 9	0.401 4	−0.322 2	0.156 2	1	−0.030 8	0.314 8	0.169 5	1	−0.046 3
平均信噪比	−0.049	0.531 9	0.001	0.396 8	−0.048 9	0.950 6	−0.085 8	0.800 5	−0.046 3	1

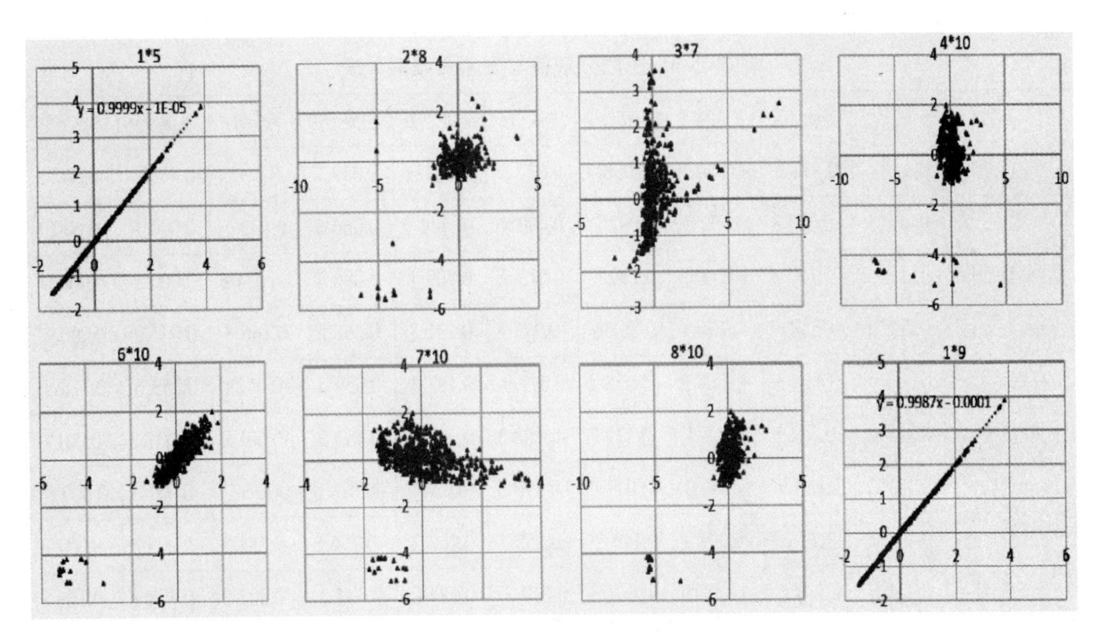

图 6-2-1　属性交会分析图

下一步计算相关系数矩阵的特征值和特征向量，根据特征值计算各主成分变量的贡献率及累积贡献率,各主成分的载荷如表 6-2-4 所示。

从表 6-2-4 中可以看出,三个主成分可以代表原数据 84 %的信息,其中,主成分 1 中总能量和主频所占比重最多,主成分 2 中优势频带信噪比、有效频带最大值比重最多,主成分 3 中优势频带的最小值所占比重最多。参考前面的属性交会分析,最终我们选取总能量、主频、优势频带信噪比、优势频带最小值和有效频带最大值这 5 个基本属性作为最佳评价参数组合。

2)随机森林建模方法

机器学习在近年已发展为一门多领域交叉学科,涉及概率论、统计学、逼近论、凸分析、计算复杂性理论等多门学科。机器学习理论主要是设计和分析一些让计算机可以自动“学习”的算法,是一类从数据中自动分析获得规律,并利用规律对未知数据进行预测或分类的算法。机器学习是计算机从数据中进行自动学习,得到某种知识(或规律)。通常指如何从观测数据(样本)中寻找规律,并利用学习到的规律(模型)对未知或无法观测的数据进行预测或分类。

机器学习基本工作原理如下:由训练样本集形成学习算法,经过多次训练并可通过验证后,建立模型,然后对输入的新数据进行预测或分类。一般地,通过损失函数量化模型预测和真实标签之间的差异(错误率),但由于训练样本数量或代表性不足及噪声等,极低错误率的模型往往造成过拟合,如图 6-2-2 所示。

机器学习方法是近年来发展的热门技术,在各科研领域取得突破性成果,特别是在计算机视觉、图像处理、语音识别、无人驾驶、自然语言处理等领域的应用取得显著成果。在地球物理领域,研究人员也展开了机器学习相关技术的研究和应用,并在岩性识别、岩体分类、断层识别、面波识别和初至拾取等方面取得了初步成果。

表 6-2-4 主成分载荷与方差贡献累计表

	主成分1	主成分2	主成分3	主成分4	主成分5	主成分6	主成分7	主成分8	主成分9	主成分10
总能量	0.341 4	0.414 4	-0.004 3	-0.058 4	0.077 5	0.183 3	0.039 1	-0.010 4	0.546 1	-0.607 3
主频	0.409 3	-0.093 4	0.080 5	0.092 7	0.499 4	-0.744 5	0.066 3	0.022 4	0.000 1	-0.000 1
最小有效值	-0.113 2	-0.157 4	0.695 0	0.199 7	0.513 9	0.409 1	0.086 4	-0.024 3	0.000 1	0.000 0
最大有效值	0.316 6	-0.191 9	-0.124 6	0.767 6	-0.277 8	0.131 8	0.368 5	0.166 8	0.001 0	0.000 3
有效能量	0.341 4	0.414 3	-0.004 8	-0.058 2	0.077 9	0.183 3	0.039 4	-0.012 0	0.253 6	0.776 3
有效信噪比	0.318 4	-0.382 3	0.067 1	-0.379 7	-0.168 3	0.092 4	0.453 2	-0.601 3	-0.001 2	-0.001 0
最小平均值	0.111 7	0.163 9	0.700 0	-0.047 4	-0.599 6	-0.294 7	-0.078 8	0.126 1	-0.001 3	0.000 3
最大平均值	0.401 7	-0.296 7	-0.008 1	0.149 2	-0.055 1	0.160 2	-0.796 8	-0.254 3	-0.005 3	-0.001 3
平均能量	0.341 8	0.413 6	-0.005 9	-0.061 5	0.079 3	0.184 8	0.044 7	-0.002 0	-0.798 3	-0.168 8
平均信噪比	0.306 9	-0.392 8	-0.019 6	-0.427 8	0.013 7	0.196 1	0.027 5	0.727 2	0.007 0	0.002 3
贡献率	0.396 1	0.303 8	0.140 4	0.070 7	0.041 2	0.034 5	0.010 3	0.002 8	0.000 0	0.000 0
累积贡献率	0.396 1	0.700 0	0.840 4	0.911 1	0.952 4	0.986 9	0.997 2	1.000 0	1.000 0	1.000 0

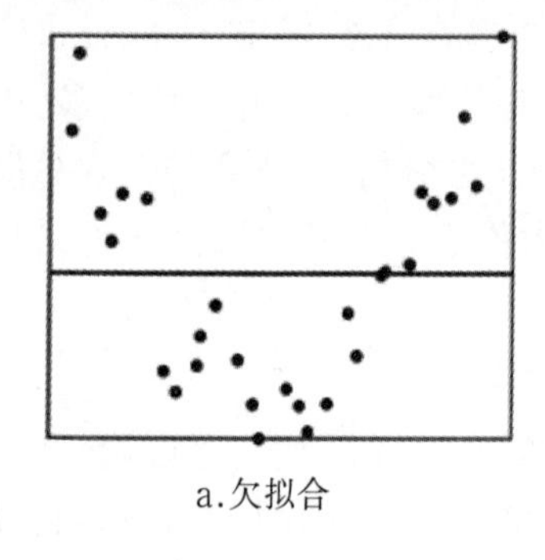

a.欠拟合

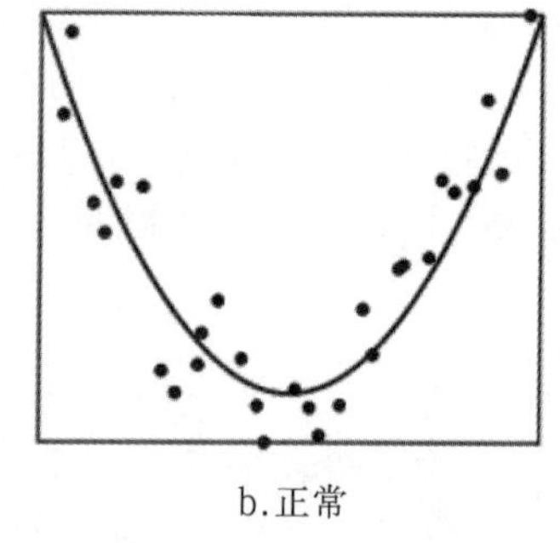

b.正常

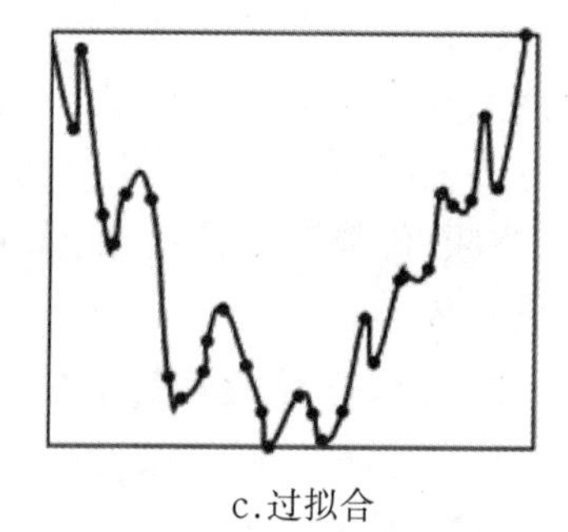

c.过拟合

图 6-2-2 机器学习训练模型

随着人工智能技术的发展，把机器学习算法运用到对象评价中已成为趋势，但仍然存在一些不足，如使用决策树算法(DT)前需要进行大量数据预处理工作，且容易陷入局部最优问题；支持向量机(SVM)则因其复杂数学函数而不便应用，且对解决多分类问题存在不足；人工神经网络(ANN)模型存在过学习、局部最小值和收敛速度慢等问题；粒子群(PSO)因随机搜索的特性，存在不能完整搜索到全部有效规则的缺点，且当粒子个数和迭代次数较大时，运行时间相对较长。

K 近邻(KNN)具有简单、有效，重建模型的代价较低，在样本类别不均衡时产生误判，计算量较大、速度较慢；但适应大容量样本的自动分类。支持向量机(SVM)解决小样本下机器学习问题，且解决高维、非线性问题，避免 CNN 结构选择和局部极小；但缺失数据敏感，内存消耗大，难以解释，且运行和调试差；不过，该方法对小样本有着较好的分类结果。自适应增强方法简单易过拟合，不做特征筛选，它可将不同分类算法作为弱分类器，且具有很高的精度,该方法充分考虑每个分类器的权重;但弱分类器数目不太好设定,数据不平衡导致分类精度下降,另外,训练比较耗时;该方法适用于大样本、数据噪音小的数据分类。朴素贝叶斯分类是一种传统的分类方法,它具有所需估计参数少,对缺失数据不敏感等优势;但属性间相互独立假设并不成立;该方法适用于大样本、分类属性之间相互独立的数据分布。卷积神经网络(CNN)是目前应用比较广的一种分类方法,分类准确率高,并行处理能力强,采用分布式存储和学习能力强,且算法鲁棒性较强,不易受噪声影响;但是模型需要大量参数,结果难以解释,训练时间过长;该方法适用于图像样本、大数据分类样本。

另外,传统的还有决策树方法,它不需要任何领域知识或参数假设,适合高维数据,简单易于理解,且短时间内处理大量数据,得到可行及较好结果;但该方法各类别样本数量不一致时,信息增益偏向具有更多数值的特征,忽略了属性之间的相关性,最重要的是易于过拟合;因此,该方法适合大样本、分类特征具有代表性、数据噪音小的问题领域。随机森林方法可处理高维度(特征很多)的数据,具有良好的抗噪能力,不易出现过拟合现象,训练速度快,易做成并行化方法;但已被证明在某些噪音较大的分类或回归问题上会过拟;适合于大样本、数据噪音小的数据分布分类。

根据野外地震采集数据特征,利用机器学习进行分类存在以下问题:

①单一样本数据量大但学习样本少,而机器学习一般基于大数据量样本;

②机器学习算法运算量大,速度慢,不适应海量地震资料品质快速评价。

为此,需要结合该特点对比这些分类方法,选择合适的算法,并对该算法进行实用性改进,以满足分类要求。

综合对比这些算法的优缺点,选取随机森林算法。

随机森林(Random Forest,RF)是由 Breiman 于 2001 年提出的一种基于统计学习理论的组合分类智能算法,其基本思想是把多个弱分类器集合起来组成一个强分类器,而这些弱分类器间起到互补的作用,可以把单个分类器的错误影响缩小,从而提高分类准确率和稳定性。RF 作为一种自然的非线性建模工具,对解决多变量预测具有很好的效果,因而被应用到众多领域。大量理论和实例表明:RF 具有极强的数据挖掘能力和很高的预测准确率,对异常值和噪声具有很好容忍度,且不容易出现过拟合。

随机森林利用随机方式将许多决策树组合成一个森林,每个决策树在分类的时候投票决定测试样本的最终类别。具体地,RF 是由一系列树型分类器$\{h(x,\theta_k),k=1,\cdots\}$组合成的分类器,其中 θ_k 是独立分布的随机向量,且每棵树对输入向量 x 所属的最受欢迎类投一票。

RF 生成步骤如图 6-2-3 所示:

①从总训练样本集 D 中用 Bootstrap 采样选取 k 个子训练样本集 $D_1,D_2,\cdots,D_k$,并预建 k 棵分类树;

②在分类树每个节点上随机地从 n 个指标中选取 m 个,选取最优分割指标进行分割;

③重复步骤②遍历预建的 k 棵分类树;

④由 k 棵分类树形成随机森林。

以上算法中的 Bootstrap 采样又称自展法,是用小样本估计总体值的一种非参数方法,在进化和生态学研究中应用十分广泛。基本思想是:利用样本数据计算统计量和估计样本分布,而不对模型做任何假设(非参数 Bootstrap)。简单来说,就是有放回地抽样。

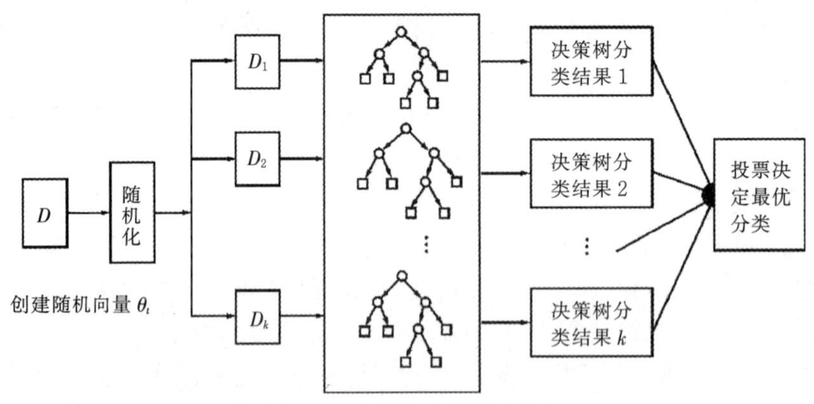

图 6-2-3 随机森林生成步骤示意图

随机森林方法通过构造不同的训练集增加分类模型间的差异,从而提高组合分类模型的外推预测或分类能力。在经过 k 轮训练后,得到一个分类模型序列$\{h_1(x),h_2(x),\cdots,h_k(x)\}$,再用它们构成一个多分类模型系统,该系统最终分类结果采用简单多数投票法。最终分类按如下公式决策:

$$H(x)=arg\ max\sum_{i=1}^{k}I[h_i(x)=Y] \tag{6-2-8}$$

式中,$H(x)$表示组合分类模型;h_i 表示第 i 个决策树分类模型;Y 表示输出变量(或称目标变量);$I(O)$为示性函数。

示性函数有多种含义,它可以指事件的示性函数,即事件发生与否与 0 和 1 两值函数的对应关系;也可以指随机过程的示性函数,即随机过程的均值函数、方差函数和相关函数等;还可以指集合的示性函数,即集合的特征函数。此处为第二种含义。

公式(6-2-8)说明了使用多数投票决策的方式确定最终分类。

随机森林的泛化误差依赖于 RF 中任意两棵树的相关度和 RF 中单棵树的分类效能两个因素。随机森林泛化误差的上界可以由下式给出:

$$PE^*\leqslant\bar{\rho}(1-S^2)/S^2 \tag{6-2-9}$$

式中,$\bar{\rho}$是 RF 中子分类器间相关度 ρ 的平均值;S 是子分类器 $h(x,\theta_k)$的分类效能。

为提高 RF 的预测准确率,应减小树与树之间的相关度,同时增大单棵树的分类效能。

随机森林主要包括四个部分:随机选择样本、随机选择特征、构建决策树和随机森林投票分类。

①随机选择样本。给定一个训练样本集,数量为 N,使用有放回采样到 N 个样本,构成一个新的训练集。注意这里是有放回地采样,就是采样 N 次,每次采样一个,放回,继续采样,即得到了 N 个样本。然后我们把这个样本集作为训练集,进入下一步。

②随机选择特征。在构建决策树的时候,在一个节点上计算所有特征信息增益法(ID3)或者信息增益率(C4.5),然后选择一个最大增益的特征作为划分下一个子节点的走向。但是在随机森林中,不计算所有特征的增益,而是从总量为 M 的特征向量中,随机选择 m 个特征,其中 m 可以等于 sqrt(m),然后计算 m 个特征的增益,选择最优特征(属性)。这里的随机选择特征是无放回地选择。

③构建决策树。有了上面随机产生的样本集,就可以使用一般决策树构建方法,得到

一棵分类决策树。需要注意的是,在计算节点最优分类特征时,要使用上面的随机选择特征方法,而选择特征的标准是常见的 ID3 或 C4.5。

④随机森林投票分类。通过前面三步,可以得到一棵决策树,重复该过程 H 次,就得到了 H 棵决策树。然后,可以用每一棵决策树对测试样本分类一遍,得到了 H 个分类结果。这时,使用简单投票机制,获得该测试样本的最终分类结果。

3)样本增强技术

野外地震采集刚开始生产时,单炮数量较少,对机器学习方法而言,是一个小样本集,在训练时容易导致效果差、过拟合等现象,从而会影响模型的分类性能。针对野外实际情况,提出了一种基于样本增强的训练样本扩充技术。

在数据集过少的情况下,通常使用以下两种方法进行扩充训练样本。

①在模型中加入迁移学习的思想。在构建初始模型时,我们是无法获得足够符合条件的数据,然而,在一个模型中的数据与另一个模型的数据有某种关系,此模型的数据可以运用于另一个模型的训练中,这叫作迁移学习。

利用迁移学习的思想, 考虑利用老工区的单炮数据作为初始样本, 训练得到评价模型。但是,这种方法存在很多问题,一方面,不同工区的模型建立需要收集的数据资料繁杂巨大;另一方面,不同工区、不同的激发接收因素等各种不同条件都对地震数据属性的标准评判有很大影响,可作为以后的一个探索方向。

②人工增加训练样本。对于一些没有足够样本数量的问题,可以通过已有的样本对其进行变换,现场新的样本,作为人工增加训练样本,这种扩充样本方法主要有重采样、模糊处理、Bootstrap、均值方差等。

在研究基础上,我们采用了均值方差方法进行样本扩充。扩充样本的数量,需要找到样本的分布规律,才能保证样本扩充的合理性。对样本进行最常用的正态分布检验,如果样本分布服从正态分布,那么通过正态分布的分布参数均值、方差模拟扩充样本。如果样本分布不符合正态分布,就需要对样本进行其他分布的检验,比如对数分布、指数分布等。

通过对原始属性数据的统计分析,由数据分布图 6-2-4 可知,各属性数据基本符合正态分布,能量类稍显负偏态分布,但经主成分标准化后都呈正态分布,可以采用适用于正态分布的均值方差方法进行样本扩充。

应用统计学里均值和方差的概念,定义如下。

样本属性均值:

$$\mu=\frac{1}{N}\sum_{i=1}^{N}x(i) \tag{6-2-10}$$

样本属性方差:

$$\sigma^2=\frac{1}{N}\sum_{i=1}^{N}[x(i)-\mu]^2 \tag{6-2-11}$$

样本获取具体步骤如下:

①产生(-1,1)区间上均匀分布的随机数;

②得到新样本属性值:

$$x^*(i)=x(i)+\eta\times\sigma^2 \tag{6-2-12}$$

③重复以上步骤 n 次,就得到 n 倍的扩充样本数据。

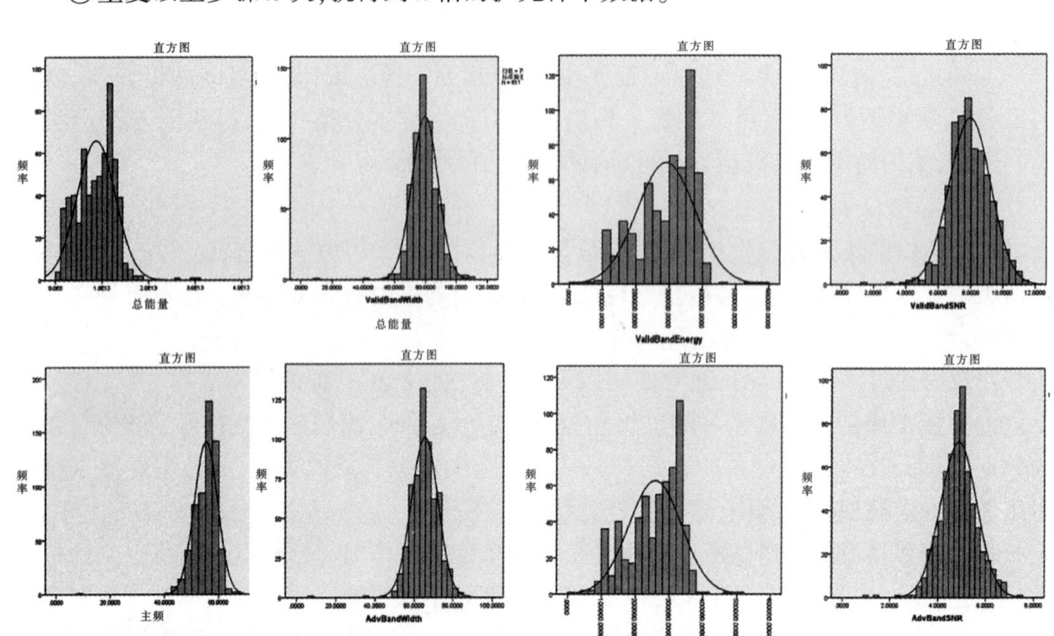

图 6-2-4 原始地震属性数据分布图

采用均值方差方法对测试数据做样本扩充,在原有样本集的基础上扩充 50 倍,如彩图 6-2-5 所示。扩充后的样本集均值接近 0,方差接近 1,不仅包含原样本,而且适度扩展至其他点,该措施在尽可能保持所得样本分布特征一致的情形下,降低了与原样本的相似性,因而提高了估计精度。

4)基于 AI 的海量地震资料质量评价模型

基于实际情况,建立了基于样本增强的动态自适应智能评价模型,如图 6-2-6 所示。

“动态”指可以自动增加样本进行训练,克服了常规的静态模型评价模式。“自适应”指模型可以根据样本大小进行自动调整优化。例如刚开始生产时生产炮数比较少,这时,可以将评价正确的样本加入到训练样本集中;若生产的炮数达到一定数量后,剔除比较靠前的单炮样本,采用较新的单炮样本作为训练模型,评价效果更好。

该模型主要包括如下几部分:

①野外地震采集开始生产前,先对试验单炮数据提取基本属性后,利用主成分分析生成综合评价参数的初始样本集;

②采用样本增强技术进行样本的扩充,形成大样本数据集,同时从样本集中抽取训练样本集和测试样本集;

③训练样本集利用随机森林方法进行训练,构建评价模型;

④野外地震采集正式生产后,由上面构建的评价模型进行随机森林预测,自动评价;

⑤将单炮品质评价结果正确地自动加入训练样本集,重新训练形成新的评价模型,不断提高评价模型的精度。

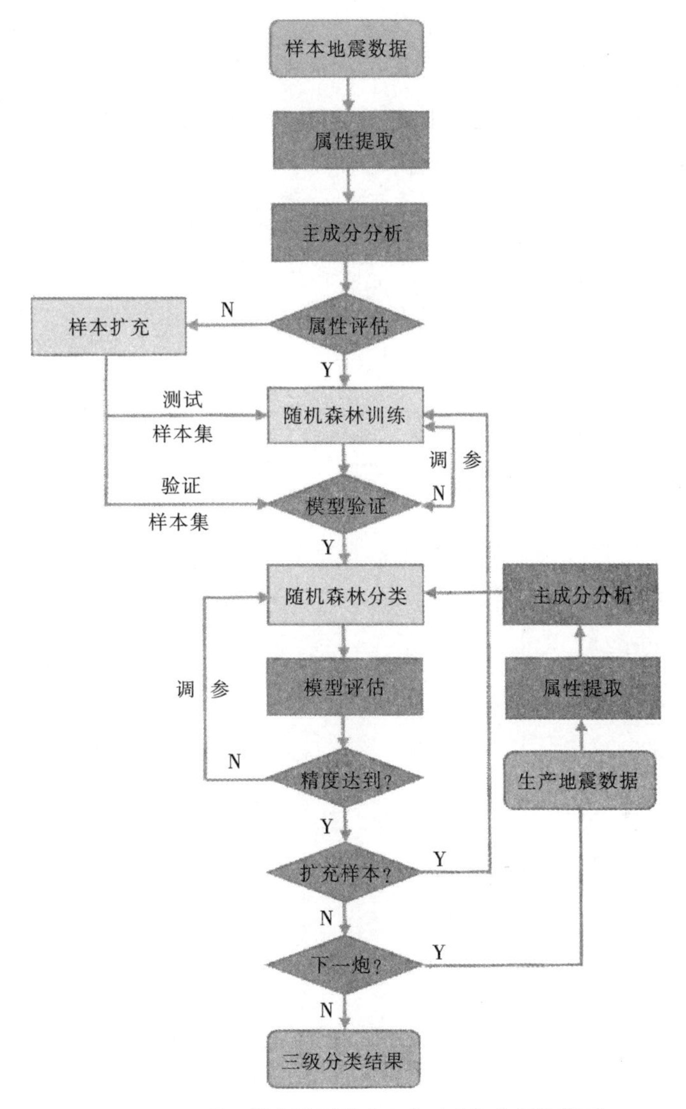

图 6-2-6 基于样本增强的动态自适应智能评价模型

5)实验及效果

数据来源于LJ高精度三维地震勘探项目。该项目是济阳坳陷首次高密度三次采集项目,采用36L5S620T豪华观测系统,数据量空前巨大,给野外地震资料品质评价提出了极大挑战。实际野外生产中,实时监控软件因施工效率快、排列道数超大,主要依据软件的"标准炮"评价模式评价;而室内资料整理人员通过回放2个排列1 240道(18炮1循环)的纸质记录进行评价,存在人为主观判断、单一属性评价等问题。

测试数据共选用单炮记录5 200炮(文件号为4 801~10 000,其中,废品60炮,人工评价一级品4 705炮,二级品435炮),对所研究的技术方法进行应用测试,并与野外实际地震资料品质评价结果对比分析,验证方法的精确性和先进性。

(1)初始化训练样本集

模拟野外未正式生产前,只有少量试验炮数据时,选取有代表性的标准样本,给定准确的样本标签。样本标签分为三类:废品(0)、一级品(1)、二级品(2),每种类别初始选取各15炮,提取单炮数据的基本属性。

利用主成分分析方法,按照其具体计算步骤,由相关系数和各主成分载荷系数,选取了5个原始属性作为最佳评价参数组合,见表6-2-5。

表6-2-5 单炮原始属性数据表

分类	总能量	主频	最小均值	最大均值	平均信噪比
0	6.53E+19	12.33	3.42	53.33	1.66
0	3.39E+20	24.53	4.52	106.05	1.11
0	6.77E+18	24.9	5.61	53.58	1.65
0	1.21E+19	24.9	3.66	54.8	2.07
0	1.09E+20	21.48	3.42	49.91	2.06
1	8.57E+23	57.6	3.66	243.1	7.32
1	1.49E+24	49.43	8.42	199.29	5.81
1	6.57E+23	49.43	8.79	186.72	5.55
1	5.60E+23	43.32	5.13	215.4	7.22
1	1.04E+24	44.67	4.88	206.74	7.41
2	4.52E+22	44.67	6.59	197.83	6.43
2	8.13E+22	45.28	4.88	209.42	7.38
2	9.78E+22	43.45	7.32	192.46	6.24
2	4.78E+22	44.67	7.2	199.9	6.7
2	3.45E+22	44.67	7.08	199.9	6.11

(2)样本增强

针对生产前的小样本问题,采用均值方差方法对样本扩充10倍。

由表6-2-6和彩图6-2-7可以看到,扩充后的样本集在尽可能保持所得样本分布特征一致的情形下,适度扩展至其他点,降低了与原样本的相似性,有利于提高分类精度。

(3)基于随机森林的地震资料品质三级评价

通过样本增强技术对小样本进行扩充后,从样本集中抽取训练样本(80 %)、测试样本(20 %),训练样本用于训练模型,测试样本用于测试评价结果的正确率。利用训练样本集通过随机森林方法进行训练,形成初始评价模型,模型精度99 %。依次选取废品、一级品、二级品各5炮进行自动评价,评价结果全部准确,如表6-2-7所示。

测试数据作为一个小样本数据,要求代表性要很强,所以选取时很严格,故模型精度99 %、评价正确率100 %,但实际中各类分界还存在一定的交叉模糊。

初始模型建立后,选取工区某天生产的500炮数据,对原始数据进行属性提取,利用初始模型进行自动评价。

经与原始评价结果对比分析，总样本数500个，自动评价与原始评价结果吻合462个，吻合率92.4％，如表6-2-8所示。其中废品完全吻合，由于小样本数据集，一、二级品的数据特征有待加强。

表6-2-6　样本增强后数据(部分)

	分类	总能量	主频	最小均值	最大均值	平均信噪比
原始	1	0.347 628	3.727 043	-0.303 35	0.911 84	1.470 066
增强数据(10倍)	1	0.351 221	3.957 064	-0.273 38	0.866 445	1.321 195
	1	0.383 545	3.597 501	-0.234 89	0.847 259	1.502 367
	1	0.279 414	4.073 526	-0.426 92	0.915 822	1.659 853
	1	0.379 694	3.752 617	-0.285 75	0.992 783	1.301 854
	1	0.389 51	3.485 932	-0.210 28	0.837 688	1.577 39
	1	0.324 696	3.875 042	-0.449 17	0.858 155	1.679 615
	1	0.428 448	3.611 02	-0.146 41	0.926 376	1.370 162
	1	0.330 132	3.822 988	-0.529 29	1.034 378	1.435 925
	1	0.419 412	4.020 064	-0.158 06	0.985 256	1.286 636
	1	0.425 046	3.704 782	-0.339 94	0.852 247	1.460 535

表6-2-7　少量炮评价结果

项目	总样本数	废品	一级品	二级品
原始评价	15	5	5	5
自动评价	15	5	5	5
吻合数	15	5	5	5
吻合率	100	100	100	100

表6-2-8　批量单炮学习结果

项目	总样本数	废品	一级品	二级品
原始评价	500	5	460	35
自动评价	500	5	462	33
吻合数	462	5	442	15
吻合率	92.40	100.00	96.09	42.86

将评价结果正确的样本自动加入原始训练样本集，一级品样本足够不再需要样本增强，对数量少的废品、二级品分别进行样本增强，重新训练形成新的评价模型，模型精度

93 %。每天更新一次模型,模型精度达到一定值(98 %,用户可以根据实际情况调整)后即可进行自动评价。测试数据共计 5 200 炮,自动评价与原始评价结果吻合 4 893 个,吻合率达 94.1 %,其中一、二级品中间存在交叉模糊,这是由于两类交界处数据特征相近所造成的,如彩图 6-2-8 所示。

针对不同的复杂地表、地下构造区域,可设置不同的评价模型进行评价。

2.海量数据现场质控软件研发

1)软件架构

(1)实时监控模块设计

总体架构采用 MVC 理念设计实时监控模块,如图 6-2-9 所示。

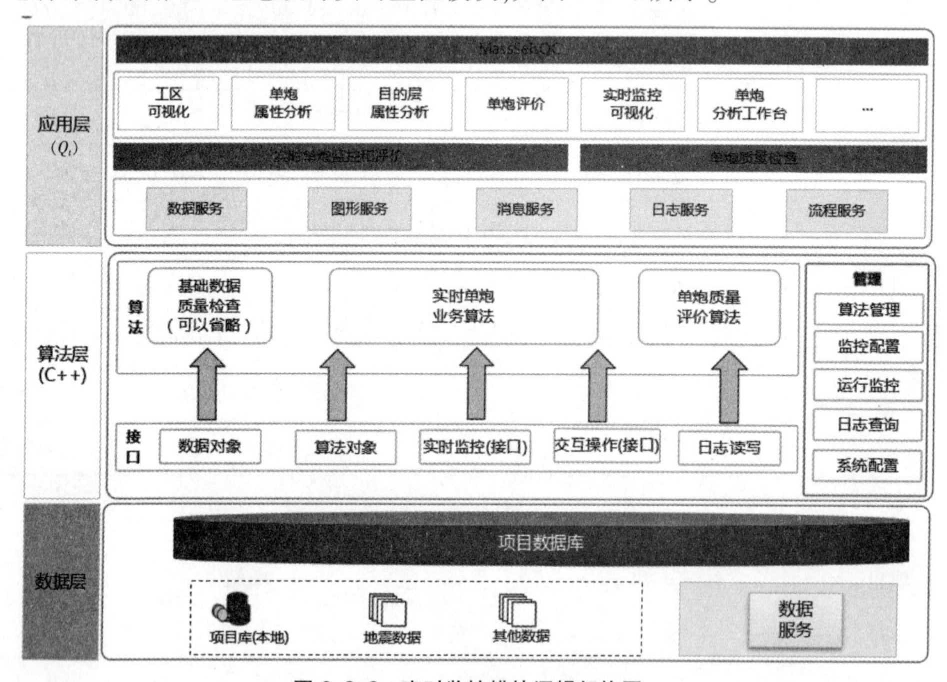

图 6-2-9 实时监控模块逻辑架构图

该模块主要由数据层、算法层和应用层三部分构成。

应用层:以 *Qt* 为基础构成开发应用层,包括软件集成框架、图形图表可视功能等,应用层划分为工区管理、实时监控、单炮分析等多个子模块。

算法层:单炮质量的核心分析算法,采用 C++ 开发,主要由业务层和统计算法构成。其中,业务算法包括单道属性、道集属性、单炮属性、目的层属性;统计算法包括监控结果统计与分析等算法。

数据层:采用与 SeisWay 统一的数据层,专业数据的数据结构和访问方法采用 C++ 开发,数据库服务采用 *Qt* 开发。

采用这种分层方式,开发人员可以只关注整个结构中的其中某一层,并在每层新功能开发或修改后很容易地用新的实现替换原有层次的实现,这样,就降低了层与层之间的依赖,有利于标准化,有利于各层逻辑的复用,使得软件扩展性强,不同层负责不同层面的职能及类处理,更重要的是项目结构更清楚,利于团队开发,分工更明确,方便后期维护和升级。

模块采用 C++ 与 Qt 开发，因为二者具有良好的跨平台特性，Qt 的良好封装机制使得 Q_t 模块化程度非常高，复用性较好，对于用户开发更方便。Qt 提供了一种称为信号和槽的安全类型替代回调函数，这使得各个元件之间协同工作变得十分简单。Qt 具有丰富的 API 和对绘图的良好支持，包括多达 250 个以上的 C++ 类，另外，还支持 2D/3D 图形渲染，支持 OpenGL。

模块的物理架构与逻辑架构吻合，也分为三层，如图 6-2-10 所示。

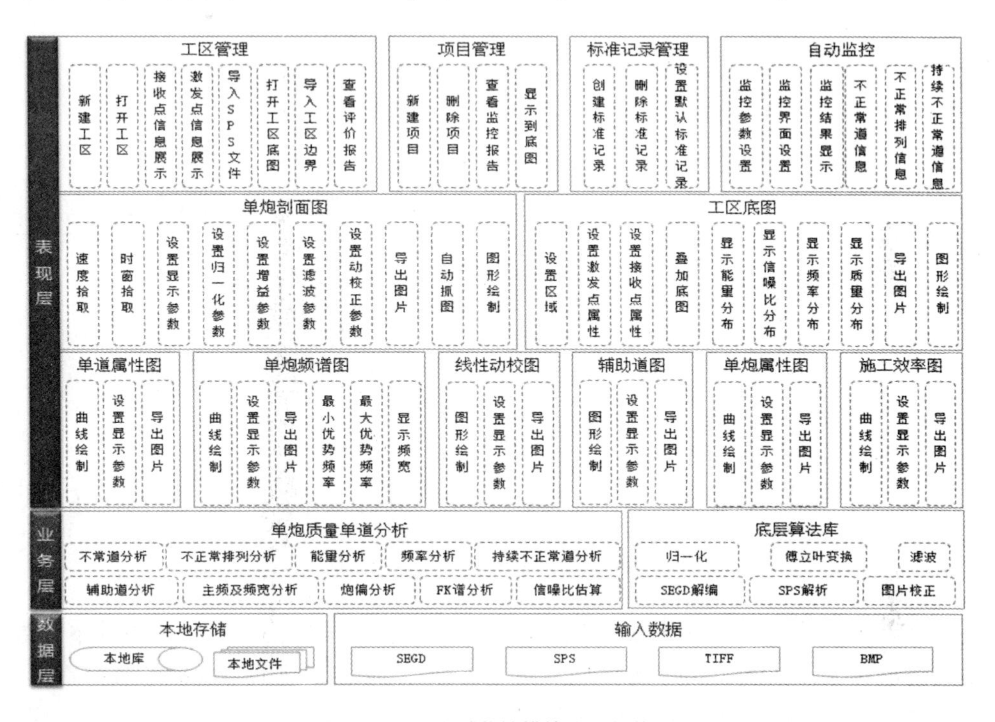

图 6-2-10 实时监控模块物理架构图

数据层：负责数据输入、保存与文件读写等。

业务层：主要功能是底层算法和单炮分析相关的算法，将这部分算法单独形成一层的目的是方便将来算法的复用、维护，同时将业务逻辑与具体的展示界面分离，提高系统的可维护性和可扩展性。

表现层：是整个系统的界面展现。表现层又分为两类——最上层是系统组织管理相关的管理界面，中间是数据及图形的展示界面。管理界面主要用来进行数据的组织，方便数据检索和查询，是系统的数据主线；数据和图形展示界面主要用来显示数据监控的结果，以图标形式直观地进行展示，方便用户快速查看分析结果。

该设计的系统物理架构特点是：具有丰富的图形与曲线展示，使监控结果更加直观；计算结果的表格展示层层穿透，方便快速查看相关的指标；工区、项目组织结构，使得单炮检索与数据查询更加简单、方便；报告自动生成，省去人工汇总的烦琐工作；单炮记录自动监控和自动报警，不需要人工干预；高效的数据模型设计提高了监控效率。

数据模型与数据库设计，需要建立图 6-2-11 的数据模型。为适应海量数据监控分析的计算、加载与分析，数据模型采用面向对象的程序设计，但是数据存储采用对象序列化直接存盘方式，加快数据的读取速度，而不是采用传统的数据存库方式，数据库中保存的只是与解析相关以及计算后的结果数据。

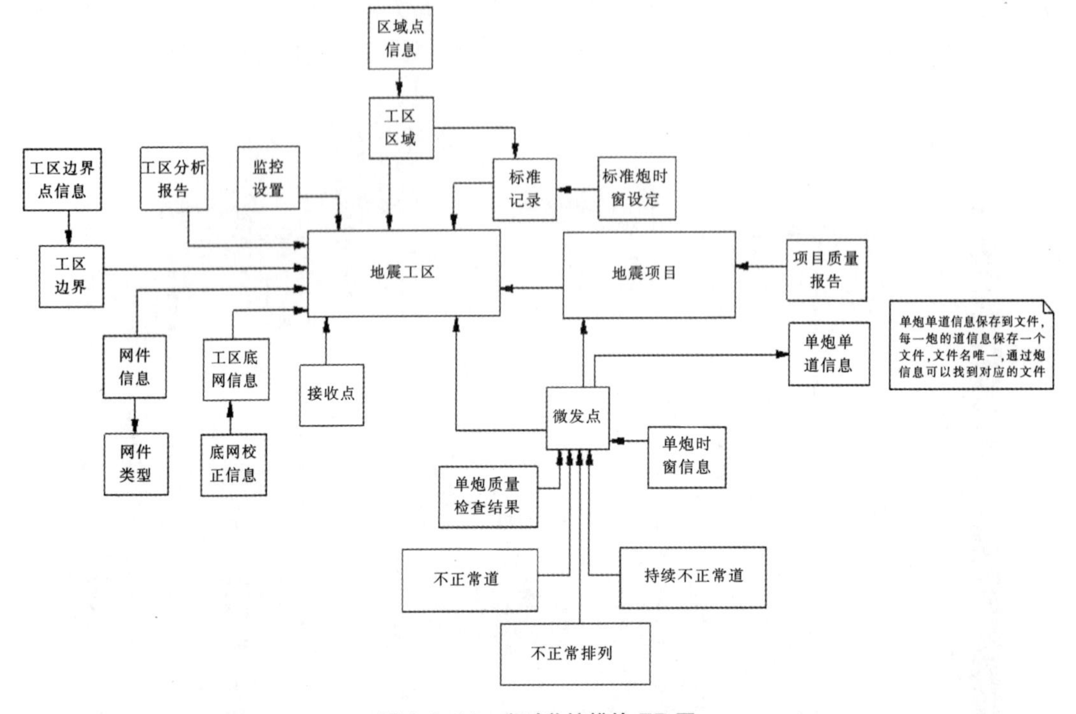

图 6-2-11　实时监控模块 ER 图

系统建立了图 6-2-12 的数据处理流程。动态数据指每隔一段时间传入的单炮数据，静态数据指 SPS、卫片和标准炮等数据。在监控前，需要将系统需要的静态数据都导入到系统中，自动监控时，系统动态获取当前所放的炮，经过数据解编和计算，算出相关属性的值，再与标准记录进行比较，从而得到单炮质量情况。

数据库保存工区相关信息，图 6-2-13 为数据库部分类关系图。

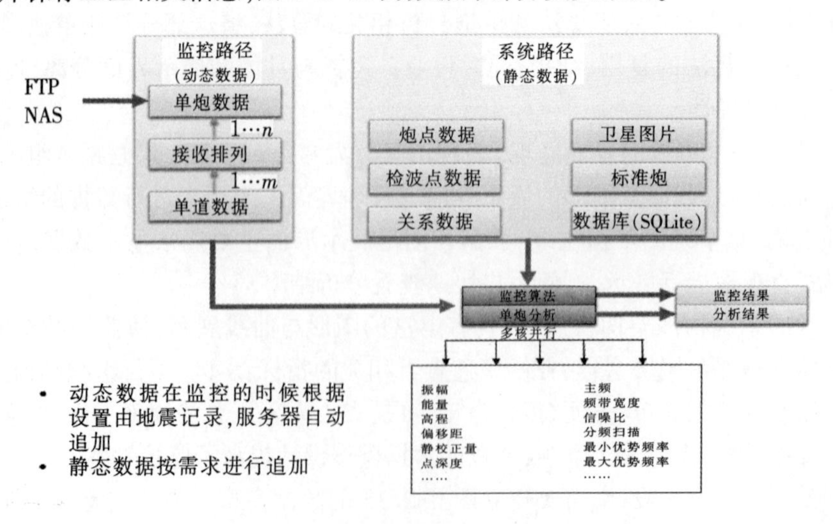

图 6-2-12　实时监控模块数据处理流程示意图

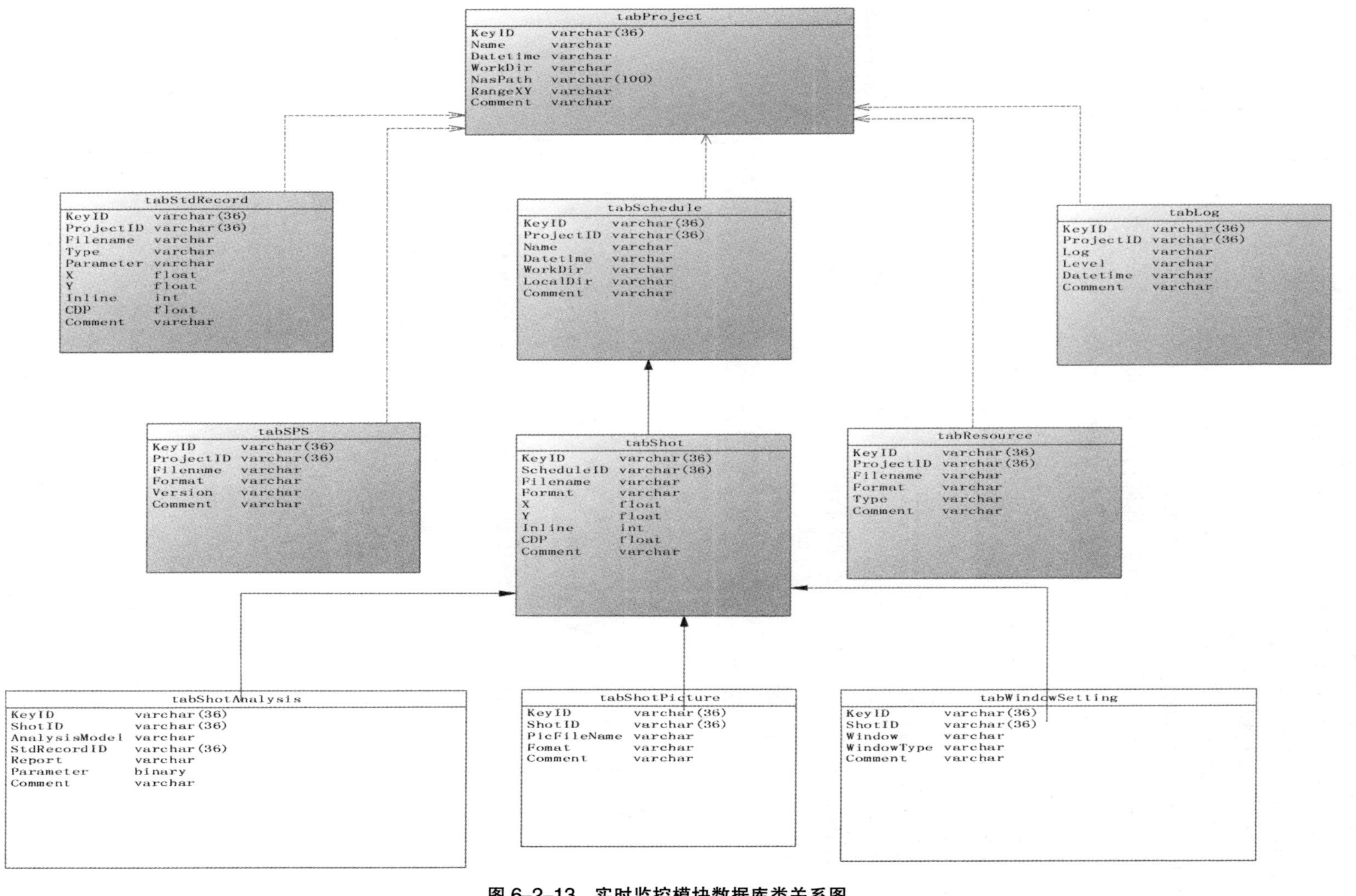

图 6-2-13 实时监控模块数据库类关系图

数据库内容包括工区、标准记录、工区边界、区域、单炮数据基本信息及相关指标计算结果、图件资源与系统日志等信息。保存到本地的信息包括解析后的炮检关系、工区底图、评价报告和单炮电子成图。

(2)延时分析模块设计

①逻辑架构。延时分析模块架构如图 6-2-14 所示,由数据层、算法层和应用层三部分构成。每层设计目标与实时监控模块基本类似,在此不再赘述。

②物理架构。延时分析模块的物理架构分为四部分(图 6-2-15)。

工区底图:通过二维平面图,显示工区上地震资料相关属性的分布,可以结合地表信息、卫片和障碍物等,分析属性分布。

单炮分析:提供在室内进行单炮分析的手段,查看单炮的异常道信息,查看辅助道、线形动校图、剖面显示以及频率分布等,细化对单炮的分析内容,查看单炮质量情况。

地震资料分析:包括不同道集数据能量分析、频率分析、时频分析、频时分析、分频扫描、信噪比分析与自相关分析等,另外,包括拾取时窗的定义与属性分布。

快速偏移:利用给定的偏移速度场,抽取特定 CDP 线,在地震采集现场进行地震数据快速偏移,以尽快了解采集数据成像的情况。

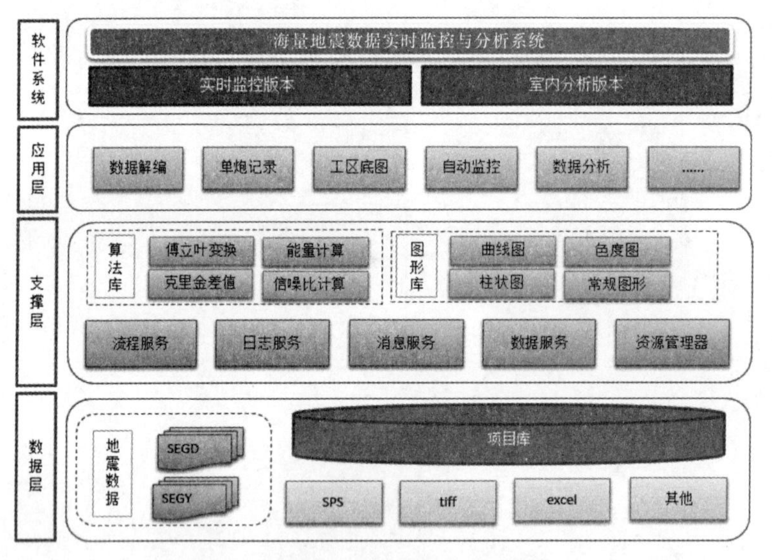

图 6-2-14 延时分析模块逻辑架构图

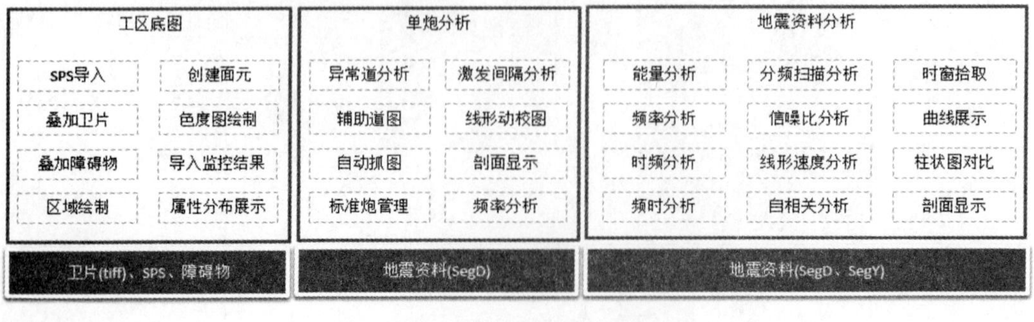

工区底图		单炮分析		地震资料分析		
SPS导入	创建面元	异常道分析	激发间隔分析	能量分析	分频扫描分析	时窗拾取
叠加卫片	色度图绘制	辅助道图	线形动校图	频率分析	信噪比分析	曲线展示
叠加障碍物	导入监控结果	自动抓图	剖面显示	时频分析	线形速度分析	柱状图对比
区域绘制	属性分布展示	标准炮管理	频率分析	频时分析	自相关分析	剖面显示
卫片(tiff)、SPS、障碍物		地震资料(SegD)		地震资料(SegD、SegY)		

图 6-2-15 延时分析模块物理架构图

(3)模块结构功能。延时分析模块功能结构图如图 6-2-16 所示。

类似实时监控模块,通过工区→实验点→分析内容组织数据。创建工区后可以显示工区底图,在工区底图上实现 SPS 导入、迭加卫片与障碍物、面元绘制、色度图绘制、属性分布展示以及导入监控结果等功能。同样,创建工区后,可以直接进行单炮分析。但是,此时的单炮分析结果不会记录到数据库中,只会进行临时展示,单炮分析结果可以结合工区底图进行展示。单炮分析的内容包括异常道分析、辅助道分析、炮偏分析、放炮间隔展示、剖面显示、自动抓图、监控设置、标准炮管理等功能。

(4)数据组织

延时分析模块与实时监控模块使用同一套平台,采取相同组织方式,共用一个数据库,所以,延时分析模块创建的工区与实时监控工区同时使用而不产生冲突,达到数据共享效果。

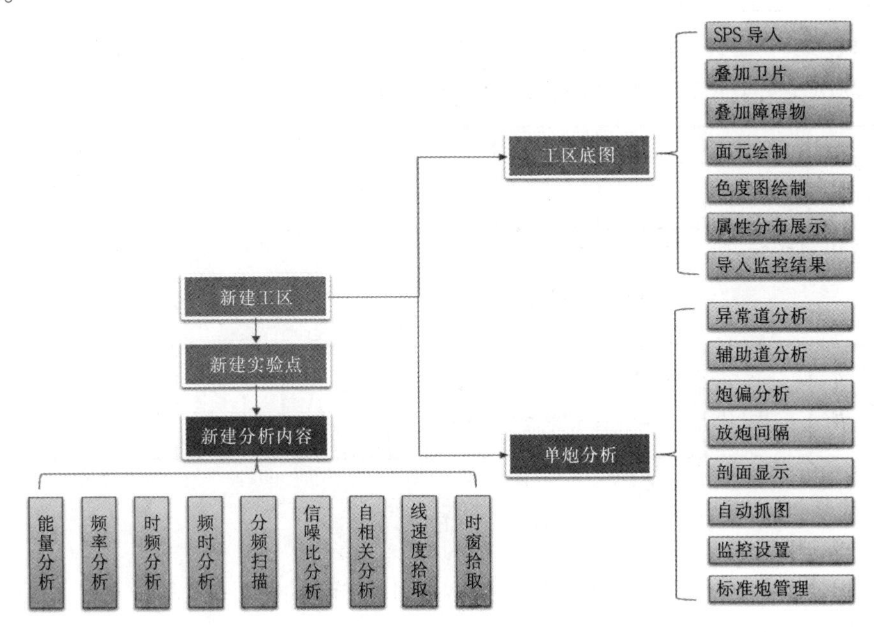

图 6-2-16 延时分析模块功能结构图

图 6-2-17 示意了两种情形下的数据组织方式。在监控时,创建工区后,需要创建项目管理分析的单炮、标准炮、分析结果以及抓图等。在延时分析时,创建工区后,要针对需要分析的数据文件创建实验点,再从文件中抽取要分析的道集,从而创建实验内容,并对分析结果进行保存。

从数据流向可以看出,系统分析的来源数据为 SEG Y 或者 SEG D 数据,将其解编成系统能够识别的数据模型后,进行相关分析,并计算出相关属性,将计算结果保存,得出成果数据。另外还包含一部分导入的 SPS、障碍物、卫片等信息图片。与实时监控软件最大的区别就是,数据来源不一致,分析对象不一致,分析方法不一致,但是整个分析步骤基本相同。

结合实时监控版本的数据库设计,可以将延时分析模块与实时监控版本相结合,数据库中开辟两套不同的数据表,指向同一个工区,达到工区数据复用。

延时分析数据库设计参考如图 6-2-18 所示。

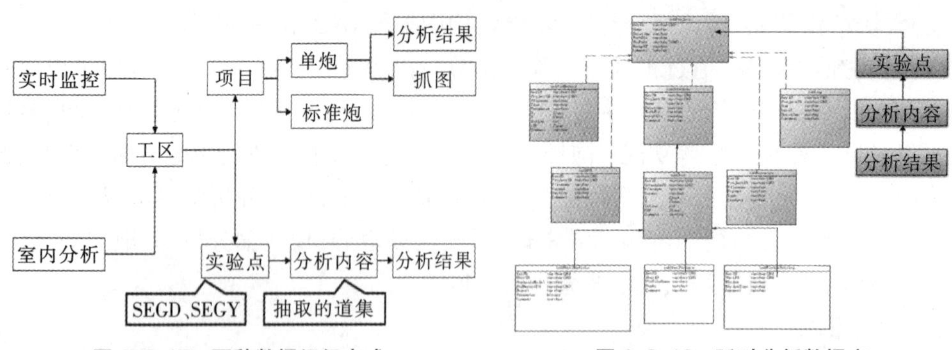

实时监控
工区
室内分析
项目
单炮
标准炮
分析结果
抓图
实验点
分析内容
分析结果
SEGD、SEGY
抽取的道集

图 6-2-17 两种数据组织方式

实验点
分析内容
分析结果

图 6-2-18 延时分析数据库

2)地震数据格式研究与数据读取优化

(1)SEG D 地震数据格式解剖

按照 SEG D 格式标准,SEG D 文件主要由文件头块和地震道块数据组成。头块格式如图 6-2-19 所示。数据道块格式如图 6-2-20 所示。

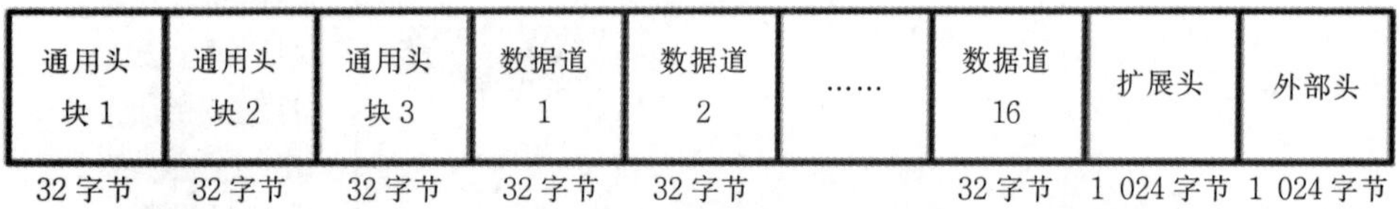

通用头块 1
通用头块 2
通用头块 3
数据道 1
数据道 2
……
数据道 16
扩展头
外部头
32 字节
32 字节
32 字节
32 字节
32 字节
32 字节
1 024 字节
1 024 字节

图 6-2-19 SEG D 文件头块

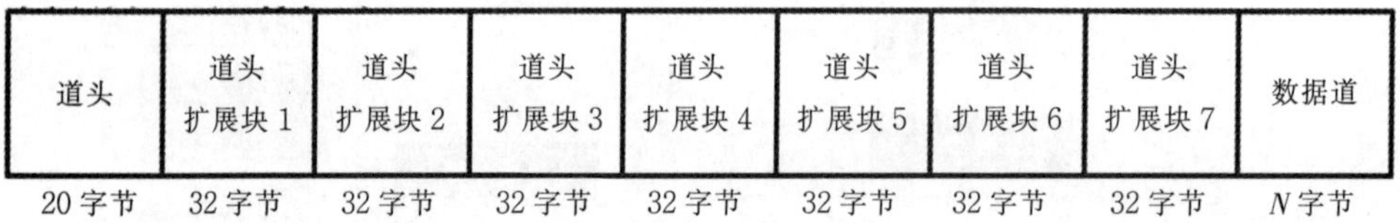

道头
道头扩展块 1
道头扩展块 2
道头扩展块 3
道头扩展块 4
道头扩展块 5
道头扩展块 6
道头扩展块 7
数据道
20 字节
32 字节
32 字节
32 字节
32 字节
32 字节
32 字节
32 字节
N 字节

图 6-2-20 SEG D 数据道块

在图 6-2-20 中,地震道数据的字节数 N 是由采样长度和采样率确定的,二者都从扩展头中获得。地震道采样长度 N 的取值如下:

$$N=\left(\frac{L}{R}+1\right)\times 4 \tag{6-2-13}$$

式中,L 为采样长度,R 为该道的采样率,单位均为 ms。

(2)SEG Y 地震数据格式解剖

SEG Y 包括卷头和地震道两部分,图 6-2-21 为 SEG Y 卷头格式,由 3 600 个字节卷头组成。图 6-2-22 为 SEG Y 地震道格式,各道依次排列,图中的 N 为第 n 道的采样数据字节数。

卷头(3 600 字节)
记录 1
记录 2
记录
……
记录 39
记录 40
二进制文件头
80 字节
80 字节
80 字节
80 字节
400 字节

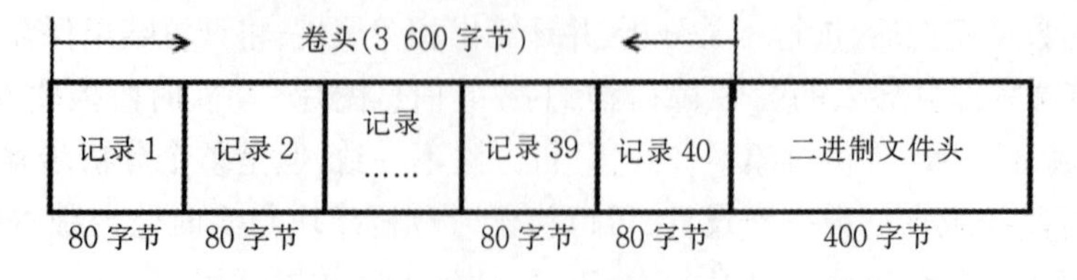

图 6-2-21 SEG Y 卷头格式

道头 1	数据 1	道头 2	数据 2	道头 ……	数据 ……	道头 n	数据 n
240 字节	N 字节	240 字节	N 字节			240 字节	N 字节

图 6-2-22 SEG Y 地震道格式

(3)两种地震数据格式对比

SEG D 与 SEG Y 两种格式是目前油气地震资料采集主要采用的两种数据转储方式,其中,SEG D 主要用于野外原始记录,SEG Y 以往也用于野外采集原始地震数据记录,现在主要用于后期的数据转储及资料处理解释等,它们各有特点。

SEG D 格式具有如下特征:

①一条地震测线多个文件(每炮一个文件);

②可变卷头长度;

③巨大道头字容量,并可延长道头记录其他参数;

④可以是多路编排方式或者反多路编排方式;

⑤是非磁盘格式。

SEG Y 格式具有如下特征:

①通常是一条地震测线一个文件;

②由 3 200 字节 ASCCI 或 EBCDIC 文本及 400 字节二进制数据构成卷头;

③具有固定的道头字长度(自定义字节少);

④总是多路编排方式;

⑤是磁盘格式。

(4)地震数据读取优化

SEG D 和 SEG Y 数据解编通常是通过顺序读取的方式逐个字节进行解析, 并创建对象。经过测试,解编耗时主要是在读取道数据后,从 IEEE 格式数据转化为需要的内部数据。为了提高解编效率,系统对解编算法进行了优化,通过并行解编的方式,利用操作系统的多核、多线程运算,进行数据的解编。

假设数据块起始于第 m 字节,每个数据库占 n 个字节。

①顺序读取。逐道读取,游标依次下移,如果要读取第 k 道(图 6-2-23 中,k=3),则起始位置为第 $m+(k-1)\times n$ 个字节,读取 n 个字节后,解编内容,创建对象。

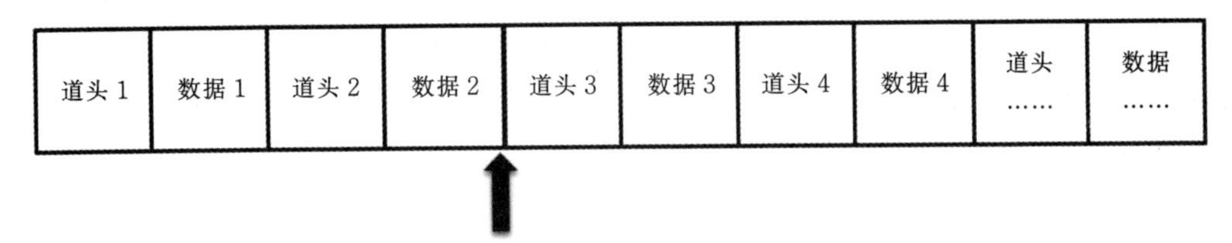

图 6-2-23 地震数据的顺序读取示意图

顺序执行时,第 k 道的数据没有解编完成时,不能进行第 k+1 道的数据解编,但 CPU 存在闲置时间片,没有被充分利用。

②并行读取。先将全部单炮数据读入内存,解编总头块数据及通道组和道头数据,创建 K 个单道对象,计算每一道的起始位置,然后利用 OpenMP 单机多核并行计算能力读取数据(图 6-2-24),再解编。并行计算时,数值的解编被放置在多个线程中并发执行,应充分利用计算机的计算能力,最大化地提高解编速度。

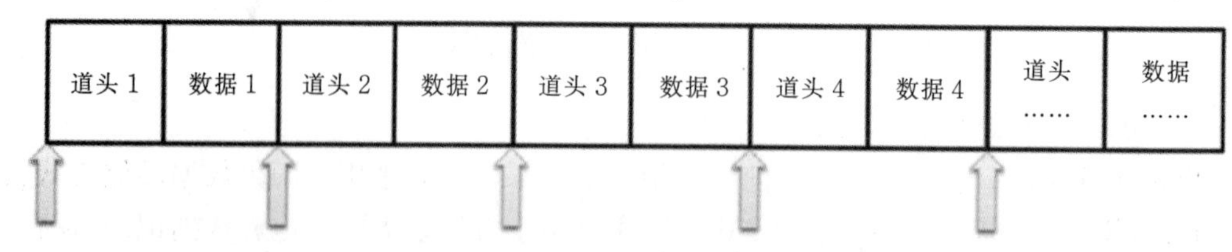

图 6-2-24 地震数据的并行读取示意图

(5)SPS 数据处理

SPS 主要是 4 个数据集的定义,实质是 4 个文件的规范,包括接收点文件、震源文件、关系文件和备注文件。其中,接收点集定义了详细的接收点组或参数标记的物理点记录;震源文件记录了详细的炮点(爆炸震源)处的物理点记录;关系文件描述了接收点与震源的相关记录,对每个炮点说明它的记录号和在桩号与接收组间的关系;备注文件是备注内容,包括详细的观测报告等。

SPS 直观地反映了震源属性、接收点属性及其相互间的关系。这种关系是多对多的关系,并且,每个关系必须通过关系文件中的一行反映。

SPS 数据格式具有以下特点。

①数据量大。在海量数据采集的万炮激发与万道接收情况下,每个具有关系的炮道必然有 1 个震源文件、1 个接收点文件和 1 个关系文件记录相对应。

②数据冗余多。这是由于激发与接收间多对多的关系,在关系文件中,由 82 个字符反映这组关系,造成同一个震源或同一个接收点在关系文件中多次出现,有多少个关系,就出现多少次。

③读取效率慢。这些文件都是文本记录方式,按顺序文件存储,必然影响读入速度。

就海量地震数据而言,SPS 数据量是相对较少的,但是,SPS 这种数据记录方式严重影响数据读取效率,如果没有良好的数据结构,必然限制后期的处理与显示。

SPS 数据访问在海量地震数据采集质量监控分析时主要包含对 SPS 炮点文件、检波点文件和关系文件的读取、添加、删除、排序等操作。

SPS 管理的要素主要是炮点与检波点的属性及其关系,因此,其逻辑模型的基础单元是点;而工区的炮点和检波点都是属于某一炮线或检波线,因此,需要把 SPS 中属于同一条线的炮点和检波点放到相应的炮线和检波线中,形成线;所有炮线与检波线又分别组成了工区的炮点集合和检波点集合。

炮点与检波点之间的关系模型可看作由多行排列组成,而每一行排列又由多个点组成,所以可以建立由点组成的排列结构,再把炮检点关系定义为由排列结构组成的一维数组,最后把 SPS 中的所有炮检点关系构成炮检点关系集合,并形成一个炮检点关系字典:每个炮检点关系对应于一个整型关键字,这样炮检点关系集合可由该整型关键字定位。

建立 SPS 索引数据常驻内存,炮点、检波点及炮检关系数据表只保存一份数据,即炮点、检波点、炮检关系表只用于数据编辑时,有新的数据插入时删除原有数据。

通过对 SPS 格式 4 个数据文件格式的分析,建立如图 6-2-25 所示的 SPS 数据逻辑结构,其中,炮点数据、检波点数据及其二者关系数据类与 SPS 索引存在继承关系。关于 SPS 的各数据库表规范不在此罗列,请参考相关技术标准。

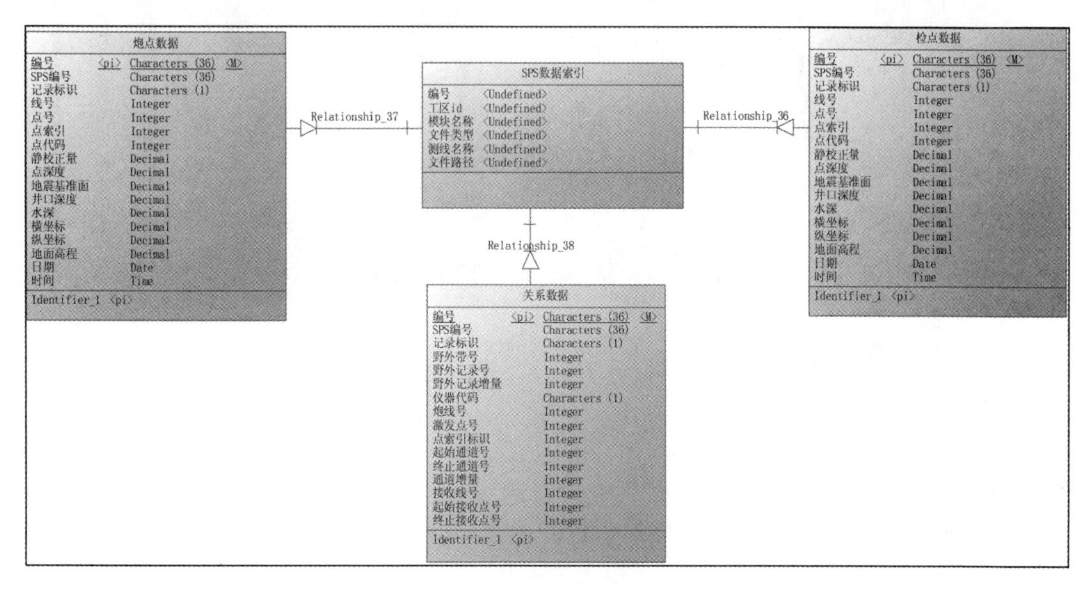

图 6-2-25 SPS 数据逻辑结构图

3)海量地震数据高效存储、处理与显示技术

在实时监控阶段,对单炮记录是否合格的判定应越快越好,随着单炮对应道数的增加,绘制单炮记录图也面临大量数据的挑战。绘制的道数越多,系统占用的内存越大,系统的可操作性越差。为了解决这个问题,系统从两方面入手,提高剖面的绘制速度,提高剖面操作的流畅性。

(1)基于网络映射的单炮数据高效访问

为了短时间内完成海量地震数据的高效传输与存储,除了海量数据传输模型外,实时监控模块在对比同类软件技术应用基础上,提出了基于网络映射的单炮记录高效访问机制。其核心思想还是基于 Windows 系统的网络映射技术,并在此基础上,进行了技术开发与完善。

传统的数据监控方式是在地震采集系统生成地震数据文件后,暂存在服务器缓存里,然后根据需要以不同方式传输到监控计算机,在监控机器上存盘后再进行数据解编。

前文对数据传输已有很好的论述,为了更好地提高监控效率,需要在数据读取与解编方面做进一步的工作。根据实验研究,设计了数据不落盘方案。

设计了一个线程专门用于监控远程单炮队列,如果新来单炮记录,就建立相应的映射,在监控软件空闲时,直接远程传输到监控计算机内存进行解编及相关处理;如果监控计算机不空闲,就悬挂传输与解编事件,等监控计算机空闲后再做处理。

显然,与成图处理方式相比,这种处理方式在监控计算机上不存放地震数据,并且,通过队列管理,减少了单炮记录在拥堵时可能造成的无序处理。该技术的优势在于:

①由于减少了一次落盘再读取的时间,速度更快;

②减少了磁盘调度次数,可增加磁盘的使用寿命;

③虽然后台下载地震数据占用了CPU、内存和网络带宽,但总体上提高了软件性能。

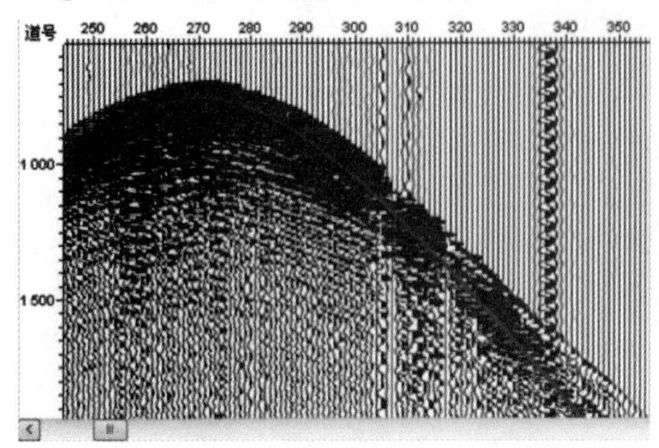

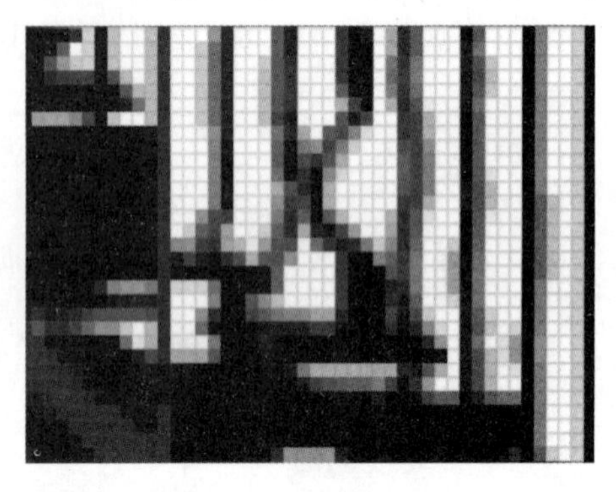

图6-2-26 地震道显示(左:正常显示的地震道;右:像素显示的地震道)

(2)面向目标应用的数据抽稀优化

假设系统所在服务器的分辨率为1 024×768,每4个像素绘制一道(图6-2-26),一屏绘制的道数最多为1 024/4=251道。也就是说,在屏幕上,最多只能显示251道,物理上无法在屏幕上全部显示所有的地震道,如果想要看到所有的地震道,必须进行抽稀。抽稀算法包含两种情况:

显示道数大于251道时,进行抽稀,保证系统绘制的地震道数为251道;

显示道数小于251道,即图形被放大时,系统需要增加每一道显示的像素,从而将每一道绘制得更加清楚。

通过抽稀,系统中显示的图形看似是所有的地震道,实际上是每隔一定道数显示的部分地震道。由于这部分地震道是从所有地震道中抽选出来的,从总体上还是能够反映每炮按道序变化的情况,从而保证数据被抽稀时显示的剖面质量不会受到太大的影响,总体趋势上,依然能够清晰地表现,不会因为抽稀,改变图形的走向。

(3)基于双缓冲机制的单炮记录动态显示技术

计算机在绘制图形时,每一个点的颜色都需要一定存储空间保存这些数据。但是实际上屏幕上显示的点的数量是跟分辨率相关的。当显示的图形非常大,超过屏幕上像素点的数量时,屏幕上绘制的图形就只是实际图形的一部分,当图形非常大时,并不需要绘制出所有图形,只需要绘制可见区域内的图形即可。

仍以LJ工区为例,如果要全排列全道显示,假设横向上1个像素显示1道,纵向上1个像素显示1 ms,256位真彩色显示:

如果只绘制可见区域,其内存为24 MB(1 024×768×256/8);

如果全部绘制图件,占用内存大小为5.32 GB(22 320×8 000×256/8)。

可见,两者相差接近227倍,通过局部绘制技术,可以大大降低内存的使用量,从而提高图形操作的流畅度,提高系统的稳定性,降低系统对硬件的要求。

计算机屏幕生成的图像数据为位图数据,显示数据大小N为

$$N=W\times H\times 4 \tag{6-2-14}$$

式中,W 是当前绘图窗口的宽度;H 为当前绘图窗口的高度,计算结果为字节数。

由于计算机绘制图形时,是逐点绘制的,如果直接在输出设备(显示器)上绘图,在快速移动图形时,会出现频闪。为了消除频闪,可以采用双缓冲技术进行绘图,即先将图形绘制在一张内存中的图片上,然后用图片填充绘图区域。

此处的双缓冲技术是GUI编程中常用的一项技术, 所谓双缓冲就是在内存中创建一个与屏幕绘图区域一致的对象,把需要绘制的控件保存到一个图像中,然后把图像拷贝到需要绘制的控件上,通过该技术消除图像绘制时的闪烁。在QT4中,QWidget能够自动处理闪烁,不必担心这个问题,尽管如此,如果控件绘制复杂且需要经常刷新时,双缓冲技术还是非常有用的。我们采取的方案是把控件永久保存在一个图像中,随时准备下一次绘制事件的到来,一旦接到一个控件的绘制事件,就把图像拷贝到控件上。

如果图片大小正好与输出区域的尺寸一致, 那么只需要将图片对应放置到显示区域即可。但在实际绘图中,通常实际图形与绘图区域并不是同样大小,那么就需要对图形中的图元进行插值(放大)或者抽稀(缩小)处理。

4)软件模块及功能

海量地震资料采集质量监控软件主要包括实时监控和延时分析两个部分,可分别实现仪器现场单炮记录实时评价与现场室内批量单炮延时分析。以下为说明方便,把实时监控与快速偏移功能单列出来。

(1)实时监控与自动评价

这部分主要包括以下11项功能模块:工区及项目管理、底图分析、单炮资料分析、卫片校正及导入、SPS导入、监控设置、标准炮管理、自动监控、项目与工区评价、单炮成图和实时迭加等。

①工区及项目管理。为每个应用建立工区,在该工区管理下,可以形成多个项目,方便地震采集施工的工作日管理。数据库采用SQLite数据库进行管理。

②底图分析。为采集工区建立施工区域范围内的有效数据管理分析,这些数据包括卫片、障碍物、不同地质与地表条件形成的区域、激发点与接收点、单炮记录的各种属性(能量、频率与信噪比等)、目的层的各种属性(能量、频率与信噪比等)、环境噪声、激发因素(井深、药量)等。

图6-2-27所示为CGZ工区底图,其中背景是卫片,上面的折线和多边形是障碍物边界,另外,左侧显示3束炮线及相应的检波线。

单炮资料分析:这是在非实时监控状态进行的单炮记录分析,分析内容包括辅助道、线性动校正及各种地震属性,并且属性分析结果以曲线图或柱状图方式显示。

卫片校正及导入:导入卫片图像,如果该图像没有地理信息,可以利用3点定位方式先进行坐标校正,然后导入到工区底图上。图6-2-28为某工区卫片导入界面。

SPS导入:支持SPS数据导入,导入类型包括SPS 1.0和SPS 2.1两种方式,如果非标准SPS,用户可以自行设置导入模板。

监控设置:设置自动监控各种开关,主要包括监控设置、异常道、异常排列、全局设置、标准记录、抓图设置、表格设置和迭加设置等功能。图6-2-29为监控设置对话框。

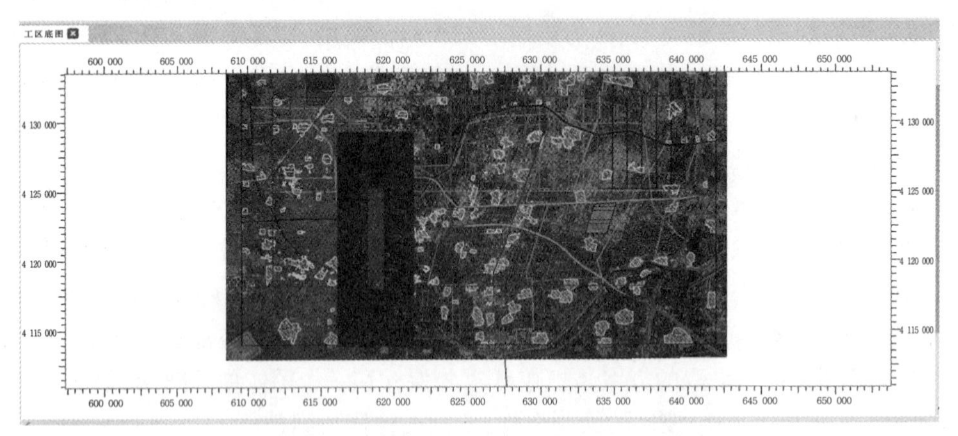

图 6–2–27 CGZ 工区底图

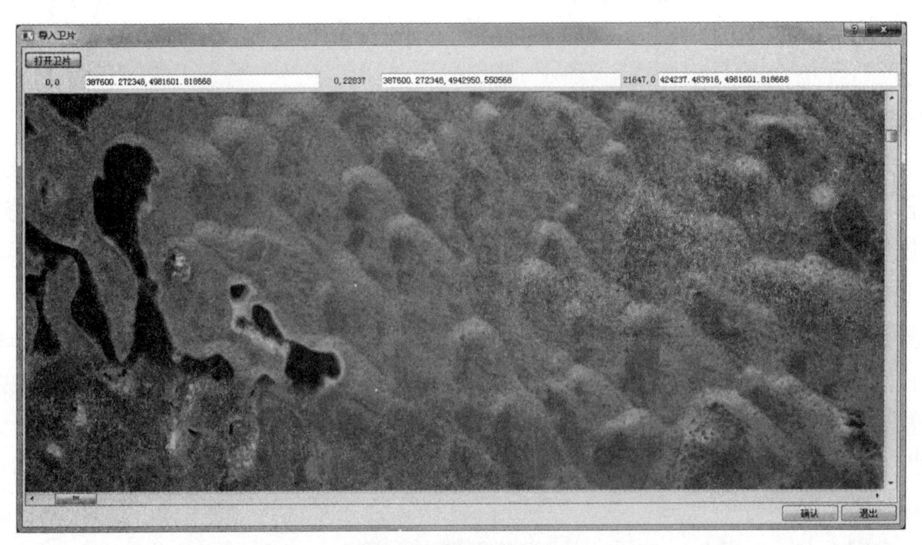

图 6–2–28 卫片导入

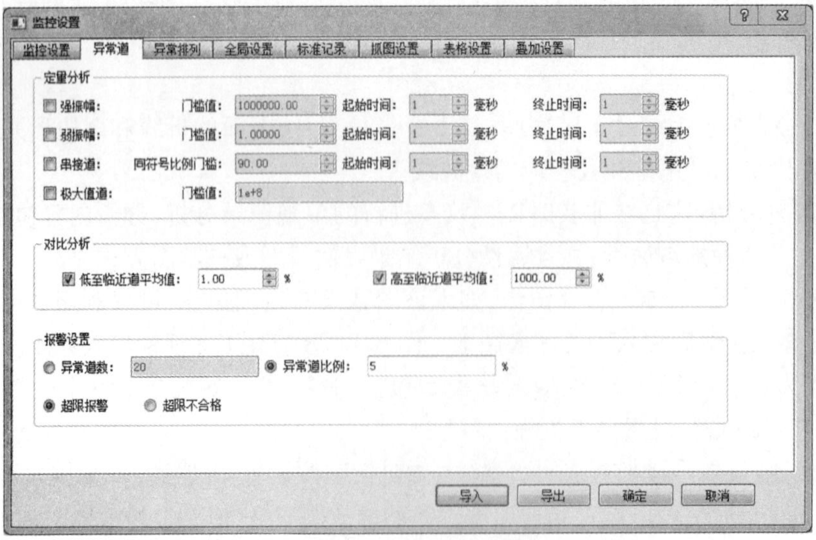

监控设置

监控设置 | 异常道 | 异常排列 | 全局设置 | 标准记录 | 抓图设置 | 表格设置 | 叠加设置

定量分析

强振幅： 门槛值：1000000.00 起始时间：1 毫秒 终止时间：1 毫秒

弱振幅： 门槛值：1.00000 起始时间：1 毫秒 终止时间：1 毫秒

串接道： 同符号比例门槛：90.00 起始时间：1 毫秒 终止时间：1 毫秒

极大值道： 门槛值：1e+8

对比分析

低至临近道平均值：1.00 % 高至临近道平均值：1000.00 %

报警设置

异常道数：20 异常道比例：5 %

超限报警 超限不合格

导入 导出 确定 取消

图 6–2–29 监控设置对话框

监控设置主要配置远程监控存放原始地震单炮文件的目录。异常道和异常排列是定义异常道和异常排列的各种参数,并对出现异常道和异常排列时,设置所应采取的方式。全局设置是定义一些监控项的参数,包括单炮抽炮显示方式、分频扫描参数、辅助道显示参数、地震属性柱状图显示参数以及线性动校正图的显示参数等。标准记录定义了两种单炮记录二级评价方式及相关参数。抓图设置定义单炮记录成图方式,包括成图类型、成图模式、图形展示方式、图像格式及成图路径等。表格设置定义监控结果表格内容。迭加设置定义对接相关的模块及其参数。

标准炮管理:按照监控设置的门槛确定单炮记录是否合格,图 6-2-30 为 YJ 工区定义的标准炮。

标准炮管理主要包括标准炮的选择、目的层的定义、相关地震属性的计算等内容。其中,计算结果会显示整个炮集和最多两个目的层的地震属性,例如能量、信噪比、主频与频宽、最小优势频率和最大优势频率等;评价设置定义了单炮记录二级评价的阈值,这些阈值是基于标准记录衡量的。显示设置定义了实时监控时单炮记录显示的相关参数。另外,软件设置了可控震源监控时的六个震源状态参数。

自动监控:图 6-2-31 为 NZH 工区单炮记录自动监控界面。

在启动自动监控后,对单炮记录进行是否合格判定。监控的内容包括辅助道分析、线性动校正、单炮记录显示、分频扫描、各种属性分析图及评价结果等。所有这些监控操作都是自动完成的,另外,根据用户的定义,在计算机后台上,还运行了单炮记录成图线程,自动完成用户指定的单炮记录电子存图,如图 6-2-32 所示。

项目与工区评价:以 PDF 方式输出当天或阶段时间内的评价结果,主要是各种汇总统计结果,包括合格炮数与不合格炮数,合格或不合格的原因等。

单炮成图:以类似监视记录样式生成电子图像,成图方式多样,包括固定增益或 AGC、成图方式、图像格式等。图像生成是以后台方式进行,不影响单炮记录的评价。图 6-2-33 为成图设置项。

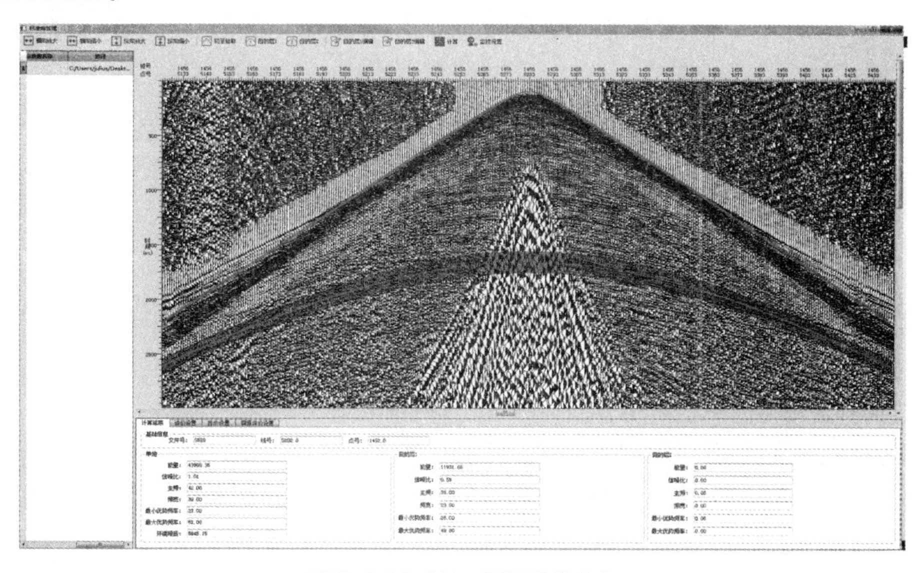

图 6-2-30　YJ 工区标准炮定义

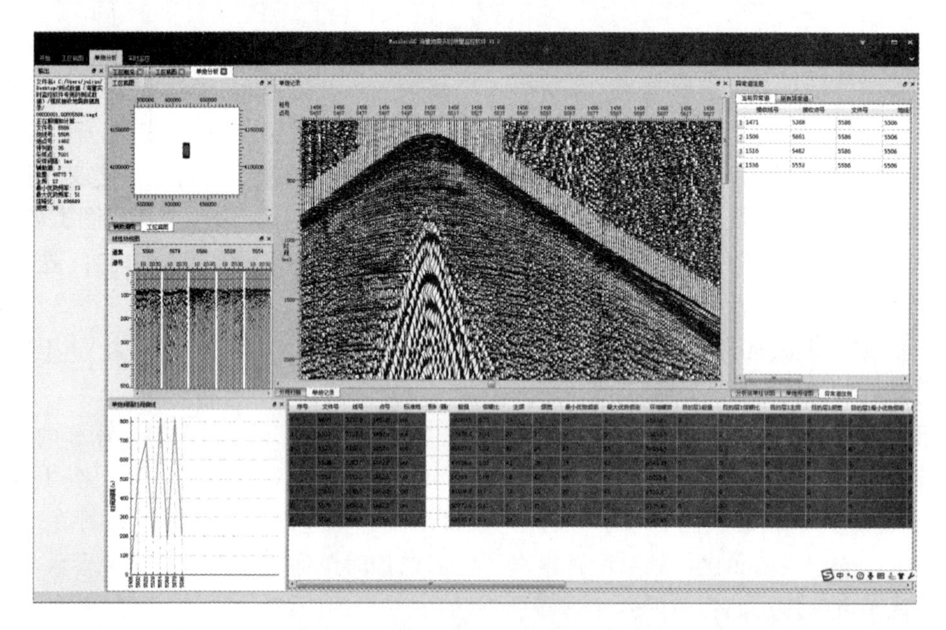

图 6-2-31　NZH 工区单炮记录自动监控

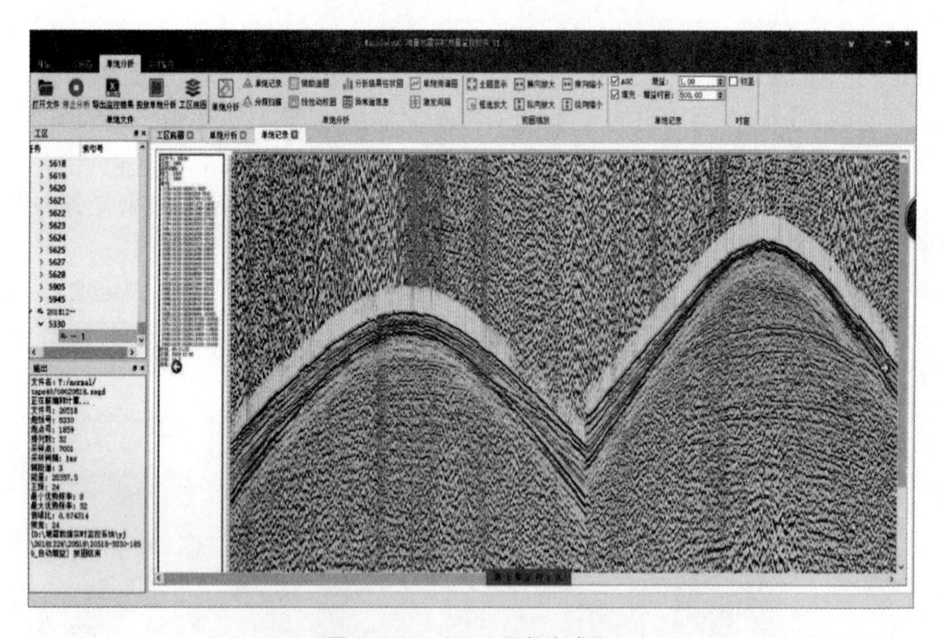

图 6-2-32　YJ 工区数字成图

为了满足后期应用，图像分辨率应该适当最大，根据经验，在万道采集、4 个排列成图时的数据量在 30～60 MB。

(2)实时迭加

按照预先定义的速度场，按照单炮方式进行实时迭加，显示迭加剖面。图 6-2-34 为实时迭加参数设置对话框。面元信息定义面元尺寸、面元线条数、面元线的范围等。迭加设置定义实时开关、是否滤波和做静校正。另外，还定义了迭加速度场。实时迭加与实时监控可以同步进行，不过，由于迭加运算量比较大，因此，实际应用中应酌情设置相关参数。

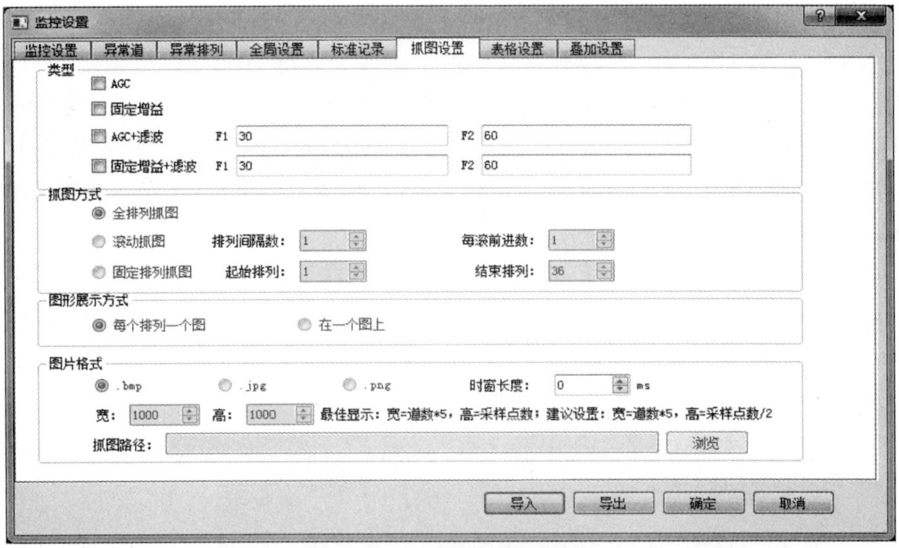

监控设置

监控设置 | 异常道 | 异常排列 | 全局设置 | 标准记录 | 抓图设置 | 表格设置 | 叠加设置

类型

AGC

固定增益

AGC+滤波　F1 30　F2 60

固定增益+滤波　F1 30　F2 60

抓图方式

全排列抓图

滚动抓图　排列间隔数：1　每滚前进数：1

固定排列抓图　起始排列：1　结束排列：36

图形展示方式

每个排列一个图　在一个图上

图片格式

.bmp　.jpg　.png　时窗长度：0 ms

宽：1000　高：1000　最佳显示：宽=道数*5，高=采样点数；建议设置：宽=道数*5，高=采样点数/2

抓图路径：　浏览

导入　导出　确定　取消

图 6-2-33　自动成图设置项

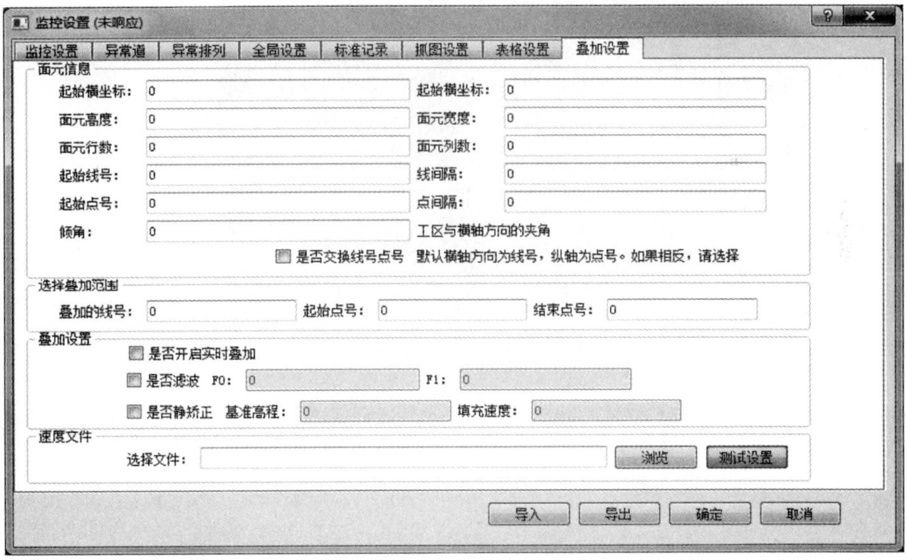

监控设置 (未响应)

监控设置 | 异常道 | 异常排列 | 全局设置 | 标准记录 | 抓图设置 | 表格设置 | 叠加设置

面元信息

起始横坐标：0　起始横坐标：0

面元高度：0　面元宽度：0

面元行数：0　面元列数：0

起始线号：0　线间隔：0

起始点号：0　点间隔：0

倾角：0　工区与横轴方向的夹角

是否交换线号点号　默认横轴方向为线号，纵轴为点号。如果相反，请选择

选择叠加范围

叠加的线号：0　起始点号：0　结束点号：0

叠加设置

是否开启实时叠加

是否滤波　F0：0　F1：0

是否静矫正　基准高程：0　填充速度：0

速度文件

选择文件：　浏览　测试设置

导入　导出　确定　取消

图 6-2-34　实时迭加对话框

(3)延时分析功能

延时分析部分主要包括工区管理、底图管理与分析、多炮批量监控、单炮分析、地震多属性分析、单炮记录三级评价及快速偏移等。

①工区管理。工区管理类似于实时监控模块,但支持实时监控工区数据库。

②底图管理与分析。底图分析是一项重要分析功能,包括 SPS 导入、障碍物导入、区域管理、图层管理及面元分析等功能,其中,SPS、障碍物和区域管理功能与实时监控模块完全一致。

目前工区底图上共有 6 个图层,分别为卫片、区域、障碍、炮点、检波点和属性色度图,用户可以根据需要设置是否显示。

把工区按给定的面元尺寸进行划分,形成矩形区域,根据需要计算矩形区内的属性并按面元色度展布在工区底图上,以利于分析特定属性分布情况。

计算色度图时,会同时显示炮点色度图和面元色度图。炮点色度图是把炮点的某个指标(能量)用颜色标识在炮点上,这些点放大后是离散的点。面元色度是根据面元大小创建网格,用网格内炮点指标值所对应的颜色填充网格,如果该点无值,就通过插值取得。面元图放大后,显示的还是一个平面。

在显示色度图时,会生成炮点色度图和面元色度图,此时,炮点颜色基本是一样的,在普通状态,底图上显示的炮点色度图会消失,变成普通的炮点,这时候,看到的是炮点在面元色度图上的位置,显示炮点分布情况。图 6-2-35 为 NZH 工区某区域面元能量分布图,图 6-2-36 为 ZH3 区块工区能量分布图,其背景为卫片图像。

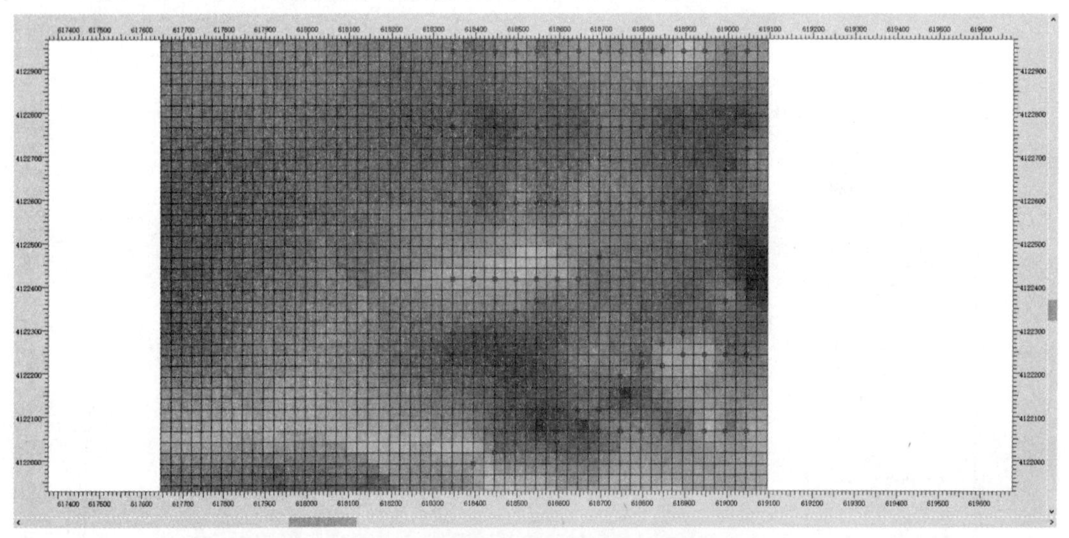

图 6-2-35 NZH 工区能量分布图(局部放大)

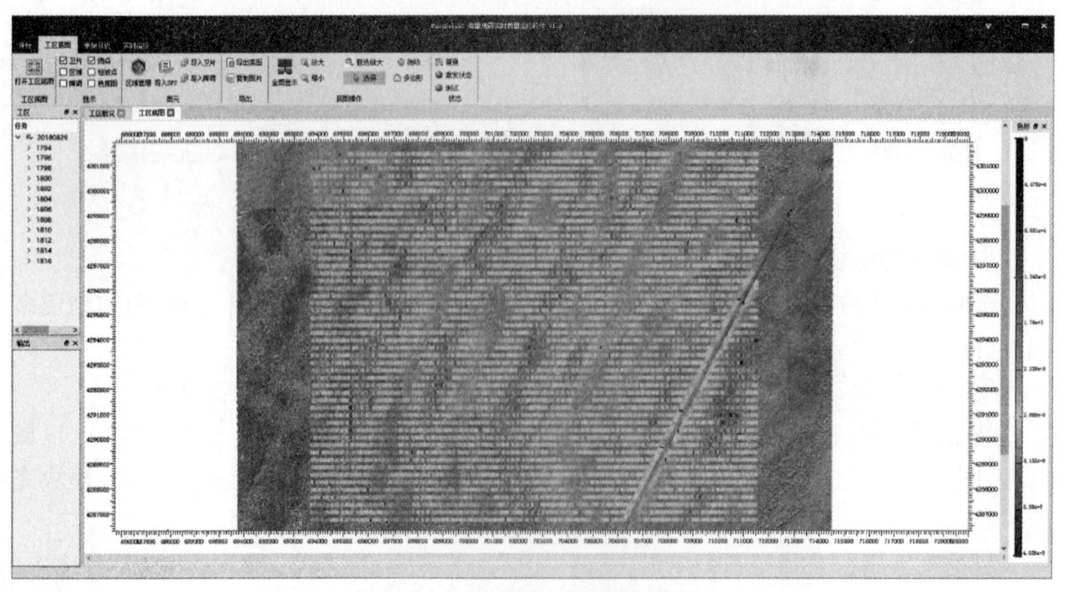

图 6-2-36 ZH3JB 区块能量分布图

多炮批量监控:该子模块的功能大致与实时监控子模块一致,但是,监控方式不同。另外,根据生产需要,现场如果来不及单炮记录电子成图,可采用室内后期成图方式。

单炮分析:与实时监控模块中单炮分析功能类似。

地震多属性分析:读取的是 SEG D 地震数据,可以在不同道集内进行多属性分析,包括能量分析、频率分析、时频分析、频时分析、分频扫描、信噪比分析和自相关分析等。为进行这些分析工作,需要对数据进行预处理,包括时窗拾取、数据切除、线性速度拾取等。彩图 6-2-37 为 CH66 工区时频分析图,其中,上部为曲线方式,下部为柱状图方式。

图 6-2-38 为 LYB 工区某道集在特定信号频段内 4 个时窗内的信噪比对比图。

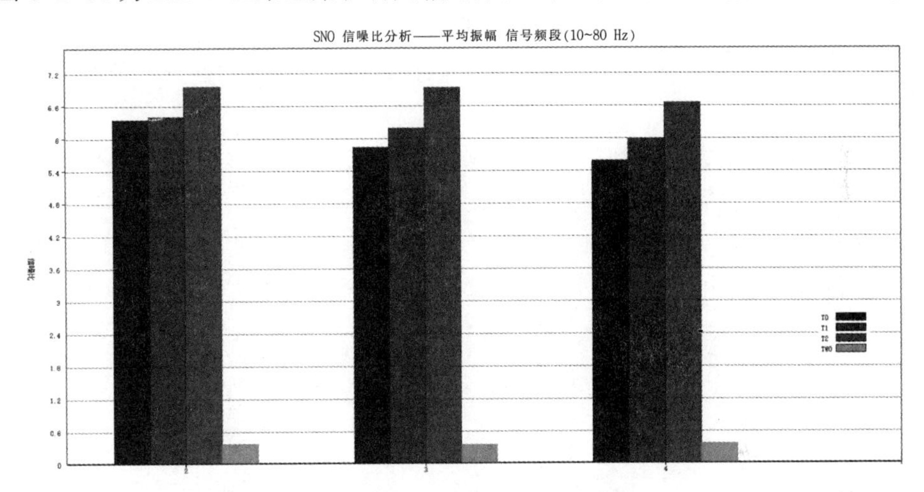

图 6-2-38 LYB 工区信噪比分析图

(4)单炮记录三级评价

单炮记录数据评价是采用机器学习方法批量对地震单炮记录进行三级评价,以对采集资料质量全面掌控。该模块功能主要包括属性提取与优化、模型训练及分类,这些功能主要集成到两个对话框中,参考图 6-2-39 和图 6-2-40。

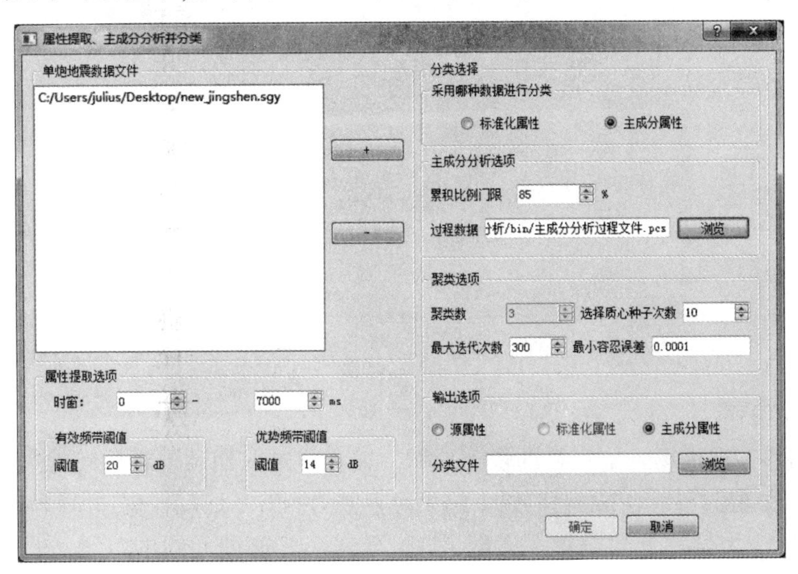

图 6-2-39 地震属性提取及优化对话框

图 6-2-39 是属性提取及优化对话框,其中定义了地震数据来源、属性提取选项、预分类参数及结果等。

软件支持 SEG-D 和 SEG-Y 两种数据格式输入。

属性提取选项定义拾取的时窗。标准化属性和主成分属性主要是为了区分属性分类时所采用的属性类型,标准化属性平衡了绝对值大数据与小数据对分类结果的影响;主成分分析需要限定主成分划分的门槛值。

对采样数据经过主成分分析后,需要对这些数据进行质量评估,看其是否具有更好的聚类潜质,为此,需要定义其参数。

另外,对样本数据处理的中间过程和分类结果可以存储,做后期分析。

图 6-2-40 为单炮训练与分类参数设置对话框,包括样本点的处理参数及待分类单炮的提取参数设置。

由于前期的样本点数量限制，需要对样本点扩充，每类样本点扩充的比例是不一样的。扩展后的样本集也需要进行主成分分析。

样本集扩充后划分为训练集和验证集,一般训练集相对较大,设置为 80 %,验证集占 20 %。对于待分类炮,由于输入的是地震数据,首先提取其属性值,定义相关的参数。

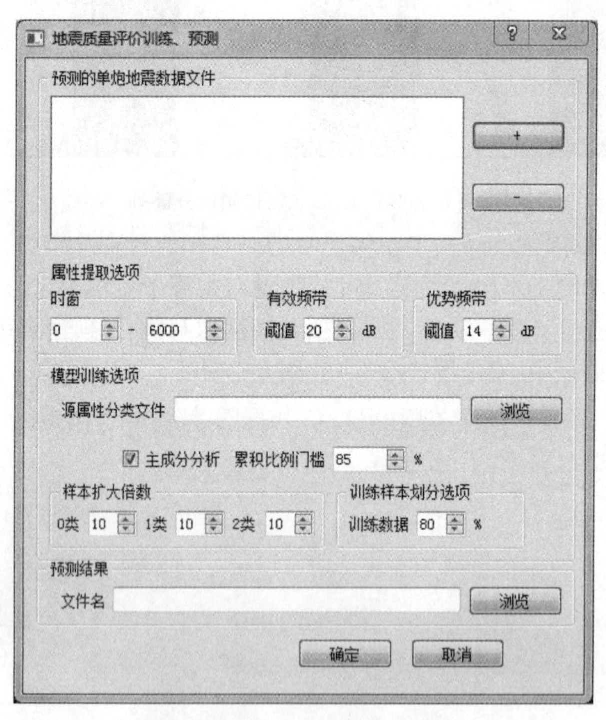

图 6-2-40 训练及分类对话框

(5)快速偏移

快速偏移实现现场采集资料的快速成像。输入经过前期预处理后的地震数据和速度谱及有关参数,经过计算生成偏移数据,结果可存储为 SEG Y 地震数据,并可显示偏移剖面。

图 6-2-41 为偏移参数设置对话框,其中,定义了 CMP 面元线的范围、成像范围、偏移参数、显示参数、偏移速度场以及输入输出文件等。

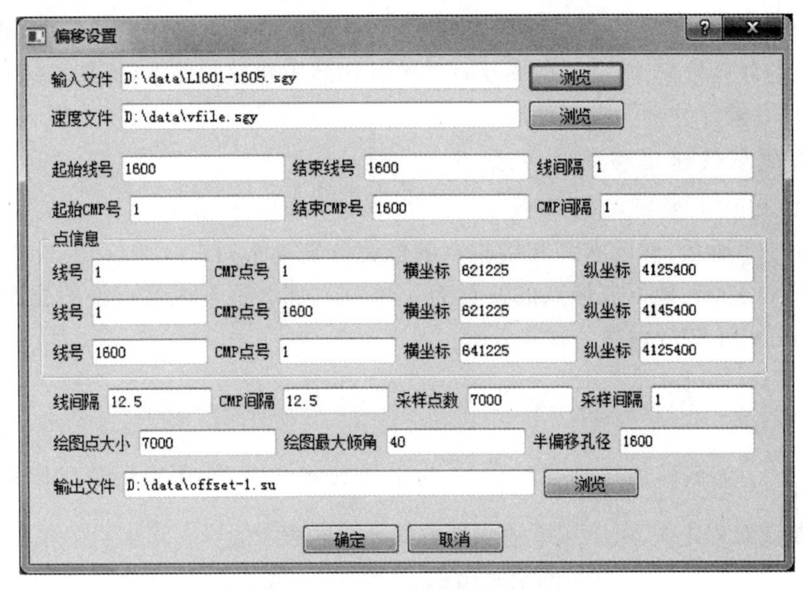

图 6-2-41 快速偏移传输设置对话框

三、现场剖面监控技术

随着济阳坳陷油气勘探开发工作的不断深入，其勘探难度和复杂程度在不断增加。地震勘探技术需要面向地质目标体来开展，目标越来越复杂，对地震勘探资料的信噪比、分辨率、保真度和成像精度也提出了更高的要求。现行常规的地震技术已难以适应这些地质与工程需求，迫切需要提高地震勘探精度，提高地震勘探解决复杂地质问题能力的方法和技术。

现场处理剖面监控的目的和作用主要有以下几个方面：通过迭加剖面的品质来监控采集地震数据的质量；及时发现野外施工中的问题，并为纠正和解决问题提供依据；进行方法论证，科学指导生产，使施工方法可行且经济；捕捉勘探目标，及时正确地调整勘探部署。

但是现场处理的质量控制成果往往相对滞后，因为，在实际生产过程中必须采集达到一束线或几束线后才能处理成满覆盖的初叠剖面，而这个过程往往需要几天或几周，也就是说现场质量监控要滞后一段时间。

济阳坳陷地震勘探的历程表明：高密度、单点接收的数据采集方式是解决地震勘探面临难题的有效勘探方法。与常规地震勘探相比，单点高密度勘探采用单点接收、小面元、超多道数、大动态范围的地震采集方式，采集资料具有空间采样率高、覆盖次数高、炮道数多、数据量巨大且单炮信噪比低的特点。

针对三维单点高密度采集的海量地震数据，在保证成像精度的前提下，如何进行高效的偏移成像，节省处理资料时间，为下一步的地震资料解释快速提供良好的成果剖面，是处理单点高密度海量地震资料的一个难点。

从高精度地震勘探的实际需求出发，研发了一种新的基于波束(beam)的三维叠前时间偏移快速成像技术，实现了对于海量地震资料的快速成像处理。该技术利用现在宽方位、高密度采集方式采集资料高覆盖的特点，通过合成“超道集”的思想加优化成像策略，实现最终的快速偏移成像。该技术研发成功后，在保证成像精度的前提下，能够大幅度提高偏移成像的计算效率，满足了现场及时掌控资料品质状况的需求，提高了地质人员快速响应能力，具有较好的推广应用价值。

1.施工现场快速偏移成像方法

1) Kirchhoff 叠前时间偏移

如图 6-3-1 所示，假设震源和接收点的位置分别为 $x_s=(x_s,0)$ 和 $x_r=(x_r,0)$，对应的地震记录为 $U(x_r,x_s,t)$，地下成像点的位置为 $x=(x,t_0)$，那么地下成像点处的成像值 $R(x,t_0)$ 可以用 Kirchhoff 积分偏移公式来表示：

$$R(x,t_0)=\sum_{x_s}\Delta x_s\sum_{x_r}\Delta x_r W(x_s,x,x_r)\left(\frac{\partial}{\partial t}\right)^{\frac{1}{2}}U(x_r,x_s,T) \quad (6\text{-}3\text{-}1)$$

式中，$W(x_s,x,x_r)$ 为偏移加权函数；$\left(\frac{\partial}{\partial t}\right)^{\frac{1}{2}}$ 为半导数滤波因子，用来保证成像相位的正确性；T 为地震波双程走时，可以用下述双平方根公式来表示：

$$T=t_s+t_r=\sqrt{\frac{t_0^2}{4}+\frac{(x_s-x)^2}{V_{rms}^2}}+\sqrt{\frac{t_0^2}{4}+\frac{(x_r-x)^2}{V_{rms}^2}} \quad (6\text{-}3\text{-}2)$$

式中，t_s 和 t_r 分别为震源和接收点到成像点的单程走时；V_{rms} 为成像点处的均方根速度。由式(6-3-1)不难看出，Kirchhoff 叠前时间偏移的计算量正比于地震数据的总道数。

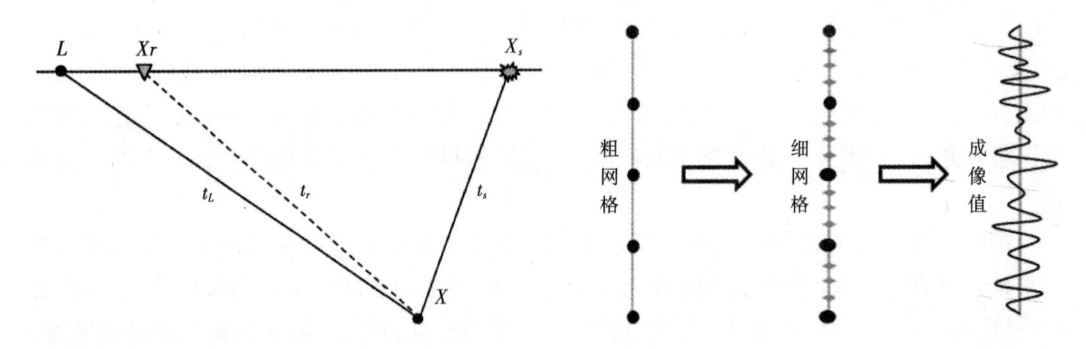

图 6-3-1 叠前时间偏移地震波走时示意图　　图 6-3-2 粗细网格旅行时计算的加速策略

2)高斯束(Beam)叠前时间偏移

当前地震勘探广泛采用宽方位、高密度的采集方式，相邻的接收点(或炮点)间距很小，因此完全可以使用地表某个接收点走时的一阶泰勒展开来近似相邻接收点的走时。如图 6-3-1 所示，若已知 Beam 中心 $L=(L,0)$ 到成像点的走时为 t_L，那么便可以利用下式来近似计算 L 附近接收点 x_r 到成像点的走时：

$$t_r\approx t_L+p_L\Delta x \quad (6\text{-}3\text{-}3)$$

式中，$\Delta x=x_r-L$，

$$p_L=\frac{\partial t_L}{\partial L}=\frac{L-x}{V_{rms}^2 t_r} \quad (6\text{-}3\text{-}4)$$

为 Beam 中心处射线参数的水平分量。此时，公式(6-3-1)可以表示为

$$R(x,t_0)\approx\sum_{x_s}\Delta x_s\sum_{L}W(x_s,x,L)\sum_{|x_r-L|<w_0}\Delta x_r\left(\frac{\partial}{\partial t}\right)^{\frac{1}{2}}U(x_r,x_s,t_s+t_L+p_L\Delta x) \quad (6\text{-}3\text{-}5)$$

上式中第三个累加项实际上是Beam中心附近空间窗 $|x_r-L|<\Delta L$ 内地震数据的倾斜迭加。式(6-3-3)的计算误差随接收点到Beam中心距离逐步增大,为减小该误差,在式(6-3-4)中引入高斯窗,得到最终的Beam叠前时间偏移成像公式:

$$R(x,t_0)\approx C\sum_{x_s}\Delta x_s\sum_L W(x_s,x,L)D(p_L,\tau=t_s+t_L) \tag{6-3-6}$$

式中,C 为常数因子,用保证高斯窗的累加结果等于1;$D(p_x,\tau)$为Beam中心附近满足 $|x_r-L|<2\Delta L$ 的地震道的加窗局部倾斜迭加:

$$D(p_x,\tau)=\sum_{|x_r-L|<2w_0}\Delta x_r\left(\frac{\partial}{\partial t}\right)^{\frac{1}{2}}U(x_r,x_s,\tau+p_L\Delta x)exp\left(-\frac{\Delta x^2}{\Delta L^2}\right) \tag{6-3-7}$$

Beam叠前时间偏移的计算过程可以大致概括为:

①读入一炮地震数据,根据Beam中心间隔将炮记录划分为不同的子集;

②对于不同的数据子集,根据给定的射线参数范围和间隔,计算式(6-3-7)得到对应不同射线参数的局部平面波 $D(p_x,\tau)$;

③在不同的Beam中心位置,利用式(6-3-2)计算对应每个成像点的地震波双程走时 $T=t_s+t_L$ 和水平射线参数 p_L,然后提取 $D(p_L,\tau)$对应的振幅值并根据式(6-3-6)累加到成像结果 $R(x,t_0)$;

④重复上述计算过程,直到所有炮记录计算完成。

2.快速成像优化策略

1)粗网格计算优化

除了进行并行计算之外,偏移算法的优化也是提升计算效率的关键因素。减少一倍的网格成像点,则会提高一倍的计算效率。理论上来说,时间偏移需要计算每个地下成像网格点的旅行时,然后在记录中拾取振幅进行迭加成像,走时计算的过程非常复杂,如果对每一个网格点进行计算,需要很大的计算量。由于偏移速度场往往是平滑的均方根速度场,因此我们完全可以在一个粗的成像网格上进行走时的计算,在成像时利用线性插值,插值道细网格上进行成像值的计算。

该算法的实现如图6-3-2所示,首先对成像道按照一定的采样间隔,划分粗成像网格点;接下来,在粗网格上利用双平方根公式计算地震走时,并利用线性插值或者三次卷积插值求取细网格点的走时;最后,在细网格点上进行成像值的计算。由于时间域速度往往变化平缓,以此计算求得的走时场也是平滑的,因此以上述算法为基础,可以在保证成像质量的基础上,大幅度提高计算效率,减少程序的运行时间。

2)避免信号拉伸

在偏移的过程中,大炮检距的数据在浅层成像中不可避免的会造成偏移信号的拉伸现象,也就是Kirchhoff偏移过程中的拉伸因子。这部分成像信号伴有很低的频率,因此对于迭加成像甚至是叠前成像道集都是无效的。使用如下的方式来避免拉伸信号的成像运算,提高了部分计算效率。

对于时间偏移而言,使用了如下的双平方根公式:

$$t=t_s+t_r=\sqrt{\left(\frac{t_0}{2}\right)^2+\frac{x_s^2}{V_s^2}}+\sqrt{\left(\frac{t_0}{2}\right)^2+\frac{x_r^2}{V_r^2}} \tag{6-3-8}$$

根据根公式,可以求取偏导数$\frac{dt}{dt_0}$,该参数即为拉伸因子,具有如下的形式:

$$\frac{dt}{dt_0}=\frac{t}{4t_s}+\frac{t}{4t_r} \tag{6-3-9}$$

在此选取$\frac{dt}{dt_0}<0.7$的成像点进行成像信号的计算，可以有效的保证偏移拉伸的消除,同时提高成像质量。图 6-3-3 中左图为常规的时间偏移结果,可以看到浅层存在大量的低频噪声,掩盖了真实的构造,而右图为消除拉伸后的叠前时间偏移结果,可以看到浅层的拉伸噪声得到了有效的去除,同时计算效率也提升了 10 %。

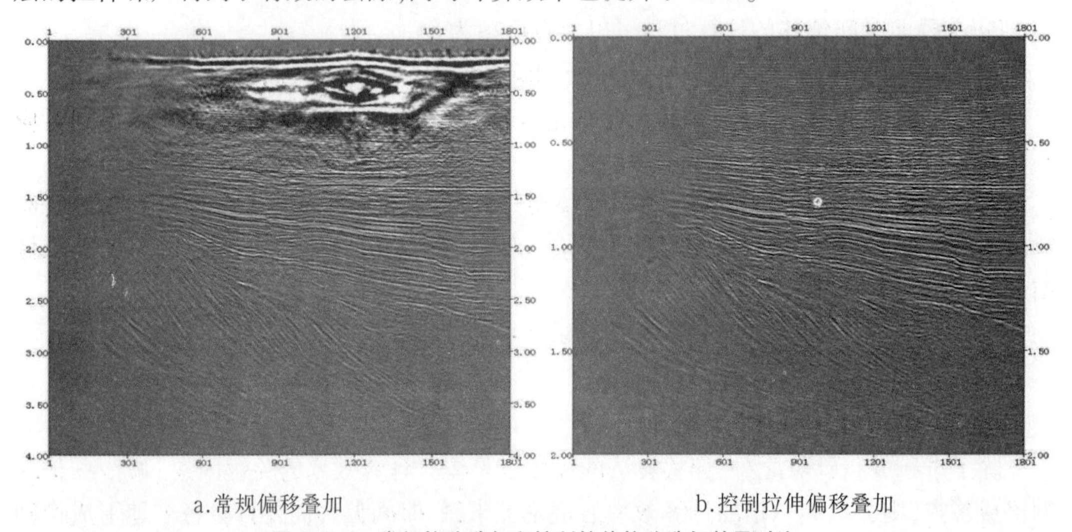

a.常规偏移叠加　　b.控制拉伸偏移叠加

图 6-3-3 常规偏移迭加和控制拉伸偏移迭加效果对比

3.实际资料试处理效果

1)单线数据的快速成像

试算测试的是 LJ 工区 Inline350 线,测试数据为 CMP 道集数据(图 6-3-4),整个数据体大小为 2.8 G,时间采样点为 1 500,采样率为 4 ms。测试服务器 12 线程,内存 64 G,硬盘容量 10 T,采用的 beam 中心间隔设置为 150 m。快速成像用时为 2 460 s(约为 40 分钟),而常规偏移成像用时约为 9 600 s。彩图 6-3-5 是 Inline350 线均方根速度模型,彩图 6-3-6 是成果剖面和快速成像处理剖面,从对比效果可以看出,在保证成像精度的前提下,快速成像技术对于主要目的层的构造实现了较好的成像。而计算效率较常规偏移来说提高了 4 倍的计算效率。

2)区块数据的快速成像

小区块数据共有 3 条测线,Inline 线的线号从 304~306,测试数据为 CMP 道集数据,整个数据体大小为 5.2 G,时间采样点为 1 251,采样率为 4 ms。测试服务器 12 线程,内存 64 GB,硬盘容量 10 TB,4 节点并行,采用的 beam 中心间隔设置为 150 m,快速成像用时为 1 320 s(约为 22 分钟)。与已有结果的对比可以看出,在保证成像精度的前提下,快速成像技术对于主要目的层的构造实现了较好的成像(图 6-3-7~ 图 6-3-9)。而计算效率较常规偏移来说有了 6~7 倍的提高。

快速的高斯束(Beam)叠前时间偏移方法,相较于逐道运算的Kirchhoff叠前时间偏移,本方法仅需在稀疏的Beam中心位置进行地下成像值的映射累加运算,可以在保证成像精度的同时,通过和优化成像策略结合,可以大幅度降低偏移的计算成本,十分适用于高密度地震数据的时间域成像处理。基于快速成像的思想实现对现场资料的质量监控。

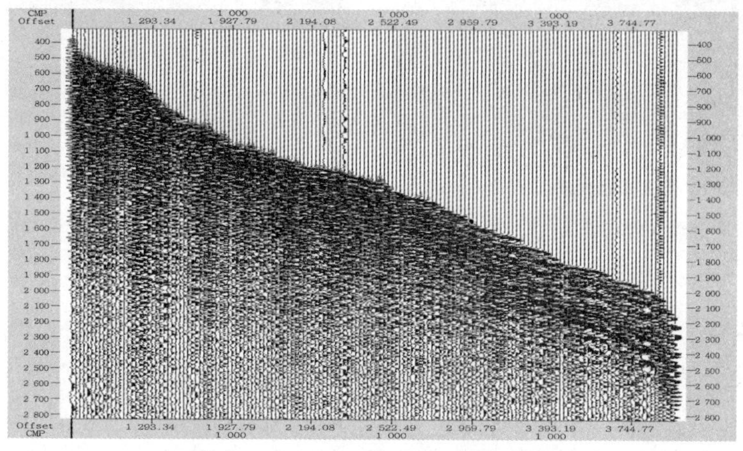

图6-3-4 Inline350线的CMP道集

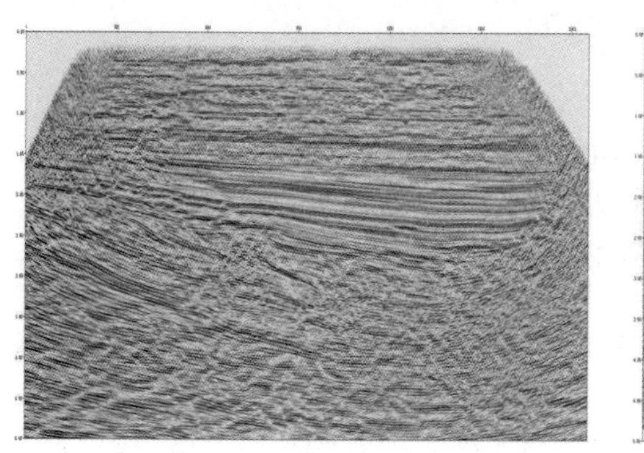

a.商业软件处理剖面

b.快速成像技术处理剖面

图6-3-7 Inline304线商业软件处理和快速成像处理剖面

a.商业软件处理剖面

b.快速成像技术处理剖面

图6-3-8 Inline305线商业软件处理和快速成像处理剖面

a.商业软件处理剖面

b.快速成像技术处理剖面

图 6-3-9 Inline306 线商业软件处理和快速成像处理剖面

快速成像技术是在共偏移距或者共炮道集上实现的，今后可以进一步和宽方位 OVT 道集相结合,进一步研发基于 OVT 道集的快速时间偏移成像技术,从而进一步大幅提高算法的计算效率。研发的快速成像技术，不仅可以应用到现场资料处理的快速成像质量监控,还可以实现对于室内资料的快速成像处理,解决单点高密度资料的室内精细成像处理的效率问题。

四、地震采集过程质量监控

高密度地震采集技术的应用,使地震采集的日生产地震资料数据量巨增,给现场地震数据的实时质量监控带来了较大的困难。针对大数据量的实时监控技术,各种处理软件大多采用加强软件的交互性来提高工作效率。但是，常用的 Promax、CGG 和 Grisys (GeoEast)系统处理速度慢,实时性差。

近几年来,各大石油公司利用高效施工技术的采集项目越来越多,采集道数已经达到了近十万道,每天采集的数据高达 22 000 UPS。从国外地震采集施工发展趋势看,高效海量数据采集是地震发展的必然趋势。从采集技术角度看,其发展趋势就是充分采样、对称采样、均匀采样和连续采样。在现场资料监控技术方面,发展趋势就是针对海量数据量的特点,发展高效实时监控分析技术。

1.地震采集过程的常规质控手段

目前地震采集项目质量监控的手段主要有以下三方面。

1)施工质量检查

施工质量检查包括施工方内部质量检查、建设方及现场质量监督员对项目实施全过程的监控。这些检查包括对地震采集的仪器设备工作状态、施工工艺以及设计技术指标的符合程度(如激发井深、药量)等。以往质量控制手段在较少接收道数的采集时期是可行的(单炮排列在 500 道至 1 000 道以内),而面对高精度三维地震采集技术的发展,地震道数越来越多,特别是在高密度三维采集阶段,这种靠人工为主的野外采集质量控制方式已经越来越不适应地震采集发展的需要。因为伴随着地震装备技术(数字检波器、全数字仪器、计算机技术等)的革命性进步,地震采集越来越具有全数字、超大道数(单炮接收 10 000 道以上)、单点、高空间采样率、海量数据等显著特点,由此造成野外物理点多,目前人工检查方法只能通过部分抽检,无法实现对每个炮点、接收点的施工情况进行现场检查。这种方法虽然能起到一定的野外质量监控作用,但是不能对野外采集质量进行全面的控制,存在相当大的漏洞和隐患。

2)单炮质量检查

目前单炮质量检查一般有两种方式:一是仪器监视记录的回放检查,由于考虑到施工效率,一般是隔炮或只回放部分排列,通过交替回放不同排列来实现;二是是现场处理绘图,也是只绘单炮的部分排列或部分排列部分频带的滤波记录。同样,这种质量监控只是实现对部分单炮记录或部分排列的监控,无法实现对每个炮点、全排列进行检查;而现场处理的部分频带（通过带通滤波）的监控只能对频率这一项质量指标进行量化分析或监控。单炮定量分析只在开工试验时期或考核试验点的资料分析时才进行,不能始终贯穿于整个野外生产的过程中。目前的地震采集监控手段存在监控漏洞和质量隐患。

3)现场处理剖面监控

现场处理的目的和作用主要有以下几个方面：通过迭加剖面的品质来监控采集地震数据的质量;及时发现野外施工中的问题,并为纠正和解决问题提供依据;进行方法论证,科学指导生产,使施工方法可行且经济;捕捉勘探目标,及时正确地调整勘探部署。

但是现场处理的质量控制成果往往相对滞后,因为在实际生产过程中,地震采集数据必须达到几束线后才能处理成满覆盖的初叠剖面,而这个过程往往需要几天或几周,也就是说,通过现场初迭加剖面的质量监控会滞后几天或几周。

长期以来,地震勘探的原始记录一直是在现场由人工进行分析评价,这种评价方法是通过人的眼睛对地震监视记录的观察，借助现场地震处理所提供的单炮记录和迭加剖面来判别施工质量的。

2.海量数据实时监控内容

1)接收质量分析与监控

(1)单道综合属性分析技术

确保检波器工作状态正常与埋置效果良好是接收环节的重点，它是改善单炮资料信噪比和分辨率、保证地震勘探野外采集质量至关重要的环节。受近地表条件影响,不同地区检波器的埋置条件差异较大,只有采取针对性的方法才能确保检波器的耦合,取得较好接收效果。因此,评价接收效果应综合考虑检波器的工作状态、不同近地表条件埋置方式、外界环境干扰情况等多方面因素。

地震采集时检波点接收能量和频带的大小均与地表特征和检波器的埋置质量及工作状态具有相关性，而在相同的接收参数和相同的近地表条件下其接收能量和频率基本相同。根据近地表结构和岩性分区图、地形图、单炮记录,结合接收点的单道能量和频率分析各道检波器的状态和埋置质量。从每炮的原始记录,可以定性发现不正常工作道环境噪音的发育情况。利用交互方式,可以及时发现不正常工作道。观察原始单炮的分频记录上同相轴的连续性,结合深层地震地质图件,定性分析不同地表下的接收效果。

针对单道的定量分析主要包括能量、频率分析和信噪比估算。图 6-4-1 所示为某一炮的单道能量分析，直观显示每一道的能量分析结果，当某一道工作不正常或埋置效果较差,接收能量将明显降低。因此,结合每道的炮检距大小和能量的球面扩散,可以及时发现不正常工作道。同样,每一道的频率分析可以从频率属性上监控接收效果。

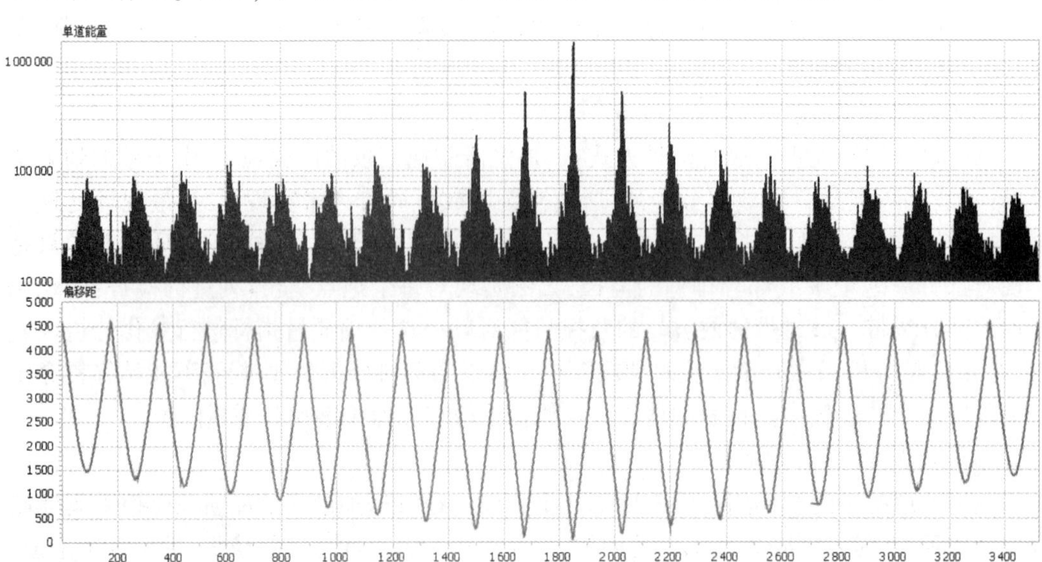

图 6–4–1　单道能量分布图

(2)基于相对能量的异常道判别技术

实际地震生产中,造成地震道异常的因素较多,一般包括串接道、极大值道、弱振幅道、强振幅道、极性反转道、50 Hz 工业干扰道。除串接道、极性反转和工业干扰道外,其他几种均可通过能量反映并加以识别。

在初至前计算每一道的起跳时间,然后计算每道起跳时间的增量。如果某道起跳时间增量与该炮起跳时间的平均增量相比大于规定值,判定为异常道。

在用户指定的时窗内, 对单炮记录中的相邻两个道数据进行特征对比, 如果特征一致,就是串接道。

在初至时间内,首先从各道中求出一模型道 $M(t)$,然后分别用各道 $Xi(t)$与 $M(t)$相关,得出相关函数 $Ci(t)$,利用相关函数 $Ci(t)$最大值的时间与 $M(t)$的周期关系,可判定 $Xi(t)$的极性。极性翻转道是异常道。

在目的层时窗内,求出各道的最大振幅 $A\max(i)$和各道最大振幅的平均值 $A'\max(i)$,根据二者间的误差判定该道是否为振幅异常道;也可以使用平均振幅计算:在目的层时窗内,求出各道的平均振幅 $A(i)$和整炮中道的平均振幅 Aa,利用二者的误差判定是否为异常振幅道。

计算最大振幅、平均振幅以及峰值频率,依据该道的最大振幅、平均振幅、峰值频率与工业干扰频率之间的误差判断该道是否为工业干扰道。

在目的层时窗内,依据各道主频与整炮平均主频间误差判断是否为主频异常。

另外,一贯不正常道也是实际生产中经常遇到的现象,可以通过统计连续数炮内不正常道的次数加以判定。

(3)异常排列监控

海量地震数据采集涉及排列数较多,显示器只能监控几个排列,定量化排列异常监控非常重要。

一般同一排列连续不正常道数超过 8 道或占比达到 3 %,则视为不正常排列。

掉排列也是异常排列的一种形式,当单炮记录中有不工作道或空道时,连续若干个采样点为零或无效值则为掉排列。一般地,零值道为不工作道或者同符合值连续超过 200 个采样点的值也视为不工作道, 如果每条接收线相邻不工作道占该接收线总道数的 1 %就认为是掉排列。

2)物理点位置自动检测和校正技术

(1)快速线性动校正

为了短时间内完成炮点位置检查,可以选择一定偏移距范围内的地震道,利用自动拾取,获得实际初至位置;同时,通过给定 T_0 时间和速度,可获得理论初至,将理论初至与实际初至进行对比,一般相距大于 30 ms 的地震道超过偏移距范围内的 3 %,可视为炮点偏移较大,需要重新定位。

其关键之一是初至自动拾取,为此,提出改进的能量比法自动初至拾取技术。

①成图能量比法。选择合适的时窗长度并根据自己定义的时窗长度把地震道分成许多个小的时窗,每个时窗看成一个单元,然后对每个单元内的采样点数求能量和,最后将后一单元的能量和除以前一单元的能量和并开平方,这样就得到了前后时窗的能量比值,其公式如下:

$$R=\left[\frac{\sum_{t=T_{21}}^{T_3} A^2(t)}{\sum_{t=T_1}^{T_2} A^2(t)}\right]^{\frac{1}{2}} \tag{6-4-1}$$

式中,R 为时窗前后的能量比;$A(t)$为地震记录振幅值;T_1 为第 1 个时窗起点;T_2 为第 1 个时窗终点,也即第 2 个时窗起点,T_3 为第 2 个时窗终点。

由式 6-4-1 可知:若整个时窗都在初至点前面,那么时窗内前后能量记录的是噪声,数值 R 较小;当时窗中心正好位于初至点上时,则 R 具有最大值;当时窗移动到初至以后的反射波时,由于反射波能量相对变化较小,因此不会产生较大能量比,R 值也较小。

因此,理论上,容易检测初至的位置,并且拾取自动化程度高,计算速度快。但是由于它单纯地只考虑能量关系及固定时窗,所以造成在一些特殊点的处理上存在较大误差,该算法固有的缺陷在于:单一的能量关系描述难以完全刻画初至,算法存在稳定性问题,难以解决“多初至”现象,算法存在局部极值问题。为此,需要对该算法进行改进,以满足精度和实时性的要求。

初至拾取时需要一定范围的偏移距和时窗宽度,提高自动拾取初至的精度。

起始偏移距可以避免近炮点干扰造成的误差;随着排列长度的增加,初至能量越来越小,会造成自动拾取不准,应选稳定的初至拾取距离,限制远偏移距。时窗宽度是指自动拾取初至时搜索初至位置的宽度,以理论映射为依据,在理论映射线的位置前后搜索的时窗宽度,如时窗为 400 ms,表示自动初至拾取时,在理论初至前 400 ms 和理论初至后 400 ms 范围内搜索初至位置。

②单道边界检测和稳定因子约束的能量比方法。由于采用单一的采样点后,前时窗比

的最大值容易陷入局部极值的问题，所以需要找到一种函数，解决初至波的位置确定问题。针对此问题，引入了单道边界检测公式，并在算法中加入了稳定因子。

设 t 为时间序列，$A(t)$为地震记录信号的振幅值，T_1 为第 1 个时窗的起点，T_2 为第 1 个时窗的终点，也是第 2 个时窗的起点，T_3 为第2 个时窗的终点，n 为时窗内的采样点数，建立如下时窗间的信号关系 R：

$$R=\left|E_1\times\frac{E_2}{E_3}\right| \tag{6-4-2}$$

式中，E_1、E_2、E_3 的含义如下：

$$E_1=\left[\sum_{t=T_2}^{T_3}A^2(t)\right]^{\frac{1}{2}}-\left[\sum_{t=T_1}^{T_2}A^2(t)\right]^{\frac{1}{2}},$$

$$E_2=\left[\sum_{t=T_2}^{T_3}A^2(t)\right]^{\frac{1}{2}}+\alpha\left[\sum_{t=T_1}^{T_3}A^2(t)\right]^{\frac{1}{2}},$$

$$E_3=\left[\sum_{t=T_1}^{T_2}A^2(t)\right]^{\frac{1}{2}}+\alpha\left[\sum_{t=T_1}^{T_3}A^2(t)\right]^{\frac{1}{2}}$$

可以看出，式(6-4-2)是传统的能量比方法的演化，其物理意义说明如下：

$\frac{E_2}{E_3}$反映了 2 个窗口内能量的变化幅度，幅值绝对值越大，R 就越大，说明前后窗口的能量变化越剧烈。由于初至波到来之前的环境噪音能量很小，会使分母值接近于 0，所以引入稳定因子 α，以避免出现奇异值，提高算法稳定性；E_1 表示前后 2 个时窗间的能量差值，作为$\frac{E_2}{E_3}$的系数，反映了 2 个时窗能量变化幅度的显著水平，其绝对值越大，越能表明 2 个窗口内能量变化的显著特征。

与传统的能量比相比，该式更能表征能量拐点处的变化，而对非拐点处，则更不敏感。因此，该算法更易于检测初至位置，尤其对于“多初至”现象，拾取效果有较大改善。

(2) 基于大炮初至信息的物理点自动检测技术

用常规线性动校正或初至拟合法现场检查炮点位置，存在一定的缺陷：炮点沿测线偏向检查时，垂直测线偏移的不易发现错误；只能定性给出炮点的位置，精度低；排列偏时不易发现错误，检波点位置校正较难实现。

在生产炮中选择一炮作为标准炮加载，计算理论初至线，并将当前的理论初至线映射到中间放炮模式炮的另外一边；对于左右支不一致的情形，可以单独拾取，建立理论初至模型，并将结果映射到整个排列上。

为此，研究提出了基于大炮初至信息进行物理点位自动检测方法。利用大炮初至反演地表速度，计算偏点误差属性，从而迅速检测出野外存在的偏点，并自动生成校正量，能快速有效地进行偏点校正，精度较高，弥补传统方法的不足。

对于直达波而言，检波点与接收点存在如下关系：

$$\frac{\sqrt{(X_s-X_{ri})^2+(Y_s-Y_{ri})^2}}{T_i}=V_i \tag{6-4-3}$$

式中，(X_s,Y_s)为炮点坐标；(X_{ri},Y_{ri})为第 i 个检波点坐标；T_i 为第 i 道初至时间；V_i 为直达波速度。

野外生产中，获得了大量的单炮记录，通过选择一定偏移距范围内的 N 个检波点，可形成N个非线性超定方程组,利用最小二乘法,可以准确求取炮点位置。

实际应用中,既为了提高定位效率,又要确保定位精度,需要采取一定质量保障措施。

3)噪声监控技术

野外噪声主要包括弱振幅道、背景噪音道、野值、低频噪音和单频干扰等。

①基本思路。通过计算每个地震道的标准值,便于噪音属性的识别和统计。

为计算每个地震道的标准道,需要选取一定长度的时窗;为使计算的标准值更稳定,将周围一些地震道的采样点值做求和与平均,使每个地震道的标准值不会因为某道的异常而引起标准值的突变;为了避免用户给定的起始时间在初至前或在初至上,需要初至视速度,根据偏移距和初至视速度,计算理论初至位置。求每个地震道时,用于振幅归一化系数,数值越大则检测的噪音道数越多。

②背景噪音。用初至前时窗内的采样点值与初至后时窗内采样点值的相似度进行比较,如果超过用户给定噪音门槛,就认为是背景噪音道。

时窗长度是指初至前时窗,该时窗指从零时计时开始的时窗长度,不要和初至时间交叉或重叠;如果没有办法避免,则系统会根据偏移距和初至视速度计算理论初至位置,丢弃时窗内的采样点数据。

起始时间和终止时间是指初至后的时窗时刻。

噪音门槛指初至前时窗内采样点值和初至后时窗内采样点值的相似度百分比。

③野值。当某道中有一个采样点值是标准值的数倍时,认为是野值。

④低频噪音。用于判断低频规则干扰,如汽车、机械干扰等。以某一主频的噪音在该时间范围内出现的次数,如果满足,则统计为低频噪音。

⑤单频噪音。如果某道数据的主要频率为50Hz,则判定该道为单频干扰,统计到单频干扰道中。

4)地震辅助道自动检测技术

地震辅助道(TB道)一般用来记录激发接收设备是否同步的脉冲信号,包含时钟TB、参考信号道与验证TB道。时钟TB道一般是0 ms时刻起跳,表示记录系统在引爆炮井炸药的同时开始接收并记录数据的工作;参考信号道是记录系统产生的一个模拟脉冲信号;而验证TB道是记录地震仪器给爆炸机发出引爆指令,爆炸机引爆雷管后返回仪器记录系统的一个脉冲信号。如果没有验证TB信号脉冲,或参考信号道的脉冲与验证TB道的脉冲时差超过一定范围,表示传输过程中丢失脉冲信号,或爆炸机工作不正常。如TB道时差连续超过规定时间范围或根本没有验证TB道脉冲信号,则表示爆炸机工作不正常,需要检修。自动检查地震辅助道方法实现了辅助道定量分析,算法(图6-4-2)如下。

首先,读取在相应时钟地震辅助道的选定时间窗口内的参考信号道数据和验证地震辅助道数据;根据参考信号道数据和验证地震辅助道数据,分别计算参考信号道第一个脉冲的起跳点时间和验证地震辅助道第一个脉冲的起跳点时间;计算参考信号道第一个脉冲的起跳点时间与验证地震辅助道第一个脉冲的起跳点时间之间的时差,并将该时差与规定时差进行比较,一般地,取规定时差为一个采样间隔;如果该时差大于所述规定时差,则指示地震采集记录系统同步异常。

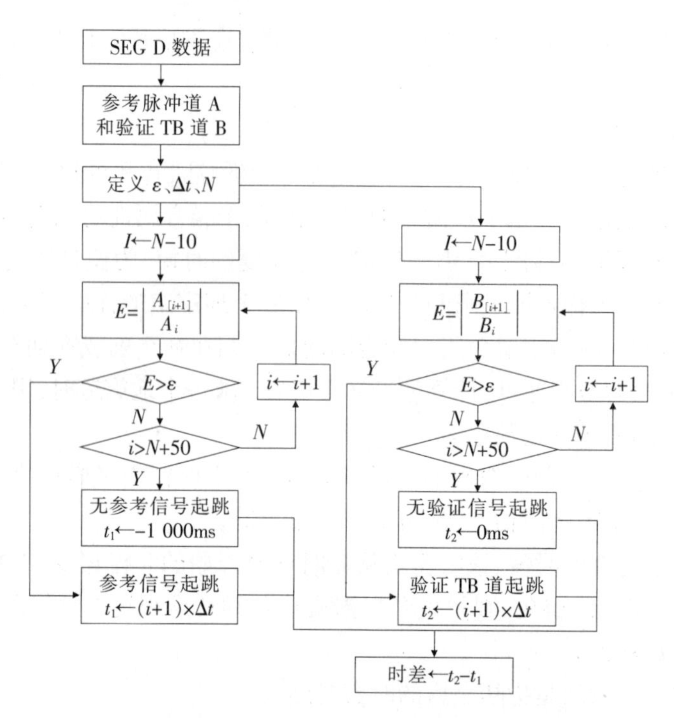

图 6-4-2 自动检查地震辅助道流程图

5)基于初至信息的异常道智能判识方法

在野外采集地震记录时,受到复杂近地表、激发及接收因素差异、采集仪器稳定性等的影响,造成了原始地震记录中存在异常道。异常道具有:初至前无起跳、振幅异常、主频异常、方差异常和过零点个数异常等特点。随着高密度地震勘探越来越广泛的应用,地震数据量也快速攀升,人工识别方法已无法满足需要。常规的数据质量监控系统中也有一些异常道识别方法,通常采用相邻道能量比值的方法,根据不同地震道之间的能量差异来识别异常道。由于连续的振幅或频率异常,造成了能量比值方法的识别精度下降,国内外学者开展了大量的研究工作,通过计算能量、主频、相关系数等属性信息,根据综合分析结果进行异常道的识别。但是由于一维时间域内信息相对单一,所能反应的异常道属性信息有限,制约着异常道的识别精度。

针对现有技术的不足,提出一种基于初至信息的异常道智能判识方法。通过修正 S 域变换方法得到时间—频率域二维信号, 计算二维信号的判识参数能够更加准确地判识异常道,并且利用二维域能量比方法拾取初至后进行曲线拟合,在划定分析时窗内进行判识参数计算,减少了计算工作量,通过初至距离、初至距离方差、时窗能量、时窗主频、时窗频宽、时窗谱密度和时窗含信比等判识参数,根据判识参数赋值和综合考量,能够快速智能地完成异常道的判识。

基于初至信息的异常道智能判识方法的流程图如图 6-4-3 所示, 首先输入原始采集单炮记录,利用修正 S 域变换方法,将时间域一维信号转换为时间—频率域二维信号;在二维时间—频率域内,利用二维域能量比方法进行初至拾取,并输出初至自动拾取时间信息,采用多项式拟合方法对初至时间进行曲线拟合,得到初至信息的多项式拟合公式;计算每一道初至自动拾取时间与多项式拟合公式计算时间的初至距离，并对所有道数据的初至距离进行运算，求取初至距离平均值和初至距离方差；在二维时间－频率域内，划定分析时窗范围，进行时窗能量、时窗主频、时窗频宽、时窗谱密度和时窗含信比等判识参数的计算；根据计算得到的判识参数，不满足异常道判识条件的即不是异常道，满足异常道判识条件的即为异常道，并输出异常道桩号信息，从而快速智能地完成异常道的判识。

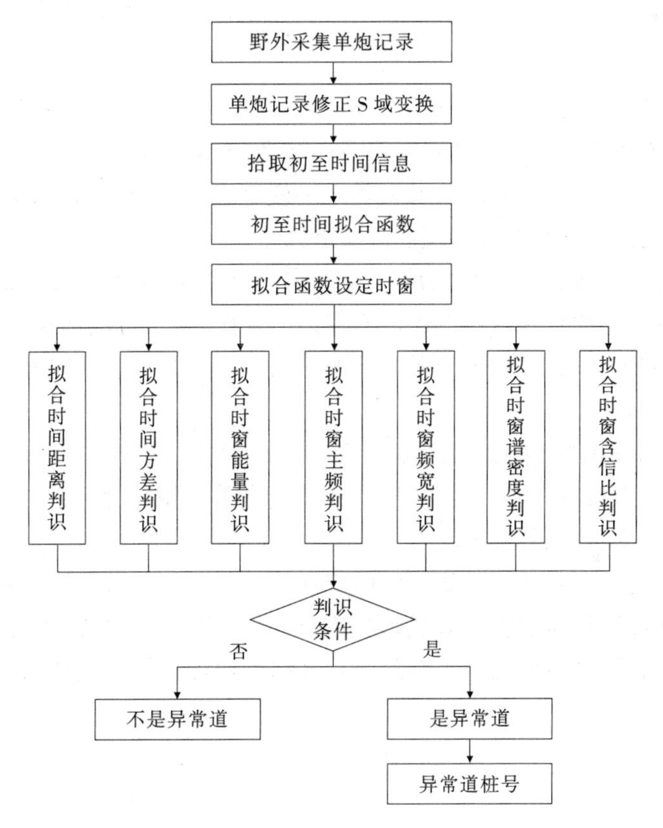

图 6-4-3 基于初至信息的异常道智能判识流程

结束语

济阳坳陷经过多年的勘探开发,要实现可持续发展仍然面临着诸多的难题,主要表现在油气勘探的对象越来越复杂,成熟层系目标零散碎小的趋势对地震资料提出了更高的要求。实践表明,制约勘探最大的技术瓶颈之一就是地球物理技术,物探关键技术和重大装备仍然是制约老区油气精细勘探发展的关键因素。

在当前情形下,对于济阳坳陷的油气老区,勘探的主要矛盾不仅仅是地质、油藏认识问题,而是如何更好地找到深埋地下还没有发现的隐蔽油气资源,物探技术的发展应紧跟油田勘探开发的需求,以解决油藏地质问题的能力为发展目标,才能破解老区的精细储层及油藏描述等勘探难题。

为了打赢胜利油田的"老区保卫战",针对济阳深层、古潜山、沙砾岩体、河道砂体、复杂断块等不同的勘探目标,还需要大力推广和不断完善高精度地震采集技术,以满足胜利油田增储稳产和高质量发展的需要。

随着5G技术的发展和节点采集系统的应用,将会促进高精度地震资料采集技术的不断进步,全节点地震采集能够实现超高炮道密度和"全空间"的精细地震勘探,可以满足更高空间采样率的需求,必将成为济阳坳陷今后高精度地震资料采集技术的发展方向。

参考文献

[1]宋明水,李友强.济阳坳陷油气精细勘探评价及实践[J].中国石油勘探,2020,25(1):93-101.

[2]李庆忠.地球物理勘探技术推动了我国石油工业的迅速发展[J].中国工程科学,2001(8):25-28.

[3]李庆忠.走向精确勘探的道路[M].北京:石油工业出版社,1994.

[4]李庆忠.地球物理勘探技术推动了我国石油工业的迅速发展[J].中国工程科学,2001,2001(8):25-28.

[5]李庆忠.地震高分辨率勘探中的误区与对策[J].石油地球物理勘探,1997,32(6):751-783.

[6]王延光.地震叠前深度偏移技术进展及应用问题与对策,油气地质与采收率[J].2017,24(4).

[7]秦宁,王延光,梁鸿贤,等.复杂构造区域叠前深度偏移方法对比[R].中国石油学会2015年物探技术研讨会论文集,2015(5).

[8]陆基孟,王永刚.地震勘探原理[M].东营:中国石油大学出版社,2008.

[9]韩文功,张建宁,王金铎.济阳坳陷隐蔽圈闭识别与精细描述[J].石油与天然气地质,2006(6).

[10]韩文功,张建宁,王金铎.陆相断陷盆地隐蔽油气藏的地震识别与描述[J].天然气工业,2007,2007(S1).

[11]张建宁,韩文功.济阳坳陷预探圈闭影响因素分析[J].油气地球物理,2008,6(2).

[12]刘浩杰,王延光,韩文功.基于系统辨识提高地震资料分辨率研究[J].地球物理学进展,2010,25(3).

[13]曹国滨.平原复杂地表采集区震源研究[J].石油天然气学报,2013,35(5).

[14]曹国滨,张旭,张交东.胜利探区水网区地震采集技术[J].物探与化探,2003(4).

[15]曹国滨,张旭,魏继东,等.东营凹陷深层地震资料采集中的噪音分析与压制[J].油气地质与采收率,2003(2).

[16]曹国滨.炮检距选取对斜交观测系统的影响分析[J].地球物理学进展,2010,25(6).

[17]曹国滨.频率－空间域数据规则化压制采集脚印技术研究[J].石油物探,2010,49(4).

[18]吕公河,张光德,杨德宽,等.胜利油田高精度三维地震采集技术实践与认识[J].石油物探,2010,49(6).

[19]赵军国,郑泽继,杨德宽.平原地区复杂地表三维采集技术[J].石油地球物理勘探,1999(3).

[20]杨德宽,郑泽继,胡立新,赵军国.对深层地震勘探中随机噪音的一点认识[J].石油物探,2000(3).

[21]任立刚,杨德宽.电火花震源在平原水域区地震采集中的应用及效果分析[J].地球物理学进展,2018,33(6).

[22]徐雷良,刘斌,徐钰,等.基于近地表多因素的频率响应特征分析及应用[J].地球物理学进展,2015,30(4).

[23]于富文,徐钰,徐雷良.黄河三角洲冲积平原区地震资料低频问题剖析[J].地球物理学进展,2018,33(1).

[24]任立刚,张光德,杨德宽,等.速度检波器与压电检波器相位差异分析及应用[J].地球物理学进展,2015,30(1).

[25]王春田,闫志武,赵忠.新型无缆采集系统功能特点及发展前景[J].石油仪器,2010,24(5).

[26]王维波,陈文杰,王春田,等.一种 MEMS 检波器设计及其性能测试[J].物探装备,2014,24(1).

[27]杜清怀,胡立新,张光德,等.声波测距定位系统在浅海地震采集作业中的应用[J].石油仪器,2004(6).

[28]阳继军,杜清怀,王国迎.声学二次定位系统中的目标检测[J].测绘通报,2008(1).

[29]刘金萍,程芳波,杜清怀.移动式单基站在石油物探测量中的应用[J].测绘通报,2013(6).

[30]刘斌,宋智强,段卫星,等.地震勘探观测系统成像效果量化分析[J].石油地球物理勘探,2015,50(2).

[31]姜子强,陈吴金,贾立坤,等.提高海陆过渡带检波器接收效果探讨[R].中国石油学会 2017 年物探技术研讨会论文集,2017(4).

[32]宋智强,刘斌.炮点、检波点密度变化对成像效果的影响[J].物探与化探,2013,37(1).

[33]宋智强,段卫星,刘斌.胜利 GQ 工区红层勘探采集技术实践[J].石油仪器,2013,27(4).

[34]Henrych J,熊建国,等译.爆炸动力学及其应用[M].北京:科学出版社,1987.

[35]钱七虎,王明洋.岩土中的冲击爆炸效应[M].北京:国防工业出版社,2009.

[36]卢文波,Hustrulid W. 质点峰值振动速度衰减公式的改进[J].工程爆破,2002(3):1-4.

[37]杨年华,冯叔瑜.条形药包爆破作用机理[J].中国铁道科学,1995(2):66-80.

[38]姜鹏飞,唐德高,龙源.不耦合装药爆破对硬岩应力场影响的数值分析[J].岩土力学,2009,30(1):275-279.

[39]孙海利.基于 ANSYS/Ls-dyna 仿真模拟对条形药包爆破地震效应的研究[D].西安:长安大学,2015.

[40]王伟,李小春.不耦合装药下爆炸应力波传播规律的试验研究[J].岩土力学,2010(6):1723-1728.

[41]傅承义,陈运泰,陈顒.我国的震源物理研究[J].地球物理学报,1979(4):3-8.

[42]于成龙.炸药震源激发地震波场控制与应用[D].北京:北京理工大学,2018.

[43]牟杰.炸药震源激发地震波近场特征试验研究[D]. 北京:北京理工大学,2015.

[44]牟杰,王仲琦,于成龙.耦合介质对炸药震源爆炸地震波能量和主频影响规律试验研究[J].兵工学报,2014(S2):115-121.

[45]姜鹏飞,唐德高,龙源.不耦合装药爆破对硬岩应力场影响的数值分析[J].岩土力学,2009,30(1):275-279.

[46]李小军,廖振鹏,张克绪.土体动力本构模型评述[J].世界地震工程,1993,4:15-18.

[47]熊建国,高伟建.土中箱形结构动力反应分析[J].爆炸与冲击,1981,1:49-57.

[48]熊建国,高伟建.土中箱形结构的荷载[J].岩土工程学报,1984,6(4):13-23.

[49]钱七虎,王明洋.三相介质饱和土自由场中爆炸波的传播规律[J].爆炸与冲击,1994,14(2):97-104.

[50]赵跃堂,钱七虎.爆炸荷载作用下三相饱和土中气体运动的几个影响因素分析[J].爆炸与冲击,1998,18(2): 131-137.

[51]孟高头.土体原位测试机理、方法及其工程应用[M].北京:地质出版社,1997.

[52]刘松玉,吴燕开.论我国静力触探技术(CPT)现状与发展[J].岩土工程学报,2004(4):553-556.

[53]王钟琦.我国的静力触探及动静触探的发展前景[J].岩土工程学报,2000(5):4-9.

[54]高颂东.静力触探技术在天津软土地区的应用研究[D].天津:天津大学,2006.

[55]刘彬.静力触探的机理研究[D]. 天津:天津大学,2012.

[56]徐锦斌.静力触探锥头阻力与软土强度相关性分析[D].北京:北京交通大学,2014.

[57]单钰铭,刘维国.地层条件下岩石动静力学参数的实验研究[J].成都理工学院学报,2000,27(3): 249-254.

[58]张文,周志才,盖宝成.强穿透力的宽高频地震子波激发方法[J].地球物理学进展,2010(3).

[59]陈双华,崔若飞.低爆速细长型震源药柱提高地震勘探分辨率[J].中国煤田地质,2002(4):59-61.

[60]堵平,黄东定,王泽山.一种低爆速炸药及其在地震勘探中的应用[J].兵工学报,2005,26(4).

[61]汪恩华,贺振华,李庆忠.炸药激发子波信号的记录与研究[J].石油地球物理勘探,2001,36(3):352-363.

[62]钱绍瑚,刘江平,谷永兴.炸药震源爆炸机制及激发条件的研究[J].石油物探,1998,37(3).

[63]李毅,郭学彬,史瑾瑾.土中垂直柱状药包的爆破成型试验研究[J].水科学与工程技术,2010(5):57-59.

[64]吕公河.弱弹性介质中炸药震源大基距面积组合激发效果分析[J].石油地球物

理勘探,2011(6):4+26-30+187.

[65]徐峰,刘福烈,梁向豪.基于相控理论的炮点组合设计技术[J].石油地球物理勘探,2011,46(2):170-175.

[66]蔡纪琰,孙成禹,项龙云.炸药震源定向激发方式数值模拟及效果对比[J].石油物探,2013(2):6+77-87.

[67]刘福烈,徐峰,李志勇,等.组合激发参数理论分析[J].石油地球物理勘探,2013(1):4+12-18.

[68]高峻,万应明,等.基于炸药激发子波特性选择激发井深[J].石油地球物理勘探,2009,44(a01):1-4.

[69]钱荣钧.对地震资料野外采集工作中一些问题的讨论[A].地震勘探采集技术论文集[C].北京:石油工业出版社,1993:95-114.

[70]阎万朝.复杂地区地震采集中的激发和接收[A].地震勘探采集技术论文集[C].北京:石油工业出版社,1993:116-140.

[71]傅传奎.关于地震采集中的井深和药量的研究[J].石油地球物理勘探,1998,33(增刊 1):31-34.

[72]徐维秀.浅水域检波点自动重定位技术[J].石油地球物理勘探,2011,46(1):6-11.

[73]徐钰,曾维辉,徐维秀,等.浅层折射波勘探中初至自动拾取新算法[J].石油地球物理勘探,2012,47(2): 218-224.

[74]徐钰,段卫星,徐维秀,等.高精度初至自动拾取综合方法研究[J].物探与化探,2010,34(5):598-599.

[75]宋建国,李赋真,徐维秀,等.改进的神经网络相关算法及其在初至拾取中的应用[J].石油地球物理勘探,2018,53(1):8-15.

[76]曹晓莉,刘斌,王淑荣,等.综合动量法和可变学习速度的 BP 神经网络地震初至拾取[J].石油地球物理勘探,2020,55(1): 71-79.

[77]张锦涛,赵惊涛,王真理.FPGAyu GPU 并行计算分析——以 Kirchhoff 叠前时间偏移为例[J].地球物理学进展,2013,28(3):1464-1471.

[78]赵长海,罗国安,张旭东,等.大规模异构群上 Kirchhoff 叠前时间偏移并行算法[J].石油地球物理勘探,2016,51(5):1040-1048.

[79]亢永敢,赵改善,魏嘉,等.基于 Hadoop 的 kirchhoff 叠前时间偏移并行算法[J].石油地球物理勘探,2015,50(6):1213-1218.

[80]冯玉苹,徐维秀,杨晶,等.海量地震数据现场监控软件研发及应用[R].中国石油学会 2019 年物探技术研讨会,2019:1381-1384.

[81]R.E.Sheriff 著.黄绪德,吴晖,译.勘探地球物理百科辞典,第四版[M].美国勘探地球物理学会(SEG),2002.